化學程序工業－附高普考試題精解

薛人瑋　編著

全華圖書股份有限公司

序言
Preface

三十多年來，工業化學或化學程序工業爲化學工程相關科系必修課程，亦是高普特考必考的科目。化學程序工業涵蓋範圍相當廣泛，除了化學品工業外，並包括能源工業、環境保護與特用化學品等。

本書一～十五章以化學處理程序、設備、計算、水處理、環境保護、能源工業、工業氣體、無機工業、肥料工業等爲主，十六～二十八章著重有機工業、石化相關工業、生物化學工業等。

考選部自民國八十一年專門職業及技術人員高等考試起全面開放考試題庫，有鑑於此，本書蒐集專門職業及技術人員高等考試、各級高等考試、公務(含關務)人員等簡任與薦任升等考試、基層公務人員(含關務人員)三等和四等考試以及相關普考的各項考試題目，分別在各章節加以說明，並對較特殊題目予以範例要點解釋。天衣不無縫，若仍有疏漏，歡迎各界不吝指教。

由於本書歷耗時費神多日，工作之餘，辛勤馬不停蹄，尤感謝這段期間妻子、兒女支持容忍，體諒多與電腦、書本共處，如今已告一段落，感激之情，言溢於表，初次精心烘焙出爐，還望爲莘莘學子有所助益；最後，更感謝全華適時催書稿，常在停工懈怠之時，又咬牙堅毅繼續完成。

如有疑問，歡迎告知討論：angusshiue@gmail.com

薛人瑋 謹於家中

七版序言

Preface

本書希望展現給讀者是一門生動活潑的學問，由於隨著時間不斷地演變，亦即它是為一本結合啓發性、技術性與實用性的書籍(良師益友)。自 2005 年初版、2009 年二版、2010 年三版、2013 年四版、2014 年五版及 2017 年六版以來，深受眾讀者的愛戴和熱烈迴響，在此深為感謝！

為了讓讀者在使用本書時能有更深入的實用性，作者再版用心地強化第八章有機朗肯循環內容及分佈在各章自九十一年起近三年以來之考題，希望促使讀者於學習與就業更加順利。

作者再版 2021 年

編輯部序

Editor

「系統編輯」是我們的編輯方針，我們所提供給您的，絕不只是一本書，而是關於這門學問的所有知識，它們由淺入深，循序漸進。

化學程序工業涵蓋範圍相當廣泛，除了化學品工業外，並包括能源工業、環境保護與特用化學品等。本書則以化學處理、設備、計算、水處理、環境保護、能源工業、工業氣體、無機工業、肥料工業等爲主。內容蒐集專門職業及技術人員高等考試、各級高等考試、公務人員等簡任與薦任升等考試、基層公務人員三等和四等考試以及相關的各項考試題目，並針對較特殊題目予以範例要點解釋。本書適合欲參加高、普、特考考試者閱讀。

同時，爲了使您能有系統且循序漸進研習相關方面的叢書，我們以流程圖方式，列出各有關圖書的閱讀順序，以減少您研習此門學問的摸索時間，並能對這門學問有完整的知識。若您在這方面有任何問題，歡迎來函連繫，我們將竭誠爲您服務。

目錄 Contents

第 1 章　化學處理程序

第 2 章 化學工業的設備

第 3 章 化工計算

第 6 章　空氣污染防治

第 7 章 廢棄物處理

第 8 章 能源工業

第 9 章 煤化學工業及工業用碳

第 10 章 工業氣體

第 11 章 矽酸鹽工業

第 12 章　氯－鹼工業

第 13 章　冶金工業

第 14 章 肥料工業

第 15 章 無機酸工業

第 16 章 塗料工業

第 17 章 染料與染色

第 18 章 油脂與界面活性劑

第 19 章　紙漿與造紙

第 20 章　聚合體學

第 21 章　塑膠工業

第 22 章　人造纖維

第 23 章　橡膠工業

第 24 章　煉油工業

第 25 章 石油化學工業

第 26 章　生物與酵素技術

第 27 章 發酵技術

第 28 章　電子材料工業

Chapter 1

CHEMICAL PROCCEDING INDUSTRY

化學處理程序

1.1 化學製造程序與化學工業

1.1.1 總　論

化學工業的各種製造程序係藉由不同的原料以一連串的處理步驟來獲得所希望的產品，此等製造程序可分爲三個步驟：首先原料經由特定的物理處理，達到有利於化學反應的狀態，然後置入反應器內產生化學反應，再將反應生成物藉由物理步驟，如分離、純化、冷卻等處理，以得到生產物品。

即使化學工業的種類眾多，製造程序中原料所經過的物理處理或化學反應，卻有相類似之處。將性質相似的物理處理步驟歸納成若干單元，即是單元操作(unit operation)；而化學反應性質相似者亦可分類之，稱爲化學轉化(chemical conversion)、單元程序(unit process)或單元方法。

一、單元操作

其單元包括：流體流動、熱傳送、蒸發、乾燥、蒸餾、增濕操作、氣體吸收、吸附、萃取、結晶、過濾、混合、壓碎及研磨、固體分離、固體輸送等。

二、化學轉化

其單元包括：硝化、還原胺化、鹵化、磺酸化、硫酸化、氨解、氧化、氫化、酯化、水解、烷化、脫水、醱酵、聚合、中和、還原、複分解、異構化鍛燒及重氮化與耦合等。

化學製造程序即是由數種單元操作與化學轉化組合而成，例如由硝基苯與氫製造苯胺，其簡略過程為在一蒸發器中利用預熱過的氫氣蒸發硝基苯，混合的蒸汽經過一觸媒床反應而產生苯胺，再經一熱交換冷卻，最後以分離器將苯胺與水分離。本製程涉及的單元程序為還原化，涉及的單元操作為蒸發與熱傳送。

1.1.2 清潔生產

一、清潔生產的定義

1989 年聯合國環境規劃署(UNEP)的工業與環境計畫活動中心 (簡稱 IE/PAC，industry and environment program activity center)，根據 UNEP 理事會會議的決議，制定「清潔生產計畫(cleaner production program)」，來推動全球性的清潔生產活動。UNEP 於 1989 年制定的「清潔生產計畫(cleaner production program)」中，第一次將「清潔生產」的內涵定義為：對製程與產品採取整體預防性的環境策略，藉以減少對人類及環境可能的危害，並補充說明：

1. 就製程策略而言，減少原物料與能源耗用量，儘可能不使用有毒性的原料，並使廢氣、廢水及廢棄物自製程排出前即減低其量及毒性。
2. 就產品策略而言，則是藉由產品生命週期評估，而使得從原料的取得至產品被使用後的最終處置過程，對環境之影響減至最低。

UNEP 第二次對清潔生產提出內涵的定義修正，是依據 1992 年「地球高峰會議」通過的「21 世紀議程」與「永續發展」的理念及相關承諾，於 1996 年將「服務」納入清潔生產的範疇，並修正清潔生產的定義為：「清潔生產」係指持續地應用整合及預防性的環境策略於製程與產品開發及服務，藉以增加「生態效益(eco-efficiency)」和減輕對人類健康與環境的「風險(risk)」。因此，清潔生產的範疇加入了「服務」的層面，茲補充對服務的說明如下：

1. 對服務而言：由系統設計到整個資源使用的服務過程中皆須考慮以生命週期評估方法，將環境考量融入，包括儘量使用綠色產品等以減低對環境的影響。並指出清潔生產需藉由改變態度，有責任的環境管理與評估的科學方法來達成。

上所述，可簡單彙整 UNEP 對「清潔生產」的定義為：

「持續地應用整合且預防的環境策略於製程、產品及服務中，藉以增加生態效益和減少對於人類及環境的危害」，其中：

(1) 在製程方面，盡量協助廠商節省物料及能資源使用、減少或避免使用有毒原料、減少排放物及廢棄物的量及毒性。

(2) 在產品方面，將協助廠商檢視產品生命週期，希望能降低對環境的衝擊。

(3) 在服務方面，協助廠商減少因提供服務而對環境所造成不利的影響。

二、清潔生產與工業減廢範疇分析

1. 清潔生產製程與傳統製程之差異

茲以圖 1.1 比較傳統生產製程和清潔生產製程的差異：

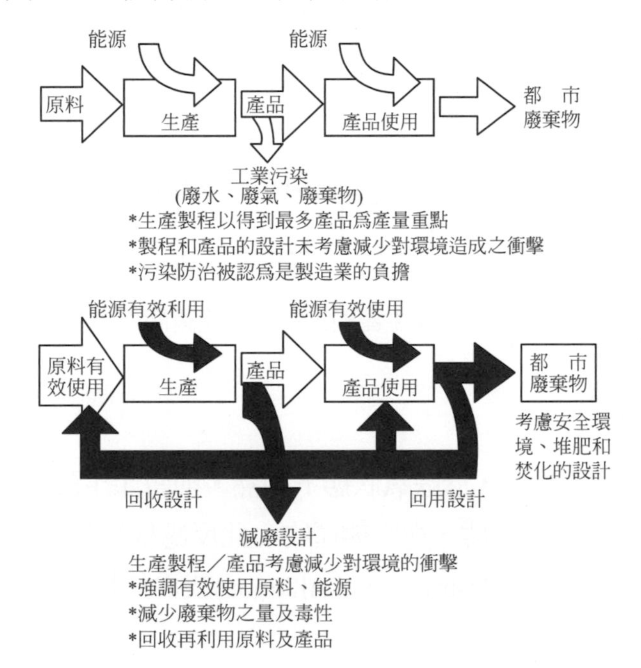

圖 1.1　傳統生產製程和清潔生產製程之比較

由圖 1.1 的比較，可瞭解「清潔生產」的範疇係緊密地圍繞著整個產品的生命週期，從原料採取，經由製造和使用，到產品的最終處置，乃至於相關服務部門。故「清潔生產」遂成為一項持續地應用整合性及預防性的措施，以關注其程序、產品及服務的環境策略；而且「清潔生產」並非以消極的避免環境被破壞為前題，而是以積極提高生態效益為終極目標。

2. **清潔生產與工業減廢的範疇分析**

工業減廢與清潔生產二者所涵蓋的內容極為相似，主要考慮的對象均包含組織的生產活動及產品，均屬於自發性的污染預防活動。雖然清潔生產還加上服務面的管理，範疇較工業減廢略為寬廣，然而工業減廢幾乎可完全滿足推動清潔生產的核心技術。但是由於 UNEP 於國際間呼籲清潔生產的推動，而且於國際間已建立許多國家級清潔生產中心及交流管道，已逐漸成為國際的共識，故清潔生產於國際間的推動較工業減廢更為普遍，圖 1.2 為比較兩者的範疇差異。

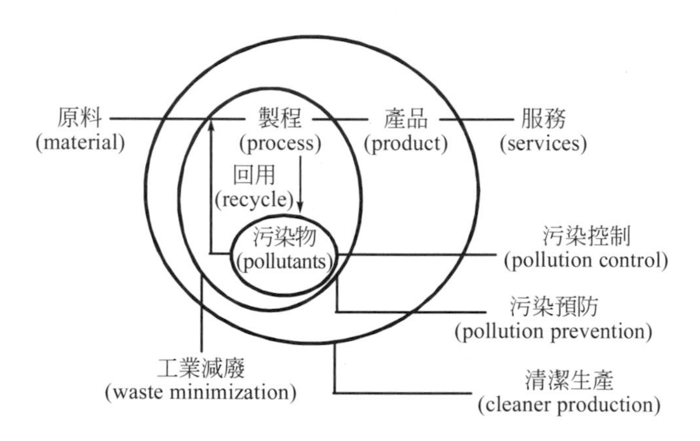

圖 1.2　清潔生產與工業減廢範疇關係圖

1.1.3　高溫分解

有機物在高溫中呈不穩定，於缺氧狀態下加熱，則將產生裂解及縮合反應(cracking and condensation)形成氣態、液態、與固態產物，此反應稱為熱解法(pyrolysis)。煤炭的熱解法又稱為分解蒸餾(乾餾)(destructive distillation)或為焦析法。熱解程序的產物主要包括下列三部分：

1. 氣體部分主要包含氫氣、甲烷、一氧化碳、二氧化碳與其他氣體。
2. 液體組成主要有焦油或石油、醋酸、丙酮、甲醇與複雜的含氧(oxygenated)碳氫化合物，這些液體再經由另外處理程序，可合成燃料油品。
3. 煤焦(char)是由純碳與原來存在固體中的惰性物質。

1.2 化學工廠設立的條件

設立化學工廠的必要條件如下：

1. **用地取得**

   用地必須取得容易與價格低廉，促使降低建廠困擾和建廠成本。

2. **原料低廉和充足**

   原料低廉降低生產成本，而充足的原料可減少購買次數。

3. **近距離與交通方便的產品市場**

   近距離與交通方便的產品市場，降低運輸成本。如果產品易碎或爆炸，其必須特別考量運輸條件。

4. **勞工供應**

   募集當地勞動力與技術高的勞工，工資低廉，減少人事成本。

5. **工業用水、燃料與用電**

   工業用水、燃料與用電必須取得容易與價格低廉，才能減少生產成本。

6. **廢水、廢氣與廢棄物處理**

   在環保法令日趨嚴格和環保意識高漲的今天，必須特別考量廢水、廢氣與廢棄物處理。

1.3 程序合成

程序系統工程所採用的方法通常可歸納爲「分析(analysis)」與「合成(synthesis)」兩種方法的合併使用，「分析」的主要目的乃是將系統分成許多子系統，再去探討其原理，將程序「分析」爲反應器、蒸餾塔、流體化床等單元設備；而對這些單元設備的再「分析」即是輸送現象、反應動力學、熱力學等工學。反之，由化工基礎工學「合成」爲單元操作設備，再由單元操作設備「合成」爲程序或更大的系統。基本上，程序設計的主要目的爲「合成」整廠或較大的系統；而「分析」的主要目的乃爲了獲得較完整的製程資訊，藉以作爲程序「合成」之用。

1.4 批式與連續式製程

批式反應器常用於液相反應，尤其產量不大的場合，商業規模的氣相反應很少採取，其甚適用於小量物料的製造或由單項設備產製數種不同的產品，因此廣泛應用在製藥與染料工業、特殊化學品，避免快速積垢和發酵培養種菌污染。優於連續式反應器，容易清洗來達成衛生措施。

在小規模或安全需要上(如炸藥的製造)使用批式反應器製程，加上在反應時，與連續式製程的定常狀態相反，提供適當而不同的動力學，常常更容易控制。多階不同的批式製程仍然可用此種分批作業處理，此種所謂自動批式製程(如鄰苯二甲醇)爲一貫的反應機構自動地自一階至另一階批式反應，藉以控制每一階之反應條件。

產量不大時，採用批式反應器製程，通常設備投資低於連續式反應器，對於新穎與未經試驗製程發展初期較受歡迎。一旦市場需求產量大增，改採連續式反應器製程較爲經濟，若仍採取批式反應器製程，在反應器操作費用僅占小部分生產成本較顯著。產量少的情況，批式反應器的建造和儀器配置費用較連續式反應器低；另外批式反應器於起動、停機與控制均比連續式反應器批式反應器的缺點爲所需勞力和裝料、卸料與清除的處理成本高。裝料、卸料或清除及反應器物料加熱至反應溫度或冷卻到適合排出溫度時，並無生產反應產物。此等非生產期的總和，往往在長度上和反應進行所需時間不分上下，因此決定批式反應器的長期生產能力必須考慮這些因素。產量甚大時，大眾樂於採用連續式反應器製程，雖然設備投資較高，每單位產物操作成本較批式反應器製程低，其有下列優點：

1. 反應條件恆久性較大，便於產品品質控制。
2. 適合採用自動程序控制。
3. 每單位產品人工成本可減至最低程度。

1.5 安全性

1.5.1 火災的發生及特性

固態可燃物有一定形狀的大小，重要考慮因素爲其表面積與質量之比。一定質量物料的表面積越大，則加熱及高熱分解速率增加越快。固態可燃物放置的狀態爲直立式，火災蔓延會比水平式狀態快，因其除了從傳導與輻射的熱傳遞外，更易經由對流和直接接觸火燄而加快。火災通常有兩種燃燒方式：一爲焰燒或表面燃燒，二爲悶燒。焰燒可用火災四面體來表示，其分別代表可燃物、溫度、氧氣及未受抑制的化學鏈反應。表面燃燒或悶燒以火三角形表示，即可燃物、溫度與氧氣。

物質燃燒的循環機制是熱源先加熱物質表面，溫度升高後物質漸漸分解釋出可燃性氣體，可燃性氣體與空氣中的氧氣結合達到燃點後就著火。燃燒的火焰釋放出光與熱能，熱能會回到物質表面使物質持續裂解後繼續釋出可燃性氣體。物質經由火焰燃燒，經過眾多化學反應後生成許多活性極強的自由基，並與空氣中的氧氣等分子反應。因外界氧分子眾多而產生連鎖反應，使物質持續燃燒，直到物質完全燃燒碳化，或助燃物等物質消耗完。

前述兩種燃燒方式的可燃物爲「和氧氣化合的任何固體、液體或氣體」，溫度是物體內分子活動性的表徵。大多數情形下，氧化劑係指空氣中的氧氣。夠高溫度的可燃物如有氧化劑支持就可點火燃燒，只要現場有足夠的熱能，燃燒則會持續下去。固體與液體的自續燃燒反應和熱的回授有關，由於輻射熱提供可燃物汽化的能量，現場如有足夠的熱量保持或增加回授，火災將繼續進行或擴大，視所產生的熱量而定。燃燒中熱回授到可燃物，稱爲正熱量平衡；若熱的散逸比其產生較快，則爲負熱量平衡。

1.5.2　火災的分類與撲滅

火災依燃燒物質不同可區分爲四大類：

1. **A 類火災**

   普通火災爲普通可燃燒物，如木製品、紙纖維、棉、布、合成樹脂、塑膠等發生的火災，通常建築物的火災即屬此類，可藉水或含水溶液的冷卻作用使燃燒物溫度降低，以致達成滅火效果。

2. **B 類火災**

   油類火災爲可燃物液體，如石油或可燃性氣體如乙烷氣、乙炔氣或可燃性油脂如塗料等發生的火災，最有效的是以掩蓋法隔離氧氣，使之窒息，此外如移開可燃物或降低溫度亦可以達到滅火效果。

3. **C 類火災**

電氣火災涉及通電中的電氣設備，如電器、變壓器、電線、配電盤等引起的火災。有時可用不導電的滅火劑控制火勢，但如能截斷電源再視情況依 A 或 B 類火災處理，較為妥當。

4. **D 類火災**

金屬火災為活性金屬，如鎂、鉀、鋰、鋯、鈦等或其他禁水性物質燃燒引起的火災，這些物質燃燒時溫度甚高，只有分別控制這些可燃金屬的特定滅火劑才能有效滅火(通常均會標明專用於何種金屬)。

1.5.3 滅火原理

滅火原理係以遮斷燃燒因素為依據，對於燄燒火災可降低溫度、除去可燃物或氧氣或阻止其無抑制的化學鏈反應，有關悶燒火災則採取降低溫度、除去可燃物或氧氣。

1. **降低溫度**

降低溫度最普遍的方法是水冷卻，採用此法需將可燃物冷至無法產生燃燒的足夠蒸汽。考慮可燃物類型與蒸汽的發生行為，固態可燃物和閃燃點高的液態可燃物能用冷卻法滅火。閃燃點低的液體與可燃物體則否，因其不能有效降低蒸汽的產生，必須使水在正確形態及適當流注之下引起負熱量平衡。

2. **移開可燃物**

部分情況下將可燃物移開能阻斷火災，例如搬開火路上的固態可燃物，停止液態或氣態可燃物的流通，均可防止火災擴大，但只是消極地讓已燃燒的可燃物燒完。

3. **稀釋氧氣**

稀釋氧氣主要為降低火災現場周圍的氧氣濃度，可設法引入鈍氣或使氧氣與可燃物隔離達成目的，此種方式對於自氧化和某些能被最普通二氧化碳或氮氣滅火劑氧化的物料無效。

4. **抑制化學鏈反應**

一些滅火劑如乾粉化學藥品及海龍(halon)能遮斷產生化學鏈反應的火焰，使燃燒物很快熄滅。但此法僅對氣態或液態可燃物有效，不能使固態可燃物的悶燒火災熄滅，需增加冷卻能力。

1.5.4　爆炸下限

爆炸界限又稱爆炸範圍、燃燒範圍、燃燒界限等。可燃性氣體與助燃性氣體混合時，必需在一恰當濃度範圍內方能燃燒或爆炸，例如甲烷在空氣中之爆炸界限約為4.7%～14%。該界限之最高百分比稱爆炸上限，最低百分比稱爆炸下限。當混合濃度在爆炸上限以上或爆炸下限以下時，皆不會燃燒也不會爆炸。其原因係因濃度過高或過低時，將造成可燃氣體分子與氧分子碰撞機會減少，產生之反應熱小於所散失者，無法使燃燒之連鎖反應持續進行。

爆炸下限數字愈小表示該物質易於爆炸「(爆炸上限－爆炸下限)／爆炸下限＝危險指數」，危險指數愈高愈危險。此外爆炸上限為100%者則多數為不穩定物質，可能會產生分解爆炸、聚合爆炸等。

1.5.5　閃點、燃點與自燃

1. **閃點**

   可燃液體能揮發變成蒸氣，跑入空氣中。溫度升高，揮發加快。當揮發的蒸氣和空氣的混合物與火源接觸能夠閃出火花時，把這種短暫的燃燒過程叫做閃燃，把發生閃燃的最地溫度叫做閃點。從消防觀點來說，液體閃點就是可能引起火災的最低溫度。閃點越低，引起火災的危險性越大。

2. **燃點**

   不論是固態、液態或氣態的可燃物質，如與空氣共同存在，當達到一定溫度時，與火源接觸就會燃燒，移去火源後還繼續燃燒。這時，可燃物質的最低溫度叫做燃點，也叫做著火點。一般液體燃點高於閃點，易燃液體的燃點比閃點高 1～5℃。

3. **自燃**

   在通常條件下，一般可燃物質和空氣接觸都會發生緩慢的氧化過程，但速度很慢，析出的熱量也很少，同時不斷向四週環境散熱，不能像燃燒那樣發出光。如果溫度升高或其他條件改變，氧化過程就會加快，析出的熱量增多，不能全部散發掉就積累起來，使溫度逐步升高。當到達這種物質自行燃燒的溫度時，就會自行燃燒起來，這就是自燃。使某種物質受熱發生自燃的最低溫度就是該物質的自燃點，也叫自燃溫度。

1.5.6 易燃性與可燃性液體

火災依燃燒物質不同可區分爲四大類：

1. 易燃性液體(flammableliquid)定義及分類：液體之閃火點低於 38℃且蒸氣壓在 38℃時不超過 40psi。此類易燃性液體依美國消防協會(NFPA)之分級，依危害特性由高至低，分爲 IA 級、IB 級、IC 級：
   (1) IA 級：閃火點低於 23℃且其沸點低於 38℃者，如乙醚(Ethylether)、乙醛(Acetaldehyde)、丙烯醛(Acrolein)等。
   (2) IB 級：閃火點低於 23℃且其沸點高於 38℃者，如乙醇(Ethanol)、丙酮(Acetone)、甲醇(Methanol)、異丙醇(Isopropanol)、汽油(Gasoline)、環己烷(Cyclohexane)、苯(Benzene)、正己烷(n-Hexane)、乙腈(Acetonitrile)、三乙胺(Triethylamine)、吡啶必(Pyridine)、1,4-二氧陸圜(1,4-Dioxane)、1,2-二氯乙烷(1,2-Dichloroethane)等。
   (3) IC 級：閃火點等於或高於 23℃且其沸點低於 38℃以下者，如二甲苯(Xylene)、戊醇(Amylalcohol)、甲醛(Formaldehyde)等。
2. 可燃性液體(combustibleliquid)定義：液體之閃火點等於或高於 38℃者，如二甲基甲醯胺(N,N-Dimethylformamide)、聯胺(hydrazine)、乙二醇甲醚(2-Methoxyethanol(Ethyleneglycolmonomethylether))、燃料油、甘油(Glycerine)。

1.6 實驗工廠

通常實驗工廠發展的經驗對於使實驗結果和化學製造程序的差距接近是需要的，因此設計和實驗工廠的實驗建立並不便宜，上述工作必須盡量節省時間和功夫。尤其在新的作業程序，各種實驗工廠必須與實際工廠可能使用的同樣材料來裝置，防止腐蝕而發生的問題，寧可在小規模失敗，而在大規模時得益。另外實驗工廠用來改正錯誤之花費可以少得多，有些大的新型化學工廠設立後，實驗工廠仍可繼續使用來研究改進程序上的各種條件，如果直接將工廠予以實驗，自然很不划算。

1.7 化學程序設計

1.7.1 可行性評估

在未進入程序設計之前，對於影響製造程序的技術與經濟因素必須要經常評估，各種不同的化學反應和物理方面程序都要考慮。因此執行適宜的可行性評估，包括下列數項：

1. 專利情形和法令限制。
2. 廠址選定。
3. 原料(涵蓋來源、數量、品質等)。
4. 製造方法、化學反應的熱力學與動力學資料(包括平衡、產率、最佳條件)。
5. 採購設施和裝置需求。
6. 營建材料。
7. 污染處理、公共設施、運輸和實驗室的要求。
8. 運送產品器具、方式、容器與限制。
9. 建廠完成日期。
10. 安全因素的考慮。
11. 估計產品成本與總投資額(含利潤估計)。
12. 市場分析(涵蓋客戶嗜好、地點、副產品推銷等)。
13. 競爭業者分析。
14. 產品的品質要求與儲存量。
15. 銷售方法和服務站。
16. 未來擴廠計劃。
17. 操作時數。

1.7.2 詳細估計設計

一般詳細估計設計時需包括下列各項：

1. 廠址。
2. 原料和產品的規格。
3. 製造程序。
4. 溫度與壓力的範圍。
5. 質能平衡。

6. 營造材料。
7. 公共設施。
8. 產量、產率、每一循環操作的時間。

1.7.3 程序流程圖

其是將程序全部概念圖表化，從開始的原料到最後製成品，由各單元操作表示出來，其不可能單獨完成，應該以程序的概念和設計基準爲主。同時各主要機器的設計、物質平衡、熱平衡的計算等合在一起製成的，圖中主要裝置大略有反應器、加熱爐、過濾器、離心機、乾燥器、壓縮機、泵浦及各類槽等。

1.7.4 程序細部設計

其內容爲設備之強度計算、構造設計、機械設計、管線設計、儀表設計、建築設計、土木設計等，並全部繪製於圖上，以利製造、施工建造。關於特殊的機械，例如泵浦、壓縮機等的詳細設計，可委託專門製造廠商製造、供應，必須注意的是，假如有特別機械，例如使用高眞空泵浦、耐強腐蝕泵浦或高溫泵浦及抽風機等，必須開明細規格表以便廠商製造。

1.8 考　題

一、 請說明易燃性有機材料的燃燒(combustion)機制。

(108 年專門職業及技術人員高等考試)

二、 工業安全及污染防治是化工程序重要的考量點。請就以下相關事項作答：

(一)解釋化學物質之閃點(flash point)與自燃溫度(autoignition temperature)。

(二)解釋爆燃(deflagration)與爆炸(detonation)。

(三)解釋並說明燃燒塔之作用及其裝置。

(四)氮氧化物是空氣污染的重要源頭，請說明化工程序中，如何減少氮氧化物之生成，及如何減少其排放。

(五)可燃液體洩漏會造成危害。請比較說明：

(1) 儲存於正常沸點之上的可燃液體。

(2) 儲存於正常沸點之下的液體，造成危害的情形。

(108 年公務人員高等三級考試)

三、 試述下列名詞之意涵：

(一)半數致死劑量(Median Lethal Dose，簡稱 LD50)

(二)爆炸界限(Explosion Limit)

(三)蒸氣密度(vapor density)　(106 年公務、關務人員薦任升等考試)

四、 請試述生物質快速熱解(fast pyrolysis of biomass)之意涵。

(106 年公務人員高等考試三級考試)

五、 化工製程設計常使用三種流程圖：方塊流程圖(block flow diagram, BFD)、程序流程圖(process flow diagram, PFD)、管件及儀表圖(pipe & instrument diagram, P&ID)，請說明各種流程圖包含之內容及繪製要求。

(105 年公務人員高等考試一級暨二級考試)

六、 若有可燃性粉體存在：

(一)在何種情況或條件下，會發生爆炸？

(二)如何預防發生爆炸？　(104 年公務人員簡任升等考試)

七、 寫出火災依燃燒物質而稱呼的四種火災名稱。滅火原理主要應做到那四項措施？目前應用最廣泛的塑膠材料可燃性能標準爲何？此種標準依據那些觀察現象來評斷可燃性等級？　(104 年公務人員普通考試)

八、 (一)請說明「清潔生產」的意義爲何。

(二)請分別就「製程方面」、「產品方面」及「服務方面」說明「清潔生產」的意義。

(103 年專門職業及技術人員高等考試、100 年特種考試地方政府公務人員三等考試)

九、 有關燃燒與爆炸，請回答下列問題：

(一)燃燒發生的要件為何？

(二)燃燒與爆炸有何相同處？有何相異處？

(103 年特種考試地方政府公務人員考試三等考試)

十、 何謂綠色化學製程？有何重要性？ (96 年公務人員、關務人員簡任升等考試)

提示：(1) 防止污染優於污染治理；

(2) 提高原子經濟性；

(3) 儘量減少化學合成中的有毒原料、產物；

(4) 設計安全的化學品；

(5) 使用無毒無害的溶劑和助劑；

(6) 合理使用和節省能源；

(7) 利用可再生資源代替消耗性資源合成化學品；

(8) 減少不必要的衍生化步驟；

(9) 採用高選擇性催化劑優於使用化學計量助劑；

(10) 產物的易降解性；

(11) 發展分析方法，對污染物實行線上監測和控制；

(12) 減少使用易燃易爆物質，降低事故隱患。

十一、根據產品及功能，可約略將化學工業分為哪五大類？

(96 年公務人員、關務人員薦任升等考試)

提示：(一)民生產業：石油化學產品、高科技基礎材料。

(二)尖端材料：矽晶、IC 的製造、印刷電路板、液晶顯示器的製作、光儲存材料之製作、發光元件的製作。

(三)奈米科技與產業：奈米技術、奈米材料、奈米與生醫、奈米光觸媒。

(四)生物技術：生物程序工程、生醫工程。

(五)能源技術：能源科技、電池與人生。

(六)綠色化學：綠色化學／清潔生產。

十二、使用任何化學品之前，應先查得該化學品的“物質安全資料表”(material safety data sheet, MSDS)，一份“物質安全資料表”內容包含哪些項目？

(96 年公務人員、關務人員薦任升等考試)

提示：物品與廠商資料、成分辨識資料、危害辨識資料、急救措施、滅火措施、洩漏處理方法、安全處置與儲存方法、暴露預防措施、物理及化學性質、安定性及反應性、毒性資料、生態資料、廢棄處置方法、運送資料、法規資料。

十三、試述超臨界流體(supercritical fluids)的特性及其工業用途。

(94 年公務人員簡任升等考試、94 年關務人員簡任升等考試、88 年公務人員簡任升等考試)

答案：物質通常具有大家所熟知的氣、固、液三相，但當溫度及壓力超過其臨界溫度臨界壓力時，就進入所謂的超臨界流體狀態。在未達臨界點前，常存在明顯氣、液兩相之間的界面，但到達臨界點時，此界面即消失不見。有些物質在到達超臨界流體相時，顏色也會由無色變成其他顏色，若再經減壓或降溫，又會回復氣、液兩相，被稱為“超”臨界流體雖然只是溫度及壓力超過其臨界點所產生的物質，但它確實是具有一些特性。一般而言，超臨界流體的物理性質是介於氣、液相之間的。例如黏度接近於氣體，密度接近於液體，因密度高，可輸送較氣體更多的超臨界流體；黏度低，輸送時所須的功率則較液體為低。又如擴散係數高於液體 10～100 倍，亦即質量傳遞阻力遠較液體為小，因之在質量傳遞上較液體為快。此外超臨界流體有如氣體幾無表面張力，因此很容易滲入到多孔性組織中。除了物理性質，在化學性質上亦與氣、液態時有所不同。例如二氧化碳在氣體狀態下不具萃取能力，但當進入超臨界狀態後，二氧化碳變成親有機性，因而具有溶解有機物的能力，此溶解能力會隨溫度及壓力而有所不同。

Chapter 2

CHEMICAL PROCCEDING INDUSTRY

化學工業的設備

2.1 輸　送

2.1.1 固體的輸送裝置

工廠中大量固體由一處移至他處的操作，稱爲固體輸送。

輸送裝置有四大類：

1. 帶式輸送機。
2. 鏈式輸送機。
3. 斗式升降機。
4. 螺旋輸送機。

2.1.2 液體的輸送裝置

一、液體的輸送裝置

液體可用泵輸送之。

分類	型式	特點
動能式	離心泵	輸送率大、價廉、低揚程
正位移式	往復泵	產生高壓
	旋轉泵	輸送高黏性液體
特殊式	酸蛋泵	輸送腐蝕性、危險性液體
	氣升泵	輸送腐蝕性、危險性液體

揚程計算

總揚程＝吐出揚程－吸入揚程

吐出揚程＝吐出實際揚程＋吐出側磨擦損失水頭

吸入揚程＝吸入實際揚程＋吸入側磨擦損失水頭＋入口損失＋吸入速度水頭

備註＝吸入揚程若爲負壓，則上式須修改爲：

總揚程＝吐出揚程－(－吸入揚程)＝吐出揚程＋吸入揚程

二、流體測定種類

1. **孔口板流量計**(orific meter)

   利用面積的改變而測出壓力差，求得體積流速。

2. **細腰管流量計**(ventrui meter)

   利用截面積的改變，造成流速變化，因而使動能增加，同時壓力也會減小，測出壓力差來計算流速。

3. **皮托管**(pitot tube)

   利用流體會對充滿流體的皮托管產生衝撞力的壓力差，藉測量其值，求得該點的速度。

4. **浮子流量計**(rotameter)

   利用浮子位置不同造成面積的改變，求得體積流速。

三、層流與擾流的定義

1. **層流**(laminar flow)

   當流體流動時，各質點間互相平行，不相干擾者。

2. **擾流**(turbulent flow)

   流體除了向前流動外，並碎成許多漩渦，而與側邊的流體混合者。

3. **過渡流**(transition flow)

   是從層流過渡至擾流的中間狀態，流體行為不穩定，時而層流時而擾流。

四、雷諾數(Reynold number)

1. 是判斷流體流動形態的指標。
2. 定義為

   $$Re = \frac{D\bar{u}\rho}{\mu}$$

   D：管內直徑(m)

   $\bar{u}$ ：平均速度(m/s)

   ρ：密度(kg/m^3)

   μ：黏度(kg/m・s 或 Pa・s)

3. 為一無因次群
4. 圓管內的雷諾數

   Re<2,100 層流

   Re>4,000 擾流

   2,100<Re<4,000 過渡流

5. 物理意義為：$\propto$ 雷諾數[慣性力/黏性力]

2.1.3　氣體的輸送裝置

1. **原理**

   從固體粉粒堆積層的下方吹入空氣，當作用在固體上的氣體推力等於固體的重量時固體粒層會開始鬆動，若再增加空氣速度，則可使固粒懸浮在氣流中，並隨空氣流動，利用此特性可使固體隨空氣在管內流動而作長距離的輸送。

2. **型式**

(1) 吸入式：利用眞空原理吸入空氣，並將粉粒體混入氣流中而輸送。

(2) 加壓式:以空氣壓縮機從管路起點吹入空氣,將粉粒體混入氣流中而輸送。

(3) 低壓氣體採取風機,中壓氣體使用鼓風機或抽壓機,高壓氣體採用壓縮機。

3. 抽眞空的設備有往復眞空泵、噴蒸汽抽氣機與蒸汽擴散泵。

2.2 混　合

2.2.1 概　論

將兩種或兩種以上物料，藉外力作用使其達到均勻分散的目的，稱爲混合。

2.2.2 攪拌裝置

1. **螺槳(propeller)攪拌器**

主要是爲圓槽內伸入螺槳而成適合低黏度液體的混合，可分爲：

(1) 高速(1800rpm)：適用如水的液體。

(2) 中速(1200rpm)：適用如糖漿、黏度 50cp 的液體。

(3) 低速(400rpm)：適用如重油、油漆及混有少量固體泥漿。

2. **槳葉(paddle)攪拌器**

槳徑大(50～80%槽徑),適合密度大但黏度小的流體,低轉速(20～150rpm)徑流式爲主。

3. **輪機(turbine)攪拌器**

槳徑小(30～50%槽徑)，適合高、中、低黏度流體，以高轉速徑流式爲主。

2.2.3　摻和裝置

1. **雙錐摻和器**

　　內壁光滑、易清理、動力消秏低，用於醫藥、顏料、染料、肥料等混合，混合時間短、動力節省。

2. **V 型摻和器**

　　當轉動時，顆粒物料位置變化頻繁，效果佳，適用於任何鬆疏粉粒混合。

3. **內螺旋摻和器**

　　可用於混合黏性或漿狀物料及如穀物的混合，內裝一螺旋運送器之混合裝置。

2.2.4　捏和裝置

1. **絲帶捏和器**

　　混合作用由於相反方向的攪拌引起亂流結果，適用於稀薄糊狀物和不易流動粉末，其操作可分批亦可連續操作。

2. **轉輪捏和器**

　　適合高黏著性物料的混合。

3. **滾輪捏和器**(roll kneader)

　　適合高黏性物料與固體粉末的混合，用於油墨、油漆、強力膠的調和。

4. **雙臂捏和器**

　　槽內設二個刀葉作反向的轉動，使物料均勻捏合。可設夾層，以供加熱或冷卻之用，對揮發性物料可用密閉式以防蒸發，適用於黏滯性固體混合。

2.3 熱輸送

2.3.1　熱輸送的方式

熱輸送基本方式分為傳導、對流及輻射三種。

1. **熱傳導**

固體物質的傳熱方式；藉由物質相互接觸，使能量由含量高的部分(高溫處)往含量低的部分(低溫處)轉移，致使固體內的分子在一定位置發生振動，將能量以熱的方式傳遞。

熱傳導數學關係式：傅立葉熱傳導定律(Fourier's Law)

$$\dot{Q} = -kA\frac{dT}{dx}$$

$\dot{Q}$：熱傳導速率(kW)

k：熱傳導綠(thermal conductivity)(W/m · ℃)

A：流體與固體壁面的接觸面積(m^2)

T：代表溫度變數(℃)

2. **熱對流**

大部分爲流體物質的傳熱方式；被加熱的流體，由於密度變爲比周圍小，因此產生向上移動的現象，此種傳熱方式稱爲對流。由於流體本身的密度差引起的運動現象稱爲自然對流；依送風機或泵等外力的作用引起對流，稱爲強制對流。

熱對流數學關係式：牛頓冷卻定律(Newton's Law of cooling)

$$\dot{Q} = hA(T_f - T_w) = hA\Delta T$$

$\dot{Q}$：熱對流速率(kW)

h：熱傳係數(heat transfer coefficient)(W/m · ℃)

A：流體與固體壁面的接觸面積(m^2)

T_f：代表流體溫度(℃)

T_w：代表固體壁面溫度(℃)

ΔT：流體與固體壁面溫度差

3. **熱輻射**

某物質的能量藉由分子或原子的振動，能量以波動方式向外放射，撞擊其他物質的分子而被吸收產生熱的現象，此種傳熱方式稱爲輻射。輻射是一種不需介質的熱傳遞現象，輻射能的性質有若光線，是一種電磁波，可自熱源向四周發射能量，其放射能量碰到透明體即通過，碰到不透明體時，一部分被反射，其餘被吸收而變爲熱。

黑體輻射力與溫度的關係被稱為 Stefan－Boltzmann 定律，可表述為：

$$E_b = \sigma_0 T^4$$

式中，E_b 為黑體的輻射力(W/m^2)；T 為黑體的絕對溫度(K)；σ_0 為 Stefan－Boltzmann 常數，其值為 5.67×10^{-8} [$W/(m^2\ K^4)$]。

2.3.2 熱交換器

1. **雙套管熱交換器**

　　最簡單熱交換器是雙套管或同心圓熱交換器，一流體在管中流動，另一流體在兩管間環狀區域流動，流體為並流或逆流。熱交換器可用一組單一長度的管，藉管件在末端銜接或從一些管相連以串聯方式結合，此熱交換器主要用於較小流動速率。

2. **管殼式熱交換器**

　　為化工裝置設備中應用最廣的一種熱交換器，無論在低溫、高溫、低壓、高壓，只要能在材料的容許使用範圍內就可被用於加熱、冷卻以及蒸發、冷凝等方面且其信賴度很高，效率又佳。一般都採用將導熱管以水平橫置的型式，若安裝面積受到限制時，或是在用於蒸發操作者以及其他因素非採用導熱豎立形的傳熱管，其性能上才可獲得較佳效果時，也可採用豎立形的，將多數傳熱管以擴管或銲接等方式，固定於管板上而成管群插入殼體內所構成之換熱器。一般可由管板和熱交換器殼體銜接部分的方式加以區別，而可分固定管板式、浮動頭式、U 字管式等三種。

3. **板式熱交換器**

　　適於加熱黏滯性流體與需作瞬間加熱或冷卻的流體，其由一套有溝槽的金屬板垂直懸掛在固定架，另一端連接於一可移動的桿上，板數隨設計者的需要增減。板和板間裝配墊圈(gasket)，並以螺栓與螺旋夾緊於兩端板之間。流體的進出口設在最兩端板的角落，冷、熱流體進入熱交換器後，順著板上的溝槽流向前方，一冷一熱金屬板交互錯開而進行熱輸送。

4. **空氣冷卻式熱交換器**

　　當氣體被加熱或冷卻，常用的設備是交錯流動熱交換器。流體之一為液體，流經管內，強制管外氣體與管束垂直流動，有時可能為自然對流。管內流體不會混合，因其固定與不會和其他液流相混，對於管內未混合的流體在平行和垂直方向均有溫度梯度。第二種類型的交錯流動熱交換器應用在空氣調和加熱器，氣體流經如鰭狀的管群，因其固定於各別的流動通道而互不相混，管內流體亦不會混合。空氣必須以風機驅動，使之發生強制對流，提高熱輸送效率。熱交換器依風機安裝的位置，有鼓風式與抽風式兩種。

5. **熱管**

基本構造為管中間是空的，圓管的內表面覆蓋一層多孔的蕊材(wick-ing material)。管中含有可冷凝的液體，藉毛細作用滲入蕊材內。管的一端是蒸發器，蕊材內的液體因加熱而被蒸發，蒸汽向管的另一端流動。管的另一端是冷凝器，蒸汽的潛熱被移走而冷凝成液體，由蕊材吸收，藉毛細作用回到蒸發器。

6. **套層式與盤管式熱交換器**

許多化學或生物製程通常是在攪拌槽進行，液體藉由電動馬達驅動與軸心相連的攪拌翼片來攪拌。在攪拌過程中需要冷卻或加熱其內容物，以槽壁的冷卻或加熱套層或浸漬於液體中的盤管造成熱輸送。

7. **散熱片式熱交換器**

使用熱交換器管壁有散熱片(fin)，可提供相當高熱傳係數，汽車暖氣機就是這種裝置。熱水流經管束，使管壁增溫。在管外側的散熱片從管壁接受熱量，並且以強制對流將熱輸送到空氣中。

2.4 蒸發及濃縮

2.4.1 蒸發及濃縮的定義

水分含量高的液狀製品，去除其水分以提高可溶性及不溶性固形物濃度的操作稱為濃縮。為了提高溶液中的溶質濃度，加熱溶液使溶劑氣化的現象稱為蒸發。

2.4.2 蒸發及濃縮的方法

1. **蒸發濃縮**

利用各種蒸發器將溶液加熱，使其中所含水分因達沸點而蒸發。

2. **冷凍濃縮**

將溶液部分冷凍，使溶液中的水分凍結形成液體、固體混合的狀態，再利用分離法將冰晶去除。

3. **眞空濃縮**

利用機械提高眞空度(減低壓力)，使水分因沸點下降而揮發，再由眞空器抽離。此法雖然會使芳香成分散失，但由於加熱溫度降低，製品的變質、變色較少且復原性良好。

4. **薄膜濃縮**

利用薄膜的選擇性，使水分通過薄膜流失，而溶質則積留在薄膜另一側。但由於薄膜孔徑太小，水分子通過不易，通常必須令外施以加壓處理，而且薄膜孔洞容易阻塞，因此一般不適合處理黏度太高的製品，薄膜也必須經常更換以保持暢通。

2.4.3　常見的蒸發器型式

盤管式蒸發器、套層蒸發器、直立短管型蒸發器、長管式單一通過型蒸發器、長管式自然循環型蒸發器、強制循環型蒸發器、攪拌膜型蒸發器、液膜下降型蒸發器、板型蒸發器。

2.5 乾　燥

2.5.1　乾燥簡介

乾燥是指由物料中除去適量的水分或其他液體。

2.5.2　乾燥速率原理

1. 單位時間及單位面積中，物料所失去的重量，稱爲乾燥速率。
2. **乾燥過程**

   (1) 起始期：時間較短暫，爲將物料調整至與乾燥器相同的情況。

(2) 恒速期：此爲乾燥速率最大的一期，物料表面蒸發的水分，內部恰足補充，故表面水膜仍在，並保持在濕球溫度。

(3) 減速一期：此時蒸發之水分，內部無法完全補充故表面水膜開始破裂，乾燥速率也開始變慢，物料在此點稱爲臨界點，此時所含的水分，稱爲臨界水分。

(4) 減速二期：這一期只有緻密性的物料才有，因爲水分不容易上來；但多孔性的物料則沒有。第一期水分之蒸發大多在表面進行，第二期時表面之水膜完全不見了，故水分以水蒸汽的方式向表面擴散。

2.5.3 乾燥裝置

一、常壓乾燥機

1. **箱型乾燥機**(cabinet dryer)

   箱型乾燥室內設棚架，使熱空氣與材料接觸的乾燥裝置。屬於批式乾燥，乾燥能力並不高，需要長時間的乾燥。

2. **運送帶乾燥機**(band dryer)

   材料置於運送帶上，在乾燥機內以一定速度移動時與熱空氣接觸的乾燥裝置。適合於蔬菜、咖啡豆、茶葉等的乾燥。

3. **隧道式乾燥機**(tunnel dryer)

   材料置於棚架台車上，自隧道乾燥室的一端推入，在隧道內與熱空氣接觸，然後自乾燥室的另一端移出的乾燥裝置，分爲順流式、逆流式及混合流式三種。

4. **攪拌式槽型乾燥機**(agitated trough dryer)

   在一個固定的槽或圓筒中以攪拌軸迴轉，材料自一端供給，向另一端移動時進行乾燥的裝置。

5. **迴轉乾燥機**(rotary dryer)

   原料供給於輕微傾斜的橫型迴轉圓筒中，以逆流或順流的熱空氣乾燥的連續式乾燥裝置。

6. **迴轉式穿通熱風乾燥機**(rotary louver dryer)

 材料連續供給於迴轉圓筒的一端，在向另一端移動中進行乾燥的裝置。適合於粒狀材料的乾燥。

7. **流動層乾燥機**(fluidized-bed dryer)

 從粒狀或粉狀材料層的下部送入熱空氣，使材料層在分散狀態流動的過程中乾燥的裝置。適合於材料間互相不發生凝集的乾燥。

8. **氣流乾燥機**(pneumatic conveying dryer)

 粒狀材粉分散於熱風中，以順流方向移動的過程中乾燥的裝置。因乾燥時間短，適合於熱敏感性材料的乾燥，可連續大量乾燥，故適合於澱粉或結晶性鹽類的乾燥。

9. **噴霧乾燥機**(spray dryer)

 液體材料自中央上部的噴嘴或高速迴轉圓板噴出微細液滴，分散於熱空氣氣流中以行乾燥的乾燥裝置，液體材料在瞬間變爲乾燥粉末。

10. **轉筒乾燥機**(drum dryer)

 利用表面光滑的金屬圓筒作爲加熱轉筒，轉筒內通入蒸汽或熱水，當轉筒在迴轉時，使材料附著於轉筒表面，轉筒迴轉至 3/4 周時，以刮刀刮取轉筒表面的膜狀乾燥品。

11. **泡沫層乾燥機**(foam-mat dryer)

 液體材料中添加界面活性劑並均勻地通入氣體使形成海綿狀泡沫，敷於運送帶上，自運送帶下往上送熱風的乾燥裝置。

二、眞空乾燥機

1. **眞空箱型乾燥機**(vacuum cabinet dryer)

 箱型乾燥室內設棚架，箱內抽眞空，各棚以溫水或蒸汽等加熱的乾燥裝置。

2. **眞空迴轉乾燥機**(vacuum rotary dryer)

 具有加熱套層的圓筒內供給固體材料，迴轉的圓筒內抽眞空，自套層加熱的批式乾燥裝置。圓筒在迴轉時可使粒體或粉體混合，同時與加熱面接觸，所以能得到均勻的乾燥製品。

3. **眞空轉筒乾燥機**(vacuum drum dryer)

   常壓型轉筒乾燥機在眞空下使用的型式。在低溫下乾燥，適用於泥狀或糊狀材料的乾燥。

4. **攪拌型乾燥機**(agitated dryer)

   在乾燥機內沾著加熱面設有迴轉攪拌輪葉的乾燥裝置，適用於粒狀或泥狀材料的乾燥。

5. **眞空冷凍乾燥機**(freeze dryer)

   材料以急速冷凍法冷凍，然後在高眞空下使冰結晶昇華的乾燥裝置，眞空冷凍乾燥法的設備費及操作費均比一般乾燥法高出很多。

2.6 增濕操作

一、濕度調節

當溫水與未飽和氣體直接接觸時，部分液體被汽化。由於蒸發的潛熱，液體溫度隨之降低。主要應用爲乾燥或空氣調節操作中，控制空氣內的水蒸汽含量而增濕；在空氣除濕時，則利用冷水從暖空氣冷凝部分水蒸汽；於涼水操作時，將水分蒸發至空氣，降低溫水的溫度。這些操作較吸收與脫附簡單，因液體只含一成分，於液相中輸送無濃度梯度和阻力。另一方面，此等操作的熱輸送與質量輸送互相影響，溫度和濃度的變化同時發生。

二、調節裝置

包括噴霧增濕器、減濕冷凝器、冷氣機。

三、涼水器

使熱水變涼之裝置稱爲涼水塔，其原理爲使溫水與未飽和之冷空氣接觸則同時增溫、增濕，種類包括噴淋池、自然通風式涼水塔、機械通風式涼水塔。

2.7 蒸　餾

2.7.1 蒸餾簡介

蒸餾係利用多成分溶液間沸點之不同，藉加熱及冷凝操作將溶液分離或提純的方法。經由氣液平衡，將揮發性較高的成分加熱，促使在氣相中濃度比在氣相中濃度爲高，所得蒸汽經冷凝繼續與以提濃或提純操作。

2.7.2 蒸餾方法

1. 蒸餾的方法可依平衡級數及進行方式分類。
2. 平衡級數是指氣相接觸達平衡的次數，分爲單級式及多級式兩種。
3. 進料方式分爲批式進料及連續進料。
4. 主要蒸餾方法有八種
   (1) 簡單蒸餾：單級，批式進料。簡單蒸餾的冷凝液濃度隨時間而逐漸變小，故又稱爲微分蒸餾，最初的餾出液中含低沸點的成分最多。
   (2) 驟沸蒸餾：單級、連續式進料，又稱爲平衡蒸餾。溶液加熱在汽化室中，驟然沸騰產生的蒸汽不立即除去，而與飽和液體充分接觸，俟達到平衡後移除冷凝。
   (3) 批式蒸餾：多級，批式進料。容器內的液體緩緩加熱煮沸，同時蒸汽快速抽出，並將冷凝的蒸汽收集，首次蒸餾液中含較高濃度的揮發性成分，持續蒸餾則蒸餾液所含揮發性成分越來越少。
   (4) 精餾：多級，連續式進料。僅一個蒸餾器對沸點差異較小的混合物，是無法完全分離，精餾或稱爲分級蒸餾可視爲一系列平衡蒸餾的組合，目的是使氣液相作多級接觸，使混合物的分離更完全。
   (5) 水蒸汽蒸餾：水蒸汽蒸餾大多以沸點高時較容易蒸餾，或傳熱不良物質中的不揮發性雜質的分離爲目的，其方法是直接將水蒸汽噴入蒸餾塔內的溶液中，故適合處理不易溶於水的物質。
   (6) 共沸蒸餾：酒精脫水時，若能添加苯，則苯會與水在 69℃產生共沸(在混合溶液中，液相的組成與其在平衡狀態的氣相之組成相同時，此溶液就是在共沸狀態下，此溶液就稱爲共沸混合物，其組成稱爲共沸組成，此時的溫度稱為共沸溫度或共沸點。把共沸混合物加熱時，此溶液從開始到最後不改變組成而以相同溫度沸騰，此現象稱為共沸)，於是可由蒸餾塔取出苯和水，而高純度的酒精 78℃自塔底取出。

(7) 萃取蒸餾：考慮一個不添加丙酮於苯—環己烷的系統，更改加入酚蒸餾，因酚的沸點為 182℃，所以揮發度比其他二成分小。可是苯對酚有很大的親和力，能選擇性被酚萃取，而環己烷不太受影響，當進行蒸餾時，從塔頂取出環己烷，酚與苯自塔底取出。從塔底取出的溶液藉其他蒸餾塔將苯和酚分離，酚被送回再使用。

(8) 分子蒸餾：一種在高真空下操作的蒸餾方法，這時蒸汽分子的平均自由徑大於蒸發表面與冷凝表面之間的距離，利用平均分子自由徑差異分離出大分子量與小分子量的物質。

2.7.3 精餾裝置

蒸餾塔可分為板塔與填充塔，板塔為主要型式，氣液相進行多級接觸；填充塔則進行連續微分接觸。

2.8 吸　收

吸收裝置的主要目的是使氣體與液體作密切接觸，而有效地完成質量傳送。依接觸的方法可分級式接觸型與微分接觸型，工業上常用的吸收裝置為：

1. **填充塔**

   最常用的吸收塔操作，液體自塔頂以分配器分散至塔的各部，然後順流而下。氣體由塔底往上流，氣液在塔中逆向流動時接觸，經過充分接觸後，液體自塔底排出，氣體排出於塔頂。

2. **板塔**

   特別適合液量過多或固體懸浮液或較大的液體流率操作，較常見的種類如下：

   (1) 篩板塔：篩板由特定材質製成的平板，板上鑽有許多小孔，促使氣體通過小孔而與液體接觸。因為氣體的動能，當其通過小孔時，液體不會自小孔流下，而由板側的堰自降流管溢流。

(2) 泡罩板塔：空氣通過板孔而流至泡罩，然後折流至泡罩週邊的孔洞，流出與液體接觸。

(3) 閥門板塔：閥門板爲篩板的改良板，在板的小孔上各有一個閥蓋罩住，其可改變開孔的面積，改善氣體的流量，因此閥門板能適用於較大的氣體流量範圍。

3. **離心噴霧塔**

氣體自塔底往上流，液體從塔頂經由噴管噴下，氣液接觸進行質量輸送。效率不高，常需數個串聯使用。

4. **濕壁塔**

常用於鹽酸的製造，因散熱效果佳。

2.9 萃　取

2.9.1 萃取簡介

1. 在一液體或固體物料中加入某種溶劑，將其中的可溶性溶質分離之操作，稱爲萃取。
2. 當萃取的對象爲固體時，稱爲固液萃取，或稱爲瀝取。
3. 當萃取的對象爲液體時稱爲液液萃取。
4. 瀝取與過濾操作中的洗滌相似，但一般瀝取的目的在提取固體中有用的物質，而洗滌之目的則相反。
5. 液液萃取的功能與蒸餾相似，都是使液體混合物分離的操作，但下列三種情況較適合萃取，即混合物具低揮發性(高沸點)、共沸現象、具溫度敏感性。

2.9.2 萃取的操作方法

1. **工業上萃取操作包含三步驟**

原料與溶劑的混合與接觸、兩相的分離、溶劑的回收。

2. **溶劑與原料的接觸方式**

包括單級接觸、共流多級接觸、逆流多級接觸、逆流微分接觸。

2.9.3 液液萃取裝置

依液體分散的方法分成：

1. **非攪拌式萃取器**

   端賴輕重液的密度差、重力分散及分離兩液，包括噴淋萃取塔、填充萃取塔、多孔板萃取塔。

2. **機械攪拌式萃取器**

   能將液體分散成更細小的液滴，使兩相接觸面積增大，而大幅提高萃取效果，包括混合沉降槽、攪拌萃取塔。

2.9.4 瀝取裝置

1. 植物類物料的瀝取：包括滲濾糟、籃式萃取器、肯尼地萃取器。
2. 粗大顆粒物料的瀝取：滲濾槽加槳式攪拌器。
3. 細小顆粒物料的瀝取：道耳攪拌器。

2.10 吸　附

2.10.1 吸附反應原理

1. 物理吸附又稱 Vander Waal 吸附，由固體吸附物與被吸附物分子間作用力，促使被吸附物固著於固體表面，是一種可逆現象，即附著於固體表面的被吸附物與氣體中分子達成平衡狀態。
2. 化學吸附，又稱活性吸附。由吸附劑與吸附物之間的化學作用，促使吸附物附著於吸附劑表面。一般低溫執行物理吸附，高溫則爲化學吸附。
3. 主要差異

性質	物理吸附	化學吸附
結合力來源	凡得瓦爾力	化學鍵(價電子的轉移或共用)
結合力大小	< 40kJ/mole	有可能(> 100kJ/mole)
選擇性	無	無
吸附層數	可達多層(如凝結)	限於一層

性質	物理吸附	化學吸附
活化能	無	不定
脫附出的產物	一定是被吸附物	可能不是被吸附物
吸附應用	測觸媒的表面積和微孔的體積分佈	測金屬的分散度和吸附強度

4. 沸石

沸石可分爲天然沸石及合成(人造)沸石兩種及組成爲含鈉、鈣或微量鋇、鍶、鎂、鉀等成分之鋁矽酸鹽，分子內並含有不同分子數之結晶水，分子以 $xNa_2O \cdot Al_2O_3 \cdot ySiO_2 \cdot zH_2O$ 等表示，具有選擇性吸附、分離、離子交換能力。

2.10.2 吸附設備

1. **固定床吸附器**

吸附劑置於篩網或多孔板上，進料氣向下流過床體，當出口氣體的溶質濃度達到某一值或於所設定的時間，則控制閥自動轉換，而直接進料至另一床，並啓動再生的進行。

2. **連續吸附器**

由氣體與液體的吸附，確實可使固體與流體連續逆向接觸而進行，固體因重力向下流動，通過吸附和再生，然後由空氣揚升到原處，或以機器帶動回至塔頂。

2.11 離子交換法

2.11.1 離子交換原理

離子交換法係指利用不溶性固體物質(樹脂)去除水溶液中之正電或負電離子，同時將等量相同電荷的離子釋入水溶液中之一種可逆式相互交換反應。在此過程中，利用樹脂具多孔網狀結構的特性，使溶液中的離子迅速擴散進入樹脂內的分子網路中，以進行固、液間的交換反應，樹脂本身的結構則未改變。

2.11.2　離子交換樹脂

1. **離子交換樹脂依官能基的種類分爲兩種型式**

   (1) 陽離子交換樹脂：強酸型、弱酸型。

   (2) 陰離子交換樹脂：強鹼型、弱鹼型。

2. **製法**

   (1) 陽離子交換樹脂：陽離子交換樹脂是苯乙烯的共聚體，經磺化反應而製得，具有磺酸基團的強酸性陽離子交換樹脂。反應式如下：

   CH－CH_2　CH=CH_2　⋯－CH－CH_2－CH－CH_2－⋯

   ⌬ ＋ ⌬ $\xrightarrow{\text{催化}}$ ⌬ ⌬

   CH=CH_2　⋯－CH－CH_2－CH－CH_2－⋯

   苯乙烯　二苯乙烯　苯乙烯－二苯乙烯共聚物

   ⋯－CH－CH_2－CH－CH_2－⋯　⋯－CH－CH_2－CH－CH_2－⋯

   ⌬ ⌬ $\xrightarrow[\text{磺化}]{H_2SO_4}$ ⌬－SO_3H ⌬－SO_3H

   ⋯－CH－CH_2－⋯　⋯－CH－CH_2－⋯

   苯乙烯－二苯乙烯共聚物　磺酸型陽離子交換樹脂

   離子交換樹脂外觀爲淡黃色或至褐色顆粒，出廠形式爲鈉型。結構式如下：

   ⋯－CH－CH_2－CH－CH_2－⋯

   ⌬－SO_3N_a ⌬－SO_3N_a

   ⋯－CH－CH_2－⋯

   (2) 陰離子交換樹脂：陰離子交換樹脂是苯乙烯的共聚體，經氯甲基化和胺化而製得，具有季胺基團的強酸性陰離子交換樹脂。外觀爲金黃色球狀顆粒，出廠形式爲氯型。結構式如下：

   ⋯－CH_2－CH －－－－ CH_2－CH－CH_2－⋯

   ⌬－$CH_2(CH_3)NC1$ ⌬－$CH_2(CH_3)NC1$

   ⋯－CH－CH_2－⋯

2.11.3　離子交換裝置

離子交換裝置一般爲固定床式與移動床式，前者是將離子交換樹脂塡充於下面有多孔板或矽石等支持層的塔中，在此樹脂塔通水，使其進行離子交換反應。塔內樹脂對不純物的離子吸附量若達到限度，則結束通水，進行再生，藉再生劑將樹脂中的不純物離子脫附洗除。一面反覆通水、再生，一面長期使用。移動床式爲上昇流進行通水，偶爾通水於中上，藉排液栓塞促使樹脂層向下方移動，同時從塔的上端將再生樹脂塡充於塔內，再次通水，自通水塔取出的樹脂是在再生塔以同樣的方式再生。

2.12　薄膜分離法

在化學程序工業上，薄膜單元操作如同一個半透性的障礙壁，藉著薄膜控制兩液相、兩氣相或氣相—液相中不同分子的移動速率來達成分離。上述兩流體相一般皆可互溶，而且此薄膜實際可防止水力流動。薄膜分離法的主要類型如下：

1. **電透析**

   電透析發生離子分離，是由於離子通過薄膜時具有不同的電動勢差值。

2. **逆滲透**

   只容許低分子量溶質通過的薄膜，置於含有溶質的溶液與純溶劑之間，溶劑藉著逆滲透擴散進入溶液。

3. **超濾法**

   藉著施壓力於半滲透高分子薄膜，促使分子分離，此薄膜是基於分子大小、形狀、化學結構的不同來辨別，並且可分離高分子量溶質。

4. **滲透蒸發**(pervaporation)

   滲透蒸發法乃結合滲透與蒸發兩種不同的程序，係一種能使單一或多成分的液體混合物進行擴散，或通過一選擇性薄膜的分離程序，蒸發在出口端的低壓下產生，而且再藉由眞空泵或冰凍冷凝器移除產物。

2.13 結　晶

一、結晶方法

1. **結晶步驟**
   (1) 晶核生成：單位聚群晶胚晶核。
   (2) 晶體的生長：晶核結合了動力單位而形者。
2. **達成過飽和方法**
   (1) 冷卻法：溶質之溶解度變化很大時。
   (2) 溶劑蒸發法：溶質之溶解度隨溫度變化很小時。
   (3) 鹽析法：在溶液中加入第三種物質，藉以急速降低溶質之溶解度。
   (4) 絕熱蒸發法：急速蒸發，可降低溶液溫度，同時減少溶劑的量。
3. **影響結晶的因素**
   (1) 晶種：在準安定區結晶，可獲得大顆粒結晶。
   (2) 溫度：溫度不同，則溶液的飽和度不同。
   (3) 雜質：有雜質存在，則晶形不同。
   (4) 攪拌：對於高黏度溶液的結晶攪拌，可以促進晶核成長。

二、結晶裝置

包括攪拌分批式結晶器、蒸發式結晶器、間歇式眞空結晶器、循環連續式眞空結晶器、通管循環式眞空結晶器。

2.14 減　積

一、概論

減積設備可分為將大塊固體物料壓碎成小塊固體而言，有初級壓碎機及二級壓碎機之分。初級壓碎將大塊物料變為 150～250mm 大小，二級壓碎機再變為 6mm 大小。分類研磨機或粉碎機為將被壓碎機處理過的物料研磨細粉，小於 420μm 的大小；超細研磨機為將壓碎機處理過的物料變成 1～50μm 大小。形式種類為：

1. **初級壓碎機**

(1) 鎚磨機：此類粉碎機在圓筒形殼內裝有高速轉動轉子，轉軸位於水平方向，物料自頂部進入，在鎚磨機內物料被鑲在轉子圓盤的多組擺動槌所粉碎，進入粉碎區的顆粒進料被鐵鎚所粉碎，顆粒變爲碎片後，即指向固定在殼內的鐵鉆板，而碎裂成更小的碎片，小碎片再被鐵鎚磨成粉末狀，粉碎後的物料自底部開口排出。

(2) 衝擊機：衝擊機與鎚磨機非常類似，但衝擊機物料出口外部不具格子網或篩，顆粒只有被衝擊或粉碎，並無鎚磨機的磨損作用特性。與鎚磨機相似，衝擊機的轉子可在任意方向轉動衝擊機，可用於岩石或礦石的初級研磨，運用時處理速度可達每小時 600 噸。

(3) 輥壓機：此類粉碎機包括輥式粉碎機、盤球滴磨機及輥磨機等，輥壓機將固體顆粒在輥筒與磨環或外殼面間被含住而粉碎。

2. **研磨、粉碎機**

將原料粉碎成 0.1mm 以下的粒裝置，例如球磨機等。

3. **超細研磨機**

將原料粉碎成膠體粒度的裝置，例如膠磨機等。

4. **切削機**。

2.15 機械分離

2.15.1 固體與固體的分離

一、篩分、篩分(screening)

將大小不同的某物料顆粒，通過篩網，比篩網小者得以通過，比篩網大者則留在網上，而將不同粒徑的物料分離的操作。

二、類析(classification)

1. **定義**

不同粒徑或密度的固體在流體中，將有不同的終端速度，利用此“沉降速度”的差異將固體分離的操作，稱爲類析。

2. **原理**

固體粒子在液體中沉降時，受到重力加速度作用，沉降速度會漸增加，但當速度大至某一程度時，重力、浮力及阻力三者將達成平衡，此時的沉降速度不再改變稱爲終端速度(terminal velocity)。當雷諾數大於 2100 時，流體呈現紊流現象，沉降係數(c)約爲定値；當雷諾數小於 1 時，稱層流。

3. **常用的類析裝置**

沉降桶(settling tank)、道耳類析器(dorr classlifier)。

三、浮選(flotation)

1. **定義**

表面張力大者不易被水所潤濕，小者易被水潤濕，利用此表面張力之差異而達到分離效果，稱浮選法。

2. **常用的浮選裝置**

係一長方形槽，槽內可分成泡沫攪拌區、泡沫分敵區及泡沫移除區等三部分。泡沫攪拌區有強力攪拌器，由頂部通入空氣，將上方流入的原礦粉與泡沫劑猛烈攪拌產生泡沫，上升至泡沫分離區，純礦粉末被泡沫吸住，浮於水面，從溢流管排出，脈石粉末則下沉至底部形成泥漿排出。

四、磁分(magnetic)

1. **定義**

利用物料有不同“感磁性”的原理分離。

2. **操作**

於皮帶輸送器的尾端裝置一具有強磁性的驅動滾輪，則逆磁性物料抵達尾端時，因向心力不夠先落下，而磁性物料爲磁力所吸，至離開滾輪磁力消失才落下。

2.15.2 固體與液體的分離

一、沉積(sedimentation)

1. **定義**

使懸浮中的微小粒子，因重力或離心力沉降成濃稠泥漿，並使上層液澄清的操作。

2. **常用的沉積裝置**

沉積桶、道耳稠化器。

二、過濾(filtration)

1. **過濾原理**

過濾就是一種利用施加於液漿入口和濾液出口間的壓力差，促使濾液通過過濾介質的裝置。在過濾操作期間，液漿中的固體留存於裝置內形成一粒子層，濾液則需流過此層，通過串聯的三種阻力：濾液排放的阻力、濾餅的阻力、過濾介質的阻力。洗滌濾餅期間，洗滌水的流通也遭遇與濾液同樣的阻力，但濾餅對濾液和洗滌水的阻力大小不同。

2. **過濾裝置**

過濾器依完成的任務分成四大類：濾分器(strainer)、澄清器(clarifier)、濾餅過濾器(cake filter)、過濾稠厚器(thickner)等，濾分器爲橫斷安裝在管路中金屬網的最簡單過濾器，藉以從流動液體除去髒物或銹爛物。澄清器用以除去進料中少量的固體，產生極均勻或透明的液體。濾餅過濾器係從液體中分離大量的固體，形成一結晶或渣滓的餅狀物，其包括固體洗滌設備，儘可能自固體中移去殘留的液體。過濾稠厚器促使稀漿液部分分離，排出一些澄清液體，生成較稠厚與仍流動的固體懸浮液。若按過濾操作原動力劃分，過濾器亦可分爲重力濾機、壓濾機、眞空濾機和離心濾機。

(1) 重力濾機：重力濾機由水泥或金屬槽充塡過濾介質而成，過濾介質因所處理的不同混合物而異，但不能比粗篩網或砂樣的粗粒子床更細密，其應用僅限於很粗晶體排出液體與水的澄清。

(2) 壓濾機：壓濾過濾器最普遍的型式爲壓濾機、殼葉濾機(shell-and-leaf filter)，壓濾機通常以大氣壓力以上的壓力排出固體，而且爲批式操作。連續壓濾機雖有其特殊用途，但其使用範圍有限。

(3) 眞空濾機：眞空濾機操作恰與壓濾機相反，而是在過濾介質的下游施以吸力，抽成低於大氣壓力，促使濾液通過，濾渣則集結在介質上。

(4) 離心濾機：離心濾機適用形成多孔性濾餅的固體，從母液中分離。液漿輸入具有溝槽或多孔壁的旋轉籃，壁上或溝上覆以帆布或金屬織物等過濾介質。因離心力產生壓力，促使液體通過介質而留下固體。切斷輸入籃子的液漿，讓固體濾餅繼續旋轉短暫時間，使濾餅中大部分的殘餘液體排出，留下的固體比壓濾機或眞空濾機乾燥。

2.15.3 固體與氣體的分離

1. **概說**

   工廠排出氣體中，常夾雜著許多微粒，例如煙囪廢氣中常含有碳黑與灰塵，若不設法收集，不但有礙健康，而且可能引起爆炸的危險。

2. **常用的收集裝置**

   旋風分離器(cyclone separator)、袋濾器(bag filter)、靜電集塵器(electrostatic precipitator)。

2.16 反應裝置

2.16.1 均勻反應器

化學反應器的主要任務爲將原料轉化所需的產品，乃程序不可替代的動力，其型式按物理形狀分類，基本上是槽式與管式。

理想槽式反應器由於攪拌效果良好，器內反應混合物的組成均勻和溫度均一，其操作方式可分爲：(1)批式，(2)半批式，(3)連續式三種。在簡單批式反應器中，流體元素具有相同的組成，但隨時間而變。半批式反應器內已部分裝有反應物，而額外的反應物繼續間歇加入，直到所需的最後組成。另一方法爲將反應物一次輸入槽內，然後連續把生成物取出。連續式操作乃將原料連續輸入攪拌槽，同時把同樣體積的反應器內容物輸出，維持槽內一定的液位，輸出流的組成和滯流槽內的流體相同。

批式反應器來說，反應速率愈大，每批次的操作時間愈短；反應速率愈小則時間愈長。對連續式反應器而言，反應速率愈快所需反應器的體積愈小，速率愈慢則所需反應器的體積愈大。以一簡單的反應式 A→B 爲例，式中反應物爲 A 生成物爲 B，其速率方程式如下：

$$-r_A = -\frac{1}{V_R} \times \frac{dn_A}{dt}$$

式中

$-r_A$：爲反應物 A 的化學反應速率

V_R：爲所有反應混合物的體積

n_A：爲反應物 A 的數量，通常以莫耳數表示

t：反應時間

若以反應物 A 的濃度來表示，則反應速率方程式可改寫爲：

$$-r_A = -\frac{d[A]}{dt}$$

[A]表示反應物 A 的濃度，如果此反應的反應速率常數 k 爲已知，則上式可改寫爲：

$$-r_A = k[A]^n$$

n 表示反應物 A 的反應級數。

半批式反應器對於具有化學計量學的反應很有用：

$$A + B = \text{products}$$

其中 B 已經在反應器中，A 正在緩慢進料。這可能是必要的：(1)控制放熱反應的熱釋放，例如氫化，(2)提供氣相反應物，例如，與鹵化、氫化或(3)改變反應選擇性。

在反應路徑中：

$$A + B \rightarrow \text{desired product}$$

$$A \rightarrow \text{undesired product}$$

保持 B 的恒定和高濃度肯定有助於改變對所需產品的選擇性。

半批式反應器上的物質平衡可以寫成一個物種 i：

$$\frac{dn_i}{dt} = v(t)C^0{}_i(t) - 0 + (v_i r)V$$

系統中累積量＝輸入系統量－輸出系統量＋反應產生量

或

$$\frac{dn_i}{dt} = v(t)C^0{}_i(t) + (v_i r)V$$

其中 $C^0{}_i(t)$是從體積流速 v(t)輸入流的物種 i 的濃度。

理想的連續攪拌槽式反應器，通常具下列條件上的假設，在反應器中之混合良好而且溫度穩定，因爲混合良好，所以反應器中不同位置之濃度、溫度及反應速率皆相同，因此出口之溫度和濃度也和反應器內之溫度和濃度相同。反應器方程式如下：

在單位時間內進行質量平衡：

輸入量＝F_{A0}＝Q_0C_{A0}

輸出量$=F_{Af}=F_{A0}(1-X_{Af})$

積累量$=0$

反應量$=r_{Af}V_r$

物料衡算依據：輸入量＝輸出量＋反應量＋累積量

$$\frac{dN_A}{dt}=F_{A0}-F_A+\int^{V} r_A dV$$

∵穩定狀態：$\frac{dN_A}{dt}=0$

完全混合：$\int^{V} r_A dV=(r_A)_{exit}V$

$$0=F_{A0}-F_A+(r_A)_{exit}V$$

$$V=\frac{F_{A0}-F_A}{-(r_A)_{exit}}=\frac{F_{A0}X}{-(r_A)_{exit}}$$

理想管式反應器內的均勻流體反應物元素係以塞子形狀，沿平行於管軸的方向移動，此種流動方式稱爲塞狀流動(plug flow)，其特點是橫斷面的速度分佈平滑，並假設無流體元素的軸向擴散和回混(back-mixing)的現象發生。

對於一個理想的管式反應器而言，它是穩態的，而且不會有徑向的濃度溫度及轉化率之變化，而且轉化率會隨著反應器之管長增加而增加。反應器方程式如下：

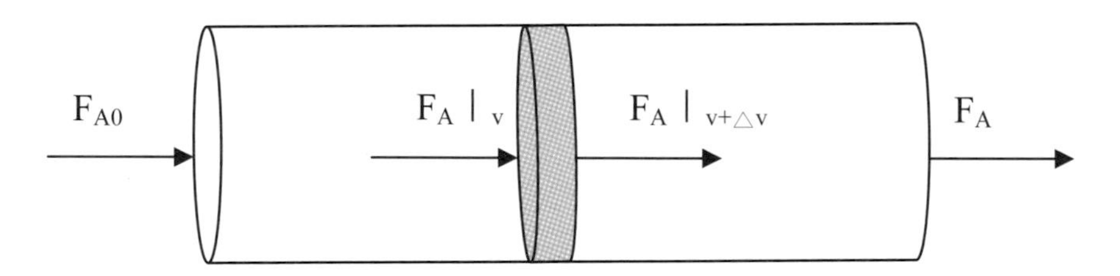

殼層平衡：

系統中累積量＝輸入系統量－輸出系統量＋反應產生量

$$\frac{dNA}{dt}=F_A\big|_V-F_A\big|_{V+\Delta V}+\int^{\Delta V} r_A dV$$

∵穩定狀態：$\frac{dNA}{dt}=0$

V 很小，反應速率變化不大：$\int^{\Delta V} r_A dV=r_A\Delta V$

$$0=F_A\big|_V-F_A\big|_{V+\Delta V}+r_A\Delta V$$

$$r_A = \lim_{\Delta V \to 0} \frac{F_A|_{V+\Delta V} - F_A|_V}{\Delta V} = \frac{dF_A}{dV} = \frac{dF_{A0}(1-X)}{dV} = F_{A0}\frac{-dX}{dV}$$

$$V = F_{A0}\int_0^X \frac{dX}{-r_A}$$

2.16.2　不均勻反應器

不均勻反應器依觸媒粒子的相對運動分為兩類：

一、反應器內固體觸媒粒子彼此保持固定位置

1. **固定床反應器**(fix bed reactor)

　　為一內部填充固體觸媒粒子的圓柱形管，觸媒構成床本體，故亦稱為填充床反應器。反應物的流體由下端進入，流經觸媒床，轉化成產物向上端流出，也有由上端進入與流出於下端。

2. **滴流床反應器**(trickle bed reactor)

　　屬於一種固定床反應器，一般在固定床反應器進行為由觸媒粒子催化的氣體－固體反應。若反應物之一是氣體，而另一為高沸點液體，則於固定床中是反應物氣體與反應物液體在觸媒粒子表面進行的氣體－液體－固體反應，此時的固定床反應器稱為滴流床反應器。觸媒粒子通常置於高填充塔，液體由上端流入，藉重力作用往下流，而氣體可自上端或下端進入，流過由液體浸濕的觸媒粒子間隙，最後自他端流出。

3. **移動床反應器**(moving bed reactor)

　　床反應器中的反應物氣體由下往上升，通過觸媒粒子填充床，而固體觸媒粒子(固相)則輸至床的頂部，受重力作用往下移動，趨近塞狀流動方式，而且由底部移出，因此氣相與固相二者成逆向流動然後觸媒粒子在外部添加裝置，藉氣動或機械方法連續輸送到反應器頂部，繼續運轉。觸媒粒子非於反應器本體時，可能送至輔助設備中再生或再處理。

二、反應器內固體觸媒粒子係懸浮於一流體中，而且不斷移動

1. **流體化床反應器**(fluidized bed reactor)

　　採用細微的粒子，其粒徑一般在 10～300micron 的範圍內(達成最適流體化)，應選定最適宜的粒徑分佈，而且粒子於反應器運動，方式隨反應流體的

流速大小而定。粒子在反應器的行爲：起初反應流體的流速緩慢，因此固體粒子固定不動，如同固定床；當流體流速稍增加時，床內的粒子開始膨脹，稱爲膨脹床(expanded bed)；流體再增加時，則成爲沸騰流體化床(bubbling fluidized bed)。

2. **漿體反應器**(slurry reactor)

　　與滴流床反應器均屬於三相反應器，其特徵爲微細的固體觸媒懸浮於液相中，一般固體粒子的大小約在 100micron 左右。在三相系統中，氣泡通過攪拌的漿體冉冉上升，和流體化床相異者是粒子與流體間的相對運動小，即使液體受機械攪拌亦是如此，而粒子有隨液體移動的趨向。

三、固定床反應器及流體化床反應器比較

1. 固定床係將觸媒固定不動而使反應物流入於其中，當氣體經過固定床時，流動近似於塞狀流，從有效的接觸而需要大量的觸媒以達成高的氣體轉化的觀點，以及必須降低一系列反應所產生的中間產物，或再反應器內的有效接觸顯的額外重要時，固定床甚爲理想。
2. 由於大的固定床系統有低的熱傳導係數及大量的熱釋出或吸入特性，故有效的溫度控制很不容易達成。在高放熱反應中的熱點(hot spots)或熱前端的移動可能延展而損毀觸媒。流體化床係利用懸浮流動的粉末觸媒，使反應物與觸媒充分接觸，快速的固體混合有利溫度控制，能趨於等溫操作。所以若操作僅限制餘狹小的溫度範圍內，不論是反應爆烈的本性或是考慮產物的分布，使用流體化床較佳。
3. 固定床不能使用很細微的觸媒，因其會產生阻塞及高壓落差現象，但流體化床卻可使用細微的觸媒；所以對於非常快速的反應，毛孔阻力極表膜阻力會影響速率，在氣相與固相密切接觸的流體化床中，微細的顆粒將使觸媒產生非常有效的功用。
4. 若觸媒由於退化很快而必須時常再生時，液體狀的流體易於從一單元泵至另一單元，對於此種固體使用流體化床接觸較優於固定床。

2.17 泵　浦

2.17.1　泵浦分類

泵浦的基本分類：

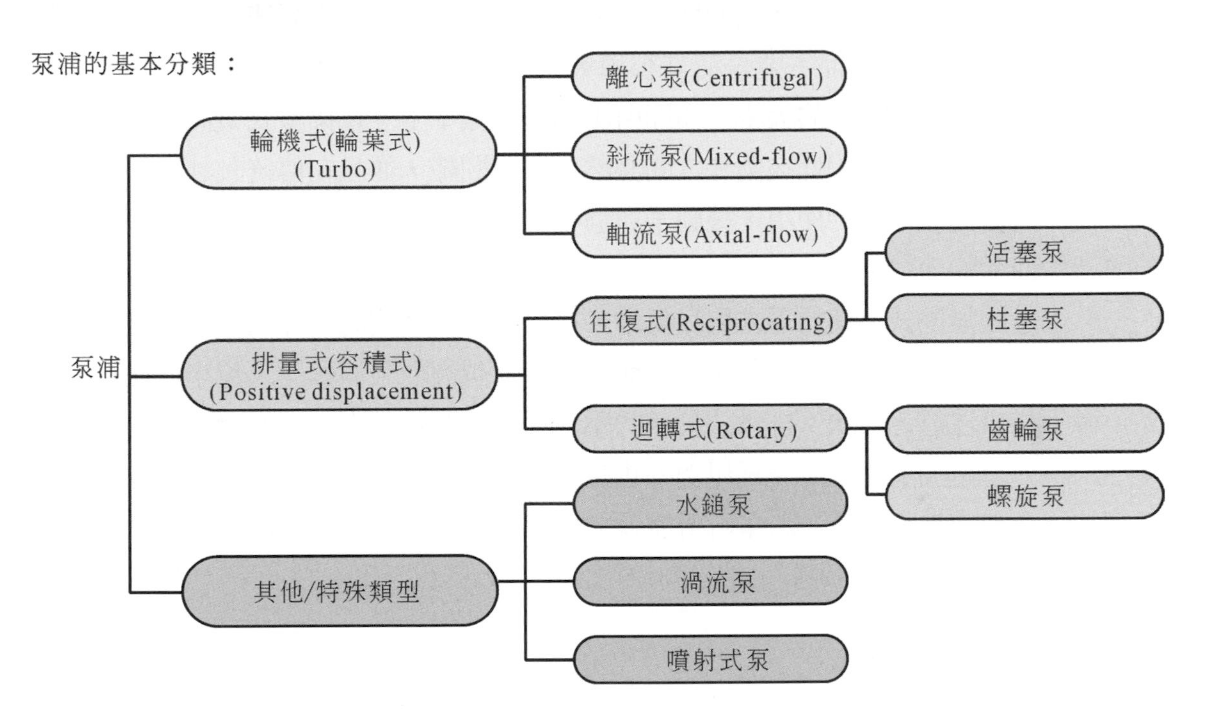

一、輪機式(輪葉式)泵浦

原理是在機殼內裝置動葉輪，當動葉輪在機殼內旋轉時，藉離心力(即離心泵)或升力(即軸流泵)將流體加壓送到出口，同時造成入口眞空，進而吸入流體。一般輪機式泵浦的流量明顯受壓力影響，例如當遇管路系統阻抗增加時，輪機式泵浦會以減小流量(亦即減小管路流量)並提高泵送壓力來因應，因此配合管路的情形自動調整流量是輪機式泵浦的特點，這是與排量式泵浦在性能上最大的差異，而這種差異其實也反映在消耗功率上，由於輪機式泵浦當流量增大時揚程會減小，流量減少時揚程會增大，因此在小流量與大流量所產生的功率消耗，原則上並沒有很大的差別，不過基本上因功率消耗是會隨著流量的增加而增加，但輪機式泵浦其增加的幅度會明顯小於排量式泵浦。再者，因輪機式泵浦的流量容易受到管路系統變化的影響，所以不適合應用於流量要求固定之系統中。

二、排量式(容積式)泵浦

原理是將工作流體加以包覆進而輸送至出口，也就是利用驅動器之扭力強制將工作流體壓送至高壓區，一般驅動器的種類若爲柱塞式或活塞式則通稱往復式泵浦，若爲轉子型態如齒輪式、輪葉式則通稱旋轉式泵浦。一般排量式之泵浦其流量不太會隨壓力變化而發生改變，而主要是與其容積大小及轉速有關，至於壓力對於容積的影響，主要是顯現在洩漏量的大小，亦即所謂的容積效率上。在排量式泵浦的動子與靜子間爲防止直接接觸，因此在兩者之間必然存在有間隙，並且在傳統設計上都會使用潤滑油，而由於潤滑油的使用，讓動子與靜子間的間隙可以設計的較小，也讓因壓力差所產生回漏的流量減少很多。

然最近因無油式泵浦的需求與日俱增，在動子與靜子間的間隙比較不易控制的情況下，很容易發生較大洩漏之狀況，因而造成壓力越高而泵浦輸送量越小的狀況，此點不得不加以注意。其次；排量式泵浦的壓力大小視背壓而定，一般背壓越高泵浦所產生的壓力也越高，相對馬達耗用功率也越高，因此若背壓估算偏低或是管路有阻塞時，往往會造成馬達過載，嚴重時可能還會造成損壞之狀況，所以此點在設計時也必須要很小心注意。

2.17.2　泵浦選用

泵浦的用途是加壓管路中的液體，使液體具有足夠的靜壓力，以克服管路系統內的流動阻抗，以所需要的流量在管路中持續的運轉，因此泵浦與管路的關係密不可分。若從整個泵浦系統來看，泵浦是整個管路系統的心臟，泵浦若不運轉或是運轉不良，都會使系統無法正常操作或是效率無法彰顯；而沒有管路的存在，泵的用處就變得非常的少。因此泵浦在選用上有幾點必須加以注意：

1. 泵浦種類眾多，在選用時必須依照確切的場合與需求來挑選正確的類型。
2. 泵浦最高效率點之流量、揚程儘量與管路需求一致，也就是讓泵浦操作在最佳效率點，因泵浦若不在最佳效率點附近操作，會消耗過多的能源，增加營運成本及加速環境惡化。
3. 由於管路阻抗估算不易精確，或管路使用一段時間後因結垢造成管阻增加，或管路的流量在正常情況下會有某一範圍的變動等因素，都會使管路內的流量產生一些變化，因此若能選擇高效率區寬廣的泵浦，在操作點附近的流量都能在高效率情況下運轉，對節能會有明顯的助益。

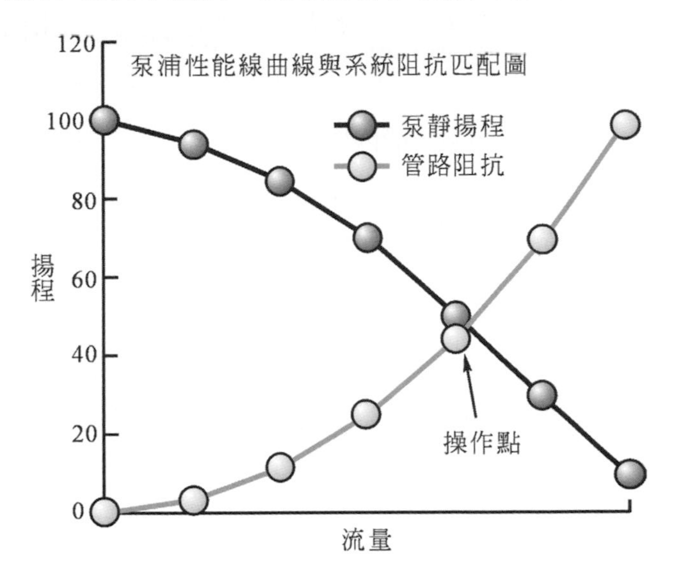

4. 基本上泵浦的功率是隨著流量增加而增大，因此泵浦在流量增加時應考量馬達是否會有過載之狀況。
5. 選用離心式泵浦時應要特別注意空蝕與發生水鎚現象等之問題。
6. 正確的考量所需淨正吸水頭(NPSHR)與有效淨正吸水頭(NPSHA)之需求，一般 NPSHA 之值須大於 NPSHR 值，如此泵浦才不會發生空蝕或汽蝕(cavitation)的狀況。
7. 仔細考量振動問題，一般大多數的泵浦都是固定在地面上，但仍有些會置於架子上，例如 vertical in-line 式的泵浦是懸吊著的，此時泵浦的振動量就必須仔細評估。
8. 泵浦在運轉時常會伴隨有內漏及外漏等問題，一般內漏是運用磨損環來因應，外漏則須靠軸封來加以解決，通常洩漏的發生會影響到泵浦的運轉效率，例如在排量式的泵浦中，洩漏量的大小就會影響到其容積效率。
9. 泵浦的選擇應與管路配置相互搭配，例如在原管路系統中，若再加上一段管路或加上管件，此時系統因阻抗增大，進而造成流量減小、效率明顯降低與耗能明顯增加之現象，此時若想維持原先的流量，就必須選用揚程更高的泵浦才行。

2.18 考 題

一、 熱傳機構有哪三種？寫出每一種機構的速率方程式，並指出其傳送物性或係數。 (106 年公務、關務人員簡任升等考試)

二、 今用泵將苯由貯桶送到高處，桶內壓力為 1atm，苯之溫度為 37.8℃，在此溫度時苯之氣壓為 0.259atm，密度為 0.865g/cm^3，若抽水端管線中之摩擦損失為 0.034atm，泵的位置高於桶內液面 1.22m，試計算此泵之淨正揚程(NPSH；Net Positive Suction Head)。 (106 年公務、關務人員簡任升等考試)

三、 黏度為 0.025N．s/m^2，密度為 1840kg/m^3 之牛頓流體以 0.0020m^3/s 之速度流經如圖之套管(double pipe，內管為邊長 1.5cm 之正方形管，外管為內徑 5.0cm 之圓形管)，試估算其雷諾數(Reynold's number)。

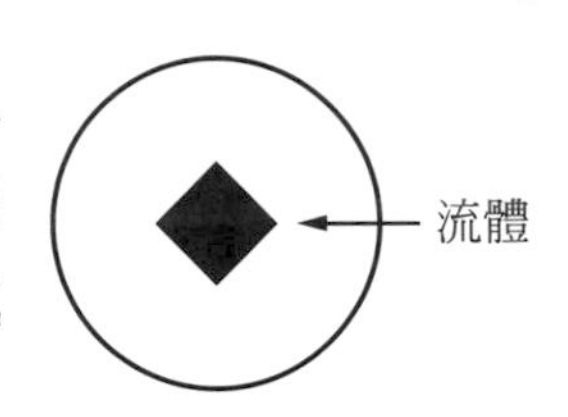

(106 年公務、關務人員薦任升等考試)

四、 請試述共沸蒸餾(azeotropic distillation)之意涵。

(106 年公務人員高等考試三級考試)

五、 萃取分餾(extractive distillation)經常使用於沸點差異不大混合物之分離，例如以糠醛(沸點 161.7℃)作為溶劑，進行正丁烯(沸點−6.3℃)、正丁烷(沸點−0.5℃)、1,3-丁二烯(沸點 4.4℃)混合物之萃取分餾程序。請說明萃取分餾之原理及糠醛之角色。 (105 年公務人員高等考試一級暨二級考試)

六、 關於蒸餾塔之設計與操作，請簡要說明如何選定其最佳操作壓力與回流比。

(101 年公務人員高等考試三級考試)

七、 解釋超臨界萃取(supercritical extraction)

(100 年公務人員高等考試三級考試、88 公務人員薦任升等考試)

答案：超臨界萃取主要是利用超臨界流體取代傳統流體(如水、有機溶劑、水蒸汽)進行的萃取製程，其中超臨界二氧化碳去除咖啡或茶中咖啡因是目前最為人熟知的工業化技術；國內則自 2000 年起，亦成功將此製程應用在淨米上(去除糙米表面油脂，增加糙米保存時間)。現由於各國對產品安全的要求提高，因此無溶劑殘留，又可於低溫操作(<60℃)保留產品活性物質的超臨界萃取，近年來逐漸由工業化規模轉爲製備級(pilot)，並廣泛被生技業者用於保健食品之開發(量少高單價但產品多樣化)。

八、　名詞解釋：

(一)萃取分餾(Extractive Distillation)

(二)氣提(Stripping)

(100 年公務人員薦任升等考試、100 年關務人員薦任升等考試)

九、　使用堆積床(packed bed)進行化學工業程序時，例如氣體吸收，蒸餾等：

1. 堆積物(packing)的作用爲何？
2. 選擇堆積物需要考慮哪些因素？
3. 何謂泛溢點(flooding point)？請解釋之。

如果出現溝流(channeling)現象，將不利於質傳作用，請問有何對策？

(92 年臺灣地區省(市)營事業機構人員第八職等升等考試)

答案：1. 堆積床中通常填以某種表面積甚大的堆積物，其目的乃欲使氣體與液體間具有充分接觸的機會。操作時氣體混合物由床底進入，液體吸收劑自床頂由一分佈器噴淋而下，然後在其流經堆積物的途中，與逆流上升的氣體相接觸，並吸收氣體中的物料，形成溶液而自床底流出，被吸收過的氣體由床頂出口處逸出床外。

2. 堆積物考慮的因素：

(1) 表面積需大：堆積物表面積愈大者，可使床中氣液兩相擁有足夠的接觸面。

(2) 空隙需大：堆積物的空隙愈大時，氣體上升所遭遇的阻力愈小，所造成的壓力降愈低。

(3) 表面積宜鬆：堆積物表面鬆而多孔時，非但易於被液體潤濕，而且可增加氣液兩相的接觸界面。唯當孔過小時，孔中常被靜止的液體所占據，阻止氣體的通過，因而減少兩相間的接觸機會。

(4) 重量宜輕：採用輕盈的堆積物，可減輕全床的重量，減少床底所承受的橫壓力，進而減少床身的材料用量，降低設備成本。

(5) 自由容積需大：自由容積大時，氣體與液體在床中接觸停留的時間較長，此點在起始化學反應的氣體吸收尤其重要，因往往需有足夠的接觸時間，才能使化學反應進行。

(6) 不與氣體或液體起化學作用。

3. 以一定堆積物、形狀大小所堆積的堆積床，在固定的液體流量下，低氣體流速時，所造成的壓力降與氣體流量的 1.8 次方成正比。當氣體流量增加至某一定量時，堆積物空隙處會有局部液體累積，此時的氣體流量稱為負載點(loading point)。氣體流量達到負載點時，增加氣體流量會使液體的滯留量隨之增加，得到堆積床的壓力降驟增。當液體不再向下流動，並將液體自上端排出，即達泛溢點(flooding point)，此時的氣體流速稱為泛溢速度(flooding velocity)，堆積床無法操作。圖 2.1 為堆積床壓力降 $\ln\Delta P$ 對氣體流速 lnG 的關係，圖中點 1 即為負載點，點 2 是泛溢點，在點 3 處液體將被氣體所帶走。此外在不同的液體流量下，有不同的負載點和泛溢點。相同的氣體流速下，高的液體流速壓力降較大。

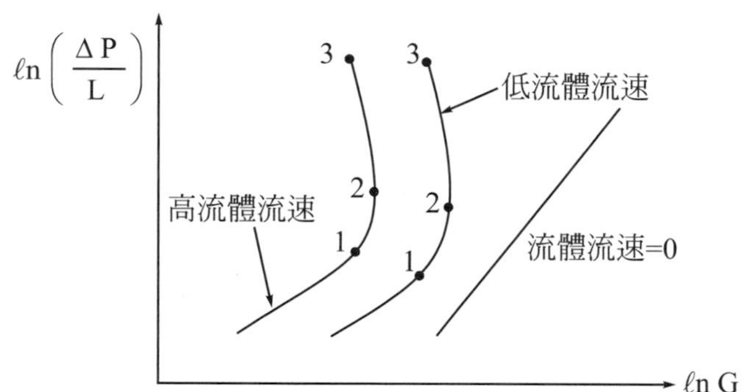

圖 2.1　堆積塔的壓降與氣體流速間的關係

4. 避免溝流現象：

(1) 通常 3～5 公尺的堆積段中必須使用液體分佈器。

(2) 液體流速高於臨界值。

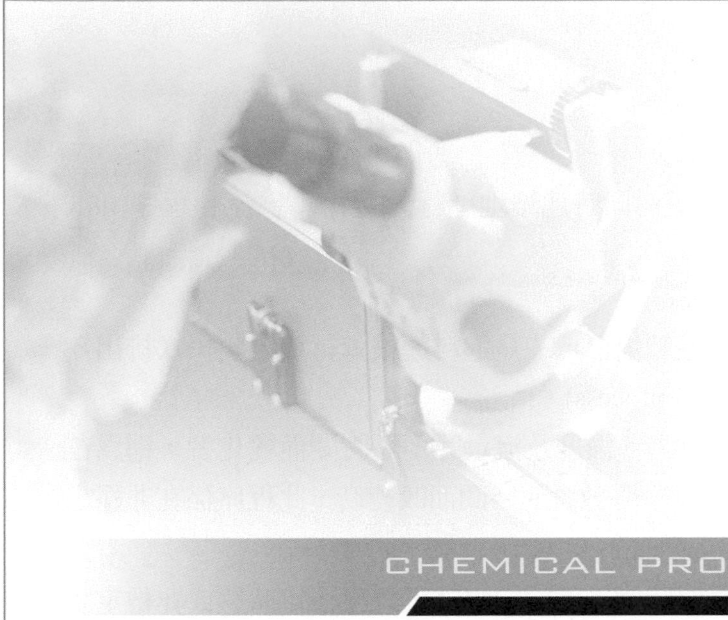

Chapter 3

CHEMICAL PROCCEDING INDUSTRY

化工計算

3.1 質量平衡

3.1.1 質量平衡定律

物質不能被創造亦不能被消滅，涉及核反應時，須應用質能守恆定律，即宇宙中質量與能量的總和為定值。程序中，系統所有變數如溫度、壓力、濃度及流量等不隨時間而變化者，稱為在穩定狀態(steady state)下操作。若其中有一變數會隨時間而改變時，此程序係在非穩定狀態(unsteady state)或過渡狀態(transient state)。

3.1.2 化工程序分類

1. **批式程序**(batch process)

   程序開始時，將所有原料全部輸入系統中，經過一般時間後將其全部輸出。又稱為非流動程序(nonflow process)。

2. **連續程序**(continuous process)

   程序操作時，進料與出料同時連續地進行，又稱：爲流動程序(flow process)。

3. **半批式程序**(semibatch process)

   進料一次加入而出料連續進行，或是進料連續進行而出料一次排出。又稱爲半流動程序(semiflow process)。

程序中，系統所有變數如溫度、壓力、濃度及流量等不隨時間而變化者，稱爲在穩定狀態(steady state)下操作；若其中有一變數會隨時間而改變時，此程序係在非穩定狀態(unsteady state)或過渡狀態(transient state)。

通常批式及半批式程序屬於非穩定狀態，而連續程序可能爲穩定狀態或非穩定狀態。生產量少或簡單場合時可以採用批式程序，生產量大時採用連續程序較爲適合。連續程序可以控制在穩定狀態下操作，但在開始操作及停止操作時均屬於非穩定狀態，經一段時間後才達穩定狀態。

3.1.3 質量均衡式

1. **質量均衡關係式**

   系統中累積量＝輸入系統量－輸出系統量＋系統中產生量－系統中消耗量

2. **穩定狀態下質量均衡式**

   無化學反應時，輸入量＝輸出量

   有化學反應時，輸出量＝輸入量＋產生量－消耗量

3.1.4 轉化率

1. 單程轉化率在整個程序中爲定値。
2. 總轉化率則視回流操作的次數而定，若回流操作的次數愈多，則總轉化率愈高。

$$\text{單程轉化率}=\frac{\text{程序進料中反應物量}-\text{總產物中反應物量}}{\text{程序進料中反應物量}}\times 100\%$$

$$\text{總轉化率}=\frac{\text{新鮮進料中反應物量}-\text{淨產物中反應物量}}{\text{新鮮進料中反應物量}}\times 100\%$$

3.2 氣體、蒸汽、液體與固體

一、理想氣體定律

完全遵從 Boyle-Charles 法則的氣體 PV=nRT，符合下列條件：

1. 分子為一質點，分子僅具有質量但自身體積為零(氣體分子所能自由運動的全部空間，故理想氣體的體積等於容器的體積)。
2. 分子間無作用力(故理想氣體不能液化或固化)。

眞實氣體接近理想氣體的條件：

1. **低沸點，不易液化的氣體**

   He 的沸點最低(4K)，故最接近於理想氣體。

2. **高溫低壓**

   ∵眞實氣體本身占有體積，分子間有作用力。

   ∴高溫時，分子運動速率大，兩個分子靠近的時間極短暫，故分子間的引力可忽略。

   低壓時，氣體體積膨脹，分子本身占有的體積可忽略。

亨利定律(Henry's Law)，是由威廉．亨利所發現的一個氣體的定律。這個式子說明在常溫下且密閉的容器中，溶於某溶劑的某氣體之體積莫耳濃度，會正好與此溶液達成平衡的氣體分壓成正比。

亨利定律的公式為：

$$e^{p} = e^{kc}$$

其中

p 為氣體的分壓；

k 為亨利常數，其單位為 L-atm/mol，atm/莫耳分率或是 Pa-m^3/mol；

c 為溶於溶劑內的體積莫耳濃度。

二、理想溶液

兩個或兩個以上的成分，當混合成一種均勻液體狀態的混合溶液時，彼此分子間沒有引力，沒有能量的變化，也沒有體積的增減，並且在各種溫度和濃度的範圍內都能遵守 Raoult 定律，這種混合溶液稱為理想溶液。

$\Delta H_{mix} = 0$　　　$\Delta V_{mix} = 0$

溶液的體積：$V_{solu}=\Sigma V_i$，溶液的氣壓：$P_{solu}=\Sigma X_iP_i$

V_i：成分 i 的體積，X_i：成分 i 的克分子數，P_i：純成分 i 的蒸汽壓。

三、吉勃士相律(Gibbs phase rule)

吉勃士相律說明在特定相態下，系統的自由度跟其他變量的關係。它是相圖的基本原理。

$$F=C-P+n$$

吉勃士相律的表達式為：

式中，F(或作 π，Φ)，表示系統的自由度，

C：系統的獨立組元數(number of independent component)

P：相態數目

n：外界因素，多數取 n＝2，代表壓力和溫度；對於熔點極高的固體，蒸汽壓的影響非常小，可取 n＝1。

3.3 能量平衡

一、概念與單位

1. **系統**

系統需用系統界面和外界分開，其界面並不一定必須為一貯槽的界面。一系統被一界面所封閉，而阻止質量越過界面傳送者，稱為密閉系或非流動系，藉以與開放系或流動系區別，後者允許質量的交換。所有限定系統的質量或裝置的外部，稱為外界(surrounding)。

2. **性質**

物質的特性可被測定者，如壓力、體積或溫度。若不能被直接測定但可被計算，像某種型式的能量。系統的性質與其任一時間的狀況有關，但和系統過去發生的狀況無關。

(1) 外延性質(extensive property)：係指其值是為組成一個總系統的各副系統之值的總和，例如一氣相系統可分為兩個副系統，體積或質量與原來的系統不同，因此質量和體積為外延性質。

(2) 內涵性質(intensive property)：係指其值不能相加與系統中物質的量大小無關，例如溫度、壓力、密度(質量／體積)等，若系統分成一半，或將另一半合併，其值都不改變。

3. **狀態**

物質在所予時間具有一組既定的性質，系統的狀態與形狀、構型無關，而僅和其內的物質有關，例如溫度、壓力與組成。

二、能量的型式

1. **功**(W)

爲能量的一種型式，表示其在系統與外界間的能量傳送，可被儲存，對一機械力：

$$W=\int F \cdot ds$$

其中 F 是作用於系統上，而且爲 F 方向的外力。

2. **熱**(Q)

通常定義爲流過一系統邊界總能量的一部分，而且其係由於系統和外界的溫度產生。

3. **動能**(K)

爲系統相對於邊界速率所具有的能量，由下列關係式求出：

$$K=\frac{1}{2}mv^2$$

4. **位能**(P)

爲系統由於重力場或電磁場相對於參考表面，其物體力作用於其質量所具有的能量，由下列關係式求出：

$$P = mgh$$

式中 h 是指由參考表面計算的距離。

5. **內能**(U)

是分子、原子與次原子能量的巨視量度，這些均符合動態系統一定的微視守恆法則。由於沒有一種儀器可直接量測內能，故必須自其他能巨視量測的變量(如壓力、體積、溫度和組成等)來計算。

6. **吸熱與放熱反應**

熱傳送發生於一密閉系統(未作功)，係由於化學反應發生，表示能量結合與反應分子的原子結合、鍵的重排有關。對於放熱反應(exothermic reaction)，需要維持反應產物的能量較維持反應產物結的能量爲低，其逆向即爲吸熱反應(endothermic reaction)。

7. **焓**

在應用能量平衡時，焓(H)可採取兩變數來定義：

H=U+PV

標準生成熱(standard heat of formation)

假設各元素在標準狀態的熱含量爲零，則任何物質的標準生成熱等於標準狀態下由各成分元素生成一莫耳化合物時的反應熱，例如 CO_2 的生成熱等於下列生成反應之熱含量變化：

$C_{(石墨)}+O_{2(g)} \rightarrow CO_2 \qquad H_{298}= -94051.8$ cal/g-mole

即 CO_2 在 298°K 下的標準生成熱 H_{298} 爲–94051.8 cal/g-mole。

三、能量平衡

[在系統內的能量累積]=[經由系統界面輸入系統的能量]−[經由系統界面輸出系統的能量]+[系統內的能量產生量]−[系統內的能量消耗量]

3.4 非穩定狀態下的質量與能量平衡

[在系統內的累積或減少]=[通過系統界面而輸入系統]−[通過系統界面而自系統輸出]+[系統內的產生]−[系統內的消耗]

3.5 考　題

一、　某公司擬利用冷凍法自海水中製造淡水，其簡易流程、海水進料成分與進料量等基本資料如圖所示。假設所分離出來的碎冰本身並無鹽份，但其外層仍會沾黏少許濃鹽水，此沾黏濃鹽水之重量分率(weight fraction)b 爲 0.01(亦即沾黏濃鹽水與冰合計，沾黏濃鹽水的重量分率爲百分之一)，當濃鹽水中鹽之重量分率(weight fraction)c 爲 0.05 時，請問每分鐘所得之淡水量(包括其中的少許鹽份)爲何？此淡水中鹽份的重量比率爲何？

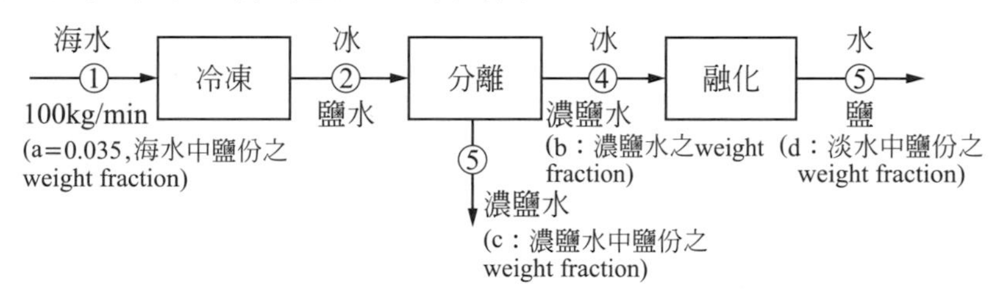

(108 年特種考試地方政府公務人員三等考試)

二、　某果汁工廠擬將含水量 80 wt%的新鮮果汁透過蒸發方式濃縮成爲含水量 20 wt%的濃縮果汁，爲了盡量保存果汁風味，擬將部分新鮮原汁濃縮至含水量僅爲 5 wt%，再參配部分新鮮原汁，調配成爲最終產品，其製程及原料進料量如圖所示。試計算此一製程中每一股流之流量。

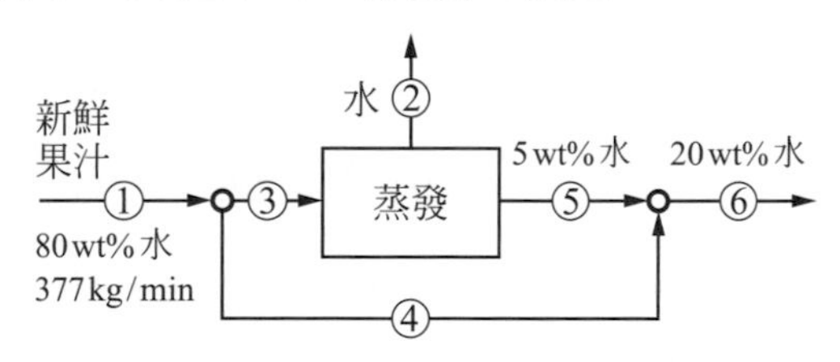

(108 年特種考試地方政府公務人員三等考試)

三、　如圖所示，某一製程使用一常壓(1atm)水蒸氣將不明流量之環己烷(C_6H_6)由 40 ℃加熱至 90℃，水蒸氣溫度爲 130℃，流量爲 1 kg/s，熱交換後之熱水爲 60℃。H_2O 與環己烷之物性資料如表所示。請求出環己烷的流量。

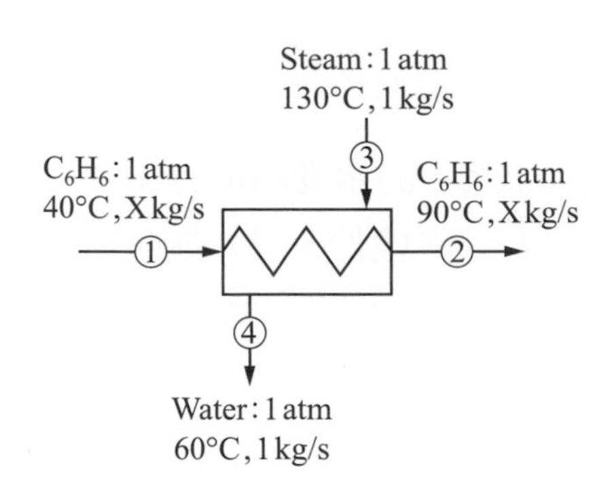

	C_6H_6	H_2O
Molecular weight(g/gmol)	84	18
Cp(J/℃-gmol)	157(liq)	75(lig)
	150(gas)	35(vap)
Boiling point(℃)	80.7	100
Melting point(℃)	6.5	0
Heat of vaporization(J/gmol)	3.00×10^4	4.10×10^4
Heat of melting(J/gmol)	2.68×10^3	6.00×10^3

提示：

1. 能量平衡關係 $\dot{Q}=\dot{m}(i_2-i_1)$
2. 冷側與熱側之間的能量平衡

$\dot{Q}=\dot{m}_h(i_{h2}-i_{h1})=m_c(i_{c2}-i_{c1})$

$\dot{Q}=(\dot{m}C_{p,c})_c(T_{c,o}-T_{c,i})=(\dot{m}C_{p,h})_h(T_{h,i}-T_{h,o})$

其中 $C_h=(\dot{m}c_{p,h})_h$ and $C_h=(\dot{m}c_{p,h})_h$

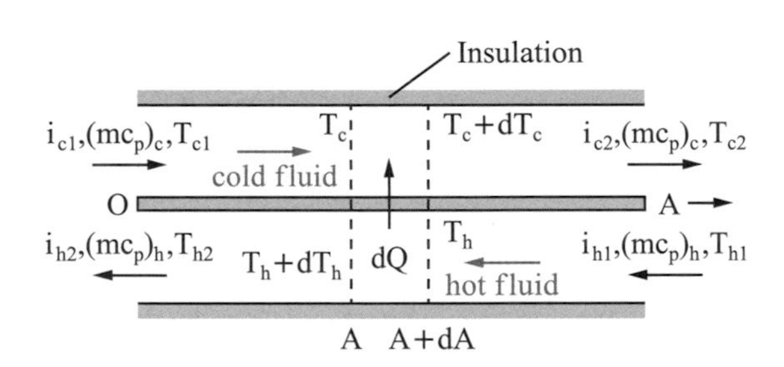

(108 年特種考試地方政府公務人員三等考試)

四、 H_2S 氣體具有毒性及腐蝕性，可藉由 SO_2 氣體匯流而反應生成固態硫磺(S)及氣態水蒸汽。現有一製程反應器之進料分別爲(40mol% H_2S, 60mol% CH_4)及 100mol% SO_2，反應器出口端氣體之組成：SO_2/H_2S 比值爲 4，H_2O/H_2S 比值爲 10，欲生產 6400kg/day 之固態硫磺，請計算：(原子量：O＝16；S＝32)

(一) H_2S(含 CH_4)及 SO_2 之個別進料流量。

(二) H_2S 及 SO_2 之個別轉化率。 (108 年公務、關務人員簡任升等考試)

五、 乙苯($C_6H_5C_2H_5$)可進行脫氫反應而生成苯乙烯($C_6H_5C_2H_3$)及氫氣，已知反應溫度爲 500℃，操作壓力爲 1.013×10^5Pa，平衡常數 K＝4.688×10^{-2}。請計算：

(一)平衡時，乙苯之轉化率。

(二)若相對於乙苯之莫耳數，加入 10 倍莫耳數之水蒸汽(不參與反應)，則平衡時乙苯之轉化率。　(108 年公務、關務人員簡任升等考試)

六、　一鋼鐵工廠產生標準狀態下 100 m^3/s 含 20% CO_2 之廢氣(標準狀態下一莫耳氣體之體積爲 0.0224m^3)。若須移去此廢氣中 90%之 CO_2：

(一)此一廢氣若以 1N NaOH 溶液吸收，請寫出化學反應式。

(二)計算前項所用之 1N NaOH 之消耗量，請以公斤/每年爲單位作答。

(三)此一廢氣若以氧化鈣溶液吸收，其中之 CO_2 完全反應成碳酸鈣($CaCO_3$)，計算碳酸鈣之產量，請以公斤/每年爲單位作答。(註：鈣之分子量爲 40。)

(四)請敘述化工製程減少排放二氧化碳的意義，並試舉例說明三種減排做法。

(108 年公務人員高等考試三級考試)

七、　一蒸汽鍋爐以丙烷及 10%過量空氣燃燒來加熱，進料氣體皆處於 25℃。

丙烷+氧→二氧化碳+水，$\Delta H°_{298} = -534$kcal/g-mol 丙烷

假設丙烷完全反應：

(一)求出口氣體組成。

(二)求理論上最高可達到之絕熱火焰溫度。

(三)若蒸汽加熱之熱量需求爲 1×10^6 kcal/s，求丙烷之用量，以(kg/s)爲單位作答。假設鍋爐內氣體之丙烷完全消耗，氣體溫度爲 500 K。

相關氣體之莫耳熱容量(C_P)估算方法如下：

$C_P = A + B\,T$，此式中 T 以(K)爲單位，CP 的單位是 cal/(g-mol)(K)

化學成分名稱	A	B
O_2	7.16	1.00×10^{-3}
N_2	6.83	0.90×10^{-3}
H_2O	7.30	2.46×10^{-3}
CO_2	10.57	2.10×10^{-3}

(108 年公務人員高等考試三級考試)

八、 一個從合成氣製備甲醇的程序，其反應式如下：$CO+2H_2 \rightarrow CH_3OH$

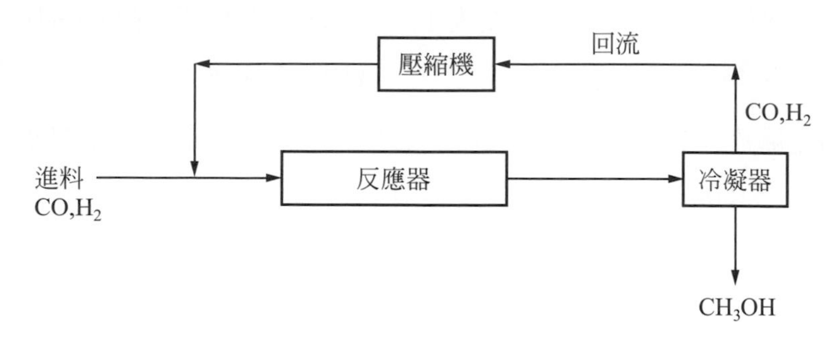

反應器之轉化率(conversion)為 15%。未反應之反應物在與產物甲醇分離後，回流反應器，如上圖所示。進料中一氧化碳與氫氣之莫耳比為 1：2。若甲醇之產量為 5,000 公升/小時，甲醇之比重為 0.78。

(一)計算進料及回流的莫耳流速，答案請以(kg-mol/h)為單位。

(二)若進料中，氫氣過量，例如一氧化碳與氫氣之莫耳比為 1：2.2，上圖中的回流還可以維持程序之穩定操作嗎？為什麼？

(三)進料中一氧化碳與氫氣之莫耳比為 1：2，但含有 0.1% mol 之 CO_2，若欲維持反應器內 CO_2 濃度在 1% mol，請問排放(purge)／回流(recycle)之莫耳流量比為何？ (108 年公務人員高等考試三級考試)

九、 順丁烯二酸酐(MA)，分子式為 $C_4H_2O_3$，現在大多用正丁烷氧化法製取，進料空氣與正丁烷之摩爾比為 60：

$2C_4H_{10}+7O_2 \rightarrow 2C_2H_2(CO)_2O+8H_2O$

反應器溫度 375℃，壓力 150 kPa，轉化率為 85%，反應後混合氣體進入分離設施以得到 MA，分離設施效率為 99%，未反應之正丁烷回流再利用，分離後混合物送環保控制設施後排放，破壞效率也為 99%。若以 100 kg mol/hr 正丁烷進料為基準，試計算：(一)正丁烷回流量、(二)MA 產量、(三)尾氣中正丁烷排放量。 (108 年公務人員特種考試關務人員三等考試)

十、 請回答下列問題：

(一)請寫出拉午耳定律(Raoult's Law)及亨利定律(Henry's Law)，並說明其應用。

(二)請寫出吉勃士相律(Gibbs phase rule)，並依吉勃士相律計算包含液、氣兩相純水平衡系統之自由度(degree of freedom)。

(107 年公務人員高等考試三級考試)

十一、某種僅含碳及氫原子之氣體與空氣(空氣成分爲 21% O_2 及 79% N_2)混合燃燒，燃燒後氣體之乾基(dry-basis)成分(以 mole%計)爲 84% N_2、8% CO_2、6% O_2、及 2% CO。請計算：

(一)該氣體之碳氫比(C/H ratio)。

(二)該氣體燃燒時之過量空氣百分比(% excess air)。

(107 年公務人員高等考試三級考試)

十二、300 kg 之硝酸銀($AgNO_3$)飽和溶液從 100℃冷卻至 20℃，以產生硝酸銀晶體，再經過濾分離。濕濾餅含 80%(以重量計)固體及 20%飽和溶液，再經過乾燥蒸發去除水分。硝酸銀在 20℃及 100℃之溶解度分別爲 222g $AgNO_3$/100g H_2O 及 952g $AgNO_3$/100g H_2O，請計算：

(一)硝酸銀以乾燥結晶形式產出之比率。

(二)乾燥蒸發去除之水分量。　(107 年公務人員高等考試三級考試)

十三、含 3%丙酮，2%水及 95%空氣之混合氣進入吸收塔中，利用水吸收其中所含丙酮，經吸收後丙酮水溶液再經蒸餾得含 99%丙酮之塔頂產品，含 5%丙酮之塔底產品，如下列流程圖所示，試求其中各股流(即 A，W，C，P，B)之流率爲若干 kg/hr？圖上各股流之組成均以質量百分率表示。

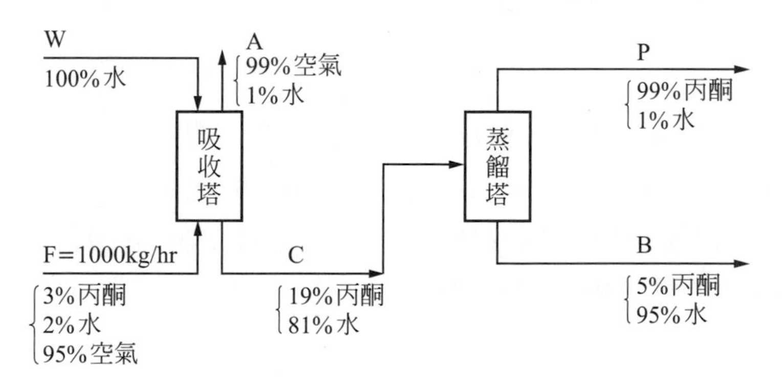

(107 年公務人員特種考試關務人員三等考試)

答案：基量：1000Fkghr

以吸收塔爲系統，成分物質有 3 個(水、丙酮及空氣)，可以寫出的獨立的質量均衡式爲 3 個，而未知數亦爲 3 個(W、A 及 C)，故可聯立求解。

吸收塔之質量均衡式爲

總物質：$1000+W=A+C$ .... (1)

空氣：$1000\times0.95=0.99A$ .... (2)

丙酮：$1000\times0.03=0.19C$ .... (3)

由(2)式得 960kg/hr 由(3)式得 $C=158$kg/hr

代入(1)式得 118Wkghr

蒸餾塔之質量均衡式爲

總物質：$158=P+B$ .... (4)

丙酮：$158\times0.19=0.99P+0.05B$ .... (5)

式(4)乘以 0.05 得 $7.9=0.05P+0.05B$ .... (6)

式(5)減式(6)得 $22.1=0.94P$，故 $P=23.5$ kg/hr

代入式(4)得 $B=158-23.5=134.5$kg/hr

十四、有關化學反應熱，請回答下列問題：

(一)何謂標準反應熱與標準生成熱？

(二)已知下列物質之標準生成熱爲

$CH_{4(g)}$：－74.85 kJ/mol，$CO_{2(g)}$：－393.5 kJ/mol，$H_2O_{(g)}$：－241.83 kJ/mol。

求下列反應之標準反應熱：

$CH_{4(g)}+2O_{2(g)}\rightarrow CO_{2(g)}+2H_2O_{(g)}$

(107 年公務人員特種考試關務人員三等考試)

十五、某氣相製程將 SO_2 轉化爲 SO_3(如下圖所示)，第一個反應器之單程轉化率(single pass conversion)爲 0.75，第二個反應器之單程轉化率爲 0.65。若將製程出口端氣體部分迴流至第二個反應器進口端，則 SO_2 整體製程轉化率(overall conversion)可達 0.95，請計算(1)第一個反應器出口端 SO_3mole；(2)迴流量(mole)。

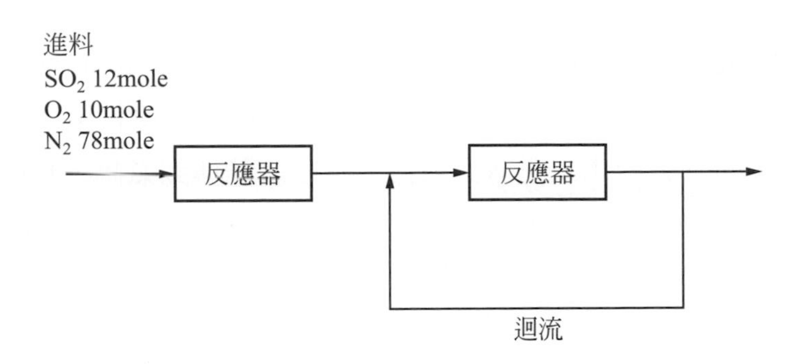

(106 年特種考試地方政府公務人員三等考試)

十六、在一個三成分系統內，成分 B 具有揮發性，成分 A 和 C 沒有；200 公斤的 M 混合物與 100 公斤的 N 混合物混合(混合物組成如下)，然後將混合溶液乾燥，此乾燥後的剩留物再與等重量的 C 成分混合，C 的密度是 B 的 1.5 倍，A 的 1.25 倍，(a)畫出其流程圖，(b)最終物質的重量和組成(wt %)為何？

	重量%	
組成	M 混合物	N 混合物
A	10	70
B	40	10
C	50	20

(106 年公務、關務人員薦任升等考試)

十七、純丙烯進入聚合反應器內，當聚合作用完成 60%時，離開反應器的反應混合物具有兩相，A 相產物為 90%聚丙烯及 10%丙烯，B 相為 100%丙烯，經由分離器將 A、B 分離，並將 B 相回收到反應器，試畫出流程圖及計算回收比例是多少？(丙烯分子量以 42 計算)

聚合反應式如下：

$$n\ H_2C{=}CH(CH_3) \longrightarrow \left[-\overset{H_2}{C}-\overset{H}{\underset{CH_3}{C}}- \right]_n$$

(106 年公務、關務人員薦任升等考試)

十八、在恆溫 370 K 及恆壓 1atm 條件下，乙醇(成分 A，分子量 46)與水蒸氣(成分 B，分子量 18)在氣膜厚度爲 0.2 mm，面積爲 20 m^2 的垂直精餾塔中，進行穩態等莫耳逆向擴散，乙醇由氣體傳到液體，水由液體傳到氣體，若已知乙醇在氣膜外某處之莫耳分率爲 0.7，而乙醇在該處氣膜內之莫耳分率爲 0.2，擴散係數 DAB＝0.079 m^2/h，理想氣體常數 R＝8.314 Pa · $m^3/(g \cdot mole \cdot K)$，(a)試估算乙醇與水蒸氣的個別成分擴散速率爲多少 kg/h？(b)假設相同條件下，若是塔底端改用一種水蒸氣無法溶解於不揮發溶劑中，而乙醇得以在水蒸氣靜滯層中進行穩態的單向擴散且溶解於此溶劑中，試估算此時乙醇的擴散速率爲多少 kg/h？(c)則(b)比(a)較快或較慢多少%？(106 年公務、關務人員薦任升等考試)

十九、有一純質氣體 A 從點 1(A 分壓爲 101.32 kPa)擴散到點 2，其間距離爲 2mm，如下圖所示，點 2 爲觸媒表面，氣體 A 在觸媒表面生成化學反應 $A_{(g)} \rightarrow 2B_{(g)}$。B 成分擴散由點 2 回到點 1，假若系統處於穩態，總壓力是 101.32 kPa，溫度 300 K，氣體擴散係數 D_{AB}＝1.5×10^{-5} m^2/sec，氣體常數 R＝8314 Pa · $m^3/(kg \cdot mole \cdot K)$，若化學反應瞬間完成，請計算質傳通量 (molar flux of A, N_A)與在點 2 的氣體 A 莫耳分率(mole fraction of A, X_{A2})

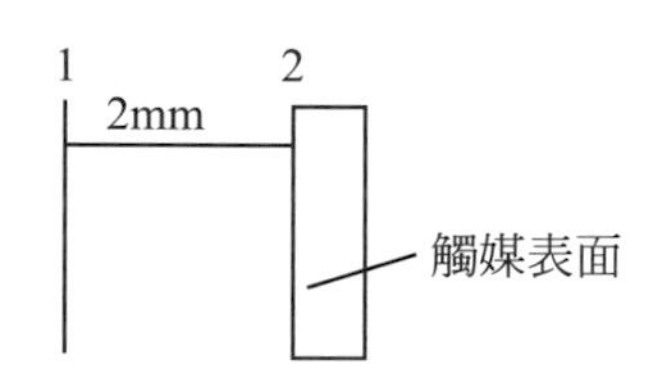

(106 年公務、關務人員簡任升等考試)

二十、一小瓶放射 Kr-89，其半衰期(Half-Life time)爲 76 分鐘，當放置一整天後，試問此小瓶的活性爲原來的多少？ (106 年公務、關務人員簡任升等考試)

二十一、50%重量百分濃度(wt%)成分 A 和 50%成分 B 的混合物，以每小時 1,000 公斤(1,000 kg/h)的速度輸入一個分離單元後，分成甲、乙兩股混合物輸出，輸入此分離單元的 A 及 B 成分中，分別有 80%及 20%進入甲股，其餘則流入乙股。試計算甲、乙二股分離單元輸出混合物之流量及其中 A 成分與 B 成分之流量(kg/h)。

(106 年公務人員特種考試關務人員考試、106 年公務人員特種考試身心障礙人員考試及 106 年國軍上校以上軍官轉任公務人員考試)

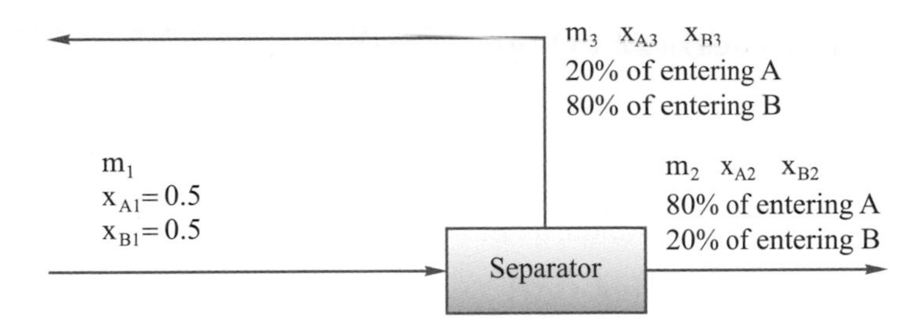

二十二、接續題一，假設將乙股分離單元輸出混合物中的 90%回流，並與原始分離單元之進料混合後，再輸入此一分離單元，試計算甲、乙二股分離單元輸出混合物之流量及其中 A 與 B 成分之流量(kg/h)。

(106 年公務人員特種考試關務人員考試、106 年公務人員特種考試身心障礙人員考試及 106 年國軍上校以上軍官轉任公務人員考試)

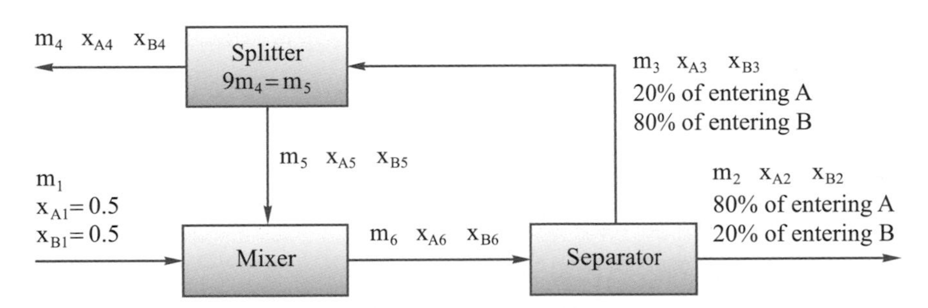

二十三、將 625℃和 1bar 狀態下之甲醇，以每小時 1,000 gmol 之速度輸入至一絕熱反應器內，其中有 20%之甲醇進料進行了脫氫反應產生甲醛：

$CH_3OH_{(g)} \rightarrow HCHO_{(g)} + H_{2(g)}$

假設 CH_3OH、$HCHO$、H_2 之熱容量分別爲 17、12、7 cal/gmol℃(定值)，該反應於 25℃時的標準反應熱爲 20,380 cal/gmol，請問該反應於 625℃時的反應熱估計爲何？此一絕熱反應器內之溫度估計爲何？

(106 年公務人員特種考試關務人員考試、106 年公務人員特種考試身心障礙人員考試及 106 年國軍上校以上軍官轉任公務人員考試)

二十四、在一反應爐中，醋酸(Acetic acid)被裂解產生中間物烯酮(Ketene)，經由反應 $CH_3COOH(g) \rightarrow CH_2CO(g)+H_2O(g)$。此外，有另一個反應也會進行 $CH_3COOH(g) \rightarrow CH_4(g)+CO_2(g)$。反應操作在 700℃下，若烯酮的轉換率爲 80%且產率爲 0.0722，在進料醋酸 100 kgmol/h 及 300℃，反應爐應提供多大的熱源？

已知標準反應熱(The standard heat of reaction)：H°_{f,CH_4}=−17.89 kcal/gmol，

$\Delta H^\circ_{f,CO_2}$=−94.05 kcal/gmol，$\Delta H^\circ_{f,CO_3COOH}$= −103.93 kcal/gmol，

$\Delta H^\circ_{f,CH_2CO}$= −14.60 kcal/gmol，$\Delta^\circ H_{f,H_2O}$ = −57.80 kcal/gmol

各成分的比熱(CP)：C_{p,CH_4}=38.39 J/gmol，C_{p,CO_2}=19.02 J/gmol，

C_{p,CH_3COOH}=6.90 J/gmol，C_{p,CH_2CO}=4.11 J/gmol，C_{p,H_2O}=34.05 J/gmol

(106 年公務人員高等考試三級考試)

二十五、一個鍋爐以甲烷及 20%過量空氣燃燒來運作，進料氣體皆處於 25℃。

甲烷+氧 → 二氧化碳+水，ΔH°_{298}＝−191760 cal/g-mol CH_4

假設甲烷完全反應：

(一)寫出化學反應式。

(二)求出口氣體組成。

(三)求理論上最高可達到之火焰溫度。

相關氣體之莫耳熱容量(C_P)估算方法如下：

C_P＝α+βT，其中 T 的單位：°K，C_P 的單位：cal/(g-mol)(°K)

各成分的 α, β 值如下表：

化學成分名稱	α	β
CH_4	3.381	18.044×10^{-3}
O_2	7.16	1.00×10^{-3}
N_2	6.83	0.90×10^{-3}
H_2O	7.30	2.46×10^{-3}
CO_2	10.57	2.10×10^{-3}

(106 年特種考試地方政府公務人員四等考試)

二十六、某一蔗糖廠採用一組順流式 3 效蒸發裝置濃縮清淨稀甘蔗糖汁，成爲大約 60%的糖漿，以利後續之強熱蒸發、結晶、分離等製糖過程。試繪出此順流式 3 效蒸發程序之製程流程圖並註明此三個蒸發罐之相對壓力大小。

(105 年特種考試地方政府公務人員考試三等考試)

二十七、某一蒸餾塔之進料量 F 爲 1000 mol/h，成分(mol%)爲：30% Propane (C3)、20%Isobutane (iC4)、30% Isopentane (iC5)、20% Normal pentane (C5)；塔頂產物(Distillate, D)含括所有 C3 及四成之 iC5 進料，且 iC4 成分占 30%；塔底產物(Bottoms, B)則含括所有的 C5 進料。試先列出此問題的變數、平衡方程式、給定的已知數據或條件，接著計算此問題之自由度，最後再分別求出塔頂、塔底之流量及組成。(105 年特種考試地方政府公務人員考試三等考試)

二十八、三硫化二銻與鐵屑共熱可得到熔化的銻，其反應爲

$Sb_2S_3 + 3Fe \rightarrow 2Sb + 3FeS$

今有 500 克 Sb_2S_3 與 30%過量鐵反應，反應終止時，尚留有 200 克 Sb_2S_3，試求：

(一)原先進料中有若干克的鐵？

(二)最後產品的質量組成爲何？

(各物質分子量爲：$Sb_2S_3 = 339.6$, $Fe = 55.8$, $Sb = 121.8$, $FeS = 87.8$)

答案：基量：500 g Sb_2S_3 進料

1. 因化學計量比爲莫耳數比，將 500 g Sb_2S_3 換算成莫耳數

$$Sb_2S_3：500g = \frac{500g}{} \bigg| \frac{1mol}{339.6g} = 1.47mol$$

與 1.47mol Sb_2S_3 完全反應，Fe 理論所需量爲

$$\frac{1.47mol\ Sb_2S_3}{} \bigg| \frac{3mol\ Fe}{1mol\ Sb_2S_3} = 4.41mol\ Fe$$

Fe 爲 30%過量，故 Fe 實際進料量爲

$44.11mol\times(1+30\%) = 5.73mol$

$$\frac{5.73\ mol}{} \bigg| \frac{55.8\ g}{1mol} = 319.7\ g$$

2. 原先進料 500g Sb_2S_3，反應終止時尚留有 200g，故

$$Sb_2S_3\text{轉化率}=\frac{500-200}{500}\times100\%=60\%$$

	Sb_2S_3	+	3Fe	→	2Sb	+	3FeS
最初	1.47mol		5.73mol		0		0
反應	1.47×0.6 ＝0.88		0.88×3 ＝2.64		0.88×2 ＝1.76		0.88×3 ＝2.64
剩下	1.47－0.88 ＝0.59		5.73－2.64 ＝3.09		0＋1.76 ＝1.76		0＋2.64 ＝2.64

最後產品爲

Sb_2S_3：$\frac{0.59\text{ mol}}{}\Big|\frac{339.6\text{ g}}{1\text{mol}}=200\text{ g}$　Fe：$\frac{3.09\text{ mol}}{}\Big|\frac{55.8\text{ g}}{1\text{mol}}=172\text{ g}$，

Sb：$\frac{1.76\text{ mol}}{}\Big|\frac{121.8\text{ g}}{1\text{mol}}=214\text{ g}$　FeS：$\frac{2.64\text{ mol}}{}\Big|\frac{87.8\text{ g}}{1\text{mol}}=232\text{ g}$

總質量：200+172+214+232＝818g

最後產品的質量組成如下：

$Sb_2S_3:\frac{200}{818}\times100\%=24.4\%$　$Fe:\frac{172}{818}\times100\%=21.0\%$

$Sb:\frac{214}{818}\times100\%=26.2\%$

FeS：100%－(24.4%+21.0%+26.2%)＝28.4%

(105 年公務人員特種考試關務人員考試三等考試)

二十九、已知恆壓下苯於 25℃之燃燒反應如下：

$C_6H_{6(\ell)}+7.5O_{2(g)}\rightarrow 6CO_{2(g)}+3H_2O_{(\ell)}$, $\Delta H^\circ=-3268$ kJ

試求此反應之恆容反應熱(氣體常數 R = 8.314 J/mol・K)。

(105 年公務人員特種考試關務人員考試三等考試)

三十、　純硼砂結晶($Na_2B_4O_7\cdot10H_2O$)的製造程序，是將原料 $Na_2B_4O_7$ 溶解在沸水中，再慢慢降溫後，硼砂將會逐漸結晶析出。如將 100 kg 的 $Na_2B_4O_7$ 溶解在 200 kg 的沸水中，然後慢慢降溫到 55℃，分析在剩下溶液中含有 12.4 wt%的

$Na_2B_4O_7$，請計算純硼砂結晶 $Na_2B_4O_7 \cdot 10H_2O$ 回收的重量(kg)。(分子量：$Na_2B_4O_7 = 201.27$， $10H_2O = 18$)　　(105 年公務人員高等考試三級考試)

三十一、如下表所示，從 3 個已知成分的氣體鋼瓶，要摻配製成混合氣 2.5 莫耳的成分。請評估計算是否可從 3 個鋼瓶的氣體摻配而得？如果可以，需從 3 個鋼瓶各取多少莫耳？　　(105 年公務人員高等考試三級考試)

氣體鋼瓶 (mole%)				混合氣 (mole%)
Gas	1	2	3	
SO_2	0.23	0.20	0.54	0.25
H_2S	0.36	0.33	0.27	0.23
CS_2	0.41	0.47	0.17	0.52

三十二、蒸餾在化學工業仍是主要分離程序，傳統蒸餾程序若要分離 N 成分混合物至少需要(N−1)支蒸餾塔，今有一混合物含 3 成分(A、B 及 C)，其中 C 沸點最高而 A 最低，若欲分離出此三種物質，蒸餾順序有那些可能方式(用流程圖表示)？並說明其設計準則爲何？　　(104 年公務人員高等考試三級考試)

三十三、有一股混合醇含甲醇 85 mol%、乙醇 14 mol% 及水 1 mol%，分別經由催化進行下列反應：

$2\ CH_3OH \rightleftharpoons (CH_3)_2O + H_2O$；

$2\ C_2H_5OH \rightleftharpoons (C_2H_5)_2O + H_2O$；

(一)若目標是生產 50,000 噸/年之二甲基醚(dimethyl ether, DME)，試估算二乙基醚(diethyl ether, DEE)之產量爲何？(1 噸 = 1,000 kg)

(二)甲醇及乙醇之單程轉化率(single pass conversion)均爲 80%，求其個別回流量(recycle)爲何？　　(104 年公務人員高等考試三級考試)

三十四、甲醇的生產是由合成氣反應而得，其反應式如下：

$CO + 2H_2 \rightarrow CH_3OH$

因僅有 15 mole%的 CO 在進入反應器後會反應成甲醇，而大部分未反應的氣體需回收(如下圖)，此未反應的氣體與甲醇經由冷卻器與分離器而分離。若新鮮進料中 H_2 與 CO 的比率是 2，計算在 70°F 生產 1000 gal/hr 的液體甲醇(其密度爲 49.3 lbm/ft^3)，其回流的莫耳流率爲何？

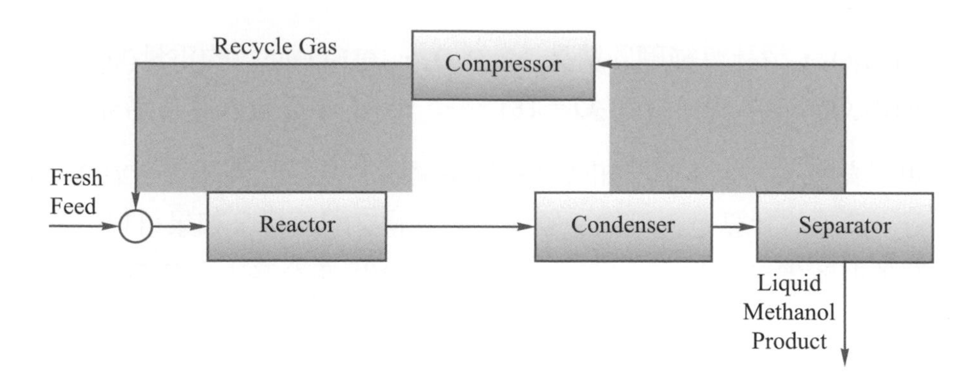

(104 年公務人員薦任升等考試、104 年關務人員薦任升等考試)

三十五、一球型碳粒(直徑 0.05 in)在 2500°F，1 atm 下的空氣中，碳粒表面發生瞬間燃燒，其反應式如下：

$C + O_2 \rightarrow CO_2$

已知碳粒的密度爲 85 lbm/ft^3，而氧的質量擴散係數爲 8.0 ft^3/hr，請計算此碳粒完全燃燒掉所需的時間。

(104 年公務人員薦任升等考試、104 年關務人員薦任升等考試)

三十六、蒸發罐(boiler)內的管子會被水中的氧氧化，可加入亞硫酸鈉以去除水中的氧，其反應式如下：

$2Na_2SO_3+O_2 \rightarrow 2Na_2SO_4$

請計算 83,330,000 磅的水，其含有 10 ppm(百萬分之一)溶解的氧，加入 35% 過量的亞硫酸鈉，須加入多少磅的亞硫酸鈉？

(104 年公務人員特種考試關務人員考試三等考試)

三十七、加熱釜含有 1,000 罐紅豆湯，今將其全部加熱到 100°C，若在其將所有的罐移出加熱釜前需要冷卻至 40°C，若冷卻水的進口溫度是 15°C，出口溫度是 35°C，紅豆湯的比熱是 4.1 kJ/kg °C，罐子的比熱是 0.50 kJ/kg °C，每個罐子的重量是 60 克，其內含有 0.45 公斤的紅豆湯，假設加熱釜的壁在超過 40°C 時其焓(heat content)是 1.6×10^4 kJ，加熱釜的壁完全隔熱，請計算須使用多少冷卻水？ (104 年公務人員特種考試、關務人員考試三等考試)

三十八、一個結晶分離程序如下圖所示，由兩個單元組成，一個蒸發罐和過濾器。進料是 5000 kg 的 K_2CrO_4 的溶液含 25wt% K_2CrO_4，和回流的溶液混合進入蒸發罐，回流的溶液含 36.9wt% K_2CrO_4，蒸發部分的水後，進入過濾器進行過濾，濾餅固體是 K_2CrO_4 結晶和 23.4wt% K_2CrO_4 的溶液組成，濾餅有 92wt% 的固體，過濾後的溶液再回流和進料混合。請計算求出圖中每一條注流量(kg/hr)和蒸發罐的水蒸發量(kg/hr)。

(104 年特種考試地方政府公務人員考試三等考試)

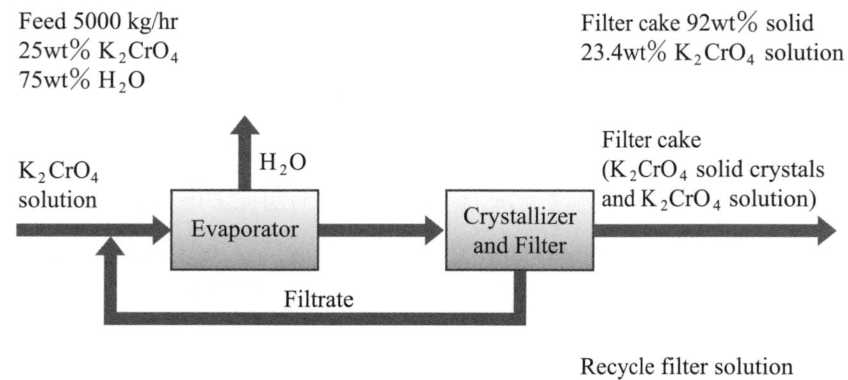

三十九、有一由甲烷(CH_4)和乙烷(C_2H_6)組成的燃料氣體，以通入富氧空氣(oxygen-enrich air) (48 mol% O_2)燃燒此燃料氣體來分析其組成，所得到的煙道氣(flue gas)之組成爲：24 mol % CO_2、14 mol % O_2 和 62 mol % N_2，請問：

(一)此燃料氣體中甲烷之莫耳分率(mole fraction)爲何？

(二)每莫耳(mole)燃料氣體需用多少莫耳富氧空氣？

(103 年公務人員高等考試三級考試)

四十、　含 80%正戊烷及 20%異戊烷之燃料油 100 kg，有部分不經過蒸餾塔而成支流與蒸餾塔底產物混合成所需的產品組成 90%正戊烷及 10%異戊烷，其程序流程如下圖所示，試求：

(一)產品 P 之量。

(二)燃料油流經蒸餾塔之百分率。

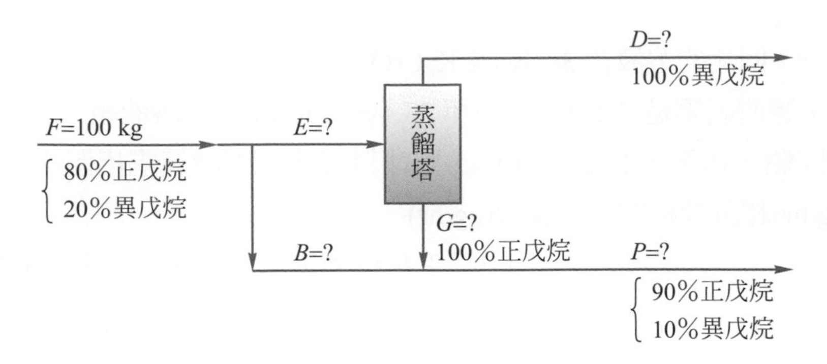

(103 年特種考試地方政府公務人員考試三等考試)

答案：基量：F＝100 kg

以整個程序(包含支流)爲系統，列出質量均衡式

總物質：100＝D+P .... (1)

正戊烷：100×0.8＝0.9P .... (2)

由式(2)得 P＝88.9 kg

代入式(1)得 D＝100－88.9＝11.1 kg

B 爲支流，所以 F、E 及 B 三者組成相同。

以蒸餾塔爲系統，列出質量均衡式

總物質：E＝11.1+G .... (3)

正戊烷：0.8E＝G .... (4)

式(3)減式(4)得 0.2E＝11.1，故 E＝55.5 kg

代入式(3)得 55.5＝11.1+G，故 G＝44.4 kg

(一)產品 P 之量爲 88.9 kg

(二)燃料油流經蒸餾塔之百分率爲 $\frac{E}{F}=\frac{55.5}{100}\times 100\% = 55.5\%$

四十一、將 80°F，15%NaOH 水溶液與 250°F，50%NaOH 水溶液混合配製成 100°F，20%NaOH 水溶液 100 磅，試求：

(一)混合過程中需加入或移去熱量若干？

(二)需要 15%NaOH 及 50%NaOH 水溶液各若干？

(103 年特種考試地方政府公務人員考試三等考試)

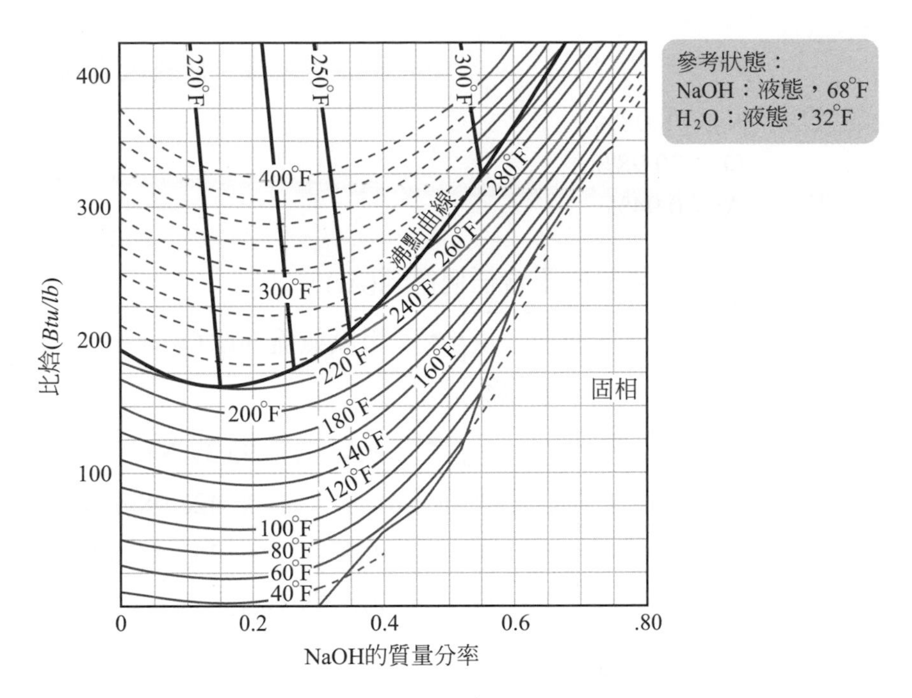

四十二、 苯的儲槽示意圖如下，在室溫下(20℃)，當泵入每分鐘 10 公斤的液體苯進入儲槽時，計算由排氣口，散逸到大氣中氣體苯的流量(公斤／分鐘)。

註：假設氣體苯是理想氣體，在 20℃的蒸汽壓爲 0.0987atm，液體苯密度爲 0.865g/cm^3，苯分子量爲 78g/mole，氣體常數(R)=82.06(atm-cm^3/mole-K)。

(98 年公務人員、關務人員升等考試、88 年高等考試三級考試)

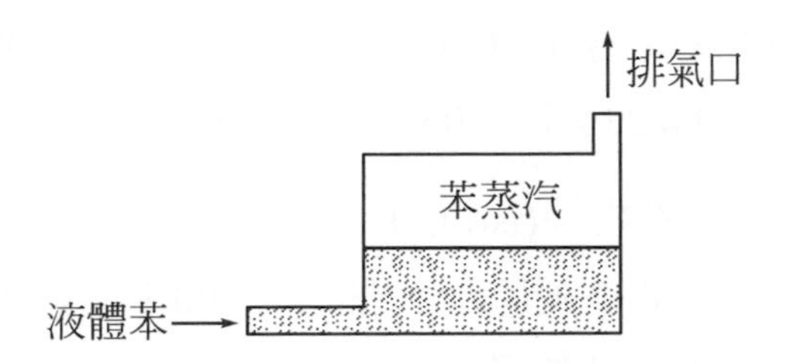

答案： $m_i/\Delta V=x_iP_iM_i/RT=10\times0.0987\times78/82.06\times293(°K)=0.0032$ 公斤／分鐘。

四十三、 空氣工廠分離氣體，示意圖如下，如欲生產每小時 100mole，90%的粗氧氣供工業用，計算需要空氣進料流量(mole/hr)，粗氧氣流的成分和粗氮氣流量(mole/hr)。

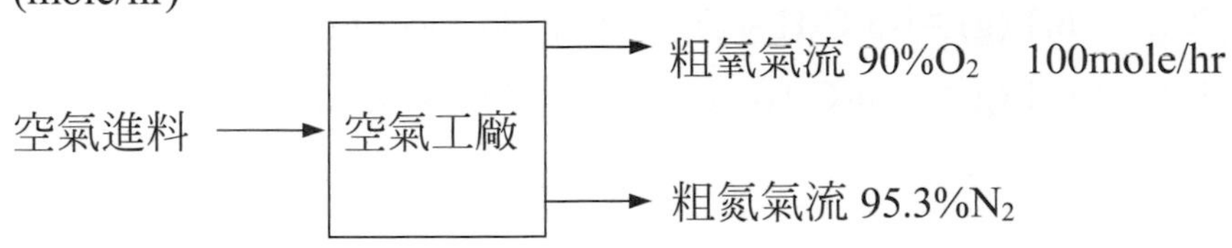

(96 年公務人員、關務人員簡任升等考試)

空氣成分　N_2：78.08%
　　　　　O_2：20.98%
　　　　　Ar：0.94%

註：分析發現粗氮氣流中不含任何氬氣(Ar)。

答案：x mole/hr 空氣進料 → 空氣工廠 → 粗氧氣流 90%O_2　100mole/hr
　　　　　　　　　　　　　　　→ 粗氮氣流 95.3%N_2　ymole/hr

O_2平衡：(20.9%)(x)=(90%)(100)　　　x=428.98mole/hr

N_2平衡：(79.08%)(y)=(95.3%)(100)　　　y=351.47mole/hr

粗氧氣成分=(90%)(100)/[(90%)(100)+(95.3%)(351.47)]=21.2%

四十四、有不可逆一階反應(1st order reaction)A → B，在一個連續式攪拌反應槽(continuous stirred tank reactor，CSTR)進行，假設反應前後流體密度均不變，在進料體積流量 10 L/min，反應速率常數 k = 0.23(1/min)條件下，如果要達到 90%的轉化率，反應器的體積需要多大？

(96 年公務人員、關務人員簡任升等考試)

答案：$\theta_m = V/Q_0 = C_{A0}x_A/(-\gamma_A)$

$V = Q_0C_{A0}x_A/(-\gamma_A) = Q_0C_{A0}x_A/kC_{A0}(1-x_A) = Q_0x_A/k(1-x_A)$

$= 10\times0.9/0.23\times(1-0.9) = 39.13$ L

四十五、正戊烷(n-C_5H_{12})、異戊烷(iso-C_5H_{12})和新戊烷(neo-C_5H_{12})各別的 Gibbs free energy of formation 如下列所示。在溫度 400°K，壓力 1 bar 下，計算三種戊烷的混合物，在平衡時的各別莫耳分率(mole fraction)。平衡常數(K)公式 $\Delta G= -RT \ln K$，其中氣體常數 R = 8.314 J/mole-K。

(96 年公務人員、關務人員簡任升等考試)

$5C(s) + 6H_2(g) = n\text{-}C_5H_{12}(g)$　　ΔG_f=40.195 kJ/mole

$5C(s) + 6H_2(g) = iso\text{-}C_5H_{12}(g)$　　ΔG_f=34.415 kJ/mole

$5C(s) + 6H_2(g) = neo\text{-}C_5H_{12}(g)$　　ΔG_f=37.640 kJ/mole

答案：令三種戊烷平衡常數分別爲 k_A、k_B、k_C，各別莫耳分率是 x_A、x_B、x_C。

$40.195 = -(8.314\times400 \ln k_A)$……………(1)　　$k_A = 0.988$

$34.415 = -(8.314\times400 \ln k_B)$……………(2)　　$k_B = 0.990$

$37.640 = -(8.314\times400 \ln k_C)$……………(3)　　$k_C = 0.989$

$k_A = x_A/(x_{H2})^6$ ……………(4)

$k_B = x_B/(x_{H2})^6$ ……………(5)

$k_C = x_C/(x_{H2})^6$ ……………(6)　　　$x_A + x_B + x_C = 1$ ……………(7)

由式(4)～(7)解得 $x_{H2} = 0.834$，再代入式(4)～(6)求出

$x_A = 0.3325$，$x_B = 0.3331$，$x_C = 0.3344$

四十六、一桶含 3.0 g 鹽之 100 liter 鹽水溶液，今以 5 liter/min 的水流入此桶而以同樣速率流出。若此桶之混合於所有時間皆足夠以維持桶中鹽的濃度均勻。試求 60 min 後此桶含鹽多少？假設鹽水的密度和水的密度一樣。

(94 年公務人員特種考試關務人員考試、稅務人員考試)

範例：一槽含有 100 gal 的鹽水溶液，其中溶有 4.0 1b 的鹽。水以 5 gal/min 的速率倒入槽內，而鹽水以同樣速率溢出。如果在槽中混合可使槽內鹽水溶液濃度在任何時間保持均勻，試問 50 分鐘後槽內含有多少鹽？假設鹽水溶液的密度與水相同。

解：5 gal/min 純水 (0 1b 鹽/gal) → [100 gal, 4.0 1b 鹽] → 5 gal/min

起始條件：t = 0，x = 4.0 1b

總量平衡：

$[m_{總}\ 1b]_{t+\Delta t} - [m_{總}\ 1b]_t$

$$= \frac{5\text{gal}}{\text{min}}\left|\frac{1\text{ft}^3}{7.48\text{gal}}\right|\frac{\ell_{H_2O}1\text{b}}{\text{ft}^3}\left|\Delta t_{min}\right. - \frac{5\text{gal}}{\text{min}}\left|\frac{1\text{gt}^3}{7.48\text{gal}}\right|\frac{\ell_{溶液}1\text{b}}{\text{ft}^3}\left|\Delta t_{min}\right.$$

　　　　輸入　　　　　　　　　　輸出

鹽平衡：

$[x\ 1b]_{t+\Delta t} - [x\ 1b]_t = 0 \quad - \quad \frac{5gal}{min} \Big| \frac{x\ 1b}{100gal} \Big| \Delta t_{min}$

累積　　輸入　　　　　　　　輸出

除以Δt，令Δt → 0

$$\lim_{\Delta t \to 0} \frac{[x]_{t+\Delta t} - [x]_t}{\Delta t} = -0.05x$$

$$\frac{dx}{dt} = -0.05x \qquad \frac{dx}{x} = -0.05dt$$

$t = 0 \quad x = 4.0$

$t = 50 \quad x = x\ 1b$

$$\int_{4.0}^{x} \frac{dx}{x} = -0.05\int_{0}^{50} dt$$

$$\ell_n \frac{x}{4.0} = -2.5 \qquad x = \frac{4.0}{12.2} = 0.328\ 1b \text{ 鹽}$$

四十七、一濕空氣之溫度爲 38℃，相對濕度(RH)爲 50%，將此溫度加熱至 86℃，請依濕度圖回答下列問題：

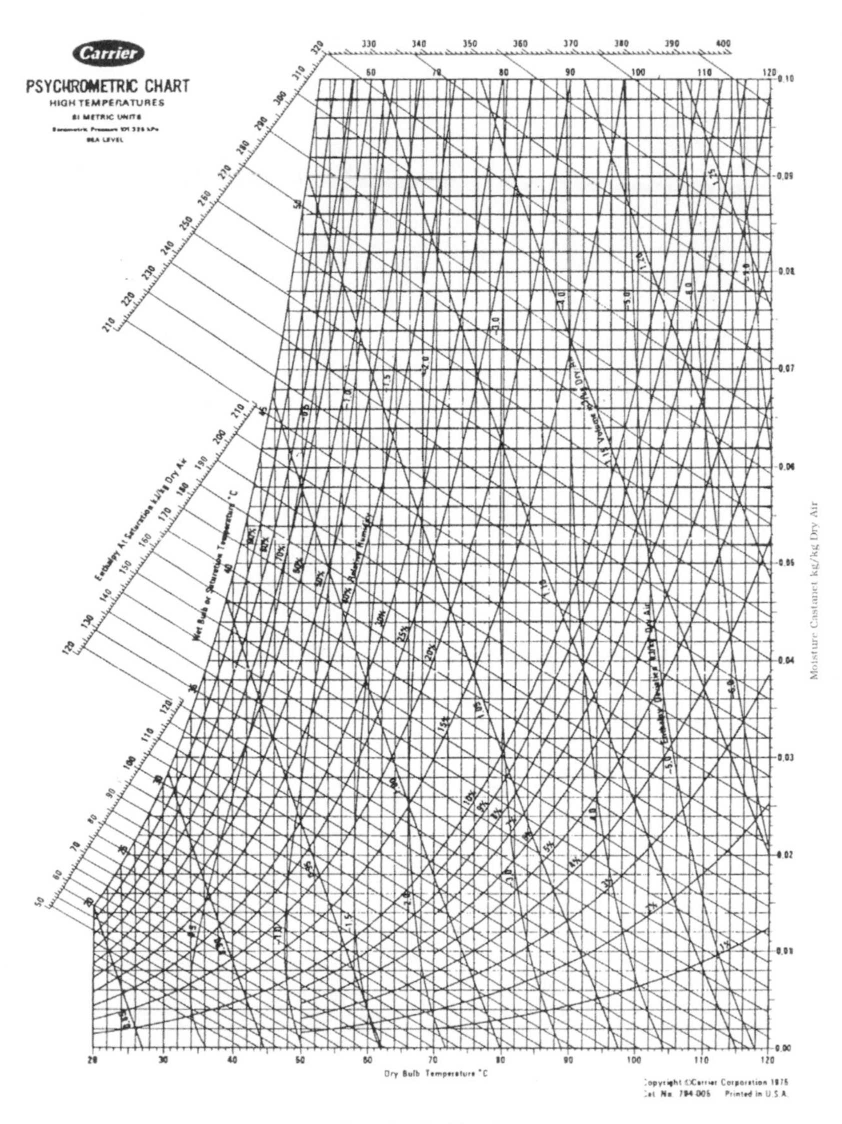

1.　每立方公尺之原空氣需加多少熱量？

2.　此空氣最終之露點爲何？　　　　　　　　　　(93 年關務人員三等考試)

答案：1. 基準：1 kg/m³ 空氣

38℃與 50%RH 交叉點的熱量爲 94 kJ/kg(A 點)，A 點向右平行與 86℃交叉點的熱量是 143 kJ/kg(B 點)，需增加 49 kJ/kg 熱量。

2. 38℃與 50%RH 交叉後，向左平行和飽和溫度曲線相交，即得露點 26℃(C 點)。

Chapter 4

CHEMICAL PROCCEDING INDUSTRY

工業用水處理

4.1 工業用水來源

1. **地面水**

   包括河川、湖泊、圳道等，硬度較小、溶質較少，但懸浮固體較多，水質隨氣候變化很大，污染情形較嚴重。

2. **地下水**

   貯藏於地下的水，經過地層土壤的滲透過濾水質較穩定，污染較少，但可溶性的礦物質如鈣鹽、鎂鹽、矽酸鹽等較多，導致硬度較高。

3. **海水**

   溶有許多物質與鹽類，尤其以食鹽最多。

4.2 工業用水種類

1. **鍋爐用水**

   用水的水質要求較嚴格，因水中的鈣鹽、鎂鹽、矽酸鹽容易造成鍋垢，導致熱效率降低，爐內水管局部過熱而破裂。此外酸或鹼亦會引起鍋爐腐蝕，故 pH 值調整很重要，其它如懸浮物、泥漿、油脂等物質產生泡沫，阻礙熱傳送，均需預先去除。

2. **冷卻水**

在化學工業上常將反應熱除去、加熱物冷卻與蒸汽冷凝，冷卻水質雖不如鍋爐用水般要求嚴格，但以低溫、沉澱物少、腐蝕性小爲佳。

3. **反應用水**

爲製造化學藥品或醫藥用品的程序用水，其需極佳的水質，如蒸餾水、去離子蒸餾水等，才能符合生產製品的品質要求。

4. **洗滌用水**

諸如纖維漂白、染色、紙漿製造、石油、油脂精製、澱粉製造、釀造等，都大量使用水作洗滌之用。水質要求硬度低，含鐵、錳、細菌愈少愈好。

5. **特殊用水**

諸如發酵、釀造、醫藥用生理鹽水等特殊用途的水，依需要達到不同要求的水質。

6. **一般用水**

用於炊食、飲用、洗衣、浴廁、清潔等，可用自來水或處理後達到自來水水質標準者。

4.3 水質評估

水質的評估主要項目爲濁度、色度、硬度、鐵離子、錳離子、酸鹼度、游離酸等的含量，茲分別討論：

1. **濁度**

濁度的產生，其主體爲無機物如泥沙、灰塵，以及有機物如植物性物質、微生物等造成。

2. **色素**

色素的形成爲溶解或懸浮有機色素物質所引起，這種現象多數由家庭或工廠廢水的排放或有機物在水中腐化所產生。濁度及色素會產生污染，有機物易產生鐵銹及臭氣，對設備、配管及鍋爐產生不良之影響。

3. **硬度**

硬度表示水中含有鈣、鎂等鹽類多少的指標，由於硬度高時，形成難溶性的鹽類沉積，若用於鍋爐，易於管壁結垢，傳熱不良，消耗燃料甚或引起破裂。硬度表示，以公制使用較爲普遍，水中含有 $CaCO_3$ 以外的硬度物質可換算成 $CaCO_3$ 的當量表示之，硬度之含量利用 Ca^{2+}、Mg^{2+} 等金屬離子與 EDTA (ethylene diamine tetra acetic acid)產生複合物，可使用滴定法滴定之，在水中鐵、錳、銅等離子以各種形態出現。

(1) 在井水中如溶有多量 CO_2 可形成碳酸氫鹽存在。

(2) 在河流中若含有礦物酸，即形礦物酸鹽存在。

(3) 與有機物質結合懸浮物存在。

4. **全鹼度**

天然水中含有 HCO_3^-，CO_3^{2-} 等之弱酸鹽，或含有 OH^-，因而提高水的全鹼度(total alkali)，影響 pH 值之控制及色調。若用於鍋濾用水，由於水中溶氧存在，使鍋爐產生腐蝕。全鹼度含量可以相當量 $CaCO_3$ 的 ppm 數來表示，並以甲基橙作指示劑用酸滴定測定。

5. **游離酸**

水中含有游離礦物酸，如 HCl、H_2SO_4、H_3PO_4 等，其存在使水呈酸性，影響使用時的 pH 值控制，而且對金屬具有腐蝕性，其含量可用滴定法求得，亦可以相當量的 $CaCO_3$ 表示之。

4.4 工業用水處理技術

4.4.1 懸浮、混濁、著色物除去法

1. **沉澱法**

添加凝集劑如硫酸鋁、硫酸鐵、明礬、氫氧化鋁等，形成架狀膠體，吸附雜質而沉澱。

2. **過濾法**

藉重力或壓濾式過濾器除去沉澱雜質。

3. **曝氣法**

促使原水和空氣接觸，氧化沉澱析出溶解於水中的鐵、錳離子，驅除如 CO_2、H_2S、CH_4 等溶解氣體。

4.4.2 溶解鹽除去法

溶解於水中的鹽類類似鈣鹽與鎂鹽影響水質最大，含此等鹽類的水稱爲硬水，反之則是軟水。硬水如係由鈣和鎂的碳酸氫鹽構成，稱爲暫時硬水，可藉煮沸使之軟化。

$$Ca(HCO_3)_2 \rightarrow CaCO_3\downarrow + CO_2 + 2H_2O$$

$$Mg(HCO_3)_2 \rightarrow MgCO_3\downarrow + CO_2 + 2H_2O$$

但硬水如係由鈣與鎂的氯化物和硫酸鹽構成，稱爲永久硬水，則需以下列軟化方法處理。

一、石灰—蘇打法

利用消石灰($Ca(OH)_2$)與蘇打(Na_2CO_3)軟化硬水的方法，稱爲石灰—蘇打法，分爲常溫法和 100℃左右的高溫法。在這些方法中，鈣離子與鎂離子個別形成固狀和凝膠狀沉澱，而從硬水中除去，其反應式如下：

1. **碳酸氫鹽**

$$Ca(HCO_3)_2 + Ca(OH)_2 \rightarrow 2CaCO_3\downarrow + 2H_2O$$

$$Mg(HCO_3)_2 + Ca(OH)_2 \rightarrow MgCO_3 + CaCO_3\downarrow + 2H_2O$$

$$MgCO_3 + Ca(OH)_2 \rightarrow Mg(OH)_2\downarrow + CaCO_3\downarrow$$

2. **氯化物與硫酸鹽**

$$MgCl_2 + Ca(OH)_2 \rightarrow Mg(OH)_2\downarrow + CaCl_2$$

$$CaCl_2 + Na_2CO_3 \rightarrow CaCO_3\downarrow + 2NaCl$$

$$MgSO_4 + Na_2CO_3 + Ca(OH)_2 \rightarrow Mg(OH)_2\downarrow + CaCO_3\downarrow + Na_2SO_4$$

常溫法適用於飲用水、冷卻水和紙廠用水的處理；高溫法由於在 100℃水的沸點操作，不僅沉澱反應快，沉澱凝集與沉降速度亦甚速，並可除去水中的二氧化碳和空氣，但此法需加熱而消耗熱量，僅採取鍋爐用水軟化時。碳酸鈣的溶解度積相當大，欲以石灰—蘇打法完全除去硬度是不可能的，依操作溫度的高低，大致將水的硬度降至 10～30ppm。

二、磷酸鹽法

正磷酸鹽或六偏磷酸鈉與氫氧化鈉加入水中，並於高溫下處理，可將硬度降至極低，其反應式如下：

$$3Ca(HCO_3)_2+2Na_2HPO_4 \rightarrow Ca_3(PO_4)_2\downarrow+4NaHCO_3+2H_2O+2CO_2$$

加入氫氧化鈉的目的在於調整水的鹼度；欲生成 $Ca_3(PO_4)_2$ 沉澱，pH 值調整 9.7 左右；若要同時脫除矽酸，pH 值調整 10.1 左右，矽酸和氫氧化鎂共沉澱析出。此法所用藥品昂貴，一般先經石灰處理為低硬度軟水後，再採取此法較為經濟，適用高壓鍋爐用水。

三、離子交換樹脂法

硬水的軟化需使用離子交換樹脂法，它的目的是利用陽離子交換樹脂以鈉離子來交換硬水中的鈣與鎂離子，靠此來降低水源內的鈣鎂離子濃度，其軟化的反應式如下：

$$Ca^{2+}+2NaEX \rightarrow CaEX_2+2Na^+$$

$$Mg^{2+}+2NaEX \rightarrow MgEX_2+2Na^+$$

式中的 EX 表示離子交換樹脂，這些離子交換樹脂結合了 Ca^{2+}及 Mg^{2+}之後，將原本含在其內的 Na^+離子釋放出來。現在市面上出售的離子交換樹脂為球狀的合成有機物高分子電解質，樹脂基質(resin matrix)內藏氯化鈉，在硬水軟化的過程中，鈉離子會逐漸被使用耗盡，則交換樹脂的軟化效果也會逐漸降低，這時需要作再生(regeneration)的工作，也就是每隔固定時間加入特定濃度的鹽水，一般是 10%，其反應方式如下：

$$CaEX_2+2Na^+ \rightarrow 2NaEX+Ca^{2+}$$

$$MgEX_2+2Na^+ \rightarrow 2NaEX+Mg^{2+}$$

四、活性碳吸附法

活性碳的主要作用是清除氯與氯氨以及其它分子量在 60～300 道爾頓的溶解性有機物質。影響活性碳清除有機物能力的因素有活性碳本身的面積，孔洞大小以及被清除有機物的分子量及其極性(polarity)，它主要靠物理的吸附能力來排除雜物，當吸附能力達飽合之後，吸附過多的雜質就會掉落下來污染下游的水質，所以必須定時利用逆沖的方式來清除吸附其上的雜質。

五、去離子化法

去離子化法的目的是將溶解於水中的無機離子排除，與硬水軟化器一樣，也是利用離子交換樹脂的原理。在這裏使用兩種樹脂—陽離子交換樹脂與陰離子交換樹脂。陽離子交換樹脂利用氫離子(H^+)來交換陽離子；而陰離子交換樹脂則利用氫氧根離子(OH^-)來交換陰離子，氫離子與氫氧根離子互相結合成中性水，其反應方程式如下：

$$M^{x+}+xHRe \rightarrow MRe_x+xH^+$$

$$A^{z-}+zOHRe \rightarrow ARe_z+zOH^-$$

上式中的的 M^{x+}表陽離子，x 表電價數，M^{x+}陽離子與陽離子樹脂 H-Re 的氫離子交換，A^{z-}則表陰離子，z 表電價數。A^{z-}與陰離子交換樹脂結合後，釋放出 OH^-離子，H^+離子與 OH^-離子結合後即成中性的水。

這些樹脂之吸附能力耗盡之後也需要再生，陽離子交換樹脂需要強酸來再生；相反的，陰離子則需要強鹼來再生。陽離子交換樹脂對各種陽離子的吸附力有所差異，它們的強弱程度及相對關係如下：

$$Ba^{2+}>Pb^{2+}>Sr^{2+}>Ca^{2+}>Ni^{2+}>Cd^{2+}>CU^{2+}>Co^{2+}>Zn^{2+}>Mg^{2+}>Ag^{+}>Cs^{+}>K^{+}>NH_4^{+}>Na^{+}>H^{+}$$

陰離子交換樹脂與各陰離子的親合力強度如下：

$$SO_4^{2-}>I^->NO^{3-}>NO^{2-}>Cl^->HCO^{3-}>OH^->F^-$$

六、離子交換膜法

1. 逆滲透法

要了解“逆滲透”原理之前，先解釋“滲透(osmosis)”的觀念。所謂滲透是指以半透膜隔開兩種不同濃度的溶液，其中溶質不能透過半透膜，則濃度較低的一方水分子會通過半透膜到達濃度較高的另一方，直到兩側的濃度相等爲止。在還沒達到平衡之前，可以在濃度較高的一方逐漸施加壓力，則前述的水分子移動狀態會暫時停止，此時所需的壓力叫作“滲透壓(osmotic pressure)”，如果施加的力量大於滲透壓時，則水分的移動會反方向而行，也就是從高濃度的一例流向低濃度的一方，這種現象就叫作“逆滲透”。

2. **超過濾法**

與逆滲透法類似，也是使用半透膜，但它無法控制離子的清除，因為膜之孔徑較大，約 10～200Å 之間，只能排除細菌、病毒、熱原及顆粒狀物等，對水溶性離子則無法濾過，其主要的作用是充當逆滲透法的前置處理，藉以防止逆滲透膜被細菌污染。它也可用在水處理的最後步驟，防止上游的水在管路中被細菌污染。一般是利用進水壓與出水壓差來判斷超過濾膜是否有效，與活性碳類似，平時是以逆沖法來清除附著其上的雜質。

3. **電透析法**

使用帶電荷的陰、陽離子交換膜，在陰陽電極間交換排列形成許多獨立的膜室(cell)。鹽水溶液導入膜室中，於陰陽極兩端施以直流電壓，以電位差作為驅動力，帶電荷的陽離子受陰極吸引，往陰極方向移動，陽離子可以很容易通過陽離子交換膜(負電荷固定基)，但會被陰離子交換膜(具正電荷固定基)滯留下來。同理陰離子如 Cl^-，通過陰離子交換膜，往陽極方向移動，而被陽離子交換膜滯留。電透析法操作後，膜室內離子濃度降低者稱為稀釋液，而濃度增加者稱為濃溶液。

4.4.3　氣體除去法

1. **曝氣法**

可除去水中溶解 CO_2、CH_4、H_2S 等氣體。

2. **加藥法**

為針對特殊用途水中溶解氣體的處理方法，如鍋爐用水，溶氧對鐵的腐蝕性高，必須將水中溶氧量降到 0.005ppm 以下，甚至近於零。水中氧氣的去除可加入亞硫酸鈉或聯胺(NH_2-NH_2)。

$$2Na_2SO_3+O_2 \rightarrow 2Na_2SO_4$$

$$N_2H_4+O_2 \rightarrow N_2\uparrow +2H_2O$$

水中硫化氫能加氯氣去除之。

$$H_2S+4Cl_2+4H_2O \rightarrow H_2SO_4+8HCl$$

4.4.4 飲用水滅菌法

一、加熱法

水加熱至沸點停留 15～20min，加速殺害微生物的效果，是為家庭飲用水常使用的消毒方法。

二、紫外線消毒法

是目前常使用的方法之一，它的殺菌機轉是破壞細菌核酸的生命遺傳物質，使其無法繁殖，其中最重大的反應是核酸分子內的 pyrimidine 鹽基變成雙合體(dimer)。一般是使用低壓水銀放電燈的人工 253.7nm 波長的紫外線能量。紫外線殺菌燈的原理與日光燈相同，只是燈管內部不塗螢光物質，燈管的材質是採用紫外線穿透率高的石英玻璃。一般紫外線裝置依用途分照射型、浸泡型及流水型。

三、化學藥品消毒法

1. **氯氣**

   價格低廉、來源可靠、操作容易，除具有殺菌力外，亦能去除藻類、水生植物與產生臭味的化合物，有助於水中鐵、錳、硫化氫的氧化分解，唯水中有機物多時，極易產生三氯甲烷致癌物質。

2. **溴**

   為小規模游泳池常使用的消毒劑。

3. **碘**

   為家庭小量飲用水常使用的消毒劑。

4. **高錳酸鉀**

   價格昂貴，一般較少使用。

5. **臭氧**

   不易生產，加入水中困難，但對臭味的破壞有效，而且不會如氯氣消毒產生三氯甲烷致癌物質，另外也有漂白作用。

6. **雙氧水**

   為強烈的氧化劑，價格昂貴，並非良好的消毒劑。

7. **金屬離子**

(1) Ag^{+}：15μg/L 就有殺菌力，唯需長時間停留，而且價格昂貴。

(2) Cu^{2+}：強烈的殺藻劑，但殺菌力較差，需注意用量，以免造成重金屬銅的污染。

8. **二氧化氯**

其可避免氯氣消毒引起的氯酚臭味問題，亦能控制水中大量臭味與去除一些錳或鐵的物質。

四、鹼和酸的消毒

一般 pH＞11(強鹼)或 pH＜3(強酸)可殺害微生物，例如消石灰殺滅微生物爲石灰軟化法的附帶效果。

五、表面活性劑

一般陽性洗滌劑破壞性強，陰性洗滌劑較弱，而中性則介於兩者之間。

4.5 冷卻水處理技術

一、硫酸處理法

硫酸加入循環水中，對控制冷卻水塔結垢問題有效，其主要是降低循環水的 pH 值，將水中部分的重碳酸鈣轉換成溶解度較高之硫酸鈣，同時也能減少不溶解物質的量。

使用硫酸處理法，有些事情必須要特別小心，譬如使用自動加酸裝置，必須特別預防避免其皮膚和眼睛和硫酸直接接觸。因此在自動加酸裝置系統安裝之前，所有的操作人員必須經過操作訓練及一些緊急應變訓練。

二、旁流過濾處理法

旁流過濾處理特別適用於補充水濁度較高或空氣中灰塵、油脂污染物較嚴重的地區，或冷卻水塔循環水路較小及較易阻塞的情況。過濾系統主要是排除循環水中懸浮物質，使得冷卻水塔能更有效地運轉，同時能減少水塔的維修保養。標準的過濾系統乃將水從冷卻水塔塔底水池抽出，經過濾後，再將水直接回到水塔中。快速砂濾塔及高效能匣式過濾器是較普遍的過濾裝置。

三、臭氧處理法

是冷卻水化學處理法的一種。臭氧非常強的氧化劑，其被用作自來水的殺菌劑。防止結垢的原理，主要是將循環水中之礦物離子氧化成氧化物質，以污泥的型式沉澱在水塔底池中或過濾系統中。臭氧能破壞病毒和細菌的細胞膜，以及殺死循環水中的微生物。臭氧處理法也聲稱能氧化造成腐蝕的離子，達成系統防腐的效果。標準的臭氧處理設備包括空氣壓縮機、臭氧製造機、擴散或接觸裝置及控制系統。

四、磁化處理法

乃利用強力永久磁鐵，將循環水中粒子的表面電荷改變，當這些粒子與沉積物質接觸時，電荷將傳至沉積物上，改變其沉積狀態，使其從系統的設備或管線的表面剝落。這些剝落的物質則會沉澱於冷卻水塔底池，可用機械方法輕易地將之清除。使用磁化處理法必須特別留意，因為水塔中原本被水垢堵住的滲漏處，一旦水垢被剝除，則會導致水塔之滲漏。

五、靜電場處理法

可以應用於冷卻水的水處理，其原理與磁化處理法相同。使用時將靜電場產生器放置在泵送冷卻水之管路上或底池內。本裝置需要自外另加獨立電源供其使用，使用時就好像偵測電極般可直接裝入管路中，或放置於容器內，而此容器可安裝於冷卻水塔之底池或儲槽或某一管流中。此裝置週遭通電後會產生感應靜電場，水中帶正電粒子(Ca^{2+}、Mg^{2+}等)因為吸收電子被中和。

4.6 鍋爐用水處理技術

4.6.1 雜質影響

1. **鍋垢**(scale)

   形成的原因，係由鈣鹽、鎂鹽、矽酸鹽沉澱沉積的堅硬白色固體，妨礙熱傳效率，縮短鍋爐使用壽命，甚至引起鍋爐爆炸，防止方法可用 Ca^{2+}、Mg^{2+} 離子。

2. **隨伴**(carry over)

鍋爐用水含鹽度過高，或含有懸浮物發泡性有機物質的成分，會混在蒸汽中，被其帶出的現象，稱之隨伴。影響加熱效率與熱功機械的運轉效率，防止方法可加入泡沫防止劑，如 polyamide、silicone 等。

3. **腐蝕**(corrosion)

鍋爐用水中若含有 O_2 與 CO_2，對爐體鋼材腐蝕非常嚴重，故一般鍋爐用水 pH 值維持在 7.0～9.0。

4.6.2　鍋爐用水處理方式

1. **一次水處理**

亦稱爲爐外水(鍋爐補給水)處理，利用機械與化學方法去除補給水的不純物，達到規定的標準值，其處理方法有曝氣、凝聚沉澱、過濾、吸收與離子交換等，可使用單獨方式或組合方式。

2. **二次水處理**

目的是維持系統水質達到規範值，防止管材腐蝕、結垢和水蒸汽受鹽類的侵蝕，其處理範圍包括冷凝水淨化處理(包括過濾、離子交換法)、飼水處理(注入聯胺)與鍋爐水處理(加入磷酸鹽)。

一次水處理和二次水處理的方式剖析如下：

不純物或離子		主要危害	處理方式	
			一次水處理	二次水處理
氣體	氧氣 O_2	腐蝕汽鼓、過熱器		除氣、除氧劑、N_2H_4
氣體	二氧化碳 CO_2 硫化氫 H_2S	腐蝕冷凝水、給水系統	除氣(曝氣法)	除氣及胺(RNH_2) 中和
氣體	氨 NH_3	腐蝕銅質配件		調整 pH 值與爐水沖放
陽離子	鈣 Ca^{2+} 鎂 Mg^{2+}	在汽鼓生成水垢	軟化脫除全鹽 (除礦)	加入磷酸鹽
陽離子	鈉 Na^{+} 鉀 K^{+}	苛性鈉、苛性鉀引起腐蝕和脆化	脫除全鹽(除礦)	調整 pH 值與爐水沖放
陽離子	鐵 Fe^{2+} 銅 Cu^{2+}	在汽鼓生成鍋垢與淤渣	凝聚沉澱 脫除全鹽	飼水處理

不純物或離子		主要危害	處理方式	
			一次水處理	二次水處理
陰離子	氯 Cl^-	促進水的腐蝕	用陰離子交換樹脂脫除全鹽(除礦)	爐水沖放
	硫酸根 SO_4^{2-}	遇鈣生成鍋垢		
	硝酸根 NO_3^-			
	碳酸根 CO_3^{2-}	分解而產生 CO_2		
	矽酸 SiO_3^{2-} 或 SiO_2	在汽鼓生成鍋垢，或騰帶至汽輪機生成水銹		
其他	pH 值	pH 值過低或過高均引起腐蝕	軟化脫除全鹽(蒸餾)	調整 pH 值
	導電率(μΩ) 總固形物(TS)	過多生成鍋垢和引起騰帶		爐水沖放
	濁度	生成鍋垢，降低給水裝置性能	凝集沉澱過濾	爐水沖放
	有機物(油脂)	降低給水裝置性能、汽鼓起泡	加氯凝集沉澱	

4.7 海水淡化

目前全世界應用於海水淡化商業用途的除鹽造水技術，主要可分為蒸餾法(distillation)及薄膜法(membrane)兩大類。前者包括多級閃沸式(MSF，multi-stage flash)、多效蒸餾式(MED，multi-effect distillation)與蒸汽壓縮式(VC，vapor compression)等三種，後者主要有逆滲透法(RO，reverse osmosis)與電透析法(ED，electro dialysis)兩種方法；其它淡化技術則有離子交換法與冷凍法等。

1. **逆滲透式淡化廠**

   最主要的元件為逆向滲透膜；它是由微細化學纖維薄膜所組合成的元件，利用海水滲透壓原理來處理高雜質含量的水，藉以獲得淨化，其操作原理是將高雜質含量的水，經高壓水泵加壓處理，使其壓力高於滲透膜的滲透壓，則淡化水透過滲透膜而反滲出來，未滲透的水即是濃鹽水，則由滲透膜的另一端排出。通常逆向滲透式海水淡化廠，基本上是由四個系統所組成，(1)原水供應系統，(2)前段化學藥品處理與過濾系統，(3)高壓泵與滲透膜組合單元，(4)後段穩定水質處理系統。

2. **電透析式淡化廠**

   通常電透析式很少被應用在海水淡化方面，但是它常被應用在鹹井水淡化方面，它乃是利用直流電將水中所含的正負離子驅動至電極的兩端，並藉用陽離子選擇膜與陰離子選擇膜的特性，以達到離子予以分離的效果；亦即是陽離子選擇膜只能讓陽離子通過，陰離子選擇膜只能讓陰離子通過，由於膜的兩面並無壓力差，因此水無法穿透這些離子選擇膜，因此當被處理水在電透析機組內經過電透析過程後，則被處理水在膜組內形成交互濃縮區間與純化區間，將純化區間的水收集後，即獲得去離子效果的純化水。

電透析式的裝置構造是由陽極板、陰極板以及許多陰陽離子選擇膜所組合成的裝置；鹹井水經過軟化與去碳氣的處理後，將經由飼水泵加壓並通過微粒過濾器，藉以去除水中所含的細小顆粒雜質，最後這些過濾水被泵入電透析系統，這些水將被電透析裝置純化，純化後的水被送入儲存槽，濃鹽水則被排放出去，這些淨化水將經由製成水傳送泵泵至供水系統。

3. **多效蒸發法**

就是一種把熱量重複地使用，產生許多倍的淡水方法。用鍋爐產生蒸汽作爲蒸餾的熱源，海水先進入第一個蒸發器，又稱爲第一效蒸發器的上方；鍋爐裡產生的蒸汽進入第一效蒸發器的下方，其間以金屬壁隔開。這蒸汽把熱量傳到金屬壁上方的海水中去，自己因爲損失熱量而凝結成液體再回到鍋爐裡去。鍋爐裡的水就這樣一直循環地使用。因爲熱量只能從高溫傳向低溫，第一效蒸發器上方的海水溫度，一定會比下方的蒸汽要低一些，這海水得到由下方傳來的熱量後，其中一部分便蒸發成爲水蒸汽。爲了達到熱能重複使用的目的，把在第一效蒸發器裡所產的蒸汽，經過管道送到第二效蒸發器的下方，作爲加熱的熱源。

因爲熱量只能從高溫傳向低溫，所以在第一效蒸發器裡曾經蒸發過一次的海水在進入第二效蒸發器上方的時候，溫度和壓力降得比較低。這樣第二效蒸發器中金屬壁上方的溫度變得比下方低一些，熱量便由下方傳向上方，使下方的蒸汽凝結爲淡水，也就是淡化的海水。在第二效蒸發器中，把第一效蒸發器中所產生的蒸汽裡的熱量再利用一次。在第二效蒸發器上方所產生的蒸汽，經由管道流到第三效的下方，其溫度和壓力仍不變；第二效上方的海水在蒸發了這些水分之後，流到第三效蒸發器的上方，流過去的時候把溫度和壓力又降低一些。這時第三效蒸發器中金屬壁上方的溫度變得比下方低一些，熱量便由下方傳向上方，使下方的蒸汽凝結爲淡水。

4. **除鹽造水技術比較**

多級閃沸式的原料水若採一週式(once-through)運轉，將造成加藥成本增加、熱能損失與滷水所含化學藥品對環境的衝擊等問題，目前多改採海水再循環方式運轉。逆滲透法(RO)雖開發較晚，但正被世界各國廣泛使用中，主要原因是在薄膜材質及能源回收改良技術已達成熟階段，不但使淡化成本降低，而且造水率提高，除鹽率高達 99%，膜管平均使用壽命延長至 5 年左右，更可應用在處理工業廢水及冷卻水塔排放水回收再利用等方面。逆滲透法雖在 1970 年代後期開發，但由於興建時程短、占地面積小與模組化組裝簡易等特性，使得 RO 成爲競爭力最強且快速成長的除鹽造水技術。

4.8 國內工業用水供應情形

臺灣每年用水達 195 億立方公尺，在河川坡陡流急及降雨季節集中下，水資源工程係以貯蓄或引用水源作爲民生、工業與農業發展之用。目前臺灣地區已建水庫 50 座。總蓄水量 22 億立方公尺，臺灣預估民國 125 年的年應用水量 212～230 億立方公尺、農業用水 150 億立方公尺、工業用水 20～30 億立方公尺、生活用水 42～50 億立方公尺。

民國 90 年，臺灣地區工業用水 16 億噸，占用水量的 8.8%，工業用水因工業的類別不同而產生的耗水量也因而不同，以電子零組件製造業爲例製程用水所占用水量比例最高，達 58.2%。(依據民國八十九年資料工廠用地面積爲 27,403 公頃，年工業用水是爲 18.7 億立方公尺)。工業用水耗水量大的六大工業類別：包含電子零組件製造業、造紙業、石油及化學製品業、塑膠製品業、金屬製品業、紡織染整業等。製造業之生活用水、其他用水、間接冷卻用水、鍋爐用水、製程用水等來做爲回收用水。

工業用水的水源多來自自來水、地下水、雨水等天然水源，總量中僅有約 19～20% 是由自來水供應，其餘約 80%的工業用水均是自行取水；而其中又以抽取地下水占大部分。因此實際的用水量變化，以及地下水的抽取量極難估算。

4.9 考　題

一、臺灣的水資源並不充足，海水淡化是一個很受重視的水資源來源之一，其中「多級閃蒸法(Multi-Stage Flash, MSF)」的技術相對來說相當成熟。請繪製一個「多級閃蒸法作海水淡化」之流程圖，並敘述其基本原理(註：可先作流程圖，再提出敘述；亦可在流程圖示旁邊直接標示敘述)。

(106 年公務人員特種考試關務人員考試、106 年公務人員特種考試身心障礙人員考試及 106 年國軍上校以上軍官轉任公務人員考試)

二、(一)何謂「暫時硬水」和「永久硬水」？

(二)分別寫出處理(降低水之硬度)以上兩種硬水的方法。

(103 年公務人員高等考試三級考試)

三、請回答下面兩個子題：

(一)說明「軟水」、「暫時硬水」、「永久硬水」，這三者在成分上的差異。

(二)「磷酸鹽法」和「離子交換樹脂法」為兩種常用的硬水軟化方法。試分別說明之，並寫出涉及的化學反應式。

(102 年公務人員普通考試)

四、試述以離子交換法軟化水及其再生(regeneration)之化學反應方程式，並以 R 代表離子交換基(ion-exchange radical)示之。

(98 年公務人員高等考試三級考試)

五、工業用水的純度影響產品的品質，因此工業用水需要淨化，請說明一般工業用水的淨化方法。(98 年特種考試地方政府公務人員考試四等考試)

六、海水的淡化是“去鹽”(desalination)的操作。列舉工業上海水淡化的三種方法及原理。(96 年公務人員、關務人員升等考試)

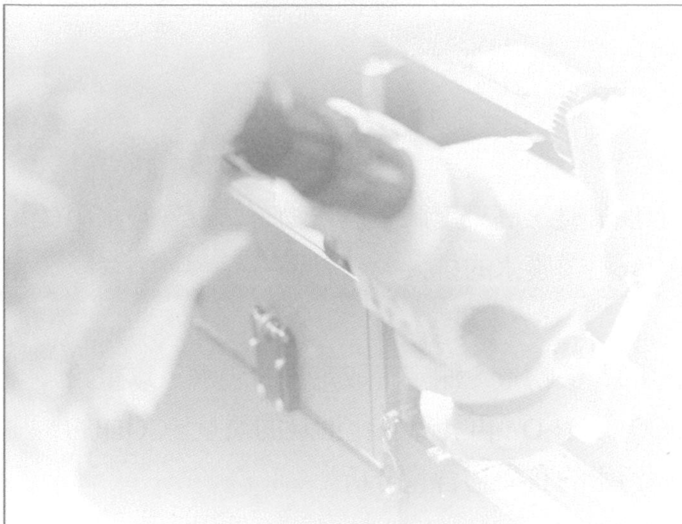

Chapter 5

CHEMICAL PROCCEDING INDUSTRY

廢水處理

5.1 水質特性指標

指示水污染程度之水質指標，依性質大致可分爲物理性、化學性及生物性三類指標，一般造成污染的來源主要爲化學成分，以下是探討化學性的污染指標意義及影響：

1. **pH 值**

   爲水溶液酸鹼度的指標，即水中氫離子濃度倒數的對數值，故 pH 值大於 7 爲鹼性，小於 7 爲酸性，一般以 pH 測定計測定或以酚酞、甲基橙等指示劑判定，pH 值影響生物的生長、物質的沉澱與溶解、水及廢水的處理等。

2. **酸度**

   表示水中和鹼的能力，水中酸度的形態及大小，可推知水質的好壞、廢水處理加藥的多少，並影響水體的自淨作用。

3. **鹼度**

   可指示廢水處理的加藥量，水的腐蝕性、生物處理操作的效果等。

4. **氯鹽**

指水中的氯離子[Cl⁻]，具有腐蝕性，高濃度時對農作物有妨礙。若水中氯鹽升高，可能因海水入侵污染或工業廢水的排入。

5. **化學需氧量(COD)**

代表水中可破強氧化劑氧化的有機物量，測定時取定量的廢水，以重鉻酸鉀在酸性下氧化有機物產生 CO_2 及 H_2O，再計算氧化消耗的氧量。COD 的測定，廣泛用於工業廢水及家庭污水的有機物含量分析。

6. **生化需氧量(BOD)**

定義爲細菌在好氧情況下，促使分解的有機物安定化所需的氧量。一般所稱的 BOD 爲五天 20℃情況下試驗所得的結果。若包括完全氧化成 CO_2 及 H_2O 所需的氧爲最終生化需氧量。BOD 是測定生物性可氧化有機物的唯一方法，並可用於控制河川污染的主要基準。

7. **溶氧(DO)**

水中的溶氧可能來自空氣中或人爲曝氣，植物光合作用產生，其溶解度受溫度的影響很大，自 0℃的 14.6mg/L 到 35℃時的 7mg/L。氧的低溶解度爲自然水淨化能力受到限制的主因。溶氧的測定可用來控制河流污染程度，藉以維持魚類或其他水中生物的繁殖與生長的最適情況。

8. **氮**

氨氮是生物活動及含氮有機物分解的產物：可指示污染。氮在污水中的主要狀態有氨氮(NH_3-N)，亞硝酸氮(NO_2-N)，硝酸氮(NO_3-N)，有機氮等，其中氨氮及有機氮的和稱爲純凱氏氮。通常可藉氮的測定，以控制生物處理淨化的程度。

9. **磷**

污水中的磷一般以正磷酸監及聚磷酸鹽存在。若水中濃度高，表示可能受工礦廢水、家庭污水、清潔劑、肥料等污染。湖泊、水庫的藻類滋生，亦受到磷的影響。

10. **硫化合物**

硫酸鹽爲原水中最主要的一種陰離子，在厭氧狀態下，硫酸鹽常被微生物還原爲硫化氫氣體，更進一步和氧反應成硫酸腐蝕下水道管渠。

11. **重金屬**

最常見的有害重金屬包括鎳、錳、鉛、鉻、鎘、鋅、銅、鐵、汞等，若含量太高，對生物有急性或慢性的毒性，產生味道及影響水體外觀，並且減少河川的自淨作用。

12. **清潔劑**

主要成分爲一種陰離子界面活性劑，其產生的泡沫及磷會影響淨水作用及產生優養化現象。

13. **總有機碳**(TOC，total organic compound)

係指污水中總有機碳的含量，尤其是對低濃度的污水，TOC 常用以表示水中有機物的量。

14. **河川污染等級表計算方法**

污染等級	A：未(稍)受污染	B：輕度污染	C：中度污染	D：嚴重污染
溶氧量(DO)	大於 6.5	小於 6.5	小於 4.5	小於 2.0
生化需氧量(BOD_5)	小於 3.0	3.0～4.9	5.0～15	大於 15
懸浮固體(SS)	2.0～4.5	5.0～15.0	50～100	大於 100
氨氮(NH_3-N)	小於 0.5	大於 0.5	大於 1.0	大於 3.0

15. **量測方法**

(1) 生物需氧量：水樣中加入已知量的化學氧化劑(重鉻酸鉀 $K_2Cr_2O_7$ 或高錳酸鉀 $KMnO_4$，國內使用 $K_2Cr_2O_7$ 較多)，在某一特定溫度下(140～145℃加熱迴餾數小時)進行氧化作用，而後滴定剩餘的氧化劑，藉以測出水樣中有機物的相當量。

(2) 總有機碳量：利用高溫下氧化污水中有機碳爲二氧化碳，再採取紅外線偵測儀量測二氧化碳濃度而換算爲碳的當量，原污水中所含無機碳可作爲酸化與通氮氣趕出溶液。

5.2 承受水體的污染防治

5.2.1 優養化過程

優養化(eutrophication)過程係指過量營養物質，如氮、磷、碳等污染原水，造成藻類大量繁殖。當藻類及浮游生物、魚類死亡後沉入底層，好氧性細菌為分解有機物耗盡水中的溶氧，使得底層乃至於中水層可能成為厭氧狀態。此時好氧性生物活動範圍僅限於表水層，由於藻類無限制生長，再加上水中濁度增加，減低光線的穿透，使得藻類逐漸死亡，最後表水層也變成了厭氧狀態，所有的好氧性生物終告消失。

5.2.2 造成優養化污染物除去方法

一、外來營養物負荷量的控制策略

1. **廢(污)水脫氮除磷技術**

   針對家庭污水及工業或養豬業廢水等點污染源，削減其所含的氮磷物質流入水體的最控制策略，便是透過訂定嚴格的放流水氮磷管制標準，要求各污染源設置污水下水道系統或廢(污)水處理廠，並且需包含有去除營養物質的處理程序。廢(污)水的脫氮除磷技術屬於三級處理程序，傳統的廢(污)水處理廠僅能達二級處理的操作目標，並無足夠能力處理氮磷，因此若要符合嚴格的放流水標準，處理技術須予以提升。目前廢(污)水中氮的去除已生物硝化脫硝法(biological nitrification-denitrification process)最經濟可行；而脫磷技術則以化學沉澱法或生物除磷技術效率最高，這些技術並且已達實用階段。

2. **土地利用的管制**

   此方法亦即限制湖泊水庫集水區內的土地利用行為，藉以減少農地、工廠、住宅、遊樂區、道路、建築物等的開發。如此便可抑制集水區內產生營養物質的多項活動，減少營養物的污染源(包括點源與非點源)；此外亦能達成水土保持及涵養水源的目的。

3. **河川支流水的物化／生物前處理**

   本法並不從管制污染源著手，而是將河川支流的入流水(tributary inflow water)在進入湖泊水庫之前，先行以物理、化學或生物方法，去除水中營養物質，然後再使其流入水體。如此的控制策略，使得該水庫在藻類生長季節時，大約可降低約 90%的藻類生物質量。

4. **廢(污)水的分流**

當水體的營養物污染源相當集中時，可利用下水道管渠將含營養物的廢(污)水收集後，導送到湖泊水庫下游的廢(污)水處理廠或河川中放流。就保護上游的水體而言，此方法技術單純與效果確實，但只能作爲暫時性的方法。

二、湖泊水庫內的控制策略

1. **生物控制**

本法爲利用某些種類的生物來控制藻類禍水生植物的生長，理論上從水體生態系統之食物鏈的捕食關係，可利用動物性浮游生物來控制植物性浮游生物(藻類)，而利用草食性魚類來控制巨型水藻(macrophyte)。

2. **化學控制**

本法乃使用特殊的化學藥品加入水體中，來殺滅藻類或水生植物。常用的殺藻劑(algicide)爲硫酸銅，通常施用的濃度在透光層中約 0.1～0.5mg/L，此劑量下對人體與魚類幾乎沒有毒性。然而卻有報導指出這些殺藻劑如果長期使用，最後可能衍生出具有抗藥性的藻類或水生植物；另外也可使用鋤草劑來控制漂浮在水體表面上的水生植物。本法的缺點是藻類細胞死亡後仍殘留在水體中，可能提高水體需氧負荷或是放出衍生物造成二次污染。

3. **底泥營養物的控制**

由於湖泊水庫內部的營養物循環，使底泥最後含有豐富的氮磷物質。因此限制營養物從底泥釋放出來，即可降低水體內部的營養物負荷，其中最直接有效的方法，便是疏濬底泥(sediment dredging)。

4. **湖水的循環**

在湖泊水庫內部進行強制性的水流循環(不需曝氣)，形成水體的混和效果，藉以打破分層現象(destratification)，此目的乃迫使藻類離開透光層，而往更深層、更暗的區域移動，限制了光線來源，便可抑制藻類的生長，降低藻類生產力。

5. **光遮斷法**

本法乃在水面上覆蓋不透明的板柵(sheeting)或漂浮物、在水中加入吸光性染料或在水面上灑塑膠顆粒，希望阻止光線透過水層，以便控制藻類光合作用的進行。然而此方法只能針對相當小的水體，才能有效實施。

6. **收集去除法**

本法爲使用機械設備，將大量生長的藻類或巨型水生植物收集或收割，並從湖泊水庫中去除，可立即有效的減少水藻的數量。

5.3 廢水處理方法

依操作原理，廢水處理方法分爲物理、化學與生物處理等三種；按處理污染物種類和程度，劃分前處理與初級處理、二級處理和高級(三級)處理等方法，其中前處理與初級處理以物理單元操作爲主，二級處理是化學或生物處理，高級(三級)處理則爲此三種方法的組合。

5.3.1 物理處理方法

應用物理方法如調勻、攔除、混合、膠凝、沉澱、浮除與過濾等單元操作，可移除廢水中的無機性固體、纖維、部分顆粒化有機物、漂浮物、油脂和大型固體物，各處理方法的應用如下：

1. **調勻**

調勻廢水流量、溶解性無機物與懸浮固體負荷，以利後續處理單元。

2. **攔除**

利用截集與表面篩選移除顆粒與可沉降性固體。

3. **混合**

混合廢水中的化學物質和氣體，使其均勻化，並維持固體懸浮。

4. **膠凝**

促進小顆粒集結，使其凝結成大顆粒，以利重力沉澱移除。

5. **沉澱**

移除可沉降性固體、部分懸浮固體與濃縮固體物。

6. **浮除**

移除比重和水相近的懸浮固體、油脂、纖維與不易分解的細粒，也可濃縮生物污泥。

7. **過濾**

移除經二級處理後殘留水中的極細固體物。

5.3.2 化學處理方法

化學處理方法藉添加化學藥劑或利用化學反應移除、穩定或轉換水中的污染物，包括化學混凝、化學沉降、氧化、濕式氧化、pH 調整、複合、吸附、離子交換、氣體輸送、消毒等處理單元，茲說明如下：

1. **化學混凝**

一般用鐵鹽、鋁鹽或其他混凝劑，將廢水中的膠體和懸浮固體凝聚成較大的膠羽，俾便沉澱處理，常用於紡織、羊肉洗滌、製革、食品、包裝等工業。

2. **化學沉降**

利用化學藥品與溶解性的離子發生作用，產生不溶解性沉澱物，如硫化鈉處理無機汞、石灰用於重金屬廢水、鈣鹽處理肥皂廢水和磷的去除。

3. **氧化**

氧化用於處理有機物，尤其是生物難分解的物質，部分廢水有時需以氧化劑處理，如 Cl_2、ClO_2、O_3、$KMnO_4$ 等處理氰化物、染料廢水。

4. **濕式氧化**(wet air oxidation)

是一種持續在高壓下操作，並藉溫度之提高，促使水相中的溶解性或懸浮性有機物與溶氧反應分解的方法，完全氧化後的最終產物是水蒸汽、氮氣、二氧化碳及灰分等。

5. pH **調整**

添加酸或鹼調整廢水中的 pH 值，避免腐蝕設備、影響處理程度的操作與水中生物的生長，如金屬表面處理、有機、製革和食品等工業廢水藉酸或鹼中和。

6. **複合**

利用螯合劑(chlating agent)如 EDTA、NTA、磷酸鹽等來穩定水中的金屬離子與 CN^-離子。

7. **吸附**

吸附經傳統化學或生物處理單元無法去除的溶解性或難分解有機物，也可作爲放流水脫色和除氯之用。

8. **離子交換**

利用固體性交換材質(樹脂)，將廢水中帶電的離子去除，如重金屬、電解質、CN^-離子。

9. **曝氣**

廢水中加入或移除氣體，增加水中溶氧量或去除揮發性有機物與臭味等。

10. **消毒**

消毒(disinfection)藉添加消毒劑殺死水中的致病菌，一般以大腸菌類去除率爲消毒效率指標。

11. **其他**

添加其他化學藥劑或進行化學反應達到特定的處理目的，如以還原劑去除六價鉻，利用有機溶劑萃取酚等。

5.3.3 生物處理方法

生物處理方法主要利用微生物來處理廢水中的溶解性有機物，這些有機物可被微生物分解成二氧化碳與水，部分則轉化生物質，凝聚爲污泥後沉澱移除之。在適當的操作條件下，去除氮(硝化、脫硝法)和磷(生物脫磷法)亦能藉重生物處理。

廢水生物處理程序基本上可分厭氧處理及好氧處理兩種，厭氧處理常用於高濃度廢水，而好氧處理則較常見於業界所使用。於生物好氧處理上，亦分成多種處理程序，如活性污泥法、接觸氧化法、氧化深渠法等，各項處理方法之選用有其特性考量；如活性污泥法具處理效率較高，但污泥產量較多；接觸氧化法處理效率較低，污泥產生量相對亦較少；氧化深渠法具處理較穩定之優點，但有占地較大之缺點等。另有結合活性污泥法及接觸氧化法之處理程序，以處理較高濃度廢水之研究，如 ABF、MBBR

等。然於諸多處理程序中，目前國內仍以活性污泥法最常見。

產業界因原料及製程不同，所產生之廢水特性各廠皆有所差異；雖大多使用活性污泥法處理廢水，但其結果或問題點皆有所不同；例如於曝氣池池體之選用上，即有完全混合形(complete mix)及栓塞流形(plug flow)等兩種，有其運用考量；於曝氣攪拌形式上，有採鼓風機加散氣盤形式、噴射式曝氣機(air jet)及表面曝氣機等不同形式，亦各有其選用特色；於沉澱池選用上因用地因素有圓型與矩型之分。綜合各不同因素考量，各廢水處理廠所執行之廢水生物處理操作維護及成果不同，所遭遇之問題亦不盡相同。

依據微生物對氧氣的需求性，可將生物處理方法分爲好氧處理、無氧處理、厭氧處理與好氧／無氧合併式處理等四種。另按微生物的生長型態，每個處理過程又能劃分懸浮態生長系統、附著態生長系統(生物膜處理法)和結合式系統，應用的主要目的包括：(1)去除廢水中溶解性有機物，(2)硝化，(3)脫硝，(4)生物脫磷，(5)穩定有機物；各種組合與應用目的如表 5.1。

表 5.1　廢水中生物處理方法和其應用

型式	名稱	目的
好氧處理程序		
懸浮態生長系統	1.活性污泥法	去除含碳 BOD
	(1)標準式	去除含碳 BOD
	(2)階梯式	去除含碳 BOD
	(3)接觸穩定法	去除含碳 BOD
	(4)延時曝氣法	去除含碳 BOD、硝化作用
	(5)氧化渠法	去除含碳 BOD、硝化作用
	2.曝氣氧化塘	去除含碳 BOD
	3.好氧消化	去除含碳 BOD、穩定有機物
附著態生長系統	1.滴濾池	去除含碳 BOD、硝化作用
	2.旋轉生物法	去除含碳 BOD、硝化作用
	3.生物濾床法	去除含碳 BOD
厭氧處理程序		
懸浮態生長系統	1.厭氧消化	去除含碳 BOD、穩定有機物
	2.厭氧污泥床	去除含碳 BOD
	3.厭氧濾床法	去除含碳 BOD、脫硝作用、穩定作用
附著態生長系統	1.厭氧塘	去除含碳 BOD

型式	名稱	目的
	2.厭氧流動床法	去除含碳 BOD、脫硝作用
無氧處理程序		
懸浮態生長系統	懸浮生長脫硝法	脫硝作用
附著態生長系統	固定膜脫硝法	脫硝作用
合併式處理程序	1.硝化－硝法 2.生物脫磷法 3.厭氧塘 4.接觸曝氣法	硝化－脫硝作用 去除含碳 BOD、生物脫磷 去除含碳 BOD 去除含碳 BOD、硝化作用

5.3.4 滴濾池法

一、滴濾池法原理

與活性污泥法相似，也是利用微生物氧化分解廢水中有機物之方法。滴濾池法係池內置濾料，廢水流經池內時，表面逐漸長出生物膜。當流經濾池之水與生物膜接觸時，溶解性有機物即被生物膜之微生物氧化分解，一部分成新細胞，另一部供給分解時所需能量，結果微生物之量增加，生物膜變厚，無機質及無法分解之有機質則被吸著於生膜表面。由於生物膜厚度增加，生物膜底層缺乏氧氣及營養物，發生厭氧分解。細胞死亡分解後，生物膜對濾料之附著力消失，遂自濾料脫料。目前單純之滴濾池已很少見，大多以活性污泥加上滴濾塔方式運用。

二、滴濾池處理法過程

與活性污泥法處理過程相同，廢水進入滴濾池前有預備處理，主要之設備爲初沉池，初沉池除用以去除廢水中大部分粗大或可沉降固體(SS)外，亦可減少小部分 BOD，其構造與一般沉澱池相似，一般用於滴濾池前之初沉池其 BOD 去除率約 30～50%，經初沉池未去除之有機物爲較小之粒子、有機懸浮物或膠質，此類物質即進入滴濾池，經滴濾池處理之排水復經終沉池後排放。通常滴濾池將處理水之部分或全部送回以稀釋廢水，稱爲迴流，其目的有：可以減少流入廢水之濃度、減少臭氣增加溶氧量、流入廢水之植種、維持生物膜之適當厚度、減少水休止時間。

三、滴濾池構造

1. **滴濾池濾料**

一般理想濾料應具備下述條件：(1)濾料表面適合於生膜之形成及黏附，且不受微生物分解；(2)材料之性質及形狀應能使廢水均勻分佈於其表面；(3)須有充分空隙以流通空氣，方能供給氧氣；(4)濾料之空隙應足以使有機固體迅速隨處理水流下；(5)濾料之化學性質必須安定耐久；(6)池底濾料不因本身重量而用損；(7)重量輕、荷重小之濾料可做高塔式以減少占地面積。

2. **構造**

(1) 池深通常在 1.2～2.4 公尺間，池太深則通風不良，池底易生臭味，池太淺則須加大表面積，建造費高不經濟，一般高度以 3～6 公尺爲適。

(2) 牆厚：一般以 20～30 公分厚之鋼筋混土製成。

(3) 排水系統：排水系統設備分佈於池底，濾磚可用陶土塊製成，通常爲矩形。其孔口有效面積不得低於濾磚總表面積 20%，而磚孔面積不得小於濾池面積之 15%。兼作通風用途之排水槽可爲矩形或半圓形，於平均流量時，槽內流速不得低每秒 60～90 公分。

(4) 散水設備：欲使水均勻分佈於濾池，避免局部生物膜產生超負荷現象，必須連續散水，減少休止時間。散水機分旋轉式及固定。最常用者爲旋轉式散水機。

四、進流廢水濃度

滴濾池設計時，廢水流量及水質是否需要迴流或預備處理爲重要考量參數。加入濾池之廢水生化需氧量(BOD_5)應不超過 500mg/L。

5.3.5　旋轉生物圓盤法(RBC, Rotating Biological Contactor)

爲利用附著於圓板上之微生物群以去除廢水中有機性污染物質的處理法，如圖 5.1 所示。是將一連串的圓盤分成數段，其直徑之 40%浸於接觸槽之水中，當緩慢旋轉的圓盤與進流污水接觸後，經數日圓板表面開始產生附著微生物群，這些微生物群隨著圓盤的旋轉，自空氣中吸收氧及自水中吸收有機物進行喜氧性分解。微生物之厚度通常爲 0.5～2mm，隨著接觸日數微生物膜漸厚，被覆蓋於底層的微生物群呈厭氧性，當其失去活性時則由於圓盤旋轉的剪力，而使微生物群(污泥)自圓盤表面脫落，併同溢流水接觸槽流出，而於沉澱池分離去除污泥。

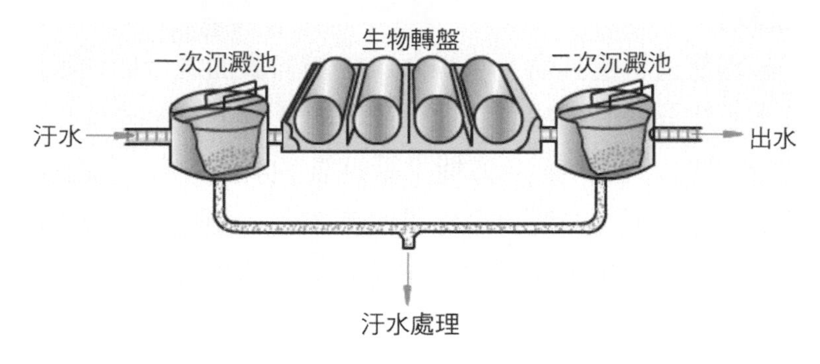

圖 5.1　旋轉生物圓盤法

由於 RBC 法可在短時間接觸下獲得高處理效率，對負荷變動較具彈性，設計簡單，產生污泥量少，無活性污泥之鬆化、發泡、及滴濾法之散發臭氣、濾池阻塞等缺點，且噪音小，操作上不必如活性汙泥法需迴流污泥、調節污泥濃度及曝氣槽之溶氧量等高度技術，所需動力亦較活性污泥法少。

特性和優點：

1. 具有高度彈性：一般綜合污染廢水之水性、水量，皆複雜而變化大，在此一情形下污水處理的設置應極具高度彈性，以適合目前的需要及配合將來的擴展及變化。
2. 占地面積少：在各種處理方法中，以使用生物膜方法占地最少。
3. 電力：因轉盤速度低(2 rpm)，故用電量極少與活性污泥法相較只有其耗電量的 1/5 或以下。
4. 維護簡易：在生物膜法中幾乎不需維護費，僅需轉動軸之定期潤滑。
5. 操作技術簡單：普通技工經訓練後即可操縱自如。
6. 對負荷量變動彈性大：對有機震動負荷與毒物外溢之抗拒力都較其他傳統方法爲優；因廢水停留時間短所以對意外的毒性溢洩可以迅速地恢復。
7. 污泥量少濃度較高易處理，且無臭味及噪音。
8. 效率高：即無初級設備，具去除 BOD5 仍可達 90～98%。
9. 恢復迅速：在操作開始或停止操作後，恢復正常時間僅需 3～5 天。

5.3.6　高級處理方法

高級處理方法係用於提高處理廠的出水水質、廢水再利用或作為和一般生物處理相當的替代方式，去除污染物包括懸浮固體、微量溶解性(難分解)有機物、溶解性無機物、氮與磷等營養物質及細菌和微生物。

一、懸浮固體的去除

懸浮固體的去除主要以過濾方式移除類似膠體類的固體物，常用的方法包括微細篩濾法、混凝過濾法與矽藻土過濾法等。

1. **微細篩濾法**

   利用金屬或纖維製成的細目篩網濾除 50μm 以下的懸浮固體。

2. **混凝過濾法**

   採取混凝劑使懸浮固體或膠體凝集，再以過濾法去除。常用的混凝劑為鋁鹽、鐵鹽、石灰或助凝劑；濾料是砂、煤、雙層濾池與多層濾池，其出水可將懸浮固體減至微量，有時兼能去磷和軟化的功效。

3. **矽藻土過濾法**

   以矽藻土為助濾劑，促使濾料表面是矽藻土覆蓋而形成濾膜。一般有真空過濾與壓力過濾二種方法，可去除 0.5～1μm 的固體物。

二、微量溶解性(難分解)有機物的去除

1. **活性碳吸附**

   一般二級處理無法去除的特殊臭味、清潔劑、酚和農藥、DDT 等難分解有機物，均可用活性碳除去，兼能去除溶解與懸浮固體。活性碳分成顆粒狀(舖在固定層和懸浮層)與粉末狀(用於混凝、沉澱和過濾)，前者較為常用。

2. **氧化**

   利用 Cl_2、ClO_2、O_3、$KMnO_4$ 等氧化劑處理有機物，也可用電化方法與 γ 射線去除污染物質。

三、溶解性無機物的去除

1. 蒸餾法

採取水和污染物的不同沸點淨化水質，消耗蒸汽能量大，甚少使用。

2. 電析法

水槽中置放交互排列的半透膜，當插入的電極通電後，陽離子或陰離子即往相反電荷的電極方向移動，達到去除的目的。

3. 離子交換樹脂法

利用附有離子作用基的網狀結構體，促使水中的離子在固體和液體間進行可逆性的相互交換反應而去除，此法能除去如 Na^{+}、Ca^{2+}、Mg^{2+}、Cl^{-}、HCO_3^{-}等電解質、鹽類與重金屬污染物。

4. 逆滲透法

利用醋酸纖維類讓水分子通過，離子無法通過的半透膜，將離子濃度較高的一側加壓至 400psi 以上，達到去除污染物的目的。

5. 冷凍法

利用不同的凝固點去除微量有機和無機污染物。

6. 其他

如萃取、化學沉澱等方法移除廢水中的溶解性無機物。

四、氨氮的去除

1. 生物脫氮法

利用硝化、脫硝方式，促使氨氮(NH_3-N)轉換成氮氣而去除。此法包括二步驟，即在好氧與無氧環境下分別進行硝化和脫硝作用，其反應如下：

$$NH_3+3/2O_2 \xrightarrow{\text{Nitrosomonas}} NO_2^{-}+H^{+}+H_2O$$

$$NO_2^{-}+1/2O_2 \xrightarrow{\text{Nitrobacter}} NO_3^{-}$$

脫硝反應中添加甲醇，主要作爲常見脫硝菌 pseudomonas denitrifers 與 thiobacillus denitrifers 的碳源和電子供給者。

2. **汽提法**

在鹼性(pH10～12)環境下，將水溶液中的銨離子轉化成氣態氨，即：

$NH_4^+ + OH^- \rightarrow NH_{3(g)} + H_2O$

3. **離子交換法**

利用陽離子交換樹脂去除銨離子(NH_4^+)或陰離子交換樹脂去除硝酸鹽(NO_3^-)。

4. **折點加氯法**

利用折點加氯法將氨氮氧化成三氯胺(NCl_3)與氮氣，當反應達到平衡時，氯和氨氮的重量比為 7.6：1，即：

$2NH_3 + 3Cl_2 \rightarrow N_{2(g)} + 6HCl$

五、磷的去除

1. **化學沉降法**

添加硫酸鋁、氯化鐵或石灰有效去除磷酸鹽，可在初級沉澱池前、二級沉澱池前或後加入。

$Al^{3+} + PO_4^{3-} \rightarrow AlPO_{4(s)}$

$Fe^{3+} + PO_4^{3-} \rightarrow FePO_{4(s)}$

$Ca^{2+} + OH^- + 3PO_4^{3-} \rightarrow Ca_5(OH)(PO_4)_{3(s)}$

2. **生物脫磷法**

部分微生物如 acinetobacter、pseudomonas 與 aeromonas 在厭氧環境中具有放出磷和好氧狀態下攝取磷的特性，利用此除磷的生物程序，即為生物脫磷法，採取微生物超量累積與奢華攝取，於厭氧、好氧的處理條件達到除磷的目的。

5.4 污泥處理及最終處置

一般污泥的產量為處理水量的 0.5～2.5，因含有大量水分與有機物，在處置前需進行減量和穩定處理，即濃縮、穩定、調理、脫水與最終處置五步驟。

1. **濃縮**

減少污泥體積，提高污泥脫水性，降低投資成本，採取的方法包括重力濃縮、浮除濃縮和離心濃縮，以重力濃縮較為常用。

2. **穩定**

污泥穩定的目的在於減少病原菌、除臭、氧化有機物與減少體積，提昇污泥的利用率。採取的方法有加氯氧化法、石灰穩定法、熱處理法、厭氧消化法和好氧消化法，以消化法較為常用，厭氧消化法與好氧消化法分別用於大型廠和小型廠。

3. **調理**

調理的目的在於改善污泥的脫水性，包括化學調理、熱處理和淘洗。

4. **脫水**

脫水為減少污泥含水量的物理操作單元，包括重力排水的乾燥床與機械脫水的眞空過濾法、離心過濾法、壓力過濾法和帶式過濾法等。

5. **最終處置**

經穩定與脫水的污泥，仍需進行最終處置來達到安定化與資源化，包括填地、衛生掩埋、土地利用和海洋棄置等。

5.5 工業廢水處理

5.5.1 石油廢水處理

1. **石油廢水特性**

石油廢水所含污染物包括離狀油、乳化油、冷凝水、酸性廢水、鹼性廢水、苛性廢液、特殊化合物、廢氣體、污泥與固體物、冷卻水等。

2. **處理方法**

(1) 油水分離：採用重力式油水分離器。

(2) 前處理：去除油類與限制硫化物、硫醇和酚類的濃度。

(3) 浮除與混凝沉澱：配合化學混凝劑的使用。

(4) 生物處理法：活性污泥法、滴濾池、曝氣式氧化塘或氧化塘。

(5) 苛性廢液：採用稀釋法、海洋放流或利用酸性廢水中和。

(6) 酸污泥處理：採用中和法、焚化法與回收法。

5.5.2　電鍍廢水處理

一、電鍍廢水特性

電鍍廢水大部分來自除銹、除油等表面處理的廢棄溶液和電鍍、表面處理的清洗廢水，水量依廠的規模與鍍件而異。一般從前處理或後處理過程的廢水多爲酸性或鹼性，並含低濃度金屬離子；洗淨時含部分金屬離子、油分、酸性或鹼性洗液；電鍍過程則依電鍍液不同而含高量重金屬。

二、處理方法

電鍍廢水依性質與處理方式的不同，分爲氰系廢水、鉻系廢水和酸鹼廢水。

1. **氰系廢水**

一般以鹼性加氯法(alkali chlorination)爲主要的處理法，即利用液氨(Cl_2)、次氯酸鈉(NaOCl)或漂白粉($CaOCl_2$)爲氧化劑，在鹼性環境下將氰離子(CN^-)氧化成氮氣(N_2)及二氧化碳(CO_2)。依反應 pH 值的不同，反應通常分成二階段，各階段反應如下：

第一階段　$NaCN+NaClO \rightleftharpoons NaCNO+NaCl$

$CNCl+2NaOH \rightleftharpoons NaCNO+NaCl+H_2O$

第二階段　$2NaCNO+3NaClO+2NaOH \rightleftharpoons 2NaCO_3+N_2+3NaCl+H_2O$

總反應　$2NaCN+5Cl_2+8NaOH \rightleftharpoons N_2+10NaCl+2CO_2+4H_2O$

2. **鉻系廢水**

廢水中的六價鉻均以鉻酸或鉻酸鹽狀態存在，在處理方面先將六價鉻還原成三價鉻後，再調整廢水的 pH 值至 8～9 把鉻沉澱除去。一般常用的還原劑包括二氧化硫、硫酸亞鐵、亞硫酸氫鈉、硫化鈉與偏重亞硫酸鈉等。

(1) 二氧化硫：利用二氧化硫爲還原劑，產生污泥較少。在 pH 值 2～3 可進行下列反應：

$SO_2+H_2O \rightleftharpoons H_2SO_3$

$2H_2CrO_4+3H_2SO_4 \rightleftharpoons Cr_2(SO_4)_3+5H_2O$

(2) 硫酸亞鐵：利用硫酸亞鐵不需調整 pH 值，其具有混凝功能，可幫助鉻的沉澱，但處理不當，出流水易呈現紅色，污泥也較多，進行的反應式爲：

$$2H_2CrO_4+6FeSO_4 \cdot 7H_2O \rightleftharpoons Cr_2(SO_4)_3+3Fe_2(SO_4)_3+50H_2O$$

$$Na_2Cr_2O_7+6FeSO_4 \cdot 7H_2O+7H_2SO_4 \rightleftharpoons Cr_2(SO_4)_3+3Fe_2(SO_4)_3+Na_2SO_4+49H_2O$$

(3) 亞硫酸氫鈉與偏重亞硫酸鈉：亞硫酸氫鈉、偏重亞硫酸鈉和二氧化硫還原情況相同，均以硫酸爲還原劑，即：

$$NaHSO_3 \rightleftharpoons Na^++HSO_3^-$$

$$HSO_3^-+H_2O \rightleftharpoons H_2SO_3+OH^-$$

$$Na_2S_2O_5+H_2O \rightleftharpoons 2NaHSO_3$$

$$2H_2CrO_4+3H_2SO_4 \rightleftharpoons Cr_2(SO_4)_3+5\ H_2O$$

(4) 硫化鈉：利用硫化鈉爲還原劑，應添加硫酸維持反應時的 pH 值，其反應爲：

$$Na_2S \rightleftharpoons 2Na^++S_2^-$$

$$S_2^-+2H_2O \rightleftharpoons H_2S+2OH^-$$

$$2H_2CrO_4+3H_2S+3H_2SO_4 \rightleftharpoons 3S+Cr_2(SO_4)_3+H_2O$$

$$Na_2Cr_2O_7+3H_2S+4H_2SO4 \rightleftharpoons 3S+Cr_2(SO_4)_3+Na_2SO_4+H_2O$$

3. **酸鹼廢水**

酸鹼廢水中常含重金屬離子，一般使用處理法爲化學沉澱法，添加石灰或氫氧化鈉調整 pH 值至 8～11，促使重金屬離子形成氫氧化物，沉澱而去除之。

5.5.3 染整廢水處理

1. **染整廢水特性**

染整廢水依纖維的種類分爲棉紡廢水、毛紡廢水與人造纖維廢水三類，均屬於高濃度有機廢水。

(1) 棉紡廢水：棉紡廢水主要來自染整(操作過程包括退漿、精煉、漂白、絲光、染色、印花與整理等步驟)，產生的污染物涵蓋耗氧物質、pH 值、顏色、界面活性劑、鹽類、重金屬和總固體量等，依其所含成分不同，分為澱粉廢水、鹼性廢水與其他廢水三種。澱粉廢水占總量 16%，其中 BOD_5 為總量 53%，TDS 是 37%，濃度分別高達 5,000mg/L 和 23,000mg/L，屬於高強度有機廢水。

(2) 毛紡廢水：毛紡廢水包括洗毛廢水、染色廢水與其他程序廢水，主要的污染來自洗毛廢水。

2. **處理方法**

染整廢水常含高濃度的 BOD、COD 與顏色，基本的處理流程為調色、pH 值調整、除色和去除 BOD，一般以化學混凝或生物處理法為主，但要求標準高時，則可用三級處理。

5.5.4 皮革廢水處理

1. **皮革廢水特性**

皮革廢水一方面來自鞣革前處理(沖洗、浸泡、削肉、浸灰、脫毛、脫灰、酵解與浸酸等程序)，另一方面為過程中廢水(以單寧、鉻鹽或鋁鹽和真皮層的蛋白質作用，促使皮革柔軟耐久，具有彈性)。

2. **處理方法**

皮革廢水含高濃度的 BOD，屬於高強度有機廢水，一般需經二級處理程序，並且因水質與水量隨時間的變化，其差異性大，故在化學或生物處理前先經調勻和中和。

5.5.5 造紙廢水處理

1. **造紙廢水特性**

造紙廢水分為製漿廢水(黑液)和漂洗、抄紙廢水(白水)，其常含高濃度的 BOD、COD、色度與懸浮固體。

2. **處理方法**

造紙廢水的處理方法可選擇化學處理法或生物處理法，前者包括化學混凝、化學氧化與活性碳吸附，其中化學混凝方式為先加入明礬、三氯化鐵和多元氯化鋁(PAC)等混凝劑，再以浮除法促使形成的污泥上浮，於初沉池用凝聚劑沉澱與脫水，有效去除懸浮固體和色度，但對 COD 去除率較差；化學氧化方式採取加入氯氣、臭氧，能將廢水中有機污染物分解；活性碳吸附方式可以有效去除色度、降低 COD 值。後者採用氧化塘、活性污泥方式、接觸曝氣槽等，能提供造紙廢水去除大部分 BOD、COD，達到放流水的標準。

5.5.6 放射性廢水處理

一、傳統處理法

1. **混凝沉澱法**

　　混凝沉澱水中放射性同位素類型不多與較穩定者，可用鋁鹽或鐵鹽混凝劑去除。本法對於三價、四價或五價的陽離子(包括稀土族元素)有較高的去除效果，而相對第 I 族和第 II 族元素如銫、鍶、鋇等去除效果較差，有關濁度顆粒去除率爲 97～100%。

2. **砂濾法**

　　水中放射性物質經混凝沉澱後，細微膠羽可用砂濾法濾除。快砂濾法對鈧、釔、鋯的去除率遠較呈眞溶液狀態的鍶、鈰、鎢等優良；慢砂濾法對鈰與鉓的去除效果較碘、釕和鍶爲佳。

3. **石灰—蘇打灰法**

　　本法與一般石灰—蘇打灰軟化法相同，常用於除鍶，其去除率約有 75～99.7%，亦可去除 Ba^{140}、Sr^{89}、Cd^{115}、Sc^{46}、Y^{91}、Zr^{95}、Nb^{95}，但對於 I^{131}、Cs^{137}、W^{185} 則無效。

4. **離子交換法**

　　離子交換法用於去除放射性物質的離子交換樹脂，有陽離子型(H 與 Na 型，或天然濾砂 Na 型)、陰離子型(OH 和 Cl 型)及混合型(H 與 OH 型，或 Na 和 Cl 型)。以離子交換法處理時，去除率因接觸時間與樹脂密度的增加而提高。本法對於放射性同位素的去除非常有效，但交換樹脂易被放射性線破壞。

二、非傳統處理法

1. **磷酸鹽混凝法**

   利用磷酸鹽如 KH_2PO_4 或 Na_3PO_4 為混凝劑，可去除 Ce^{144}、Zn^{65}、Y^{91}、Nb^{95} 與 Zr^{95} 達到 95%以上。

2. **金屬粉末處理法**

   以鐵、銅、鋅或鋁的金屬粉末可吸附放射性物質，而以過濾去除之。

3. **黏土處理法**

   混凝沉澱法中可加入 100mg/l 以下少量的黏土，提高去除率。若僅用黏土加入水中，亦可去除放射性物質，但其用量將很高，有時達到 5000mg/l。

5.6 考　題

一、　旋轉生物圓盤法(Rotating Biological Contactor)為一種處理工業廢水中污染物的方法，請敘述此法的操作原理和優點。　(108 年公務人員普通考試)

二、　工業上廢水處理的方法，依操作原理的不同，可分為那三大類？

(107 年特種考試地方政府公務人員四等考試)

三、　請解釋化學需氧量(COD)與生化需氧量(BOD)，並比較兩種測定方法在應用上之不同。　(107 年公務人員普通考試)

四、　工業廢水常含有對生物體及生態產生巨大危害的物種：

(一)請列舉出五項工業廢水所包含的污染物成分。

(二)重金屬廢水處理則有那些處置原則？

(106 年公務人員普通考試)

五、　有關廢水之物理處理，請回答下列問題：

(一)以物理方法處理廢水之作用或功效為何？

(二)寫出物理處理方法之七項主要操作並說明之。

(105 年公務人員特種考試關務人員考試三等考試)

六、　說明含鉻離子電鍍廢水的處理方式。

(104 年公務人員薦任升等考試、104 年關務人員薦任升等考試)

七、　試述破壞膠體穩定性之反應機構。　(93 年地方公務人員三等考試)

提示：兩個步驟

1. 減少顆粒間排斥性。
2. 促使顆粒遷移，將去穩定性的顆粒互相接觸。

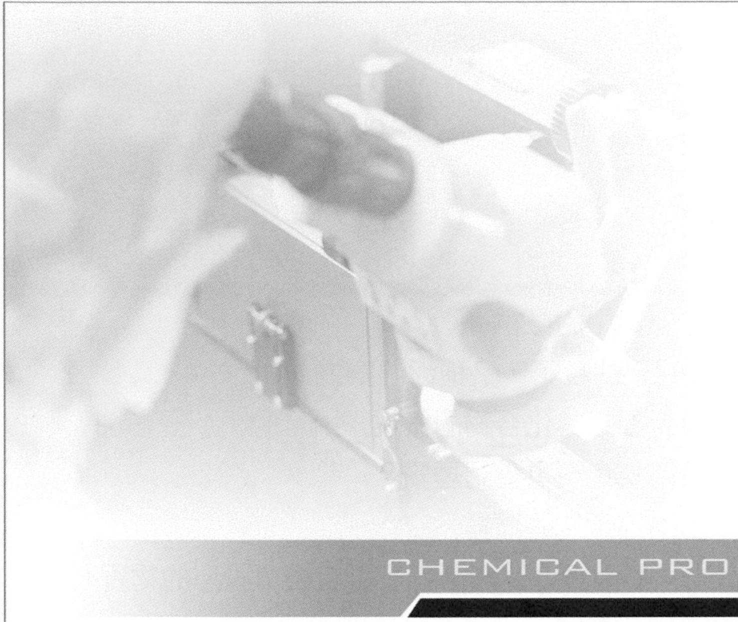

Chapter 6

CHEMICAL PROCCEDING INDUSTRY

空氣污染防治

6.1 空氣污染及其污染源

6.1.1 空氣污染物種類

依空氣污染防制法施行細則第二條所稱，空氣污染物的種類可分為：

1. **氣狀污染物**
   (1) 硫氧化物(SO_2 及 SO_3 合稱為 SO_x)。
   (2) 一氧化碳(CO)。
   (3) 氮氧化物(NO 及 NO_2 合稱為 NO_x)。
   (4) 碳氫化合物(C_xH_y)。
   (5) 氯氣(Cl_2)。
   (6) 氯化氫(HCl)。
   (7) 氰化氫(HCN)。
   (8) 二硫化碳(CS_2)。
   (9) 氟化物氣體(HF 及 SiF_4)。

(10) 氯化烴類($C_mH_nCl_x$)。

(11) 全鹵化烷類(CFCs)。

2. **粒狀污染物**

(1) 總懸浮微粒：係指懸浮於空氣中的微粒。

(2) 懸浮微粒：粒徑在 10μm 以下的粒子，又稱浮游塵或 PM_{10}。

(3) 金屬燻煙及其化合物：含金屬或其化合物的微粒。

(4) 黑煙：以碳粒爲主要成分暗灰色至黑色的煙霧。

(5) 酸霧：含硫酸、硝酸、鹽酸等微滴的煙霧。

(6) 落塵：粒徑在 10μm 以上，能因重力逐漸落下而引起公眾厭惡的物質。

(7) 油煙：含碳氫化合物之藍白色煙霧。

3. **二次污染物**

(1) 光化學物：經光化學反應所產生的微粒狀物質而懸浮於空氣中能造成視程障礙著。

(2) 光化學性高氧化物：經光化學反應所產生之強氧化性物質，如臭氧(O_3)，過氧硝酸乙醯酯(PAN，peroxyl acetyl nitrite)。

4. **惡臭物質**

(1) 氨氣(NH_3)。

(2) 硫化氫(H_2S)。

(3) 二甲基硫($(CH_3)_2S$)。

(4) 硫醇類(mercaptan，R-SH)。

(5) 甲基胺類「$(CH_3)_xNH_{3-x}$，x=1，2，3」。

5. 有機溶劑蒸汽。

6. 塑、橡膠蒸汽。

7. 石棉－石棉及含石棉之物質。

8. 其他經中央主管機關核定公告物質。

6.1.2　空氣污染反應

1.　光化學煙霧反應

工業、交通所排出的 NO_x、SO_x 及 HC 在大氣特定條件下發生一系列化學變化而形成光化學煙霧，其形成機程如下：

$$NO_2 \xrightarrow{h\upsilon} NO+O^*$$

$$O^*+O_2 \rightarrow O_3$$

$$O_3+NO \rightarrow NO_2+O_2$$

$$HC+O^* \rightarrow HCO^*$$

$$HCO^*+O_2 \rightarrow HCO_3^*$$

$HCO_3^*+HC \rightarrow$ 醛、酮等

$$HCO_3^*+NO \rightarrow HCO_2^*+NO_2$$

$$HCO_3^*+O_2 \rightarrow HCO_2^*+O_3$$

$$HCO_2^*+NO_2 \rightarrow PAN$$

2.　氮氧化的光解循環

低層大氣中的二氧化氮會接收小於 0.38μm 以下的太陽輻射，並釋出氧原子，而形成臭氧，其反應方程式如下：

$$NO_2 \xrightarrow{h\upsilon} NO+O^*$$

$$O^*+O_2 \rightarrow O_3$$

$$O_3+NO \rightarrow NO_2+O_2$$

6.1.3　空氣污染物對氣候的影響

一、破壞臭氧層

人類大量使用氟氯碳化物(CFCs)等化學物質，破壞平流層中的臭氧，促其濃度降低，甚至產生破洞，無法發揮吸收太陽光輻射線的功能，化學反應式如下：

(1) $O^* + ClO^- \rightarrow Cl^- + O_2$

$Cl^- + O_3 \rightarrow ClO^- + O_2$

(2) $O_2 + h\upsilon \rightarrow O^* + O^*$

$O^* + NO_2 \rightarrow O_2 + NO$

$NO + O_3 \rightarrow NO_2 + O_2$

(3) $O^* + HO_2 \cdot \rightarrow O_2 + OH \cdot$

$OH \cdot + O_3 \rightarrow HO_2 \cdot + O_2$

$O(^1D) + H_2O \rightarrow 2OH \cdot$

$O(^1D) + CH_4 \rightarrow OH \cdot + CH_3 \cdot$

氟氯碳化物即是含有氟(F)、氯(Cl)、碳(C)的化合物，其應用範圍極爲廣泛，可作爲汽車和冰箱等冷凍空調的冷媒、電子和光學元件的清洗溶劑、化粧品等噴霧劑，以及 PU、PS、PE 的發泡劑等。工業界習慣上以 CFC-xyz 或 $C_xCl_yF_z$ 來表示不同化學組成的氟氯碳化物，其中 x 爲碳原子數目減 1，y 爲氫原子數目加 1，z 表氟原子數目。例如目前工業上常用的 CFC-11(CCl_3F)、CFC-12(CCl_2F_2)，以及 CFC-113(CCl_3F_3)等，其製法皆以氯化氫爲原料，於鹵化銻存在下與無水氟化氫反應製得，反應式如下：

$$\text{Freon-11 } CCl_4 + HF \xrightarrow[60\sim120^\circ C]{SbCl_3} CCl_3F + HCl \uparrow$$

$$\text{Freon-12 } CCl_4 + 2HF \xrightarrow[60\sim120^\circ C]{SbCl_3} CCl_2F_2 + 2HCl \uparrow$$

$$\text{Freon-22 } CHCl_3 + 2HF \xrightarrow[60\sim120^\circ C]{SbCl_3} CHClF_2 + 2HCl \uparrow$$

$$\text{Freon-113 } C_2Cl_6 + 3HF \xrightarrow[80\sim150^\circ C]{SbCl_3} CCl_3F_3 + 3HCl \uparrow$$

$$C_2Cl_4 + 3HF + Cl_2 \xrightarrow[80\sim150^\circ C]{SbCl_3} CCl_3F_3 + 3HCl \uparrow$$

CFCs 的性質非常安定，一旦被釋入大氣，除非行光分解反應，否則會不斷地累積在對流層中。氯則會破壞這種平衡，CFCs 在平流層受強烈紫外線照射而分解產生氯，氯會與臭氧反應，生成氧化氯自由基(ClO)：

$Cl+O_3 \rightarrow ClO+O_2$

帶有自由基的 ClO 非常活潑，若與同樣活潑的氧原子反應，便生成氯和較安定的氧分子：

$ClO+O \rightarrow Cl+O_2$

而這個被釋出的氯，又可以再與臭氧反應，因此氯一方面能夠不斷消耗臭氧，另一方面卻又能在反應中再生。但過去有些研究認爲 CFCs 對臭氧的破壞有限，那是因爲氯和 ClO 也會和大氣中的其他成分作用，而生成不會破壞臭氧的化合物，其中氯會與甲烷(CH_4)作用生成氫氯酸(HCl)，ClO 則會與二氧化氮(NO_2)作用，生成硝酸氯($ClONO_2$)。HCl 和 $ClONO_2$ 被稱爲「氯貯存物質(chlorine reservoirs)」，因爲它們本身不會與臭氧反應，但在某些狀況下卻可以釋出能破壞臭氧的氯。三水硝酸 PSCs 在凝結形成的過程中，會吸收 HCl 至其晶界(grain boundary)中，再與 $ClONO_2$ 反應，以生成硝酸，但同時也放出氯氣(Cl_2)：

$ClONO_{2(g)}+HCL_{(s)} \rightarrow Cl_{2(g)}+HNO_{3(s)}$

氯氣極不安定，一旦到了大約 9 月，極地春季陽光降臨，氯氣就能在短短數小時內，被紫外線分解成 2 個氯原子：

$Cl_2+h\upsilon \rightarrow Cl+Cl$

氯原子遂開始進行如前所述的臭氧分解反應。但是因爲 PSCs 除了會放出氯氣外，同樣會消耗掉能反應生成氯貯存物質的氮化物，因此氯原子和臭氧反應生成的 ClO，在缺乏反應物的情形下，會自行結合形成二聚物 ClOOCl。這個二聚物很快會被紫外線分解，釋放出氯原子，再度開始分解臭氧的反應：

$Cl+O \rightarrow ClO+O_2$

$ClO+ClO \rightarrow ClOOCl$

$ClOOCl+h\upsilon \rightarrow Cl+ClOO$

$ClOO \rightarrow Cl+O_2$

$Cl+O_3 \rightarrow ClO+O_2$

若綜合上列 5 項反應，所得的淨反應將是：

$O_3+O_3 \rightarrow 3O_2$

由此可見，氯在分解臭氧的反應中，基本上是扮演催化者的角色，以促使較不安定的臭氧反應成安定的氧，而氯在反應中則是以各種不同的面貌循環出現，因此少量的氯在重新分配(repartitioning)的過程中，就能造成大量的臭氧分解。

二、溫室效應

CO_2、HC、H_2O、SO_2 與 NO_x，後兩者乃因在有碳氫化合物存在時，由於光化學反應產生含有多種化學物質的氣溶膠所致，散佈到大氣中，到達地球的太陽輻射能中約有 30%被反射，其餘 70%被地球表面吸收而轉化成熱，然後再以紅外線的型態將此熱放射出去。因此大氣中的 CO_2 濃度增加後，原本要輻射到太空中的紅外線卻被 CO_2 吸收而轉換熱量，使地球的氣溫上升。

三、產生酸雨

1. **成因**

(1) 汽車或工廠排放的氮氧化物，在大氣中反應形成硝酸等酸性物質，隨雨水降至地面，其化學反應式如下：

$NO+O_3 \rightarrow NO_2+O_2$

$NO_2+OH\cdot \rightarrow HNO_3$

(2) 微生物將有機物轉變與含硫燃料燃燒產生的硫化氫氣體，在大氣中反應形成硫酸等酸性物質，隨雨水降至地面，其化學反應式如下：

$SO_2+O_2 \rightarrow SO_3$

$SO_3+H_2O \rightarrow H_2SO_4$

2. **定義**：pH 值小於 5.6 的雨水。

3. **影響**

(1) 水質酸化，易溶出金屬類物質。

(2) 水生物生長受阻。

(3) 農作物和森林作物減產。

(4) 土壤酸性化，養分易流失。

(5) 腐蝕建築物。

(6) 人體髮膚與呼吸道受損。

6.2 粒狀污染物的控制

6.2.1　粒狀污染物的成因

粒狀污染物爲空氣污染的一項主要部分，其有各式的形狀與大小，可以是小液珠或乾顆粒，物理與化學特性多樣而不同，排放源很多，包括工業上燃燒源和非燃燒源，採礦、營建工程、汽機車及廢棄物焚化，天然排放源則涵蓋火山、森林大火、狂風、花粉、海洋飛沫等。

6.2.2　粒狀污染物的控制技術

一、重力沉降室

利用突擴管使氣流速度突然縮小，而重力的影響增大，在重力沉降室內藉由重力去除粒狀污染物，亦可採取阻絕板沉降槽，促進氣流撞擊阻絕板減緩流速與改變方向，較單純重力式效果佳。

二、旋風分離器

粒狀污染物隨著氣體進入集塵器內被迫旋轉，大顆粒受慣性與離心力的影響，偏離流線向外運動，最後到旋風分離器內壁，收集於灰斗。

三、文式洗滌塔

1. **構造**

   一般通稱的文式洗滌塔包括文氏管和氣液分離器，文氏管爲利用液體洗滌廢氣而除塵的一種濕式去除粒狀污染物設備，主要構造分爲三部分：漸縮管、喉管與漸擴管，屬於長方形或圓形管道，其後必須緊接一個氣液分離器，以便將帶有粒狀污染物的液滴自氣流中分離下來，達到淨化廢氣的目的。

2. **特性**

   文式洗滌塔的缺點在於壓力損失大，但其優點爲去除微細顆粒的效率高，依顆粒的的特性，一般可達 85～95%的除塵效率；相對產生的壓力損失與能源消耗較其他除塵設備爲大，以及在處理空氣污染問題後，會衍生廢水。

四、乾式靜電集塵器

乾式靜電集塵器的構造分爲集塵室和電力單元，前者包括放電與集塵電極、電極清潔系統、氣流分佈裝置、集塵器、外殼和灰斗，而後者則涵蓋電源、高壓變壓器、整流器與各分段。

廢氣進入靜電集塵器前可設置前處理單元，包括藉重力沉降室和旋風分離器收集部分粒狀污染物來減輕負荷，或加入化學品改變廢氣的物理性質，加強集塵效果，運轉前必要的前處理與適當的廢氣阻抗需加以注意。

整個乾式靜電集塵器涵蓋廢氣入出口集塵室、清運集塵的灰斗、放電極和集塵板等單元，並以外殼保護，防止天氣狀況影響與廢氣外洩，其集塵步驟爲：

1. **粒子充電**

   利用放電極產生電暈(corona)放電，使氣體分子離子化，粒狀污染物通過此氣體離子流量時，則被充電。

2. **收集粒狀污染物**

   帶負電的粒狀污染物會向帶正電的集塵板移動。

3. **電性中和**

   帶負電的粒狀污染物到達集塵板後，電性被中和，又成爲不帶電的粒狀污染物，停留在集塵板上。

4. **集灰槌擊**

   當集塵累積到一定厚度，需藉槌擊作用將粒狀污染物卸入灰斗，再加以處理。

五、濕式靜電集塵器

1. **構造**

   濕式靜電集塵器的構造與乾式靜電集塵器相同，唯前者是以水沖洗塵板上的塵塊，其結構包括冷卻器、極線與集塵板、整流器和變壓器、循環槽，較後者複雜。

2. **特性**

   濕式靜電集塵器需在水的飽和溫度下操作，故出口溫度遠較乾式靜電集塵器爲低，其應用必須解決以下問題：

(1) 如果濕式靜電集塵器內部材質未作好抗腐蝕處理，則將因腐蝕問題而導致系統失效。

(2) 使用不適當的沖洗液，如含高鹽類濃度，將使極板發生結垢的現象，其中 CaF_2 必須低於 15mg/L，因此類結垢有黏著性，很難被去除。

(3) 循環水排放將引起廢水處理與供水的問題。

(4) 由水汽引起的白煙可能造成困擾，通常必須裝置加熱器，促使排放廢氣溫度高於露點。

六、袋濾式集塵器

袋濾式集塵器係利用慣性與衝擊的原理，將廢氣的粒狀污染物截留在濾布上後，排出乾淨的氣體。由於粒狀污染物累積影響通氣孔隙，欲提升集塵效率，反而加大壓力損失，必須定時清洗。依據清洗方式，袋濾式集塵器可分成下列三種：

1. 機械震盪法。
2. 空氣逆洗法。
3. 脈衝清除法。

七、粒狀污染物的控制技術比較

控制設備	最小去除粒徑(μm)	去除效率(%)	優點	缺點
重力沉降室	50	＜50	1.壓力降小 2.設計、保養容易	1.占用面積大 2.效率低
旋風分離器	5～25	50～90	1.設計簡單，保養容易 2.占地小 3.乾式粉塵處置方法，無廢水產生 4.低至中等壓力降 5.對大顆粒與大流量氣體處理效果好	1.對小顆粒效果低(當粒徑＜10μm) 2.對不同大小的粉塵負荷及流率變化很敏感 3.無法處理黏著性微粒

控制設備	最小去除粒徑(μm)	去除效率(%)	優點	缺點
文式洗滌塔	＞0.5	85～95	1.可同時去除粒狀與氣狀污染物 2.去除效率高 3.設備費用低	1.衍生水污染問題 2.降低廢氣溫度，不利擴散 3.操作費用高 4.腐蝕性氣體或油洗液情況下，對材料選擇較爲嚴格
乾式靜電集塵器	＜1	95～99	1.對粗粒狀污染物集塵效率高 2.壓力降低，操作溫度高	1.設置成本高 2.電阻抗較高物質的去除效率較低
濕式靜電集塵器	＜1	95～99	1.集塵效率不受物理性質影響 2.無逸散現象，可去除氣狀污染物 3.設備體積小	1.材料腐蝕與結垢問題 2.廢水處理問題 3.維修不易 4.運轉成本較高
袋濾式集塵器	＜1	95～99	1.對粗粒狀污染物集塵效率高 2.集塵效率不受廢氣條件影響	1.不適用於黏著性和腐蝕性大的粒子收集 2.濾袋適時更換，操作費用高 3.壓力降較大

6.3 氮氧化物的控制

6.3.1 氮氧化物的成因

燃燒過程中氮氧化物的成因有三：一爲早期或低溫階段燃燒形成的即時氮氧化物；二爲空氣中氮氣經高溫氧化而得的熱式氮氧化物；三爲燃料中所含氮成分氧化而成的燃料式氮氧化物。由於即時氮氧化物所占比例相當低，以下僅就熱式氮氧化物與燃料式氮氧化物加以說明。

1. **熱式氮氧化物**

   空氣中氮分子與氧分子在燃燒過程高溫環境下反應形成的氮氧化物，稱爲熱式氮氧化物，其生成量取決於溫度的高低和高溫狀態下的滯留時間。當燃燒溫度高於 1,200℃時，燃氣中氮氧化物的生成量明顯增加，並隨著溫度昇高依指數比例成長，高溫狀態下氧分子和氮分子分解為原子，相互結合成一氧化氮，主要反應式如下：

$N_2+O^* \rightarrow NO+N^*$

$N^*+O_2 \rightarrow NO+O^*$

$N^*+OH\cdot \rightarrow NO+H^*$

高溫狀態持續愈久，氮氧化物的生成量亦相對增加。

2. **燃料式氮氧化物**

燃料中含氮量愈高，表示其潛在的燃料式氮氧化物產生量愈大。

6.3.2　氮氧化物的控制技術

一、燃燒控制

1. **低氮氧化物燃燒器**

主要藉兩階段燃燒過程，控制氮氧化物的形成。在第一階段的燃燒過程，減少燃燒區的空氣與燃料比例的方式，使燃料中的氮還原成氮氣，減低氮氧化物的形成。第二階段燃燒過程藉由燃燒區較低的溫度及降低燃燒速率，減少熱式氮氧化物的生成。

2. **火上空氣法**

除了低氮氧化物燃燒器以局部分段燃燒外，另有加設火上空氣口方式，降低氮氧化物的生成。約 15～30%燃燒空氣由鍋爐上部的火上空氣口提供，使主燃燒區的燃燒速率與溫度降低。一般而言，火上空氣口約可降低的 30%氮氧化物生成量。

3. **燃氣再循環法**

係對鍋爐節熱器出口萃出部分煙氣和送回鍋爐，降低燃燒溫度、過剩空氣需求與燃氣熱損失，減少氮氧化物生成的一種控制方法。

4. **天然氣再燃燒法**

其功能包括提供部分一次燃料給主燃燒區，以及主燃燒器上端注入天然氣形成還原區，促使氮氧化物轉化還原爲氮化合物。

二、燃燒後煙氣處理程序

1. **選擇非觸媒還原法**

俗稱熱式排煙脫硝法，其使用氨或尿素還原劑，以不含觸媒方式在 1,000～2,000°F溫度下將氮氧化物還原成氮氣與水。

2. **選擇觸媒還原法**

觸媒反應器除去廢氣內氮氧化物的過程，係經由觸媒和廢氣中噴入氨氣還原劑反應，產生氮氣與水蒸汽。

三、氮氧化物的控制技術比較

	控制	優點	缺點	氮氧化物還原率
燃燒控制	火上空氣法	運轉費用低	需較高氣流控制一氧化碳，成本高	18～30%
	低氮氧化物燃燒器	運轉費用低，配合煙氣再循環法可達最大氮氧化物還原率	依據燃燒設備和燃料油成本，設計特性較複雜	40～60%
	煙氣再循環法	氮氧化物還原率高	成本高，運轉費用高，影響熱傳性和系統壓力	20～40%(視燃料及循環量不同)
	天然氣再燃燒法	可提高氮氧化物還原率	受限於天然氣來源，成本高，運轉費用較高	40%
煙氣控制	選擇性觸媒還原法	氮氧化物移除率高	成本很高，運轉費用高，需要延伸反應器前後的煙道，占地大	70～90%
	選擇性非觸媒還原法	運轉費用低，適度氮氧化物移除	成本高	25～50%

6.4 硫氧化物的控制

6.4.1 硫氧化物的成因

二氧化硫是由燃燒硫磺或任何含硫的物質所產生，到目前為止，火力電廠燃燒化石燃料為主要排放源，而非鐵金屬冶煉的排放源則是次要，但於燃燒爐內也會形成一些二氧化硫。

6.4.2 硫氧化物的控制技術

一、濕式

1. 石灰石／石膏法

石灰石研磨成粉後，製成漿液狀的吸收劑噴入吸收塔。當二氧化硫與吸收劑接觸時溶於水，形成亞硫酸根離子，吸收劑和亞硫酸根離子反應，生成 $CaSO_3$ 與 $CaSO_4$，反應持續於吸收塔和反應槽進行。為了使 $CaSO_3$ 氧化成 $CaSO_4$，以壓縮機或鼓風機將空氣直接注入反應槽中，促進 $CaSO_3$ 強制氧化為穩定的石膏，將循環槽中的石膏脫水處理，即可商業用，其反應機構如下：

$SO_{2(g)}+H_2O \rightarrow H^++HSO_3^-$

$H^++CaCO_3 \rightarrow HSO_3^-+Ca^{2+}$

$Ca^{2+}+HSO_3^-+2H_2O \rightarrow CaSO_3 \cdot 2H_2O$

$H^++HCO_3^- \rightarrow H_2CO_3$

$H_2CO_3 \rightarrow CO_{2(g)}+H_2O$

總反應為：

$CaCO_3+SO_2+2H_2O \rightarrow CaSO_3 \cdot 2H_2O+CO_2$

上述反應機構中，Ca^{2+}的形成是控制步驟，而與[H^+]有關，所以本反應適合的 pH 值在 5.8～6.2 之間。一般 $CaSO_3 \cdot 2H_2O$ 均進一步氧化為石膏($CaSO_4 \cdot 2H_2O$)，回收使用於水泥或壁板工廠，其反應式是：

$CaSO_3 \cdot 2H_2O+1/2O_2 \rightarrow CaSO_4 \cdot 2H_2O$

2. 氫氧化鎂法

採用氧化鎂或氫氧化鎂作爲吸收劑，當含有二氧化硫的廢氣進入吸收塔後，首先噴水冷卻降溫到水蒸汽的飽和溫度，與吸收劑進行充分的氣液接觸，同時吸收廢氣的二氧化硫，其反應式如下：

$$Mg(OH)_2+SO_2 \rightarrow MgSO_3+H_2O$$

$$MgSO_3+SO_2+H_2O \rightarrow Mg(HSO_3)_2$$

去除二氧化硫的廢氣，在通過除霧器後，成爲乾淨的廢氣從煙囪排放。

3. 海水洗滌法

利用海水的鹼度，去除廢氣中二氧化硫。當廢氣進入吸收塔與向下噴注的海水接觸時，二氧化硫溶於海水中氧化，產生亞硫酸根離子及氫離子，前者需要進一步氧化成硫酸根離子，而後者和海水的碳酸根離子反應，產生二氧化碳與水。經氧化處理後的海水可在排入大海。由於硫酸根離子爲海水的成分之一，因此不需處理即能排到海水中。此法的優點爲其投資和操作費用低，亦無廢棄物處理問題。但廢氣中的飛灰會隨吸收劑排入大海，對海洋生態會產生影響。

4. 拉西環(raschig ring)

填充式吸收塔中充滿填料，其功用在於提供液氣兩相的接觸面積，藉以達到質量傳送的效果。拉西環爲由瓷質、黏土、碳或金屬製成，直徑與長度相等的薄壁環，其優點爲價格低廉、質輕、空隙極表面積大、阻力小，故被廣泛使用。

二、半乾式噴霧法

以蘇打灰或石灰作爲吸收劑，去除廢氣中二氧化硫。吸收劑噴入噴霧塔時爲霧化的漿體，當高溫的廢氣與石灰吸收劑接觸時反應，產生硫酸鈣、亞硫酸鈣、未反應吸收劑和副產品，其組成約有 55%硫酸鈣、30%亞硫酸鈣，而副產品無法如濕式石灰石／石膏法再被利用。由於廢氣所含的熱能將吸收劑的水分完全蒸發，反應後的副產品爲含水率極低的粉塵，因此噴霧塔下游需設置集塵設備予以收集。

三、乾式噴入法

原理是注入粉狀吸收劑與廢氣的二氧化硫反應，產生的乾產物由集塵設備收集去除。本法的吸收劑主要為鈣基和鈉基，其反應如下：

1. **鈣基反應**

   $CaCO_3 \rightarrow CaSO+CO_2$

   $Ca(OH)_2 \rightarrow CaO+H_2O$

   $CaO+SO_2+1/2O_2 \rightarrow CaSO_4$

2. **鈉基反應**

   $2NaHCO_3 \rightarrow Na_2CO_3+H_2O+CO_2$

   $Na_2CO_3+SO_2+1/2O_2 \rightarrow Na_2SO_4+CO_2$

本方法的除硫過程簡單，但去除效率不高，而且產生的脫硫副產品無法再回收使用。

四、硫氧化物的控制技術比較

	優點	缺點
濕式石灰石／石膏法	1.供應設備商多 2.副產品可商業化再利用 3.反應添加劑成本較低	1.副產品產量大 2.氣／液比高，耗水量較大 3.容易產生積垢問題 4.淡水使用量大
氫氧化鎂法	1.去除率高 2.無積垢問題 3.副產品可回收使用	1.操作費用高 2.廢水量大
海水洗滌法	1.投資及操作費用低 2.無廢棄物產生的問題	廢水量大，影響海域生態
半乾式噴霧法	1.沒有積垢問題產生 2.壓力降較小 3.副產品為乾燥狀態，不需脫水處理	1.副產品產量大 2.副產品無法外售再利用 3.廢棄物會沉積在噴霧塔內
乾式噴入法	1.投資費用低，操作簡單 2.副產品為乾燥狀態，不需脫水處理	1.副產品無法外售再利用 2.去除效率不高

6.5 揮發性有機化合物的控制

6.5.1 定　義

沸點在 150℃以下的揮發性有機化合物(VOC)。

6.5.2 揮發性有機化合物的控制技術

方法	優點	缺點
吸附法	1.可回收 VOC 2.可適用於低濃度 VOC，操作範圍大	1.操作程序較麻煩 2.再生後會產生水污染 3.初設費用高
冷凝法	1.可回收 VOC 2.回收的 VOC 品質較高 3.處理鹵化 VOC 效率高	1.VOC 濃度要大於 5,000ppm 2.對於低濃度、低沸點的 VOC 不適合
直接燃燒法	1.去除效率高 2.初設費用較低 3.燃燒熱可回收	1.操作費用高 2.操作不良時，有二次污染之慮，危險性較高 3.無法回收 VOC 4.處理鹵化 VOC 的效率較低
觸媒燃燒法	1.溫度較低，節省燃料費用 2.較直接燃燒法不會產生 NO 的污染	1.初設費用高 2.觸媒易阻塞、毒化 3.操作技術較高 4.適用範圍較小

6.6 含氯氣之工業廢氣的控制

與鹼性溶液反應，可回收次氯酸鹽，作爲漂白粉或漂白液。

$$2Cl_2+2Ca(OH)_2 \rightarrow CaCl_2+Ca(OCl_2)+2H_2O$$

漂白粉主要成分爲 $CaCl_2 \cdot Ca(OCl)_2 \cdot 2H_2O$，呈非晶質的固溶體，故反應溫度應控制在 45℃以下。另可用氫氧化鈉溶液吸收，生成物爲次氯酸鈉可作漂白液使用。

$$Cl_2+2NaOH \rightarrow NaOCl+NaCl+H_2O$$

(1) 以水吸收及以水蒸汽汽提(stripping)，可回收氯氣。

(2) 四氯化碳吸收後，再以汽提法回收氯氣。

(3) 硫酸亞鐵或氯化亞鐵吸收

$2FeSO_4+Cl_2 \rightarrow 2FeClSO_4$

$2FeCl_2+Cl_2 \rightarrow 2FeCl_3$

(4) 以氯化硫黃吸收

$Cl_2+S_2Cl_2 \rightarrow 2SCl_2$

(5) 以矽膠或活性碳吸附。

在採用(1)法廢氣中 Cl_2 濃度低於 1%以下時較爲經濟，如氯氣濃度在 1%以上時，則以(2)及(3)法回收氯氣較佳。

6.7 含氟化物之工業廢氣的控制

1. HF

氟化氫溶於水中，添加氫氧化鈣、氫氧化鈉等，可回收氟化物，或以污泥形態廢棄處理。

$2HF+Ca(OH)_2 \rightarrow CaF_2+2H_2O$

(添加高分子凝集劑，可使 CaF_2 快速沉降)

$HF+NaOH \rightarrow NaF+H_2O$

$2HF+Na_2CO_3 \rightarrow 2NaF+H_2O+CO_2$

亦可利用硫酸鈉溶液吸收氟化氫。

$HF+2Na_2SO_4 \rightarrow 2NaHF_2+Na_2SO_4+H_2SO_4$

$NaHF_2 \xrightarrow{\text{加熱}} 2NaF+2HF$

$12NaF+Al_2(SO_4)_3 \rightarrow 2Na_3AlF_6+3Na_2SO_4$

(冰晶石)

2. SiF_4

SiF_4 溶於水中，生成氟化矽酸與膠體狀矽酸。

$3SiF_4+2H_2O \rightarrow 2H_2SiF_6+SiO_2$

H_2SiF_6，可回收氟化鋁、冰晶石。

$$H_2SiF_6+Na_2CO_3 \rightarrow Na_2SiF_6+CO_2+H_2O$$
$$H_2SiF_6+2NaCl \rightarrow Na_2SiF_6+2HCl$$
$$Na_2SiF_6+2Al(OH)_3 \rightarrow 2AlF_3+SiO_2+4H_2O$$
$$Na_2SiF_6+NaAlO_2 \rightarrow Na_3AlF_6+SiO_2$$

(冰晶石)

從 H_2SiF_6、NH_3、α-$Al_2O_3 \cdot 3H_2O$ 也可生成 AlF_3。

3. **乾式法**

高溫含氟化氫的氣體以石灰石填充塔吸收之。

6.8 含氯化氫之工業廢氣的控制

一、低濃度氯化氫廢氣處理

1. **濕式吸收法**

以氫氧化鈉溶液吸收，或用石灰石溶液中和。

$$HCl+NaOH \rightarrow NaCl+H_2O$$
$$2HCl+CaCO_3+5H_2O \rightarrow CaCl_2 \cdot 6H_2O+CO_2$$

2. **乾式吸收法**

採用石灰石、純鹼、白雲石等的乾式吸收法。

二、高濃度氯化氫廢氣回收

例如苯的氯化過程中，副產品氯化氫廢氣含有少量的 C_6H_5Cl，先導入填充塔與冷 C_6H_5Cl 溶液接觸，回收廢氣中的 C_6H_5Cl，剩下含氯化氫廢氣在濕壁塔回收氯化氫，排氣再經水洗(或鹼洗)即可排放。

6.9 氟氯碳化物的控制

氟氯碳化物是一組由人工合成的化合物，最常使用的有三氯一氟甲烷(Freon-11，CFC-11)與二氯二氟甲烷(Freon-12，CFC-12)。由於這類化合物非常安定，幾乎不與其他物質起化學反應，毒性低且不燃燒。自從一九三〇年代起，即大量製造，用作冰箱中的冷凍劑、氣體溶劑中的推進劑、各類油脂的溶劑、外科醫療器具的消毒劑，以及製造高分子混合物的充泡氣。

氟氯碳化物的廣泛利用主因是由於這類化合物非常穩定，但也由於這項特性，使得它能由對流層進入平流層，破壞臭氧，對環境造成極大損害。過去認爲氟氯碳化物這類人工合成的化合物，使人類生活上有了重大突破，是一項便利有用的物質，如今卻發現它們是破壞臭氧的元兇。

一、減少氟氯碳化物的使用，國際上蒙特婁議定書，管制氟氯碳化物自 1996 年起全面禁止生產。

二、開發替代品，如以二氧化碳或不破壞臭氧層的碳氫化合物來替代。

三、改良設備，如氟氯碳化物常應用於冷媒填充，所以在汽車場使用冷媒回收設備。

6.10 煉油加氫脫硫產有毒氣體控制

硫磺工場各單元介紹：

1. **胺液再生**

   工場所產生之富胺液進入本單元後，先由驟沸桶(Flash drum)作氣液分離，將富胺液中的氣體趕出，經換熱後進入再生塔，再生塔主要透過低壓蒸氣加熱將胺液中所含之 H_2S、CO_2 趕出，這些氣體進入硫磺回收單元將 H_2S 轉換成硫磺。再生後之胺液則爲貧胺液，換熱後送入其它工場使用，用來吸收氣態物料中的硫化氫氣體。

2. **酸水汽提**

   工場所產生之酸水進入本單元後，先由驟沸桶作氣液分離，將酸水中的氣體趕出，經換熱後進入汽提塔，汽提塔主要透過低壓蒸氣加熱將酸水中所含之 H_2S、NH_3 趕出，這些氣體進入硫磺回收單元將 H_2S 轉換成硫磺。汽提後之酸水則送至水處理工場處理。

3. **硫磺回收**

來自胺液回收區的酸氣與酸水汽提區的酸氣以及其他工場送來之酸氣是產生硫磺之主要來源，本單元主要利用四階段回收硫磺，第一階段在硫化氫氣體燃燒爐內進行：

$H_2S + 3/2\ O_2 \rightarrow SO_2 + H_2O + heat$

$2H_2S + SO_2 \leftrightarrow 3/2S_2 + 2H_2O - heat$

上述反應即是克勞司(Claus)反應。反應後所產生氣態硫磺，冷凝後進入硫磺坑，未冷凝之氣體換熱後進入第二階段反應。第二階段反應在克勞司反應器中進行：

$H_2S + SO_2 \leftrightarrow 3/xS_x + 2H_2O + heat$

$COS + H_2O \rightarrow H_2S + CO_2 + heat$

$CS_2 + 2H_2O \rightarrow 2H_2S + CO_2 + heat$

$CS_2 + SO_2 \rightarrow 3/xS_x + CO_2 + heat$

第二階段主要利用觸媒去催化第一個反應式，並將第一階段所產生的 COS 及 CS_2 利用觸媒反應產生更多硫磺。第二階段產生之氣態硫磺冷凝後進入硫磺坑，未冷凝之氣體換熱後進入第三階段反應。第三階段反應在還原反應器中進行：

$SO_2 + 2H_2 \leftrightarrow 1/xS_x + 2H_2O$

$SO_2 + 3H_2 \rightarrow H_2S + 2H_2O$

$SO_2 + 2CO \rightarrow 1/xS_x + 2CO_2$

第三階段主要將 SO_2 反應成氣態硫磺與 H_2S，第三階段產生之氣態硫磺冷凝後進入硫磺坑，未冷凝之氣體換熱後進入第四階段反應。第四階段反應在超級克勞司(Super Claus)反應器中進行：

$H_2S + 1/2O_2 \leftrightarrow S + H_2O + heat$

第四階段主要將 H_2S 與注入的空氣反應成硫磺，提高整個硫磺工場的回收量。第四階段產生之氣態硫磺冷凝後經 sulfur lock 進入硫磺坑，未冷凝之氣體後進入凝聚器(coalesce)將剩餘少量之硫磺分離出來，分離後之氣體送入尾氣處理區，剩餘之硫磺則進入硫磺坑。

控制 H_2S 與 SO_2 之比例是傳統製程影響硫磺回收量的重要因素主要爲了讓 Claus 反應有最佳的效果，但在新工場的設計中，反而是控制空氣與酸氣的比例，讓 H_2S 濃度在進入最後的反應器之前有最適値讓反應最大化。此爲新製程可以比傳統硫磺製程擁有更大硫磺回收率的主要因素。

硫磺坑則設有噴射器(射出器,ejector)將液態硫磺所含有的 H_2S 藉由空氣一併送至尾氣處理區，使產品合乎規範。

4. **尾氣處理**

胺液處理區、酸水處理區及硫磺回收區所產生的尾氣，送入尾氣燃燒爐，主要將尾氣中所含有之硫化氫與硫磺氣燃燒反應生成 SO_2 ，其反應式如下：

$$H_2S + 3/2O_2 \rightarrow SO_2 + H_2O$$

$$1/xS_x + O_2 \rightarrow SO_2$$

燃燒反應後之尾氣則進入逆向噴射洗滌器(DynaWave®)的洗滌塔(scrubber)，利用 NaOH 溶液將將氣體中的 SO_2 吸收，並利用空氣中與洗下來之溶液反應形成 Na_2SO_4，藉以降低排放液之 COD，送至水處理工場處理。傳統硫磺工場製程則是使用反應器將 SO_2 反應成 H_2S，再利用貧胺液吸收，送回胺液處理區處理。

6.11 二氧化碳捕獲

各種燃燒後捕獲技術都有其獨特性與競爭優勢，至今仍競相發展以降低捕獲成本，而短期內較有機會商業化的是吸收法、吸附法及薄膜分離法。

6.11.1 吸收法

可分爲物理吸收法和化學吸收法，物理吸收法使用有機或無機液體做爲吸收劑，利用溶解度隨溫度與壓力變化的原理吸收 CO_2。雖然這方法在高壓低溫下吸收容量大，但僅適合在 CO_2 分壓較高且 CO_2 捕獲率要求不高的條件下進行。化學吸收法是目前最廣泛使用的 CO_2 捕獲方法，這方法使用的吸收劑包括鹼性、胺類、醇胺類、離子液體等水溶液，它與 CO_2 產生化學反應進行捕獲，再以加熱進行逆反應以再生吸收劑。由於需提供熱量再生吸收劑，因而能源消耗在捕獲成本中占相當大的比率。商業化製程中較常使用乙醇胺做爲吸收劑，因它的強鹼性可與 CO_2 有較高的反應速率。若欲降低再生能耗，可改善吸收劑配方與製程。

在化學吸收操作中，氣體與吸收劑在吸收塔中以逆流方式接觸，操作溫度一般不會超過 60°C。已吸收 CO_2 的吸收劑離開吸收塔後進入氣提塔，並在塔中以低壓蒸氣移除 CO_2，移除 CO_2 後再生的吸收劑就可送回吸收塔繼續捕獲 CO_2。離開氣提塔的氣體基本上以 CO_2 爲主，因此可供後續封存或再利用(圖 6.1)。

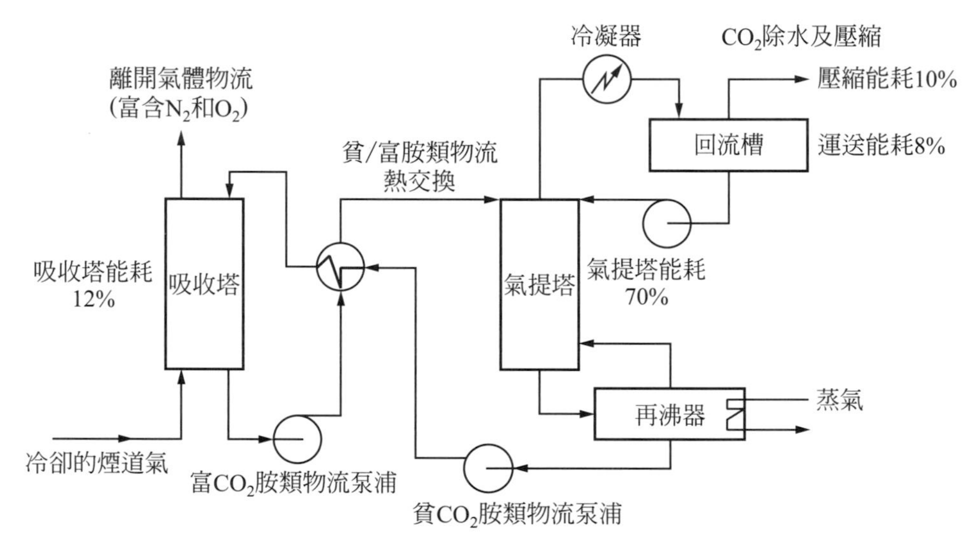

圖 6.1　商業化製程中使用固定吸收塔捕獲二氧化碳的流程

6.11.2　吸附法

物理吸附法係利用凡得瓦力、靜電力、化學鍵、氫鍵等親和力捕獲二氧化碳，常見的吸附劑有活性碳、分子篩、中孔基材嫁接醇胺、導電基材等。再生吸附劑的方法則包含溫度擺盪、壓力擺盪和電力擺盪等。近年來以中孔基材嫁接或含浸胺類吸收劑進行二氧化碳捕獲爲主，目前每單位重量吸附劑吸附二氧化碳量已逐漸接近活性碳。

6.11.3　薄膜分離法

薄膜分離法是利用一層具有選擇性的薄膜，利用分子篩、吸附及擴散等分離機制加以捕獲二氧化碳。薄膜可依材質分成多孔性陶瓷、緻密性陶瓷、金屬膜與高分子膜。

由於具省能、無污染、操作簡易、具固定性、易保養等優點，現爲一相當受到重視的捕獲技術，但其共同缺點爲穿透速率仍低，且對二氧化碳選擇率部分容易因溫度升高而下降，故如何提高穿透速率及二氧化碳/氮氣選擇率，是薄膜分離技術應用於二氧化碳捕獲之關鍵。

6.12 酸雨

6.12.1 酸雨形成

原來，雨水本來就是酸的。因爲雨水會溶解空氣中的二氧化碳而形成弱碳酸。當一些氣體污染物，如二氧化氮(NO_2)或二氧化硫(SO_2)，與空氣中的水分給合，然後和雨水一同降落，可使雨水的酸鹼度低於 5.6，便會形成酸雨。造成酸雨的污染物是來自工廠、發電廠和交通工具排放出來的廢氣。

6.12.2 酸雨影響

酸雨落在泥土之上，會分解土壤中的礦物質而令養分大量流失，植物會因而成長不良，繼而枯萎。因此，它可以令農產量下降，農地甚至會出現荒漠化現象。(曾有農民發現種植的蔬菜菜葉在雨後變黃，甚至出現像「燒焦」的現象)整個森林也會被摧毀。

如果酸雨落在岩石上，會溶解岩石中的有毒金屬元素，然後流入河川或湖泊當中，令到大量魚類死亡，危害水生態系統。酸雨還會腐蝕建築物、古跡、金屬物品及露天藝術品等，造成經濟、財物及文化的損失。(例如希臘神殿、羅馬遺跡和德國大教堂等歷史文物均受到酸雨的侵蝕)

酸雨對人類也有影響，因爲它會刺激人類的眼睛和侵蝕皮膚。而且水生的植物或用已酸化的河水來灌溉的農作物，累積了的有毒金屬，經由食物鏈進入人體，亦相應影響了人的健康。此外，二氧化硫及氮氧化物，會減低肺功能，增加咳嗽，令心肺毛病如慢性支氣管病及哮喘較易發作。

6.13 考　題

一、　二氧化碳捕獲在減碳上占重要地位，同時其在後續回收再利用或封存中成本占的比例高，若採用化學吸收法由煙道氣中捕獲二氧化碳，請論述可行捕獲流程，並畫流程圖加以說明。

(108 年公務人員特種考試關務人員三等考試)

二、　說明氟氯碳化物(Freon, CFC)的特性和用途。

(一)寫出 Freon-12 和 Freon-22 的化學式。

(二)寫出由 CCl_4 反應產生 CCl_3F 的化學反應式。(提示 $CCl_4+HF \rightarrow CCl_3F+HCl$)

(三)儘管氟氯碳化物性質上面有很多優點，爲何後來卻被要求減產，最後禁止生產？試說明之。

(108 年公務人員普通考試)

三、　請描述捕捉工業煙道氣所含的二氧化碳(CO_2)及 CO_2 再利用方法。

(108 年專門職業及技術人員高等考試)

四、　請說明三種去除工業排放廢氣中揮發性有機物(VOCs)之處理技術及原理。

(107 年公務人員高等考試三級考試)

五、　有關酸雨，請回答下列問題：

(一)酸雨是如何形成的？

(二)酸雨對環境有那些影響？

(三)如何減少或防止酸雨的問題？

(107 年關務人員三等考試)

六、　將鋼鐵廠排放之二氧化碳回收，是現今減少溫室氣體排放之重要課題。

(一)說明減少溫室氣體排放的重要性。

(二)列舉工業應用中，兩種常見用來吸收二氧化碳的溶液。

(106 年特種考試地方政府公務人員四等考試)

七、　試說明以下幾種去除微粒方式之原理、特性及適用範圍：

(一)旋風分離器。

(二)靜電集塵器。

(三)袋濾器。　(105 年公務人員普通考試)

八、　說明 SO_2 廢氣的來源與回收方式。

(104 年公務人員薦任升等考試、104 年關務人員薦任升等考試)

九、　火力發電廠鍋爐和煉鋼廠高爐的排放尾氣，都含有氮氧化物(NO, NO_2)，對人體有危害，也是光化學煙霧的來源，工業上是用那種程序消除，敘述之。

(104 年特種考試地方政府公務人員考試三等考試)

Chapter 7

CHEMICAL PROCCEDING INDUSTRY

廢棄物處理

7.1 固體廢棄物的處理方法

7.1.1 垃圾前處理的方法

垃圾在收集或處理過程中，有時需先將垃圾加以分類、破碎、壓縮、篩選等前處理過程，以利進一步的運輸、焚化、掩埋、或再利用。如能將垃圾加以分類爲可燃物、不可燃物，並特將汞、鉻電池等有害物質分出，則可將垃圾體積縮減爲原體積的四分之一至五分之一，比重增爲 0.8～1.2，則可減少搬運費用，並延長掩埋場的使用年限。垃圾前處理的目的有三：即增進營運效率、回收可用物質、回收轉化物或能源。前處理技術包括破碎(減小垃圾的尺寸)、壓縮(減小垃圾的體積)、分選(分類、篩選以利回收或處理)、乾燥(減少水分以利燃燒)。

7.1.2 堆肥化處理

所謂堆肥法係藉微生物的生化作用，在控制條件下將廢棄物中的有機物分解、腐熟，轉換成安定的似腐植質土的方法。堆肥在農業生產及保持地力上，兼具肥料及土壞改良材的效能，故成為廢棄物處理法中，值得重視的一環。

一、堆肥化原理

堆肥化處理原理大致可分為厭氧性方式和耗氧性方式兩大類，前者是把垃圾堆積減少與空氣的接觸以厭氧性分解為主要反應，促使有機物安定化的處理方式，傳統式的自然堆積法即屬之，此法的反應緩慢需要數個月才能堆肥化，為其缺點。好氧性方式是用翻堆或強制送風、抽風，以好氧性分解使有機物安定化的方式，因反應快可減少堆肥化的處理時間，目前被稱為高速堆肥法。好氧性堆肥處理在形式上又可分為連續式高速堆肥法及堆積式堆肥法兩類。

二、堆肥化處理的基本條件

促進垃圾中有機物成分迅速發酵分解，達到堆肥化的目的，其基本條件如下：

1. **材料條件**
   (1) 易腐熟的材料。
   (2) 適當之材料顆粒尺寸。
2. **發酵條件**
   (1) 種植分解菌。
   (2) 水分調理。
   (3) 採用好氧性高溫發酵。
   (4) 生垃圾碳氮比應以 20～35 最適當。碳磷比宜維持 75～150 間。
   (5) 發酵過程中，應最少三天以上達到發酵溫度 60℃以上。
   (6) 空氣量至少應有 50%之原有氧氣濃度剩餘量。
   (7) 攪拌翻堆。
   (8) 應防止發酵不適物混入堆肥中。

三、堆肥化的處理流程

堆肥化處理設備將依處理流程而稍異，說明如下：

垃圾原料→選別→破碎→分離→水分調整(加入水、水肥或下水道污泥)→主發酵(翻堆)→後發酵(二次發酵)→後處理(篩分)→成品

四、二次公害預防

採用垃圾貯坑者，其房屋應完全密閉，月台上的投入門必採瞬間開啓門，並於投入作業中設置空氣遮門，防止臭氣外洩，而貯存槽及主、副發酵槽所產生的臭氣應利用排氣機，排送至除臭設備去除之。除臭設備如用活性碳或燒鹼吸附則維護管理費甚高，近來多採用土壤吸附除臭方式較爲經濟可行，吸附臭味飽和之土壤尙可供爲堆肥利用。

五、堆肥化處理設備

1. **進料供給設備**

    計量器、垃圾傾卸檯、投入門、貯存槽(場)、垃圾吊車、進料貯斗、進料輸送機。

2. **前處理設備**

    破袋機、破碎機、分選設備、調整設備、添加裝置、堆肥返送設備。

3. **發酵腐熟設備**

    發酵設備、腐熟設備。

4. **後處理設備**

    粉碎機、分選設備。

5. **輸送設備**。

6. **貯存壓縮成型設備**

    貯存設備、壓縮成型設備。

7. **脫臭設備**。

8. **廢水處理設備**。

9. **集塵設備**。

7.1.3　衛生掩埋處理

一、衛生掩埋基本原則

1. **基本原理**

    垃圾衛生掩埋法就如堆肥化法，係一種生物處理法。所不同者乃前者係在自然情況下；後者則於人爲控制之適當環境下，利用大自然中存在的土壤微生物，將垃圾中的有機性物質分解，使其體積減少而趨於穩定。此法的基本生化反應，因環境條件不同，可分爲好氧性與厭氧性兩類。唯一般的垃圾衛生掩埋係指厭氧性者，因有機物的分解係在自然情況下進行，其反應速度極爲緩慢，常需 10～20 年之久才能達到穩定。

2. **基本功能**

(1) 貯存功能：掩埋場須構築擋土牆或圍堤等結構物，或利用谷地或廢坑等的掩埋空間，將廢棄物依序掩埋，並且在計畫目標年內連續進行掩埋。掩埋完成後，貯存結構物必須具有在一定期間內將所掩埋大量廢棄物貯存、分解、安定的功能。

(2) 阻斷功能：掩埋場之周圍及底部須具備阻水(不透水層)及集水、排水等設施，使外部的雨水等不致流入掩埋場，及防止未經處理的滲出水污染水體(如河川、地下水等)。

(3) 處理功能：掩埋場須具備各種壓實、掘土、覆土等機械設備及滲出水處理設施、廢氣處理設施、管理設施、飛散防止設施、防災設施、消毒設施及進出道路等，藉以有效而衛生處理廢棄物。

二、掩埋場分類

1. **依構造分類**

(1) 厭氧性掩埋：露天傾棄式。

(2) 厭氧性衛生掩埋：有覆土但滲出水未作適當處理。

(3) 改良型厭氧性衛生掩埋：爲現行之掩埋法，鋪設不透水層並埋設集水管，藉以防止滲出水污染。

(4) 準好氧性掩埋：考慮集水能力與淨化能力，以直徑約 15cm 的大卵石及多孔作集水裝置，並設抽水機由集水坑抽除滲出水，使大氣中的氧氣可由集水管進入掩埋層內。

(5) 好氧性掩埋：集水管上設通風管，其上再鋪設空氣擴散層，強制通風使掩埋層保持喜氣狀態，藉以提高垃圾安定化速度，宛如長期堆肥化處理，可作資源利用。

2. **依覆土方式分類**

(1) 傾棄式。

(2) 三明治式。

(3) 單體式。

3. **依掩埋場地理條件分類**

(1) 陸地掩埋：山谷地掩埋、平地掩埋。

(2) 海洋掩埋：海邊掩埋、海底沉置。

三、公害防治對策

1. **滲出水處理**

滲出水有污染水體之虞，應經適當處理後再放流。為了改善控制慎滲出水問題，應先掌握滲出水量及水質，藉以決定集排水設施、處理方式與處理設備規模。

2. **廢氣處理**

由於目前的垃圾掩埋多屬厭氧性掩埋法，垃圾中的有機物因厭氧分解而產生甲烷、二氧化碳、硫化氫等各種氣體。此類廢氣中的甲烷，為場內火災與爆炸的原因，需妥善處理。此外廢氣亦會抑制掩埋層的生化反應，並導致周圍草木之枯死。因此儘速將其排除為宜。有關對策如下：

(1) 阻斷氣體流動：掩埋場底層及側面鋪設阻斷設施，譬如粘土層。

(2) 埋設集排設備：埋設通氣管或以碎石構築通氣竹籠、通風井等集排氣設備。

(3) 裝設燃燒裝置：經集排氣管收集的廢氣，作大氣稀釋或將其燃燒。

3. **惡臭控制**

惡臭為鄰近居民對掩埋場反感的主因之一，其主要來源為垃圾本身及腐敗後所產生的揮發性有機酸、硫化氫、氨等氣體。此類惡臭的對策有：

(1) 於每日覆土上加灑一層碳屑或煤屑，將其吸附以防發散。

(2) 利用燃燒裝置將掩埋後產生的惡臭燃燒。

4. **病媒防治**

欲防止老鼠、蚊蠅等病媒孳生，除了實施有效的即日覆土外，尚需適當地噴灑殺蟲劑。

5. **飛散防止**

除了迅速實施覆土作業以防止垃圾飛散、流失外，如有強風則需設飛散防止網(可採活動性圍籬，以孔徑 20～40mm 之鐵絲網作成)。

6. **環境監測**

由於垃圾衛生掩埋係一種生物處理法，掩埋後往往需時 10～20 年才能達到穩定，因此垃圾掩埋處理除了必須依照掩埋場設置準則構築必要設施，確實管制掩埋對像並妥善施工之外，宜定期監測掩埋場周圍河川與地下水的水質、環境衛生等，藉以徹底防止垃圾處理的二次公害問題。

7.1.4 垃圾焚化處理

一、焚化處理基本原理

垃圾中的可燃物在 750～950℃高溫條件加以燃燒，使其轉化爲二氧化碳與水等無機物及少量安定物。燃燒反應於控制下進行，二次公害均可有效處理，焚化產生的熱能回收成蒸汽或用於發電。

二、燃燒基本條件

1. **發熱量**

垃圾發熱量可判斷是否適於焚化處理，或考慮回收熱能，一般焚化爐垃圾自燃界限的低位發熱量約爲 800kcal/kg。

2. **助燃空氣**

可燃物完全燃燒與否，理論上所需氧氣或空氣量能由燃燒反應方程式求得，但實際燃燒時需要供給過量的空氣，確保完全燃燒。

3. **燃燒溫度**

焚化爐內溫度需維持 700～1,000℃，方可達到燃燒減量的目的，使可燃性氣體完全燃燒，防止臭味與避免有毒氣體排出。

4. **攪拌**

充分的攪拌增加垃圾和空氣接觸的機會，提高燃燒效率。

5. **燃燒時間**

燃燒時間太短，無法完全燃燒或去除有害物質，太長則難以維持適當的燃燒溫度。

6. **輔助燃料**

垃圾熱值太低，需要輔助燃料助燃。

三、焚化處裡公害防治

垃圾焚化處理過程可能產生的污染問題計有廢氣、廢水、灰渣、臭氣及噪音等，分述如下：

1. **防止焚化爐廢氣引起空氣污染的對策如下**

(1) 去除燃料中不適物質，如塑膠、橡膠、皮革等，又點火時使用都市瓦斯，可減少硫氧化物的發生。

(2) 選定適當的燃燒條件：適當的燃燒量、溫度，並保持正常的燃燒狀態，才能減除空氣污染物。裝置維持安定功能之控制設備，尤其須控制燃燒室溫度，使之維持在 750～950℃，藉以防止惡臭及 NOx 的發生。

(3) 裝置空氣污染防治設備。

(4) 應用煙囪的擴散作用。

2. **廢水處理**

焚化廠廢水的主要來源有二：一為垃圾貯存坑之滲出水，有機質含量高，可抽送至焚化爐內予以焚化；另一為灰燼冷卻過程所產生的廢水，可藉化學處理方法處理。另有洗車廢水、員工生活廢水等，茲分類如下：

(1) 焚化工廠廢水來源：包括員工生活廢水、洗車廢水、垃圾貯存槽廢水(含高有機物質)、出灰廢水、殘渣貯存槽廢水(含有機物質及無機物質)、廢氣冷卻廢水、鍋爐排水(含無機物質)。

(2) 焚化工廠的廢水處理方法可分為物理方法(沉砂、沉澱、浮沉、過濾等)、化學方法(中和、氧化、混凝等)、生物方法(活性污泥法等)。

(3) 焚化殘渣：垃圾經焚化後，所遺留的焚化殘渣，包括爐床排出的焚化灰燼及袋濾式集塵器所收集的飛灰，因焚化灰燼中含有或多或少的未燃腐敗性有機物，掩埋後隨滲出水滲出導致“二次污染”，而集塵器收集飛灰常含有高量的重金屬，應經常檢測其重金屬溶出量，必要時以水泥固化後填地或與焚化灰渣混合後，送往最終處置場處理。

(4) 臭氣：垃圾中的有機物很容易腐化與有臭味，爲了防止焚化廠之臭味外溢，廠內所有可能產生臭味的地方如貯坑，應維持負壓力，即由貯存處抽取助燃空氣，使外界空氣可流入但坑內空氣不流出。又如排煙臭味可由維持燃燒溫度在 750℃以上而防止，至於殘灰可能產生的臭味，只要儘速運棄掩埋即可避免。

(5) 噪音：噪音的主要來源爲排氣、送氣、氣體膨脹及機械等，如投氣所、垃圾車、鼓風機、廢氣抽送機、蒸汽凝結器、發電機、泵類、破碎機及篩選等機械設備。

四、焚化處理流程

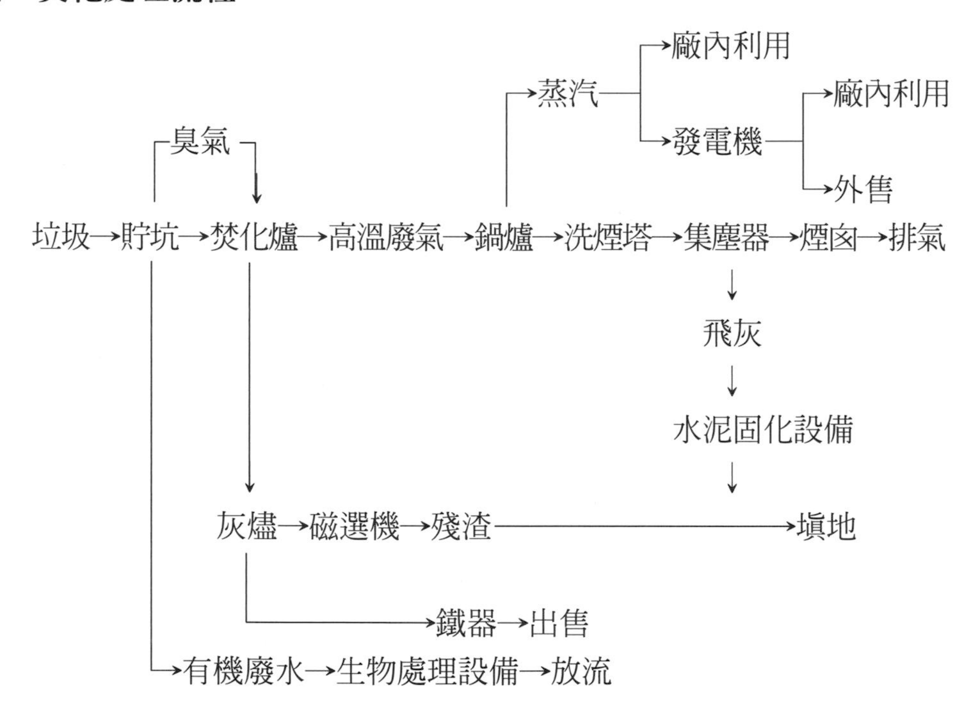

五、焚化爐的種類

1. 混燒機械式焚化爐

垃圾進廠後除大體積的垃圾須加以破碎外，其餘不再分類或破碎處理，直接投入貯坑，並利用垃圾吊車抓斗予以均勻混和，再投入爐中，垃圾在爐床上以機械方式翻攪前進，經乾燥燃燒程序，並藉過量的空氣助燃，以達成充分燃燒垃圾的目的。

2. **流動式焚化爐**

爐體底部設有空氣噴管，管上覆有砂層藉高壓的預熱空氣使砂層保持流動狀態作爲傳熱媒介，破碎的垃圾在砂床內翻攪燃燒，並藉充分空氣助燃，完全燃燒。灰渣與砂粒夾雜從爐底排出，經振動篩選將灰渣與砂粒分離，砂粒再送回爐內繼續使用。

3. **熱解式焚化爐**

垃圾在爐內遇高溫熱解氣體而乾燥，到中間熱解區時，在高溫缺氧狀態下，可使有機物(長鏈的碳氫化合物)的鏈結斷裂，轉化爲小分子的可燃性氣體或油狀物質作爲燃料。熱解殘渣落入燃燒區，其所含之碳粒與氧氣燃燒，以供應熱解區所需的熱能，無機物則成爲灰渣排出。

4. **模具式焚化爐**

爐體包含兩燃燒室，第一燃燒室供應低於理論量的空氣使可燃垃圾由固體轉爲氣體，灰渣由底部排出，第二燃燒室供應過量空氣以充分燃燒從第一燃燒室流入的氣體。

5. **旋轉窯式焚化爐**

垃圾以抓斗送入爐內，爐體藉緩慢旋轉予以混和、翻轉並逐漸移動與進行乾燥，燃燒後的灰渣由後部排出。

六、焚化設備

1. **垃圾收受系統**

垃圾收受系統包括地磅、傾卸門、粗大垃圾破碎機、垃圾吊車，以及垃圾吊車控制室。

2. **垃圾進料與焚化系統**

垃圾進料及燃燒系統，包括垃圾進料系統、爐床式燃燒系統、耐火材(磚)、檢修門、支撐鋼架結構。

3. **空氣供給系統**

空氣供給系統包括一次空氣(primary air)及二次空氣(secondary air)，一次空氣是提供爐內爐床上燃燒之所需，而二次空氣則是用來增強廢氣的擾動以使揮發性物質得以充分燃燒。

4. **廢熱回收鍋爐**

「廢熱回收鍋爐」為一完整的蒸汽鍋爐，包括壓力件、支持結構鋼架、耐火襯料及所有配件含鍋爐安全閥與保溫等。

5. **汽輪機與發電機**

廢熱回收鍋爐所產生的蒸汽，用來供應一部有三段非控制式抽汽的凝結式汽輪機，所抽出的蒸汽可作為空氣預熱和鍋爐給水加熱之用。

6. **蒸汽、凝結水、給水及冷卻水系統**

(1) 蒸汽、鍋爐給水、凝結水流程：流程是鍋爐給水在除氧給水槽內和汽輪機第二段抽汽混合形成飽和水以去除水中溶氧，再以鍋爐給水泵送到廢熱鍋爐吸收熱量，並產生的高壓蒸汽，此高壓蒸汽引進汽輪發電機組作功發電，排汽蒸汽則經由氣冷式凝結系統冷凝成水後，再以凝結水泵送回流程。所設置的汽輪機除汽外另有三段抽汽，第一段抽汽是中壓蒸汽，作為一次空氣預熱器高溫段熱源，第二段抽汽是低壓蒸汽(I)，作為一次空氣預熱器低溫段熱源及除氧給水槽加熱鍋爐給水之用，第三段抽汽則是低壓蒸汽(II)，作為預熱進除氧器給水用途，而為考慮全廠起、停床時或降載及緊急時汽輪機不運轉等情形。

(2) 設備冷卻水系統：以風機利用大氣將閉回路冷卻水溫度降低，供應全廠設之冷卻水。

(3) 補充水處理系統：將自來水處理成鍋爐補充水的純水工廠，補充給水系統中因排放而減少之量。

(4) 化學加藥及調節系統：本系統是化學藥品調劑系統，供應鍋爐、除氧器、管線和冷卻水等加藥功能，藉以降低各設備、管線腐蝕情形。

7. **灰燼排出設備**

(1) 灰燼輸送設施：灰燼輸送設施以輸送帶等方式移送灰燼。

(2) 冷卻設施：冷卻設施提供冷卻焚化殘渣和滅火的功能。

8. **廢氣處理設施**
   (1) 有害氣體去除設施：利用半乾式或乾式洗煙設備，去除燃燒廢氣中 HCl、NO_x 與 SO_x 等氣體至合乎排放標準。
   (2) 集塵設施：集塵設施去除燃燒廢氣中粒狀污染物量至合乎排放標準，操作溫度範圍是 240～280℃，以避免污染防治設備受到高溫或低溫腐蝕。
9. **廢水處理設施**
   依據廢水的質與量，設置必要的處理設施，將廢水處理至合乎放流水標準後排放。
10. **廢熱利用設施**
   (1) 廢熱鍋爐：廢熱鍋爐回收廢熱，並使燃燒廢氣進入廢氣處理設施前，降溫至操作溫度容許範圍。
   (2) 溫水供應設施：利用熱水器回收蒸汽與熱水。
   (3) 發電設施：利用回收的熱能發電，提供廠內使用或外售。
   (4) 空氣預熱設施：利用燃燒廢氣餘熱，將助燃空氣預熱至 200～300℃，除了提供助燃外，亦可用來乾燥垃圾。
11. **通氣設施**
   (1) 加壓式送風機：加壓式送風機提供燃燒所需的足量空氣。
   (2) 導風管：導風管連接空氣吸入口、加壓式送風機與空氣預熱器等送風導管系統。
   (3) 抽風機：抽風機爲引導燃燒廢氣通過廢氣處理設施，再經煙囪排放至大氣。
   (4) 排氣導管和煙道：連接焚化爐本體、燃燒氣體冷卻設施的煙道與廢氣處理設施、抽風機、煙囪等排氣導管。
   (5) 煙囪：煙囪將再加熱的廢氣排放至大氣。

7.2 有害事業廢棄物處理技術

一、物理分離前處理

物理分離法通常用於減少有害事業廢棄物的體積或改變性質，降低其毒性，而使下游程序容易處理。大部分前處理程序屬於標準的化工單元操作，如重力沉降、過濾、浮除、混凝、離心、蒸餾、蒸發、離子交換、超過濾、逆滲透、電透析、活性碳／樹酯吸附、溶劑萃取等。

二、中間處理

事業廢棄物在最終處置前經物理、化學、生物、焚化或其他處理方法，將有害成分分離、減積、去毒、固化或安定的行爲。

三、熱解法

事業廢棄物置於無氧或少量氧氣的狀態下，利用熱能裂解，促使分解成氣體、液體或殘渣的處理方法。

四、焚化處理法

利用高溫將事業廢棄物轉變爲安定的氣體或物質的處理方法。

五、濕式氧化法

濕式氧化法應用於有機與無機廢棄物的分解，液相的氧化反應在高壓(300～3,000psig)與高溫(350～650°F)下進行，高壓可增加氧氣的溶解度，而提高溫度能促進反應速率。

六、固化法

利用固化劑與事業廢棄物混合固化的處理方法。

七、穩定法

利用化學藥劑與事業廢棄物混合或反應，促使事業廢棄物穩定化處理方法。

八、滅菌法

在一定時間內以物理或化學原理，將感染性事業廢棄物中微生物消滅的處理方法。

7.3 工業減廢

一、定義

所謂工業減廢乃針對工業界，致力於採取產源減量、回收再利用等減廢措施，以其減少廢棄物的體積、數量與有害性，甚或避免其產生，減輕目前或未來對人體健康和環境影響的潛在威脅。

二、工業減廢技術

1. **廢棄物減量**

   任何可以減少廢棄物量的技術，廢棄物回收、交換和再利用均是達到廢棄物減量的方法。

2. **廢棄物再生**

   利用廢棄物當作生產原料，使用者可能是其產生者或其他工廠，修改工廠作業方法或利用廢棄物交換中心，可以達到此目的。

3. **廢棄物回收**

   以再處理的技術，回收廢棄物中有價值的成分。

4. **廢棄物交換**

   工業廢棄物、副產品、剩餘物或不合規定的物品，由一個工廠搬運到另一個工廠，作爲其生產原料的活動，其目的有：

   (1) 節省有用的原料，同時也減少其伴隨產生的廢棄物。

   (2) 節省能源，同時也減少其伴隨產生的廢棄物。

   (3) 避免或減輕對人體健康的影響或環境的污染。

7.4 考　題

一、以資源回收的觀點，試述廢棄塑膠的處理方式。

(96 年公務人員高等考試三級考試)

二、試述塑膠廢棄物之處理原理及處理方法。　　(91 年基層公務人員三等考試)

三、解釋環境荷爾蒙。 (97 年公務人員特種考試身心障礙人員考試四等考試)

答案：荷爾蒙是英文 hormone 的音譯，中文常以「激素」來表示。「環境荷爾蒙」是指外來或人造的化學物質，藉由空氣、水、土壤、食物或其他途徑進入生物體，產生類似荷爾蒙的作用，對原有的內分泌系統產生干擾，進而影響生物體的發育及生殖功能。許多塑膠用品，如塑膠袋、保麗龍等，經過不當焚燒處理會變成有機氯或戴奧辛。這些物質會隨著氣流轉移他地，故「環境荷爾蒙」的危害性是全面性的，絕不容忽視。

四、試述塑膠廢棄物之處理原理及處理方法。 (91 年基層公務人員三等考試)

Chapter 8

CHEMICAL PROCCEDING INDUSTRY

能源工業

8.1 燃　料

8.1.1 化石燃料

一、固體燃料

固體燃料以植物與其變質物爲主，諸如木材、蔗渣、泥煤、褐煤、瀝青煤等，木材、蔗渣和煤的加工品如焦炭，用在小鍋爐。發電鍋爐的燃料採用煤爲主煤的成分絕大部分爲碳，另外有少許的氫、氧、硫等，埋在地底下的時間越久，含水及其他揮發成分越低，煤質越佳。

二、液體燃料

液體燃料以石油產品爲主，比重 0.75～0.97，發熱量 10,100～11,000kcal/kg，是一種複雜的碳氫化合物，因來自不同產地，其性質有很大的差異。由原油分餾爲汽油、煤油、輕柴油，其餘的是重油。重油是汽力機組發電的主要燃料，柴油機組發電以輕柴油、重油爲主，氣渦輪機則用重油、輕柴油、天然氣爲其燃料。

三、氣體燃料

氣體燃料包括下列各種：

1. **天然氣**

(1) 組成：天然氣常與石油或煤礦共同蘊藏於地表下，其主要成分是低分子量甲烷(約占 60～90%)，並含有微量乙烷、丙烷、丁烷、及戊烷等烷類的混合物，並摻雜二氧化碳、氮氣、二氧化硫與鈍氣。

(2) 精製：天然氣原料除了含有工業價値的丙烷與丁烷外，亦包括不必要成分如水分和硫化氫，因此在應用前需加以清除。

2. **壓縮天然氣**

將天然氣壓縮至 150kg/cm^2 或以上而供售者，稱爲壓縮天然氣(CNG，compressed natural gas)，主要供做車輛動力燃料。

3. **液化天然氣**

液化石油氣或液化瓦斯以丙烷、丁烷爲主要成分，及少量碳氫化合物，其一製法爲石油煉製過程中的產品；另一方面自天然氣分離出來，即從油井中所得到的濕天然氣，首先將原油與水分分離，再用煤油吸收丙烷和丁烷，分離甲烷與乙烷，吸收丙烷和丁烷的煤油送到蒸餾塔分餾，經壓縮與液化後產出液化石油氣。

4. **燃料氣**(fuel gas)**及煉油氣**(refinery gas)

兩者均爲裂煉、重組，或其他煉油過程的副產品，其中以甲烷、乙烷、丙烷、及丁烷爲主，並含有烯屬烴。燃料氣及煉油氣，不但可供燃料之用，而且可作工業原料、製造肥料及石油化學品的用途。

5. **丙烷**(propane)

爲一種沸點爲– 43.7°F(– 42.09℃)之氣體，可由天然氣或煉油氣中分出，供燃料及工業原料等用。

6. **丁烷**(butane)

爲一種沸點爲–30.2°F(–1℃)的氣體，亦可由天然氣或煉油氣中分出，供燃料及工業原料等用。

7. **液化石油氣**(LPG，liquefied petroleum gas)

丙烷、丁烷或二者混合物，除此之外尚含少量乙烷、乙烯、丙烯、丁烯及戊烷等化合物。此等化合物在常溫常壓下幾乎爲氣態，但稍加壓即易液化爲液體，故稱之爲液化石油氣或液化氣，於高壓壓縮下裝入鋼瓶，故亦稱之爲鋼瓶氣(bottle gas)。

當燃料用途之液化石油氣和天然氣之差異如下：

種類／性質	液化石油氣	天然氣
製程	原油煉製產品之一	低溫冷凍、壓縮、液化
主要成分	丙烷及丁烷混合物	甲烷
沸點溫度	丙烷– 42℃，丁烷– 1℃	–160℃
比重	579kg/m^3	135kg/m^3
著火點溫度	470℃	595℃
安全性	較低	較高
輸儲設備	要求條件及投資金額較低	要求條件及投資金額教高
使用便利性	以鋼瓶供應客戶，較不便	以管線供應用戶，較便利
一般計量／價單位	公噸數	熱值 million Btu

8. **合成氣**

合成氣的主要成分爲一氧化碳和氫，有時亦含有少量的二氧化碳。由煤製成合成氣的過程，是將煤經過除油煙、灰燼和硫化物之後而得，有時亦作某種程度的反應，以調整 H_2/CO 的比例。

Fischer-Tropsch 合成反應爲

$$xCO+(\frac{x+y}{2})H_2 \rightarrow xH_2O+CxHy$$

合成氣常用來與其他原料反應，或製成氫、甲烷、氨、甲醇和其他化學品。煤經氣化反應後所得的氣體成分變動甚大，故 H_2/CO 比例的變化範圍爲 0.4～2.6，其中甲烷含量可爲 0～25%以上。

9. **頁岩氣**(Shale Gas)

頁岩是沉積岩的一種，由礫石、砂粒、泥粒或生物遺體，經過千百萬年沉澱，堆積而形成的岩石。當頁岩在形成過程中受到擠壓，出現變形、移位時，頁岩便會產生縫隙，由此開採出來的類原油與以甲烷爲主要成份的天然氣體，分別爲頁岩油(Shale Oil)、頁岩氣。

8.1.2 氫　氣

1. 氫單位重量的燃燒熱最高，可做爲燃料。它與化石燃料不同，在燃燒後產生無污染的水，不致引起溫室效應等問題。氫作爲燃料的缺點是不易被液化、儲存及運輸，而且安全性甚差。但若在供應之前先與其他氣體稀釋，可降低其危險性。
2. 目前氫氣的主要用途是製造氨氣，但以氫氣作爲動力的運輸工具已被試驗成功，例如太空梭與汽車便以液態氫作爲燃料。

8.1.3 生質柴油

生質柴油係由可再生的油脂原料，諸如植物或動物油脂，經合成(反轉酯化)所得的長鏈脂肪酸甲脂，可代替柴油的一種“環保燃油”。由於生質柴油係由動植物油脂所生產，較石化柴油“環保”。

所謂轉酯化反應是指油脂(RCOOR")與醇類(R’OH)在某一比例下混合、反應，產製出另外一種酯類(RCOOR')之過程(圖 8.1)。以產製生質柴油之油脂原料爲例，其最主要之成分爲三酸甘油酯，當三酸甘油酯與高純度之甲醇進行轉酯化反應後，即生成脂肪酸甲酯(Fatty Acid Methyl Esters；FAME)，也就是所謂之生質柴油(Biodiesel)，還有甘油(副產物)。如圖 8.2 所示。

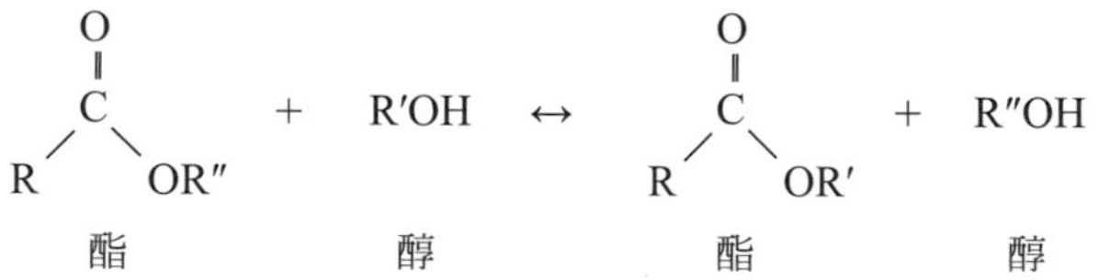

$$\underset{\text{酯}}{R-\overset{\overset{O}{\|}}{C}-OR''} + \underset{\text{醇}}{R'OH} \leftrightarrow \underset{\text{酯}}{R-\overset{\overset{O}{\|}}{C}-OR'} + \underset{\text{醇}}{R''OH}$$

圖 8.1　轉酯化反應之過程

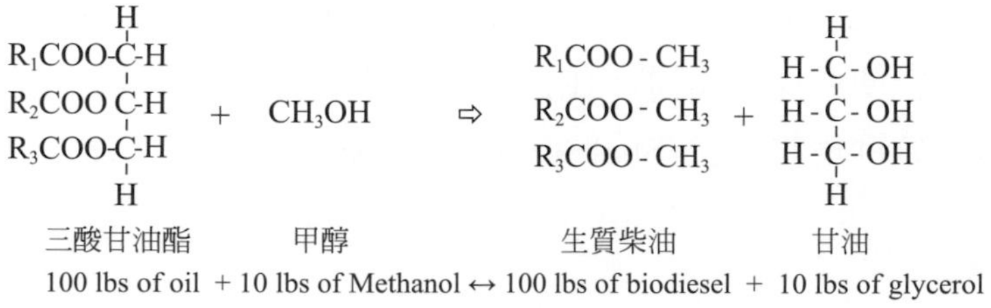

$$\underset{\text{三酸甘油酯}}{\begin{matrix} R_1COO-CH \\ R_2COO-CH \\ R_3COO-CH \end{matrix}} + \underset{\text{甲醇}}{CH_3OH} \Rightarrow \underset{\text{生質柴油}}{\begin{matrix} R_1COO-CH_3 \\ R_2COO-CH_3 \\ R_3COO-CH_3 \end{matrix}} + \underset{\text{甘油}}{\begin{matrix} H-C-OH \\ H-C-OH \\ H-C-OH \end{matrix}}$$

100 lbs of oil + 10 lbs of Methanol ↔ 100 lbs of biodiesel + 10 lbs of glycerol

圖 8.2　三酸甘油酯與醇之轉酯化反應

8.1.4　各種燃料的燃燒熱比較

1. 若以單位重量所產生的燃燒熱而言

   氫>天然氣>液化石油氣>煤焦>一氧化碳。

2. 較低碳數的烷類具有較高的單位重量燃燒熱

   甲烷>丙烷>汽油>柴油。

8.2 動力產生

一、火力發電

1. **汽力機組發電**

   我國煤的蘊藏量並不豐富，故多由國外(南非、美國、印尼)進口，而這些煤炭多爲塊狀(約拳頭大小)，於碼頭卸下後，經輸送帶送到粉煤機，使煤炭磨成粉狀，增加接觸面積，以利燃燒，而這些粉狀的煤便可送入鍋爐燃燒。鍋爐爲一耐高溫的熱交換設備，將煤燃燒產生的高溫來使進入鍋爐的水變成蒸汽，而這些蒸汽便可用以推動汽輪機。汽輪機爲用來改變作功方向的設備，它具備的風機可將蒸汽的功轉變成使轉軸轉動的功(如風車一般)，而在汽輪機的軸上加發電機，使汽輪機帶動發電機的轉子，利用轉子轉動來產生電能，成功的將煤炭此種以往只能用於燒開水的燃料，轉變成現代生活不可或缺的電。用於推動汽輪機的蒸汽，其通過汽輪機後，因仍具備大量的熱量，故大都會再送進鍋爐進行再熱，可節省煤用量及提高效率，而利用完畢後，必須將蒸汽冷凝成水，以便再次利用，而有能力使高溫蒸汽冷卻成水的，非占地球 70%的海水莫屬了，這也是發電廠建於海濱的原因，藉由管路引進的海水帶走熱量，使之前的蒸汽變成水，而這些水便可在送入鍋爐，重覆同樣工作，循環利用，這便是基本的發電原理，燃燒燃料油或天然氣的發電方式亦同。引進用以冷卻用的海水，因具大量的熱，需待其溫度降下後，再排回海裡，才不致影響生態。

2. **單循環或複循環機組發電**

   氣渦輪機的操作原理首先空氣經過濾器過濾和進入壓縮室加壓後，再將此高壓氣體導進燃燒室中與加入燃料(燃料油、天然氣、合成氣、回收氣)混合燃燒，產生高溫高壓的氣體來推動氣渦輪機作功，一部分功驅動壓縮機，其餘用來推動氣渦輪機所驅動的發電機發電，此爲熱力學上的布瑞頓(Brayton)循環。在此熱力循環中，若排氣溫度不變，燃燒溫度愈高，則作功愈多，而且熱效率愈高。

氣渦輪機的排氣溫度甚高，藉著廢熱鍋爐將此熱能回收產生高溫高壓的蒸汽，利用此蒸汽來推動汽輪機發電，而作完功的蒸汽經由冷凝器冷凝成水，再由冷凝水泵浦、除氧器、廢熱鍋爐飼水幫浦抽回到廢熱鍋爐，此即熱力學上的郎肯(Rankine)循環。汽輪機冷凝器的溫度愈低，產生眞空度愈高，則蒸汽在汽輪機中所作的功愈多。

3. **柴油機組發電**

燃料油直接送入柴油機或重油機的氣缸中壓縮燃燒，利用燃燒後高溫高壓燃氣的膨脹推動活塞作功，再將直線往復運動轉變爲迴轉運動，用於轉動連軸的發電機產生電力，此種發電方式係直接使用燃氣膨脹作功發電，不需蒸汽的發生設備，較汽力機組發電的設備簡單，啓動快速，負載因應能力較佳，爲其優點，唯由於往復式運動變更成迴轉運動，振動較大，噪音亦大，設備亦磨耗。單一機組容量小，較適於緊急電源，或小規模的電力系統、離島供電、自備電力與偏遠地區的供電等。

4. **汽電共生**

「汽電共生系統」係指利用燃料或處理廢棄物同時產生有效熱能與電能的系統，利用此系統可大幅節省能源，提高熱能、電能生產總熱效率，藉以促進能源有效利用。汽電共生的基本概念爲在能源轉換過程中將所產生的電與熱(亦即能源)配合實際的需要作最經濟與有效的運用。在能源匱乏的台灣地區，這種以汽電共生方式來運用能源，除具提高效率外，亦達到節省能源功效。對於減緩台灣整體 CO_2 及溫室氣體的排放，頗能發揮正面功效。

二、淨煤技術

燃煤火力電廠(coal fired power plant)是二氧化碳的最大排放源之一，也是全球暖化的主要原兇。然而，如前所述，煤炭蘊藏量仍然十分豐富，其具有熱值高、便於開採運輸、成本較低及來源穩定等優點，因此短期內不可能放棄使用。在當前二氧化碳排放減量的壓力下，如何乾淨使用煤炭乃成爲能源開發之重要課題，因而淨煤技術(clean coal technology)的發展深受矚目。

「淨煤技術」係指更有效率地燃燒或使用煤炭，並減少硫氧化物、氮氧化物、甚至二氧化碳的排放。因此，廣義的淨煤技術包含洗煤、高效率的燃燒技術、燃煤電廠的污染控制以及二氧化碳捕捉與封存等。洗煤屬於前燃燒(pre-combustion)燃料處理階段，可有效去除硫分及重金屬等成分，因而降低使用後空氣污染物的排放；高效率的燃燒技術屬於燃料燃燒中階段，是目前淨煤技術開發主流；污染控制以及二氧化碳捕捉與封存則屬於後燃燒(post-combustion)階段，污染控制目前已廣泛應用於工業界，二氧化碳捕捉與封存相關技術的開發則正方興未艾。

關於高效率的燃燒技術主要包含：

1. **超臨界粉煤燃燒**(Supercritical Pulverized Coal Combustion, SPCC)

   依據熱力學原理，提升蒸汽壓力爲提高燃煤鍋爐蒸汽機組發電效率方法之一。傳統蒸汽機組發電效率約爲 35%左右。蒸汽臨界壓力約 22 MPa(250 atm)，超臨界粉煤燃燒乃將蒸汽壓力提高至蒸汽臨界壓力以上，例如 25 MPa；而若將蒸汽壓力提高至 30 MPa 左右，則稱爲超超臨界燃燒(ultra-supercritical combustion)，其可將機組發電效率提高至42%以上。但超臨界或超超臨界粉煤燃燒還須配合後燃燒之除硫、脫氮及除塵等空氣污染防制設備。

2. **增壓流體化床燃燒**(Pressurized Fluidized Bed Combustion, PFBC)

   將流體化床燃燒爐體加壓，產生的蒸汽用以推動複循環機組中蒸汽渦輪機發電，加壓後燃燒氣經過初步除塵後，則可用來推動氣渦輪機發電而達成複循環發電。第一代 PFBC 以氣泡式流體化床(bubbling fluidized bed)爲主體；第二代 PFBC 則以循環式流體化床(circulating fluidized bed)爲主體，並於系統中增加一氣化爐。依據美國能源部推估，若第二代 PFBC 技術成熟，發電效率可達 45%左右。

3. **氣化複循環系統**(Integrated Gasification Combined Cycle, IGCC)

   IGCC 不是將煤炭直接燃燒，而是以氣化方式將煤炭轉化爲合成氣，經過除硫、除氮及除塵後，再送進氣渦輪機發電，餘熱回收並加熱水使成蒸汽後，再銜接蒸汽渦輪機發電，發電效率可達 45%左右。IGCC 是一種將煤炭氣化、合成氣淨化及結合複循環發電機組的先進動力系統，在獲得高發電效率的同時，能解決燃煤污染排放之問題，因此是一種極具潛力的淨煤技術。

4. **氣化燃料電池整合系統**(Integrated Gasification Fuel Cells, IGFC)

此係 IGCC 加上燃料電池(IGCC + Fuel Cell)之整合發電系統，將煤炭氣化所生成之合成氣作爲高溫燃料電池之燃料以發電，其預估之效率可達 60%以上。由於 IGCC 系統已獲得技術驗證，因此 IGFC 能否實現並投入運轉的關鍵是燃料電池的開發及與 IGCC 之整合。

三、核能發電

1. **核能發電**

核能電廠是利用核反應器中連鎖反應所產生的大量的熱來發電。

(1) 連鎖反應：當鈾-235 的原子核受到中子的撞擊時，鈾-235 會分裂成兩個原子核及 2～3 個中子，並產生熱。若是將鈾-235 密集在一起，分裂出來的中子會撞擊尙未反應的鈾-235，於是分裂出更多的中子，繼續撞擊尙未反應的鈾-235，則會產生一系列連續的反應，稱爲「連鎖反應」。

(2) 發電流程：在核能電廠中，這些連鎖反應是被圍護在一安全密閉的鋯合金管內，即所謂核燃料棒中進行，以免放射性原子釋出鋯合金管外而觸及其他的原子，原子爐(或稱核反應爐)核心溫度的控制是藉著插入或移出一種可吸收中子的金屬棒爲之。核反應器使用的燃料是 3%的鈾-235，當熱由核心釋出時可將熱傳入水中使水沸騰，產生蒸汽推動汽輪機，然後轉動發電機，如燃煤發電廠發電的情形相同。

2. **核融合**

核分裂與核融合之間具有基本不同點，例如核分裂爲自然的現象，只要可分裂燃料質量夠多達到臨界狀況即能發鏈鎖反應；但是在核融合方面，由於首先要讓核子與核子之間能夠很「靠近」才可能有反應發生，故必須外加相當的能量破除庫倫電位障壁。此因核子(氘核子及氚核子)係帶正電，其會互相排斥。如要得到一相當大的反應速率時，則必須加溫到 10Kev 以上，亦即相當於 10^9K 的溫度(1K 相當於 1.42×10^{-23} 焦耳；又 1ev =1.16×10^4K)。如此高的溫度下，所有物質早就游離化了，稱此種游離化狀態叫做電漿(plasma)或稱爲離子氣體(ionized gas)。兩個很輕的原子核相互碰撞後，造成核反應後的某個原子核其質量大於反應前每個母原子核的質量，並釋放出很大的能量。兩個典型的核融合反應如下：

$${}_{1}H^{2}+{}_{1}H^{2} \rightarrow {}_{2}He^{3}+{}_{0}n^{1}+3.26MeV$$

$${}_{1}H^{2}+{}_{1}H^{3} \rightarrow {}_{2}He^{4}+{}_{0}n^{1}+17.6MeV$$

四、太陽能發電

太陽能是一種潔淨的能源，用適當的裝製聚集太陽能使其轉換成電能。依能量之轉換形式，太陽能發電的裝置分成太陽能熱發電站和光發電站以發電。太陽能熱發電站是把太陽輻射能轉成熱能，分成高塔式、分散式和鹽池式。高塔式發電站，在高塔上置放一接受器，由自動可追蹤太陽光的定日鏡群把陽光加以反射然後聚集到接收器上加熱，用以發電，其主要包括 5 個系統，有定日鏡群、接受器、蓄熱池、主控系統和發電系統。分散式發電站有許多的集熱單位，每一單位有一自動跟蹤的聚光器，其可將陽光加以聚集。各集熱單位加熱後聚集起來用於發電，此種電站的運行溫度為 300 ℃。鹽池式發電站利用天然鹽池加以吸收太陽能以加熱工質而發電。太陽能光發電站是一種利用光生伏打效應，將太陽能直接轉成電能的發電站，能量轉換的器件是太陽電池，其裝置主要包括四個系統，有太陽能電池方陣，電源調節系統，蓄電池和控置顯示裝置。

五、風力發電

風力發電是利用風能以驅動風能機而使發電機發動生電能的發電方法，其發電站即為風力發電站，包含有能量轉換系統、蓄能裝置和控制系統，主要是使用螺旋槳型風車，有時亦採用錐形或新式多翼型等，其優點是不會造成公害，而且取用不盡。但風力發電也有困難，就是風向和風力時常改變且無法將能量集中。為了解決這些問題，所以需組合特殊裝置。

六、地熱發電

最常用的地熱發電技術有乾蒸汽式、閃發蒸汽式、雙循環式及總流式等四種。

1. **乾蒸汽式**

   天然的乾蒸汽是最簡便而有效益的利用，只要由管線直接導入改良過的汽輪機，就可產生電力。

2. **閃發蒸汽式**

高溫的地熱水可以經過單段或多段閃發成爲蒸汽，再由分離器去除熱水，以蒸汽推動渦輪機發電。

3. **雙循環式**

由地熱井產生的熱流體，經過熱交換器加熱流體，使其氣化推動渦輪機再產生電力，而工作流體(如丁烷、氟氯烷等)則繼續循環使用。

4. **總流式**

地熱井產生的熱流體，包括蒸汽及熱水的兩相混合體，同時導入特殊設計的渦輪機，由動能及壓力能帶動傳動軸能連接發電機而產生電力。

七、潮汐發電

潮汐發電是利用海洋潮汐的能量而轉變成電能的一種發電方式，其發電裝置是潮汐電站，這是目前唯一實際運用的海洋能發電站。在海灣或河口建立水庫，漲潮時蓄水；落潮時海洋水位降低，水庫放水，以驅動水輪發電機組發電。一般有以下三種類型：

1. 單庫單向型潮汐發電站，只建一水庫，漲潮時進水，落潮時放水，驅動水輪發電機組以發電。
2. 單庫雙向型潮汐發電站，只建一水庫，但其水輪電機組的結構在漲潮或落潮時均可發電，也就是只要水庫內外有電位差的存在，就可以發電。
3. 雙庫雙向型潮汐發電站，建兩個相鄰的水庫。水輪發電機組位於兩水庫間的隔壩內，一水庫只在漲潮時進水，另一個只在落潮時放水。兩水庫水位始終保持不同，故可全日發電。

八、水力發電

用水力進行發電，是以人工方法引導水流以高速度衝擊水輪機，帶動水輪機和發電機的旋轉，從而產生電力。因此一般在水電站的上游，建造攔河壩和蓄水庫，積蓄水量，提高落差(水頭)。水力發電是再生能源，對環境衝擊較小。

九、溫差發電

利用表層和底層海水的溫度差的發電方式，乃是利用沸點低的液體，使溫水蒸發爲氣體，以使旋轉汽輪機發電，而經過汽輪機後的氣體，被冷水冷卻恢復原來的液體。

十、沼氣發電

廢棄物儲藏於儲存槽中，然後通過一個前處理系統裝置，將廢棄物粉碎和攪拌，經前處理粉碎後的原料將進入酸化槽，通過酸化槽酸解後的產物，將流入甲烷反應槽。產生甲烷反應後的剩餘物質將進入沉澱裝置，經過一天沉殿後沉澱物將回流到酸化槽中。沉澱上部將進入固液分離器，分離後的液體作爲液體有機肥，而固形物質將進入堆肥裝置加以利用，甲烷反應槽產生的沼氣將經過一個沼氣淨化裝置儲存入沼氣儲存槽，沼氣將經過發電機組或燃料電池轉換爲電能和熱能。

十一、垃圾發電

垃圾焚化後可以製造熱水、蒸汽或發電(目前大規模的垃圾發電廠每天可焚燒 2,250 噸垃圾，發電 74MVA)，而且可提供工商業熱水、保暖、乾燥、製程加熱。

廢塑膠及廢輪胎另有專用焚化裝置，目前燃燒 1 公斤的廢塑膠約得 4,380(聚氯乙烯)至 11,100(聚乙烯)千卡的熱量，燃燒廢輪胎可得 7,000 千卡(而燃燒重油每公斤可得 10,000 千卡)，垃圾燃燒應注意防範有毒氣體如戴奧辛(dioxin)等之公害。

8.3 節約能源

一、化學工業的節約能源

比較各工業的能源消耗量，化學工業既名列前矛。近年來提高能源使用效率節約能源，已成爲化學工業改善其生產技術的標的。由於電子技術和資訊技術的進步，化學品製程的改良，即所謂去瓶頸(debottleneck)，使今天的能源使用效率和 1960 年代相比，已不可同日而語。一方面因計算機的計算能力強大，在細部工程設計時各項計算的精確度提高，建廠時的安全係數不必太大，使得設備的大小、馬達的馬力、加熱面積等均可減小許多。

因此能源的消耗或熱的散失均可減小。再者計算機的計算能力，也帶動了控制理論的完備成熟，和先進的電子裝置搭配，使得化工廠的自動化程度爲各項工業之冠。化工廠自動化程度高，是因爲化學工廠一向在穩定狀態操作(steady state operation)。進料的純度要嚴格控制，各反應器、蒸餾塔等的溫度、壓力也有一定的設定值。整個化工廠在周密的控制系統下操作；好像一個環環相扣的有機體，主控室的電腦操控整場的運行，廠區內除維修時空無一人。在這樣的運作之下，能源的消耗可以大幅降低。

二、化學工業使用新能源的機會

化學工廠產量大投資也大，爲了避免投資風險，其能源使用必定選擇來源可靠供應穩定者。因此新能源之利用，除非極特殊之情形，一般是以節省系統能源爲目的。主要的能源，仍是油、天然氣、煤和發電廠供應的能力。

近年來，世界各國汽電共生已很普遍，但也只提供小部分的電力，通常不超過總需電量的百分之二十。以節約能源爲目的使用新能源，化學工廠必須就地取材，利用生質能和氫能可行。

生質能利用以回收焚化廢棄物的熱能爲主，化學工廠的廢棄物以油泥、塔廢、廢棄大宗，具有可燃性，焚化時熱值很高。但是這些廢棄物含有氯、硫等成分，焚化時排氣溫度若不夠高，往往會產生空氣污染。因此焚化爐的設計要以不造成二次公害爲主，不能爲了回收廢熱或廢熱發電，降低排氣溫度以致產生戴奧辛等有害物質。另一生質能可資利用的，是廢水處理產生的沼氣。廢水處理如用厭氧發酵，會產生甲烷俗稱沼氣，可以做燃料使用。不過發酵所得之沼氣中往往含二氧化碳、硫化氫等雜質，如含量過高會使熱質降低；硫氧化物也會造成污染。可在使用前先純化，但是如果是量太少，往往因純化的花費之高而不具經濟誘因。通常廢水中有機廢棄物(BOD)含量極高，才用厭氧發酵處理產生大量沼氣，如工廠廢水沒有很高的生化需要量(BOD)，則不能利用沼氣爲再生能源。

化學工廠中另一利用新能源的途徑是氫能，很多化工廠會產生一些氫氣，例如製程中有脫氫反應，或酸和金屬作用，均會產生氫氣。這些氫氣往往和其他的可燃性氣性，一同當作輔助燃料。近年來燃料電池的技術日益進步，利用這些多餘的氫氣推動燃料電池發電，也可能成爲化工廠的新能源。

8.4 燃料電池

燃料電池是電化學的裝置，從氫和氧的化學能轉換成直流電能，由燃料電池所產生的直流電將直接驅動馬達帶動驅動輪。燃料電池包含：

1. **燃料**

   一般是採用氫(H_2)。

2. **氧化劑**

   一般取自於空氣(O_2)。

3. **兩個滲透電極**

   陽極(cathode)與陰極(anode)。

4. **電解質**(electrolyte)

   介於滲透電極間。

而燃料電池的反應公式為：

$2H_2+O_2 \rightarrow 2H_2O+$電力

並採用鉑當催化劑(catalyst)，加速其化學反應。在燃料電池內，氫及氧被電解質隔開並不是馬上直接結合。首先氫分子被鉑催化而析離出電子(帶負電)，只留下氫離子(帶正電)。氫離子經過電解質到達氧氣的電極端；而電子不能通過電解質，需經外部的負載回到氧氣的電極端，形成作功的迴路。當電子回到氧氣的電極端時，結合了氫離子與氧產生水。燃料電池依據電解質的不同，區分如下：

1. 鹼性燃料電池(AFC，alkaline fuel cell)。
2. 高分子膜燃料電池(PEFC，polymer electrolyte fuel cell；SPEFC，solid polymer electrolyte fuel cell)，或質子交換膜燃料電池(PEMFC，proton exchange membrane fuel cell)。
3. 磷酸燃料電池(PAFC，phosphoric acid fuel cell)。
4. 熔融碳酸鹽燃料電池(MCFC，molten carbonate fuel cell)。
5. 固態氧化物燃料電池(SOFC，solid oxide fuel cell)。

各種不同的燃料電池所使用的電解質與相對應的電荷載子(charge carrier)，如表 8.1 所示。

表 8.1 燃料電池種類 $^{*}CF_3(CF_2)_nOCF_2SO_3^-$ ** yttrium-stabilized zirconia

Type	Electrolyte	Charge Carrier	Temp./°C
PEM	Nafion*	H^+	80
AFC	KOH	OH^-	90
PAFC	H_3PO_4	H^+	200
MCFC	K_2CO_3	CO_3^{2-}	650
SOFC	YSZ**, CeO_2	O^{2-}	1000

隨著近數十年來奈米科技的發展，燃料電池在技術上已經有了重大突破，特別是低溫操作的 PEMFC 的問世，使燃料電池得以由高不可攀的太空科學進入民生應用的範疇。PEMFC 基本設計是由兩個電極夾著一層高分子薄膜之電解質，電解質需要維持溼度，使其成爲離子導體(ionic conductor)。在 PEMFC 中，電解質爲氫離子(質子)導體，故名爲質子交換膜(PEM，proton conducting membrane)或簡稱質導膜。

在汽車工業方面，目前主要以質子交換膜燃料電池爲主，因爲具高效率、低污染及高機動性。燃料電池的主要燃料是氫氣，來源多而容易，包括煤、石油、天然氣等化石能源，都能取出大量的氫氣，做爲燃料電池的燃料。下列說明以甲醇爲燃料爲例，說明質子交換膜燃料電池的作用方式。從理論上講，將甲醇和水混合物送至陽極，甲醇就將發生電氧化反應生成 CO_2，並釋放分離出氫離子和電子。陽極產生的氫離子經過電解質(質子交換膜)至陰極與氧氣反應生成水，電子從陽極經外部電路到達陰極形成直流電。甲醇在陽極直接電氧化反應式：

$$CH_3OH+H_2O \rightarrow CO_2+6H^++6e^-$$

來自空氣中的氧在陰極的還原反應式：

$$3/2O_2+6H^++6e^- \rightarrow 3H_2O$$

電池總反應式：

$$CH_3OH+3/2O_2 \rightarrow CO_2+2H_2O$$

當氫(hydrogen)加至燃料電池的一端時，在燃料電池－質子交換膜運作的情況下，氫離子經過膜與另一端的氧氣結合產生水，同時電子從燃料電池流經過馬達產出驅動力。

8.5 直接甲醇燃料電池

直接甲醇燃料電池是質子交換膜燃料電池的一種變種，它直接使用甲醇而勿需預先重整。甲醇在陽極轉換成二氧化碳，質子和電子，如同標準的質子交換膜燃料電池一樣，質子透過質子交換膜在陰極與氧反應，電子通過外電路到達陰極，並做功。

鹼性條件

總反應式：$2CH_4O + 3O_2 = 2CO_2 + 4H_2O$

正極：$3O_2 + 12e^- + 6H_2O \rightarrow 12OH^-$

負極：$2CH_4O - 12e^- + 12OH \rightarrow 2CO_2 + 10H_2O$

酸性條件

總反應同上

正極：$3O_2 + 12e^- + 12H + \rightarrow 6H_2O$

負極：$2CH_4O - 12e^- + 2H_2O \rightarrow 12H^+ + 2CO_2$

這種電池的期望工作溫度爲 120℃以下，比標準的質子交換膜燃料電池略高，其效率大約是 40%左右。

直接甲醇燃料電池是質子交換膜燃料電池的一種變種，它直接使用甲醇而勿需預先重整。甲醇在陽極轉換成二氧化碳和氫，如同標準的質子交換膜燃料電池一樣，氫然後再與氧反應。

8.6 鉛酸電池

結構式：(－) Pb | H_2SO_4 | $PbSO_2$ (＋)

因爲硫酸爲二質子酸，再加上其一級解離常數的值(K_1)遠大於二級解離常數(K_2)，所以電解液中的反應主要是透過 H^+ 與 HSO_4^-來與電極進行。

放電反應：

陽極(－)：$Pb_{(s)} + HSO_4^- \rightarrow PbSO_4 + H^+ + 2e^-$

陰極(＋)：$PbO_2 + 3H^+ + HSO_4^- + 2e^- \rightarrow PbSO_4 + 2H_2O$

淨反應：$Pb + PbO_2 + 2H_2SO_4 \rightarrow 2PbSO_4 + 2H_2O$

由上面的反應可以看出，放電的進行會使得陰陽極上的 Pb 與 PbO_2 以及電解液中的硫酸持續的被消耗。這樣的情形會造成放電電位的下降，在電解液中硫酸含量降至約 14.72%wt 時，應該進行充電的步驟以使陰陽極再度活化、電解液硫酸濃度回到初始值。要進行充電的步驟，應該將充電器與鉛酸電池的兩個正極、負極兩兩相接。

充電反應：

陰極(－)：$PbSO_4 + H^+ + 2e^- \rightarrow Pb_{(s)} + HSO_4^-$

陽極(＋)：$PbSO_4 + 2H_2O \rightarrow PbO_2 + 3H^+ + HSO_4^- + 2e^-$

淨反應：$2PbSO_4 + 2H_2O \rightarrow Pb + PbO_2 + 2H_2SO_4$

8.7 太陽能電池

太陽能電池又稱爲「太陽能晶片」或光電池，是一種利用太陽光直接發電的光電半導體薄片。它只要被光照到，瞬間就可輸出電壓及電流。在物理學上稱爲太陽能光伏(Photovoltaic，photo 光，voltaics 伏特，縮寫爲 PV)，簡稱光伏。

太陽能電池發電是根據特定材料的光電性質製成的，黑體(如太陽)輻射出不同波長(對應於不同頻率)的電磁波， 如紅、紫外線，可見光等等。當這些射線照射在不同導體或半導體上，光子與導體或半導體中的自由電子作用產生電流。射線的波長越短，頻率越高，所具有的能量就越高，例如紫外線所具有的能量要遠遠高於紅外線。但是並非所有波長的射線的能量都能轉化爲電能，値得注意的是光電效應於射線的強度大小無關，只有頻率達到或超越可產生光電效應的閾値時，電流才能產生。能夠使半導體產生光電效應的光的最大波長同該半導體的禁帶寬度相關，譬如晶體矽的禁帶寬度在室溫下約爲 1.155eV，因此必須波長小於 1100nm 的光線才可以使晶體矽產生光電效應。太陽電池發電是一種可再生的環保發電方式，發電過程中不會產生二氧化碳等溫室氣體，不會對環境造成污染。按照製作材料分爲矽基半導體電池、CdTe 薄膜電池、CIGS 薄膜電池、染料敏化薄膜電池、有機材料電池等。其中矽電池又分爲單晶電池、多晶電池和無定形矽薄膜電池等。對於太陽電池來說最重要的參數是轉換效率，目前在實驗室所研發的矽基太陽能電池中，單晶矽電池效率爲 25.0%，多晶矽電池效率爲 20.4%，CIGS 薄膜電池效率達 19.6%，CdTe 薄膜電池效率達 16.7%，非晶矽(無定形矽)薄膜電池的效率爲 10.1%。

8.8 鋰電池

8.8.1 鋰鎳鈷電池

鋰鎳鈷電池是鋰鎳電池和鋰鈷電池的固溶體(綜合體)，兼具鋰鎳和鋰鈷的優點，一度被產業界認爲是最有可能取代鋰鈷電池的新正極材料，但鈷正極電池在放電的過程中往往會形成金屬鋰。因爲金屬鋰具有易燃的特性，如果安全措施失效時，金屬鋰往往引發燃燒，所以安全性還是無法有更大突破。因此，全球相關業者的主要發展集中在基於錳或磷酸鐵的正極：鋰鎳電池、鋰鎳鈷電池、鋰錳電池、鋰鎳鈷錳電池和LFP(磷酸鋰鐵電池)以提昇其安全性，但提高安全性的代價是電池容量略有下降，且使電池的老化速度加快。

8.8.2 鋰錳電池

鋰錳電池的成本低且安全性比鋰鈷好很多，但循環壽命欠佳，且高溫環境的循環壽命更差，高溫時甚至會出現錳離子溶出的現象，高溫造成自放電嚴重，以致儲能特性差。

8.8.3 鋰鎳電池

鋰鎳電池的成本較低且電容量較高，不過，製作過程困難且材料性能的一致性和再現性差，最嚴重的是依然有安全性問題。

8.8.4 磷酸鋰鐵電池

磷酸鋰鐵電池則同時擁有鋰鈷、鋰鎳和鋰錳的主要優點，但不含鈷等貴重元素，原料價格低且磷、鋰、鐵存在於地球的資源含量豐富，不會有供料問題，而且，工作電壓適中(3.2V)、電容量大(170mAh/g)、高放電功率、可快速充電且循環壽命長，在高溫與高熱環境下的穩定性高，是目前產業界認爲較符合環保、安全和高性能要求的鋰離子電池。

8.9 再生能源

8.9.1 何謂再生能源？

自然界中一種用完可以再生的能源，它遍佈在地球上各處，取之不盡、用之不竭，是造物者賜予人類最方便、物美的一種能源。從永續與環保的發展角度來看，傳統的化石能源如煤、石油、天然氣等價格日益昂貴，且終將有耗竭的一天，同時其燃燒後所排放的 CO_2 也造成全球溫昇的問題，再生能源無疑將成爲人類未來所依賴的主要能源。

再生能源雖然也是一種自產能源，可是其蘊藏量的分佈隨著各國的自然環境條件而有不同。

8.9.2 再生能源種類

1. **太陽能**

   以人類生命眼光來說，太陽能取之不盡。總輻射能約 3.8×10^{23} 瓩，可達地表約只有 22 億之一，但已高達 1.7×10^{14} 瓩，意即每秒照射到地表的能量相當於 500 萬噸煤所產生的能量。既是一次能源，又是可再生能源，資源豐富、免費、無需運輸、沒有環境污染。兩個主要缺點：一是能量密度低；二是受季節、地點、氣候影響，不能維持常量。使用方式主要有太陽熱能(熱水器)、太陽光電能二種。

2. **地熱能**

   地熱能來自地球內部深處，儲量遠高於目前人類的使用量，集中在火山和地震多發的板塊邊緣地區。1960 年代，世界各國廣泛使用，目前已有二十餘國擁有地熱發電廠，總發電量達 8×10^{6} 瓩以上(相當於 3 座核四廠)。發電後的餘熱尚可有其它用途，分佈相對來說比較分散，開發難度較高。

3. **風能**

   風能由太陽輻射熱所產生的大氣對流，估計到達地球的太陽能只有 2% 轉化成風能，約 2.7×10^{12} 瓩，可利用的約爲 2×10^{10} 瓩，比地球上可開發利用的水力還要大 10 倍。對沿海島嶼及交通不便的山區，遠離電網的邊疆地區特別有開發意義。算是目前最經濟、技術最成熟的再生能源，發電成本已降到每度 1.1 元～2.4 元之間，每瓩投資成本則約為新台幣 3 萬 3 千元。

4.　**海洋能**

依附在海洋中的可再生能源，包括潮汐(潮流)、波浪、溫差、海流等，分述如下：

(1) 潮汐(潮流)能－源自月球、太陽引力，利用位差(位能)的形成加以利用，其能量與潮差大小和潮量成正比。

(2) 波浪能－源自海面上的風，以位能和動能的形式，由短週期波儲存的一種機械能，其能量與波高的平方以及波動水域面積成正比。

(3) 溫差能－利用海面水溫較高及深層冷海水所存在溫度差熱能加以轉換，其能量與溫差大小和水量成正比。

(4) 海流能－海水本身的流動能，其能量與流速平方和通流量成正比。

5.　**生質能**

生質能由光合作用所產生，也就是太陽能以化學能形式貯存在生物中的一種能量，可轉化成常規的固態、液態和氣態燃料。估計地球上每年植物光合作用所含能量可達 3×10^{21} 焦耳，相當於全球所耗能量的 10 倍。生質能形式繁多，包括薪材、農林作物、農林殘剩物、食品加工下腳料、城市垃圾、豬糞等。

6.　**氫能**

氫能為一種二次能源，係通過一定的方法利用其他能源製取的。在自然界中氫與氧已結合成水，所以必經用熱分解或電解，才能把氫解離出來。燃料電池即是將氫與氧直接通過電化學反應產生電和水，一個步驟即可發電。商品化後，此種發電系統不但適合一般家庭使用，其副產品為 40℃～60℃的熱水，相當適合洗澡與廚房使用，一舉兩得，高效率的製氫基本途徑是利用太陽能。

7.　**染料敏化太陽能電池**(Dye-sensitized solar cell，DSSC)

染料敏化太陽能電池是應用自然界綠色植物的光合作用其能量轉換機制的太陽能電池。除了具有和葉綠素同樣會吸光的有機光敏染料外，並包含透明導電基板和寬能隙的半導體氧化膜。染料吸附在半導體氧化膜上，將所吸收的太陽光轉換電子經由半導體氧化膜和電極至外部電路，經另一電極回到電池內將催化劑氧化後完成循環。

傳統的太陽能電池爲矽晶電池，因爲需要的矽晶純度很高的基板，所以成本昂貴。染料敏化太陽能電池是由二氧化鈦所製成的，二氧化鈦俗稱爲鈦白粉，材料便宜，在製造成本相對低廉。另外，DSSC 是靠多數載子傳輸來實現電荷傳導，這意味著它沒有傳統太陽能電池中少數載子與電荷傳輸材料表面複合的問題，使得 DSSC 的製備過程不需要很高的潔淨度。目前研發之 DSSC 整體效率可達 11.8%，在瑞士及澳洲已有小規模的商業應用。

8.9.3 木材生質能源

木材之主成分爲纖維素(cellulose)、半纖維素(hemicellulose)、木質素(lignin)；副成分爲油脂(aliphatic acid esters)、樹脂(resins)、松精油(terpenes)、單寧(tannins)、色素(pigment)，及含氮化合物。其主成分爲細胞壁的組成分或爲細胞與細胞間黏接部份的成分；換言之，主成分爲樹體形成有關的成分，其總含量約占全體的 90%以上。主成分中，木質素占了 20～38%、全纖維素(纖維素與半纖維素之合稱)占了 2/3～3/4；而全纖維素裡，纖維素占了 40～50%、半纖維素占了 25～35%。其中可作爲生質能源的部份是全纖維素，因纖維素是由 D-葡萄糖單體或 β-1,4-配糖(β-4,-glucose)相連結而成的高分子化合物；而半纖維素則是加水分解後形成 D-葡萄糖(D-glucose)，D-甘露糖(D-mannose)，D-分解乳糖(D-galactose)，D-木糖(D-xylose)，L-樹膠醛糖(L-arabinose) 利用纖維素生產酒精主要可分爲成四個階段如下：

1. 前處理(pretreatment)：即將纖維素和半纖維素從與木質素結合的複合物中釋放，使其容易進行下一步驟的化學或生物處理。欲將全纖維素裡的纖維素水解出葡萄糖較半纖維素困難，因全纖維素是高度結晶性之物質，藥劑不易進入；而半纖維素其爲非結晶性不定形物，故較易水解。

   纖維素與非纖維素物質(尤其是木質素)呈緊密的結合狀態，所以要單離纖維素時，使用氯處理木粉，使木質素氯化後，再以亞硫酸鈉溶液溶解之，便可同時除去半纖維素及木質素。

   欲萃取半纖維素，大都先分離出全纖維素，再從全纖維素中取得半纖維素；半纖維素大部分可溶於鹼性溶液，如與熱礦物酸(如：氫氧化鋰、氫氧化鈉)

加熱後，即水解形成 D-葡萄糖(D-glucose)，D-甘露糖(D-mannose)，D-分解乳糖(D-galactose)，D-木糖(D-xylose)，L-樹膠醛糖(L-arabinose)。全纖維素乃是利用氯氣氧化木質素後，再以有機溶液[3%乙醇胺(ethanol amine)溶於 95%的酒精溶液]萃取被氧化的木質素而得。

2. 第二階段係將纖維素和半纖維素降解(degeneration) 或水解(hydrolysis) 以獲得各類單糖(free sugars)。此階段要將纖維素和半纖維素降解或水解出醣類，一般糖化之方法有：

   A.稀酸法：連續加入及流出熱硫酸，以避免破壞單糖。

   B.強酸法：以強酸先破壞結晶區域之結晶體，然後再以稀酸完全水解之。

   水解後之主要產物爲單糖及不溶解之木質素。

   將醣類取出來後，即可開始將之發酵製成環保的生質能源。

3. 第三階段則是將六碳糖和五碳糖的混合物醱酵產生酒精。

4. 最後的步驟則爲產品的回收與蒸餾。

8.9.4　有機朗肯循環

有機朗肯循環(organic Rankine cycle, ORC)可依據冷源和熱源溫度範圍，選用合適低溫沸點有機工作流體(例如：冷媒、氨等)，將中低溫熱能轉換爲電力或軸功率輸出。ORC 爲目前中低溫熱能發電效率最高且最經濟實惠的產品，係由下列主要關鍵元件設備構成(1)工作流體昇壓泵：升壓液態工作流體，並送入蒸發器；(2)蒸發器(板式熱交換器)：汲取中低溫熱能，汽化工作流體；(3)膨脹機(螺桿膨脹機或渦輪機)和發電機組：轉換工作流體的熱能和壓力能爲膨脹機軸功率，再經由發電機產生電力；(4)冷凝器(殼管式熱交換器)：冷凝做功後的汽態工作流體爲液態，並送往工作流體昇壓泵入口，完成 ORC 熱機循環，如圖 8.3 所示。

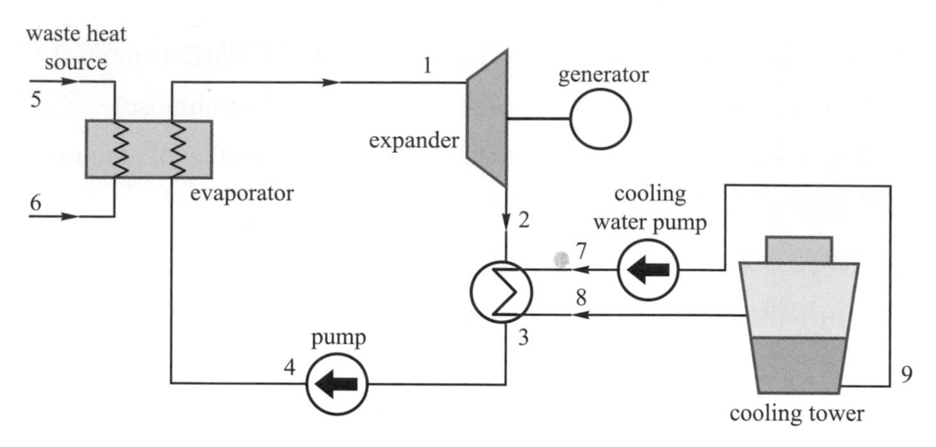

圖 8.3　有機朗肯循環系統流程

8.10 考　題

一、　某公司擬至一熱帶地區投資種植棕櫚(palm)，壓榨出棕櫚油(palm oil)之後，再加入甲醇(methanol)進行轉酯化反應(transesterification)，製三酸甘油酯(triglyceride)，其分子式如圖所示。

$H_2C-O-C(=O)-R^1$

$HC-O-C(=O)-R^2$

$H_2C-O-C(=O)-R^3$

(108 年特種考試地方政府公務人員三等考試)

二、　有一股農林廢棄物，分析其成分含有碳、氫、氧、氮及硫等元素，今欲用氣化方式產製能源物質，請回答下列問題：

(一)何謂氣化反應？

(二)產物與污染物各有那些？

(三)請詳述其氣化製程，並用流程圖加以說明。

(108 年公務人員特種考試關務人員三等考試)

三、　有關燃料電池，請回答下列問題：

(一)何謂燃料電池？其工作原理爲何？

(二)試以氫氣爲燃料，寫出燃料電池陽極、陰極及全部之化學反應式。

(三)燃料電池與火力電廠有相似處與不同處，寫出兩種相似處，亦寫出三種不同處。

(四)若以相同燃料而言，爲何燃料電池之能源轉換換率高於火力發電？

(106 年專門職業及技術人員高等考試)

四、　燃料電池是一種經由氧化還原反應，把燃料中的化學能轉換成電能的發電裝置。

(一)請標示出氫氧燃料電池的基本構造，說明各部分主要功能，並解釋其運作原理。

(二)比起充電電池，燃料電池具有那些優點？

(三)請說明燃料電池爲何是清淨的能源。

(106 年公務人員普通考試)

五、　煤炭主要應用於火力發電及鋼鐵業的煉焦製程：

(一)以直接燃燒消耗煤炭，會產生那些危害成分？

題示：氮氧化物、粒狀污染物、硫氧化物、二氧化碳的排放。

(二)請說明淨煤技術的關鍵步驟，產生的化學反應及產物。

(106 年公務人員普通考試)

六、　某能源開發單位正在推廣利用表層與深層海水間之溫差，採用有機朗肯循環(organic Rankine cycle, ORC)技術發電。假設工作流體爲液態氨，試以一流程圖敘述 ORC 之操作流程，其中需敘明主要設備及其功能、工作流體之相對壓力高低及每階段流體之氣液相、表層與深層海水相對溫度高低。

(105 年特種考試地方政府公務人員考試三等考試)

七、　爲因應石化燃料價格不斷高漲的危機，某部門提議大規模種植痲風樹(Jatropha curcas)等能源作物以生產生質柴油(biodiesel)。試列出用此一方式生產生質柴油的主要步驟，其中需寫出轉酯化的反應式，並敘明所選擇的反應物及產生的副產物。

(105 年特種考試地方政府公務人員考試三等考試)

題示：轉酯化法是使用甲醇與 KOH 溶液，在反應槽中將油料中的脂肪酸轉變成脂肪酸甲酯，一般反應溫度為 65°C，反應時間約為 5 小時，使用電動攪拌機進行攪拌。反應完成後，靜置以分離沉澱於下層的甘油，此種副產品為粗甘油，產出約為 150-200 公斤/噸生質柴油，含有甘油約 50%，皂及酯類 20-30%，甲醇 20-30%，所以必須再加以提煉才能獲得純甘油。接著進行減壓蒸餾來回收甲醇，產出 5 公斤/噸生質柴油；然後利用醋酸進行酸鹼中和，再靜置分離出水份。這些廢水的產出量約為 800 公斤/噸生質柴油，含微量的脂肪酸及甘油，最後再進行一次減壓蒸餾，即可獲得最終產品(如下圖)。

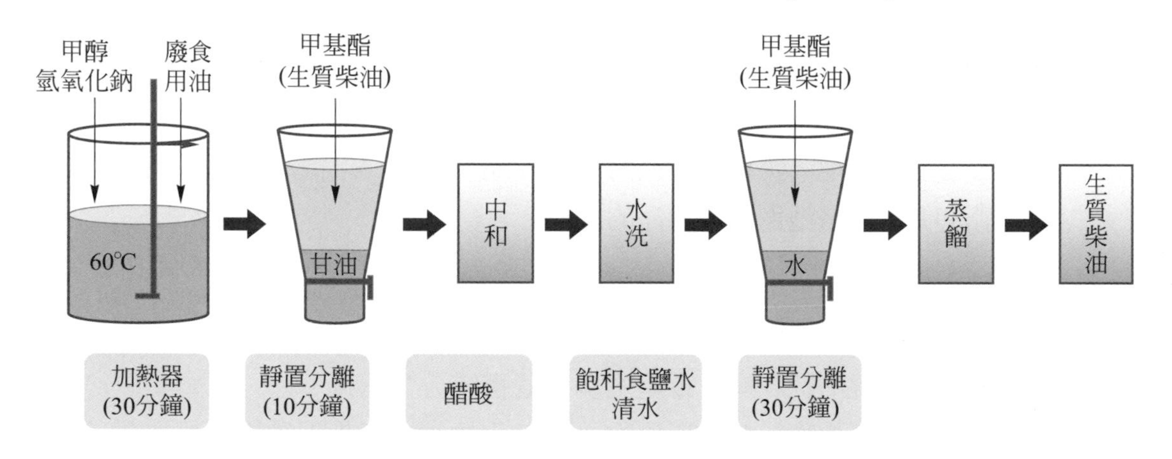

八、　說明頁岩油(Shale oil)與石油的區別？兩者開採方式有何不同？

(104 年公務人員高等考試一級暨二級考試)

九、　請寫出下列燃料電池在陽極、陰極的電化學反應式和總反應式：

(一)以氫氣為燃料的高分子薄膜燃料電池(PEMFC)

(二)以甲醇為燃料的直接甲醇燃料電池(DMFC)

(102 年公務人員普通考試)

十、　以甲醇為原料，製造供燃料電池的氫氣可由三種方式產生，第一種是甲醇分解，第二種是甲醇與水蒸氣反應，稱為甲醇/蒸氣重組反應，第三種是甲醇與氧反應，稱為甲醇部分氧化反應。請判斷上述三個反應是否均為放熱反應，並說明其優缺點。

(101 年公務人員高等考試一級暨二級考試)

十一、化石能源(Fossil Energy)主要包括那些？再生能源(Renewable Energy)主要包括那些？

(101 年公務人員普通考試)

十二、以矽基晶片型太陽能電池爲例，說明太陽能電池產生電源的原理。

(100 年公務人員普通考試)

十三、請說明電池的原理，並簡述鋰電池的數種構造。

(99 年公務人員普通考試)

十四、試述木材之化學成分，及如何利用木材做爲製造生質燃料之方法。

(99 年公務人員普通考試)

Chapter 9

CHEMICAL PROCCEDING INDUSTRY

煤化學工業及工業用碳

9.1 煤化學工業

9.1.1 煤的種類

古代生長在沼澤中的植物死亡後，因細菌的生物作用及地下的高溫、高壓作用，經過長期的變化而成。煤的成分絕大部分爲碳，另外有少許的氫、氧、硫等，埋在地底下的時間越久，含水及其他揮發成分越低，煤質越佳。

依含碳量可將煤分爲下列六種：

種類	含碳量	性質	用途
無煙煤(硬煤)	含碳量約 92%，其中極大部分是固定碳約占無煙煤的 90%	色黑而有金屬光澤，不易點火，燃燒時火力最大、無煙，煤質最好	家庭燃料

種類	含碳量	性質	用途
半無煙煤	含碳量達 90%，固定碳量約占無煙煤的 90%	性質介於無煙煤和煙煤之間	可代替家庭燃料
煙煤(軟煤)	含碳量接近 90%，其中約五分之四爲固定碳	色黑無光澤，易點火，燃燒時火力不如無煙煤大，而且有煙	煉製煤焦工業燃料
半煙煤	含碳量約 75%，其中三分之二爲固定碳	性質介於煙煤和褐煤間	代替煙煤使用
褐煤(木煤)	含碳量約 60%，其中三分之二爲固定碳	呈褐色，質鬆，易點火，燃燒時火力很小，而且發煙很多	燃料
泥煤(低級煤)	含碳僅約 50%，其中約一半屬於揮發成分，固定碳約占泥煤本身的 25%	形狀如泥，必須壓乾或風乾，才可燃燒，火力最小，發煙最多	代柴薪作燃料

9.1.2 煤的乾餾

煤炭在高溫下隔絕空氣，使之分解的操作，稱爲乾餾。煤炭乾餾的流程如下：

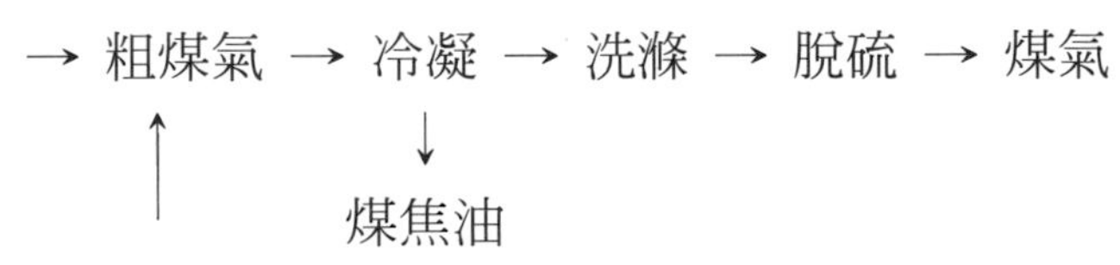

於高溫和低溫操作下，所得不同性質的氣態、固態與液態三種產物。

性質	低溫乾餾	高溫乾餾
操作溫度	500～600℃	1000～1,200℃
目的	1.製造無煙燃料 2.製造液體燃料、煤焦油	1.製造家庭或工業用煤氣 2.製造冶金用焦炭
固態產物收量(%)	煤焦由無定形碳所構成，無光澤、強度小、易著火、活性大，含揮發成分較多	焦炭由結晶形碳所構成，具金屬光澤、強度大、燃點高、耐久燃、活性小，含揮發成分少
液態產物收量(%)	煤焦油(8～12%) 1.酸性成分多 2.以石蠟烴、環烷烴爲主成分，較多支鏈	煤焦油(4～5%) 1.酸性成分少 2.以芳香烴爲主成分，支鏈少
氣態產物收量(%)	1.煤氣(7～10%)，含甲烷較多(50vol.%) 2.煤氣發熱值 7,000kcal/m^3	1.煤氣(20～24%)，含甲烷較少(25～30vol.%) 2.煤氣發熱值 5,000kcal/m^3

煤焦油在不同溫度下分餾可得下列餾分：

餾分	產率%	沸點	主要成分	用途
輕油	5%	～200℃以下	對二甲苯、間二甲苯、鄰二甲苯	聚酯纖維、染料、醫藥、香料、橡膠溶劑、塗料溶劑
中油	17%	200～350℃	萘、酚、甲酚、吡啶、喹啉	合成樹脂、染料、醫藥、香料、炸藥、農藥、合成纖維
重油	7%	250～350℃	二苯駢呋喃、芴、吲哚	燃料、油煙、木材防腐
蒽油	9%	300～350℃	蒽、菲、咔唑	染料
瀝青	62%	350 以上	游離碳、重油、蠟	鋪路、人造石墨電極、活性碳

剩餘氣體部分包含氫、一氧化碳、氨、硫化氫、甲烷及其他碳氫化合物。在通過硫酸槽之後氨形成硫酸銨，由脫硫塔洗去硫化氫，再加以冷凝，而沸點較高的苯、甲苯及二甲苯等則形成輕油混和物；剩下的氫(H_2)、一氧化碳(CO)、甲烷(CH_4)等，則爲可燃性的煤氣(coal gas)。焦炭主要功用是用來冶鐵煉鋼，將焦炭、鐵礦及石灰石混和於鼓風爐的燃燒，經不完全氧化，生成一氧化碳，再將氧化鐵還原成鐵。焦炭與氧化鈣(石灰)在約 2,000℃的高溫下，反應而生成碳化鈣(CaC_2又稱電石)。

$$3C+CaO \rightarrow CaC_2+CO$$

電石再與水作用可生成乙炔：

$$CaC_2+2H_2O \rightarrow Ca(OH)_2+C_2H_2$$

乙炔俗稱電石氣。乙炔與氧混合燃燒可生成高溫火焰，稱爲氧炔焰，是銲接的主要熱能來源。

煤除了直接作爲燃料外，亦可將其轉製成煤氣、水煤氣、合成氣等燃料氣及合成化學的原料氣。煤乾餾的副產物更是有機化合物之寶藏，由此原料所作的有機合成與石油化學工業，同爲有機合成工業的兩大系列。

9.1.3　焦爐氣

煤炭在隔絕空氣的高溫煉焦爐室內(爐壁溫度高達 1,000℃以上)進行蒸發、熱分解、聚合、分子重新排列和焦化等反應，最終的固體產物爲焦碳。煉焦過程中，低分子量產物不斷以高溫氣態型式流出。當氣體離開煉焦時，以弱氨水噴洗，液體與氣體藉密度的差異而完全分離，此氣體即爲焦爐氣。

9.1.4 發生爐煤氣

發生爐煤氣是將空氣與水蒸汽通過一層熱煤或焦碳床製成，燃料床的溫度由燃料灰的熔點而定，通常在 980～1,540℃範圍內，以及燃料床的高度為 0.6～1.8m。使用水蒸汽(焦碳重的 25～30%)主要目的是儘量耗盡碳和氧氣間放熱的能量，藉以供應碳與水蒸汽間吸熱能量之所需。

$C+O_2 \rightarrow CO_2+N_2$ $\Delta H_{1000℃}=-395.4$mJ/kg mole .... (1)

$CO_2+C \rightarrow 2CO$ $\Delta H_{1000℃}=+167.9$mJ/kg mole .... (2)

$C+H_2O \rightarrow CO+H_2$ $\Delta H_{1000℃}=+135.7$mJ/kg mole .... (3)

$CO+H_2O \rightarrow CO_2+H_2$ $\Delta H_{1000℃}=-32.18$mJ/kg mole .... (4)

最初反應生成 CO_2 和 N_2(1)，當氣體上升至燃料床時，CO_2 被還原為 CO(2)，而且水蒸汽部分分解產生 H_2、CO 及 CO_2(3)與(4)。由於含有 N_2 及 CO_2，發生爐煤氣不適合當作燃料氣體，而且熱值較天然氣或合成天然氣為低，因此用於磚窯、陶瓷、玻璃加熱的熱源。

9.1.5 水煤氣

水煤氣係由水蒸汽於 1,000℃以上在白熱的煤炭或焦碳作用，其反應式如下：

$C+H_2O \rightarrow CO+H_2$

$CO+2H_2O \rightarrow CO_2+2H_2$

9.1.6 煤的氣化

煤炭氣化主要係首先將煤炭粉碎至需求粒徑及乾燥到需求程度，然後在設定溫度與壓力的氣化器和氧氣進行不完全燃燒，促使固態煤炭轉化為氣體產物。

完全氧化 $C+O_2 \rightarrow CO_2$ .... (1)

部分氧化 $2C+O_2 \rightarrow 2CO$ .... (2)

部分氫氣加以氧化 $H_2+1/2O_2 \rightarrow H_2O$ .... (3)

碳和水蒸汽反應 $C+H_2O \rightarrow CO+H_2$ .... (4)

轉移反應 $CO+H_2O \rightarrow CO_2+H_2$ .... (5)

再經淨化處理與觸媒轉化成乾淨合成天然氣。

$$2CO+O_2 \rightarrow 2CO_2 \quad (6)$$

$$H_2+1/2O_2 \rightarrow H_2O \quad (7)$$

煤經氣化(gasification)的合成氣能與天然氣交替使用，天然氣含有約 93%甲烷及 1,000Btu/ft^3 以上熱值。替代性天然氣必須具有 900Btu/ft^3 以上的熱值才可與天然氣交替使用，故該種燃氣大部分由甲烷組成。

9.1.7　煤的液化

煤的液化技術主要包括直接煤炭液化(Direct Coal Liquefaction，DCL)與間接煤炭液化(Indirect Coal Liquefaction，ICL)。

一、直接煤炭液化法

直接煤炭液化法是將氫氣加入煤炭之有機結構，使之裂解而生成可蒸餾之液體。各種不同之技術均須在高溫與高壓下將煤碳溶解於溶劑中，繼而在催化劑作用下進行加氫裂解。液體之產率可達乾基媒炭進料之 70%以上，而熱效率約 60～70%。生成之液體可直接作爲發電燃料若作爲運輸燃料，則需要進一步精鍊。

直接煤炭液化法可分爲 2 大類，單段法使用一個主要反應器，目前大多已被二段法取代，以提高輕質油之生產；雙段法則經由 2 個反應器，第一個反應器在無催化劑或使用一低活性可棄置之催化劑之下，將煤碳溶解而生成重質液體，繼而在第二個反應器中，使用氫氣及高活性催化劑以生成更多液體。

單段技術提供者包括 Kohlaoal，NEDOL，H-Coal，Exxon Donor Solvent，SRC，Imhausen 與 Conoco，其中 Kohlaoal 與 NEDOL 之技術最成熟。以 NEDOL 之製程爲例，煤炭與鐵基催化劑經研磨後與回流之溶劑結合，形成一煤漿，進而與氫氣混合，並被加熱後進入主反應器，操作於 450℃與 170 大氣壓。產品經冷卻、減壓與蒸餾之後即可獲氫沸物產品，重質磂出物再經眞空蒸餾塔生成中沸物與重沸物產品，其中部分作爲前段漿化步驟之溶劑。

雙段法通常發展自單段法，中國內蒙古廠之 HTI 之直接液化技術即是發展自 H-Coal。粉煤利用回流之製程溶劑漿化，經預熱與混合氫氣後送入第一個反應器，操作於 435～460℃與 170 大氣壓。第二個反應器操作於更高之溫度則將液化程序完成。反應器均使用奈米化之鐵基催化劑，並分散於煤漿中。

直接煤炭液化法之優點包括製程較簡單、可生產高辛烷值之汽油、能源效率較間接法高、產品之能源密度較高，缺點則包括芳香烴能量較高、生成柴油之十六烷值較低、水與空氣污染問題、產品不符較高環保標準、操作成本較高。

二、間接煤炭液化法

間接媒炭液化法需要經由水蒸氣氣化程序將煤碳結構完全破壞，成爲合成氣，其中氫氣與一氧化碳之比例須經調整。流成分可在此步驟去除。合成氣及在催化劑之下，於相對較低溫度與壓力發生反應。隨反應條件與催化劑不同，可獲不同產品，例如使用銅催化劑，在 260～350℃與 50～70 大氣壓，可獲甲醇。甲醇再經催化部分脫水即可獲二甲醚(DME)。南非沙索(Sasol)操作中之商業化製程即屬於間接煤炭液化法。Sasol 技術是使用 Fischer-Tropsch(FT)製程將合成氣液化。Sasol 同時使用低溫 FT 製程(固定床式氣化與漿化床 FT)與高溫 FT(HTFT)製程(流體化床式氣化)。HTFT 製程操作於 300～350℃與 20～30 大氣壓，使用鐵基催化劑，可獲較輕質產品，包括高品質、超潔淨汽油、石化品與加氧化學品。

煤碳氣化技術之提供者包括 GE，ConocoPhilips，KBR，Shell 與 Siemens 間接媒炭液化法之優點包括可獲超潔淨產品、適於二氧化碳之捕捉、適於與共產電能、操作成本較低，缺點則包括製程較複雜、燃料生產效率較低、生成汽油之辛烷值較低、產品之熱值較低。

三、混合煤炭液化法(hybrid coal liquefaction)

混合煤炭液化法係結合直接與間接技術之優點，並限制兩技術之缺點。此技術利用間接法之 FT 之尾氣進一步利用直接法將更多媒炭液化。此法可能提升效率，並提供更具彈性之產品，但成本可能高出直接法 5～7%。

9.1.8 合成氣

合成氣是指以氫氣、一氧化碳爲主要組分供化學化工合成用的一種原料氣。合成氣的用途廣泛、廉價、清潔的合成氣製備過程是實現綠色化工、合成液體燃料和優質冶金產品的基礎。合成氣的成分一般要求其 H_2 / CO 爲 10～20°。目前工業上廣泛採用的合成氣生產方法是天然氣蒸氣轉化法和煤炭氣化方法。

合成氣的生產方法主要有蒸汽轉化法和部分氧化法，還有兩種方法結合的自熱轉化法。

1. **蒸汽轉化法**

   蒸汽轉化法的原料主要是甲烷，也可用輕烴和石腦油。

2. **部分氧化法**

   部分氧化法的原料比較廣泛，從甲烷、輕烴到重油、瀝青甚至煤都可以作原料。缺點是投資比較貴，特別是為獲得氧要同時建設空分裝置，因此在天然氣和石腦油價格低廉時，一般都選擇蒸汽轉化法，但如需要加工重質原料或要求 H_2／CO 比率低時，選擇部分氧化法是比較合適的。

3. **自熱轉化法**

   這種製程實際上是將蒸汽轉化和部分氧化結合在一起，由於部分氧化是放熱反應，蒸汽轉化是吸熱反應，因此，蒸汽轉化所需的熱量可由部分氧化放出的熱量來提供。關於自熱的方式可以是一個反應器內有兩段反應區，上段反應區為部分氧化區，下段反應區為蒸汽轉化區，下部蒸汽轉化需要的熱量由上部部分氧化放出的熱量來提供。也可以在蒸汽轉化一段爐之後再設一個自熱轉化爐，在此爐的進料中，加入氧氣和蒸汽，使進料在催化劑床上進行部分氧化反應。這種自熱轉化的最大優點是不需要外部供熱，而且合成氣的 H_2／CO 比率介於蒸汽轉化和部分氧化之間，如原料為甲烷時，其合成氣的 H_2／CO 比率為 2.3。

9.2 工業用碳

9.2.1 燈　黑

燈黑是收集原始的油燈煙製成，後來用許多不用的物質燃燒製成。最初用樹脂和桐油，往後用芝麻油、樟腦以及其他油料，最後又用松香、瀝青、楓樹殘枝(pine stump)、植物油、煤焦油等製造。現在使用的原料是雜酚油(creosote oil)或若干其他高碳氫化合物的油料，放在耐火磚砌成的爐子內，在淺的鑄鐵釜中燃燒製成。燈黑具有 87～99%以上的固定碳，少量的附合氣體、水分和揮發物質，以及最高可有 5%的錯合碳氫化合物油料。

9.2.2 碳　黑

一、碳黑種類

碳黑包括槽黑、爐黑和熱解黑。

1. **槽黑**

　　其是利用天然氣爲原料，在 1920～1930 年代，他們的生產到達最高峰，但因爲天然氣的工業用途增加，同時價格增加和有空氣污染問題，完全控制廢氣有困難，所以現在只有極少數的槽黑工廠存在，製產若干細粒高顏色，其有特殊性質的碳黑。在槽製法製造碳黑時，天然氣普通還用熱油的蒸汽加強，在間隔平均的許多排火房中，用小火焰在空氣不足的情形下燃燒；當火焰頂碰到移動的冷卻槽鐵面而沉積出。

2. **爐黑**

　　可用天然氣或原油，或任何富有碳的氣體或油料製成，爲現在碳黑顏料的主要製品。在 1972 年至少有 92%的碳黑是用爐製法製成，主要因爲他們的高效率、連續性和控制容易。

　　當使用氣體的原料，在一個封閉的爐系統中有長管線，用控制量的空氣燃燒，製成的碳，用過濾袋、旋風分離器，或用靜電沉澱器收集。使用油料的原料，方法大致相同，最好用高芳香屬於油料，噴注到耐火材料砌造的爐子中燃燒，油滴在 1,370～1,425℃的溫度下，在千分之幾秒的時間，熱分解成碳的結構，和火焰的氣體燃燒產品同時存在。結塊的顏料當從爐堂中進入冷部分時，是棕色的。燃燒裂解爐單位比較小，普通直徑在 1/2～4 呎間，長度爲 7～16 呎。輔助的氣用來燃燒，增加爐子內部溫度，同時預熱進料油，便在蒸汽狀下噴注進入擾動的燃燒區。所有裂解形成的碳爲灼熱氣體猛烈的帶出爐堂，在管線中有部分冷，在水噴注區域驟冷至 250℃以下，然後加以收集。

3. **熱解黑**(thermal black)

　　其在許多性質和用途上，和爐黑相似，含有 95～99%以上的固定碳，顆粒大小在 40～275μm 間，吸油度屬中等範圍，比重爲 1.8。他們用裂解天然氣製成，沒有燃燒，用天然氣通過一燒到紅熱的磚花格組堆(checker-work)。

二、碳黑性質

1. **pH 值**

   碳煙含灰分或含氧化物多寡影響溶於水後的 pH 質，如呈酸性阻滯橡膠硬化，鹼性則活化加硫反應的進行。

2. **比表面積**

   比表面積大，碳煙顆粒較小，可使橡膠具有極佳的耐磨性。但加工性差，混合時間較長，耗費動力。

3. **顆粒結構**

   碳黑比表面積大，顆粒結構高的碳煙，具有良好的補強性、耐用性、加工性，但會使輪胎蓄積熱量，造成不利的影響。

三、碳黑製造方法

碳黑是碳氫化合物不完全燃燒所生成的微細碳粒，具有部分石墨型的分子結構，另包括若干揮發性物質與灰分，其工業製造方法如下：

1. **槽鐵法**

   天然氣燃燒火焰(操作溫度 1,000～1,200℃)噴及槽鐵，碳煙沉積於鐵板表面上。

   $CH_4+2O_2 \rightarrow CO_2+2H_2O$

   $CH_4 \rightarrow C+2H_2\uparrow$

   產品顆粒較粗(粒徑 90～300Å)，富強化性，用於印刷油墨、汽車瓷漆、油漆著色、噴砂管、導電鞋跟與鞋底。

2. **氣爐法**

   天然氣在耐火磚爐內(操作溫度 1,300℃)進行部分氧化與裂解反應再經冷水噴灑降溫而得成品，其顆粒較粗(粒徑 600～800Å)，強化性中等，用於卡車輪胎骨架和側邊。

3. **油爐法**

   芳香烴油料霧化噴入爐內(操作溫度 1,400℃)，進行裂解反應。

   $CH_4 \rightarrow C+2H_2\uparrow$

   產品顆粒較粗(粒徑 200～550Å)，用於鞋底、輪胎、導電橡膠製品。

4. **熱裂法**

天然氣導入加熱爐裂解(操作溫度 900～1,400℃)，生成的氣體將碳煙帶至分離器而得產品。

$CH_4 \rightarrow C+2H_2\uparrow$

產品顆粒較粗(粒徑 4,000～5,000Å)，強化性差，用於天然橡膠、內胎、膠鞋、電線、橡皮管的強化。

5. **乙炔法**

乙炔於操作溫度 1,200℃熱裂生成乙炔黑，其導電性良好，用於乾電池。

9.2.3 乙炔黑

用乙炔爲原料，在沒有氧的情形下，熱製成碳和氫，稱之。乙炔黑的特性，是有非常大的吸油度，多孔性和結構組織，這些特殊黑顏料是非常好的半導體(semiconductors)。

9.2.4 植物黑

是一類非常古老的顏料，用各種植物原料在鍋爐或封閉坑中燒成焦炭製成，那最後形成的炭，經用洗滌，除去可溶物質，然後磨成粉狀爲成品。

9.2.5 動物黑

是一種燒焦物顏料(char pigment)，是破壞燒獸骨(destructive calcination of bones)製成，他們是在打碎後經用溶劑萃取出油料和脂肪物質，放在鐵鍋中在沒有空氣的情形下加熱，揮發性副產品可以收集起來，最後殘渣物清洗並粉碎。

9.2.6 活性碳

一、活性碳種類與用途

活性碳依外形可分爲三種：

1. **粉狀活性碳**

用於味精和蔗糖的脫色、水處理與保溫。

2. **粒狀活性碳**

用於觸媒擔體、有機溶劑的精製純化、水處理。

3. **軋狀活性碳**

用於空氣淨化、水處理、有機溶劑回收、臭氣處理。

二、活性碳製造方法

活性碳是經過特殊處理和具有吸附能力的碳素，工業上以泥煤、木屑、椰子殼爲主要原料，其製造方法包括碳化與活性化兩個步驟：

1. **碳化**(carbonization)

原料在缺氧狀態下加熱反應，熱裂解成爲低分子化合物和碳素。

2. **活性化**(activation)

經碳化處理所得的初級碳，其吸附能力不佳，需再活性化，增加孔隙和比表面積，有氣體活性化與化學活性化兩種。

(1) 氣體活性化：水蒸汽或空氣爲活化氣體，在 800～1,000℃高溫下和碳質起選擇性氧化，可得吸附力強的活性碳。

(2) 化學活性化：原料與活化劑摻配均勻，適當控制熱解反應操作條件，儘量減少碳氫化合物和碳氧化物生成，促使活性碳生產率增加。

9.2.7 石　墨

1. **石墨**

焦煤原料鍛燒至 1,200℃，除去揮發性物質，再經磨碎、篩選、秤重，與黏合劑混合，置於烘焙爐內先烘焙至 900℃，得到無定形碳電極，再送入石墨化爐於 2,700℃結晶化，獲得塊狀石墨或經研磨成石墨粉，用於鉛筆工業、潤滑劑、耐火物、坩鍋、核子反應爐高溫潤滑劑或電極、電機工業電極、電刷、接觸器、電子整流器零件、煞車裡襯等。

2. **不滲透性石墨**

石墨化製品注入含有熱硬化樹脂的含浸槽內，加壓使石墨滲透填充至樹脂，移至硬化槽；加壓加熱促成樹脂硬化爲不滲透性材料，再經機械加工製成各種設備或成品，用於石化工業耐熱設備、熱交換器、貯槽、反應塔、鹽酸吸收設備、無水氯化氫合成設備等。

3. **石墨電極**

高純度石油焦經培燒、乾燥、粉碎後作成原料，以煤焦油與瀝青為結合劑充分捏合，在適當溫度下擠壓成形，再經燒結、瀝青含浸、石墨化處理和機械加工即得製品，用於煉鋼電弧爐與電解食鹽水的電極材料、電機工業電極、電刷、電子整流器零件。

9.3 考 題

一、煤碳氣化後會產生水煤氣(water gas)和發生爐氣(producer gas)。請回答下列相關問題：

(一)水煤氣的成分組成為何？寫出由煤碳反應產生水煤氣的化學反應式。

(二)發生爐氣的成分組成為何？寫出由煤碳反應產生發生爐氣的化學反應式。

(108 年公務人員普通考試試題)

二、請說明合成氣(synthesis gas)之成分。並分別說明由煤(C)及甲烷(CH_4)製備合成氣之化學反應式，另列出可能發生之副反應的化學反應式(包括生成二氧化碳或一氧化碳) (106 年特種考試地方政府公務人員三等考試)

三、(一)請說明活性碳有那些用途。

(二)試詳述製造活性碳的兩個主要步驟。 (103 年專門職業及技術人員高等考試)

四、請描述合成氣的組成並試舉兩例說明其產生的方式。合成氣在工業上的用途有那些？請舉兩例說明。 (99 年公務人員普通考試)

五、試述天然氣、水煤氣及家庭所使用煤氣之成分的不同。

(94 年公務人員特種考試關務人員考試及 94 年公務人員特種考試稅務人員考試)

提示：家庭煤氣主要成分包括氫氣、甲烷和二氧化碳。

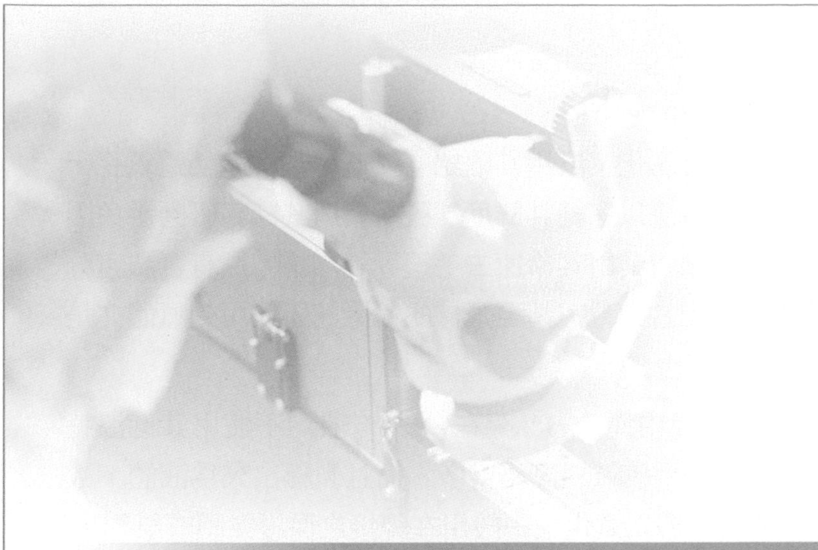

Chapter 10

CHEMICAL PROCCEDING INDUSTRY

工業氣體

10.1 低溫液態類：液氧、液氮、液氬

一、來源

此類氣體的來源是經由空氣分離廠(ASU，air separation unit)利用壓縮機直接抽取環境空氣進行壓縮，將其壓力提高後，經過一系列去除雜質的系統，如壓力擺盪吸附槽(PSA，pressure swing adsorbor)去除二氧化碳、水氣及碳氫化合物；氫氣／一氧化碳去除器等，然後利用熱交換與氣體膨脹，將空氣的溫度降至液化溫度約至 190℃，再進入分餾塔利用壓力與溫度差別進行分餾，即可得分離的液態氮、液態氧及液態氬。

二、用途

1. 液氧的用途亦相當廣，除了傳統用於醫院的純氧供應外，鋼鐵業的應用是最廣泛的，還有目前最流行的廢水優氧化處理，均是相當良好的應用。另外養殖業用以卡車運送活魚、活蝦，其旁必有一高壓小液罐即是液氧，用於運輸中，確保活魚與活蝦可得充足的氧氣供應。

2. 液氮具最廣泛的用途，電子業、化工業用其隔絕空氣避免製程產品遭氧化，食品業用其低溫將食品急速冷凍以保純其鮮度，製藥業用其冷凍研磨避免因研磨產生高溫破壞其藥性，橡膠業用其冷凍去毛邊等等均是，還有實驗室分析儀器的載流氣體使用亦是相當大量，甚至飛機的輪胎其所使用的氣體亦是氮氣。

3. 液氬由於其較高單價(因為空氣中僅約 1%存在)，故一般均不使用其低溫特性，而是因液態所能儲存之量相較氣態高相當多，而且製程出來為液體，故亦使用液體狀態儲存。使用時需先氣化，一般用在銲接之保護氣體或氬銲。

10.2 高壓氣體類：氣態氧、氣態氮、氫氣

一、來源

此類氣體所以稱做高壓，乃因其為氣體狀態存於容器中，因體積的固定，故需靠提高壓力來增加儲存量。氮氣一般來源是由空氣分離廠的液態氮氣化或是由空氣分離廠直接產出氣態氮氣，還有小型的薄膜分離裝置或氮氣產生器所製造而得。氧氣及氬氣則分別由空氣分離廠的液態氧及液態氬氣化而得。氫氣來源，目前最普遍者有兩大來源，一是經石油裂解而得，量較大、度較差、成本較低；另一則是水電解，量較小、純度較佳、成本亦較高。這些氣體再經過壓縮機的壓縮成高壓存於鋼瓶中。

二、用途

1. **高能燃料**

由液氫和液氧組合的推進劑具有很高的比推力，它比乙醇(75%，v/v)與液氧組合的高出 40.35～40.54%；比汽油和過氧化氫組合的高出 46.52～46.77%。航空飛機的主機是以液氫為燃料和以液氧為氧化劑的。軌道飛行器也有兩個液氫和液氧儲槽在進入軌道時用。據報導，美國“阿波羅”航空飛機的液氫和液氧總加注量分別為 1,432m^3 和 529m^3；歐洲“阿裡安那”號火箭也是以液氫／液氧為推進劑的；我國也用液氫／液氧推進劑成功地發射了通訊衛星，航空事業的發展大大促進了液氫生產和技術的發展。

2. **電子工業**

在大規模、超大規模和兆位級集成電路製造過程中，需用純度為 5.5～6.5N 的超純氫作為配製某些混合氣的底氣。在電真空材料和器件例如鎢和鉬的生產過程中，用氫氣還原氧化物得到粉末，再加工製成線材和帶材。氫氣純度愈高，還原溫度就愈低，所得鎢、鉬的粒度就越細。電子管、離子管、氫閘管、顯像管和激光管等生產均須耗用高純氫。高效非晶太陽能電池繫採用射頻輝光放電法製造的。Pin 結構之太陽能電池在沉積 I 層時採用氫與甲烷的混合氣，要求氫氣純度在 5N 以上。光導纖維製造過程中用氫氣量較大，光導纖維的發展，推動了氫氣市場的發展。

3. **環保應用**

H_2 可用於石腦油、粗柴油、燃料油的加氫脫硫。加氫脫硫耗 H_2 量大。加氫精製的目的是除掉有害化合物，如硫化氫、硫醇、含氮化合物、芳 95 烴、酚類、炔烴、金屬等。造紙廠為減少氯氣的污染，在紙漿漂白中用 H_2O_2 來取代 Cl_2，而 H_2O_2 生產又須耗用 H_2。到 21 世紀，用 H_2 來處理堆積如山的廢物將成為現實，其方法是將廢物經加氫處理以製取有用的產品。現在已經有瓦斯車可上路使用，可預期的將來勢必有氫氣車上路，由於瓦斯車仍有污染產生，但氫氣車只會產生水汽，所以在環保方面考量，氫氣車勢必成為明日之星。氫氣在治理環境方面有兩大優點，即在生產和使用時對環境幾乎沒有或根本無危害性。

4. **石化工業的應用**

氫氣是現代煉油工業和化學工業的基本原料之一，在煉油工業中，主要用於加氫脫硫、加氫裂化，也用於 C_3 餾分加氫、汽油加氫、C_6～C_8 餾分氫脫烷基等。加氫裂化是在氫氣存在的條件下進行的催化裂化過程，氫氣耗用量大。選擇性加氫主要用於高溫裂解產物，以將不穩定化合物轉化成穩定的產物。

10.3 氫的製造

一、電解法

採取電解法製造氫氣，其純度較高。鹼性水溶液通上直流電，水起解離反應：

$$2H_2O_{(l)} \rightarrow 2H_{2(g)}+O_{2(g)}，\Delta H=+136kcal$$

分解電壓理論值是 1.23 伏特，但事實上由於氫的過電壓與電解槽本身的電阻，通常使用的電解電壓約 2.0～2.25 伏特。電解槽一般以鐵爲陰極，陽極是鍍鎳之鐵，石棉隔膜分開兩電極，槽內盛 15%NaOH 鹼性水溶液。

二、汽烴重組法

甲烷或丙烷等烴屬氣體和水蒸汽經鎳系觸媒作用反應生成一氧化碳、二氧化碳與氫氣，其爲高度吸熱反應。

$$C_3H_{8(g)}+3H_2O_{(g)} \rightarrow 3CO_{(g)}+7H_{2(g)} \qquad \Delta H_{815^\circ C}=+132kcal$$

$$C_3H_{8(g)}+6H_2O_{(g)} \rightarrow 3CO_{2(g)}+10H_{2(g)} \qquad \Delta H_{815^\circ C}=+104kcal$$

重組氣體中的一氧化碳經 FeO．CrO_3 觸媒作用轉化爲二氧化碳和氫氣。

$$CO_{(g)}+7H_{2(g)} \rightarrow CO_{2(g)}+H_{2(g)} \qquad \Delta H_{370^\circ C}=-9.2kcal$$

丙烷製造氫氣的程序如下：

丙烷 → 脫硫塔 → 重組爐 → 一級一氧化碳轉化塔 → 一級二氧化碳吸收塔 → 二級一氧化碳轉化塔 → 二級二氧化碳吸收塔 → 甲烷塔→氫氣

三、局部氧化法

產量次於汽烴重組法，原料爲燃料油、天然氣或其他合成天然氣。製造流程有 Texaco 法與 Shell 法，後者不同之處是即在過熱水蒸汽和液體烴進入燃燒爐前的混合方式。以天然氣爲原料，Texaco 法反應方程式如下氧量不足時：

$$CH_{4(g)}+O_{2(g)} \rightarrow CO_{2(g)}+2H_{2(g)} \qquad \Delta H=-76.16kcal(放熱迅速)$$

甲烷過量時

$$CH_{4(g)}+\frac{1}{2}O_{2(g)} \rightarrow CO_{(g)}+2H_{2(g)} \qquad \Delta H=-8.5kcal(放熱迅速)$$

$$CH_{4(g)}+CO_{2(g)} \rightarrow 2CO_{(g)}+2H_{2(g)} \qquad \Delta H=+59.1kcal(吸熱緩慢)$$

$$CH_{4(g)}+H_2O_{(g)} \rightarrow CO_{(g)}+3H_{2(g)} \qquad \Delta H=+54.2kcal(吸熱緩慢)$$

總反應

$$CH_{4(g)}+\frac{1}{2}O_{2(g)} \rightarrow CO_{(g)}+2H_{2(g)} \qquad \Delta H=-8.53kcal$$

四、裂解氨氣

$$NH_{3(l)} \rightarrow NH_{3(g)}$$

$$2NH_{3(l)} \rightarrow N_{2(g)}+3H_{2(g)}$$

五、汽鐵法(steam-iron method)

$$Fe_3O_{4(c)}+H_{2(g)} \rightarrow 3FeO_{(c)}+H_2O_{(g)} \quad \Delta H_{1650°F}=+15.2kcal$$

$$Fe_3O_{4(c)}+CO_{(g)} \rightarrow 3FeO_{(c)}+CO_{2(g)} \quad \Delta H_{1650°F}=+7.34kcal$$

$$Fe_3O_{4(c)}+H_{2(g)} \rightarrow Fe_{(c)}+H_2O_{(g)} \quad \Delta H_{1650°F}=+3.6kcal$$

$$FeO_{(c)}+CO_{(g)} \rightarrow Fe_{(c)}+CO_{2(g)} \quad \Delta H_{1650°F}=-4.3kcal$$

六、天然氣製氫

甲醇蒸氣重組法(steam reforming)與甲烷爲原料大同小異，以高純度甲醇爲原料，不須經除硫觸媒反應塔除硫，只要與 RO 水混合後予以氣化進入水煤氣發生器，重組反應生成水煤氣，再經一氧化碳反應爐把一氧化碳轉化爲氫與二氧化碳，用 PSA 純化去除不純物 CH_4,CO, CO_2, H_2O 而達到爲高純度 99.995%的氫。

水煤氣發生器其主要反應式如下：

$CH_3OH \rightarrow CO + 2H_2 - \triangle H$ .... (1)

$CO + H_2O \rightarrow CO_2 + H_2 + \triangle H$ .... (2)

總反應式如下：$CH_3OH + H_2O \rightarrow CO_2 + 3H_2 - \triangle H$ .... (3)

其主要生成物成份爲 CH_4,CO, CO_2, H_2O 反應式爲吸熱反應，反應溫度在 700～850 ℃進行。反應產物中大約包含 12%的一氧化碳，通過水氣轉移反應(Water Gas Shift Reaction, WGSR)進一步轉化爲二氧化碳和氫氣，其主要反應式如下：

$$CO + H_2O \rightarrow CO_2 + H_2 + 9800\ cal$$

10.4 氧氣與氮氣製造

一、傳統低溫空氣液化法

空氣 → 洗滌 → 乾燥 → 壓縮 → 冷卻 → 膨脹 → 液化空氣 → 蒸餾塔 → 液態氮氣 → 液態氧氣

1. 空氣洗淨乾燥後壓縮成高壓空氣。
2. 高壓空氣經過細孔膨脹，壓力急速下降和溫度遞減，液化空氣形成。
3. 未液化空氣再循環。
4. 液化空氣送進蒸餾塔即可分離液態氮氣與液態氧氣。

二、壓力振盪吸附法

壓力振盪吸附法(PSA，pressure swing adsorption)爲利用吸附劑和被吸附物間熱力學的吸附平衡關係，在特定溫度下，藉由壓力振盪產生分壓，重覆調整吸附塔內的壓力而達到分離的目的。使用的吸附塔有單塔、雙塔或三塔，典型單塔操作包括四個步驟：加壓吸附、高壓產氣、降壓與減壓沖洗等，工業上常用雙塔式裝置。

三、傳統低溫空氣液化法和壓力振盪吸附法的比較

	低溫空氣液化法	壓力振盪吸附法
原理	低溫液化分離	吸附分離
設備投資	大	中、小
濃度選擇	無(需由稀釋)	可
經濟產量	50T/D 以上	90T/D 以下
氧氣產量	99.5%以上	95%以下
能源損耗	大	小(1/3 低溫法)
供應方式	氣體管線 液氧鋼瓶 液氧儲槽	就地生產 供應氣態純氧

10.5 液化性氣體：二氧化碳

一、來源

二氧化碳來源有四種：

1. 燃燒含碳燃料(燃料油、天然氣或煤焦)產生的煙氣，二氧化碳含量約 10～15%。

   $C+O_2 \rightarrow CO_2$

   $C_nH_m+O_2(\text{空氣}) \rightarrow \frac{m}{2}H_2O+nCO_2\uparrow$

2. 石灰窯產生的副產品，碳酸鹽製成氧化物，氣體中二氧化碳含量約 10～40%。

   $CaCO_3 \rightarrow CaO+CO_2$

3. 發酵工業產生的副產品，左旋糖分解爲二氧化碳和乙醇，其中二氧化碳含量約 99%。

   $C_6H_{12}O_6 \rightarrow 2C_2H_5OH+2CO_2\uparrow$

4. 天然氣井中取得

   二氧化碳是石化製程的副產品，經過純化步驟所收集而得。

二、製造

原料氣 → 水洗 → 二氧化碳吸收塔 → 過錳酸鉀水洗塔 → 再生塔 → 脫水槽 → 壓縮 → 冷凍 → 膨脹 → 液化二氧化碳

三、用途

二氧化碳的用途相當廣，綜藝節目噴的乾冰即是固態的二氧化碳，滅火器亦有使用二氧化碳者，汽水、可樂亦充填二氧化碳，還有許多化工製程需使用二氧化碳，都是二氧化碳的應用。

10.6 溶解低壓氣體：乙炔

一、來源

乙炔來自於輕油裂解。

二、製造

1. **傳統電石法**

   $CaCO_3 \rightarrow CaO+CO_2$

   $CaO+3C \rightarrow CaC_2$(電石)$+CO$

   優點爲產品純度很高，消耗煤炭和電力、造成水污染是其缺點。

2. **天然氣法**

   $2CH_4 \rightarrow C_2H_2+3H_2$

   問題瓶頸：達到反應溫度的加熱方法，防止乙炔分解的反應物冷卻方式，乙炔需分離精製。烴類裂解反應過程中生成的乙炔在 800℃，以上可以分解爲碳和氫，在 600～650℃容易發生聚合反應生成芳烴，所以爲了避免裂解氣在高溫下的停留時間過長，而發生乙炔在高溫下極易發生分解和聚合，應使高溫裂解在反應後急速冷卻至 500℃以下。

三、用途

乙炔最常見的用途於切割與銲接，通常伴隨氧氣鋼瓶，可很容易於一般工地看到此類裝置。製造工業上化學品，如氯化乙烯、丙稀腈、三氯乙烯、醋酸等基本原料。

10.7 笑氣(N_2O)

笑氣通常在鋁製曲頸甑加熱硝酸銨至 200℃而製造之，精製時以苛性鈉或苛性鉀中和硝酸，採用重鉻酸鹽除去氧化氮。

$NH_4NO_{3(s)} \rightarrow N_2O_{(g)}+2H_2O_{(g)} \quad H= -8.8kcal$

運輸時將 N_2O 裝於 100atm 高壓的鋼瓶，常與氧氣混合，作爲痲醉劑。

10.8 稀有氣體

一、氦

1. 性質

(1) 無色、無味、無臭的惰性氣體。

(2) 氦和其他惰性氣體一樣，都是單原子分子，即一個分子由一個原子組成。

(3) 氦是最難液化的氣體，液態氦的沸點為–268.94℃，是極低溫度的液體，透過它，人類打開了接近絕對零度的超低溫下的奇妙世界之門。

(4) 氦很輕，在所有元素為第二輕的元素(氫為第一輕)。密度很小，在 STP 時為 0.18 克／升，其重量只有同體積的空氣的七分之一。

(5) 氦為不自燃的氣體，不像氫氣會有自燃的現象，故使用起來比氫氣安全。

(6) 為極難溶於水的氣體，0℃時在水中溶解度為 0.97ml/100ml 水。

2. 製備

(1) 天然氣中含有少量的氦(含約 2%氦)，將天然氣壓縮，冷卻液化後，殘存的空氣即為氦。

(2) 利用放射性元素的蛻變，如一公斤的鈾當轉變為 865 克的鉛，就有 756 升的氦生成。

(3) 氫的原子核受到宇宙射線、X 射線及高速中子的撞擊時生成氦。

3. 用途

(1) 氦因密度小，而且不易燃，可用於裝填飛船及升空氣球。用氦氣填裝飛艇，其上升能力大約是用氫氣填裝飛艇的 93%，不過使用氦氣比較昂貴。

(2) 醫學上，可以利用氦氣來預防「潛水病」與醫治支氣管氣喘、窒息等病。另外此種人造空氣的密度只及空氣的三分之一，呼吸起來比正常空氣還要輕鬆，可以減少支氣管氣喘、窒息等病患呼吸的困難。

(3) 在低溫工業上，液態氦常被用來作為冷卻劑。

二、氖

1. 性質

(1) 氖和氦一樣，都是宇宙中比較多量的氣體，但是因爲它的分子較輕，地球無法留住它，是大氣中份量極少的稀有元素。

(2) 氖是一種無色氣體，在零下 246℃會變成液體，溫度再降到零下 249℃會變成白色的結晶體。

(3) 氖是一種惰性氣體，化學性質極不活潑，幾乎不與其他的元素化合，化性極不活潑。

(4) 在空氣中氖的含量極少，一立方米的空氣中，也只有 18 立方釐米的氖。

2. 製備

液態空氣分餾，在 6.5×10^4 升的空氣中約有 1 升的氖。

3. 用途

(1) 在霓虹燈的兩端，裝著兩個用鐵、銅、鋁或鎳製成的電極，燈管裡裝著低壓的氖氣，當壓力降至 0.01atm 的時候，氣體就變成導體了。一通電，氖氣受到電場的激發，便會將電能轉化成光能釋放出來，發射出紅色的光。不僅只有氖氣能加入霓虹燈中，鈍氣皆能作爲霓虹燈管的填充物，不同的氣體有不同的光譜，所以我們能看見五顏六色的霓虹。

(2) 氖燈射出的紅光，在空氣中透射力很強(即折射率低)，可穿過濃霧，供飛機著陸及輪船進港時的燈標。

三、氬

1. 性質

(1) 是最早發現的惰性氣體，無色無味。

(2) 20℃時，每公升水約溶解 73 毫升氬。

(3) 在空氣中，氬的含量並不太少，按體積來算約占 0.93%～將近百分之一，但比起別的惰性氣體而言，氬算是空氣含量中最多的了。

(4) 有的岩石也含有相當含量的氬，那是因為天然中含有 0.012%的放射性同位素鉀 40，在發出放射線崩壞後產生氬 40。大氣中所以含有多量的氬，也正是岩石中的鉀 40 在面目全非後的狀態。

2. **製備**

在低溫下，可以用鋁矽酸鈉作“分子篩”，他能吸附氧而使氬穿過，也就是把氧留在“篩”上，使氬“篩”過去，這樣即可製得純度 99.996%的氬氣。

3. **用途**

(1) 可以填充在普通的白熾電燈泡中，防止鎢絲氧化，以延長燈泡壽命。因為氬是空氣中含量最多的一種惰性氣體，比較容易得到，而且氬分子運動速率相當的小，導熱性差，故用其來填充燈泡可大大的延長燈泡的壽命和增加亮度。

(2) 在銲接金屬時，常用氬做保護氣體。當銲接一些化學性質非常活潑的金屬，如鎂和鋁等，這樣可以防止這些金屬在高溫中氧化，此外在製造潔淨鈦和鋯等金屬時也使用氬來保護，這就是所謂的“氣體保護銲”。

(3) 原子能反應堆的核燃料鈽，在空氣中也會迅速氧化，同樣需要在氬氣保護下進行機械加工。

(4) 物理氣相沉積(physical vapor deposition)主要是一種物理製程，此技術一般使用氬等鈍氣，藉由在高真空中將氬離子加速以撞擊濺鍍靶材後，將靶材原子一個個濺擊出來，並使被濺擊出來的材質(通常為鋁鈦或其合金)如雪片般沉積在晶圓表面。製程反應室內部的高溫與高真空環境，可使這些金屬原子結成晶粒，再透過微影圖案化(patterned)與蝕刻，來得到半導體元件所要的導電電路。

(5) 用於電燈泡、發光管，在氣體溫度計代替氫。

(6) 氬氟準分子雷射能發射 193nm 高能量遠紫外光，經由光學傳遞系統，將雷射傳送到角膜上，藉由電腦精確的控制切除範圍的大小、形狀、深度。因此可以用來做角膜表層瘢痕的切除、不規則角膜表面磨平，更可以利用不同的切削方式，使用於近視、遠視和散光的矯正。

四、氪

1. 性質

(1) 化學元素，週期表 0 族(稀有氣體族)，只有極少的化合物形成。

(2) 在 60 多年中，氪被認爲完全沒有反應性。

(3) 放射性氪-85 可用於探測金屬表面上小到只有兩個氪原子寬度(8Å)的裂縫。

(4) 穩定的氪-86 發射出的橙紅譜線的波長約爲 6056Å，由於該譜線極尖銳而被選作長度的國際標準 1m，等於該譜線精確波長的 1650763.73 倍。

(5) 但在 60 年代初期發現氪與元素氟直接化合，生成二氟化氪 KrF_2，據報導還有少數幾種其他化合物被發現。

(6) 天然氪是 6 種穩定同位素的混合物：氪-84(56.90%)、氪-86(17.37%)、氪-82(11.56%)、氪-83(11.55%)、氪-80(2.27%)和氪-78(0.35%)，其中氪-85 半衰期 10.76 年。

(7) 已知由鈾裂變和其他核反應產生的氪的放射性同位素約有 20 種。

2. 製備

工業上氪則是用液態空氣分餾法小規模生產的。

3. 用途

(1) 氪原子聚集在表面缺陷中，可利用它們的放射性進行檢測。

(2) 電流通過裝有低壓氪的玻璃管時，會發出藍白色光。

(3) 氣態氪可用於某些螢光燈和高速攝影用閃光燈中。

五、氙

1. 性質

(1) 無色無味氣體。

(2) 比同體積的空氣重三倍多。

(3) 第一個製得的化合物是固態的 $XePtF_6$，這是由氙和強氧化劑氟化鉑(VI)反應生成。

(4) 化性較氦、氖、氬活潑，可與氟直接化和形成氟化物 KrF_2、XeF_2、XeF_4、XeF_6，他們的製造方法為：

$Xe+2[F] \rightarrow XeF_2$　$XeF_4+2[F] \rightarrow XeF_6$

$XeF_2+2[F] \rightarrow XeF_4$ $XeF_6+H_2O \rightarrow XeOF_6+2HF$

2. **製備**

分餾液態空氣。

3. **用途**

(1) 「人造小太陽」即所謂的高壓長弧氙燈，氙在電場的激發下，能發射出類似太陽光的連續光譜，利用此特性可製作出氙燈。一盞六萬瓦氙燈的亮度，相當於九百隻一百燭光的普通燈泡，且其照明時間可長達一千多小時。另外氙燈能放出紫外光，因此在醫療上也得以應用。

(2) Kr-Xe 光燈(用於攝影之高速閃光燈)：用氙製造的照相閃光燈可以連續使用幾千次，而普通的鎂光燈卻只能使用一次。

(3) 在原子能工業上，可以用來檢驗高速粒子、粒子、介子等的存在，氙的同位素可以替代 X 射線來探測金屬內部的傷痕。

(4) 作為麻醉劑：氙能溶於細胞質的油脂中而引起細胞的膨脹和麻醉，從而使神經末梢作用暫時停止。人類曾經試用 80%氙和 20%氧組成的混合氣體作為麻醉劑，但因氙的數量較少，目前還不能廣泛使用它作為麻醉劑。

六、氡

1. **性質**

(1) 無色無味的氣體，每升水可溶 230ml 的氡。

(2) 與鈹等輕金屬可為中子的來源。

(3) 氡居週期表中ⅧA 族中之最後位置。其密度為已知氣體中之最重者。

2. **製備**

將鐳鹽放射出的氣體抽去後，與 H_2、O_2 混合，用電弧點火，再將水及二氧化碳吸去，冷凝後即得氡。

3. **用途**

(1) 根據日本 1939 年制訂的溫泉法規定：「從地下湧出的溫水、礦泉水及水蒸汽等水溫在 25℃以上，含有的溶解物或游離碳酸等物質需在 19 種以上」方可稱爲溫泉，按溫泉所含泉質的不同，溫泉大致上可分爲九大類，其中包括有放射線泉：它的主要成分中含有微量的放射元素氡，分鐳礦泉和氡泉等，有益於痛風、動脈硬化、高血壓、慢性婦病、糖尿病、膽石症、慢性皮膚病、膽囊炎等。

(2) 氡爲鐳衰變的產物，10 公斤的鐳在一天只能產出約 1m^3 的氡，氡的半衰期又極短(約 3.82 天)，所以大氣中含量稀少。

10.9 考　題

一、工業上一種將甲烷裂解產製乙炔的流程，其操作條件：原料在高於 980℃下反應千分之幾秒後，急速冷卻至 310℃以下得到產物乙炔。試就熱力學和動力學的觀點，敘述爲何設定如此的操作條件。 (107 年專門職業及技術人員高等考試)

二、高純度氮氣在工業製程中的用途相當廣泛。試繪製以「變壓吸附法(Pressure Swing Adsorption, PSA)」由壓縮空氣製造高純度氮氣的流程，並敘述操作步驟。

(106 年公務人員特種考試關務人員考試、106 年公務人員特種考試身心障礙人員考試及 106 年國軍上校以上軍官轉任公務人員考試)

三、請寫出工業上三種氫氣之製造方法，每一種方法皆須寫出化學反應方程式並加以說明。 (103 年特種考試地方政府公務人員考試三等考試)

四、試以化學反應式解釋下列名詞：

(一)蒸汽重組(steam reforming)

(二)水氣轉移反應(water-gas shift reaction)

(100 年公務人員特種考試關務人員三等考試)

Chapter 11

CHEMICAL PROCCEDING INDUSTRY

矽酸鹽工業

11.1 陶　瓷

一、陶瓷種類

1. **瓷器**

　　瓷器屬於陶瓷最優良者，主要原料爲磁土，無吸水性、白色透明、機械強度大、含有釉藥，燒結溫度需維持 1,300～1,450℃，其用途包括高級餐具、絕緣體與各種化學用品。

2. **陶器**

　　陶器所用原料和釉藥差異作成多項產品，其上等者近於瓷器，下等者類似土器。主要原料爲陶土，具吸水性、機械強度小、含有釉藥，燒結溫度需維持 1,100～1,300℃，其用途包括一般餐具、食品壺、花瓶等。

3. **土器**

　　土器以低級黏土爲主要原料，具吸水性、機械強度小，燒結溫度僅 700～800℃，其用途包括屋瓦、土管、花盆、電解素燒隔膜、火爐等。

4. **缸器**

缸器以黏土爲主要原料，質地緻密、不滲透、有色而不透明、耐高熱，燒結溫度約 1,200～1,350℃，其用途是化學工業用品。

二、陶瓷原料

陶瓷原料依使用性質分成四類：

1. **可塑性原料**

可塑性原料以黏土爲主，係岩石風化後分解生成的矽酸鹽，就鉀長石($K_2O \cdot Al_2O_3 \cdot 6SiO_2$)作例子：

$K_2O \cdot Al_2O_3 \cdot 6SiO_2 + CO_2 + 2H_2O \rightarrow K_2CO_3 + Al_2O_3 \cdot 2SiO_2 \cdot 2H_2O + 4\ SiO_2$

分解所得的 $Al_2O_3 \cdot 2SiO_2 \cdot 2H_2O$(高嶺石)是重要的黏土礦，其他重要的黏土如微晶高嶺石、白雲母礦。

2. **非可塑性原料**

非可塑性原料以矽砂或燧石爲主，適當調節黏土的可塑性、乾燥與燒結收縮，並且促使瓷化較易。

3. **溶劑原料**

溶劑原料以普通長石爲主外，尚有石灰石、菱苦土、白雲石和滑石等，此類助溶劑原料和黏土、石英混合燒結時，先熔成玻璃，而將其他物料黏結，並使瓷器燒結溫度降低。

4. **釉藥原料**

除了應用上述三類外，尚有碳酸鈉、碳酸鉀、氧化鉛、硼砂與硼酸等化學藥品。

三、陶瓷化學

陶瓷主要藉高溫加熱形成液體後，包圍各種原料反應成型的固體物質，或使固體間生成鍵結相，冷卻時液體固化即得低孔隙性、低滲透性與高強度的堅硬產品，最高燒結溫度和時間依陶瓷種類與化學組成而定。

四、陶瓷製造程序

陶瓷製造程序爲：

原料 → 胚土調製 → 成形 → 乾燥 → 素燒 → 施釉 → 燒結 → 冷卻 → 陶瓷

五、衛浴陶瓷

衛浴陶瓷包括浴缸、臉盆、馬桶、水箱、浴室配件與相關週邊設備等，其製造程序爲：

矽砂和助熔劑
↓
黏土與水 → 溶解 → 攪拌 → 老化 → 石膏模 → 鑄漿成型 → 乾燥 → 施釉 → 滾筒窯 → 包裝

六、建築瓷磚

建築瓷磚按不同使用的位置分爲內裝瓷磚、外裝瓷磚和地磚三類。

1. **內裝瓷磚**

   內裝瓷磚以正方形、長方形爲主，大小尺寸從 10×10～50×50mm 不等，用於建築物內牆裝飾。

2. **外裝瓷磚**

   外裝瓷磚與內裝瓷磚類似，採取建築物外牆裝飾和保護鋼筋混凝土，使用馬賽克與二丁掛爲主。

3. **地磚**

   地磚主要用於建築物地面裝飾和防滑。

七、精密陶瓷

精密陶瓷大部分應用於電子陶瓷、結構陶瓷與生醫陶瓷等三類。

1. **電子陶瓷**

   電子陶瓷含有對力、電、熱、光、聲、磁和氧氣等敏感的特性，說明如下：

(1) 導電陶瓷將機械能與電能互換，藉外界壓力或電場促使陶瓷出現放電或充電現象，其原料為鈦酸鋇、二氧化鋯鈦酸鉛、鈮酸鉀鈉和類似多晶材料等。

(2) 半導體陶瓷利用晶粒(導電)和晶界(絕緣層)電阻的差異性，使用原料如砷化鎵、碲化鉛、氧化銅、碘化鎂、硫化鋅、鈦酸鋇、鈦酸鍶與鈦酸鉛等。

(3) 介電陶瓷具有高介電常數、溫度穩定性等性質，用於鈦酸鋇電容器。

(4) 絕緣陶瓷具有絕緣、高強度、散熱、耐熱與耐老化等功能，其原料為氧化鋁、氮化鋁和氧化鈹，用於高壓電力線絕緣體、積體電路封裝與絕緣基板。

(5) 磁性陶瓷硬軟鐵氧磁體具有高工作磁束密度和低磁能損，運用於磁石磁心、電器用品與無線電通訊等。

2. **結構陶瓷**

結構陶瓷具有高強度、高韌性、耐腐蝕、耐磨耗、抗氧化、耐高溫、質輕堅硬、無磁性、高絕緣和低介電常數等特性，如陶瓷球磨、切削刀具以及高溫環境下取代金屬材料。

3. **生醫陶瓷**

生醫陶瓷分為生物活性與生物惰性兩類，具有無毒性、不致癌、無病變、不刺激生物組織、化性和物性安定、低摩擦係數等特性，使用原料如氧化鋁、氧化鋁／氧化鈹複合體與氫氧基磷灰石等，適用於人體內外部。

4. **氧化鋁陶瓷**

氧化鋁陶瓷是一種以氧化鋁(Al_2O_3)為主體的材料，用於厚膜積體電路。氧化鋁陶瓷有較好的傳導性、機械強度和耐高溫性。需要注意的是需用超聲波進行洗滌。氧化鋁陶瓷是一種用途廣泛的陶瓷。因為其優越的性能，在現代社會的應用已經越來越廣泛，滿足於日用和特殊性能的需要。

高純型氧化鋁陶瓷系 Al_2O_3 含量在 99.9%以上的陶瓷材料，由於其燒結溫度高達 1650—1990℃，透射波長為 1～6μm，一般製成熔融玻璃以取代鉑坩堝：利用其透光性及可耐鹼金屬腐蝕性用作鈉燈管；在電子工業中可用作積體電路基板與高頻絕緣材料。

普通型氧化鋁陶瓷系按 Al_2O_3 含量不同分爲 99 瓷、95 瓷、90 瓷、85 瓷等品種，有時 Al_2O_3 含量在 80%或 75%者也劃爲普通氧化鋁陶瓷系列。其中 99 氧化鋁瓷材料用於製作高溫坩堝、耐火爐管及特殊耐磨材料，如陶瓷軸承、陶瓷密封件及水閥片等；95 氧化鋁瓷土要用作耐腐蝕、耐磨部件；85 瓷中由於常摻入部分滑石，提高了電性能與機械強度，可與鉬、鈮、鉭等金屬封接，有的用作電眞空裝置器件。

11.2 琺　瑯

一、琺瑯原料

1. **耐火物**

耐火物包括石英、鉀長石與黏土，爲其基質。

2. **助溶劑**

助溶劑包括硼砂、蘇打灰、冰晶石和氟長石。

3. **乳濁劑**

乳濁劑包括不溶解性(TiO_2、SnO_2 與 ZrO_2)及失透性(冰晶石和氟長石)兩大類。

4. **色料**

色料可用氧化物、元素、鹽類或熔塊。

5. **懸浮劑**

懸浮劑如黏土與膠類。

6. **電解質**

電解質如硼砂、鹼灰、硫酸鎂和碳酸鎂。

7. **密著劑**

密著劑如 NiO、CoO 與 MnO_2。

二、琺瑯製造程序

琺瑯的工業製造程序爲：

底板 → 成形 → 油燒 → 洗滌 → 乾燥 → 施釉 → 燒結 → 琺瑯

1. **成形**

　　底板以鑄鐵板鑄造或軟鋼板沖壓成形。

2. **油燒**

　　底板成形後以 600～700℃加熱 5～6 分鐘除去油分。

3. **洗滌、乾燥**

　　經油燒後的成形器，以稀硫酸或鹽酸除銹，接著採用碳酸鈉與水沖洗，乾燥和施釉。

4. **施釉**

　　釉藥爲琺瑯油，其是由各種原料粉碎成粉末，適當調合後置於熔融釜中，加熱爲糊狀，注入水內急冷固化，然後混合適量的黏土、碳酸銨，具有黏性與加水，放於球磨機拌成泥狀的釉漿，施放成形器表面。

5. **燒結**

　　施釉後放入燒結窯中，在 800～900℃溫度下操作，燒結 1～15 分鐘。

11.3 耐火材料

良好的耐火材料須具備下列條件：

1. 軟化溫度在 1,500℃以上。
2. 對礦渣、爐氣具有化學的抵抗力。
3. 耐急變溫度，不生龜裂或剝落。
4. 不呈現明顯的永久體積變化。
5. 在高溫下仍有高的機械強度。

一、耐火材料分類

按耐火材料化學性質分爲：

1. **酸性耐火材料**

　　酸性耐火材料以 SiO_2 或 ZrO_2 爲主成分，在高溫時易與鹽基性物質如 CaO、MgO 等起反應，但對酸性物質的抵抗力較強。

2. **中性耐火材料**

中性耐火材料以 Al_2O_3 或 Cr_2O_3 爲主成分，對酸性和鹽基性兩種物質的抵抗力較大。

3. **鹼性耐火材料**

鹼性耐火材料以 MgO 或 CaO 爲主成分，對鹽基性物質具有抵抗力。

二、耐火材料製造程序

耐火材料製造程序爲：

原料 → 粉碎 → 粒度調整 → 混練 → 成形 → 乾燥 → 燒結 → 製品

11.4 水　泥

一、水泥原料

水泥原料主要有石灰質原料、土質原料、矽質原料與含鐵原料四種，在水泥研磨時亦需加入適量的石膏。

1. **石灰質原料**

製造水泥的主要原料，提供氧化鈣成分，包括石灰石、大理石、泥岩等。

2. **土質原料**

提供氧化矽和氧化鋁成分，主要種類有黏土、土壤、頁岩、火山岩等。

3. **矽質原料**

提供氧化矽成分，主要種類有砂與砂岩等。

4. **含鐵原料**

提供氧化鐵成分，主要種類有煉銅礦渣、硫酸渣和鐵砂等。

5. **石膏**

調整水泥的凝固時間，主要種類有天然無水石膏、天然二水石膏、工業副產品化學石膏。

二、水泥種類

卜特蘭水泥(portland cement)共有五種型式：

1. I 型

普通卜特蘭水泥提供一般混凝土建築使用，尚有其他型式，例如含少量氧化鐵的白水泥、油井水泥、快乾水泥和特殊用途的水泥。

2. II 型

平熱硬化(moderate-heat-of-hardening)及耐硫酸鹽(sulfate- resisting)的卜特蘭水泥用於需要緩和的水合熱或一般建築暴露在緩和的硫酸鹽作用之處，但其產生的熱量經過七天或二十八天後分別不得超過 295 或 335J/g。

3. III 型

高初期強度(HES，high-early-strength)水泥是由石灰對矽石之比値高於 I 型水泥，而研磨較其精細的原料製成，所含 Ca_3S 亦較高。由於此種水泥更精細的研磨度加速硬化與產生熱量，其建造的道路較 I 型水泥提早使用。

4. IV 型

低熱(low-heat)卜特蘭水泥所含 Ca_3S 及鋁酸三鈣(C_3A)的百分比較低，所以能降低發生的熱量。添加三氧化二鐵(Fe_2O_3)可減少 C_3A 之量，而增加鐵鋁酸四鈣(C_4AF)的百分比。實際上經過七天或二十八天後產生的熱量分別不得超過個別 250 或 295J/g，而且比 I 型或 III 型水泥的水合熱少於 15～35%。

5. V 型

耐硫酸鹽卜特蘭水泥因組成或製法使耐硫酸鹽程度較其他四種水泥爲佳，需用於高度耐硫酸鹽之處。此種水泥的 C_3A 含量較 I 型水泥爲低，而 C_3AF 的含量較高。卜特蘭水泥各型組成如表 11.1。

表 11.1　卜特蘭水泥各型組成

化學式	略稱	I 型	II 型	III 型	IV 型	V 型
$2CaO \cdot SiO_2$	Ca_2S	50	45	60	25	40
$3CaO \cdot SiO_2$	Ca_3S	25	30	15	50	40
$3CaO \cdot Al_2O_3$	C_3A	12	7	10	5	4
$4CaO \cdot Al_2O_3 \cdot Fe_2O_3$	C_4AF	8	12	8	12	10
$CaSO_4 \cdot 6H_2O$	石膏	4	4	4	3.2	3.2

三、水泥製法

1. 水泥製法流程

石灰黏土矽石 → 乾燥 → 混和 → 粉碎 → 鍛燒 → 熟料 → 冷卻 →
加配料 → 粉碎 → 水泥

2. **水泥製法步驟**

(1) 原料的混合與粉碎：水泥原料(石灰石、矽石、黏土)乾燥、混合與粉碎即得生料，製法有乾法和濕法兩種。

① 乾法：原料粉碎時不加水，可節省燃料，其產品品質優良，但有粉塵危害之慮。

② 濕法：原料不經乾燥即混合，粉碎時加水，採取濕式研磨操作。

(2) 燒成：生料粉直接送入旋轉窯內鍛燒至 1,400～1,500℃的燒結溫度時，即熔化而起化學變化，氧化鈣(CaO)與三氧化二鋁(Al_2O_3)、二氧化矽(SiO_2)反應生成矽酸鹽和鋁酸鹽，隨著又與過剩氧化鈣結合，經空氣冷卻至 100～200℃爲固熔體，即得熟料(clinker)。

(3) 燒塊的粉碎：添加延緩劑、石膏、防水劑、分散劑、透氣劑等配料一齊粉碎而水泥產品。

註：延緩劑：水泥中添加 4～5%石膏的目的在於調整水泥凝結硬化時間，稱爲延緩劑。

四、水泥凝結與硬化

水泥和水拌合時，初成泥漿而後漸次固化，但強度仍小，稍受壓力即告崩潰，此爲凝結階段。俟放置數日或更長時間，始漸強固而能承受壓力，即是硬化階段。這些凝結與硬化的現象係由於水泥和水之間產生水解及水合作用所致，其反應如下：

$C_2S + xH_2O \rightarrow C_2S$

$C_3S + xH_2O \rightarrow C_2S \cdot (x-1)H_2O + Ca(OH)_2$

$C_3A + 6H_2O \rightarrow C_3A \cdot 6H_2O$

$C_3A + 3(CaSO_4 \cdot 2H_2O) + 25H_2O \rightarrow C_3A \cdot 3CaSO_4 \cdot 31H_2O$

$C_4AF + xH_2O \rightarrow C_3A \cdot 6H_2O + CaO \cdot Fe_2O_3 \cdot (x-6)H_2O$

$MgO + H_2O \rightarrow Mg(OH)_2$

水泥與水拌合後，其中 C_3A 即和水化合形成晶形的水化物，C_3S 則水解生成氫氧化鈣及非晶形的 $C_2S \cdot (x-1)H_2O$。

11.5 玻璃工業

一、玻璃種類

1. **鹼性石灰玻璃**

玻璃產品用量最大爲鹼性石灰玻璃，約占 90%，包括平板玻璃、汽車玻璃、容器玻璃、燈泡玻璃，主要由 Na_2O．CaO．SiO_2 組成。

2. **鹼性矽酸鹽玻璃**

鹼性矽酸鹽玻璃組成爲 R_2O．SiO_2，其中 R_2O 是鹼金屬氧化物。鈉鹼溶液稱爲水玻璃，可用於紙盒黏盒劑、防火劑，鹼性較高者作爲洗衣清潔劑與肥皂塡充劑。

3. **鉛玻璃**

鉛玻璃組成爲 R_2O．PbO．SiO_2，具有高的折射率和分散性，主要應用於光學器材與核熱室屏蔽窗等。

4. **硼矽玻璃**

硼矽玻璃組成爲 R_2O．B_2O_3．SiO_2，其中 B_2O_3 的含量約占 5%以上，膨脹係數低，能耐驟變溫度，良好的耐震性和化學穩定性及高電阻性，用於玻璃器皿、管線、燈泡、高張力絕緣器與複合材料的強化基材。

5. **石英玻璃**

石英玻璃由石英熔化或高溫分解四氧化矽製成，其膨脹性較低，軟化溫度高，一般用於半導體基板、白光燈管、太陽電池蓋。

6. **微晶玻璃**

微晶玻璃稱爲玻璃陶瓷，控制玻璃的結晶過程和精密熱處理程序獲得所求的結晶類型與含量玻璃物質，其晶體通常小於 1μm，具有高強度、化學惰性、生物相性、耐磨損性、耐熱衝擊性、熱膨脹係數低至零或負數，及可透過微波等相當特殊的性質，主要用於生醫材料、熱交換器、防火窗、管道、閥門、飛彈自動瞄準器整流罩、印刷電路板、玻璃封接材料及鋼製容器表面保護層。

7. **特殊玻璃**

(1) 高矽石玻璃：含有 75% SiO_2 成分的硼矽玻璃熱處理與徐冷來產生二相，一相富有 B_2O_3 和鹼分，令一相富有 SiO_2。前者溶於熱酸溶液，後者則否。此玻璃浸入 10%熱鹽酸溶液，即能將可溶相除去；經洗滌與再次熱處理，促使多孔性胚體脫除水分，同時按比例從各方向收縮成爲緻密的製品，其組成是 96%SiO_2、3%B_2O_3、少量 Al_2O_3 和鹼分，稱爲 96%石英玻璃，亦是耐熱玻璃(vicor)。此類製品雖於紅熱投入冰水中絲毫無損，並且有不尋常的耐化學藥品性，即使氟化氫僅能緩慢侵蝕它。

(2) 玻璃陶瓷：採用 SiO_2、Li_2O 與 Al_2O_3 爲主要原料，添加 Au、AgCl 或 Cu_2O 等晶形成劑，依一般方法製成玻璃狀器物，並於常溫照射紫外線促使金屬離子(Ag^+或 Cu^+)還原金屬原子，接著緩慢加熱，金屬原子凝集成爲晶核，其周遭析出矽酸鋰微細晶體(如 $Li_2O \cdot SiO_2$，$Li_2O \cdot 2\ SiO_2$)。此時溫度接近軟化點，最後形成緻密、堅硬與耐高溫的製品，類似陶瓷器稱爲玻璃陶瓷(pyroceram)，可作爲烹飪鍋具、餐具、化學容器和高溫用軸承。

(3) 光學玻璃：透鏡、稜鏡等光學機械使用的玻璃，對光學屈折率、分散率、吸收率與製品的均勻性有嚴謹的要求。所用原料需經精選後，按一定比例配合，在品質管制下製成。

(4) 安全玻璃：玻璃受到碰擊時不易破碎或碎片不易飛散的處理，此強化的玻璃稱爲安全玻璃，包括下列四種：

① 膠合玻璃：兩張薄玻璃片間夾上一層塑膠膜，加熱至適當溫度使塑膠膜軟化，同時加壓促使玻璃密合，即得膠合玻璃。

② 夾網玻璃：玻璃熔漿碾爲適當厚度，乘高熱未退而狀如濃飴之際，壓入金屬網，即得夾網玻璃(wire glass)。

③ 強化玻璃：玻璃製品加熱至低於軟化點，然後置放空氣、熔融鹽或油中冷卻，使其內外部由於冷卻速度不同而有相異的收縮率；再者鈉玻璃置入熔融鋰鹽，進行離子交換於表面形成鋰玻璃，冷卻時鋰玻璃的膨脹係數低於鈉玻璃，表面收縮較內部小，此爲回火處理，所得製品即是強化玻璃，適合作爲車輛門窗、容器與管狀物品。

④ 高硬度玻璃：一般玻璃中摻入少量稀土氧化物，如氧化釔或氧化鑭，使玻璃具有高硬度和高彈性的特質；亦能將氮氣導入而形成氮化玻璃，其硬度更高，可用於需要高硬度的設備零組件與工具。

(5) 著色玻璃：著色玻璃通常有兩種：

① 無色玻璃經熱處理，使內部沉殿膠態微粒產生顏色。

② 玻璃溶液摻入過渡金屬離子如銅、鉻、錳、鐵、鈷和鎳等，藉吸收光譜產生顏色。

(6) 感光玻璃：一般玻璃中摻入微量銀、氯與銅等，經熔融、冷卻和熱處理，產生鹵化銀微小晶體，均勻分佈於玻璃內。遇陽光照射因激化作用改變顏色，而陽光消失後則本來顏色再恢復。

(7) 玻璃纖維：玻璃漿製出纖維狀而冷卻得玻璃毛，由數支或數十支玻璃毛紡絲狀，織為玻璃布用作保溫材料、隔音材料與合成樹脂強化材料等。另以吹噴法或離心分離法製成纖維狀玻璃棉，其長度和直徑均不規則，亦作為保溫材料與隔音材料。

(8) 光學纖維：高純度石英玻璃管內四氯化矽與氧氣混合加熱後沉積於管壁，再混入四氯化鍺或四氯化鈦作為光波傳輸介質，最後將玻璃管的一端加熱抽絲，得到細如頭髮的光學纖維。

二、玻璃組成與性質

組成	主要原料	性質
CaO	碳酸鈣、白雲石、大理石	促進玻璃混合、澄清的操作
SiO_2	矽石、長石、矽砂	含 SiO_2：70～80%、直徑 0.25～0.5mm 的天然砂，氧化鐵成分含量低於 0.045%(餐具玻璃)或少於 0.015%(光學玻璃)
Al_2O_3	礬土、長石、氫化鋁氧	Al_2O_3 低於 4%對玻璃無不良影響
Na_2O	碳酸鈉、芒硝、鹼灰	作為助熔劑，防止泡沫，降低玻璃黏度
MgO	碳酸鎂、苦土、白雲石	增進玻璃耐熱性
K_2O	硝酸鉀、硝石、長石	作為助熔劑，提昇玻璃特性
Li_2O	碳酸鋰、鋰輝石、鋰雲母	降低玻璃膨脹係數，增加化學耐久性
B_2O_3	硼砂、硼酸	增大玻璃折射率、耐溫度變化能力
BaO	碳酸鋇、重晶石	作助熔劑，增大玻璃折射率
PbO	鉛丹	增加玻璃表面光澤(光學玻璃)
ZnO	鋅白	增進玻璃化學穩定性

三、玻璃製造程序

1. **配料**

　　各種原料依比例配合，並加入玻璃碎片作爲助熔劑，然後送到熔化窯中熔化。

2. **熔化**

　　配料加熱至 1,200～1,600℃熔化爲熔漿，其化學反應式如下：

$Na_2CO_3+aSiO_2 \rightarrow Na_2O \cdot aSiO_2+CO_2$

$Ca\ CO_3+bSiO_2 \rightarrow CaO \cdot bSiO_2+CO_2$

$Na_2SO_4+cSiO_2+C \rightarrow Na_2O \cdot cSiO_2+SO_2+CO$

　　最後反應可以下列方式發生：

$Na_2SO_4+C \rightarrow Na_2SO_3+CO$

$2Na_2SO_4+C \rightarrow Na_2SO_3+CO_2$

$Na_2SO_4+cSiO_2 \rightarrow Na_2O \cdot cSiO_2+SO_3$

　　由於熔漿黏度過大，需加入澄清劑來降低，使氣體或氣泡逸出。

3. **成形**

　　熔融玻璃以人工或機械成形法製成所需的產品。

4. **徐冷**

　　成形後的玻璃令其急速冷卻，則各部的組織不均勻而產生內部應變，以致不能耐溫度的變化易於破裂。若爲光學玻璃，將使透鏡的焦距起變化，因此需置放於適當溫度的室內徐徐冷卻，防止或除去應變，此操作即爲徐冷。徐冷的溫度與速度依玻璃的種類和形狀不同，通常選定軟化點與轉移點間的溫度爲 420～550℃，速度是每小時 5℃左右。

5. **整修**

　　徐冷後玻璃產品經清潔與研磨即得成品。

11.6 考　題

一、　請回答下面三個子題：

(一)製造卜特蘭水泥(Portland cement)的主要原料有那些？

(二)水泥的組成有 C_3S, C_2S, C_3A 和 C_4AF，試寫出這四種成分的化學式和中文名稱。

(三)水泥中通常添加了 4~5%石膏，其目的爲何？

(102 年公務人員普通考試)

二、　Al_2O_3 用於製造電子基板須具備那些性質？

(100 年專門職業及技術人員高等技師考試)

三、　解釋回火玻璃(tempered glass)　(100 年特種考試地方政府公務人員三等考試)

答案：玻璃在生產過程中由高溫至常溫，其中的種種化學/物理變化使其存在很大的內應力，這種內應力不得到釋放使普通玻璃變得脆弱/容易破裂，特別是在驟熱驟冷或溫差變化較大的情況下容易損壞。回火玻璃將普通玻璃加熱至接近其熔點後緩慢降溫(需要幾小時至幾十小時)，這樣處理後的玻璃的內應力得到釋放，適合用於需要高尺寸穩定性的建築材料，如大面積玻璃建築裝修等等工程。

四、　玻璃之製造程序可分哪四部分？　(97 年公務人員高等考試三級考試)

五、　耐火材料爲化學工業重要的材料，請說明四種耐火材料通常須具備的基本性質？　(97 年公務人員特種考試身心障礙人員考試四等考試)

六、　說明水泥之製備過程，並試述快乾水泥與一般水泥成分之差異何在？

(96 年特種考試地方政府公務人員考試四等考試)

提示：爲了縮短施工時間，提高效能，可以使用快乾水泥。快乾水泥也叫快硬水泥，因爲它乾得快，硬得早。如果在燒製水泥的原料裡加進 3%的氯化鈣，就可以製出快乾水泥，使混凝土硬化速率加快。

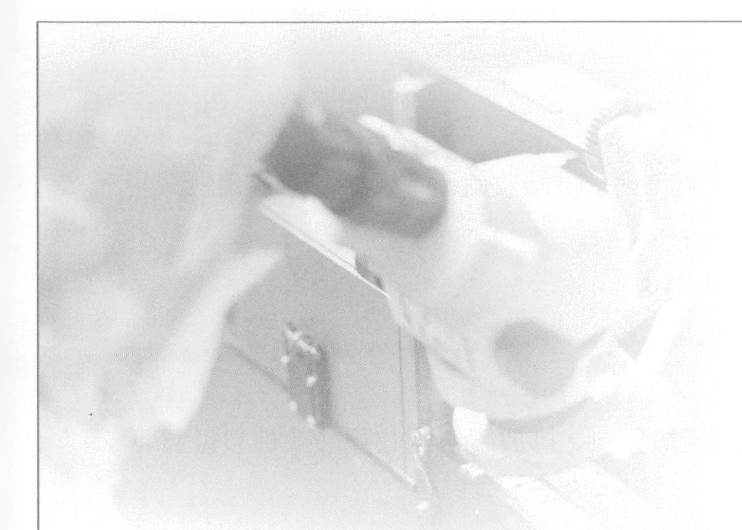

Chapter 12

CHEMICAL PROCCEDING INDUSTRY

氯—鹼工業

12.1 碳酸鈉

12.1.1 性　質

碳酸鈉俗名純鹼或稱蘇打灰，外觀白色，溶於水與鹼性。

12.1.2 製　法

一、Le-Blanc 法

採取食鹽、硫酸、煤粉、石灰石為原料，反應式如下：

$$NaCl+H_2SO_4 \rightarrow NaHSO_4+HCl$$

$$NaHSO_4+NaCl \rightarrow Na_2SO_4+HCl$$

$$Na_2SO_4+4C \rightarrow Na_2S+4CO$$

$$Na_2S+CaCO_3 \rightarrow Na_2CO_3+CaS$$

反應所得的產物稱為黑灰，成分是：$Na_2CO_3$45%、CaS30%、CaO10%、$CaCO_3$5%與灰分 10%等。黑灰置放瀝濾槽分離綠液和槽渣，過濾出來的綠液經蒸發濃縮，冷卻

析出 $Na_2CO_3 \cdot 10H_2O$。槽渣中含有大量硫化鈣，可回收硫磺或轉製硫酸、硫酸銨。

$$2\,CaS + H_2O + CO_2 \rightarrow Ca(SH)_2 + CaCO_3$$
$$Ca(SH)_2 + H_2O + CO_2 \rightarrow CaCO_3 + 2H_2S$$
$$2H_2S + O_2 \rightarrow 2SO_2 + 2H_2O$$
$$SO_2 + 2H_2S \rightarrow 3S + 2H_2O$$

硫磺回收率約 80～90%，作爲製造硫酸原料。排放廢氣回收鹽酸或轉製氯氣與漂白粉。

二、Solvay 法

又稱爲氨鹼法，採用氯化鈉、碳酸鈣、二氧化碳、氨氣爲原料，製造過程如下：

1. 鹽水製備

食鹽原料溶於水中即得飽和食鹽水，通常含有微量雜質如鎂、鈣、鐵、鋁等金屬離子與硫酸鹽類，須前處理除去。

$$Mg^{2+} + 2NH_4OH \rightarrow Mg(OH)_2\downarrow + 2NH_4^+$$
$$Ca^{2+} + (NH_4)_2CO_3 \rightarrow CaCO_3\downarrow + 2NH_4^+$$

若包括 Al^{3+}、Fe^{2+}離子，加入氫氧化鈉，產生氫氧化物沉澱而去除。如含有硫酸鹽，採取冷凍法將鹽水冷凍至–5～–6℃，結晶析出 $Na_2SO_4 \cdot 10H_2O$。

2. 飽和食鹽水氨化

飽和食鹽水通入適量氨氣，反應生成氨鹽水，一般工業上操作 $NH_3/NaCl$ 莫耳比約 1.1。

$$NH_3 + H_2O \rightarrow NH_4OH$$

3. 氨鹽水碳酸化

氨鹽水通入二氧化碳，反應生成碳酸氫鈉，反應物保持高濃度，增加碳酸化效率。精確控制反應溫度，溫度太高產生逆反應，太低溫度則析出不良的碳酸氫鈉結晶。

$$NH_4OH + CO_2 + NaCl \rightarrow NaHCO_3 + NH_4Cl$$

4. **碳酸氫鈉分離**

碳酸化完成後，利用過濾機將碳酸氫鈉結晶分離，水洗除去氯化銨與氯化鈉。

5. **碳酸氫鈉鍛燒**

過濾所得碳酸氫鈉常含有氯化銨和氯化鈉，在 175～190℃鍛燒，後者先行分解，再分解前者得碳酸鈉。

$NH_4HCO_3 \rightarrow NH_3+CO_2+H_2O$

$NH_4Cl+NaHCO_3 \rightarrow NaCl+NH_3+CO_2$

$2NaHCO_3 \rightarrow Na_2CO_3+CO_2+H_2O$

$2NH_3+H_2SO_4 \rightarrow (NH_4)_2SO_4$

6. **氨的回收**

碳酸氫鈉分離後，母液含有大量的氨，使用煮沸法加以回收。

在游離氨方面：

$NH_4OH \rightarrow NH_3+H_2O$

$NH_4HCO_3 \rightarrow NH_3+CO_2+H_2O$

$(NH_4)_2CO_3 \rightarrow 2NH_3+CO_2+H_2O$

固定氨方面：

$2NH_4Cl+Ca(OH)_2 \rightarrow CaCl_2+2NH_3+2H_2O$

12.1.3 用　途

碳酸鈉爲廣泛基礎的化工原料，主要用途如下：

1. 氯一鹼業的鹽水精製。
2. 轉製其他鈉鹽(如燒鹼、水玻璃)與碳酸鹽(碳酸鎂、碳酸鋇)。
3. 煉鋁工業原料。
4. 陶瓷、珐瑯和玻璃工業原料。
5. 調味品(醬油、調味粉、氨基酸等)製造原料。
6. 農藥製造。
7. 油脂工業原料。
8. 肥皀和清潔劑工業原料。

9. 造紙工業原料。
10. 橡膠工業原料。
11. 石油工業原料。
12. 醫藥製造。

12.2 氫氧化鈉

12.2.1 性　質

1. 氫氧化鈉本身不會燃燒，但易侵蝕鋅、鋁、錫、銅等金屬，及產生在空氣中具有燃燒性與爆炸性的氫氣。
2. 氫氧化鈉吸濕性強，可吸收空氣水分、二氧化碳和氯氣，對於氯氣是極佳的吸收劑。
3. 氫氧化鈉容易與尤其是三氯乙烯等有機物發生激烈爆炸反應，引起火災。

12.2.2 製　法

一、苛性化法

苛性化法以碳酸鈉與氫氧化鈣為製造氫氧化鈉的原料，反應方程式如下：

$Na_2CO_3+Ca(OH)_2 \rightarrow 2NaOH+CaCO_3$ .... (可逆放熱反應)

1. **碳酸鈉溶液配製**

   採取碳酸鈉溶解或 Solvay 法所得碳酸氫鈉溶液，通入蒸汽加熱，使其溶解配製成 13%碳酸鈉溶液。

2. **苛性化**

   碳酸鈉溶液加熱至 60℃，投入氫氧化鈣，藉其水合熱，促使溫度保持 100～102℃，充分攪拌進行苛性化反應。

3. **蒸發濃縮**

   苛性化反應後，過濾、分離、沉澱，接著將氫氧化鈉溶液飼入多效蒸發器，濃縮至 45～50%，或再經煎煮製成固定鹼液。

二、電解法

1. 水銀法

水銀法採用鹽水為原料，在電解槽產生氯氣，而氫氣則於解汞塔產生，亦即以電解槽與解汞塔區隔氯氣和氫氣。電解槽採取水銀作為流動陰極，陽極是石墨或金屬。鹽水進入電解槽後，Cl^-在陽極變成氯氣，Na^+則與水銀結合，成為鈉汞齊($NaHg_x$)，其再流至解汞塔，加水解出汞，生成氫氧化鈉和氫氣，主要反應方程式為：

$$2NaCl+2xHg \rightarrow 2NaHg_x+\frac{1}{2}Cl_2$$

$$NaHg_x+H_2O \rightarrow NaOH+xHg+\frac{1}{2}H_2$$

陽極：$2Cl^- \rightarrow Cl_2+2e^-$

陰極：$Na^++e^-+xHg \rightarrow Na(Hg)_x$

總反應：$NaCl+H_2O \rightarrow NaOH+\frac{1}{2}H_2+\frac{1}{2}Cl_2$

2. 隔膜法

隔膜法以隔膜來分離氯氣與氫氣，分別在電解槽陽極和陰極產生。由於隔膜是可滲透性膜，陽極電解後的鹽水直接流入陰極，藉著鹽水驅動力與陽極鹽水液位控制，防止氫氣逸至陽極和氯氣混合。來自電解槽的 10～12%氫氧化鈉電解液(並含有未分解鹽分)，經多效蒸發器濃縮至 50%氫氧化鈉的成品。此成品置於鑄鐵鍋內，直接加熱煎煮製得固態燒鹼。整個反應流程如下：

陽極：$2Cl^- \rightarrow Cl_2+2e^-$

陰極：$Na^++e^- \rightarrow Na$

總反應：$Na+H_2O \rightarrow NaOH+\frac{1}{2}H_2$

3. 離子交換膜法

離子交換膜法以工業鹽為原料，但因離子交換膜本身對各項雜質要求非常嚴格。鹽水需先精製，加入副料除去雜質，再經離子交換樹脂塔吸附至品質要求範圍，反應方程式如下：

$$Ca^{2+}+Na_2CO_3 \rightarrow CaCO_3\downarrow+2Na^+$$

$$Mg^{2+}+2NaOH \rightarrow Mg(OH)_2\downarrow+2Na^+$$

$$SO_4^{2-}+BaCl_2 \rightarrow BaSO_4\downarrow+2Cl^-$$

$$HCl+HOCl \rightarrow Cl_2\uparrow+H_2O$$

或　$2NaHSO_3+Cl_2 \rightarrow 2NaCl+SO_2\uparrow+H_2SO_4$

　　$6HCl+NaClO_3 \rightarrow NaCl+3H_2O+3Cl_2$

　　樹脂塔內的離子交換樹脂與 Ca^{2+}、Mg^{2+} 等的吸附作用為：

Na 型樹脂$+Ca^{2+} \rightarrow$ Ca 型樹脂$+2Na^+$

　　鈉型樹脂大部分轉換成鈣型樹脂時，則以氯化鈉和氫氧化鈉再生，方程式如下：

Ca 型樹脂$+2HCl \rightarrow$ H 型樹脂$+CaCl_2$

H 型樹脂$+2NaOH \rightarrow$ Na 型樹脂$+2H_2O$

　　電解槽一般陽極為鈦加塗膜，鎳加塗膜是陰極，並以精製後的飽和食鹽水為陽極液，陰極液則是回電解槽的加水於部分產製 32%氫氧化鈉，中間用離子交換膜隔開陰／陽極室進行電解，陽極產生氯氣，氫氧化鈉與氫氣則於陰極產生。整個反應流程如下：

陽極：$2Cl^- \rightarrow Cl_2+2e^-$

陰極：$Na^++H_2O+e^- \rightarrow NaOH+\frac{1}{2}H_2$

總反應：$NaCl+H_2O \rightarrow NaOH+\frac{1}{2}Cl_2+\frac{1}{2}H_2$

4.　**分解電壓與電流效率**

　　理論上電解鹽水所需能量可由 Gibbs-Helmholtz 式導出：

$E=(-J\Delta H/nF)+TdE/dT$

式中 E：理論分解電壓

　　J：熱功當量

　　T：絕熱溫度

　　F：法拉第常數(96500 庫倫／克當量)

　　n：克當量數

法拉第定律為：

第一定律：電解生成的原始生成物量和流入的電量成正比。

第二定律：通入某定量的電，其由此電解生成的各種原始生成物量之比，為此等生成物的化學當量之比。

實際操作時，由於兩極過電壓、電阻、導體與電解液的電阻存在，以及溫度和溶液濃度的影響，引起電位下降，因此實際分解電壓均高於理論分解電壓，電壓效率為理論分解電壓與實際操作電壓的比值。電解時所析出物質之量較理論質為低，則理論分解電流和實際操作電流的比值是電流效率，分解效率為溶液中的生成物與反應物克當量的比值。

5. **三法比較**

	水銀法	隔膜法	離子交換膜法
理論分解電壓	3.13V	2.19V	2.19V
隔離物	鈉汞齊作分離物	石棉隔膜	離子交換膜
陽極材料	碳精或鈦基物	碳精或鈦基物	鈦基物
陰極材料	水銀	軟鋼	軟鋼
陰極產品	鈉汞齊	鹼鹽混合物與氫氣	高純度 50%鹼與氫氣

12.2.3 用　途

氫氧化鈉為廣泛基礎的化工原料，主要用途如下：

1. 氯—鹼工業製程吸收異常排放廢氯氣、漂白劑製造。
2. 煉鋁、採礦和金屬提煉。
3. 肥皂、清潔劑製造。
4. 廢水處理。
5. 沸石、白煙的製造。
6. 玻璃工業用的原料。
7. 農藥製造。
8. 香料製造。
9. 油脂精製。
10. 纖維、嫘縈製造。
11. 造紙工業用的原料。
12. 製革工業用的原料。
13. 生產二氧化鈦、染料與其中間物製造。
14. 石油精煉。
15. 醫藥製造。

12.3 氰化鈉

氰化鈉不僅在無機與有機化學方面很重要，尚有冶金的用途，應用於金礦的處理、鋼鐵表面硬化、電鍍、有機反應、製造氫氰酸及己二酯。在 800℃可由胺基化鈉與碳共熱製得氰化鈉，將碳投入溶化的胺基化納內，首先生成氰胺化鈉：

$$2NaNH_2+C \xrightarrow{600℃} Na_2NCN+2H_2$$

$$Na_2NCN+C \xrightarrow{800℃} 2NaCN$$

另一方法為電爐中把氯化鈉和氰胺基鈣熔化，商業上的製法是以苛性鈉中和氫氰酸：

$$NCN+NaOH \rightarrow NaCN+H_2O$$

12.4 亞硝酸鈉

12.4.1 性 質

1. 亞硝酸鈉的分子式為 $NaNO_2$，分子量等於 69.01。商品形狀為白色或淡黃色的晶體或粉末，純粹的常呈棒狀，無臭而有鹹味。比重 2.157，熔點 271°C。
2. 亞硝酸鈉露置在空氣裡，即被氧化為硝酸鈉。

   $$2NaNO_2+O_2 \rightarrow 2NaNO_3$$

3. 亞硝酸鈉有潮解性，容易溶解於水中，水溶液有弱鹼性。
4. 亞硝酸鈉遇熱能放出氧氣，遇酸即分解而失其效能，故儲藏時需將容器閉蓋，以防著熱、著酸。

12.4.2 製 備

將硝酸鈉溶化後，加入鉛片，加熱，硝酸鈉即被還原為亞硝酸鈉。

$$NaNO_3+Pb \rightarrow NaNO_2+PbO$$

12.4.3 用　途

亞硝酸鈉可作氧化劑，有時也可作還原劑。

1. 作氧化劑：亞硝酸鈉在酸性介質中能氧化碘離子 I^-，成為自由狀態的碘分子 I_2。反應式如下：

$$2NaNO_2 + 2NaI + 2H_2SO_4 \rightarrow I_2 + 2H_2O + 2Na_2SO_4 + 2NO\uparrow$$

2. 作還原劑：亞硝酸鈉能被高錳酸鉀氧化，亞硝酸鈉分子裡的亞硝酸根 NO_2^- 被氧化成硝酸根 NO_3^-。因高錳酸鉀的氧化能力比亞硝酸鈉大，亞硝酸鈉以還原劑姿態出現。

12.5 氯

1. 製備
   (1) **實驗室法**
   鹽酸與二氧化錳反應
   →在稀硫酸中，以過錳酸鉀氧化食鹽
   (2) 工業製法：使用電解法
   電解濃食鹽水
   →分別在陰陽極產生的氫與氯氣可以化合成氯化氫
   →電解熔融之 $NaCl_{(l)}$
2. **性質及用途**
   (1) 氯的鍵能與電子親和力均較氟大
   (2) 氯可分別與溴化物、碘化物反應產生 B_2、I_2
   (3) 氧化力強，故具有殺菌、消毒作用，可作為自來水的殺菌劑
   (4) 用於漂白木漿及棉織品
   $Cl_2 + H_2O \rightarrow H^+ + Cl^- + HClO$
   HClO(次氯酸)可分解出活潑的氧原子($HOCl \rightarrow HCl + O$)，能氧化色素為無色物質(即具漂白作用)，氧原子亦有殺菌作用

(5) 可以製造漂白粉：通氯氣入熟石灰即可

$Ca(OH)_2 + Cl_2 \rightarrow H_2O + \underline{Ca(OCl)Cl}$<氯化次氯酸鈣>

漂白粉

$Ca(OCl)Cl + H^+ \rightarrow Ca^{2+} + Cl^- + HClO$(具漂白作用)

爲漂白粉另一種製法

$CaO + Cl_2 \rightarrow Ca(OCl)Cl$

(6) 自來水中若氯過多可用硫代硫酸鈉($Na_2S_2O_3$，俗稱海波)吸收之

$Na_2S_2O_3 + 4Cl_2 + 5H_2O \rightarrow 2NaHSO_4 + 8HCl$

而 HCl 可以過量的 $Na_2S_2O_3$ 再吸收之

$Na_2S_2O_3 + 2HCl \rightarrow 2NaCl + S + SO_2 + H_2O$

12.6 考　題

一、 請寫出電解食鹽水的化學反應方程式。又陰極產生的產物爲何？陽極產生的產物爲何？ (107 年特種考試地方政府公務人員四等考試)

二、 氯氣的生產常用電解食鹽水的方式，回答下列與此工業有關之問題：

(一)寫出薄膜法之陰陽極之半反應式。

(二)薄膜之材質爲何？對比於石綿隔膜的優點爲何？

(106 年特種考試地方政府公務人員四等考試)

三、 (一)碳酸鈉有那些用途？

(二)以 Le-Blanc 法製造碳酸鈉：

1. 使用之原料有那些？
2. 寫下合成過程之主要化學反應式。 (104 年公務人員簡任升等考試)

四、 以化學反應方程式試述氨鹼法(又稱 Solvay 法)製造碳酸鈉(俗稱蘇打)的過程。

(104 年專門職業及技術人員高等考試)

五、　氫氧化鈉(NaOH)俗稱苛性納：

1. 敘述氫氧化鈉的性質與用途。
2. 敘述以電解法製備氫氧化鈉的原理與方法。
(102 年專門職業及技術人員高等考試、98 年專門職業及技術人員高等考試技師考試)

Chapter 13

CHEMICAL PROCCEDING INDUSTRY

冶金工業

13.1 鐵的冶煉

一、鐵的原料

煉鐵的主要原料除了鐵礦外，尚需焦炭、石灰石、白雲石與空氣。鐵礦若為非氧化物，例如菱鐵礦($FeCO_3$)和黃鐵礦(FeS_2)，氧化物必須先鍛燒而成。一般鐵礦常含有2～20%的礦渣，以矽石與礬土為主成分，在鼓風爐中礦渣和石灰石等反應形成爐渣，與金屬鐵分離。焦炭具有還原鐵氧化物為金屬鐵的作用，而且供給熱能促使還原鐵熔化成液體，和爐渣分開。若鐵礦中的雜質為酸性的二氧化矽，可選用鹼性石灰石，使兩者反應產生矽酸鈣($CaSiO_3$)的爐渣熔融液，懸浮在鐵液上方，一方面隔絕空氣使鐵液不被氧化，另一方面能分離鐵液和雜質，藉以鈍化鐵液。

二、鐵的冶煉

鐵礦外、石灰石與焦炭分別由斗車送到鼓風爐爐頂倒入，爐底吹入大量預熱空氣(500～600℃)，焦炭在下降途中逐漸受熱約至1,400℃。這種經預熱的焦炭於抵達風嘴處，劇烈燃燒生成二氧化碳，而使溫度升到1,650℃。

在此高溫下，二氧化碳不安定，和過量焦炭反應爲一氧化碳：

$$C+CO_2 \rightarrow 2CO$$

鐵氧化物於爐的上半部(溫度低於 925℃)被上升的一氧化碳還原成金屬鐵，其反應如下：

$$\frac{1}{2}Fe_2O_3+1\frac{1}{2}CO \rightarrow Fe+1\frac{1}{2}CO_2 \qquad \Delta H=-3.075kcal$$

$$\frac{1}{3}Fe_3O_4+1\frac{1}{3}CO \rightarrow Fe+1\frac{1}{3}CO_2 \qquad \Delta H=-0.933kcal$$

$$FeO+CO \rightarrow Fe+CO_2 \qquad \Delta H=-3.850kcal$$

石灰石在爐的中部(溫度 815～870℃)被鍛燒爲氧化鈣，與礦渣結合成爐渣。

$$CaCO_3 \rightarrow CaO+CO_2$$

$$CaO+SiO_2 \rightarrow CaO \cdot SiO_2$$

$$CaO+Al_2O_3 \rightarrow CaO \cdot Al_2O_3$$

還原鐵於爐的下半部的下降途中，逐漸吸收碳分和其他被還原的元素，例如矽、錳與磷。

$$3Fe+2CO \rightarrow Fe_3C+CO_2$$

$$3Fe+C \rightarrow Fe_3C$$

這種混有雜質的鐵於 1,250～1,300℃熔化爲液體，此熔融鐵和熔融爐渣一併流入底部的爐缸內。爐渣懸浮在鐵液上與其分開，而且防止鐵液氧化。每隔 4～5 小時從爐缸流出鐵液鑄成鐵錠，或直接用於煉鋼、澆鑄，所得爐渣可作爲爐渣水泥的原料。

13.2 鋼的冶煉

一、煉鋼方法

1. **轉爐煉鋼法**

   熔融銑鐵導入轉爐內，自爐底通入壓縮氣體或純氧，雜質氧化反應釋出熱量，不必另加燃料，俟火焰熄滅後，調整碳量，取出熔融物即得鋼。

   生產快速、設備費用少、成效低，適用於含矽多與磷少的銑鐵煉鋼，產品中易殘留各種氧化物、雜質和氣泡，故鋼品質較差，僅採取於無腐蝕之慮或不受劇烈打擊的設備材料。

2. **平爐煉鋼法**

煉鋼前先鋪石灰石於爐底，再將銑鐵(生鐵)、廢鋼與少量氧化鐵自爐頂置入爐內，引進天然氣和空氣點火燃燒，雜質生成氣態氧化物，逸出或形成爐渣，分離後調整含碳量即得鋼。

設備費用高、操作時間長與耗燃料，故生產成本較高，但鋼品質較轉爐法爲佳，並可除去硫、磷等雜質，廣用於鐵軌、橋梁、甲板等材料。

3. **電爐煉鋼法**

爐中插入三根電極，通入三相電流，供給熔融銑鐵所需的熱量，操作方式與平爐大致相同。

不使用燃料，以電熱方式可得較高溫度，雜質少的品質優良鋼，但生產成本高，僅限於製造特殊鋼和合金鋼。

二、煉鋼反應

煉鋼的目的在於除去鐵礦中所含磷、硫、矽、錳等雜質，並調整適當的含碳量，在煉鋼爐中所發生的化學反應應包含下列三種：

1. **氧化作用**

以空氣、氧或氧化鐵爲氧化劑，並加入生石灰、螢石等助溶劑，將鐵中雜質氧化成爲氣態氧化物或固態溶渣。

脫硫　$FeS+O_2 \rightarrow Fe+SO_2\uparrow$

脫錳　$2Mn+O_2 \rightarrow 2MnO$　　$MnO+SiO \rightarrow MnO \cdot SiO_2$(爐渣)

脫矽　$Si+O_2 \rightarrow SiO_2$　　$CaO+SiO_2 \rightarrow CaO+SiO_2$(爐渣)

脫磷　$4Fe_3P+5O_2 \rightarrow 12Fe+2P_2O_5$　　$4CaO+P_2O_5 \rightarrow 4CaO \cdot P_2O_5$(爐渣)

2. **還原作用**

加入錳鐵(含 C：6～7%、Mn：80%)或鈍鐵(含 C：4.5～5%、Mn：12～20%)，將被氧化的鐵還原成 Fe，CO 還原成元素碳，MnO 則轉變爲爐渣而去除。

3. **碳化作用**

依鐵中所需的含碳量，可加入適量的錳鐵或鈍鐵。

三、鋼的種類

鋼可分類為：合金含量在 5%以上者稱為高合金鋼，合金含量在 5%以下者稱為碳鋼(包括 HSLA steel，high strength low alloy)。

1. **碳鋼**

碳鋼可依其含 C 量分為：

(1) 工業用純鐵：[C]0.01%。

(2) 低碳鋼：[C]0.1%。

(3) 中碳鋼：[C]0.4%。

(4) 高碳鋼：[C]0.8%。

2. **高速鋼**

高速鋼(high speed steel)實非鋼，而是一種硬質合金，其成分為[C]：0.6～0.8%，[Cr]：4～6%，[W]：14～20%，[V]：0.5～20%，[Mo]：0～1%，[Co]：0～15%，退火軟化易鍛成適當形狀的工具，淬火回火後硬度高、高溫強度高、磨耗抵抗力佳，此二者均極適於高速度切削的工具鋼。

3. **不銹鋼**

鉻是不銹鋼最重要的合金元素(一般而言合金鋼中的鉻(Cr)含量介於 10.5～30%被定義為不銹鋼)，由於鉻其添加使鋼鐵表面形成透明的氧化鉻(Cr_2O_3)保護層抑制氧化鐵的生成，因此不銹鋼比一般鋼材具有更佳的抗腐蝕性及耐熱性，在大氣中可常保金屬光澤。

(1) 沃斯田鐵系(austenitic series)：此系列的不銹鋼具低與中強度、高抗腐蝕性、高價格的特性，美國鋼鐵協會 AISI 300 系及 200 系不銹鋼屬之，而以 302 為沃斯田鐵系的基本型，其標準化學合金成分為 18%鉻及 8%鎳。沃斯田鐵系不銹鋼中以 304 的用途最為廣泛，而且為目前在應用上占最大量的鋼種。

(2) 麻田散鐵系(martensitic series)：此系列的不銹鋼具有高強度、低抗腐蝕性及低價格的特性，美國鋼鐵協會 AISI 400 系中的部分不銹鋼及 500 系不銹鋼屬之。當中以 410 為麻田散鐵系的基本型，其標準化學合金成分為含鉻 13%。此系列的不銹鋼具有磁性及高強度，但耐蝕性較差，故適用於需要硬度、耐磨、高強度，輕度腐蝕性環境的用途。

(3) 肥粒鐵系(ferritic series)：肥粒鐵系不銹鋼具有強度低，抗腐蝕性適中及價格低之特性。美國鋼鐵協會 AISI 400 系中之部分不銹鋼即屬此類，當中以 430 爲基本型，其標準化學合金成爲含鉻 16～18%。此系列不銹鋼抗應力腐蝕的性能十分良好，尤其在氯化物的水溶液中相當抗蝕，故適用於耐蝕用結構及耐高溫氧化的設備用途。

(4) 析出硬化系(precipitation-hardenable series)：此系列不銹鋼具中、高強度，中、高抗腐蝕性及高價格的特性，使用時須經特別熱處理。美國鋼鐵協會 AISI 600 系不銹鋼屬之，當中以 630 爲析出硬化系不銹鋼中應用最多的一種。此類不銹鋼是在鎳鉻系不銹鋼中添加少量的 Cu、Al、Mo、Co、Ti、Nb 等合金元素後，經固熔處理，加工成型後再行析出硬化處理，具有優良的強度、耐蝕性和切削性，適合製作在航太工業等用的高精度元件。

4. **合金鋼**

合金鋼是指碳鋼添加一種或一種以上合金元素所形成的鋼料，通常鋼的合金元素，除碳以外，若含錳量在 1.65%以上、含矽量在 0.60%以上，或含銅量在 0.06%以上等，就可以認定是屬於合金鋼，其它元素刻意加入碳鋼中者亦同。碳鋼如果依不同用途再加入鎳、鉻、釩、鎢等元素，以達到需要的效果，就成爲合金鋼。例如，微量的鉻可以使鋼具有極佳的硬化能，而 12%以上時，鋼就不易腐蝕，成爲耐蝕鋼。加入 18%鎢、4%鉻、1%釩時即爲高速鋼。除用途外，合金鋼也可依加入元素種類來區分。

13.3 銅的冶煉

銅的乾式係將孔雀石、藍銅礦赤銅礦、自然銅礦等的氧化銅礦，混合適量的燃料、熔劑，在反射爐或熔礦爐中還原，是時還原性生成物爲粗銅和熔渣(slag)，利用兩者之間的比重差和溶解度差互相分離，而後轉供精製工程精製。至於黃銅礦、銅藍、硫砷銅礦等的硫化礦，無法就此還原製取金屬銅，應先在熔礦爐或反射爐中，製成中間產品的牛冶物(Matte)，再藉著和熔渣分離後，再送旋轉爐中冶煉獲得粗銅，繼由精製工程製取精銅。工業上煉銅的程序分爲五個步驟：

1. **採礦**

   含銅量 0.8%以上的礦石為原料，先進行粗碎，再研磨成粉末。

2. **選礦**

   利用泡沫選礦法將礦石粉末濃縮為含銅量 15～30%的銅砂。

3. **冶煉**

   (1) 熔煉：在銅礦的熔煉中，硫磺和鐵分的氧化熱成為主要的熱源。

   (2) 反射爐冶煉：係進行脫硫鍛燒，硫分經過調整的粉礦添加少量石灰，利用重油或瓦斯加熱至 1,200～1,400℃，使之熔融。熔融後分兩層，上層為 $FeO\text{-}CaO\text{-}SiO_2$ 系的熔渣(矽酸度 1.5，熔點 1,050℃，比重 3.5～4.0)，下層為與黃銅礦成分大致相近組成的半冶銅(熔點約 1,000℃，比重 5.0)而分離。

   (3) 粗銅製造：在此使用轉爐把半冶銅製成粗銅，爐的構造和製鋼用的相似。依照形式可分成橫型和豎型；依照內襯耐火物的種類可分成鹼性(使氧化鎂)和酸性(使用氧化矽質者)等種類。利用鹼性轉爐的作業，先注入含銅量 38～48%的半冶銅，送入弱的鹼熱風數分鐘，使溫度稍形升高後，加入矽石，矽石質的金／銀礦(貧礦)等作為添加物。送入熱風 30～60 分鐘，使之氧化而成熔渣，將爐傾斜流出熔渣。利用如此吹風冶煉，銅的含量可達 70～75%。加入熔劑，並同樣繼續操作，如溫度升高則添加廢銅於其中，溫度下降過度則加入融化半冶銅，使之成粗銅為止，繼續吹風冶煉。使用酸性轉爐法時，不加添加物，而以用此等材料的深厚內襯代替之。

   熔礦和內襯的矽氧反應形成熔渣，其操作方法大致和鹽基法類似。

4. **精煉**

   一般採用電解法精煉，含銅量 99.0%以上的精銅為陰極，冶煉產生的泡銅(粗銅)為陽極，電解液為 $CuSO_4$ 溶液，通入電流，陽極的銅逐漸溶解，在陰極可得到精銅，其反應式如下：

   陽極：$Cu \rightarrow Cu^{2+}+2e^-$

   陰極：$Cu^{2+}+2e^- \rightarrow Cu$

5. **加工**

   精煉銅可用輾軋、擠壓、抽條等加工方法製成產品。

13.4 鋅的冶煉

一、鋅的製法

1. 鋅礦濃縮鍛燒得氧化鋅。
2. 氧化鋅浸入硫酸中，溶解成爲硫酸鋅溶液。
3. 加入鋅粉，將 Cu^{2+}、Cd^{2+}等雜質還原，生成沉澱分離。
4. 硫酸鋅溶液爲電解液，在電解槽中電解，陰極會有鋅析出，純度達 99.99%。

   整個流程爲：

   鋅礦 → 泡沫浮選法濃縮 → 鍛燒 → 氧化鋅 → 電解 → 鋅

二、鋅的用途

作爲電解的陰極材料，可得較高的電動勢，或用作風管、屋頂、水管、白鐵皮與黃銅合金等用途。

13.5 鋁的冶煉

鋁的冶煉分爲三個步驟：

1. **鋁礬土的精煉**

   (1) 鋁礬土經粉碎後，加入氫氧化鈉，以蒸汽加熱至 140℃脫除結晶水，並反應生成偏鋁酸鈉溶液。

   $Al_2O_{3(s)}+2NaOH \rightarrow 2NaAlO_{2(aq)}+H_2O$

   (2) 鋁酸鈉送到增稠器，分離出 Fe_2O_3、SiO_2 等雜質形成的紅泥。上層澄清液送至析出槽，析出氫氧化鋁結晶。

   $AlO_2^-+H_2O \rightarrow Al(OH)_3+OH^-$

   (3) 氫氧化鋁除去水分後，鍛燒至 1,200℃，可得鋁氧粉(礬土)。

   $2\,Al(OH)_3 \rightarrow Al_2O_3+3H_2O$

   此步驟稱爲 Bayer 製程。

2. **礬土電解**

以碳爲陽極，瀝青和焦炭混合物(人造石墨)爲陰極，冰晶石($3NaF \cdot AlF_3$)作爲電解質，陰極所得鋁含有微量的釩、鐵、錳等雜質，陽極的 AlF_3 可回收製成冰晶石，再加以利用。

陽極：$F^- \rightarrow F + e^-$

$$Al_2O_3 + 6F \rightarrow 2AlF_3 + \frac{3}{2}O_2$$

$C + O_2 \rightarrow CO_2\uparrow$ 或 $CO\uparrow$

陰極：$Na^+ + e^- \rightarrow Na$

$3Na + AlF_3 \rightarrow 3NaF + Al$(鋁錠純度 99.6～99.8%)

3. **鋁的電解精煉**

利用三層式電解槽，最下層爲粗鋁與 33%銅，在 750℃下熔融形成合金作爲陽極，中層是 60%$BaCl_2$ 與 40%$AlF_3 \cdot 3/2NaF$ 的混合物作成電解浴，最上層則爲精煉的金屬鋁作爲陰極。

陽極：$Al \rightarrow Al^{+3} + 3e^-$

陰極：$Al^{+3} + 3e^- \rightarrow Al$

在陰極可得 99.995%純度的鋁，但精煉所須耗費的能源頗鉅。

13.6 鎂的冶煉

鎂的冶煉採取電解氯化鎂法，說明如下：

1. 菱鎂礦、氯氣與碳反應製成氯化鎂。

$$MgO + C + Cl_2 \xrightarrow{850^\circ C} MgCl_2 + CO$$

2. 海水爲原料，和氫氧化鈣反應生成氫氧化鎂沉澱，再加入鹽酸處理得氯化鎂。

$$Mg(OH)_2 + 2HCl \rightarrow MgCl_2 + H_2O$$

3. 氯化鎂電解

以鐵爲陰極，石墨爲陽極，用 20%$MgCl_2$、20%$CaCl_2$、60%$NaCl$ 組成的電解液，通電後可得金屬鎂，純度達 99.9%，陽極所生的氯氣能回收製造鹽酸，提供中和氫氧化鎂使用。

13.7 鈦的冶煉

鈦鐵礦置於電爐中加熱熔融除去鐵分，所得爐渣(含 $TiO_2$85%)給予粉碎，混合木炭或焦炭粉製成礦塊，在燒結爐以 900℃燒結，然後放入氯化爐，採取 900℃氯化反應：

$$TiO_2+2Cl_2+2C \rightarrow TiCl_4+2CO$$

此係放熱反應，開始後即可停止加熱。生成的四氯化鈦由側管通至冷卻塔內，分離各種雜質。再經蒸餾去除 $VOCl_3$、$SiCl_4$、$AlCl_3$與 $ZrCl_4$，精製高純度的四氯化鈦。

另外鎂錠置於充滿氦氣的還原爐內加熱熔融，置入四氯化鈦，在 900℃還原反應而得海棉狀粗鈦：

$$TiCl_4+2Mg \rightarrow Ti+2MgCl_2$$

反應過程定期洩下氯化鎂，完成後取出粗鈦，置於眞空精製爐，加熱至 900℃，使氯化鎂蒸發逸出。所得 99.3～99.5%的海棉狀金屬鈦，以電爐融化鑄成金屬鈦錠，或加入合金元素鑄爲鈦合金錠。整個製造流程如下：

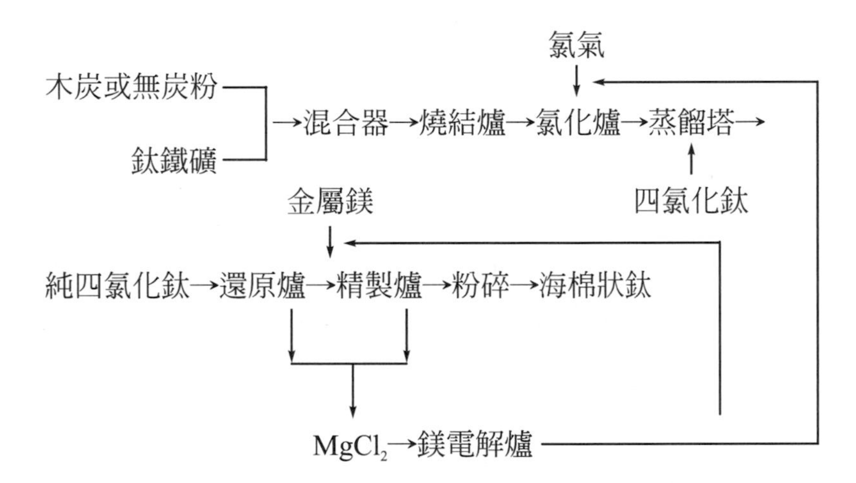

13.8 鈾的冶煉

一般提煉鈾的礦石包括瀝青鈾礦與釩酸鉀鈾礦，鈾的冶煉可分爲下列四個步驟：

1. **U_3O_8的煉取**

   粉碎鈾礦加入硫酸萃取，萃取液濃縮與添加氨水中和成 U_3O_8，即爲黃餅。

2. U_3O_8 轉變爲 UF_4

(1) 熱硝酸鹽將 U_3O_8 轉變成可溶解性硝酸鈾鹽。

(2) 加入磷酸三丁酯(TBP)己烷生成 TBP-$UO_2(NO_3)_2$ 沉澱。

(3) 利用水萃取沉澱中的鈾鹽。

(4) 萃取液經蒸發濃縮後，置入燃燒室燒成 UO_3，反應式如下：

$$UO_2(NO_3)_2 \cdot 6H_2O \xrightarrow{\Delta} UO_3+2NO_2+1/2O_2+6H_2O$$

(5) 以 H_2 將 UO_3 還原爲 UO_2

$$UO_3+H_2 \rightarrow UO_2+6H_2O$$

(6) 以 HF 處理成 UF_4

$$UO_2+4HF \rightarrow UF_4+2H_2O$$

3. UF_4 還原爲鈾

UF_4 與 Mg 混合加熱至 700℃可得熔融的金屬鈾。

$$UF_4+Mg \rightarrow U+2MgF_2$$

4. 鈾的濃縮

鈾的同位素可直接當核燃料只有 U-235，但在天然鈾中含量太少(1/140)，必須將 UF_4 轉變爲 $U^{235}F_6$ 與 $U^{238}F_6$，利用分子量不同以擴散法濃縮，所得的 $U^{235}F_6$ 再轉化成 UO_2(含 94%以上 U^{235})，其適合作核燃料。任何能量的中子均可使 U^{235} 分裂，而 U^{238} 半衰期長，不能分裂反應，但其吸收中子後可轉變爲 Pu^{239}，是可作核燃料的分裂物質。

$$UF_{4(s)}+F_{2(g)} \rightarrow UF_{6(g)}$$

13.9 鍺的冶煉

一般從鋅礦或其他礦石提取鍺，先在減壓加熱蒸發鍺和鋅，使其氧化收集之，再以硫酸溶解，另加入鹼液調整 pH 值在 2.4～3，鍺沉澱析出，用濃鹽酸處理得 $GeCl_4$，水解爲 GeO_2，由 H_2 還原成鍺，以眞空熔化爐加熱熔融製成鍺棒。

13.10 考　題

一、　鋼鐵的冶煉，包含煉鐵和煉鋼兩個製程。請回答下列問題：

(一)碳鋼和鑄鐵的含碳量差異爲何？

(二)何謂肥粒鐵(ferrite)、沃斯田鐵(austenite)、波來鐵(pearlite)和雪明碳鐵(cementite)？

(三)在煉鐵製程中會加入石膏，其目的爲何？

(四)敘述煉鐵製程並寫出所涉及的化學反應式。

(五)敘述煉鋼製程。　(107 年專門職業及技術人員高等考試)

二、　煉鋼的主要方法有那三種？不銹鋼中最重要的合金元素爲何？爲何加入此種元素可使鋼鐵較不易生鏽？　(107 年公務人員普通考試)

三、　鈦(Titanium, Ti)是近代新開發的金屬，請敘述鈦及鈦合金的特性和用途。
(105 年公務人員高等考試三級考試)

四、　高爐煉鐵中加入焦炭與石灰石。請描述：

(一)焦炭所牽涉到之化學反應。

(二)石灰石所牽涉到之化學反應。　(105 年公務人員普通考試)

五、　請簡述鐵的冶煉過程，並指出還原劑爲何？加入灰石的目的爲何？
(101 年公務人員特種考試身心障礙人員四等考試)

六、　不鏽鋼(stainless steel)是由哪些成分組成？有哪些特性？
(98 年公務人員、關務人員升等考試、95 年公務人員特種考試關務人員考試)

Chapter 14

CHEMICAL PROCCEDING INDUSTRY

肥料工業

14.1 氨

一、氰化物法

氰化物法使用焦炭、石灰石與由液化空氣分離的氮氣在高溫鍛燒得到氰氮化鈣，再加入蒸汽可得氨氣，反應方程式如下：

$$CaO_{(s)} + C_{(s)} \xrightarrow{\text{高溫}} CaC_{2(s)} + CO_{(g)} \ldots\ldots \Delta H = +43.5\text{kcal}$$

$$CaC_{2(s)} + N_{2(g)} \xrightarrow{\text{高溫}} CaN_{2(s)} + C_{(s)} \ldots\ldots \Delta H = +103.0\text{kcal}$$

$$CaN_{2(s)} + 3H_2O_{(g)} \xrightarrow{\text{高溫}} CaCO_{3(s)} + 2NH_{3(g)} \ldots\ldots \Delta H = -68.0\text{kcal}$$

二、合成法

1. 合成氣的製造

(1) 重組反應：天然氣先經氧化鋅或活性碳脫硫，再通過重組爐而得 CO/H_2 莫耳比爲 1/3 的合成氣。

第一重組爐：

$$CH_4 + H_2O \xrightarrow[30atm，750^\circ C]{Ni 爲觸媒} CO + 3H_2 \qquad \Delta H=54.3kcal$$

第二重組爐：

$$CH_4 + 預熱空氣 \xrightarrow[900^\circ C]{Ni} CO + 2H_2 + N_2$$

(2) 轉化反應：合成氣中的一氧化碳以 Fe-Cr 或 Cu-Zn 系爲觸媒和水蒸汽反應轉化爲二氧化碳和氫氣。

$$CO + H_2O \xrightarrow[Cu\text{-}Zn，220^\circ C]{Fe\text{-}Cr，400^\circ C} CO_2 + H_2 \qquad \Delta H= -9.2kcal$$

(3) 二氧化碳的脫除：用 MEA、TEA 或 K_2CO_3 溶液吸收去除二氧化碳。

2. 氨合成原理

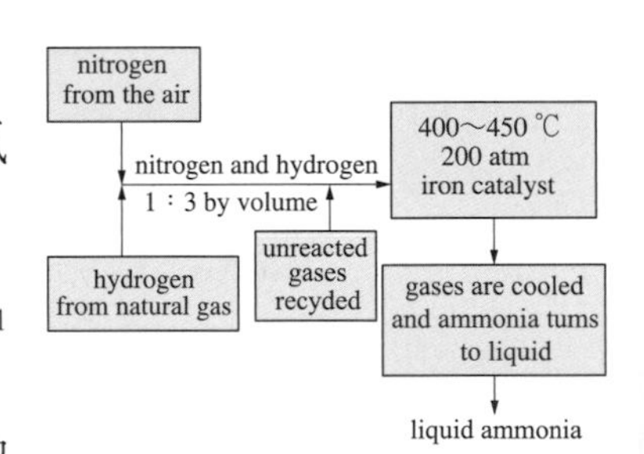

(1) 化學平衡與反應條件：本法的原料爲氮氣、氫氣，其反應方程式如下：

$$\frac{1}{2}N_2 + \frac{3}{2}H_2 \rightleftharpoons NH_3 \qquad \Delta H= -21.9 \text{ kJ mol}^{-1}$$

設 P_{N_2} 、 P_{H_2} 、 P_{NH_3} 爲平衡時，N_2、H_2、NH_3 的分壓，則反應平衡常數爲：

$$K_P = \frac{P_{NH_3}}{P_{N_2}^{1/2} \cdot P_{H_2}^{2/2}}$$

由勒沙特列原理得知，增加壓力與低溫下，有利於向右(正)反應的進行。在定溫時，氨的產率隨壓力增加而增加；而在定壓下，氨的產率是隨著溫度的下降而增加。但在低溫時，反應速率慢，達到平衡所需時間甚久，工業上最適操作條件為 550℃、200～300atm。

(2) 觸媒：在純鐵中加入 Al_2O_3、K_2O 等被還原的氧化物作為觸媒，催化力強與價廉，使用壽命長。

(3) 空間速度與產率：空間速度定義如下：

$$\frac{\text{單位時間通過的合成氣體積}(m^3/hr)}{\text{觸媒的體積}(m^3)}$$

空間速度愈大，得到的氨量愈多。但空間速度太大時，氨氣濃度降低，並會擾亂合成塔中熱平衡，循環設備與動力費用增加，工業上空間速度大約在 5,000～30,000m^3/m^3-hr 間。

3. **氨的合成與分離**

脫除二氧化碳所得的合成氣，在高壓下導入合成塔，經觸媒作用合成為氨。可用水吸收或冷卻分離為液氨。

4. **氨製程**

天然氣→脫硫 $\xrightarrow[\text{空氣}]{\text{蒸汽}}$ 重組→一氧化碳轉化→二氧化碳分離→甲烷化→壓縮→合成塔→高壓冷凝→液氨

5. **氨的用途**

化學肥料如硝酸鈣、硝酸鈉、硫酸銨、尿素、液氨等，其他用途如硝酸、耐隆、染料、塑膠、清漆、橡膠、炸藥等基本原料或間接原料。

14.2 氮　肥

一、氰氮化鈣肥料

先用石灰石及焦炭製程碳化鈣，再與氮氣反應而得，其反應式如下：

$$CaCO_3 \rightarrow CaO + CO_2$$

$$CaO + 3C \rightarrow CaC_2 + CO$$

$$CaC_2 + N_2 \rightarrow CaCN_2 + C$$

碳化鈣和氮氣的反應需在 1,000℃及氟石(CaF_2)為觸媒的作用進行。

二、尿　素

尿素含氮量，理論上有 46.7%，為氮肥料中含量最多者，施於土壤後易分解生成 NH_3，而被植物吸收，其肥效勝過硫酸銨及硝酸銨，而且無殘留物來影響土壤。具有價值之肥料，吸濕性強，易凝結且製造繁雜為其缺點，故近常製成為 $CaSO_4 \cdot 4CO(NH_2)_2$ 的粒狀複鹽而防止其凝結性。

1. **製法**

液氨和二氧化碳先反應生成胺基甲酸銨為放熱反應，150℃時瞬間即可完成。

$$2NH_3 + CO_2 \rightleftharpoons NH_2CO_2NH_4 \qquad \Delta H = -40kcal$$

胺基甲酸銨在脫水生成尿素，是為吸熱反應，轉化率隨溫度升高而增加：

$$NH_2CO_2NH_4 \rightleftharpoons NH_2CONH_2 + H_2O \qquad \Delta H = 10.8kcal$$

工業上用胺基甲酸銨的生成熱及氨的預熱來保持合成塔內溫度 190～195℃，壓力約在 200atm，可得轉化率約為 55%。其餘未反應的胺基甲酸銨經高壓分解器回收二氧化碳及氨。

2. **流程**

尿素在工業上製法，其主要差別在於未反應的胺基甲酸銨分解氣(氨及二氧化碳)處理方式不同：

(1) 非循環法(單流法)：未反應的氨和二氧化碳分解氣，不回流直接轉製硫酸銨、硝酸銨、磷酸銨等副產品。

(2) 部分循環法：未轉化的胺基甲酸銨在高壓下分解後，氨氣以硝酸銨吸收，二氧化碳以乙醇胺吸收，再生後循環回流。

(3) 完全循環法：高低壓分解氣均循環回流。

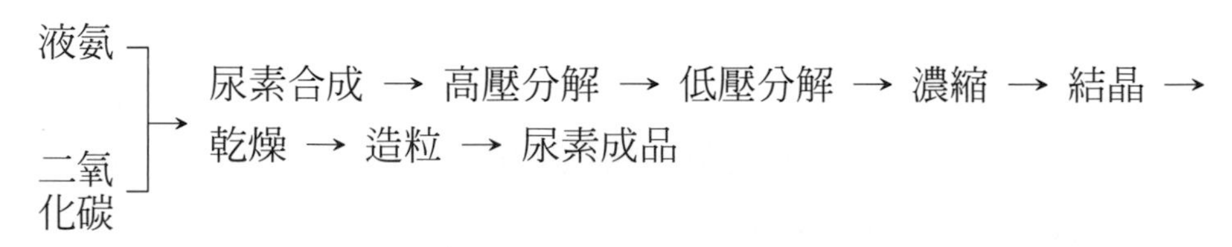

3. **用途**

(1) 工業上的用途

① 製三聚氰胺、三聚氰胺甲醛樹脂。

② 製氨基磺酸作爲除草劑原料。
③ 發酵法製味晶原料。
④ 製尿素甲醛樹脂。

(2) 尿素的製粒方法

① 直接製粒法：尿素溶液經濃縮直接製得粒狀尿素成品。
② 結晶熔融製粒法：尿素溶液濃縮後，經眞空結晶再以離心分離，經乾燥去除水分後，再熔融製粒可得含二縮脲量較低的高純度粒狀尿素成品。

三、硫酸銨

又稱硫酸錏，爲純白色晶體，含氮量 20～21%，爲氮肥料中較常用者，工業上目前有三種合成硫酸銨之製法。

1. 中和法

部分循環法製尿素時，低壓分解器產生含氨分解氣，導入含硫酸的中和反應槽中，吸收成硫酸銨溶液，經結晶、分離、乾燥即得成品硫酸銨。

$$2NH_{3(g)} + H_2SO_{4(l)} \rightarrow (NH_4)_2SO_4 + 65.7kcal$$

含氨的低壓分解氣 ─┐
　　　　　　　　　├→ 中和反應槽 → 結晶槽 → 離心分離機 →
　　　　　　硫酸 ─┘　乾燥器 → 硫酸銨

2. 石膏法

此法乃使石膏粉浮游於 H_2O 中，呈爲懸濁液，通入 NH_3 及 CO_2 並加熱之，則起反應生成 $CaCO_3$ 沉澱及 $(NH_4)_2$ 溶液。經過濾、濃縮及結晶處理後，可得純度及品質兼優的硫酸銨產品。此法適合於天然石膏出產豐富的國家或地區，其反應如下：

$$2NH_3 + CO_2 + H_2O \rightarrow (NH_4)_2CO_3$$

$$CaSO_4 + (NH_4)_2CO_3 \rightarrow CaCO_3 + (NH_4)_2SO_4$$

3. 亞硫酸銨法

二氧化硫與氨作用生成亞硫酸銨溶液，再經空氣氧化即得硫酸銨。此法生產成本較低，但觸媒尚待研究改良。

$$2NH_3 + SO_2 + H_2O \rightarrow (NH_4)_2SO_3$$

$$(NH_4)_2SO_3 + \frac{1}{2}O_2 \rightarrow (NH_4)_2SO_4$$

4. **副產硫酸銨**

在己內醯胺製程中可得大量副產硫酸銨。

四、硝酸銨

爲很理想的氮肥料，因其含氮量達 33%，而且製造簡單，成本低，又含有最速效的硝酸態氮及不易流失的銨態氮。因此目前硝酸銨的世界產量早已領先了硫酸銨而居世界固態氮肥料生產量的首位，製造時係將預熱的氮及 45%硝酸連續通入中和槽中，使生硝酸銨。

$$NH_3 + HNO_3 \rightarrow NH_4NO_3$$

濃縮上述反應液使成熔融硝酸銨，再送往製粒塔，由噴嘴噴出並以逆流空氣徐徐冷卻，製成粒狀硝酸銨。製造流程如下：

HNO_3 ┐
　　　　├→ 反應槽 → 製粒 → 冷卻 → 惰性物質 → NH_4NO_3
預熱 NH_3 ┘

五、硝酸鈣

硝酸鈣與硝酸鹽的製法可謂大同小異，就硝酸鈣而言，它是先由氨氧化製成硝酸，復以石灰石中和硝酸即得硝酸鈣。硝酸鈣的含氮量爲 13%，其吸濕性甚強，僅適用於氣候乾燥的地區。

天然氣和原油除用以製造氨外，尙可回收大量之硫磺用於製造硫酸，而硫酸可以用於處理磷礦石來合成各種過磷酸鈣及磷酸，而此兩者又爲磷肥之主幹。同理，硫酸亦可用於處理鉀礦，而產製硫酸鉀。由上述可知目前的肥料工業與石油化學的關係適何等的密切。

六、化學廢料中氮肥施加的種類及特性

1. **以銨鹽形態加入者**

有硫酸銨、硝酸銨、磷酸銨等，其中硫酸銨的銨離子易被吸收，請保持於土壤之中，但會使土壤呈酸性，長期使用硫酸銨的土壤要用石灰中和。硝酸銨也有相同的優點，但受熱和撞擊易爆炸，故需和石灰石混存。

2. **以尿素形態加入者**

　　尿素加入土中容易被植物所吸收且以銨鹽形態保持於土壤中。

3. **以氰氮化鈣形態加入者**

　　氰氮化鈣極易分解為銨而被吸收，在分解過程中二氰二胺具有殺菌能力可當土壤消毒劑使用。

4. **以硝酸鹽形態加入者**

　　有硝酸鈣、硝酸銨、硝酸鉀、硝酸鈉等，其中硝酸鈣吸濕性強，適用於乾燥地區使用。

5. **以氨形態加入者**

　　此法具有價格便宜、操作簡單的優點。

14.3 磷　肥

重要的磷肥有過磷酸鈣、濃過磷酸鈣、湯馬士磷肥和熔製苦土磷肥。其製法分述如下：

1. **過磷酸鈣**

　　以氟磷灰石和硫酸作為原料，其反應式如下：

$$CaF_2 \cdot 3Ca_3(PO_4)_2 + 7H_2SO_4 + 3H_2O \rightarrow 3Ca(H_2PO_4)_2 \cdot H_2O + 2HF\uparrow + 7CaSO_4$$

所用硫酸原料需稀釋至 51°Bè，此法所得產物為磷酸一鈣和硫酸鈣的混合物，約含有效 $P_2O_5$16～20%。副產的氟化物氣體加水生成 H_2SiF_6，可作為消毒劑、防腐劑、硬化劑等用途。

2. **濃過磷酸鈣**

　　以氟磷灰石和磷酸作為原料，其反應式如下：

$$CaF_2 \cdot 3Ca_3(PO_4)_2 + 14H_3PO_4 \rightarrow 10Ca(H_2PO_4)_2 + 2HF\uparrow$$

所用磷酸原料 62%磷酸，所得產物含有效 P_2O_5 約 44～51%，副產 HF 以水沖洗除去。本法磷酸可用低品質而有價廉的磷礦製造，而使成本低於過磷酸鈣。

3. **湯馬士磷肥**

由湯瑪士法煉鋼爐中取出的礦渣，經研碎即爲湯馬士磷肥，主成分爲磷酸四鈣($Ca_4P_2O_9$)，在土壤中和 CO_2 作用分解爲 $Ca(H_2PO_4)_2$ 可被植物吸收。

4. **熔製苦土磷肥**

磷礦和含鎂礦石(如橄欖石，Mg_2SiO_4)在 1,500℃下反應而成，含有效 P_2O_5 約 18～20%。

14.4 鉀 肥

一、氯化鉀

含氯化鉀的礦石溶於水中加熱，然後冷卻，可得氯化鉀結晶，並藉此和礦石中其他成分(NaCl、$MgCl_2$)分離。

二、硝酸鉀

可用硝酸鈉及氯化鉀反應而得，其反應式如下：

$$NaNO_3 + KCl \rightarrow NaCl + KNO_3$$

反應後可利用加熱使 NaCl 結晶和 KNO_3 溶液分離。另可用硝酸和氯化鉀作用製得硝酸鉀。

$$2KCl + 2HNO_3 + \frac{1}{2}O_2 \rightarrow 2KNO_3 + Cl_2 + H_2O$$

三、硫酸鉀

由無水鉀鎂礬以離子交換樹脂法除去鎂鹽得之。

四、其他來源

1. 海草灰浸液濃縮得之。
2. 水泥鼓風爐中所收集之含 K_2O 的粉塵。
3. 糖蜜的廢液。
4. 由食鹽母液提取。
5. 由明礬石製造。

14.5 複合肥料

複合肥料為配合肥料與化成肥料的總稱，其含有適當比率的氮、磷、鉀三要素，使植物吸收後能平均生長發育，增其肥效。一般施於植物之肥料，應含有適量的肥料三要素，然而各種化學肥料，均僅含有一種要素而已，故可稱的偏質肥料。肥料施用時最好能由二種或二種以上的肥料，依各種植物的實際需要做機械的混合，成為適於植物生長的肥料，稱為配合肥料。

14.6 微生物肥料

一、微生物肥料定義

指含有某種活微生物或酵素的固體或液體製劑，施用在種子、幼苗或土壤上，可加強營養的有效性或增加土壤中營養分，補充土壤中有益微生物數量，使土壤維持在良好生態環境下發揮功能。微生物肥料根據其作用基本上可分為固氮菌(包括共生、協生及非共生固氮菌)、溶磷菌(包括眞菌、放線菌及細菌類)、溶矽菌、菌根菌、促進作物生長的根圈微生物、分解菌、鐵物質生產菌、有機聚合物生產菌、複合微生物肥料、堆肥用微生物肥料等。

二、微生物肥料的功能

主要為：

1. **固氮作用**

   固氮根瘤菌包括共生、協生及非共生固氮根瘤菌，可以將空氣中的氮素固定為氨，轉變成落花生可以利用的氮化合物，此作用是直接增加土壤的氮素來源，並能替代或減少化學氮肥的施用。

2. **溶解作用**

   土壤中存有許多落花生不能利用的結合型營養元素，如磷、鈣、鐵等需靠根圈的溶解菌溶解後才能被利用，因此溶解結合型營養元素的菌可以做為提供落花生營養再利用的功能，並可替代或減少化學肥料的施用，例如菌根菌。

3. **增進根系營養吸收及生長的作用**

   微生物肥料中有增進根系營養吸收及生長的菌，增加根系吸收能力及表面積，即可減少化學肥料的施用，提高土壤中的營養供應效率，如菌根菌。

14.7 有機肥料

14.7.1 自製堆肥

堆肥是有機種植最好的肥料兼土壤改良劑，其實在大自然裡，每分每秒微生物都在將有機物分解，將物質循環再用。我們做堆肥只是模仿大自然的循環，並將速度加快，將本來稱爲垃圾而又能被生物降解的東西堆放在一起，讓它們被各類生物分解，把有用的有機物循環再用。堆肥令泥土的養分能得到較全面的補充，植物生長較佳，抗病蟲害的能力會相對提高，蟲葯的需求自然減少。堆肥也提供食物予泥土裡的生物，把有機垃圾循環再用，也就減輕對生態環境造成的污染。

一、不適合堆肥的物料

1. 金屬、玻璃、塑膠、彩色印刷品、有病的植物、有病的動物的糞便、禽畜的糞便(要留心有否被抗生素，重金屬與激素污染)、已開花結子的野草(應除去結子部分，否則會令野草廣泛散佈)、大塊的原料(如木頭和樹枝，可先打碎然後再用)及其他人工合成的物質。
2. 貓、狗及人的糞便可能有寄生蟲，理論上，堆肥過程所產生的高溫(60～70℃)足以將這類病蟲殺死，但萬一不小心，仍有機會生存而傳染給人。

二、適合堆肥的物料

海藻、樹葉及草葉、菜狹及生果皮、木糠、剪碎的紙張、石灰、雞蛋殼、肉、魚、食物渣滓(但須預防招引貓、狗和老鼠)等。

14.7.2 綠　肥

綠肥是特別種來做肥料的作物，通常是一些生長迅速，容易腐爛的植物，或指豆科植物，因其固氮作用可將空氣中的氮轉化成氮肥留在泥中，三葉草、大麥、苜蓿及豆類等都可用作綠肥。最好能在植株變老前鋤入泥中，因老的植株在分解過程中，會先消耗泥土中的氮素。

14.8 考　題

一、　據估計，全球將近九成的氨是用來生產氮肥，目前 Haber-Bosch 法仍然氨的主要生產方法之一，試寫出其反應式，並敘述反應物之來源與製造方式。
(108 年特種考試地方政府公務人員三等考試、102 年專門職業及技術人員高等考試)

二、　肥料之三要素為何？又何謂單肥及複肥？
(107 年特種考試地方政府公務人員四等考試)

三、　硫酸銨$(NH_4)_2SO_4$是一種重要的化學製品，請回答下列相關問題：
(一)試述硫酸銨的主要用途。
(二)硫酸銨之含氮重量百分比為何？
(三)試寫出以硫酸吸收氨氣，製造硫酸銨的化學反應式。
(四)以題(三)製程生產硫酸銨，若每小時氨氣供應量為 5 公噸，反應率 90%，請計算硫酸銨每小時的生產量與硫酸的消耗量。
(原子量：H: 1, N: 14, O: 16, S: 32)　(105 年公務人員普通考試)

四、　試述以哈伯法製氨的化學反應原理。
(102 年專門職業及技術人員高等考試)

Chapter 15

CHEMICAL PROCCEDING INDUSTRY

無機酸工業

15.1 硫　酸

15.1.1 硫的化合物

硫化性活潑，其氧化物包括二氧化硫、三氧化硫等，含氧酸則有亞硫酸和硫酸。硫在空氣中燃燒，即得二氧化硫，其吸收於水中變更為亞硫酸。工業上以五氧化二釩為觸媒，將二氧化硫氧化成三氧化硫，再轉化為硫酸。硫酸根和金屬化合成硫酸鹽，有 $RHSO_4$ 與 RSO_4 兩類。

硫和氫化合為硫化氫，是有毒氣體，其具有還原性，溶解於水中為酸性，與鹼金屬化合成硫化物。以硫化氫通過適當控制 pH 值的溶液，可得不同種類金屬硫化物的沉澱。其他重要化合物有二硫化碳，為有機溶劑。

15.1.2 性　質

純硫酸為無色、油狀液體，具有很強的脫水性及高沸點。常見 98%的硫酸，其熔點 10.4℃，沸點 310～338℃，比重為 1.84。硫酸是一種強酸，能與金屬(如鎂、鋁等)反應產生氫氣，亦可和銅、銀、汞等金屬作用產生二氧化硫，其除了當氧化劑外，也有作爲脫水劑。在硝化、酯化、磺化等有機反應時，其脫水作用能吸收反應產生的水分，對提高反應產率助益頗大。

15.1.3 製 造

一、接觸法

1. 製造程序

(1) 二氧化硫製造

① 硫化礦或硫磺原料和空氣在燒礦爐內混合燃燒，生成二氧化硫原料氣，並經集塵、洗滌等方法予以精製。

黃鐵礦　$FeS_2 + 1\frac{1}{4}O_2 \rightarrow \frac{1}{2}Fe_2O_3 + 2SO_2$

閃鋅礦　$2ZnS + 3O_2 \rightarrow 2ZnO + 2SO_2$

磁硫鐵礦　$2Fe_7S_8 + 26.5O_2 \rightarrow 7\,Fe_2O_3 + 16SO_2$

② 以硫磺爲原料，加熱熔融使雜質沉析，送入燃燒爐與空氣混合燃燒，生成二氧化硫溫度高和不含雜質，可用廢熱鍋爐回收熱能。

二氧化硫製造程序如下：

硫→燃燒爐→熱交換器→吸收塔→汽提塔→冷卻器→乾燥塔→冷凝器→液化二氧化硫

(2) 二氧化硫轉化：潔淨原料氣導入轉化器中，利用五氧化二釩催化反應生成三氧化硫。

$$SO_2 + \frac{1}{2}O_2 \xrightarrow{V_2O_5} SO_3$$

(3) 三氧化硫吸收：吸收操作一般分爲兩個階段，在第一吸收塔以 98.5～99% 硫酸爲吸收劑，約有 60～65%的三氧化硫被吸收產生 20～30%的發煙硫酸，其餘三氧化硫於第二吸收塔用稀硫酸吸收成濃硫酸。

整個製造流程爲：

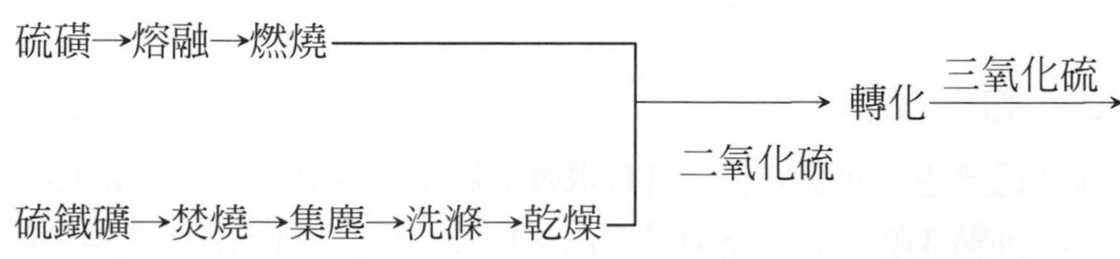

2. **化學原理**

接觸法製硫酸和鉛室法都是以硫磺或硫化鐵礦與空氣混合，燃燒生成二氧化硫作為原料氣。然後經觸媒轉化為三氧化硫，用硫酸吸收而得濃硫酸或發煙硫酸，其製造之化學反應原理說明如下：

$$SO_2 + \frac{1}{2} O_2 \rightleftharpoons SO_3$$

$\Delta H = -23.4kcal$　(氣相、可逆、放熱反應)........................... (1)

(1) 溫度：根據勒沙特列原理知，溫度升高不利於放熱反應(右方反應)，即三氧化硫轉化率隨溫度升高而減少。因此反應利於低溫下進行，如果溫度太低，雖然可使轉化率提高，但達平衡所需時間過長。在轉化率及速率兼顧情況下，一般選擇操作溫度在 550℃左右。

(2) 壓力：依勒沙特列原理可知，增加壓力有利於右向反應，並可提高 SO_3 的產率，但其效果有限而所需增加的設備費用甚大，故較不可行。

(3) 濃度：由式(1)得知，如增加二氧化硫及氧氣知濃度雖可提高三氧化硫的轉化率，但是因為平衡時三氧化硫的莫耳數與總莫耳數成反比，使得三氧化硫濃度相對的減少，產率亦隨之降低。

(4) 觸媒：常用鉑或五氧化二釩為觸媒，但鉑價昂且易中毒；五氧化釩價廉，不易受其他雜質影響(除了氟以外)，故一般使用五氧化二釩觸媒為主，其催化反應機構如下：

$$2SO_2 + \frac{1}{2} O_2 + V_2O_3 \rightarrow 2VOSO_4$$

$$2VOSO_4 \rightarrow V_2O_3 + SO_3 + SO_2$$

$$V_2O_3 + SO_2 \rightarrow V_2O_4 + SO_3$$

觸媒催化能力因溫度而變，在 500～550℃時觸媒的轉化率最佳。

二、鉛室法

1. **脫硝程序**

(1) 脫硝反應：二氧化硫原料氣通入 Glover 塔與 Gay-Lussac 塔送來的含硝硫酸作用，含硝硫酸分解成硫酸和氮氧化物。

$$2(H(NO)SO_4) + H_2O + SO_2 \rightarrow 3H_2SO_4 + 2NO$$

(2) 濃縮：鉛室送入 Glover 塔中的稀硫酸由上而下，被高溫的原料氣濃縮爲 60°B'e 濃硫酸，原料氣經冷卻後導入鉛室。

2. **鉛室程序**

鉛室反應相當複雜，反應式如下：

$$2SO_2 + NO + NO_2 + O_2 + H_2O \rightarrow 2(H(NO)SO_4)$$

$$2(H(NO)SO_4) + H_2O \rightarrow 2H_2SO_4 + NO + NO_2$$

由 Glover 塔送來的氣體(含 SO_2、NO、NO_2、O_2)在鉛室混合均勻，與水霧接觸反應生成 45～55°B'e 稀硫酸，因含雜質需再精製濃縮。

3. **硝回收程序**

由鉛室送來的氣體含有氮氧化物及少量氧氣，在 Gay-Lussac 塔以 60° B'e 濃硫酸吸收製成含硝硫酸，再送至 Glover 塔。

$$NO + NO_2 + 2H_2SO_4 \rightarrow 2(H(NO)SO_4) + H_2O$$

15.1.4 廢硫酸回收

許多用過的酸經回收再循環使用，其成本較新酸更低廉。爲了達到環境保護限制的要求與避免中和所需的成本消耗，某些廢酸需加以回收。

每年約有兩百萬公噸的廢酸再度被利用：(1)烷化廢酸催化劑爲黑色，但酸性仍相當強，而且污染情況並不嚴重(約 90%H_2SO_4、5%水與 5%烴)；(2)硝化廢酸已稀釋，而且僅些污染；(3)來自石油精煉的廢泥酸。後者通常較污濁、酸度低、嚴重污染和大部分含有高達 75%H_2SO_4，20%或更多的烴，其餘爲水。有時可將這些廢泥酸以很少的百分比加入烷化廢酸中，或加熱使其還原成二氧化硫，而且得煤焦爲副產品，但此種甚爲昂貴，其他被用來在醇之生產、氫氯酸氣之乾燥過程中吸收水分之廢酸，有時可藉簡單的濃縮加以回收。

有些硫酸仍用於鋼鐵工業的浸酸(pickling)，但由於河川排放受到限制，而且在回收酸值處理上所遭遇的困難，使得浸酸所用的硫酸已漸被鹽酸取代，廢鹽酸可藉處理回收酸值並避免河川污染。

從使用鈦鐵礦(ilmenite)生產二氧化鈦顏料生產工廠，可得一種類似於鋼浸酸液的殘液。大部分二氧化鈦顏料乃經由氯化物之途徑製得，藉以避免硫酸使用後的處理問題。

烷化廢酸可藉霧化(atomize)、燃燒及類似於處理熔煉爐氣，而將氣體加以冷卻及純化的方式，予以回收。燃燒所產生的二氧化硫氣體，在接觸法工廠再行轉化成新而純之硫酸；硝化廢酸通常藉濃縮加以回收。

石油泥酸可與廢烷化酸摻配，因此可供給烷化酸的燃料不足。在烷化廢酸回收的程序實行以前(以及大量生產以前)，部分石油泥酸則藉水的稀釋(水解)及在周圍壓力或超大氣壓力下升高溫度的方式加以回收。上層的烴移入其他容器，下層則濃縮之以便回收。

15.1.5　用　途

硫酸的總產量一度被視爲一個國家的進步指標，至今仍舊是化學工業生產量最多的物質，許多的化學品製造都得用上硫酸，可見其重要性。硫酸的使用情形在各國並不相同，若以全世界的觀點來看，用在肥料、塗料、顏料、塑膠、清潔劑的製造占相當的比例，此外少量使用在汽車電瓶、石油精煉上和洗去金屬表面的氧化物，主要是依濃度的不同使用在相異的場合：

1. 53～56°Bè 的硫酸用於過磷酸鈣肥料的製造。
2. 60°Bè 的硫酸用於硫酸銨、硫酸銅、硫酸鋁、硫酸鋅與硫酸鎂的製造。
3. 93～99%的硫酸用於石油製品的純化、二氧化鈦製備、異丁烷烷基化、氮化合物製造、酚的合成、肥皂工廠游離脂肪酸的回收與磷的製造。
4. 發煙硫酸用於石油、硝化纖維素、硝化甘油，2,4,6-三硝基甲苯磺化反應及染料工業的製造。

15.2　硝　酸

15.2.1　性　質

1. 硝酸爲無色液體，具有特殊的臭味。硝酸更有強氧化性，這是它的主要特點。
2. 硝酸很不穩定，當它受熱或受光照若干時間即分解而放出氧氣。越濃的硝酸越容易分解。濃硝酸分解時生成二氧化氮 NO_2，硝酸分子 HNO_3 裡的+5 價的氮被還原爲+4 價。稀硝酸分解時，生成一氧化氮 NO。

硝酸分子裡的+5 價的氮被還原爲+2 價，可見濃硝酸和稀硝酸都具有氧化性。分解反應式如下：

$4HNO_{3(濃)} \rightarrow 2H_2O + 4NO_2 + O_2$

$4HNO_{3(稀)} \rightarrow 2H_2O + 4NO + 3O_2$

所生的二氧化氮產物是棕色氣體，易溶於水及硝酸中，使未分解的硝酸呈微黃或微紅的色澤。濃硝酸若充以此物稱爲發煙硝酸。

3. 濃硝酸和稀硝酸都能與金屬銅起作用，生成硝酸銅而使銅溶解。濃硝酸與銅作用時，它本身被還原爲二氧化氮，稀硝酸與銅作用時，還原產物是一氧化氮。反應式如下：

$Cu + 4HNO_{3(濃)} \rightarrow Cu(NO_3)_2 + 2H_2O + 2NO_2$

$3Cu + 8HNO_{3(稀)} \rightarrow 3Cu(NO_3)_2 + 4H_2O + 2NO$

4. 濃硝酸腐蝕性甚大，紙、布、皮膚等觸之即腐爛，遇空氣則發煙而有銳利悶室的臭味，其蒸汽具有吸收水分的性質。

15.2.2 製 備

工業上硝酸的製法有三種：

一、氨氧化法

1. **製法程序**

(1) 氧化：氨和空氣依比例混合，以鉑銠爲觸媒，在 800～1,000℃下進行第一階段氧化反應。

$4NH_3 + 5O_2 \rightarrow 4NO + 6H_2O$

一氧化氮經冷卻至 140℃時，與氧氣進行第二階段氧化反應。

$2NO + O_2 \rightarrow 2NO_2$

常壓氧化法可提高硝酸的產率，減少鉑銠觸媒的損失。高壓氧化法能縮小設備的尺寸，提高硝酸的濃度。氧化條件如下：

	溫度(°C)	壓力(atm)	酸的濃度(%)
低壓法(intsch bamageshoko process)	850	1	9899
低壓法	800	1	5052
中壓法(montecatini)	850	3	60
中壓法(kuhlman)	850	3	70
高壓法(dupont)	950	8	60

(2) 吸收：二氧化氮用水吸收得稀硝酸與一氧化氮。

$$3NO_2 + H_2O \rightarrow 2HNO_3 + NO$$

(3) 濃縮：在吸收塔得到的硝酸濃度約為 50～60%，可用下列方法濃縮：

① 加入濃硫酸作脫水劑，打破共沸現象，蒸餾可得 98～99%的濃硝酸。

② 加入 72%$Mg(NO_3)_2$溶液，經汽提、精餾，可得 99.5%的硝酸溶液。

2. **反應參數與條件**

(1) 接觸時間和空間速度：由於氨的氧化速度極快，必須使氨與空氣均勻混合在適當的空間速度和接觸時間下通過觸媒網，藉以避免其他的副反應發生。如原料氣與媒接觸時間過長時，則所有的氨將轉化為氮氣及水蒸汽。

① 接觸時間過長時：

$$2NO \rightarrow N_2 + O_2$$

$$4NH_3 + 3O_2 \rightarrow 2N_2 + H_2O$$

② 接觸時間過短時：

$$NH_3 + NO \rightarrow N_2 + H_2O$$

反之，如接觸時間過短，則氨未轉化及通過觸媒網，並會與一氧化氮反應生成氮氣，不僅造成氨耗用率增加，一氧化氮降低產率，而且有爆炸之虞。

(2) 氧化裝置與廢熱回收：氧化氣的設計需配合接觸時間及空間速度，以提高氨之轉化率。氨氧化時所放出的熱量，可利用廢熱鍋爐回收汽電，供應全場所需動力來源。

(3) 觸媒：由於氨氧化時溫度高，反應速率極快，在高壓下氣體的流速甚大，故已鉑銠(Pt-Rh)合金為觸媒。

(4) 溫度：氨氧化為放熱反應，故溫度越低轉化率越高，但溫度太低觸媒無法發生作用，因此一般溫度控制在 800～1,000℃。

(5) 壓力：

$2NH_3 + O_2 \rightarrow 2NO + 3H_2O_{(g)} \quad \Delta H = -216.6kcal$

由勒沙特列原理得知壓力越高，氨氧化反應之轉化率越低，工業上一般採用長壓法或高壓法兩種操作壓力。

(6) 濃縮：硝酸水溶液濃縮至 68%時會形成共沸現象，此種稀硝酸用途較少，必須加入第三成分濃硫酸作為脫水劑，以蒸汽加熱濃縮(共沸蒸餾)得 98～99%的濃硝酸。

二、智利硝石法

硝酸鈉和濃硫酸混合，在 150℃下反應生成硝酸及硫酸氫鈉。

$NaNO_3 + H_2SO_4 \rightarrow HNO_3\uparrow + NaHSO_4$

所得硝酸氣體可用冷凝法或稀硝酸溶液吸收之。

三、電弧法

空氣通過 3,000℃以上的電弧，使氮氣和氧氣直接化合。

$N_2 + O_2 \rightarrow 2NO$

隨後將一氧化氮急速冷卻，倒入氧化室氧化為二氧化氮，再以水吸收可得 50%的硝酸。

15.3 鹽　酸

15.3.1 概　述

鹽酸學名氫氯酸，俗稱鹽水，分子式為 HCl，分子量等於 36.47，為氯化氫的水溶液。純品為無色溶液，但一般常帶黃色，因含有氯化鐵、氯化砷等雜質。

15.3.2 性　質

1. 鹽酸是氯化氫氣體溶解在水中而成的溶液(但不是油狀物，所以不同於硫酸)。

2. 濃鹽酸中的氯化氫容易逸出，有刺鼻的臭味(硫酸則沒有)，與空氣中的水蒸汽相遇就成白霧，所以濃鹽酸瓶或甏開啓時，會發生白煙，如果濃鹽酸瓶或甏蓋閉不好，氯化氫氣體逸出，濃度就要逐漸降低。
3. 鹽酸有酸味，能使藍色石蕊試紙變成紅色。
4. 鹽酸能和許多金屬物，如鐵、鋅、鈉等起作用，放出氫氣，而成金屬的氯化物，反應如下式：
   (1) $Fe + 2HCl \rightarrow FeCl_2 + H_2\uparrow$
   (2) $Zn + 2HCl \rightarrow ZnCl_2 + H_2\uparrow$
   (3) $2Na + 2HCl \rightarrow 2NaCl + H_2\uparrow$
5. 銲錫工作人員在銲接時，常用鹽酸塗在需要銲接的地方，以清潔需要銲接的金屬表面。所以鹽酸也有俗稱銲錫藥水。
6. 鹽酸蒸汽對動植物有害，空氣中含有 HCl 達 0.004%時，能影響呼吸作用。濃鹽酸是極強的無機酸，腐蝕性極大，遇纖維和肌肉立即腐爛。
7. 鹽酸的濃度隨其所溶氯化氫氣體的量而增加，工業上所常用的鹽酸其濃度約含 32%氯化氫，約合波美表 20 度。

15.3.3 製　備

工業上製造鹽酸的方法有以下三種：

一、電解合成法

使電解食鹽水所產生的氫氣及氯氣直接化合成氯化氫，降溫以水吸收氣態氯化氫成鹽酸溶液。

$$H_2 + Cl_2 \rightarrow 2HCl \qquad \Delta H = -44\ kcal$$

其流程爲：

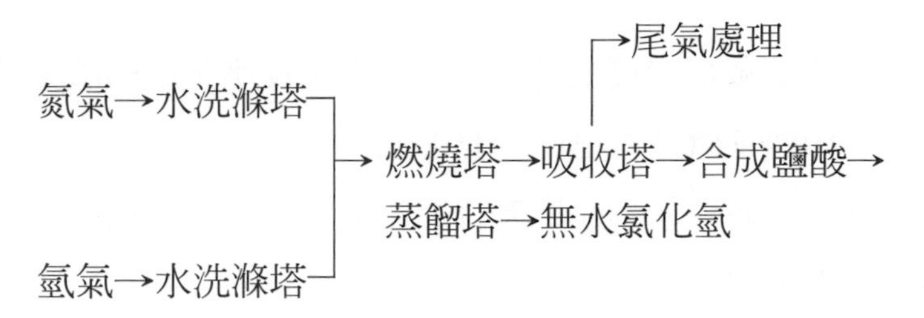

合成反應時需混合非活性氣體與過量氫氣，並且燃燒室容積要大，藉以避免爆炸。鹽酸腐蝕性強，合成設備或吸收塔採用非滲透性石墨作爲內襯材料。

二、副產鹽酸法

碳氫化合物的氯化反應可製得副產鹽酸。

$$RH + Cl_2 \rightarrow RCl + HCl\uparrow$$

副產鹽酸常攜有微量的有機雜質，需加以精製處理，其方法如下：

1. **蒸餾吸收法**

   副產鹽酸送入蒸餾塔中，蒸餾出氯化氫蒸汽與雜質分離，冷卻後再以稀鹽酸吸收之，其流程爲：

   粗製副產鹽酸 → 蒸餾塔 → 冷凝器 → 吸收塔 → 精製副產鹽酸

2. **溶劑吸收法**

   烴類氯化產生副產鹽酸氣，通入有機溶劑中吸收，除去有機雜質。

3. **吸附法**

   採用活性碳吸附法，除去有機雜質。

三、食鹽硫酸法

將氯化鈉加入硫酸中，可得到氯化氫及硫酸氫鈉。

$$NaCl + H_2SO_4 \xrightarrow{\text{低溫}} NaHSO_4 + HCl\uparrow$$

$$NaHSO_4 + NaCl \xrightarrow{\text{高溫}} Na_2SO_4 + HCl\uparrow$$

此法所生成的鹽酸純度約 30～60%，產物中常帶有 Na_2SO_4 和 H_2SO_4 霧沫，品質不佳。

四、木炭法

氯氣與水蒸汽通入塡充木炭或煤炭反應爐中，在高溫下反應生成鹽酸氣體。

$$Cl_2 + C + H_2O \rightarrow 2HCl + CO \qquad \Delta H = -15\ \text{kcal}$$

此法爐內溫度必須高達 1,000℃，而爐材需耐火與耐酸；所得產物純度差和攜有雜質，氫氣供應短缺時採用本法較有利。

15.4 磷　酸

15.4.1 性　質

1. 白色固體，於 42℃時即熔化成黏稠性液體(磷酸 50%、75%，水溶液是易流動的液體。極易溶於水，溶液呈酸性，置於空氣中易潮解。
2. 市售磷酸是濃度 85%的無色糖漿狀稠厚液體，比重 1.70 能溶於任何量的水或酒精中。
3. 純粹磷酸爲無色斜方晶體或粘稠液體，比重 1.834，熔點 42～43℃。它的酸性介於強酸和弱酸之間，較硫酸、鹽酸、硝酸等強酸爲弱，但較醋酸、硼酸等弱酸爲強。
4. 磷酸對皮膚有些腐蝕性，能吸收空氣中的水分。
5. 磷酸無氧化力，受熱至 200℃，則失去部分水分而成焦磷酸，再受熱至 300℃，則生成偏磷酸。反應式如下：

$2H_3PO_4 \rightarrow H_4P_2O_7 + H_2O$
　磷酸　　　焦磷酸　水

$H_4P_2O_7 \rightarrow HPO_3 + H_2O$
焦磷酸　　偏磷酸　水

註：偏磷酸、焦磷酸都屬五價磷的含氧酸。

15.4.2 製　備

磷酸的製備有兩種：

1. **乾式法**

　　由磷酸酐與水作用製得，此法分兩個步驟：

第一步驟：從磷酸鈣土製成磷酸酐

　　磷鈣酸土是一種磷酸鈣[$Ca_3(PO_4)_2$]礦物，把磷鈣酸土或骨灰和以砂(二氧化矽)及焦炭放在電爐中加熱，磷酸鈣和砂作用，生成矽酸鈣、礦渣和磷酸酐(五氧化二磷)，反應式如下：

$$Ca_3(PO_4)_2 + SiO_2 \rightarrow 3CaSiO_3 + P_2O_5$$

磷酸鈣　二氧化矽　矽酸鈣　五氧化二磷

第二步驟：磷酸酐與水作用生成磷酸，反應式如下：

$$P_2O_5 + 3H_2O \rightarrow 2H_3PO_4$$

五氧化二磷　水　　磷酸

其流程爲

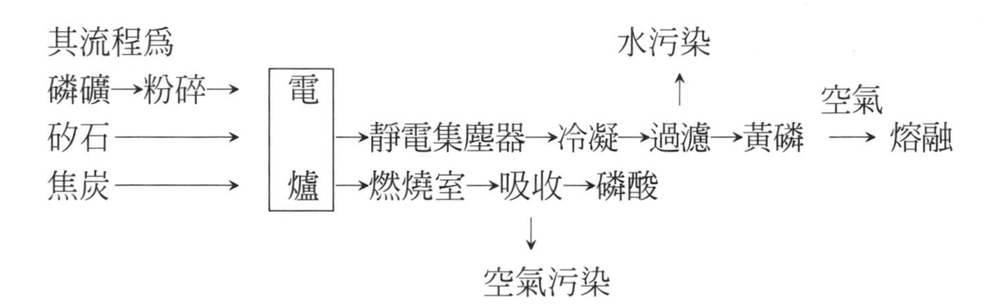

2.　**濕式法**

本法由磷酸鈣與濃硫酸作用製得，在加熱下，磷礦石(磷酸鈣)和硫酸即起化學反應，生成硫酸鈣和磷酸。硫酸鈣沉澱析出，經過濾、磷酸與硫酸鈣分離，反應式如下：

$$Ca_3(PO_4)_2 + 3H_2SO_4 \rightarrow 2H_2PO_4 + 3CaSO_4$$

磷酸鈣　　硫酸　　　磷酸　硫酸鈣

其流程爲：

硫酸

↓

磷礦→粉碎→分解槽→過濾→蒸發→濃磷酸

↓

半水合石膏

3.　**乾式法與濕式法比較**

性質	乾式法	濕式法
生產成本	高	低
產品	純度與濃度均高(含 P_2O_5 75%)	純度與濃度均低(含 P_2O_5 30～32%)
副產品	磷矽酸鹽爐渣及磷－鐵	石膏($CaSO_4$)
原料(品級)	低級磷礦	高級磷礦
用途	金屬表面處理、醫藥、染色、電鍍、食品等	製造磷酸鈣、磷酸鈉、三聚磷酸鈉等磷酸鹽之肥料、飼料等用途

15.4.3 用 途

一、製藥工業

用以製備食用補腦糖漿的配料(甘油磷酸脂)，因是食用，應符合藥典規定。

二、火柴工業

將火柴梗用稀磷酸浸過後，火柴燃燒時可不成灰，而仍呈碳狀，能使火柴梗不斷，在使用時較爲安全，原因是磷酸經燃燒後成爲焦磷酸。焦磷酸熔點爲 61℃，火源一經熄滅，即凝成固體，仍固著在火柴梗上，不致中斷。

三、印染工業

某些特殊用途的織物，要求具有一定的防火性能，如軍用紡織品、冶煉工作者的工作服等。通常所指的防火，並不是說經過防火處理後的織物不會著火燃燒，而是有阻止火焰蔓延，或當火源移去後即不再燃燒，常用的防火整理劑可分物理整理劑和化學整理劑兩種。許多化學防火整理劑能與纖維素的羥基(OH)化學結合，防火作用良好，多次水洗，防火性能也不消失，從而產生比較耐久性的防火織物。通常用磷酸和尿素製成磷酸，作爲化學防火整理劑，在高溫中處理纖維素織物，使纖維素纖維素變成纖維磷酸酯而起防火阻燃效果。

15.5 考 題

一、 (一)以「氨氧化法」製造硝酸之三個主要步驟爲何？
(二)請說明上述三個步驟。
(三)此方法使用何種觸媒？ (103 年專門職業及技術人員高等考試)

二、 接觸法爲一種製造硫酸的常用方法。
(一)試以硫磺爲原料，畫出經由接觸法製造硫酸的流程圖並說明之，以及寫出涉及的化學反應式。
(二)舉出五種硫酸的用途。 (102 年公務人員普通考試)

三、 寫出三種工業上製造鹽酸(HCl)之化學反應方程式並簡要說明之。
(100 年專門職業及技術人員高等技師考試)

四、 試以化學反應式表示硫酸及硝酸的工業製造法。

(100 年公務人員特種考試關務人員三等考試)

五、 試寫出乾法(電爐法)製造磷酸的完整化學反應方程式。

(100 年特種考試地方政府公務人員四等考試)

六、 簡述工業上硝酸的主要製程，並列舉硝酸用途。

(98 年特種考試地方政府公務人員考試三等考試)

Chapter 16

CHEMICAL PROCCEDING INDUSTRY

塗料工業

16.1 塗　料

塗料係由樹脂、顏料、溶劑及添加劑等混合調配而成，具有防銹、防潮、耐酸鹼、隔熱、絕緣等功能，可達到保護被塗物品質、延長使用壽命、裝飾與美化產品外觀等效果，產品廣泛應用於建築、運輸器材、機械、家具、金屬、電子電器及塑膠等行業之產品及製程上。

若依塗膜形成方式之不同，塗料產品可分爲油性塗料、合成樹脂塗料、纖維素塗料及水性塗料等四類；若依用途分類則可分爲建築用、設備製造用及特殊功能用塗料等。

塗料主要由樹脂、顏料及溶劑等三種成分調配而成，再經過各種不同特性的添加劑、填充劑等助劑之作用，研製成適合各種不同用途的塗料。一般而言，樹脂約占 25～40%，溶劑約占 25～35%，其他助劑共約 40～50%。塗料生產製程常用的溶劑包括甲苯、醋酸乙酯、丙酮、二甲苯、甲醇、乙醇及異丙醇等。典型的塗料製造流程由原料經比例秤重、調配後，送入攪拌槽內攪拌均勻，再利用研磨機研磨至要求的微細程度，並經調色及裝罐後成爲成品。

16.1.1 塗料種類

種類		組成	用途
油性漆料(有色塗料)	油漆	顏料+亞麻仁油、熟煉油	室內、室外塗料
	乳液油漆	顏料+熟煉水+水	混凝土、木材表面塗料
	水性漆料	顏料+膠水、酪蛋白質水溶液	牆壁、天花板塗料
	膠乳漆料	顏料+合成樹脂+水	混凝土、木材牆壁、廚房、船舶
清漆(透明塗料)	油性清漆	樹脂+乾性油+稀釋劑	機械類塗裝
	揮發性清漆	樹脂+酒精等揮發性溶劑	電器用品、電線塗裝
	噴漆	硝酸纖維素+揮發性溶劑	汽車、傢俱塗裝
	天然清漆	天然漆類	美術品

16.1.2 各種類塗料的應用比較

塗料種類	污染防制上的效益	可應用層面	應用上的優勢	範圍與限制
高固形塗料	1. 降低噴塗溶劑使用量(低 VOCs) 2. 減少過度的噴塗四散	1. 鍍鋅鈑件 2. 各種的金屬材質	1. 低膜厚噴塗 2. 顏色多樣化 3. 可用在傳統的噴塗設備	1. 無法去除溶劑劑使用 2. 塗料穩定性差
水性塗料	1. 消除溶劑使用(非常少或幾乎零的 VOCs 排放) 2. 使用水清理被噴塗物	1. 使用範圍廣 2. 建築物 3. 木製家具 4. 水泥製品	1. 低膜厚噴塗 2. 顏色多樣化 3. 部分設備與傳統的噴塗設備共用	1. 需做濕度控制 2. 作業環境控制 3. 需要專用噴塗設備 4. 流動特性不易掌握 5. 設備需要防銹處理
粉體塗料	1. 消除溶劑使用(無 VOCs 排放) 2. 無溶劑清理被噴塗物 3. 塗料可回收使用	1. 鋼鐵材 2. 鋁材 3. 鍍鋅鐵材	1. 低膜厚噴塗 2. 無調整或混合製程 3. 高塗佈效能(可 100%塗佈)	1. 部分需預熱 2. 無法塗佈於複雜形狀 3. 顏色替換困難

16.1.3 各種塗料的性能比較

	溶劑塗料(solventborne)	水性塗料(waterborne)	粉體塗料(powder)
固形份比例	10～50%	30～50%	100%
溶劑比例	90～50%	70～50%	0%
耐衝擊性	○	○	○
整體品質	□	□	○
塗料遮蓋力	○	○	□
顏色多樣性	○	○	△

□：很好，○：好，△：尚可。

16.2 樹　脂

樹脂種類	樹脂形態	優點	缺點
丙烯酸脂(壓克力)樹脂	40～50%固形分水溶液或乳膠	耐熱與耐光性良好、皮膜柔軟、耐水性良好	柔軟度著氣溫變化而改變
聚氨酯(PU)樹脂(urethane resin)	20～40%固形分水溶液或乳膠	皮膜強度、接著力大、耐寒性優良、Drycleaning性良好	依品種的不同而產生黃變，耐光性不良，容易加水分解
環氧樹脂(epoxy resin)	40～50%固形分水溶液或乳膠	耐水性、耐溶劑性、耐熱性都很好	柔軟度很硬、硬化緩慢，容易黃變
醋酸乙烯樹脂	40～50%固形分水溶液或乳膠	皮膜乾燥、熱變色、耐光性良好	缺乏耐水性、耐熱性、柔軟度很硬
聚酯樹脂	各種固形分水溶液或乳膠	耐水性及接著力很優良、皮膜也很強	皮膜很硬、容易裂開
乳膠樹脂(latex)	40～50%固形分水溶液或乳膠	皮膜彈性良好、耐水性與耐溶劑性也很好	耐熱性、耐光性不佳

16.3 顏　料

16.3.1 顏料定義

顏料就廣義的說，任何種顆粒物質散布在媒劑中為不溶的，同時幾乎是物理與化學的和媒劑不發生反應。這樣的定義不但包括有色顏料，也涵蓋塡料、展色劑以及官能性的顏料。作爲顏料用的顆粒物質，其顆粒大小範圍從非常細小的膠質顆粒(～0.01μm)起，至比較粗的顆粒(～100.0μm)。顏料是種粒狀或粉狀固體，在配合的油料擔體(液媒)或媒劑中不溶的或實質上近乎不溶的。他們有選擇性吸收可見光的一部分或是全部分，因而產生顏色。同時因爲對光的分散有反射、折射以及繞射等作用，對分散液劑(或擔體)的不透明度有影響，也就是在應用後，在施塗表面發生不同程度的遮蓋作用。顏料對於配合的系統，其流動性質與耐久度也有影響。

16.3.2 顏料分類

一、無機顏料

1. 白色顏料

依照顏色的分類方法，白色顏料包括有鈦質顏料、鉛質顏料、鋅質顏料、氧化銻和一小集團的其他物質。在這一類的白色顏料中，每一小分類包括幾種顏料，在化學組成分或物理性質上，彼此都有不同。

(1) 鈦質顏料：鈦質顏料包括幾種形色的二氧化鈦，商業上都稱爲鈦白粉，有銳鈦礦型(anatase)、二氧化鈦(A 型鈦白粉)，並有純質的和改良的的型式；金紅石型(rutile)二氧化鈦(R 型鈦白粉)，也有純的和改良的，以及 R 型或 A 型和硫酸鈣或其他擴展劑顏料滲加的複合顏料。

二氧化鈦顏料的製造方法，現在實際使用的有二種，一種比較老的硫酸鹽法，另一種比較新的氯化物法。硫酸鹽從 1932 年開始，使用鈦鐵礦(ilmenite)爲原料，大規模生產，現在仍爲主要的製造方法，占全世界生產量的 70%，其反應式如下：

$$FeO \cdot TiO_2 + 2H_2SO_4 \rightarrow TiOSO_4 + FeSO_4 + 2H_2O$$

$$TiOSO_4 + Fe + 2H_2O \rightarrow TiO(OH)_2 \downarrow + H_2SO_4$$

$$TiO(OH)_2 \xrightarrow{\Delta} TiO_2 + H_2O$$

1954 年美國 Du Pont 公司發展成氯化物法，利用金紅石(rutile)爲原料，製造 TiO_2 顏料，品質比較硫酸鹽法的爲佳，其反應式如下：

$$TiO_2 + 2Cl_2 + 2C \rightarrow TiCl_4 + 2CO \uparrow$$

$$TiCl_4 + O_2 \rightarrow TiO_2 + 2Cl_2 \uparrow$$

(2) 鉛顏料：主要的鉛顏料是碉性碳酸鹽白鉛、鹼性硫酸鹽白鉛、以及鹼性矽酸鹽白鉛和雙鹼性亞磷酸鉛。

(3) 在鋅質顏料類中包括有氧化鋅(鋅白)、加鉛氧化鋅、鋅鋇白、立德粉(lithopone)以及加鈦立德粉(titanated lithopone)，鋅鋇白的成分是 $BaSO_4$ 和 ZnS 的混合物，將重晶石($BaSO_4$)鍛燒還原成硫化鋇，用水溶解得硫化鋇溶液，與硫化鋅溶液混和生成 $BaSO_4$ 和 ZnS 的共沉澱物，再經過濾、鍛燒、粉碎、研磨等處理，即得鋅鋇白產品，其反應式如下：

$$BaSO_4 + 4C \rightarrow BaS + 4CO$$

$$BaS + ZnSO_4 \rightarrow BaSO_4 + ZnS$$

2. **紅色顏料**

(1) 合成氧化鐵：純的氧化鐵含有 95%以上的 Fe_2O_3，低雜質，他們的特性是明亮、鮮豔、永久的顏色、細顆粒、容易潤濕和有非常好的遮蓋力。

(2) Venetian 紅：Venetian 紅的氧化鐵含量在 5～40%間，餘下的主要是硫酸鈣。他們是用石灰或一種鈣化合物，如同氫氧化鈣或碳酸鈣和硫酸亞鐵反應而成。一種方法是乾反應法，在一倒焰爐或中進行，其他的方法用石灰加入硫酸亞鐵溶液中，使沉澱出，接通空氣和鍛燒。在每一種情形下，顏色用石灰和硫酸亞鐵的比例量、時間、溫度和空氣量來控制。最後成品的氧化鐵還可以繼續減低，再加入如同石膏、重晶石顏料、白料或其他的擴展劑加以滲合。一種典型的顏料，含有最低 40%Fe_2O_3 和 60%$CaSO_4$，比重 3.50，吸油度 22 磅油／100 磅顏料，和有 99.5%通過第 325 號標準篩。

(3) 紅鉛：高成分眞紅鉛成分的紅鉛是比較困難製造，在製造操作進行時，有若干氧化鉛變成被包圍在紅鉛顆粒的中心，很難爲這些中心顆粒獲取氧。太高的溫度，紅鉛成分會反回變成 PbO_2。紅鉛具有橘紅色的，含有最高 9.33%氧和 67%鉛，相當於分子式 Pb_3O_4，他們有比 PbO 更高的氧化狀態。

(4) 鎘紅：紅色和棗紅色的顏料是用硒化物和硫化鎘一起沉澱出，棗紅色的有更大量的硒化物。例如一種典型的淡紅色顏料，他們的鎘對硒比例是 5：1，而在棗紅色顏料中的比例是 3：1，硒的引進在沉澱之前，可以用金屬硒溶解在鹼金屬硫化物溶液中，或在鍛燒之前密切的混和金屬硒與沉澱物，所以鎘紅和鎘棗紅是叫做鎘硫，硒化合物。鎘顏料的特性對溫度有好的抵抗力，可以一直高到 500℃，和對鹼也有抵抗力，但對甚至稀酸的抵抗力較差。他們是不會滲出的當作爲固體顏色，對光相當安定，但當和白色顏料在一起，作爲調色用，他們的安定性較差。價格比較貴，比起有機紅色和棗紅色顏料，調色強度低，色調比較污穢，鮮豔度低。

(5) 氧化亞銅：一種重要的新紅色顏料是氧化亞銅，如同其他的紅色顏料紅鉛一樣，他們的應用並不是作爲顏色顏料，而是爲了他們抗銹性質，紅色的氧化亞銅因爲他們的抗垢性質，廣應用在鋼的抗垢油漆中，和曝露在海水中的木料抗垢油漆中。

3. **棕色顏料**

這一類棕色顏料，和紅色以及黃色顏料，非常有關係，是用氧化鐵爲基料。這類顏料的天然來源，包括有粗富錳棕土(raw umber)、燒富錳棕土(burnt umber)、金屬棕、錳棕、和 Van Dyke 棕色(van dyke brown)；合成物質是沉澱的棕色氧化鐵，或合成氧化鐵的混合物。

4. **黃色顏料**

主要的黃色和橘黃色無機顏料，是氧化鐵的水化物、鉻酸鉛(鉻黃、$PbCrO_4$)、鉬橘黃、鋅黃($ZnCrO_4$)和鎘黃。鉻黃與鋅黃是最有商業重要性，其製法和用途如下

名稱	成分	製法	性質
鉻黃	$PbCrO_4$	硝酸鉛、醋酸鉛溶液中加入重酸鉀得沉澱物	和硫化物共用會變黑
鋅黃	$ZnCrO_4$	硫酸添加重酸鉀與鋅白	微溶於水

水化的氧化鐵是從鍍物得來，也可以從合成製得，在此之外，再沒有其他天然產品是有商業重要性的。

5. **綠色顏料**

主要的綠色顏料有三大類，鉻綠、氧化鉻以及水化氧化鉻。雖然這三類都是鉻的衍生物，但他們在成分、性質和用途方面都有顯然的不同，在其中鉻綠用途最廣，氧化鉻對光最牢固，以及水化氧化鉻的顏色最爲鮮豔。

6. **藍色和紫色顏料**

藍色無機顏料有兩類主要顏料，就是鐵藍和群藍(ultramarine blues)，他們都是合成產品。

7. **黑色顏料**

黑顏料的黑色依照定義是沒有可見光線，這定義包括有反射和透射光在內，所以理想的黑色顏料，係不會反射可見光線，也不會傳遞可見光線。若干品級的黑色顏料，非常接近這理想性質，但事實上就是最好品級，也會反射非常微量的紅色、藍色或若干其他顏色。少理想一點將會反射相當多的顏色。所謂黑玉(jetness)品質或反射可見光最少的，是若干槽黑、碳黑的特性，即所謂"高級顏色碳黑的"，比較次級"黑玉黑的"特性是所謂中級顏色類的，以及更次黑玉黑的，所謂"正常級顏色"碳黑。一種黑色顏料的這種性質，當單獨使用時稱爲"整體色"，或底色。所以槽黑碳黑當和白色顏料混合普通會產生感覺溫暖的棕灰色，而爐黑、碳黑則產生感覺冷的藍灰色。

8. **顏色體積濃度**(pigment volume concentration)

顏色體積濃度係指欲得到良好遮蔽與保護效果，所需使用顏料量，簡稱 PVC。

$$\text{PVC}=\frac{\text{顏色體積}}{\text{顏色體積}+\text{非揮發性溶媒量}}$$

16.4 考　題

一、塗料通常是由那些成分所組成的？

(107 年特種考試地方政府公務人員四等考試)

二、塗料之功能試舉二種。主要由那四部分混合調配而成？若依構成塗膜之成分區分，塗料產品主要可分爲那四類？　(101 年公務人員普通考試)

三、簡述白色顏料二氧化鈦(TiO_2)的製程方法，並列出相關化學反應式。

(98 年公務人員、關務人員升等考試、88 年公務人員簡任升等考試)

四、請說明抗電磁波(Electromagnetic Interference，EMI)塗料之主要配方及其原理。

(95 年公務人員特種考試警察人員考試)

提示：特殊碳成分，確保居家環境不受電磁波爲害，塗上後只要牆壁不剝落效果永久有效，水溶性，不含有毒溶劑，吸入無害。

優點：1. 碳元素提煉的水性乳膠漆，不含有毒物質或溶劑，符合綠建材。
2. 上漆當作底漆，再上面漆覆蓋即可。
3. 不生鏽，也不腐蝕，且吸入無害，單層可達 99.99%遮蔽效果。
4. 塗上後只要牆壁不剝落效果永久有效。
5. 搭配電磁波防護布料可使居家防護更全面。

Chapter 17

CHEMICAL PROCCEDING INDUSTRY

染料與染色

17.1 染料總論

有選擇性地吸收可視光線，而具有固有顏色的有色物質稱爲色素。在色素之中，對纖維及其他素材具有親和性，利用水及其他的媒体做選擇性的吸收，而具有染著能力的物質稱爲染料，另外對於纖維及其他素材不具染著性的色素則稱爲顏料。

染料原本的用途係用於棉、麻、嫘縈等纖維素纖維，羊毛、蠶絲，耐隆等之聚醯胺(poly amide)纖維，聚酯纖維及亞克力纖維等之纖維類的染色處上，此外也被使用在紙漿、皮革橡膠、塑膠、金屬、油脂、毛髮及其他雜貨的染色或著色，食品、醫藥品、化粧品等之著色、油墨、塗料及其他情報記錄用及情報表示用途上。

17.2 染料顏色與化學構造

按化學構造理論，染料顏色成因有三種：發色團說(chromophor theory)、類醌說(quinoid theory)、共振說(resonance theory)。

17.2.1 發色團說

Witt 提出有機物帶有顏色的條件需分子內有不飽和的發色原子團存在，這種原子稱爲“發色團”。由發色團與芳香核結合的分子稱爲“色原體”(chromogen)，顏色的濃淡與染著性受助色體(auxochrome)控制，染料可表示爲：

染料＝色原體＋助色體

重要的發色團見表 17.1，助色體分爲鹽基和溶化基兩種，前者如烴基(−OH)、氨基($-NH_2$)、硫醇基(−SH)與其衍生物)；後者如羧基(−COOH)或磺酸基($-SO_3H$)，染料舉例如下：

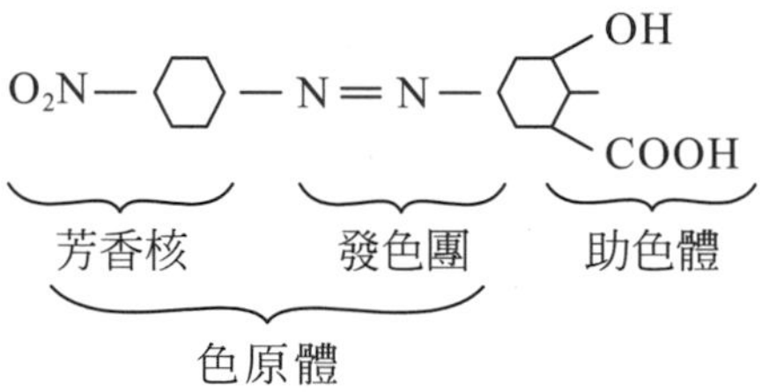

$O_2N-C_6H_4-N=N-C_6H_3(OH)(COOH)$

芳香核　發色團　助色體

色原體

表 17.1　發色團

名稱	一般構造式
亞硝基 nitroso	−NO(或＝N−OH)
硝基 nitro	$-NO_2$(或＝NO · OH)
單偶氮 mono-azo	R−N＝N−R′
雙偶氮 di-azo	$R-N=NR_2-N-NR_3$
乙烯 ethylene	>C＝C<
羰 carbonyl	>C＝O
碳氮 carbon-nitrogen	>C＝NH，−CH＝N−
硫羰 thiocarbonyl	>C＝S，−C−S−S−C−

17.2.2　類醌說

Arrestrong 提出有機化合物帶有顏色者，大都有類似於對酸或鄰醌的構造如下：

O＝⬡＝O(對醌)　⬡＝O(鄰醌) ＝O

17.2.3　共振說

Baeyer，Bury 與 Pauling 認為染料顏色來自共振異構物的互變現象，和共軛雙鍵的 π 電子移轉有關，例如：

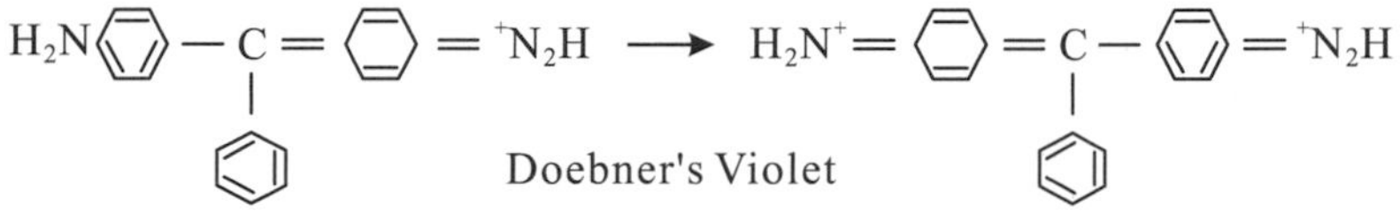

H_2N⬡－C＝⬡＝^+N_2H ⟶ H_2N^+＝⬡＝C－⬡＝^+N_2H

Doebner's Violet

17.3　染色分類

一、直接染料

這裡所稱的一般直接染料，係指具有磺酸基($-SO_3H$)或羧酸基($-COOH$)等水溶性基團，對纖維素纖維具有較大親和力，在中性介質中能直接染色，也能染絲、毛、維尼隆纖維等染法簡便的直接染料。但牢度較差，部分染料在染色後，如經固色處理，可提高濕處理牢度。這類染料結構以雙偶氮及多偶氮染料為主，並以聯苯胺及其衍生物占多數。現就其與化學結構關係分別敘述：

1. 聯苯胺及非苯胺結構的偶氮染料這些染料品種最多，色譜最齊，以前應用最多。這些染料的分子內具有聯苯胺結構，現已逐步改用銑替苯胺或其它代用中間體，染料的顏色隨著所用的偶合組分而變化。

   一般以鄰羥基苯甲酸的苯系羥基化合物為偶合組分的染料是黃色，以 1-苯胺，-4 磺酸及其衍生物為偶合組分的是紅色，以氨基　酚磺酸為偶合組分的是紫或藍色。此外以聯苯胺的衍生物如聯甲苯胺或以聯鄰甲氧苯胺為偶氮成分的染料，其顏色均比聯苯胺結構的為深，而以聯鄰甲氧苯胺比聯甲苯胺甲苯胺更深些，如直接湖藍 6B 就比直接藍 3B 為深。還有以聯苯胺製成的三偶氮染料、四偶氮染料、五偶氮染料，大都是綠色、褐色、黑色等深色染料，例如直接墨綠 NB 由 4,4'二氨基苯銑替苯胺，一邊偶合成黃色，另一邊偶合成藍色通過銑胺基聯結而成。

2. 二苯乙烯偶氮染料二苯乙烯偶氮染料的分子內具有二苯乙烯，同時有偶氮基(－N＝N－)。這些染料以黃、橙色爲主。如常用的直接凍黃 G 是以上述基團爲主，並將染料中的羥基用氯乙烷酯化後所得。直接凍黃 G 有良好的染色性能，惟溼處理牢度稍差。

3. 含銅直接染料這類染料在結構上具有的特徵，就是在偶氮基兩側的鄰位上有兩個羥基，或在染料分子在末端有水楊酸結構。銅鹽處理時，甲氧基脫去甲基生成羥基，使染料的水溶性降低，耐洗牢度得到改善，同時色澤顯著變得深暗，日曬牢度明顯提高。水楊酸結構的染料與銅絡合後，色澤變化較少，日曬牢度提高不多。

4. 直接重氮染料這類染料的分子結構中具有可重氮化的氨基($-NH_2$)，應用時照通常的方法染色後，再經重氮處理，使染料在纖維上進行重氮化，最後再用偶合劑進行偶合，形成較深的色澤，並能提高其濕處理牢度。

二、酸性染料

可溶於水溶液中，染料溶液顯示爲陰離子性染料之一，分子量小，對羊毛、耐隆等之聚醯胺纖維具有親和性，而對纖維素纖維的親和力小者稱爲酸性染料。酸性染料因本身爲磺酸或羧基酸之鈉鹽，易溶於水，成膠體與直接染料一樣呈陰離子性，其化學反應如下式：

$$D-SO_3Na \rightarrow D-SO_3^- + Na^+$$

若使染液呈酸性狀態會降低染料之溶解度，同時因酸性存在羊毛、耐隆等纖維上之—NH_2 形成—NH^{3+}，易於產生離子鍵結合，故 pH 值降低會增進酸性染料之上色速率。

$$D-SO_3Na + W-NH_3^+ \rightarrow W-NH_3-SO_3-D + Na^+$$

酸性染料可分爲均染型、中間型、堅牢型、特優型四類，各類的特性詳如表 17.2。

表 17.2　酸性染料分類

特性 種類	染浴 pH 值	染色性狀	芒硝影響	染色物性狀	化學結構
均染型	強酸性浴	移染性優、易於均染	增大移染性、緩染	織物濕堅牢度差、色較鮮艷	炭離子或偶氮
中間型	強酸性浴或弱酸性浴	移染性中等、均染性良好	增大移染性、緩染	織物濕堅牢度中等、色澤鮮艷	偶氮居多
堅牢型	弱酸性浴或中性浴	移染性較差、不易均染	促進染料之凝集有促染作用	織物濕堅牢度良好、色澤中等	✳✳型居多
特優型	弱酸性浴或中性浴	移染性差、不易均染	促進染料凝集有促染作用	織物濕堅牢度佳、色較暗	✳✳型居多

三、鹽基性染料

可溶於水，在水溶液中染料離子呈陽離子性的染料稱為鹽基性染料。在合成染料中歷史以鹽基性染料的歷史為最早(發明於 1856 年)，而所開發出的染料也很多，在 1800 年代到 1900 年代初期，主要被開發作為棉纖維媒染染色用之染料，稱為舊型鹽基性染料，而自 1930 年代以後，被開發作為醋酸纖維、亞克力纖維與其他鹽基性染料可染型合成纖維染色用者，稱為陽離子染料。

四、媒染染料

纖維與染料間無直接親和性，欲使兩者連結而能夠染色，必須先將纖維加以處理，此種處理方法稱為媒染(mordanting)。在染料分子不含如磺酸基的水可溶性基，而具有可與金屬結合絡鹽的氫氧基染料稱為媒染染料。

媒染染料係指纖維經金屬鹽處理始能夠染著的染料，大部分天然染料均屬此種，若同時具有酸性染料及媒染染料的性質者，稱酸性媒染染料。

此種染料染後的水洗及日光堅牢度均佳，但色光較暗，濃色摩擦堅牢度較差，主要用於羊毛染色，先以酸性染料染色後，再以重鉻酸鉀使之發色。染色後形成鉻的配位鍵及離子鍵結合，堅牢度良好，但調色較困難及再現性欠佳。水中的金屬離子 Ca^{++}、Al^{+++}、Fe^{++}同樣可以作媒染劑，但色相與鉻離子不同，故染色用水的金屬離子應予避免。

五、甕染料(vat dyes)

此類染料因本身不溶性，需以鹼性之亞硫酸氫鹽還原成為溶解性狀態而被纖維吸收染色，製成還原液的過程稱甕化(vatting)，故有甕染料之稱，天然靛藍即為甕染料的代表。此類染料本身不溶解於水，需在鹼性還原液還原成無色的隱色體(leuco compound)，被纖維吸收後，再經氧化後顯色，其染色後的特點為色彩鮮明，日光、水洗堅牢度均佳，耐氯漂白性亦佳，只有染色較複雜、再現性較差、耐摩擦牢度較低、價格昂貴的缺點。

為使在甕染法及印染使用上易於迅速還原，增進滲透性及染色性等目的，將染料微粒子化，微粒子化常以化學方法及機械法併用，其過程如下：

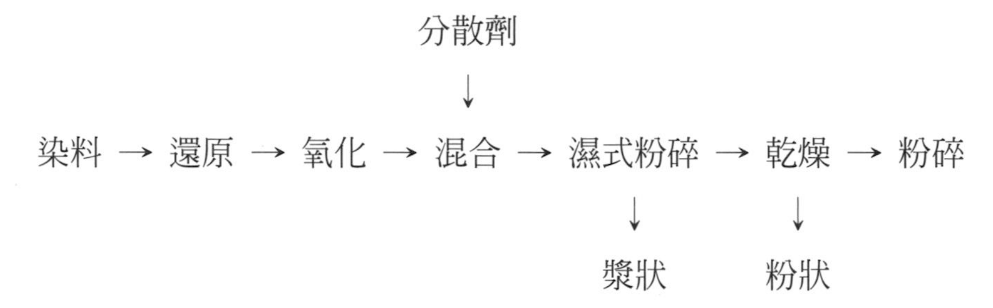

六、硫化染料

係染料分子內含有很多硫黃結合的水不溶性染料，在染浴中經還原劑(通常使用硫化鈉)加以還原，形成隱色鹽染料後被纖維所吸著，再藉由氧化轉換為水不溶性染料而完成染色者稱為硫化染料。硫化染料係將芳香族化合物與硫黃或多硫化鈉一起加熱，藉著加硫反應而獲得之染料，因大部分為無法以單一化學構造式表示之混合物，所獲得的色相全部為不鮮明色。

硫化染料顧名思義，其分子結構含有硫及氮，但其詳細之化學結構尚未明確，可以 R－S－S－R 表示，本身不溶於水，需藉硫化鈉製成還原浴，將纖維素纖維染色，此類染料染色後對水洗及日光堅牢度良好，但色調較暗，而且在空氣中易起氧化而使纖維素纖維產生脆化。

1. **溶解性**

$$\underset{\text{硫化染料}}{R-S-S-R} \xrightarrow[\text{還原}]{2H} \underset{\text{無色化合物}}{2R-S-H} \xrightarrow{NaOH} \underset{\text{無色}}{2R-S-Na}$$

2. **染色性**

$$2R-S-Na \xrightarrow[H_2O]{O} R-S-S-R+NaOH$$

七、酚(納夫妥)偶氮染料

將生成偶氮系色素的偶合成分與重氮成分以具親和性的形態賦予纖維(主要爲纖維素纖維)，使其在纖維上產生反應而合成水不溶性的色素(偶氮沉澱顏料)，同時染成所需之色調的染料稱爲納夫妥染料。納夫妥染料係以紅色系爲主，賦予鮮明的色相，濃色染容易與堅牢度也較爲良好。對印染、連染、吸盡染色任何的染色法均能適用，但從染色作業上的特徵來看；主要以印染領域爲中心。

納夫妥染料，從其化學構造上的特徵來看被稱爲不溶性偶氮染料，而從其染色法的特徵來看亦被稱爲冰染染料，其係偶合成分的底劑(grounder)一般常用的 Naphthol AS 與重氮化成分顯色劑(顯色基或顯色鹽)在纖維上產生不溶性的偶氮色素，因利用酚染色(naphthol dyes)，使用時纖維先以 Naphthol AS 打底烘乾，再以經偶氮化的顯色劑偶合，重氮化之反應如下：

$$-NH_2 + HCl \rightarrow -NH_3 + Cl^-$$

$$NaNO_2 + HCl \rightarrow HNO_2 + NaCl$$

$$-NH_3 + Cl^- + HNO_2 \rightarrow -N^+{=}NCl + 2H_2O$$

八、氧化染料(oxidation dyestuff)

爲一種含有芳族之胺(amine)之有機化合物，被纖維吸收後，經過氧化作用而生成鏈之有色物質，例如苯胺鹽酸鹽，氧化後呈黑色稱苯胺黑(aniline black)。使用氧化劑一般的氯酸鹽重鉻酸鉀、過氧化物均可，此類染料的顏色爲結構不明的褐色～黑色，黑色較鮮明，堅牢度相當好。

九、分散染料

分散染料被應用於淺色中的染色，當應用於濃色染時，因存有色相鮮明度及堅牢度(濕潤、耐光及昇華等)方面的問題點而不能適用。因此在印染作業時，除了特殊場合外很少使用。不過將陽離子染料改質成分散型所利用的方法存有各種優點，所以啓示今後導入合理化的方向。

因分散染料對各纖維的染色性溫度依存性大，所以印染的固著條件成爲支配發色的重要原因。一般隨著溫度的上昇、染著量呈明顯增大的趨勢，故在纖維的耐熱安定性被容許的範圍內，宜使用高溫進行固著作業，是類各分散染料的纖維別固著條件與代表性的還原劑(sodium formaldehyde sulphoxylate：$NaHSO_2CH_2O \cdot 2H_2O$)的拔染特性。

十、反應性染料

其化學結構包括染料母体和反應性基團兩個組成部分，染料母体即染料的發色團，與酸性染料或直接染料相類似。反應基團與發色團相連接，使染料具有與纖維發生反應的能力。染色時，染料與纖維起共價結合，最終成爲染上顏色的纖維化合物。

反應性染料顧名思義指染料分子與纖維結構上之官能基，產生共價鍵結合之反應而達到染色之目的，堅牢度較佳，目前有染纖維素纖維及羊毛耐隆用兩大類，其染色性質：

1. **化學構造**

   可用通式表示：D－T－XD 爲染料母體，T 爲架橋基，X 爲反應基。

2. **溶解性**

   與一般直接染料，酸性染料等，同樣具有高度的溶解性，亦有部分成分分散狀態。

3. **染料安定性**

   貯存過久會減低反應性，水溶液狀態會產生水解、溫度及 pH 愈高則愈不安定。

   $D-T-X+OH^- \rightarrow D-T-OH+X^-$

4. **染色性**

   應用於纖維素纖維主要與 OH 基反應，羊毛與耐隆則與 NH_2 反應，其反應式：

   $D-T-X+H-O-Cell \rightarrow D-T-O-Cell+HX$

染料染色後色相鮮美，堅牢度良好，但對金屬離子較爲敏感，需注意水質或塡加金屬離子封鎖劑。

十一、螢光增白染料

可視爲一種無色染料，由於纖維經過漂白以後，吸收部分自然光之短波長部分的能量，以致其反射光中之紫至藍色光線稍嫌不足而略帶黃味之感覺，螢光增白染料需先刺激後，將紫外線部分轉變爲可見的螢光，除可補足藍色光之不足外，同時增加全反射光的視感光量，增加白的感覺，也就是說螢光染料係藉光學的作用而增加白度，並非像漂白劑破壞色素而達增白作用。

螢光增白染料之染色性質依其溶解性可分為不溶解性及水溶性兩類，不溶解性為非離子性，較適用於合作纖維水溶性主要有陰離子性適用於棉及羊毛，陽離子性適用於聚丙烯腈纖維，一般而言螢光增白染料的日光堅牢度較差，水洗堅牢度亦不理想。

螢光增白劑可按它的用途或化學結構進行分類，由於一種增白劑可有多種用途，用途分類很不方便，為此大多是依它的化學結構來分類。現將一般情況簡述如下：

1. 二苯乙烯系，是以二苯乙烯$\langle\bigcirc\rangle-CH=CH-\langle\bigcirc\rangle$為母體，所得到的各種螢光增白染料。

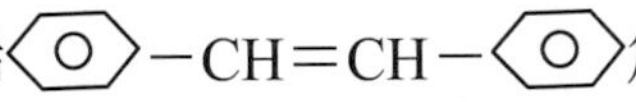

2. 二苯乙烯三唑型，上述二苯乙烯雙三唑型的缺點是耐光性不強、耐氯漂性能較差。為了克服這一缺點，有人經實驗認為二苯乙烯三唑型具有良好耐氯漂的穩定性。結構式如下：

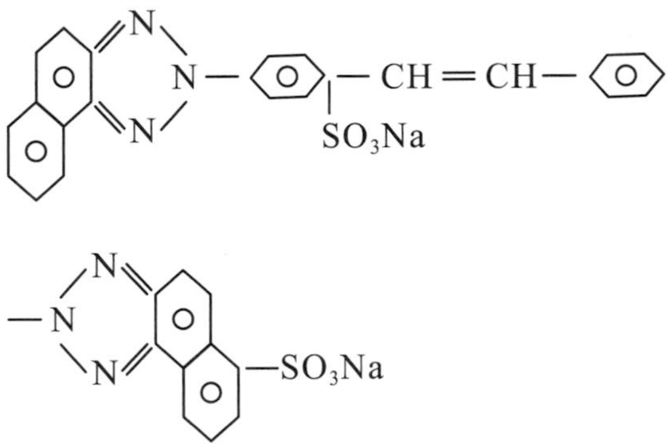

$$N-\langle\bigcirc\rangle-CH=CH-\langle\bigcirc\rangle$$
$$SO_3Na$$

$$-N \quad -SO_3Na$$

3. 聯苯胺系，是以聯苯胺($H_2N-\langle\bigcirc\rangle-\langle\bigcirc\rangle-NH_3$)為母體所得到的各種衍生物，如：

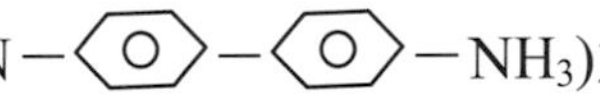

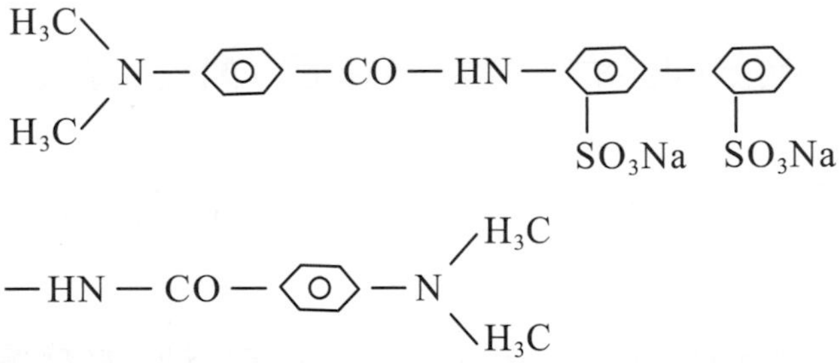

$$H_3C \quad N-\langle\bigcirc\rangle-CO-HN-\langle\bigcirc\rangle-\langle\bigcirc\rangle$$
$$H_3C \quad SO_3Na \quad SO_3Na$$

$$-HN-CO-\langle\bigcirc\rangle-N \quad H_3C \quad H_3C$$

4. 唑系，含唑系雜環最主要的大致有 N O、N NH、N NH等，這種含氮雜環基和某些基團連接起來，就成唑系螢光增白劑，它在合成纖維上的應用是很重要的。

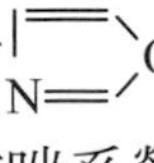

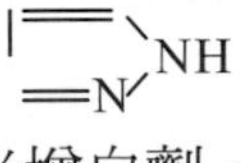

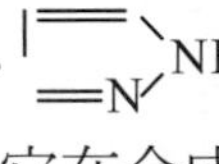

十二、顏料樹脂染料

顏料爲不溶解於水、油或其他溶劑的白色或有色粉末，可用於油墨、塗料及纖維。一般纖維用途，需藉樹脂作架橋固著在纖維上，以印染方式使用居多，其缺點爲手感較粗硬摩擦堅牢度較差，可分有機及無機兩大類。

1. **有機顏料**

   有苯二甲藍系、甕染料系及其多環系、高級偶氮系。

2. **無機顏料**

   有鈦白、碳黑、金粉、銀粉、紅色氧化鐵。

17.4 染料製造

17.4.1 染料原料

染料基本原料爲烴類與無機物。

一、烴類

苯、甲苯、二甲苯、萘、蒽、石蠟烷類。

二、無機物

1. **酸類**

   硝酸、硫酸、混合酸、鹽酸、氫氰酸、醋酸、蟻酸等。

2. **鹼類**

   氫氧化鈉、碳酸鈉、氨、石灰石、生石灰、消石灰、氫氧化鉀與胺類。

3. **鹽類**

   食鹽、硫酸鈉、亞硝酸鈉、硫化鈉、氰化鈉、硫酸銅、氯化鉀、硫代硫酸鈉等。

4. **其他**

   氫、氯、溴、碘、酒精、甲醇、甲醛、乙炔、鹵烷、鐵、硫、鋅等。

17.4.2　染料中間體製造

一、硝化作用

以混合酸硝化

$$R \cdot H + HNO_3 \xrightarrow{H_2SO_4} R \cdot NO_2 + H_2O \qquad \Delta H = -15.0 \sim -35.0 kcal$$

二、磺化作用

磺化劑爲不同濃度的 SO_3 水溶液，從 66Be´ 以下的硫酸至發煙硫酸、亞硫酸鹽與氯磺酸等。

$$R \cdot H + (HO)_2SO_2 \rightarrow RSO_2OH + H_2O$$

三、鹵化作用

鹵化劑通常是乾燥的氯氣或 HCl，氯化方法(1)不飽和鍵的加成作用，(2)取代氫，(3)置換 $-OH$ & $-SO_3H$ 等。

$$CH_2{=}CH_2 + HCl \xrightarrow{\text{無水}} CH_3CH_2Cl$$

$$C_6H_6 + Cl_2 \xrightarrow[\text{無水}]{FeCl_3} C_6H_5Cl + HCl$$

四、Friedel-Crafts 反應(縮合和加成反應)

反應劑爲酸酐或醯氯，觸媒爲氯化鋁

1.　**加成作用**

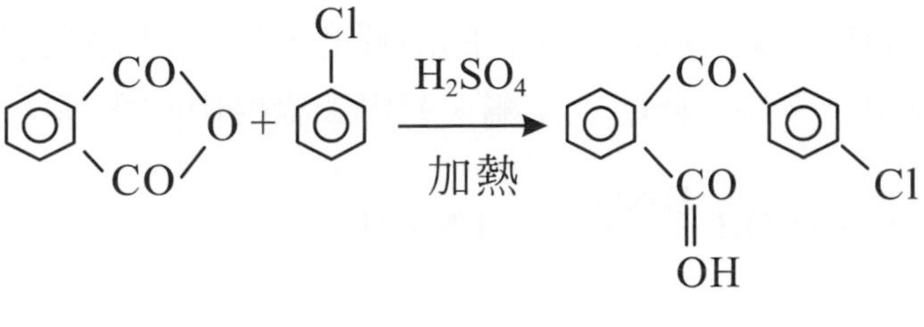

$$C_6H_4(CO)_2O + C_6H_5Cl \xrightarrow[\text{加熱}]{H_2SO_4} C_6H_4(COOH)\text{-}CO\text{-}C_6H_4Cl$$

2. **縮合作用**

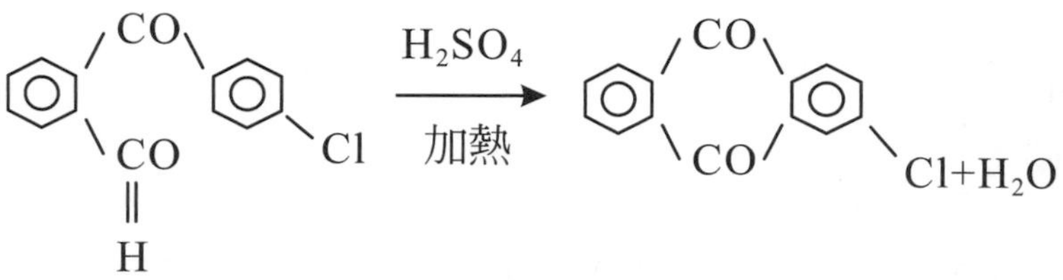

$$C_6H_5(CO)(COH) \cdot C_6H_4Cl \xrightarrow[\text{加熱}]{H_2SO_4} C_6H_4(CO)_2C_6H_3Cl + H_2O$$

五、氧化作用

氧化劑爲純氧、空氣、硝酸、高錳酸鉀、二氧化錳、重鉻酸鹽、三氧化鉻、次氯酸鹽、氯酸鹽、過氧化鉛與過氧化氫。鄰苯二甲酐製成的染料有曙紅、螢光紅胺、櫻紅素等。

六、還原胺化

還原劑爲鐵與酸性觸媒或鋅與鹼性觸媒、硫化鈉或多硫化鈉、液相和氣相接觸氫化等。

$$R \cdot NO_2 + 6H \rightarrow R \cdot NH_2 + 2H_2O$$

$$4R \cdot NO_2 + 9Fe + 4H_2O \rightarrow 4R \cdot NH_2 + 3Fe_2O_3$$

七、氨解胺化

在高溫高壓釜中，以氨水或液氨直接胺化。

八、水解作用

常用鹼熔法以 $-OH$ 取代 $-SO_3H$ 或 $-Cl$，反應劑有苛性鈉、鹼類、酸類或水。

$$ArSO_3Na \text{ 或 } ArCl + 2NaOH \rightarrow ArONa + Na_2SO_3 \text{ 或 } NaCl + H_2O$$

九、烷化作用

烴基的烷化偶而用以減少酚類衍生物的溶解度，生成的染料對稀酸或稀鹼耐牢度較高，烷化劑爲醇類、鹵烷、硫酸二烷酯、對甲苯磺酸甲酸酯等。

$$C_6H_5NH_2 + 2CH_3OH \xrightarrow{H_2SO_4} C_6H_5N(CH_2)_2 + 2H_2O$$

17.5 考　題

一、請回答下列問題：

(一)何謂染料？

(二)染料和顏料的差別爲何？

(三)請問直接染料的結構主要包含那些基團？其優缺點爲何？

(101 年公務人員特種考試身心障礙人員四等考試)

二、依照用途，染料可分爲許多種類，試舉出其中的五類。

(100 年公務人員普通考試)

三、解釋分散染料(disperse dyestuff)。　(98 年公務人員、關務人員薦任升等考試)

Chapter 18

CHEMICAL PROCCEDING INDUSTRY

油脂與界面活性劑

18.1 油脂意義與組成

18.1.1 油脂意義

屬於天然脂類的脂肪及油稱爲油脂，是動植物組織的重要成分。常溫下是液體者稱爲油，如花生油、植物油，屬於植物性的。常溫下凝結固體者稱爲脂肪，如豬脂、牛脂，屬於動物性的。不論動物性的脂肪或植物性的油類，皆爲高級脂肪酸與丙三醇所形成的甘油酯。脂肪的硬度決定於脂肪酸的組成，含有 12 個或以下碳原子的脂肪酸及不飽和脂肪酸在室溫下呈液態，含有 14 個或以上碳原子的飽和脂肪酸在室溫下呈固態。動物性脂肪通常爲飽和脂肪，蔬菜油則通常爲不飽和油脂。

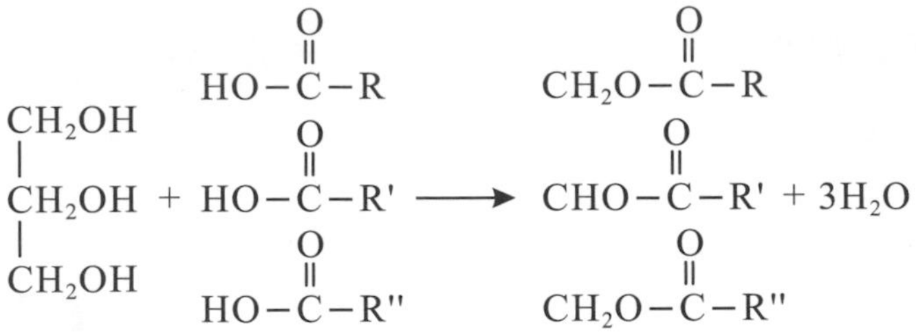

$$
\begin{array}{l}
CH_2OH \\
| \\
CH_2OH \\
| \\
CH_2OH
\end{array}
+
\begin{array}{l}
HO-\overset{\overset{\large O}{\|}}{C}-R \\
HO-\overset{\overset{\large O}{\|}}{C}-R' \\
HO-\overset{\overset{\large O}{\|}}{C}-R''
\end{array}
\longrightarrow
\begin{array}{l}
CH_2O-\overset{\overset{\large O}{\|}}{C}-R \\
CHO-\overset{\overset{\large O}{\|}}{C}-R' \\
CH_2O-\overset{\overset{\large O}{\|}}{C}-R''
\end{array}
+ 3H_2O
$$

甘酸　　各種脂肪酸　　　　脂肪或酸

18.1.2　油脂化學組成

1. 飲食中的油脂以三酸甘油酯爲主，占 95%以上，其基本化學結構爲一分子甘油＋三分子脂肪酸(fatty acids)，構成元素主要是碳、氫、氧(見圖 18.1)。

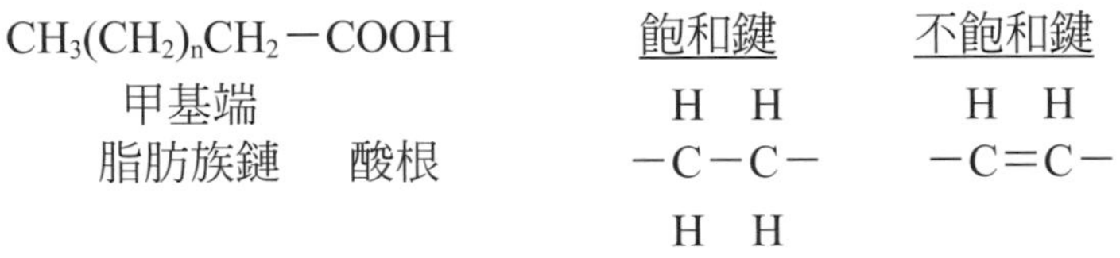

$CH_3(CH_2)_nCH_2-COOH$

甲基端

脂肪族鏈　　酸根

飽和鍵

$$
\begin{array}{cc}
H & H \\
-C- & C- \\
H & H
\end{array}
$$

不飽和鍵

$$
\begin{array}{cc}
H & H \\
-C= & C-
\end{array}
$$

圖 18.1　脂肪酸的一般構造式

由於各種油脂都含有甘油，因此油脂的特性取決於所含的脂肪酸。脂肪酸的基本結構是由碳原子串連而成，碳元素以 C 代表，其後的數字代表脂肪酸所含的碳原子數目。

2. **脂肪酸分類**
   (1) 按碳數或碳鏈長度而分：天然脂肪酸一般具有偶數個碳，可分爲短鏈、中鏈與長鏈：短鏈脂肪酸爲 C_4-C_6，中鏈脂肪酸爲 C_8-C_{10}，長鏈脂肪酸爲 C_{12} 以上。
   (2) 按飽和度(saturation)或雙鍵數目而分：取決於碳原子之間的化學鍵。
      ① 飽和脂肪酸(saturated fatty acids)：不含雙鍵，碳鏈較長者，常溫下爲固體，如十八酸丙三酯(硬脂酸甘油酯)。
      ② 不飽和脂肪酸(unsaturated fatty acids)：含雙鍵愈多者：常溫下爲液體，又細分爲
         a. 單元不飽和脂肪酸(mono-unsaturated fatty acids)：含一個雙鍵。
         b. 多元不飽和脂肪酸(poly-unsaturated fatty acids)：含兩個或以上的雙鍵。

c. 營養上多元不飽和脂肪酸對飽和脂肪酸的比例以『P/S』表示。

3. **具有脂肪酸成分的脂質**

(1) 簡單脂質：由脂肪酸及醇類所形成的酯。又分爲：

① 甘油脂：(中性脂質)

a. 甘油脂爲含量最多的脂質。一個甘油脂分子具有一個、兩個、或三個脂肪酸尾部附著於一個醇架構上。

b. 由一個、兩個、或三個脂肪酸尾部附於甘油上時，分別稱爲單甘油脂、二甘油脂、及三甘油脂。

c. 動植物以三甘油脂的形式儲存脂質。最常吃的脂肪也是三甘油脂，其不溶於水。

d. 三甘油脂室溫下若爲固態者稱爲脂肪(fat)；若爲液態者則稱爲油(oil)。

② 蠟(wax)

a. 蠟分子是由長鏈脂肪酸與長鏈醇或碳環鍵結而成。

b. 蠟的分泌物有助於葉、果實、動物皮膚、羽毛及皮毛等外層的形成。

c. 蠟較不易爲人體消化吸收。

(2) 複合脂質：由中性脂質與其它物質結合之化合物，包含下列幾類

① 磷脂類：由中性脂質與磷的化合物。

② 醣脂類：由中性脂質與碳水化合物的化合物。

③ 脂蛋白：由中性脂質與蛋白質的化合物。

4. **不具有脂肪酸成分的脂質**

(1) 不含脂肪酸尾部的脂質較前述的含有脂肪酸的脂質含量少，但其在細胞膜及調節代謝作用上扮演許多重要的角色。

(2) 此種脂質中有些據不溶於水的長鏈(如 terpenes)；有些具環狀構造(如類固醇 steroids)。

(3) 動物組織中最常見的類固醇爲膽固醇(clolesterol)，它是細胞膜的成分之一。

(4) 膽固醇分子重新排列形成性激素及膽酸(具消化作用)。

(5) 植物組織中的類固醇不含膽固醇。

18.1.3 油脂與脂肪酸的化學反應

1. **氫化作用**(hydrogenation)

   當有催化劑如鎳存在時，液體油脂可經由氫化作用轉化爲固體脂肪；此過程包括將氫加入碳鍵中的雙鍵。

2. **乳化作用**(emulsification)

   脂肪能與液體經由乳化作用形成乳化液，亦即脂肪能被打散成小顆粒，因而能增加總表面積而減少表面張力，以至於這些小顆粒不會溶合。膽鹽及卵磷脂是消化及吸收所必須的生化乳化劑。

3. **皀化作用**(saponification)

   脂肪酸與一個陽離子結合而形成肥皀的過程即稱皀化作用。

4. **酸敗**(rancidity)

   在室溫下的空氣即能引致脂肪的氧化，造成其味道改變即稱酸敗。一般飽和脂酸在空氣中比較穩定，不飽和脂酸則雙鍵愈多者，愈容易氧化。油脂酸敗分爲三種型態：

   (1) 環氧化

   $$\sim CH=CH\sim + CH_3COOH \rightarrow \sim \underset{\diagdown\; O\; \diagup}{CH-CH} \sim + CH_3COOH$$

   (2) 異構化

   $$\begin{matrix} H & & H \\ & C=C & \\ R & & R'-COOH \end{matrix} \rightarrow \begin{matrix} H & & R'-COOH \\ & C=C & \\ R & & H \end{matrix}$$

   (3) 聚合：脂肪在過度受熱後，會導致甘油之分裂，產生一種刺激性的化合物(丙烯醛；acrolein)，對於腸胃道黏膜特別具有刺激性，再者油脂在高溫油炸下脂肪酸會聚合成多種聚合物，稱爲聚合作用(polymerization)。

$$R-CH=CH-CH=CHR' + R''-CH=CHR_3 \longrightarrow$$

```
        CH=CH
       /     \
R-CH          CH-R'
       \     /
        CH-CH
       /     \
     R''      R3
```

5.　**碘價**

碘價或稱碘值是指每 100 克樣品所消耗的碘單質質量(單位爲克)。碘價常被用來測定脂肪酸中不飽和度。脂肪酸中的不飽和度多以 C=C 的形式存在，C=C 會與碘發生加成反應。因此，碘價愈高，對應的樣品中 C=C 含量愈高。由表 18.1 可知，椰子油十分飽和，因此椰子油十分適合製造肥皀，同時，亞麻籽油不飽和度很高，因此適用於調制油畫顏料。

表 18.1　碘價

脂肪酸	桐油	鱈魚肝油	葡萄籽油	棕櫚油	橄欖油	蓖麻油	椰子油
碘價	163～173	145～180	124～143	44～51	80～88	82～90	7～10
脂肪酸	棕櫚仁油	可可脂	荷荷芭油	棉籽油	玉米油	麥芽油	葵花油
碘價	16～19	35～40	80～82	100～117	109～133	115～134	119～144

18.2　精油製造方法

18.2.1　蒸餾法

將花朵或果實放在眞空槽中隔水加熱，蒸發出植物中的精油成分，並利用冷卻方式使之成爲液體狀，再依照水與精油的比重、密度的差異而分離出來，大部分精油以此方式提煉出來，例如玫瑰、薰衣草、檀香。

18.2.2　壓榨法

將果肉去除，只取果皮壓搾，再經分析及離心機將油水分離而提煉出精油，果皮類精油均依此方式萃取，例如柑橘、檸檬。

18.2.3 油脂萃取法

利用油脂的吸收作用，在容器上塗一層油脂質，再把花朵壓入油脂質，一直到油脂吸收完花朵中的精油成分爲止，最後以酒精來分離抽取。這是最古老的萃取方式，例如茉莉。

18.2.4 溶劑萃取法

利用酒精、醚液態丁烷等溶劑，反覆淋在欲萃取的植物上，再將含有香精油的溶劑分離解析，以低溫蒸餾即可得到精油，例如檀香。

18.2.5 浸泡法

將花朵浸泡在熱油中，使植物中的精油釋放出來，再用蒸餾法萃取提煉即可，例如肉桂、鼠尾草。

18.3 界面活性劑

物質分子中同時含有疏水性基(hydrophobic group)，大部分爲 C_8～C_{18} 長直烷烴基如 $C_{12}H_{25}-$，或芳香烴基如 $C_9H_{19}-\cdot C_6H_4-$等，與親水基原子團(hydrophilic functional group)如 $-SO_3^-$、$-(OCH_2CH_2)_nOH$ 等，溶於水或水溶液時，其分子吸著在界面或液內形成可逆的液體，減低水溶液的表面張力或二液內間的界面張力，改善乳化性、濕潤性、分散性、可溶解性或滲透性等性質，此種使界面的物性發生顯著變化的化合物，稱爲界面活性劑。界面活性劑的種類很多，主要分爲陰離子界面活性劑、陽離子界面活性劑、非離子界面活性劑、兩性離子界面活性劑等，如表 18.2 所示。

表 18.2 界面活性劑分類

種類	主要產品	主要用途
陰離子界面活性劑	醯基氨基酸鹽	洗髮精、梳洗、醫療、地毯清洗劑、肥皂泡沫增強劑
	聚醚磷酸鹽、醇磷酸鹽	乳化劑、膠化劑、抗腐蝕劑、抗靜電劑
	烷苯磺酸鹽(LAS)	家庭及工業清潔劑
	醇硫酸鹽(AS)	家庭清潔劑
	聚醚硫酸鹽(AES)	洗碟液、個人衛生用品、洗衣粉
	二甲苯磺酸銨、磺酸鈉	洗碟液、家庭洗衣粉

種類	主要產品	主要用途
	丁二酸二烷基酯	食品包裝接著劑、輔助界面活性劑、化妝品乳化劑
	萘磺酸鹽	織物的漂白、精鍊、染色、除草劑乳化劑
	α-烯烴磺酸鹽(AOS)	家庭及工業用界面活性劑、清潔油井發泡劑
	烷基甘油醚磺酸鹽(AGES)	濕潤劑、乳化劑、發泡劑、洗碟液、洗髮精、混濁劑、增稠劑、鈣皂分散劑
	烷基二苯基醚二磺酸鹽	增溶劑、偶合劑、漂白液及農業用界面活性劑、結晶成長改質劑、酸性染料平準劑
	烷基酚醚硫酸鹽	纖維處理劑
	N-醯基甲基牛磺酸鈉	洗衣粉、化妝品、洗髮精、家庭清潔劑添加劑
陽離子界面活性劑	單烷基胺類	潤滑劑、腐蝕抑制劑、浮選劑
	三烷基胺	汽油去冰劑
	烷基二胺	乳化劑、柏油抗剝劑、潤滑油添加劑
	二烷基二甲基第四銨鹽類	家庭及工業織物柔軟劑、調髮劑、染色平準劑、抗靜電劑
	乙氧化胺類	染色平準劑、潤滑劑、分散劑、抗腐蝕劑
	醯胺基胺類	柏油乳化劑和抗剝劑、浮選劑、腐蝕抑制劑、環氧樹脂硬化劑
	氧化脂肪胺	泡沫增強劑、液態清潔劑、洗髮精、家庭及工業用洗淨劑
	硬脂基苄基二甲基氯化銨	柔軟劑、抗靜電劑、洗髮精、調髮劑
非離子界面活性劑	第二醇醚	乳化劑、纖維潤滑劑、家庭及工業用清洗劑
	低發泡乙氧基化型與丙氧基化型	·藥品、除草劑、接著劑、塑膠乳化安定劑 ·黏結劑、染料、鈣皂分散劑 ·黏結劑、染料、油墨、皮革、紙張濕潤劑 ·消泡劑(如造紙用) ·油漆黏度控制劑 ·原油去乳化 ·切削及研削油 ·錠劑的塗覆 ·金屬清洗及其他工業清洗用
	脂肪烷基醯胺	輕級家庭用洗碟液、個人衛生用品
	乙氧基化脂肪烷醇醯胺	乳化劑、染料助劑、顏料分散劑
	乙氧基化蓖麻油、乙氧基化氫化蓖麻油	·化妝品 ·人及動物口服和注射藥劑
	乙氧基化脂肪酸甘油酯、聚乙二醇脂肪酸酯類	·乳液和敷膏乳化劑 ·香水、染料、醫藥安定劑
	山梨糖醇酐	乳化劑
	脂肪酸單甘油酯	乳化劑和安定劑
	脂肪酸丙二醇	食品乳化劑

種類	主要產品	主要用途
	蔗糖脂肪酸酯	乳化劑、分散劑、黏度調整劑、發泡劑、抗氧化劑
	烷基酚乙氧基醚－甲醛縮合物	脫水劑、燃料助劑、去乳化劑、分散劑
	氟化界面活性劑	· 氟碳聚合物乳化聚合乳化劑 · 油漆分散劑、滲透劑、濕潤劑 · 泡沫滅火劑添加劑 · 玻璃、金屬、塑膠產品抗混濁劑 · 食品、機械等包裝用紙撥水劑 · 金屬處理用侵蝕劑添加劑 · 照相底片膠化溶液濕潤劑 · 塑膠脫模劑與光阻聚合物添加劑
兩性離子界面活性劑	咪唑啉	洗髮精、家庭清潔劑、洗車劑、鹼性工業清洗劑、紡織及皮革處理劑
	烷基醯胺基三甲銨	液體洗手肥皂、洗髮精
	三甲銨內酯	紡絲油劑、加工助劑、染料分散劑、金屬離子掃除劑、抗靜電劑
	氨基丙酸衍生物	洗髮精、工業清洗劑

18.3.1 陰離子界面活性劑

陰離子界面活性劑係其親水基原子團在水溶液解離出陰離子，如常用的肥皂與合成清潔劑。合成清潔劑包括洗滌紡織品用之非皂粉(或稱非肥皂、肥皂粉、洗衣粉、清潔劑等)、洗領精、冷洗精、洗髮粉或洗髮精，及洗滌廚房用具或蔬菜水果之清潔劑等。合成清潔劑的種類雖多，但大部分都是石油化學工業產品，其去污作用與肥皂相同；但在硬水或鹽水中不產生沉澱，而保持去污作用。近年來合成清潔劑迅速發展，有取代皂類界面劑的趨勢，由石油裂解氣中的丙烯製成 C_{12} 的聚合體α－烯烴類，接著再經 Friedel Craftes 反應，合成烷苯基，最後磺化製成十二烷苯磺酸鹽。最常見的合成清潔劑是洗衣粉長鏈烷苯磺酸鹽類，如烷苯磺酸鈉：

$$R-C_6H_4-SO_3^-Na^+$$

長鏈醇轉變的烷基硫酸鹽類 $R-O-SO_3^-\ Na^+$，如正十二基硫酸鈉

$n-C_{11}H_{23}CH_2OSO_3Na$

1. **硬性清潔劑**

支鏈烷苯磺酸鈉，簡稱 A.B.S.，洗衣後產生的泡沫，不易爲微生物分解，排入河流後群蓋在水面上，使空氣與河水隔離，降低河水中的溶氧量而影響生態系統，故近年來都改用可爲微生物分解的軟性洗衣粉。

$$CH_3\underset{\displaystyle CH_3}{\underset{|}{C}}HCH_2\underset{\displaystyle CH_3}{\underset{|}{C}}HCH_2\underset{\displaystyle CH_3}{\underset{|}{C}}HCH_2CH-C_6H_4-SO_3^-\ Na^+$$

2. **軟性清潔劑**

直鏈烷苯磺酸鈉，簡稱 L.A.S.，此種清潔劑則容易被微生物分解，屬於軟性清潔劑。

$$CH_3CH_2CH_2CH_2CH_2CH_2CH_2CH_2CH_2CH_2CH_2-C_6H_4-SO_3^-\ Na^+$$

18.3.2　陽離子界面活性劑

陽離子界面活性劑係其親水基原子團在水溶液解離出陽離子，典型的陽離子界面活性劑如有機胺鹽類與第四級銨鹽類等，用於洗髮精與潤絲精中，並且可以抗革蘭氏陽性與革蘭氏陰性細菌。一般棉紗、棉織品因在水中易帶陰電荷，使用陽離子界面活性劑可活化表面，增加柔軟潤滑性與防水染色性。

18.3.3　非離子界面活性劑

非離子界面活性劑在水溶液中，親水基原子團不解離出離子，係因含有多個烴基(–OH)、醚基(–O–)、亞胺基(–NH–)，於水溶液與水分子發生氫鍵，而將長鏈烷基拖入水中成水溶性，故分子中 N 或 O 數目會直接影響到非離子界面活性劑和水的親和力，一般以 HLB 值(Hydrophile-Lipophile Balance，親水性-親油性均衡)來表示溶解、洗淨、乳化與消泡等物理性質。

$HLB = 20 \times M_w/M$　　M：親水基部分的分子量

M_w：界面活性劑的總分子量

針對不同的界面活性劑，HLB 值計算方式如下：

1. **多元醇脂肪酸酯類界面活性劑**

$HLB = 2 \times [1 - (S/A)]$　　S：脂的皂化值　　A：脂肪酸的酸值

2. **非離子界面活性劑**

HLB＝E/5　　E：環氧乙烷的重量百分數

或　HLB＝7＋11.7〔$\log(M_w/M_o)$〕

3. **離子型界面活性劑**

HLB＝7＋4.05〔log(1/CMC)〕　　CMC：微胞生成濃度

HLB 值 9～12 適於石蠟烴類的乳化，10～13 適於礦油類的乳化，13～15 爲適當的合成清洗劑，油酸的 HLB 值是 1，油酸鉀的 HLB 值爲 20，茲將 HLB 值與水溶液狀態、功能的關係分別列如表 18.3、18.4。

表 18.3　HLB 值與水溶液狀態的關係

HLB 值	水溶液形態
1～4	不分散
3～6	不均勻分散、僅微量分散
6～8	攪拌後形成乳白色分散體，不穩定
8～10	形成穩定乳液
10～13	半透明至透明分散液，分散容易
＞13	透明溶液

表 18.4　HLB 值與功能的關係

HLB 值	功能
1～3	消泡
3～6	W/O 乳化
7～9	潤濕
8～18	O/W 乳化
13～15	洗淨
15～18	增溶

此類界面活性劑共有離子性界面活性劑之優點，而且可以與其它種類之界面活性劑相容，又不受 pH 值的影響，而且毒性低，故常用於日常生活的清潔劑，洗髮精、美容業、食物、乳化劑、工業用品等。

18.3.4　兩性離子界面活性劑

此劑兼有陰離子活性基與陽離子活性基，在酸性溶液中呈陽離子活性，而陰陽離子活性呈現於鹼性溶液，其結構之一端爲陰離子基，另一瑞爲陽離子基，所以具有前述兩者之清潔與抗菌作用。活性與 pH 值有關，經過調配後，對眼睛與皮膚的刺激性較低，所以可以用作嬰兒洗髮精。

18.4　肥　皂

18.4.1　概　述

肥皂是陰離子活性劑，因用途的不同，可分很多種，一般有硬肥皂和軟肥皂。硬肥皂是由高級脂肪酸(含碳原子數在 15 以上)與氫氧化鈉(燒鹼)經皂化而製成，所以又稱鈉肥皂。軟肥皂是由脂肪酸與氫氧化鉀經皂化而製成，反應式如下：

$$C_{17}H_{35}COOH + NaOH \rightarrow C_{17}H_{35}COONa + H_2O$$

硬脂酸　　　　　　　　硬脂酸鈉鹽(鈉皂)

$$C_{17}H_{35}COOH + KOH \rightarrow C_{17}H_{35}COOK + H_2O$$

硬脂酸　　　　　　　　硬脂酸鉀鹽(鉀皂)

單就鈉肥皂來說，因所用脂肪酸的不同，也有多種，其原料有的用硬脂酸，也即動物脂肪，像牛油、羊油等，它們的化學結構爲飽和脂肪酸。有的用軟脂酸，大致由植物油製取，像棕櫚油、橄欖油等，爲不飽和脂肪酸。市上普通供應的肥皂，一般由硬脂酸製成，可供印染上精練、染色、後處理等用途；軟脂皂的品質較高，大致在織物整理上採用。

18.4.2　去污原理

肥皂爲長鏈分子，分子碳氫長鏈的非極性部分不與水結合，而易溶入油污，此部分稱爲親油性部位。另一端以球狀表示的爲極性酸根離子，不會與油污結合而易溶入水中，此部分稱爲親水部位。

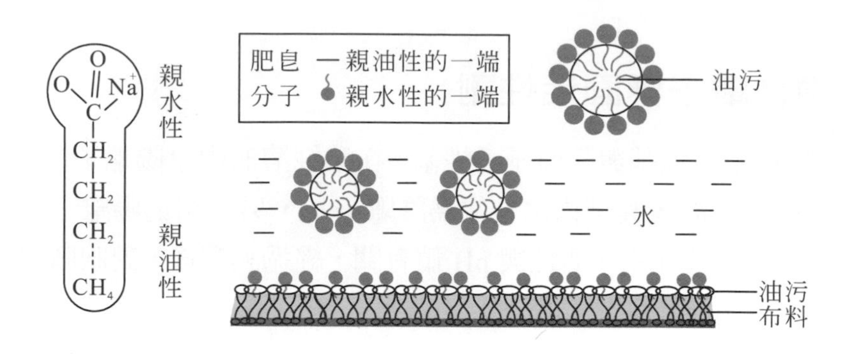

肥皂分子的模型

當肥皂溶於水時，衣物上的油污被親油性的一端吸著，再由親水性的一端牽入水中，使油污與衣物分離，如上圖，而達到洗淨的效果，肥皂的去污主要是表面作用與乳化作用的綜合效應。

一、表面作用

水分子間的吸引力(稱爲內聚力)易使水成圓形小水珠，當肥皂分子進入水中，具有極性的親水端(酸根離子)會破壞水分子的吸引力而使水的表面張力降低，使水分子平均分配在衣物或皮膚表面，甚至滲透進纖維內部，增加了水的潤溼作用。

二、乳化作用

洗滌衣物時，肥皂分子親油部位的一端侵入衣物上的油污，留下親水部位的一端伸入水層，再經手的搓揉或洗衣機的旋轉力，將油污分成微小的油滴，分散於水中，此過程稱爲乳化作用。因油滴表面布滿肥皂親水性部分而帶負電，因此不會重新聚在一起成爲大油污，可輕易用清水沖洗乾淨。

18.4.3 缺　點

肥皂會與硬水中的鈣離子或鎂離子作用，生成不溶性的鈣肥皂或鎂肥皂，俗稱皂垢，而降低肥皂的去污效果，其反應爲：

$$Ca^{2+} + 2C_{17}H_{35}COONa \rightarrow 2Na^{+} + Ca(C_{17}H_{35}COO)_{2(s)} \quad \text{(鈣肥皂)}$$

$$Mg^{2+} + 2C_{17}H_{35}COONa \rightarrow 2Na^{+} + Mg(C_{17}H_{35}COO)_{2(s)} \quad \text{(鎂肥皂)}$$

肥皂水溶液呈弱鹼性，能溶解動物纖維，故不適合用以洗淨絲織品及毛織品。

18.4.4 製　法

一、煮沸法

其設備較簡單，但肥皀雜質較多，皀化時間長，其為批式操作。油脂導入末端氫氧化鈉廢液皀化後，鹽析分離甘油水溶液，再加入過量苛性鈉溶液進行皀化，鹽析分離的廢液送回第一次皀化使用，皀化物加熱煮熔可獲得皀漿，含有肥皀、未皀化油、甘油與無機物等成分。皀化反應在 80～90℃進行：

$$(R\text{–}COO)_3\text{–}C_3H_5 + 3NaOH \rightarrow 3R\text{–}COONa + C_3H_5(OH)_3$$

二、連續皀化法

此法改良縮短皀化時間，油脂加入氫氧化鈉，短時間完成皀化反應，並利用超速離心分離機分離皀漿。不皀化物再加入氫氧化鈉，繼續進行皀化和離心分離操作，節省皀化時間及加熱的蒸汽，提高肥皀回收率與品質，副產品甘油的濃度亦高。

三、中和法

係將油脂水解成脂肪酸與甘油，所得脂肪酸經由高眞空蒸餾精製，再以氫氧化鈉中和，鹽析分離可得品質極佳的肥皀，皀化時間短，副產品甘油回收率高，而且精製容易。

$$(R\text{–}COO)_3\text{–}C_3H_5 + 3H_2O \xrightarrow{\text{水解}} 3RCOOH + C_3H_5(OH)_3$$

$$RCOOH + NaOH \xrightarrow{\text{中和}} RCOONa + H_2O$$

18.4.5 肥皀的性質

1. 肥皀是常見的表面活性劑，它是由增水基和親水基兩個部分組成的化合物。增水基具有增水性能，但與油接觸時，不但不相排斥，反而相互吸引，所以也叫親油基。親水基是容易溶於水，或容易被水所潤濕的原子團。
2. 肥皀能微溶於冷水，更能極迅速地溶於熱水，很濃的熱皀液放冷時，並不結晶，但結成凍狀物，沉至器底，如加熱就又溶解。

3. 肥皂遇無機酸(如鹽酸、硫酸)時，脂肪酸就游離析出。如下式：

   $C_{17}H_{35}COONa + HCl \rightarrow C_{17}H_{35}COOH + NaCl$

   鈉肥皂　　　　　　　硬脂酸

   析出的脂肪酸(硬脂酸)懸浮於液中，這樣不但使肥皂的洗滌作用完全破壞，而且還將繼續析出脂肪酸。所以當有些棉布染色後需經吃酸，在未進皂煮前，需將布上的酸質完全洗淨；並在皂煮液中常加一些純鹼，一方面可以中和酸質，另一方面軟化水中硬度，避免鈣皂、鎂皂生成，並且純鹼本身也能降低水的表面張力，增加對纖維的潤濕效能。

4. 肥皂與金屬鹽(如硫酸鈣、硫酸鎂等)相作用，生成不溶性的脂肪酸鈣或脂肪酸鎂(通稱鈣皂或鎂皂)。因此硬水中含有的鈣、鎂的鹽類，如與皂質相遇，則生成不溶性的鈣皂或鎂皂沉澱，反應式如下：

   $2C_{17}H_{35}COONa + CaSO_4 \rightarrow Na_2SO_4 + (C_{17}H_{35}COO)_2Ca\downarrow$

   $2C_{17}H_{35}COONa + MgSO_4 \rightarrow Na_2SO_4 + (C_{17}H_{35}COO)_2Mg\downarrow$

5. 肥皂有優良的乳化力、滲透力及去污力，絲、毛等動物纖維因不耐鹼劑作用，多用肥皂等洗練，使天然雜質成乳狀體而去除。

6. 肥皂是由弱酸(脂肪酸)和強鹼(燒鹼)結合而成的鹽，溶於水起水解作用，水解程度隨皂的種類、液的濃度及作用時的溫度而不同。水解時生成脂肪酸及燒鹼，而且這種作用為可逆反應：

   $C_{17}H_{35}COONa + H_2O \rightarrow C_{17}H_{35}COOH + NaOH$

   鈉肥皂　　　水　　　脂肪酸(硬脂酸)

18.5 甘　油

18.5.1 概　述

甘油又名甘醇，學名丙三醇，又因為含有 3 個醇基 OH，所以叫做丙三醇。它是丙烷 $CH_3 \cdot CH_2 \cdot CH_3$ 的三醇基衍生物，示性式為 $CH_2OH \cdot CHOH \cdot CH_2OH$，結構式如下：

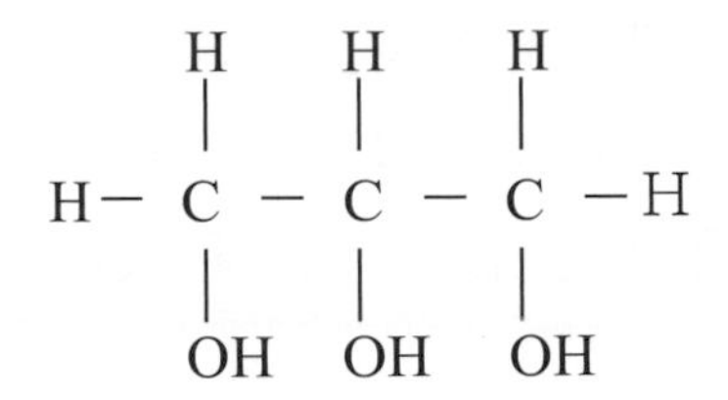

天然甘油與脂肪酸、油酸相結合，成爲各種酯類，廣泛存在於動物脂肪、植物油類中。如牛油、橄欖油等，其中大多含有下列成分：

文名	英文名	化學名	分子式
軟脂	Palmitin	甘油三軟脂酸脂	$C_3H_5(C_{15}H_{31}COO)_3$
硬脂	Stearin	甘油三硬脂酸脂	$C_3H_5(C_{17}H_{25}COO)_3$
油脂	Olein	甘油三油酸酯	$C_3H_5(C_{17}H_{33}COO)_3$

18.5.2　甘油的製備

工業上甘油的製備一般由脂肪受皀化作用後鹽析而製得，故爲製造肥皀時的副產物如下式：

$$C_3H_5(C_{15}H_{31}COO)_3 + 3NaOH \rightarrow C_3H_5(OH)_3 + 3C_{15}H_{31}COONa$$

脂肪(軟脂)　　燒鹼　　甘油　　肥皀成分

18.5.3　甘油的性質

1. 甘油爲糖漿狀的液體、無臭、有溫和的甜味，所以有此名稱。能溶於水、酒精和類，不溶於苯、醚，對試紙呈中性反應。與氧化劑(高錳酸鉀)相混，即生熱以至燃燒。
2. 甘油吸水性很強，能自空氣中吸收水分，對皮膚有滋潤的功效。
3. 甘油具有助溶性、潤滑性和強烈的吸濕作用，因此在印染工業上廣泛用作溶劑、滲透劑及吸濕劑，占有獨特的地位。
4. 甘油純淨的爲無色，如含有雜質，即帶淡黃色，甚至棕色，市售商品一般都是無色或微黃色。
5. 純粹的甘油，在 15℃時比重爲 1.265。

6. 甘油與鹽酸作用，氫原子 Cl 取代了 1 個、2 個或 3 個醇基，可得三種化合物：$CH_2Cl \cdot CHOH \cdot CH_2OH$；$CH_2Cl \cdot CHOH \cdot CH_2Cl$；$CH_2Cl \cdot CHCl \cdot CH_2Cl$。
7. 甘油與硝酸作用，生成三硝酸化合物，通稱硝化甘油，爲一種淡黃色油狀液體，可用做炸藥：

$$C_3H_5(OH)_3 + 3HNO_3 \rightarrow C_3H_5(NO_3)_3 + 3H_2O$$

甘油　　硝酸　　硝化甘油　　水

8. 甘油易被氧化，與高錳酸鉀粉末(氧化劑)混合，即氧化生成二羥丙酸及羥丙二酸，甚至生熱，以至燃燒成藍色火焰：

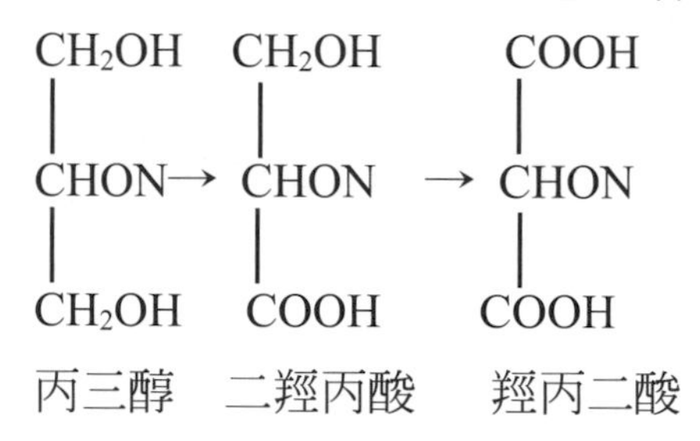

18.6 脂肪分解酵素

18.6.1 脂肪分解酵素應用

脂肪分解酵素除了可以脫除廢紙油墨、去除製程用水的黏泥與紙漿的樹脂及在皮革製程上去生皮油脂外，並可應用在含油脂工業廢水與廢棄物的處理上。脂肪分解酵素另一個最大的用途，就是在添加在清潔劑。隨著先進國家的使用趨勢，高效洗淨力要求及國內環保意識抬頭，越來越多洗潔劑公司都紛紛在其產品中加入此種酵素，以提升產品價值形象，理由是它可以提高洗潔力，同時又對環境無害。

18.6.2 脂肪分解酵素清洗原理

以專門分解油質污垢的脂肪分解酵素(lipase)，將污染物藉以附著於被污染物上之油鏈，快速切斷爲小分子，使其失去附著力，而將污染物與被污染物分離，達到徹底清潔的效果。更因油脂已被分解可避免水管阻塞，減少蟑螂、蟲蟻滋生，兼顧快速清潔、安全、環保的現代科技產品。

18.7 考　題

一、油脂之碘價(Iodine value)的定義爲何？又碘價愈高表示油脂的不飽和鍵愈少或愈多？ (107 年特種考試地方政府公務人員四等考試)

二、請試述界面活性劑的乳化(emulsification)之意涵。

(106 年公務人員高等考試三級考試)

三、有關油脂，請回答下列問題：

(一)食用油脂的主要來源爲何？請說明之。

(二)油脂主要係由那兩種分子所構成？

(三)油與脂的差別何在？

(四)說明何謂油脂酸敗。

(五)油脂酸敗之三種主要化學反應爲何？寫出代表性之化學反應式說明之。

(105 年公務人員特種考試關務人員考試三等考試)

四、界面活性劑有許多用途，請說明下列問題：

(一)肥皂與合成清潔劑(包括陰離子、陽離子及非離子)之化學結構。

(二)肥皂製程中之皂化反應，請以油脂(三酸甘油脂)爲起始原料做說明。

(三)肥皂在硬水中遇到的問題。

(四)爲了解決合成清潔劑的生物降解問題，工業界採取了何種對策？

(105 年公務人員普通考試)

五、無論是動物或植物油脂的製造，都需先經過採取再精製處理的程序，請分別寫出動物和植物油脂之採取方法，以及至少五種油脂的精製處理方法。

(103 年公務人員高等考試三級考試)

六、解釋界面活性劑能具有乳化和洗淨功能的原因。

(100 年公務人員特種考試身心障礙人員四等考試)

七、請作圖表示表面張力與界面活性劑濃度之間的關係。

提示：

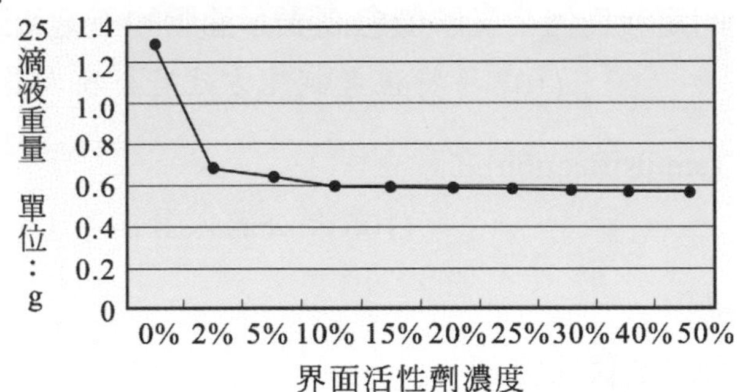

(98年公務人員特種考試基層警察人員考試、98年公務人員特種考試稅務人員考試、98年特種考試退除役軍人轉任公務人員考試、98年公務人員特種考試海岸巡防人員考試、98年公務人員特種考試關務人員考試及98年國軍上校以上軍官轉任公務人員考試)

八、請解釋乳化作用(emulsification)的意義，並以作圖方式表示乳化狀態。

(98年公務人員特種考試基層警察人員考試、98年公務人員特種考試稅務人員考試、98年特種考試退除役軍人轉任公務人員考試、98年公務人員特種考試海岸巡防人員考試、98年公務人員特種考試關務人員考試及98年國軍上校以上軍官轉任公務人員考試)

九、何謂界面活性劑(surface active agent/surfactant)？可分爲哪幾類？

(93年關務人員三等考試、93年地方政府公務人員三等考試、92年專門職業及技術人員高等考試、92年公務人員薦任升等考試、89年第二次專門職業及技術人員檢覈考試、89年關務人員薦任升等考試、86年公務人員薦任升等考試、92年身心障礙人員四等考試)

Chapter 19

CHEMICAL PROCCEDING INDUSTRY

紙漿與造紙

19.1 紙漿的概論

以機械方法或化學方法處理高等植物之莖，則可使其纖維崩離，此崩離的纖維集團稱為紙漿(pulp)。紙漿依製造方法的不同，可分別為機械紙漿及化學紙漿。機械紙漿係將木材帶濕磨碎而得；化學紙漿係以藥品解離木材纖維除去非纖維部分而得者。機械紙漿又可依磨漿時的溫度分為冷碎紙漿及熱碎紙漿，化學紙漿亦可因使用藥品的種類而分為亞硫酸紙漿、蘇打紙漿及硫酸鹽紙漿等。

19.2 紙漿製法概要

除了棉纖維原料外，其他植物纖維幾乎存在於植物組織內，欲使纖維不受損害的完全分離出來並易事，特別是溶解用紙漿要高純度的纖維素，因此需除去纖維素以外的東西如木質素、樹脂、灰分，經蒸解、漂白、鹼精製得純纖維素：另造紙用紙漿主要是利用纖維的物理性質，所以並不需要精製成純纖維素，只要有可以用來造紙能力(特性)的原則下，儘可能地提高紙漿的產率。

現在紙張的用途有時需保留木質素，以增加紙張的挺性，如瓦楞紙。紙漿需視用途而定，加以漂白或不漂白。造紙用紙漿可依用途作不同程度的處理，從未經過化學處理的機械紙漿，一直到將木質素等全部抽出的溶解用紙漿，中間包括很多不同性質、用途的紙漿。蒸解後的紙漿可依用途分爲未漂白紙漿、亞硫酸鹽紙漿、漂白紙漿等三種。

一、原料

凡具有纖維之植物皆可用來製漿造紙，但必須考慮其實用性、經濟性。

二、黑煮(burnt cook)

在使用亞硫酸鹽製漿法時，當溫度上升時，游離酸所引起木質素的磺酸化會加速，若結合酸未充分擴散前，溫度升高會使已生成的木質素磺酸受到強酸作用，產生縮合反應，阻礙紙漿化，而且木片變黑，此現象稱爲黑煮。防止黑煮的方法如下：

1. 將結合酸的濃度提高一點點(不能提高太多)。
2. 用鈉鹽基代替鈣鹽基，因其離子較小，擴散作用較快。
3. 增加滲透時間，110℃以下皆屬滲透作用。
4. 以水蒸汽處理木片，木片內的空氣驅除，以利藥液滲透。
5. 將木片先行減壓，再加壓將藥品注入木片內。

三、影響蒸解過程的因素

1. **壓力**

   壓力有助於藥品滲透，但不影響脫木質素速率。

2. **溫度**

   急速升溫會造成黑煮；提高溫度可縮短蒸解時間，但產率會減少與紙力下降，欲得紙力較好紙漿，需採取低溫蒸煮，但時間較長。

3. **藥液的濃度**

   濃度高可增快反應速率。

4. **液比**

   對蒸解液+木片內水分的比值。

5. **時間**

   一個蒸解週期約 10～12 小時。

19.2.1　機械紙漿

機械紙漿又稱磨木紙漿，純由機械方法所製得，即以打碎或碰磨將去除樹皮與木瘤等木材，於水流中用機械研磨成纖維。不以蒸汽預處理，研磨所得稱作「白」(或純)機械木漿，其中纖維遭折斷因此變脆弱，製成成品強度較差，製紙時常與化學漿混合使用，印報紙通常由此種混合物製成。木材也可在研磨前以蒸汽作預處理，可得較強之纖維，其色爲棕褐(棕褐機械木漿)。一般用於新聞紙、紙板等較低級紙製品，乃因其紙質脆弱易變色之故，另一方面紙漿產率達 95%，而且成本較低，價格便宜、抄紙性良好及印刷性亦佳(易吸油墨)。

一、機械紙漿的製造流程

1. 製造流程分爲磨碎木頭、精選、除塵、脫水、漂白。
2. 磨碎條件對紙漿品質的影響
   (1) 磨木石的表面狀態：越尖銳其磨出之纖維束愈多。
   (2) 磨木石的表面速度：約 240rpm。
   (3) 磨碎壓力：壓力越大產量越多。
   (4) 磨碎溫度：以 80～85℃爲宜。
   (5) 磨碎濃度：在 1.4%以下或 3%以上時，磨木石的洗淨效果較好。

二、機械紙漿的性質

1. **纖維的形態**

   機械紙漿是木材經過磨碎而成，故纖維有長纖維、結束纖維、短纖維及粉末。

2. **色調**

   顏色的深淺受木材本身之顏色及其他因子的影響。

3. **紙力**

   機械紙漿紙力較化學紙漿低，其原因爲纖維長度短，柔軟性、親水性較差、木質素含量多(疏水性)、打漿不易。

4. **化學性質**

   機械紙漿中含有木材中原有的化學成分，如抽出成分、色素等，故易受光、熱、氣候作用而變色、變質。

5. **優點**

   資源的充分利用、成本低、吸油性、印刷性良好。

6. **缺點**

   紙力差、易變色。

19.2.2 硫酸鹽紙漿(牛皮紙漿)

一、蒸解反應原理

1. 以苛性鈉及硫化鈉爲蒸解液，其中 Na_2S 可水解生成 NaSH：

   $$Na_2S + H_2O = NaOH + NaSH$$

   NaSH 的功用：

   (1) 調整 pH 值，防止纖維素聚合度降低。

   (2) 促進 NaOH 的蒸解效率。

2. 木質素被分解成鹼木質素。

3. 半纖維素被分解成醣類。

4. 樹脂轉變爲可溶解性樹脂皂。

   硫酸鹽法製程如下：

   木材→預處理→蒸解→過濾→木漿→漂白→打漿→加填料→施膠→加染料→匀漿→後處理→紙

二、優點

1. 蒸解時不受樹種限制。

2. 蒸解時間較短，操作簡單(不用藥品回收、排氣)。

3. 樹脂含量較高的木材，也容易蒸解且樹脂障礙少(pitch trable 較少)。

4. 紙力較強。

5. 黑液的藥品回收簡單與完整。

6. 適合連續蒸解。

三、缺點

1. 設備(廠)費用大。
2. 打槳不易(時間較長)。
3. 未漂紙漿度很低。
4. 廢氣較臭(因含有硫化物)。
5. 牛皮紙漿不適做溶解用紙漿(因牛皮紙漿保留半纖維素較多)。

四、影響硫酸鹽法蒸解的因子

1. **樹種**

   不受樹種限制，惟老樹材組織不同，不適合混合蒸解。

2. **木片大小與滲透**

   長度 20mm、寬度 15mm，厚 3～5mm。

3. **藥品的添加量**

   一般活性鹼的添加量為 15～20%。

4. **蒸解液的鹼濃度**

   在同一藥品的添加量下，其液比大鹼濃度小，蒸解較緩慢，但其所得紙力較好。

5. **蒸解溫度與時間**

   蒸解溫度每提高 10℃則反應速率約快一倍，但溫度在 180℃以上時，碳水化合物會受嚴重破壞，故一般在 160～170℃，蒸解時間約一小時。

6. **蒸解液的硫化度**

   在穩定的鹼性蒸解反應中，Na_2S 能增進脫木質素反應，使木質素的溶解速度明顯加快，一般定在 20～25%左右。

五、廢鹼液回收

1. **回收步驟**

   (1) 蒸解後的廢液通常稱為黑液(black liquor)，將其送至多效蒸發器蒸發濃縮到 50～55%濃度。

   (2) 移入熔煉爐(smelter)中添加適量 Na_2SO_4，燒除有機成分。

(3) Na_2SO_4 被還原成 Na_2S，殘留灰分稱爲黑灰(black ash)：

$$Na_2SO_4 + 2C \rightarrow Na_2S + 2CO_2$$
$$Na_2S + CO_2 + H_2O \rightarrow Na_2CO_3 + H_2S$$
$$Na_2CO_3 + SO_2 \rightarrow Na_2SO_3 + CO_2$$
$$Na_2O + CO_2 \rightarrow Na_2CO_3$$
$$2H_2S + 3O_2 \rightarrow 2SO_2 + 2H_2O$$

(4) 黑灰加水溶解即得綠液(green liquor)。

(5) 加入生石灰於綠液中，經苛性反應可得 NaOH：

$$Na_2CO_3 + Ca(OH)_2 \rightarrow 2NaOH + CaCO_3\downarrow$$
$$CaCO_3 \rightarrow CaO + CO_2$$

(6) 靜置分離 $CaCO_3$ 沉澱後即得白液(white liquor)，調整總鹼量，可作蒸解液循環使用。

2. **回收流程**

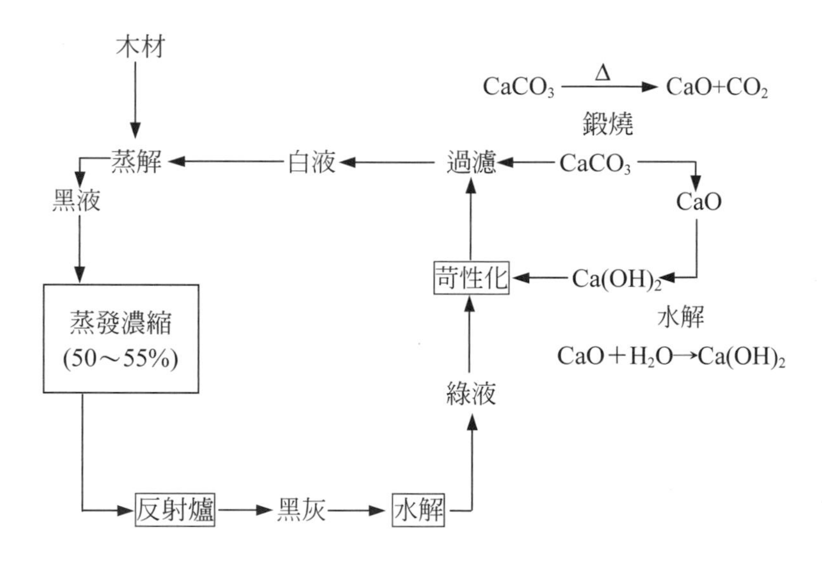

19.2.3 亞硫酸鹽法

本法最大特點係採用不同蒸解條件可得高品質的紙漿，亦即蒸解條件可影響半纖維素含量。在溫和條件下，所得半纖維素含量較高，可用來做耐油紙，因其較細緻之故。若用較高溫蒸解，則半纖維素除去較多，留存纖維素較多，可爲不透明紙、吸水紙或爲溶解用紙漿。

一、紙漿製程

木材→前處理→鋸木→剝皮→碎木→蒸解→含纖維素木漿

└→廢液回收與利用

蒸解液一般使用 $Mg(HSO_3)_2$ 或 NH_4HSO_3，製備的化學反應如下：

$$S + O_2 \rightarrow SO_2$$

$$2SO_2 + H_2O + CaCO_3 \rightarrow Ca(HSO_3)_2 + CO_2$$

$$2SO_2 + H_2O + MgCO_3 \rightarrow Mg(HSO_3)_2 + CO_2$$

$$2SO_2 + Mg(OH)_2 \rightarrow Mg(HSO_3)_2$$

製程分為兩階段：

1. 第一階段

   在 110℃加熱，促使木質素與蒸解液作用，生成固態狀纖維素的木質磺酸鹽。

2. 在 135～140℃加熱，促使纖維素的木質磺酸鹽分解，而木質磺酸鹽則溶解於蒸解液中。

$$2R-C=C-R' + Ca(HSO_3)_2 \rightarrow \begin{matrix} RCH-CR'-SO_3 \\ \qquad\qquad\qquad\diagdown \\ \qquad\qquad\qquad\quad Ca \\ \qquad\qquad\qquad\diagup \\ RCH-CR'-SO_3 \end{matrix}$$

二、改良蒸解法的優點(與亞硫酸鹽紙漿法比較)

1. 任何樹種皆可用，沒有樹脂障礙。
2. 產率較高(相同的紙漿品質下所做的比較)。
3. 解纖易，觸感較柔。
4. 白度較高，紙力較強。
5. 藥品簡單配藥回收容易。
6. 無二氧化硫的分壓，適於連續蒸解。
7. 1/4 去木質素能力無亞硫酸鹽紙漿強，故此法皆用於高產率紙漿的蒸解。

三、兩段蒸解的優缺點

1. **優點**

   (1) 減少碳水化合物的破壞，增加紙漿的產率(以 N 材而言)。

   (2) 不受樹種的限制(就 N 材而言)。

   (3) 半纖維素含量多，打漿易、紙力強、透明性較高。

   (4) 未漂紙漿白度較高，易漂白。

2. **缺點**

   (1) 僅適於 N 材，L 材不宜。

   (2) 對於造紙用紙漿能發揮其特性，對於溶解用紙漿則不宜。

   (3) 中途操作麻煩，而且藥品較貴需回收。

   (4) 通常生產一噸紙漿會產生 3～5m^2 廢液，黑液包含許多成分，主要是半纖維素、木質素及其他衍生物，可加以利用。

四、廢液處理

蒸解排出的廢液含有木質素、醣類、樹脂等有機物，可作爲其他用途：

1. 利用廢液中所含己醣，促使發酵製造酒精與酵母。
2. 利用廢液中木質素製造塑膠、黏著劑、香草精香料。
3. 利用廢液中木質素璜酸鈉製造濕潤劑。
4. 蒸發脫除廢液中的水分，與煤粉或重油混合作爲燃料使用。

19.2.4　半化學紙漿法

半化學紙漿或中性亞硫酸鹽半化學紙漿爲兩段程序，消耗機械能與化學能來分離纖維素。因使用不同蒸解液而方法相異，其中中性亞硫酸鹽法(NSSC 法)廣泛使用，在第一階段以氫氧化鈉或其他化學紙漿將木片處理與軟化，第二階段採用機械盤式精煉器釋出纖維素。這些方法的產率爲 65～85%，介於化學紙漿法和機械紙漿法之間。所有半化學紙漿法採取機械操作而非使用足量化學品，完成處理溶化木質素或分離纖維。

19.2.5　化學紙漿比較

製造程度	硫酸鹽紙漿(鹼性)	亞硫酸鹽紙漿(酸性)	中性亞硫酸鹽半化學紙漿
纖維原料	任何軟材或硬材皆宜	針葉樹材、顏色佳、無烴酚類	主要木材為硬材(小片成絲)
主要蒸煮反應	木質素水解成醇類、酸類及少許硫烷類	RC=CR′＋$Ca(HSO_3)_2$ RCH－CR′．SO_3．1/2Ca	木質素磺化，半纖維素水解生成醋酸鹽和甲酸鹽
蒸煮液百分組成	NaOH、Na_2S、$Na_2CO_3$12.5%溶液，標準固體分析：58.6%NaOH、27.1%Na_2S、14.3%Na_2CO_3。溶解作用由於 NaOH 和 Na_2S、Na_2CO_3無作用，代表平衡產物：$Ca(OH)_2$＋Na_2CO_3 → $CaCO_3$＋2NaOH	7%SO_2，其中 4.5%成亞硫酸，2.5%成亞硫酸鈣或亞硫酸鎂。蒸煮 1 噸紙漿需要 390～480 磅 SO_2，122～150 磅 MgO，近來傾向使用 $Mg(OH)_2$、NH_4OH 為鹽基，加速木質素溶解	以碳酸鈉、碳酸氫鈉或牛皮紙漿綠液緩衝，濃度為 90～200g/L，蒸煮液並不完全釋出纖維，但機械處理則完全釋出
蒸煮條件	時間 2～5 小時，溫度 340～350℉，壓力 100～135psi	時間 6～12 小時，溫度 257～320℉或更高，壓力 90～110psi	時間 36～48 分鐘，瓦楞紙漿由混合溫度 160～180℃，壓力 100～160psi
化學回收	多數程序專注回收蒸煮化學品，同時燃燒溶於廢液的有機物來回收廢熱，損耗化學品由鹽餅 Na_2SO_4 補充	SO_2 釋出氣回收，鎂液在木材消解和紙漿清洗後回收	高產量 65～85%，紙漿損耗 15～35%木材成分，特殊回收法和副產品利用
施工材料	蒸解槽、管件、幫浦和匣以軟鋼或不銹鋼製成	蒸煮器內襯耐酸磚、鉻鎳鋼、鉛和青銅配管件。	蒸煮和操作機件的問題頗為嚴重，需不銹鋼防蝕。
紙漿性質	褐色、難漂白、纖維強度大，抗機械精製	暗白色、易漂白，比硫酸鹽紙漿纖維弱	不透明堅硬緻密紙，纖維強度接近化學紙漿
典型紙製品	強褐袋與包裝紙、多層壁袋、上膠紙建築紙強力白紙由漂白牛皮紙漿而製得紙板如紙箱、容器牛奶瓶、飲水杯和瓦楞板	白色級：毛邊紙、食品包裝紙、水果紙、衛生紙	未漂白：瓦楞紙板、新聞紙、特種紙板漂白：書寫紙、證券紙、複寫紙(mimeo tissue)、毛巾紙(toweling)

19.3 紙張的製造

一般紙廠的製紙可分爲下列五個過程：

1. **準備原料**

   紙張是由纖維、塡料、黏料、色料等四種原料混合而成，造紙前，應先將各種原料準備妥當，以便製造各種不同適性的紙張。

2. **製漿**

   原料準備妥當之後，即可進行製漿作業。一般分爲化學紙漿和機械紙漿兩大類。

   (1) 化學紙漿：其製漿過程有蒸解工程、篩漂工程、打碎及調漿工程。

   (2) 機械紙漿：具製漿過程分研磨及精鍊兩步驟。

3. **抄紙**

   將紙漿流經抄紙機的長網部、壓水部、烘乾部、上膠部、烘劈部而抄造成捲筒紙、單張紙或紙板等。

4. **整理與包裝**

   紙張抄造完畢後，即可開始整理、包裝，莫過不有複捲、裁切、選紙與包裝工作。

5. **加工**

   一般非塗料紙經塗布與壓光等加工處理，即可製成高級紙類，如銅版紙等。

19.4 再生紙

19.4.1 再生紙意義

再生紙是以 80%的城市廢紙紙漿爲主要生產原料，經過篩選、打漿、過濾、抄紙、壓榨、淨化等數十道程序，配上 20%的木漿生產出來的。再生紙其他特性、物理性能及適用性與純木漿紙無明顯差異。由於利用廢紙爲生產再生紙原材料，減少了難以處理的木漿和草漿造紙產生的黑液，不但大大減輕了生產程序中造成的環境污染，而且大大節省了木材和化工原料，對環境保護和可持續發展有著特殊意義。

19.4.2 再生紙製造

一、技術原理

以全套完整的脫墨設備，加以適當的藥劑與不同的流程處理，分離油墨、雜質，回收纖維，而得品質優良的再生紙漿。將回收處理的再生紙漿依產品特性，以適當的比例添加，而得高品質的再生紙。

二、技術流程

1. **再生漿製程**

   回收廢紙→散漿→加藥→浮選→去污→脫色→淨漿→篩選→再生紙漿。

2. **產品製程**

   (1) 原生紙漿→散漿→磨漿。

   (2) 再生紙漿→散漿→磨漿→混漿→調漿→紙機→初捲成紙→原紙複捲→裁切選別→包裝成品。

   (3) 複捲分條→摺疊→包裝。

19.4.3 再生紙應用

廢紙回收由來已久，但以往回收的廢紙，大都用來生產衛生紙、硬紙板等低檔次的再生紙產品。現在所說的再生紙，特指辦公用再生紙，包括文件用紙、複印機用紙、稿紙等。辦公用再生紙是由“城市廢紙再生”而來的，但不是所有廢紙都可以用來生產辦公用再生紙，衛生紙、廚房用紙等廢紙就不能用來“再生”。再生辦公用紙的原料，是那些用木漿製造的較高檔紙，如複印紙、膠版書刊及裝訂用紙等，因而不存在“不衛生”的問題。就再生紙的質量及物理性能來看，足以用來替代普通辦公用紙，重新成爲打印紙、複印紙、信箋紙等。

再生紙與普通紙沒有什麼區別，只是看上去不夠白，紙質與色澤是沒有任何關係的。有的木漿紙加入增白劑後能達到 95°，但科學檢測，愈白的紙在日光燈下反射的光愈多，對人體的視力健康愈有害。紙的色澤應是愈接近木漿本色愈好。國外就沒有特白的紙，日本等國的紙張白度甚至只有 82～84°。再生紙的白度在 84～86°之間，這樣的紙在日光燈下，不會對視力造成損害。

19.5 考　題

一、紙漿依製造方法的不同，主要可分爲那兩種？紙張之四種主要原料爲何？再生紙之紙漿來源主要有那兩種，其使用比例各約多少？再生紙與普通紙在色澤上有何差異？(107 年公務人員普通考試)

二、簡述紙的一般製造程序，紙的主要原始原料是什麼？何謂再生紙？(90 年第二次專門職業及技術人員檢覈考試)

三、何謂化學紙漿(chemical pulp)、半化學紙漿、機械紙漿？(89 年第二次專門職業及技術人員檢覈考試、86 年專門職業及技術人員高等考試)

CHEMICAL PROCCEDING INDUSTRY

聚合體學

20.1 聚合物型態

一、意義

由很多小分子單元重複連結而成的巨分子稱爲聚合物。

二、形成

單體 ——→ 單體單元 ——→ 聚合物

(構成聚合物之小分子)(小分子存在於聚合物中的部分)

三、單體(monomer)

所有的人造聚合物，通常皆由簡單的低分子化合物，以各種方式的聚合作用(polymerization)造成的，未經聚合作用前的低分子化合物稱之。

1. **加成聚合的單體**

   具有不飽和鍵

(1) $n\ \mathrm{C(a)(b){=}C(c)(d)} \xrightarrow{\text{聚合}} \left[\mathrm{-C(a)(b)-C(c)(d)-}\right]_n$

(2) $n\ \mathrm{C(a)(b){=}CH{-}CH{=}C(c)(d)} \xrightarrow{\text{聚合}} \left[\mathrm{-C(a)(b)-CH{=}CH-C(c)(d)-}\right]_n$

2. **縮合聚合的單體**

有可失去 H_2O、HX 型的官能基

(1) 聚酯：酸之衍生與 R－OH 官能基。

(2) 聚醯胺：酸的衍生物與 NH_3 或胺類的官能基。

(3) 聚醚：具有 R－OH 之分子間脫水。

四、聚合物(polymer)

經聚合作用而生成的高分子物質。

五、共聚合物

兩種相異的單體 M_1 與 M_2 產生的共聚合物可有下列種類：

1. **交連共聚合物**(alternating copolymer)

M_1 與 M_2 有規則的交互連接聚合而成的共聚合物，應屬於單聚合物。

$\sim-M_1-M_2-M_1-M_2-M_1-M_2-M_1-M_2-\sim-(-M_1-M_2-)$

2. **雜連共聚合物**(random copolymer)

M_1 與 M_2 以任何比率執行不規則連接聚合而成的普通共聚合物，稱之。

$\sim-M_1-M_2-M_1-M_1-M_1-M_2-M_2-M_1-M_2-\sim$(不規則)

3. **團連共聚合物**(block copolymer)

以長鏈狀交互連接聚合而成者，例如包含聚乙烯和聚丙烯交替鏈段組成的乙烯－丙烯共聚合物。

$-M_1 \cdot M_1 \cdot M_1 \cdot M_1 \cdot M_1 \cdot M_1 \cdot M_1 \cdot M_2 \cdot M_2 \cdot M_2 \cdot M_2 \cdot M_2 \cdot M_2 \cdot M_1 \cdot M_1 \cdot M_1 \cdot M_1 \cdot M_1-M_2 \cdot M_2 \cdot M_2 \cdot M_2-$

4. **接枝共聚合物**(graft copolymer)

接枝共聚合物係由主要聚合物 A 單體長鏈構成的主鏈，在其側面有不同 B 單體單元成分構成的聚合物支鏈所組成的共聚合物，例如苯乙烯—丁二烯共聚合物—接枝—聚苯乙烯(聚苯乙烯接枝在苯烯—丁二烯共聚合物上)和聚丁二烯一接枝一苯乙烯一丙烯共聚合物。

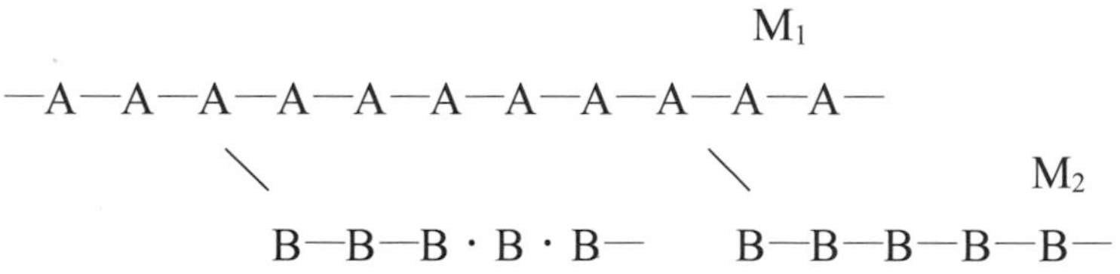

M_1

—A—A—A—A—A—A—A—A—A—A—A—

＼　　　　　　＼　　　　M_2

B—B—B · B · B—　　B—B—B—B—B—

20.2 聚合反應形式

聚合物可以由數種相同或不同化學結構的分子反應生成，此一過程稱為聚合反應。廣義而言，此一名詞包括以下主要形式的反應。

20.2.1　連鎖聚合反應

一、自由基鏈鎖聚合反應

乙烯自由基聚合反應機理包括鏈引發、鏈增長、鏈轉移和鏈終止等過程，採用 O_2 或 ROOR 為引發劑的鏈引發、鏈增長和鏈終止機理，與一般自由基聚合相同；產生短支鏈的分子內鏈轉移反應為：

$$\sim CH_2-CH_2-CH_2-CH_2-CH_2-CH_2\cdot$$

$$\longrightarrow \begin{array}{c}\sim CH_2-CH \\ \diagup\quad\diagdown \\ H\qquad CH_2 \\ \qquad\quad | \\ H_2\dot{C}\quad CH_2 \\ \diagdown\quad\diagup \\ CH_2\end{array} \longrightarrow \begin{array}{c}\sim \dot{C}H_2-CH \\ \qquad\diagdown \\ \qquad CH_2 \\ \qquad\quad | \\ H_3C\quad CH_2 \\ \diagdown\quad\diagup \\ CH_2\end{array}$$

$$\xrightarrow{CH_2=CH_2} \sim CH_2-\underset{\displaystyle (CH_2)_3CH_3}{\underset{|}{CH}}\sim CH_2CH\cdot$$

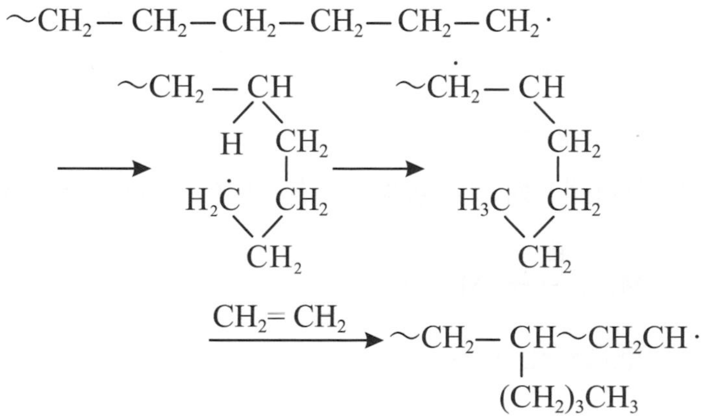

1. **引發(initiation)步驟**

引發加成聚合反應的自由基通常由有機過氧化物(peroxide)或偶氮化合物(azo compound)的熱分解而產生。產生自由基的化合物稱爲引發劑(initiator)，每一引發劑分子 I 藉一級反應分解而產生二自由基 R·。

$$I \xrightarrow{k_d} 2R\cdot \qquad \text{(分解)}$$

然後自由基與單體單位發生加成反應，自由基自一單體分子中富有電子的雙重鍵攫取一電子，和該單體單位形成一單鍵，並促使單體單位的另一端帶一不共用的電子。反應生成物仍爲一自由基，而不共用的電子的所在爲一活性中心。

$$R\cdot + M \xrightarrow{k_d} M_1\cdot \qquad \text{(加成)}$$

其中 M 爲單體，M·爲活性鏈，下標表示該鏈所含單體單位的數目。

2. **成長(propagation)步驟**

自由基鏈在引發步驟形成後，快速添加單體單位以傳播鏈鎖：

$$M_1\cdot + M \xrightarrow{k_p} M_2\cdot$$

自由基鏈添加單體後，不共用的電子仍然位於鏈的末端，因此繼續添加單體：

$$M_2\cdot + M \xrightarrow{k_p} M_2\cdot$$

一般而言，傳播反應通式以下式表之：

$$M_x\cdot + M \xrightarrow{k_p} M_{x+1}\cdot$$

3. **終止(termination)步驟**

自由基鏈可因下列二反應而終止，其一爲結合(combination)或偶合(coupling)：

$$M_x\cdot + M_y\cdot \xrightarrow{k_{tc}} M_{x+y}\cdot$$

另一終止反應爲歧化(disproportionation)：

$$M_x\cdot + M_y\cdot \xrightarrow{k_{td}} M_x + M_y$$

二、非自由基鏈鎖聚合反應

1. **陽離子聚合反應**(cationic polymerization)

若乙烯系單體的取代基具有陽電性或能施與電子，則其分子爲極性分子，而且雙重鍵擁有過剩的電子，極易遭電子受體(electron acceptor)的攻擊，此電子受體作爲引發劑。陽離子聚合反應所需觸媒爲路易斯酸如 $AlCl_3$、$AlBr_3$、BF_3 及強酸如 H_2SO_4 等，這些觸媒均是電子受體。金屬的三鹵化物如 $AlCl_3$ 或 BF_3 雖然爲電中性，價電子層只有六電子，較完全價電子層少二電子，需少量副觸媒(cocatalyst)(通常爲水)引發聚合反應。首先觸媒向副觸媒攫取一對電子：

$$BF_3 + H_2O \rightarrow BF_3OH_2 \rightarrow BF_3OH^- + H^+$$

一般認爲此處所生成的質子眞正的引發劑，與單體反應產生陽碳離子(carbonium ion)，以異丁烯爲例：

$$BF_3OH^- + H^+ + \underset{\underset{H}{|}}{\overset{\overset{H}{|}}{C}}=\underset{\underset{CH_3}{|}}{\overset{\overset{CH_3}{|}}{C}} \longrightarrow H-\underset{\underset{H}{|}}{\overset{\overset{H}{|}}{C}}-\underset{\underset{CH_3}{|}}{\overset{\overset{CH_3}{|}}{C^+}} + \underset{\text{反離子}}{(BF_3OH)^-}$$

此陽碳離子與單體反應再產生一陽碳離子爲成長步驟：

$$H^+ + \underset{\underset{H}{|}}{\overset{\overset{H}{|}}{C}}=\underset{\underset{CH_3}{|}}{\overset{\overset{CH_3}{|}}{C}} + H\,(\underset{\underset{H}{|}}{\overset{\overset{H}{|}}{C}}-\underset{\underset{CH}{|}}{\overset{\overset{CH_3}{|}}{C}})^+_n \longrightarrow H\,(\underset{\underset{H}{|}}{\overset{\overset{H}{|}}{C}}-\underset{\underset{CH_3}{|}}{\overset{\overset{CH_3}{|}}{C}})^+_{n+1} + (BF_3OH)^-$$

此處反離子(counter ion)總是被靜電力保持於成長中的鏈端附近而形成一離子對。實際上$(BF_3OH)^-$與$(H)^+$爲錯合體(complex)$(BF_3OH)^-(H)^+$的兩部分，兩者並不眞正分離，同樣陽碳離子亦不與$(BF_3OH)^-$分離。

離子對可重新安排而形成具有不飽和末端的聚合體，並再三觸媒錯合體：

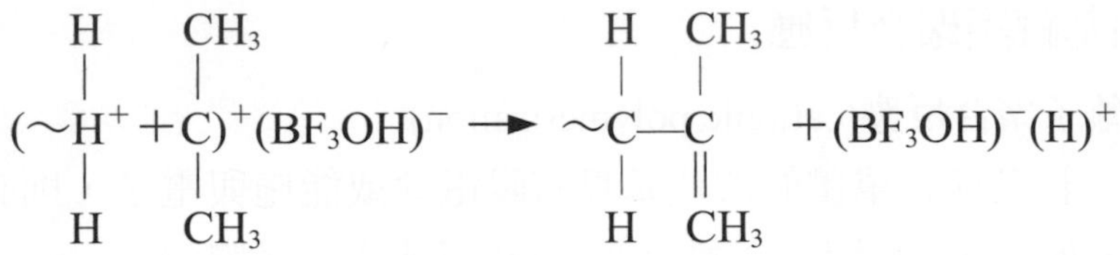

$$(\sim \overset{H}{\underset{H}{|}}H^+ + \overset{CH_3}{\underset{CH_3}{|}}C)^+(BF_3OH)^- \rightarrow \sim \overset{H}{\underset{H}{|}}C—\overset{CH_3}{\underset{CH_3}{\|}}C \quad +(BF_3OH)^-(H)^+$$

因此觸媒錯合體為一眞正觸媒，與自由基鏈鎖聚合反應不同。鏈鎖轉移亦可能發生：

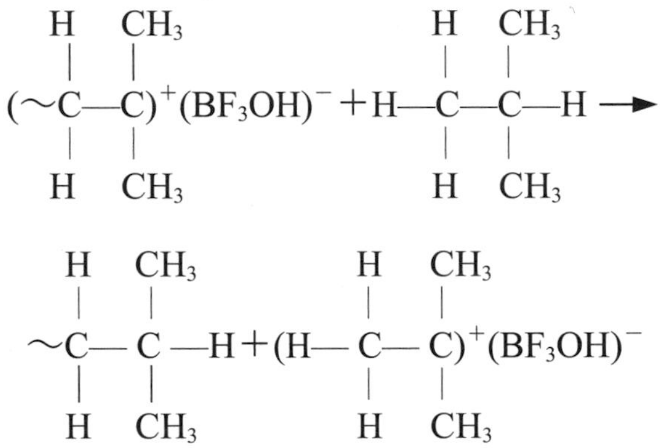

$$(\sim \overset{H}{\underset{H}{|}}C—\overset{CH_3}{\underset{CH_3}{|}}C)^+(BF_3OH)^- + H—\overset{H}{\underset{H}{|}}C—\overset{CH_3}{\underset{CH_3}{|}}C—H \rightarrow$$

$$\sim \overset{H}{\underset{H}{|}}C—\overset{CH_3}{\underset{CH_3}{|}}C—H + (H—\overset{H}{\underset{H}{|}}C—\overset{CH_3}{\underset{CH_3}{|}}C)^+(BF_3OH)^-$$

若以 A 表示觸媒，RH 表示副觸媒，則陽離子聚合反應由下列諸式示之：

(1) 引發步驟

$$A + RH \overset{K}{=} H^+AR^-$$

$$H^+AR^- + M \overset{k_i}{=} HM^+AR^-$$

(2) 成長步驟

$$HM^+AR^- + M \overset{k_p}{=} HM^+_{x+1}AR^-$$

(3) 終止步驟

$$HM^+AR^- \overset{k_t}{=} M_x + H^+AR^-$$

(4) 鏈鎖轉移

$$HM^+AR^- + M \overset{k_{tr}}{=} M_x + HM^+AR^-$$

引發速率　　$r_i = Kk_i [A][RH][M]$ .... (1)

其中〔A〕、〔RH〕與〔M〕分別爲觸媒、副觸媒和單體的濃度，若形成 H^+AR^-爲控制速率的步驟，則引發速率不受〔M〕的影響：

$$r_i = K[A][RH][M]$$

與自由基鏈鎖反應不同，陽離子鏈鎖反應的終止步驟爲一級反應，其速率 $r_t = k_t [M^+]$ .... (2)

其中〔M^+〕表示〔$HM_x{}^+AR^-$〕的總和。

若引發速率(r_i)與終止速率(r_t)相等，由式(1)和式(2)得：

$$[M^+] = \frac{Kk_i}{k_t}[A][RH][M]$$

則總聚合反應(成長)速率爲：

$$r_p = k_p [M][M^+] = K\frac{k_i\,k_p}{k_t}[A][RH][M]^2$$

2. **陰離子聚合反應**(anionic polymerization)

以陰離子作爲生長活行中心而進行的反應，觸媒多能產生陰離子者，如液體氨中的鈉金屬 $Na\ddot{N}H_2^{(-)}$或 BuLi 等。

(1) 引發步驟

$$H_2N^{(-)} + \underset{\substack{|\\R}}{CH_2{=}CH} \rightarrow H_2N-\ddot{C}H_2-\underset{\substack{|\\R}}{CH^{(-)}}$$

(2) 成長步驟

$$\sim CH_2-\underset{\substack{|\\R}}{\ddot{C}H^{(-)}} + CH_2{=}\underset{\substack{|\\R}}{CH} \rightarrow \sim -CH_2-\underset{\substack{|\\R}}{CH}-CH_2-\underset{\substack{|\\R}}{\ddot{C}H^{(-)}}$$

(3) 終止步驟

$$\sim CH_2-\underset{\substack{|\\R}}{CH^{(-)}} + H^+ \rightarrow \sim -CH_2-\underset{\substack{|\\R}}{CH_2}$$

(4) 引發步驟

$$\mathrm{BuLi + CH_2{=}\underset{\underset{R}{|}}{CH} \rightarrow Bu - CH_2 - \underset{\underset{R}{|}}{\ddot{C}}H^{(-)}\quad Li^{(+)}}$$

3. **配位聚合反應**(coordination polymerization)

配位聚合反應主要使用不溶解性固態 ZieglerNatta 觸媒，先形成配位錯合物，進而引發連鎖聚合反應。單體規則插入配位錯合物中，可得高立體特異性聚合物。由於分子鏈的成長步驟與一般傳統聚合反應不同，又稱爲插入型聚合反應。以聚丙烯爲例，其反應機構如下：

(1) 引發步驟：$TiCl_4$ 與 $AlEt_2$ 反應形成乙基四氯化鈦，在觸媒表面出現活性位置，丙烯單體插入活性位置，形成過渡狀態，乙基(-Et)轉至丙烯基末端，再呈現活性位置。

(2) 成長步驟：單體依引發反應插入活性聚合物末端，形成立體規則性活性聚合物。

(3) 終止步驟：經氫原子轉移而進行終止反應，工業上控制分子量的方法爲加入氫氣，促使聚合反應終止。

20.2.2 逐步聚合反應

一、加成聚合反應

加成聚合反應係每一分子上的未飽和烯烴彼此經由簡單的加成反應，而不生成水或其他副產品，所生成聚合物之鏈結爲純粹碳一碳鏈者，例如由乙烯聚合成聚乙烯，或由乙烯及醋酸乙烯共聚而成的乙烯－醋酸乙烯共聚物，此類的聚合反應有時稱爲簡單聚合反應或共聚合反應。

二、重排聚合反應

分子官能基中包含氧、氮、硫等類原子，彼此經由分子內的重排和加成反應，而不生成水或其他副產品的反應，生成聚合物的鏈結其單體係由醚類、醯胺類及胺基甲酸乙酯類或其他鏈接合者，例如由甲醛聚合而成的聚甲烯氧化物，由己內醯胺聚合成聚醯胺-6(耐龍 6)或由多元醇及二異氰酸酯聚合而成的聚胺基甲酸乙酯，此種形式的聚合亦稱聚合加成反應。

三、縮合聚合反應

分子官能基中的氧、氮及硫等原子彼此經過由縮合反應而生成水或其他副產品。所生成聚合物之鏈結，其單體係由酯類、醚類、醯胺類或其他類似單體結合者。例如由乙二醇及對苯二甲酸酯或由己二胺及己二酸聚合而成的聚醯胺 6,6，此種形式的聚合反應亦稱爲縮合反應或聚縮合反應。

20.2.3　活性聚合反應

根據 IUPAC 定義，活性聚合(living polymerization)是指“連瑣移動反應與停止反應不存在的連鎖聚合系”。在活性聚合系中，因不含停止反應與連瑣移動，故單體於聚合消耗後，仍可保持生長末端的活性。這樣的分子種類稱爲活性聚合物，當其他單體加入時，即可生成崁段共聚合物。

一、自由基活性聚合

1.　**引發反應**

$$I \rightarrow 2R\cdot$$

$$R\cdot + CH_2{=}\underset{\displaystyle Ph}{\underset{|}{CH}} \rightarrow R{-}CH_2{-}\underset{\displaystyle Ph}{\underset{|}{CH}}\cdot$$

I：AIBN 或 BPO 等起始劑

R：起始劑分解生成的一次自由基

2.　**成長反應**

$$R{-}CH_2{-}\underset{\displaystyle Ph}{\underset{|}{CH}}\cdot + CH_2{=}\underset{\displaystyle Ph}{\underset{|}{CH}} \rightarrow \sim CH_2{=}\underset{\displaystyle Ph}{\underset{|}{CH}}\cdot$$

3.　**終止反應**

$$\sim CH_2{-}\underset{\displaystyle Ph}{\underset{|}{CH}}{-}\underset{\displaystyle Ph}{\underset{|}{CH}}{-}CH_2\sim \quad \text{再結合}$$

$$2\sim CH_2{-}\underset{\displaystyle Ph}{\underset{|}{CH}}\cdot \rightarrow$$

$$\sim CH{=}\underset{\displaystyle Ph}{\underset{|}{CH}} + \underset{\displaystyle Ph}{\underset{|}{CH_2}}{-}CH_2\sim \quad \text{不均化}$$

4. **連鎖移動反應**

$$\sim CH_2-\underset{\displaystyle Ph}{\underset{|}{CH}}\cdot+\underset{\displaystyle Ph}{\underset{|}{CH_3}}\rightarrow\sim CH_2-\underset{\displaystyle Ph}{\underset{|}{CH_2}}+\cdot\underset{\displaystyle Ph}{\underset{|}{CH_2}}$$

一般的自由基聚合，起始劑分子(I)分解生成二分子的一次自由基 R‧(即起始反應)與單體反應，單體的生長末端陸續和其他單體反應(即生長反應)。當二分子的生長末端自由基相互反應(即終止反應)就失去活性種，或生長末端自由基從其他分子(溶媒等)奪到自由基氫而失去活性，其他分子則以自由基繼續反應(即連鎖反應)。連鎖移動會因不用溶媒而受到妨礙，但二分子的生長末端自由基的停止反應則無法阻止。

二、陽離子活性聚合

與自由基活性聚合不同，離子活性聚合沒有生長末端相互反應，但依聚合條件的相異，會發生生長末端的分子內停止。例如苯乙烯的陽離子活性聚合，生長末端碳離子的 β 位的氫原子容易形成質子而脫離，生成具不飽和末端的聚合物；或生長末端碳離子與前一末端苯乙烯的苯環反應，生成環化物而停止。

為了防止此副反應，陽離子活性聚合要在低溫(約－100℃)進行，將碳離子的反應性適度下降，可獲得活性聚合的系統。以乙烯醚類的聚合為例，用 HI/I_2 作起始劑，進行活性聚合。生長鏈末端不是碳離子，而是碳-碘共價結合的形式：

$$\sim CH_2-\underset{\displaystyle OR}{\underset{|}{CH}}-I+I_2\rightarrow\sim CH_2-\underset{\displaystyle OR}{\underset{|}{\overset{\delta^+}{CH}}}-\overset{\delta^-}{I}-I_3$$

被 I_2 活性化碳陽離與 I_3 陰離子僅微量解離，可防止副反應發生。

三、陰離子活性聚合

1. **引發反應**

$$BuLi+CH_2=\underset{\displaystyle Ph}{\underset{|}{CH}}\rightarrow Bu-CH_2-\underset{\displaystyle Ph}{\underset{|}{CH^-}}Li^+$$

2.　**成長反應**

$$Bu—CH_2—\underset{|\atop Ph}{CH}{}^-Li^+ + CH_2=\underset{|\atop Ph}{CH} \rightarrow \sim CH_2—\underset{|\atop Ph}{CH}{}^-Li^+$$

3.　**終止反應**

$$\sim CH_2—\underset{|\atop Ph}{CH}{}^-Li^+ \rightarrow CH=\underset{|\atop Ph}{CH} + LiH$$

活性陰離子聚合系中，生長末端爲帶負電荷的陰離子。在同性電荷作用，生長末端間不起反應，高溫下 LiH 等會從生長末端脫離而發生副反應，但於控制條件副反應不會發生。生長末端陰離子在單體完全消耗前是安定存在的，因此加入適當的單體與求電子釋放後，崁段共聚合物或高分子鏈末端導入官能基是可行的。

除了生長末端活性種的安定性外，許多活性聚合系具有的特徵爲起始反應與生長反應的速度差。大多數(不是全部)的活性聚合系，開始反應的速度遠大於生長反應的速度，生長高分子鏈同時行生長反應。因過程中無停止反應與連鎖移動反應，促使高分子鏈具有相當一致的聚合度，即聚合物的分子量分佈狹窄。

四、開環不均化聚合

不均化反應是指有機化學中兩低分子烷烯的雙鍵結合交換的反應，如 A＝B、C＝D 的兩種烷烯反應生成 A＝C 與 B＝D 的化合物。此處則是指具雙鍵結合的環狀化合物 A＝B 和金屬碳烯～C＝M(含金屬雙鍵結合的化合物)間起不均化反應，環被打開，同時生成新的～B＝M 金屬碳烯，反應重覆進行即得聚合物。

20.3　聚合反應法

20.3.1　聚合反應法原理

一、總體聚合法

單體於無溶媒或稀淡劑下，藉單體可溶性引發劑聚合作用，稱爲總體聚合法。此種聚合法引發過程顯然在液相中發生，至於成長過程與終止過程視產生聚合物對單體的溶解性，分爲兩種方式：

1. **聚合物溶於單體**

此種方式的引發反應顯然在單體相中成長過程與終止過程，溶於單體的聚合物相進行，聚合反應全在均勻相狀況下。反應系隨聚合作用的進行，黏度增加，甚至變爲固態狀。

2. **聚合物不溶於單體**

此種方式的引發反應亦在單體相中產生，唯因聚合物不溶於單體，故反應開始時，固態聚合物即行沉澱，自反應系析出，進一步成長過程與終止過程於非均勻相狀況下進行。此時反應系不會因聚合作用進展，增加黏度。

總體聚合法在大規模生產時，反應熱的去除困難，反應溫度控制不易，聚合物聚合度調整困難，加上聚合物觸媒與殘留單體影響品質。此法的優點爲可不使用溶劑，製造程序簡單。缺點較多，工業上的發展大受限制。在低濃度下，聚合反應平緩；但於高濃度時，聚合反應明顯加速，稱爲加速反應(auto-acceleration)或凝膠效應(gel effect)或 tromsdor 效應。

二、溶液聚合法

令單體溶於溶媒，藉單體或溶媒可溶性引發劑進行聚合作用，稱爲溶液聚合法。此聚合法依單體與產生聚合物對溶媒的溶解性分爲三種型式：

1. **單體與聚合物均可溶於溶媒**

此種型式例如苯乙烯在苯中聚合反應，苯乙烯單體或聚合物均可溶於苯溶媒。引發過程顯然在溶液相，成長過程與終止過程亦發生於溶液相的聚合物上，全反應過程均在均勻狀態下進行。依質量作用法則(mass action law)，反應速度比總體聚合法低；又由於溶媒的存在，連鎖移動的機會增加，產生聚合物的分子量較小；反應系的黏度亦隨反應的進展而增大。

2. **單體溶於溶媒，聚合物不溶或難溶於溶媒**

此種型式例如苯乙烯在甲醇中聚合反應，引發過程在溶液相中發生。因產生聚合物不溶於溶媒，故固態聚合物隨聚合作用的進行而沉澱，但成長過程可藉單體向聚合物擴散繼續進行。在非溶媒中聚合作用時，由於聚合物自行沉澱，反應系不致於增加黏度。

3. **單體一部分可溶於溶媒，聚合物不溶於溶媒**

此種型式例如醋酸乙烯在水中聚合反應，此時水爲溶媒，醋酸乙烯於室溫下可溶於水中約 5～7%。引發劑必須爲水溶性，引發過程在水溶液相中發生。

由於產生聚合物不溶於水，聚合物產生時即進行沉澱，但成長過程可藉單體向聚合物擴散繼續進行，終止過程藉二分子衝突或以連鎖移動的方式而發生。

此法在適當的溶媒中聚合，所得產品多為溶液；若聚合物不溶於溶劑，則得粉狀聚合物，其缺點是溶媒易揮發損失與回收困難，因連鎖移動反應，聚合物的分子量較小。

三、懸浮聚合法

單體的聚合作用以水為媒體，添加懸浮劑，藉單體可溶性引發劑在攪拌下進行，稱為懸浮聚合法。因引發劑為單體可溶性，引發過程在單體相中發生。當聚合反應時，固態聚合物產生最基本的顆粒，成長過程在此顆粒繼續進行，顆粒逐漸成長為珠狀體，懸浮於水媒體。此法可得粒狀聚合物，因在水媒中聚合，反應熱發散、離析與淨化容易，但懸浮劑沾污於聚合物，無法避免。

四、乳化聚合法

在乳化劑存在下，單體分散於水媒體，藉水可溶性引發劑進行聚合反應而得乳化液，稱為乳化聚合法。乳化聚合作用時，單體因乳化劑而溶於微胞內，配位整齊，比分散於水中的單體更易被水可溶性引發劑啓發，引發過程在微胞水溶液相中發生。微胞內單體一旦進行開始反應，成長過程亦同樣在微胞內發生，所需大量單體來自液相分散單體粒，藉擴散作用供給之。至於終止過程，產生聚合物小顆粒附著若干單體，呈現極高黏稠狀態，限制活性聚合物游離基相互作用，致使發生終止反應非常困難，結果聚合物分子量甚高。

五、界面聚合法

界面聚合為溶液聚合的改良方法，縮合反應中之一單體溶於某一種溶劑，另一單體溶於另一種溶劑，此兩種溶液互不相溶。聚合反應發生於兩者界面，生成的聚合物不溶於其一溶液，沉澱後分離。一般為提高聚合度與轉化率，在界面間加入某一種溶劑，和縮合反應釋出的小分子聚合作用，促進縮合反應趨於完全。本法優點在常溫常壓下，快速進行聚合反應，溶劑及未反應單體回收成本較高是其缺點。

六、反轉乳化聚合法

一般的乳化聚合，疏水性的聚合單體在水中被油／水的乳化劑所乳化，然後被水溶性的起始劑誘發聚合反應。乳化聚合反應亦能進行反轉乳化聚合(inverse emulsion polymerization)，若有一親水性聚合單體的水溶液如丙烯酸或丙烯醯胺，被油／水的乳化劑在疏油性中乳化，此種反應可由油溶性或水溶性的起始劑所引發，似乎與傳統乳化聚合相同，最主要的不同是聚合物顆粒穩定性低，因爲靜電作用力相異之故。

20.3.2 聚合反應法比較

聚合反應法 / 性質	總體聚合法	溶液聚合法	懸浮聚合法	乳化聚合法
引發劑	單體可溶性	單體可溶性	單體可溶性	水可溶性
成分	單體	單體，溶媒	單體，水，懸浮劑	單體，水，乳化劑
溫度控制	困難	較易	容易	容易
聚合速度	快	慢	快	特快
分子量聚合度	較大	小	大	特大
聚合物形狀	塊狀	溶液	顆粒	乳液
優點	電性、透明性良好	流動性佳	1. 加工性容易 2. 反應時間短	1. 粒子微細，適於浸漬 2. 吸油性佳
缺點	1. 反應熱去除困難 2. 分子量分布廣	1. 反應時間長 2. 需去除溶劑	懸浮劑沾污聚合物	1. 加工性差 2. 水分去除不易

20.4 添加劑的項目與種類

項目	種類
性質改質劑	可塑劑、抗靜電劑、色料、阻燃劑、耐衝擊劑、潤滑劑
安定劑	熱安定劑、抗氧化劑、紫外光吸收劑、抗菌防黴劑
填充料或補強物	碳酸鈣、雲母、黏土、玻璃纖維、合成有機纖維

20.5 高分子加工的方法與設備

目前常見的高分子加工方法有押出成型、射出成型、吹壓成型、熱壓成型、發泡成型、壓延加工、塗布等，依照不同的產品需求，選擇適當的加工方法與設備。押出成型是最常用的高分子加工方法，主要是利用押出機把粉狀、粒狀或丸狀的高分子材料與添加劑，加熱熔融後經由螺桿的輸送，再把這熔融物質從定型模頭裡連續不斷地擠出，經過冷卻以後，可以形成連續的產品。這些產品包括膠管、膠片、各種異型剖面製品等。押出機是押出成型的最重要設備，一般可以分為單螺桿式和雙螺桿式兩種。螺桿是押出機的最重要元件，高分子材料從供料筒進入螺桿後，先到達進料段，再經由押出機的加熱系統與螺桿的運轉輸送，進入壓縮段，高分子材料在這一個區段中已經逐漸熔融變成熔融態。然後，再經由螺桿繼續往前輸送，進入計量段，在這一區段中高分子材料已經完全熔融，並且和添加劑完全混煉均勻，螺桿把這些熔融態的塑料，穩定地傳送到模頭，經由不同設計的模頭和適當的冷卻處理，可以製造出不同形狀的押出產品。

一般來說，添加劑和高分子材料，可以在供料筒中一起加入押出機進行摻混加工。但是如果混煉不均勻，則可以利用側供料系統把添加劑調整在螺桿的其他區段中加入，只要能和高分子材料混煉均勻，做出好的產品，都是合適的加工方式。押出機是最常用來摻混不同種類高分子材料與添加劑的加工設備，利用押出機摻混好的塑料，再用其他的加工設備製造出最後成品的形狀和規格。射出成型是把粒狀或丸狀的高分子材料加熱熔融後，經由單螺桿的輸送機制，把高分子熔體送到模頭以後，螺桿停止旋轉進料，但急速往前運動把高分子熔體射入一個空的模具中後，螺桿自動退後，並再度進行旋轉進料的動作。打入模具的高分子熔體，在高壓下冷卻固化後，形成和模穴同一形狀的成品。

因此，一般的射出機與押出機有相似的螺桿設計。有時為了使高分子材料與添加劑達到更佳的混煉效果，可以先利用單螺桿或雙螺桿押出機，把高分子材料和添加劑加熱熔融摻混、冷卻製造成顆粒後，再用適當的射出成型機把摻混好的粒狀塑料射出形成所需要的產品。在高分子加工的領域裡，螺桿是非常重要的關鍵裝置。無論押出、射出或中空成形，用錯螺桿就無法製造出好的產品，即使勉強具有產品形狀，物理性質與機械性質也很難達到要求。因此螺桿的設計非常重要，從早期一體成型的螺桿，演變到現在可以拆卸重新組裝積木式的螺桿，顯示高分子加工的研究人員對於螺桿設計的注重，而螺桿表面的螺紋設計更是非常多樣化。目前研究人員可以依照不同的高分子材料，設計出適合的螺桿，藉以達到最佳的混煉效果。

20.6 抗氧化劑

根據作用模式不同，抗氧化劑(又稱防老劑)可分成主抗氧劑和輔助抗氧劑兩大類，前者最傑出代表是受阻酚類以及芳香胺類化合物。

最早及最簡單的受阻酚之一是丁基化羥基甲苯(2,6-di-t-butyl-cresol)，或簡稱BHT(AO-BHT)。這種化合物價格不高，並且是一種有效的自由基清除劑。不幸的是AO-BHT 有幾個缺點，首先它是一種揮發性分子，因此在加工和後續的加熱循環中還未來得及參與穩定化過程就損失掉了。其次在熱氧化條件下它很容易形成高度著色的副產物，AO-BHT 的另一個主要缺點是在燃燒副產物存在時有褪色傾向。第二代主抗氧劑以與 AO-BHT 相同的 2,6-di-t-butyl-cresol 部分爲基礎，但分子上附著了一條更長的脂肪鏈，AO-2176 是這一代抗氧化劑的一種，AO-BHT 的兩大缺點在第二代得到了改善。首先長烴鏈增加了分子量，從而降低了 AO-2176 的揮發性，其次 AO-2176 在用它穩定化的塑膠中引起的褪色較少。

不過第二代抗氧化劑在 NOx (氮氧化物)存在時仍有十分敏感的褪色性。第三代受阻酚具有一個脂肪鏈中心的多官能團分子，比如 AO-2110。該多官能團受阻酚的自由基清除能力高於僅僅依靠增加分子量來降低揮發性的第二代化合物。抗氧化劑的活性與受阻酚基團的濃度有關，而不是穩定劑本身的濃度。在分子量相當的情況下，多官能團化合物的酚作用基濃度較高，因而活性較高，可以減少穩定劑的用量而並不影響抗老化性能，穩定劑濃度的降低也能減少穩定劑之間發生反應的數量，接下來的技術突破隨著在多官能團受阻酚中結合一個異氰酸酯核心而產生。AO-1741 和 AO-1790 是第四代受阻酚抗氧化劑的代表，這類化合物的酚作用基濃度最高與揮發性最小。但眞正令第四代脫穎而出的是 AO-1741 和 AO-1790 抵抗氣熏褪色，從而使塑膠(製品)不致褪色的能力。

20.7 考　題

一、　工業上進行聚合反應時，若以水爲分散媒體，其生產製程常使用那兩種聚合法進行聚合反應？除了單體外，此兩種聚合製程各需加入何種主要添加劑？

(107 年公務人員普通考試)

二、　試問自由基(free radical)、陽離子(cationic)及陰離子(anionic)聚合反應之機構爲何？

(106 年公務人員高等考試三級考試、93 年關務人員薦任升等考試)

三、 敘述工業界高分子聚合技術中，懸浮聚合法(Suspension polymerization)及乳化聚合法(Emulsion polymerization)之異同點，並敘述二者之優劣點。
(102 年公務人員高等考試三級考試)

四、 說明高分子合成所使用之聚合方法：本體聚合法、溶液聚合法、懸浮聚合法及乳化聚合法的異同。包括：參與反應之各成分、聚合度、聚合速率及其他特性。
(101 年專門職業及技術人員高等考試)

五、 聚合物可以由數種相同或不同化學結構的分子反應生成，此反應稱爲聚合反應。請敘述乳化聚合法是如何進行聚合反應，並說明其優缺點。
(101 年公務人員特種考試身心障礙人員四等考試)

六、 請回答下列三個子題： (100 年公務人員普通考試)
(一)聚對苯二甲酸乙二酯(PET)的英文全名爲何？
(二)聚對苯二甲酸乙二酯(PET)的化學特性爲何？
(三)聚對苯二甲酸乙二酯(PET)在工業上的用途爲何？

答案：PET(Polyethylene Terephthalate)又稱「聚乙烯對苯二甲酸酯」，是塑膠材質的一種，呈乳白色或淺黃色、高度結晶的聚合物，表面平滑有光澤。在較寬的溫度範圍內具有優良的物理機械性能，長期使用溫度可達 120℃，電絕緣性優良，甚至在高溫高頻下，其電性能仍較好，但耐電暈性較差，耐蠕變性，耐疲勞性，耐摩擦性、尺寸穩定性都很好。

PET，是由對苯二甲酸(PTA)和乙二醇(EG)經過縮聚產生，由於生產加工方式的不同，其產品分爲聚酯切片、聚酯薄膜和聚酯纖維(又稱滌綸)，聚酯纖維分長絲和短纖，長絲約占聚酯的 62%、短纖約占 38%，長絲爲紡織企業使用，短纖一般與棉花混紡。切片又分爲瓶級切片、膜級切片和纖維切片，纖維切片經溶解噴絲成爲纖維，瓶級和膜級切片一般不再用於纖維生產。

PET性能優良，成本低，用途非常廣，根據其製品形式，可分爲四類：聚酯纖維、薄膜、工程注塑件、瓶類，按用途則分爲纖維和非纖維兩大類，後者包括薄膜、容器和工程塑料。

七、 簡述高分子總體聚合(Bulk polymerization)及溶液聚合(Solution polymerization)方法，並比較優劣點。 (100 年公務人員高等考試三級考試)

八、 敘述乳化聚合(emulsion polymerization)的原理。

(96 年特種考試地方政府公務人員考試三等考試、90 年公務人員薦任升等考試、90 年關務人員三等考試、84 年退除役軍人轉任丙等考試)

九、 請舉例說明反應型接著劑(Reactive Adhesive)和其接著原理。

(95 年公務人員特種考試警察人員考試)

提示：反應型接著劑不含溶劑，爲交聯結構反應，內聚力高，強度佳，耐高低溫，耐化學品。包括：

1. 環氧樹脂(EPOXY)：分爲單液、雙液(又稱 AB 膠)2 種，耐環境溫度變化、耐化學品，接著範圍廣，尤其是無機材質(玻璃、金屬、水泥……等)。
2. 壓克力系：SGA 膠、瞬間膠、UV 膠。
3. PU 膠：單液、雙液。
4. 酚醛樹脂：用在剎車片，耐高溫、強度好、耐衝擊。
5. 膏狀 PUR：濕氣硬化接著劑，常溫硬化，使用時不需加熱，耐高溫及耐水性佳，耐化學品耐衝擊抗震動，接著材質廣泛。

十、 解釋熔融指數(melt index)。 (93 年關務人員三等考試)

答案：在許多應用場合，非牛頓型流體的流動可用乘方定律(power law)描述之，亦即 $\tau=K(\gamma)^n$ 其中 K 爲常數，稱爲稠度(consistency)，n 稱爲熔融指數(melt index)。視 n 值的大小而定，乘方定律流體可能爲牛頓型流體、擬塑性流體或膨脹性流體。

CHEMICAL PROCCEDING INDUSTRY

塑膠工業

21.1 熱塑性塑膠

熱塑型塑膠的分子爲線狀或枝狀，易因熱而自由運動，因此可軟化或溶融；又因分子間可鬆解溶於特定的溶劑中，遇冷則變硬。此種可重複成型的熱塑型塑膠有時堅硬如鋼鐵，也有時柔軟如水；通常溫度越高，越爲柔軟。由於熱塑膠分子間易受力而滑動，故在荷重時，即使在常溫下，也會慢慢產生變形，無法恢復原來形狀，如聚乙烯(PE)、聚丙烯(PP)和聚苯乙烯等。

21.1.1 聚乙烯

聚乙烯的製造方法可分爲高壓法、中壓法及低壓法三大類，以高壓聚合法製得的產品爲低密度聚乙烯(LDPE)，最適宜的反應條件是在 1,500atm(700～3,000atm)、0.03～0.10%氧與 190～210℃的溫度。水爲一種理想的溶劑，於高壓條件主要以溶液聚合法進行。

$$nCH_2=CH_2 \xrightarrow[O_2\text{或過氧化物觸媒}]{1500atm，190\sim210^\circ C}$$

$(C_6H_6+H_2O)$

$$-(-CH_2-CH_2-)- \quad -CH_2-CH_2-CH_2-CH_2-\underset{\underset{\underset{CH_2-CH_2-}{|}}{\underset{CH_2}{|}}}{CH_2}-$$

側鏈型聚乙烯

經由 Ziegler 觸媒($Al(C_4H_9)_3$-$TiCl_4$)和烴類溶劑低壓聚合法，可製得硬質熱塑性塑膠的高密度聚乙烯(HDPE)，反應條件是在 100psig、60～70℃。至於 LLDPE(線型低密度聚乙烯)的生產則利用中低壓聚合法，藉乙烯進料與 β-烯烴如丙烯、丁烯等共聚合以提高分枝程度，改善產品性質，因而 LLDPE 有更佳的拉伸強度、耐撕強度，可以製成更薄的膠膜。

LDPE 薄膜在應用方面頻受 PVC 和 PP 材料的挑戰，尤其是在收縮和拉伸包裝方面，具有可替代性。中空成型品方面，多以 HDPE 製造為佳，以 LDPE 製作者僅為少量。HDPE 材料應用於管材方面，則與 PVC 管和金屬管爭逐市場。

	LDPE	HDPE	LLDPE
起始劑或觸媒	氧氣或過氧化物	Ziegler 或菲力普觸媒	Ziegler 或菲力普觸媒
反應溫度	200～300℃	低於 60℃	低於 60℃
反應壓力	1,300～2,600bar	1～300bar	1～300bar
結構情況	含叉鏈	直鏈	直鏈含短叉鏈
結晶度	55%	85～95%	55%
共聚單體	無	無	1-丁烯、1-己烯、1-辛烯
抗拉強度	1,200～2,000psi	3,000～5,500psi	2,000～2,500psi
斷裂強度	500%	10～1,000%	500%
密度(g/cm^3)	0.915～0.925	0.945～0.965	0.915～0.925

21.1.2 聚丙烯

聚丙烯係在 1995 年義大利 Milano 大學 Natta 教授以製造聚合乙烯(低壓法)用的觸媒，在加壓下，將丙烯聚合而得，所用觸媒為聞名的 Ziegler 觸媒，聚合反應如下：

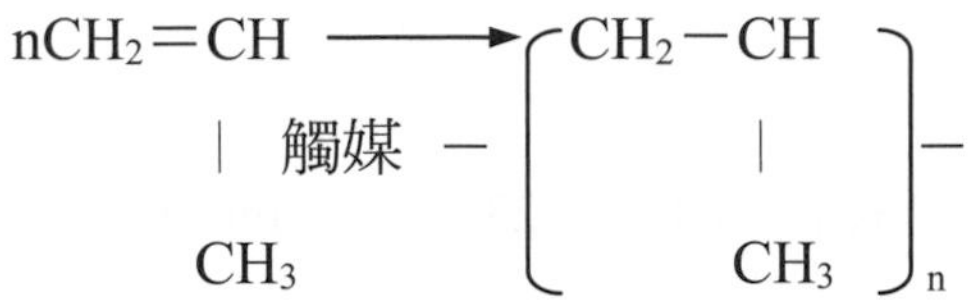

$$\begin{array}{cccc} nCH_2=CH & \xrightarrow{\quad\quad} & \left[\begin{array}{c} CH_2-CH \\ \quad\quad | \\ \quad\quad CH_3 \end{array}\right]_n \\ \quad | \quad \text{觸媒} & & \\ CH_3 & & \\ \text{丙烯} & & \text{聚丙烯} \end{array}$$

聚丙烯主鏈上每兩個碳原子就有一個甲基分枝，故有三種構型：

1. **同排**(isotactic)PP

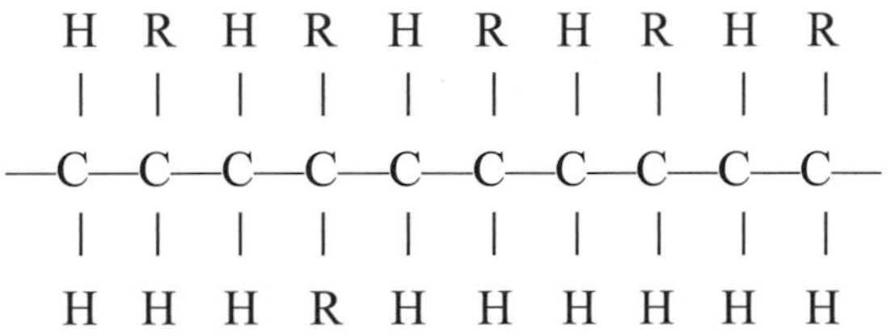

$$\begin{array}{cccccccccc} H & R & H & R & H & R & H & R & H & R \\ | & | & | & | & | & | & | & | & | & | \\ -C- & C- & C- & C- & C- & C- & C- & C- & C- & C- \\ | & | & | & | & | & | & | & | & | & | \\ H & H & H & R & H & H & H & H & H & H \end{array}$$

2. **對排**(syndiotactic)PP

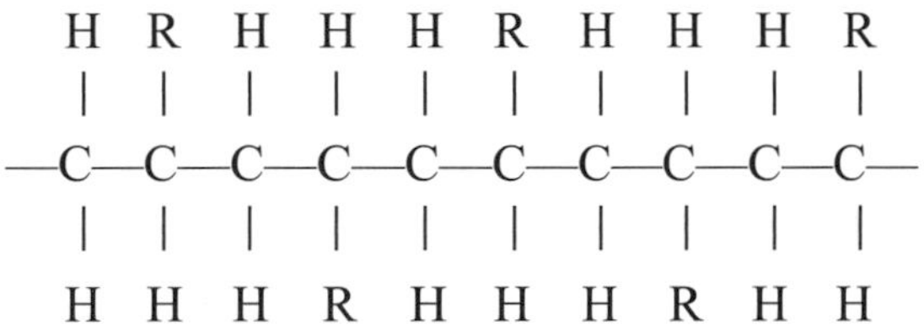

$$\begin{array}{cccccccccc} H & R & H & H & H & R & H & H & H & R \\ | & | & | & | & | & | & | & | & | & | \\ -C- & C- & C- & C- & C- & C- & C- & C- & C- & C- \\ | & | & | & | & | & | & | & | & | & | \\ H & H & H & R & H & H & H & R & H & H \end{array}$$

3. **亂排**(atactic)PP

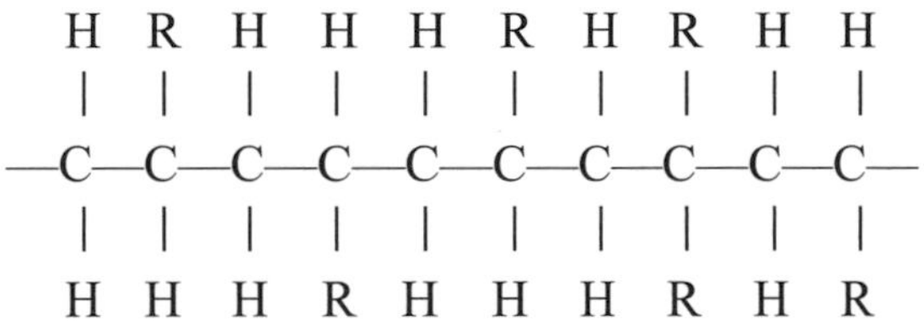

$$\begin{array}{cccccccccc} H & R & H & H & H & R & H & R & H & H \\ | & | & | & | & | & | & | & | & | & | \\ -C- & C- & C- & C- & C- & C- & C- & C- & C- & C- \\ | & | & | & | & | & | & | & | & | & | \\ H & H & H & R & H & H & H & R & H & R \end{array}$$

傳統 Ziegler 觸媒可製得同排聚丙烯，而金屬茂(metallocene)觸媒則得對排聚丙烯。

21.1.3　聚氯乙烯

聚氯乙烯樹脂通常稱為 PVC 塑膠，平均聚合度在 700～2,000 的範圍，此聚合物由含有大側枝或小側枝的鏈狀分子所構成，氯乙烯單體的主要製造程序有二種，相輔相成，亦可一併採用，其反應方程式如下：

一、以乙炔為原料

$$CH\equiv CH + HCl \xrightarrow[100\sim200^\circ C]{HgCl_2} \underset{VCM}{CH_2=CHCl} \quad \Delta H = -23,000 cal/mole$$

二、以乙烯為原料

$$CH_2=CH_2 + Cl_2 \rightarrow \underset{\text{二氯乙烷(EDC)}}{ClCH_2 \cdot CH_2Cl} \xrightarrow[450\sim550^\circ C]{\text{裂解}} \underset{VCM}{CH_2=CHCl} + HCl\uparrow$$

聚氯乙烯聚合方法：

1. **懸浮法**
   (1) 聚合物性質：熱光安定優、品質均一、聚合效率好、操作方便。
   (2) 用途：壓延或擠壓成形品。
2. **乳化法**
   (1) 性質：乳化劑會影響產品之電絕緣性或吸水性。
   (2) 用途：玩具、塗佈用膠糊。
3. **溶液法**
   用途：塗料與接著劑。

聚氯乙烯產品製程可分為四個階段：

1. 單體製造。
2. 單體聚合為樹脂。
3. 樹脂與配料之混合。
4. 加工成形為聚氯乙烯製品。

氯乙烯(單體) —加成聚合反應→ 聚氯乙烯樹脂 ┐
配料(可塑劑等) ┘ —加工成形→ 塑膠成品

聚氯乙烯樹脂加工法及製品用途如下：

1. **射出成形**

利用噴嘴將熔融塑膠注入模型中，冷卻後自模型取出製品，一般用於日用品、玩具、塑膠鞋、容器等加工。

2. **擠壓成形**

利用擠壓機將塑膠擠壓經模型成爲連續製品如電線、塑膠管。

3. **壓延成形**

將塑膠加熱軟化在滾筒間壓延成塑膠皮或塑膠板等。

4. **眞空成形**

將塑膠板加熱軟化後，貼近模型表面，自模型內抽眞空，使之軟化之膠板在模面成形，即可得製品。

5. **壓縮成形**

將塑膠加入模型中，加熱加壓使其液化，使模型閉合經冷卻硬化，開模後即可得製品如塑膠餐具、收音機外殼等。

21.1.4 聚苯乙烯

聚苯乙烯製法如下：

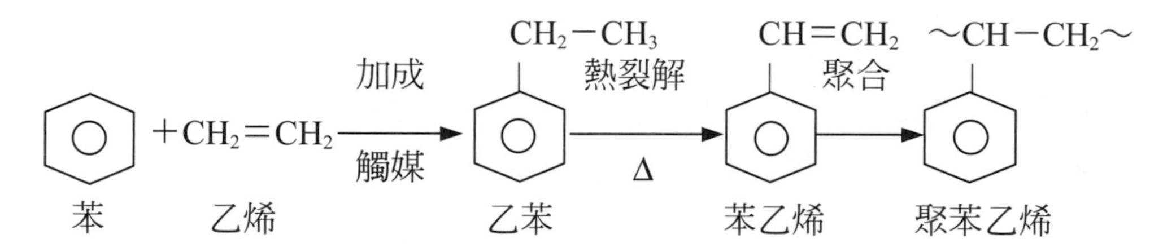

一般用聚苯乙烯(GP－PS)與耐衝擊性聚苯乙烯(HI－PS)用途：

1. **工業用**

電視機、電冰箱、收音機、照相機、車輛。

2. **雜貨用**

容器、玩具、家庭用品、文具。

3. **苯乙烯－丙烯腈共聚物(AS)**

電器、車輛、文具雜貨。

4. **丙烯腈－丁二烯－苯乙烯(ABS)塑膠**

車輛、電器。

21.1.5 聚碳酸酯

聚碳酸酯具透明性、耐衝擊性、耐熱性、尺寸安定性等優點，現今已成為工業上重要的工程塑膠材料，其製造方法如下：

一、光氣法(或稱溶劑法)

雙酚 A 溶於二氯甲烷溶劑中，通入光氣(phosgene)於溶液中進行聚縮合反應，生成的聚碳酸酯可溶於溶劑中，經中和及水洗後，以石油系溶劑使之沉澱即得樹脂。

$$OH-C_6H_4-C(CH_3)_2-C_6H_4-OH + Cl-\overset{\overset{O}{\|}}{C}-Cl \longrightarrow$$

$$H\left[O-C_6H_4-C(CH_3)_2-C_6H_4-O\right]_n-\overset{\overset{O}{\|}}{C}-Cl + HCl\uparrow$$

二、酯交換法(熔融法)

以雙酚 A 及碳酸二苯酯為原料，在高溫及減壓下加熱熔融，使之進行酯交換的聚縮合反應得聚碳酸酯樹脂。此法不使用溶劑，無需回收設備，生產成本較低；但需抽眞空設備與不易製得高分子聚合物，為此法的缺點。

$$HO-C_6H_4-C(CH_3)_2-C_6H_4-OH + C_6H_5-O-\overset{\overset{O}{\|}}{C}-O-C_6H_5 \longrightarrow$$

$$H\left[O-C_6H_4-C(CH_3)_2-C_6H_4-O-\overset{\overset{O}{\|}}{C}-O\right]_n-C_6H_5 + C_6H_5OH$$

21.1.6　丙烯腈－丁二烯－苯乙烯(壓克力，ABS)樹脂

壓克力樹脂單體α-甲基丙烯酸甲酯的合成方法：

一、異丁烯直接氧化法

$$CH_2=\underset{}{\overset{CH_3}{\overset{|}{C}}}-CH_3 \xrightarrow[CuO]{O_2} CH_2=\overset{CH_3}{\overset{|}{C}}-CHO \xrightarrow[Mo-Co]{O_2} CH_2=\overset{CH_3}{\overset{|}{C}}-COOH$$

$$\xrightarrow{CH_3OH} CH_2=C(CH_3)(COOCH_3)$$

二、甲基甲酸甲酯法

$$CH_3CH=CH_2+CO+CH_3OH \xrightarrow{\text{羰化}} CH_3-\overset{CH_3}{\overset{|}{CH}}-COOCH_3 \xrightarrow[-H_2]{\Delta} MMA$$

三、Escambia 法

$$CH_3\overset{CH_3}{\overset{|}{C}}=CH_2 \xrightarrow[\text{氧化}]{HNO_3} CH_3-\underset{ONO_2}{\underset{|}{\overset{CH_3}{\overset{|}{C}}}}-COOH \xrightarrow{\text{水解}} CH_3-\underset{OH}{\underset{|}{\overset{CH_3}{\overset{|}{C}}}}-COOH$$

α-烴基異丁酸

$$\xrightarrow[CH_3OH\ \text{酯化}]{\text{脫水}} MMA$$

四、氰丙醇法(acetone cyanohydrin proces，ACH 法)

$$CH_3\overset{O}{\overset{\|}{C}}CH_3+HCN \xrightarrow{NaOH} CH_3-\underset{CN}{\underset{|}{\overset{OH}{\overset{|}{C}}}}-CH_3 \xrightarrow[H_2SO_4]{CH_3OH} MMA$$

五、甲基乙炔法(Reppe`s 法)

$$CH\equiv CH + CH_3OH + CO \xrightarrow[HCl]{Ni(CO)_4} MMA$$

六、其他尚有異丁烷法、甲基丙酸法、異丁腈法

MMA 經聚合而成 PMMA，為聞名的壓克力樹脂。這種樹脂透明度極高，又被稱為光學樹脂，亦具有極佳之耐候性和強度，其主要用途如下：

1. 利用總體聚合法製成壓克力板，一般稱為壓克力玻璃，是一種不碎裂的有機玻璃，在廣告招牌和陳列用材料使用方面，或供作浴槽等浴室設備極多。
2. 壓克力乳漆(acrylic latex)又稱壓克力油漆(acrylic paints)，在表面塗料上占有相當重要的地位，運用於室外用油漆或室內用光澤漆和半光澤漆等多方面。
3. 製成塑膠粒，供作射出或擠壓成形原料。這類成形品用於汽車、卡車、巴士各方面的零件極多，另如照明、採光方面的應用也極重要。
4. 其他如作引擎機油之黏度指數增進劑，乳化型接著劑、填隙劑、皮革加工劑、紙張塗敷劑、地板擦亮劑、紡織助劑等用途。

21.1.7 聚乙烯醇(PVA)與聚醋酸乙烯酯(PVAc)

聚乙烯醇製法不能直接由單體經聚合反應製得，需先製得 PVAc，再將 PVAc 溶解於木精等溶劑中，加入少量鹼或無機酸作觸媒，PVAc 皂化即得 PVA 沉澱析出。

製法：以乙炔為原料

$$CH_3COOH + CH\equiv CH \rightarrow \underset{\substack{|\\ OCOOH_3 \\ \text{VAc 單體}}}{CH_2=CH} \xrightarrow{\text{加成聚合}} \sim\underset{\substack{|\\ OCOCH_3 \\ PVAc}}{(CH_2-CH)}\sim \xrightarrow[\text{甲酚}]{\text{皂化反應}} \sim\underset{\substack{|\\ OH \\ PVA}}{(CH_2-CH)}\sim$$

PVAc 軟化溫度甚低(軟化點 45℃)，易產生常溫流動現象，故不是於作成形材料使用，其用途如塗料、接著劑、口香糖、土壤改良劑等。

PVA 用途：纖維、膠膜、海綿、黏著劑、塗料、成形塑膠或食品工業製冰淇淋時加入 1%PVA 可防止水分結晶。

21.1.8　聚氧二甲苯(polyphenylene oxide，PPO)

也稱爲聚苯醚(polyphenylene ether，PPE)，其商品名爲 NORYL，是一種高溫的熱塑性塑料。聚氧二甲苯爲非結晶性熱塑性高分子，由於它難以直接加工，故在工業上很少使用純的聚氧二甲苯，常將聚氧二甲苯和聚苯乙烯、高衝擊苯乙烯-丁二烯共聚物或聚醯胺混合使用。

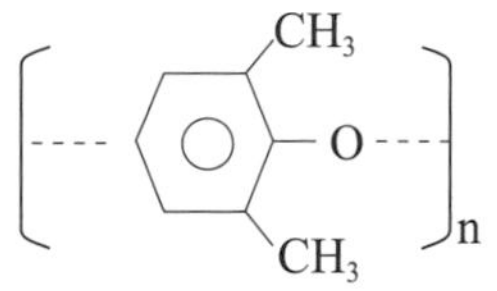

CH_3
O
CH_3
n

一、製備方法

一種聚苯醚的製備方法，將在非水溶性的聚合溶劑和催化劑存在下經聚合得到的聚苯醚溶液與一種螯合劑水溶液接觸，終止聚合反應的進行並使催化劑失活，接著加入一種水溶性的難溶聚苯醚的溶劑，使聚苯醚沉澱析出，並分離回收所沉澱的聚苯醚，然後進行以下步驟：

1. 聚苯醚溶液與螯合劑水溶液混合接觸，在 50～120℃下保持 10～180 分鐘。
2. 分離回收聚苯醚後的混合物，含有非水溶性的聚合溶劑和水溶性的難溶聚苯醚的溶劑，將這一混合物加入水以萃取水溶性的難溶聚苯醚的溶劑，這樣就使水溶性的難溶聚苯醚的溶劑被萃取入水相而與聚合溶劑分離。
3. 通過蒸餾的方法將水溶性的難溶聚苯醚的溶劑從水相中分離並除去，全部或部分留下來的水循環用於與分離聚苯醚後的濾液接觸，留下來的水相中高沸點有機物的含量爲 1 重量%或更低。

二、工業生產的方法

包括聚合和後處理兩部分。

1. 聚合：在聚合反應釜中先加入定量的銅氨絡合催化劑，將氧氣鼓泡通入，然後逐步加入 2,6-二甲基苯酚和乙醇溶液，進行氧化偶聯聚合得到聚合物。

2. 後處理：將聚合物離心分離、用含硫酸 30%的乙醇液洗滌，再用稀鹼溶液浸泡、水洗、乾燥、造粒，即得聚苯醚的粒狀樹脂。還可採用 2,6-二苯基苯酚爲單體，所得聚苯醚的熱穩定性更好，已用於製造耐高溫薄膜和絕緣製品。

爲了改善成型加工性能和降低成本，可以用共混方法對聚苯醚進行改性，改性聚苯醚成本低、市場價格已能和 ABS 樹脂競爭，廣泛用來代替青銅或黃銅製作各類機械零件及管道等。

$$\text{(2,6-}(CH_3)_2C_6H_3\text{)–C} + O_2 \xrightarrow[\text{amine base}]{\text{Cu(I) catalyst}} \left[C_6H_2(CH_3)_2\text{–O} \right]_n + HO_2$$

2,6-dimethylphenol　　　　poly(phenylene oxide)

21.2 熱固性塑膠

熱固型塑膠的分子爲交連(或網狀)結構，不會受熱變化，也不受溶劑的作用，僅能用某些化學藥品來破壞其組織。一般均爲硬質體，沒有彎曲性，甚至將其加熱到接近於分解的溫度時也一樣。事實上熱固型塑膠在成型前，也是一種熱塑型塑膠(也就是說分子尚未變成交聯結構)，等成型時加以熱量或壓力，便交結硬化而成熱固型體，此時的產品遇熱就不再軟化了。

熱固性樹脂的聚合反應可分爲三階段或二階段，反應的初期稱爲 A 階段(A-Stage)，此時樹脂爲稠黏液體或可熔化的固體，能溶解於某種溶劑。反應的中期稱爲 B 階段(B-Stage)，此時聚合物已輕微交連，與某種溶劑接觸可能膨漲，受熱而軟化，但不能完全溶解或熔化。反應的後期稱爲 C 階段(C-Stage)，此時樹脂已完全交連，因此不溶解，亦不熔化，能在較高的溫度下保持尺寸的穩定性。

21.2.1 酚醛樹脂

酚醛樹脂係由酚類與醛類經縮合聚合而得的聚合體，其反應式如下：

1. **加成反應**

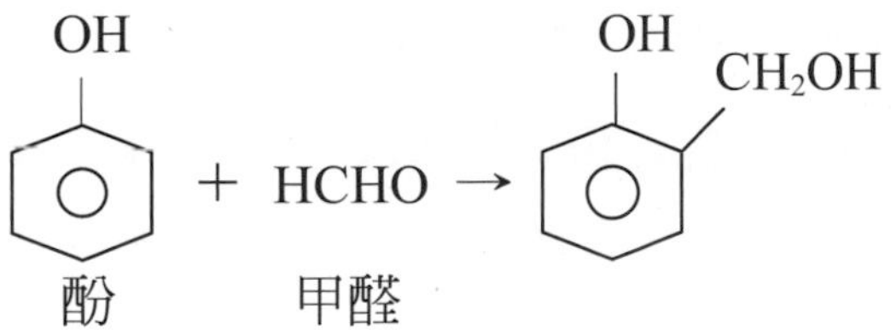

$$\text{C}_6\text{H}_5\text{OH}\ (\text{酚}) + \text{HCHO}\ (\text{甲醛}) \rightarrow \text{HOC}_6\text{H}_4\text{CH}_2\text{OH}$$

2. **縮合反應**

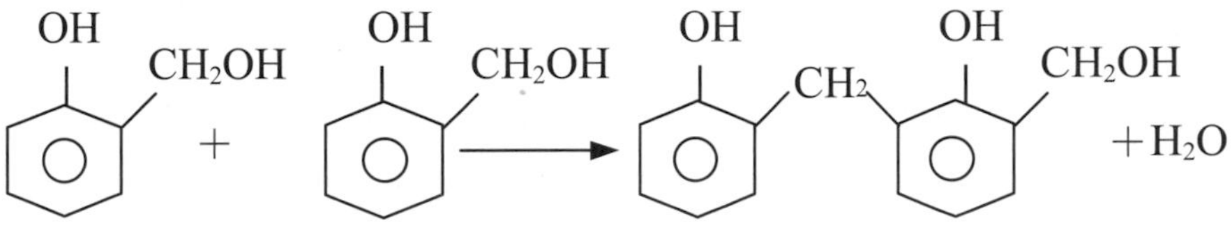

$$\text{HOC}_6\text{H}_4\text{CH}_2\text{OH} + \text{HOC}_6\text{H}_4\text{CH}_2\text{OH} \longrightarrow \text{HOC}_6\text{H}_4\text{–CH}_2\text{–C}_6\text{H}_3(\text{OH})\text{CH}_2\text{OH} + H_2O$$

可分爲下列三種產品：

(1) Novolak 樹脂：甲醛與酚莫耳比值小於 1，在酸性觸媒如 HCl 或 H_2SO_4 存在下，先形成甲醇基酚後，在縮合而得熱塑性樹脂。

(2) Resol 樹脂：甲醇與酚的莫耳比大於 1，使用鹼性觸媒如 NaOH 或 NH_4OH 先形成甲醇基酚，在縮合而得熱塑性線性聚合物。

(3) Cast 樹脂：在甲醛對酚高莫耳比(2.3/1)於鹼性觸媒中反應而得 Cast 樹脂。酚樹脂的主要用途爲成型材料與黏著劑。

21.2.2　三聚氰胺甲醛樹脂

三聚氰胺甲醛樹脂係由三聚氰胺與甲醛經縮合聚合而得的聚合體，其反應式如下：

1. **加成反應**

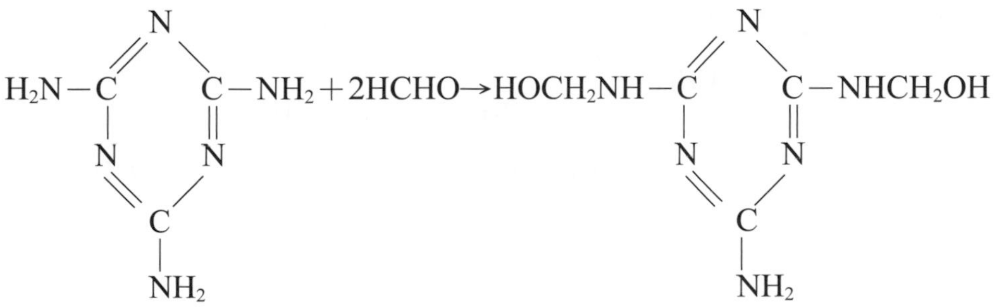

$$C_3N_3(NH_2)_3 + 2HCHO \rightarrow C_3N_3(NH_2)(NHCH_2OH)_2$$

(H$_2$N–C ring with N, C–NH$_2$ + 2HCHO → HOCH$_2$NH–C ring, C–NHCH$_2$OH, C–NH$_2$)

2. **縮合反應**

$$-NHCH_2OH + HOCH_2NH \longrightarrow NHCH_2OCH_2NH- + H_2O$$

$$-NHCH_2OH + H_2N \longrightarrow -NHCH_2NH- + H_2O$$

三聚氰胺甲醛樹脂主要用途爲成型材料、接著劑、塗料、紡織品處理劑、造紙加工添加劑等。

21.2.3 環氧樹脂

爲熱固體型樹脂，當主劑與硬化劑以一定比例適當混合，經交鏈硬化後，則形成三度空間之網狀結構，因而賦予產品有特殊的物性、機械性及耐化學品性等。一般是以環氧氯丙烷(epichlorohydrin)及丙二酚(雙酚 A)(bisphenol A)爲起始原料，經適當反應聚合後，可得各種不同分子量的環氧樹脂主劑產品，其主要反應如下：

$$ClCH_2-\overset{O}{\overbrace{CH-CH_2}} + HO-(\text{benzene ring})-\underset{CH_3}{\overset{CH_2}{C}}-(\text{benzene ring})-OH \longrightarrow$$

環氧氯丙烷　　　　丙二酚(雙酚 A)

$$ClCH_2-\overset{OH}{CH}-O-(\text{benzene ring})-\underset{CH_3}{\overset{CH_3}{C}}-(\text{benzene ring})-OH \qquad (1)$$

$$ClCH_2-\overset{OH}{CH}-O-(\text{benzene ring})-\underset{CH_3}{\overset{CH_3}{C}}-(\text{benzene ring})-OH + ClCH_2-\overset{OH}{CH}-O-(\text{benzene ring})-\underset{CH_3}{\overset{CH_3}{C}}-(\text{benzene ring})-OH-$$

$$ClCH_2-\overset{OH}{CH}-O-(\text{benzene ring})-\underset{CH_3}{\overset{CH_3}{C}}-(\text{benzene ring})$$

$$-O-CH_2-\overset{OH}{CH}-(\text{benzene ring})-\underset{CH_3}{\overset{CH_3}{C}}-(\text{benzene ring})-OH + HCl \qquad (2)$$

環氧樹脂具有優異的黏著性，可作爲金屬、木材、玻璃、橡膠的接著劑；耐水性及耐藥性佳，可作爲塗料；直接加熱硬化時，不會產生水分及其他副產物，尺寸精確，可作爲電機及機械零件。

21.2.4 不飽和聚酯樹脂

一、製備

$$nHOOC(CH_2)_4COOH + nHOCH_2 \cdot CH_2OH \rightarrow$$

己二酸　　　　　　乙二醇

$$-(-CO(CH_2)_4 \cdot COOCH_2CH_2O-)_n- \ + \ 2nH_2O$$

聚乙烯己二酸酯

羧基與醇基摩爾比 1：1 配合，200～250℃溫度下用萘酸銅類金屬鹽觸媒進行催化，藉墮性氣體或眞空除去反應產生的水分。不飽和聚酯樹脂產品在常溫常壓下即可硬化，成爲質輕、高強度材料，同時也具有加壓加熱硬化的特性。

二、用途

廣泛被應用在 FRP、鈕釦、注型等製品及木器塗料、化妝板等領域。

21.2.5 聚氨酯樹脂

一、製備

發泡所需物料依乙二醇 100kg、二異氰酸酯 50kg、水 4kg、CCl_3F(液體)發泡助劑 5kg、有機錫化合物聚合觸媒與矽氧油泡沫安定分散劑 2kg 比例，連續置入混合機內攪拌，所得混合液隨即產生下列聚合反應：

$$nHOROH + nNOCNR'NCO \rightarrow (-OROCONHR'NHCO-)_n$$

二、用途

寢具、枕頭、汽車座墊、傢俱、斷熱材、塗料等。

21.3 FRP 與 FRTP

一、纖維強化塑膠 FRP

以玻璃纖維爲補強材料，與不飽和聚酯樹脂、環氧樹脂、矽氧樹脂等熱固性樹脂或聚苯乙烯、氟碳樹脂等熱塑性樹脂組合製成的材料稱之。

二、纖維強化熱塑性塑膠 FRTP

是將不飽和聚酯樹脂添加硬化劑等化學品後，塗佈於預置模具內玻璃纖維織物上，在室溫或經加熱使之硬化成型的方法製成。FRTP 爲將截短的玻璃纖維混入如聚丙烯、聚苯乙烯、尼龍等熱塑性樹脂內，以一般塑膠加工法成型的材料。

21.4 生物可分解塑膠

生物可分解塑膠(biodegradable plastics)是在塑膠分子中加入澱粉、黃豆粉、蔗糖、甜菜糖等易被細菌分解的成分，困難之處在於如何結合極性的澱粉分子與非極性的塑膠分子，所幸化學家已成功開發了一種稱爲接枝共聚法(graft copolymer)的技術，克服技術瓶頸。國外已有分解塑膠的使用，一般生物可分解塑膠中含有 6%的澱粉，有些甚至可達 30～60%。

21.5 高吸水性樹脂

21.5.1 分類

1. **按原料來源進行分類，分爲六大系列**
   (1) 澱粉系包括接枝澱粉、羧甲基化澱粉、磷酸酯化澱粉、澱粉黃原酸鹽等。
   (2) 纖維素系：包括接枝纖維素、羧甲基化纖維素、羥丙基化纖維素、黃原酸化纖維素等。
   (3) 合成聚合物系：包括聚丙烯酸鹽類、聚乙烯醇類、聚氧化烷烴類、無機聚合物類等。
   (4) 蛋白質系列：包括大豆蛋白類、絲蛋白類、穀蛋白類等。
   (5) 其他天然物及其衍生物系：包括果膠、藻酸、殼聚糖、肝素等。

(6) 共混物及複合物系：包括高吸水性樹脂的共混、高吸水性樹脂與無機物凝膠的複合物、高吸水性樹脂與有機物的複合物等。

2. **按親水化方法進行分類**

(1) 親水性單體的聚合：如聚丙烯酸鹽、聚丙烯醯胺、丙烯酸-丙烯醯胺共聚物等。

(2) 疏水性或親水性差的聚合物的羧甲基化或羧烷基化反應：如澱粉羧甲基化反應、纖維素羧甲基化反應、聚乙烯醇-順丁烯二酸酐的反應等。

(3) 疏水性或親水性差的聚合物接枝聚合親水性單體：如澱粉接丙烯酸鹽、澱粉接枝丙烯醯胺、纖維素接枝丙烯酸鹽、澱粉-丙烯酸-丙烯醯胺接枝共聚物等。

(4) 含氰基、酯基、醯胺基的高分子的水解反應：如澱粉接枝丙烯腈後水解、丙烯酸酯-醋酸乙烯酯共聚物的水解、聚丙烯醯胺的水解等。

3. **按交聯方式進行分類**

(1) 交聯劑進行網狀化反應：如多反應官能團的交聯劑水溶性的聚合物、多價金屬離子交聯水溶性的聚合物、用高分子交聯劑對水溶性的聚合物進行交聯等。

(2) 自交聯網狀化反應：如聚丙烯酸鹽、聚丙烯醯胺等的自交聯聚合反應。

(3) 放射線照射網狀化反應：如聚乙烯醇、聚氧化烷烴等通過放射線照射而進行交聯。

(4) 水溶性聚合物導入疏水基或結晶結構：如聚丙烯酸與含長鏈(C12～C20)的醇進行酯化反應得到不溶性的高吸水性聚合物等。

4. **其他分類方法**

(1) 以製品形態分類：高吸水性樹脂可分爲粉末狀纖維狀、膜片狀、微球狀等。

(2) 以製備方法分類：高吸水性樹脂可分爲合成高分子聚合交聯、羧甲基化、澱粉接枝共聚、纖維素接枝共聚等。

(3) 以降解性能分類：SAR 可分爲非降解型(包括丙烯酸鈉、甲基丙烯酸甲酯等聚合產品)、可降解型(包括澱粉、纖維素等天然高分子的接枝共聚產品)。

21.5.2 性能

1. **吸收能力**

是指樹脂在溶液中溶脹和形成凝膠以吸收液體的能力。它可用飽和吸液量來表示，並含有兩方面的意義：

(1) 樹脂從接觸表面吸入水分發生溶脹的能力。

(2) 使被吸收的水分呈凝膠狀並失去流動性的能力。通過改變樹脂的組成和產品形狀可以有選擇地獲得上述兩種吸收能力，從而設計出不同的產品。普通吸水材料的吸水能力僅為自重的數十倍，而高吸水性樹脂可達數百倍至數千倍，最高可達 5300 倍。

2. **保水能力**

指吸水後的凝膠能保持其水溶液不離析狀態的能力。高吸水性樹脂一旦吸水溶脹形成水凝膠，即使加壓也不易將水擠出，衛生巾紙尿布正是利用了這一特性。另外，將吸水後的高吸水性樹脂置於大氣中，其水分蒸發速度比通常的水蒸發要慢得多，這一特性在土壤保濕劑方面很有用。高吸水性樹脂的保水能力分加壓保水性、熱保水性、在土壤的保水性等幾種。

3. **吸液速率**

指單位品質的高吸水性樹脂在單位時間內吸收的液體品質。吸液速率與其本身的化學組成及物理狀態有關，如微粒的表面積、毛細管現象、吸液時是否形成“粉團”等。一般表面積愈大即微粒愈小，吸液速率愈快，但微粒過小則會形成“粉團”反會阻礙吸液。高吸水性樹脂的吸液速率很高，一般在幾分鐘至半小時內吸收的液體已達飽和吸液量。

4. **熱穩定性**

指兩個方面，一方面是吸水劑被加熱一定時間後再測其吸水性能是否發生改變；另一方面是指它吸水時加熱，測定不同溫度下的吸水能力。一般高吸水性樹脂隨加熱溫度的升高，加熱時間的增加吸水能力都有一定程度的下降，但在 130℃以下變化不是很大。所以其熱穩定性較好，而使用時一般溫度都不高，所以適應性較廣。

5. **高吸水性**

凝膠所含水在土壤中的移動性高吸水性樹脂作土壤改良劑在和土壤混合的場合下，吸水凝膠的水分向土壤的移動也很重要。這方面的性能使高吸水性樹脂在水量較多時能保存下來，而當環境缺水時，又可以將原來所吸水分釋放出來。這在農業上、治理沙化等方面有很好的應用前景。吸氨能力：高吸水性樹脂是含羧基的陰離子物質，殘存的羧基往往使樹脂顯示弱酸性，並可吸收氨類等弱鹼性物質。這一特性有利於衛生巾 Chemicalbook 的除臭，並可將土壤中氮肥的利用率提高 10%。

6. **其他主要性能**

高吸水性樹脂還有其他一些主要性能，如增粘性，可獲得比使用普通水溶性高分子系列增粘劑更高的粘度；重複吸液性，樹脂吸液後乾燥，再進行吸收仍可保持較高的吸液率，即樹脂的再生。另外高吸水性樹脂還具有粘著性、選擇吸收性、緩釋性及蓄熱性等方面的性能。

21.5.3　吸水機理

高吸水性樹脂吸水，首先是離子型的親水性基團在水分子的作用下開始解離，與此同時陰離子仍然固定在高分子鏈上，已經解離的可移動的陽離子在樹脂內部維持電中性。由於高分子骨架的網狀結構具有高彈性，因而可容納大量的水分子，當高分子網狀結構交聯密度較大時，高吸水性樹脂分子鏈的延展性受到制約，導致吸水率下降。隨著離解過程的逐步進行，高分子骨架上的陰離子數量逐漸增多，同種離子之間的靜電排斥力使樹脂溶脹。與此同時樹脂內部的陽離子濃度逐漸增大，在聚合物骨架結構內外溶液之間形成離子濃度差，離子濃度滲透壓的產生，使水分子能夠進一步進入聚合物內部。當離子濃度差提供的動力不能小於聚合物交聯結構及分子鏈間的相互作用的阻力時，高吸水性樹脂吸水度達到了飽和狀態。

21.5.4　應用

1. **衛生用品**

高吸水性樹脂在生理衛生用品方面的應用是比較成熟的一個領域，也是目前最大的市場，約占總量的 80%，如嬰兒繈褓、紙尿布、婦女衛生巾、衛生棉、止血栓、生理棉、汗毛巾等產品中都可以應用高吸水性樹脂。另外，如手術墊、手術手套、手術衣、手術棉、貼身襯衫、內褲、鞋墊等一些生理用品中也廣泛用到高吸水性樹脂。以前的研究主要集中在高吸水性樹脂衛生用品性能的改善方面，而目前的研究重點主要集中在衛生材料的輕薄型、較高的接觸乾燥性、最低的漏出率，對皮膚無刺激，具有抗菌、殺菌作用及長時間的吸水能力和長時間使用不折皺的效果等方面。採用反相懸浮聚合法合成了具有殺菌性能的高吸水性樹脂，對金黃色葡萄球菌、大腸桿菌和白色念珠菌等微生物菌株均有殺滅和抑制作用。樹脂中季銨基團的含量愈高，樹脂的抗菌效果愈好，大大提高了衛生保障的效果。

2. **農林園藝及荒漠化治理**

高吸水性樹脂不但吸水性、保水性極為優良，而且其在土壤中形成糰粒結構，使土壤白天和晚上的溫差縮小，同時還能吸收肥料、農藥，防止肥料、農藥以及水土流失，並使其緩慢釋放，增強了肥料、農藥的效果，並大大提高了抗旱能力。目前，其在農藝園林方面的應用還非常有限，主要原因是它的成本較高，而且在土壤中的吸水能力不夠，反復使用性較差。高吸水性樹脂在這方面的應用仍具有較大的潛力，今後應重點開發高吸水、保水並能反復使用而且成本較低的高吸水性樹脂，並應進一步加強利用高吸水性樹脂改良乾旱貧瘠土壤，特別是改造沙漠方面的研究。

3. **生物醫藥**

高吸水性樹脂在生物體中的適應性已經有不少學者進行了研究。結果表明：某些合成和半合成的高吸水性物質，具有一定的生物適應性。利用高吸水性材料具有極強的吸水性和保水性的特性，可製成和生物體含水量相近的各種組織材料，而且醫藥吸水性材料吸水後形成的凝膠比較柔軟，具有人體適應性，對人體無刺激性、無副反應、不發生炎症、不引起血液凝固等，這些都為其在醫藥上的應用創造了條件。近年來，高吸水性樹脂已被廣泛應用於醫藥醫療的各個方面：用於製備吸收手術及外傷出血和分泌液、並可防止化膿的醫用繃帶、棉球和紗布等；用於接觸眼鏡、人體埋入材料、保溫保冷材料等醫療用品；用於製造人工玻璃體、人工角膜、人工皮膚、人工血管、人工肝臟、人工腎臟等人工器官；用於保持部分被測液的醫用檢驗試片；用於製備含水量大、使用舒適的外用軟膏；另外，高吸水性樹脂還在緩釋藥物基材等製造中得到應用，能通過調節含水率改變藥劑的釋放速度，避免隨時間推移，釋放速度逐漸降低。

4. **汙水處理**

　　對於富含重金屬離子的工業廢水，目前已有多種方法進行處理，如化學沉澱法、離子交換樹脂法、吸附法、高分子重金屬捕集劑法等。而利用吸附材料處理重金屬離子廢水是目前應用非常廣泛的一種方法。合成類高吸水性樹脂，主要有聚丙烯酸鹽、丙烯醯胺的改性產物等，能與多種金屬離子螯合、吸附或發生離子交換作用，作爲吸附劑可有效去除工業廢水中的有毒重金屬離子，回收貴金屬離子和過渡金屬離子。

21.6 考　題

一、　請說明熱塑性塑膠(thermoplastics)及熱固性塑膠(thermosets)的特性及其用途。(108 年專門職業及技術人員高等考試)

二、　PA、PC、PET、PPO、POM 爲五種工程塑膠。請回答下列問題：

(一) 分別寫出上述五種工程塑膠的化學式。

(二) 分別寫出製造上述五種工程塑膠的化學反應方程式。

(107 年專門職業及技術人員高等考試)

三、　高吸水性樹脂的用途之一爲個人衛生用品，如嬰兒尿布和衛生棉。請回答下列問題：

(一) 何謂高吸水性樹脂？

(二) 高吸水性樹脂的吸水原理爲何？

(三) 舉出三種影響高吸水性樹脂吸水率的因素，並分別敘述這些因素如何影響樹脂的吸水率。

(四) 除了個人衛生用品以外，請舉出三種其它高吸水性樹脂的用途。

(107 年專門職業及技術人員高等考試)

四、　有關塑膠，請回答下列問題：

(一)分別敘述熱塑性塑膠與熱固性塑膠之性質及其差異。

(二)寫出三種工業上常用之熱固性塑膠，並寫出原料及未交聯前聚合物重複單位之分子結構。　(107 年公務人員特種考試關務人員三等考試)

五、　有關配位聚合(Coordination Polymerization)，請回答下列問題：

(一)何謂配位聚合？

(二)試以聚丙烯之製造爲例，寫出此聚合反應之三個主要步驟並說明之。

(三)試以聚丙烯之製造爲例，寫出此聚合反應之化學反應式。

(106 年專門職業及技術人員高等考試)

六、　高分子(Polymer)包含塑膠(Plastics)與橡膠(Rubber)，塑膠又可分成熱塑體(Thermoplastics)與熱固體(Thermosets)兩大類。請試述此兩大類塑膠的主要性質差異，並各舉一例。

(105 年特種考試地方政府公務人員考試三等考試、94 年公務人員簡任升等考試、94 年關務人員簡任升等考試)

七、　(一)環氧樹脂，一般是以環氧氯丙烷(epichlorohydrin)及丙二酚(雙酚 A)(bisphenol A)爲起始原料製造，寫出以此二化合物爲起始原料製造環氧樹脂之化學反應方程式。

(二)寫出環氧樹脂的特性與應用。　(103 年專門職業及技術人員高等考試)

八、　(一)儘可能寫出製造塑膠之原料。

(二)說明合成塑膠之四種聚合方法。

(101 年公務人員特種考試三等關務人員考試)

九、　PE 塑膠和 PVC 塑膠的單體(Monomer)主要各爲何？又 HDPE、LDPE 和 LLDPE 各爲何聚合物名稱的縮寫？　(101 年公務人員普通考試)

十、　雙酚 A(Bisphenol A)主要爲製造何種樹脂及何種聚合物的主要原料？其結構式爲何？　(101 年特種考試地方政府公務人員四等考試)

十一、　請以化學反應式逐步說明由苯(benzene)製造聚苯乙烯(polystyrene, PS)之製造流程。工業上最常使用那兩種聚合方式來製造通用級聚苯乙烯？耐衝擊聚苯乙烯通常需在聚苯乙烯中加入何種物質來製成？ABS 工程塑膠是由那兩種單體與苯乙烯共聚合製成？　(101 年公務人員普通考試)

重點提示：通用級聚苯乙烯是以苯乙烯為單體經過自由基聚合或離子型聚合製得的，生產方法有本體聚合法、溶液聚合法、懸浮聚合法和乳液聚合法等，目前工業化生產所採用的主要是懸浮聚合法和本體聚合法。

耐衝擊性聚苯乙烯是通過在聚苯乙烯中添加聚丁基橡膠顆粒的辦法生產的一種產品，這種聚苯乙烯產品會添加微米級橡膠顆粒並通過枝接的辦法把聚苯乙烯和橡膠顆粒連接在一起當受到衝擊時，裂紋擴展的尖端應力會被相對柔軟的橡膠顆粒釋放掉。因此裂紋的擴展受到阻礙，抗衝擊性得到了提高。

十二、　寫出工業上使用氯乙烯經由自由基聚合反應製造PVC(聚氯乙烯)之主要步驟反應方程式，並簡要說明之。

(100 年專門職業及技術人員高等技師考試)

十三、　試以化學反應式表示由乙烯製成聚氯乙烯(PVC)的過程。

(100 年公務人員特種考試關務人員三等考試)

十四、　解釋電木(Bakelite)

(100 年特種考試地方政府公務人員三等考試)

答案：「電木」是一種人造合成化學物質，算是一種塑膠產品，可做燈頭、開關、插座、電路板等的材料。特性是不吸水、不導電、耐高溫、強度高，因為多用在電器上，所以叫做「電木」。電木是用粉狀的酚醛樹脂，加進鋸木屑、石棉或陶土等混合後，在高溫下用模子壓出成品，其中酚醛樹脂是世界第一個人工合成的樹脂。

十五、　試寫出合成下列聚合物之原料或單體的名稱及化學式：

(一) ABS 塑膠

(二) 尿素樹脂　(100 年特種考試地方政府公務人員四等考試)

十六、　請回答下列四個子題：

(一)聚碳酸酯的英文全名爲何？

(二)製造聚碳酸酯的主要原料爲何？

(三)聚碳酸酯的物理特性和化學特性爲何？

(四)聚碳酸酯在工業上的用途爲何？

(100 年公務人員特種考試身心障礙人員四等考試)

十七、　商業聚乙烯(polyethylene，PE)有低密度及高密度 PE 之分：

(一)試問這兩種 PE 在製程之條件及催化劑(或促進劑)使用上有何不同？

(二)兩者所形成高分子鏈之形態上有何差異，可解釋它們密度上之不同？

(三)近來研發的新型金屬茂(metallocene)催化劑，在 PE 製作上之優、劣點爲何？

(四)若某一 PE 之平均分子量測定爲 112,000 g/摩爾，試求此 PE 之聚合度(N)。(碳、氫之原子量各爲：C=12，H=1)

(97 年專門職業及技術人員高等考試)

提示：1. 低密度 PE

(1) 聚合機理

在管式或釜式高壓反應器中進行，其壓力爲 1,500～2,000 kgf/cm^2，溫度爲 200℃左右。連續壓入乙烯，用氧或有機過氧化物爲引發劑引發聚合。乙烯自由基聚合反應機理包括鏈引發、鏈增長、鏈轉移和鏈終止等過程。採用 O_2 或 ROOR 爲引發劑的鏈引發、鏈增長和鏈終止機理，與一般自由基聚合相同；產生短支鏈的分子內鏈轉移反應爲

$$\sim CH_2-CH_2-CH_2-CH_2-CH_2-CH_2\cdot$$

$$\longrightarrow \text{(ring: } \sim CH_2-CH\text{, H}\cdots CH_2-CH_2-CH_2-CH_2\text{)} \longrightarrow \sim \dot{C}H_2-CH\text{ with } CH_2-CH_2-CH_2-CH_3$$

$$\xrightarrow{CH_2=CH_2} \sim CH_2-\underset{\underset{(CH_2)_3CH_3}{|}}{CH}\sim CH_2CH\cdot$$

(2) 反應條件

聚合溫度和壓力是控制反應和聚乙烯規格的重要因素，升高溫度可使聚合速率加快，並有利於鏈轉移反應，產物的分子量減小，高分子的支鏈增多，密度減低。生產上應根據所用引發劑而決定適當溫度，提高反應壓力也可使聚合速率增加和分子量增大。目前生產上多採用 2,000kgf/cm 左右的壓力，發展趨勢是增高至 2,500～3,000kgf/cm^2。一般每提高壓力 300kgf/cm^2，轉化率可提高 1%。壓力增高時，聚乙烯高分子鏈上支鏈減少，密度增高。

2. 高密度 PE 聚合機理

所用催化劑可以四氯化鈦－烷基鋁(齊格勒催化劑)爲代表，還有 Cr_2O_3-Al_2O_3・SiO_2 催化劑和 MoO_3-Al_2O_3 催化劑等。聚合時均以液體烴類爲溶劑，通入乙烯的壓力爲每平方厘米不超過數十 kgf。

乙烯進行配位聚合生成聚乙烯，其高分子鏈上的支鏈數小於高壓法聚乙烯，密度較高(0.95～0.965 g/cm^3)。70 年代以前的第一代齊格勒催化劑的配製方法，主要是以四氯化鈦爲主催化劑，烷基鋁(例如三乙基鋁、二乙基氯化鋁或三異丁基鋁)爲助催化劑(也稱活化劑)。二者在稀溶液中相互作用，四氯化鈦先被烷基鋁還原爲三氯化鈦，再被烷基化，生成不溶於溶劑的棕褐色微粒狀催化劑。反應如下：

$$TiCl_4 + Al(CH_3CH_2)_3 \rightarrow (CH_3CH_2)TiCl_3 + ClAl(CH_2CH_3)_2$$

$$(CH_3CH_2)TiCl_3 \rightarrow TiCl_3 + \frac{1}{2}C_2H_6 + \frac{1}{2}C_2H_4$$

$$TiCl_3 + Al(CH_2CH_3)_3 \rightarrow (CH_3CH_2)TiCl_2 + ClAl_4(CH_2CH_3)_2$$

式中 $(CH_2CH_3)TiCl_2$ 表示齊格勒催化劑活性中心的鈦爲三價，並有一個乙基。它的結構是以三價 Ti 爲中心離子，配位數爲 6 的絡合物。配位基除有乙基和氯之外，還有一到二個空位。多數人認爲乙烯的聚合機理爲：乙烯先在空位上配位，生成 π-絡合物，再經過移位插入，留下的空位又可給第二個乙烯配位，如此重複進行鏈增長。反應機理示意如下：

$$\mathrm{Cl_3(Cl)Ti(CH_2CH_3)\!-\!\square + CH_2{=}CH_2 \xrightarrow{\text{乙烯配位}} Cl_3(Cl)Ti(CH_2CH_3)\cdots(CH_2{=}CH_2)\ (\pi\text{-絡合物}) \xrightarrow{\text{移位}}}$$

$$\mathrm{Cl_3(Cl)Ti[CH_2CH_3][CH_2{=}CH_2] \xrightarrow{\text{插入}} Cl_3(Cl)Ti(\square)\!-\!CH_2CH_2CH_2CH_3}$$

$$\xrightarrow{\text{重覆進行}} \mathrm{Cl_3(Cl)Ti(CH_2CH_2{-}[CH_2CH_2]_n{-}CH_2CH_3)\!-\!\square}$$

增長鏈可以通過自發的分子內氫轉移反應而終止，也可以發生向烷基鋁、單體、外加氫氣的鏈轉移而生成聚乙烯。

3. 聚合度的意思是指所有結構單位(structure unit)的數目，包括末端基及重複單位數，就是 n，因此聚合度與鏈長和分子量有關。

   ＊總分子量＝ DP×重複單位分子量

十八、 解釋可塑劑(plasticizer)。

(96 年公務人員特種考試經濟部專利商標審查人員考試三等考試、96 年公務人員、關務人員薦任升等考試)

提示：塑膠加入可塑劑會軟化、耐熱性不很好。

十九、 解釋 Asymmetric Epoxides。 (94 年公務人員高等考試三級考試)

提示：

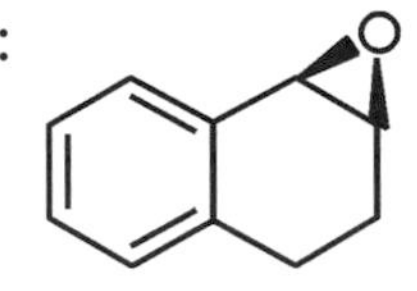

二十、 齊格勒—納塔觸媒(ziegler-natta catalyst)包含哪些主要成分？用於製造哪一種塑膠？ (94 年公務人員薦任升等考試、94 年薦任關務人員升等考試、93 年地方政府公務人員三等考試、88 年高等考試三級考試、84 年公務人員簡任升等考試)

答案：齊格勒—納塔觸媒是由觸媒與共觸媒組成

1. 觸媒：週期表上第四到第八族過渡金屬的化合物，例如鈦、釩、鉻、鉬等鹵化物或氧鹵化物。

2. 共觸媒：週期表上第一到第三族有機金屬的化合物，例如鋁、鋰、鋅、錫、鈹與鎂的氫基化合物、烷基化合物、芳香基化合物。
目前使用的齊格勒—納塔觸媒分爲兩種類型：
(1) 四氯系
$TiCl_4$—$Al(C_2H_5)_3$、VCl_4—$Al(C_2H_5)_3$
(2) 三氯系
$TiCl_3$—$Al(C_2H_5)_3$、VCl_3—$Al(C_2H_5)_3$

二十一、試述工程塑膠 ABS 之製程、構造、特性及用途。
(93 年關務人員三等考試、92 年地方政府公務人員三等考試、89 年關務人員薦任升等考試、88 年薦任人員升等考試、83 年專門職業及技術人員高等考試、82 年簡任人員升等考試、92 年特種考試身心障礙人員四等考試)

二十二、簡略比較下列各種聚乙烯之製造特點與其結構：
1. LDPE。
2. HDPE。
3. LLDPE。(84 年公務人員簡任升等考試、82 年公務人員薦任升等考試)
4. m-PE(m：Metallocene)。　(92 年經濟部專利商標審查人員三等考試、94 年第二次特種考試地方政府公務人員考試四等考試)

CHEMICAL PROCCEDING INDUSTRY

人造纖維

纖維一般分為天然纖維與人造纖維，若依成分可再細分植物纖維、動物纖維、礦物纖維、再造纖維、半合成纖維和合成纖維等。

22.1 再造纖維

這類纖維的基本原料是由天然物質經化學方法萃取而製成的有機聚合物。

一、無機再生纖維

1. **金屬纖維**

   用金屬製成箔再加工成絲，有金絲、銀絲、鋁絲等。

2. **玻璃纖維**

   將玻璃溶解後再抽成長絲。

3. **岩石纖維**

   將矽酸、礬土、苦土等主成分的石加熱溶融，利用吹散法，製成棉狀纖維。

4. **礦渣纖維**

   以高壓水蒸汽噴散製纖時，所生的熔融渣，使之製成棉狀纖維。

二、有機再生纖維

1. 纖維素纖維

(1) 黏液螺縈：係以氫氧化鈉處理纖維素(一般為亞硫酸鹽木漿之形態)所產生的；所得鹼性纖維素再以二硫化碳處理而轉變成纖維素黃酸鈉，再次以氫氧化鈉之稀溶液溶解轉變成黏稠溶液，經純化及成熟處理後，將黏液擠壓通過紡絲噴嘴進入凝結酸槽而形成再生纖維素的長細絲。黏液螺縈亦包括改變黏液製程所產生再生纖維素纖維，如 Modal 纖維。

(2) 銅氨螺縈：係以銅氨溶液溶解纖維素(通常為棉籽的絨棉或化學處理的木漿)而得到的。

(3) 醋酸纖維(包括三醋酸纖維)：係由至少 74%的羧基被醯化所生的纖維，其製造程序是以醋酸酐、醋酸和硫酸混合液處理纖維素(通常為棉絨或化學處理的木漿)而製成。所產生的初級醋酸纖維素經變成可溶的形式而溶解於丙酮的揮發性溶劑中，然後經擠壓(通常進入暖空氣中)；俟溶劑蒸發後形成絲狀醋酸纖維。

2. 動植物的蛋白質纖維

(1) 以鹼液(通常為氫氧化鈉)溶解乳酪素所產者；經熟成後，再將溶液擠壓進入酸性凝結槽中，所得絲狀纖維依序以甲醛、單寧酸、鉻鹽或其他化合物硬化處理。

(2) 其他纖維：係以類似方法處理落花生、大豆、玉蜀黍等蛋白質而製成者。

3. 海藻纖維

以化學方法處理海藻或海草成為黏液，一般為藻酸鈉；再經擠壓進入槽中形成金屬的藻酸鹽，包括：

(1) 藻酸鈣鉻纖維：這是難燃性的纖維。

(2) 藻酸鈣纖維：這種纖維很容易溶解於弱鹼皂液中，故不適用於通織物，而最常用為某些製造加工過程之暫時性紗線。

22.2 半合成纖維

醋酸纖維、三醋酸纖維、醋化嫘縈等。

22.3 合成纖維

合成纖維的基本原料通常係由煤炭或石油的煉製品，或由天然氣所衍生的。這些聚合經熔融或以適當溶劑溶解，然後經擠壓通過紡嘴，進入空氣或適當的凝結槽中，使之冷卻或藉溶劑蒸發而固化、或於溶液中沉澱，而形成絲狀纖維。在此步驟所形成的纖維，其物性尚不適於直接用之於後續的紡織加工，必須先經延伸工程，使絲狀纖維內的分子順向排列，因而改進某些技術特性(例如強度)。

一、耐隆纖維或其他聚醯胺纖維

耐隆有多種型式，如耐隆 66、耐隆 6 和耐隆 610 等。區別之法為耐隆如由已二酸(Adipic Acid，$HOOC[CH_2]_4COOH$)及已二胺(Hexamethylene Diamine，$NH_2[CH_2]_6NH_2$)二種原料而來，因每種原料含有六個碳原子，則稱為耐隆 66。製法如下：

1. **已二酸**

(1) 原料為環已烷

$$\text{環已烷} \xrightarrow{O_2} \text{環已酮} + \text{環已醇} \xrightarrow{\text{空氣或}O_2(HNO_3)} HOOC(CH_2)_4COOH + H_2O$$

(2) 原料為酚

$$\text{酚(OH)} + 3H_2 \longrightarrow \text{環已醇(OH)} \xrightarrow[HNO_3]{O_2} HOOC(CH_2)_4COOH + H_2O$$

(3) 原料為環已烷，採用硝酸直接氧化

$$\text{環已烷} + O_2 \xrightarrow{HNO_3} HOOC(CH_2)_4COOH + \text{硝基環已烷}$$

$$\text{硝基環已烷}(NO_2) \xrightarrow{\text{水解}} \text{環已酮(O)} \xrightarrow{\text{氧化}} HOOC(CH_2)_4COOH$$

2. **已二胺**

(1) 原料為丁二烯

$$\underset{\text{丁二烯}}{C=C-C=C} \xrightarrow[\text{高溫行 1,4 加成}]{Cl_2} Cl-C-C=C-C-Cl \xrightarrow{NaCN} \underset{\text{已二腈}}{NC-C-C=C-C-CN} \xrightarrow{H_2} \text{已二胺}$$

(2) 原料為聚丙烯腈

$$\underset{\text{聚丙烯腈}}{2CH_2=CHCN+H_2} \xrightarrow{\text{加氫二聚化}} \underset{\text{已二腈}}{\begin{matrix} CH_2CH_2CN \\ | \\ CH_2CH_2CN \end{matrix}} \xrightarrow{\text{加氫}} \begin{matrix} NH_2 \\ | \\ (CH_2)_6 \\ | \\ NH_2 \end{matrix}$$

如由已三胺及癸二酸(sebacic acid，$HOOC[CH_2]_8COOH$)二種原料製得，因一個有六個碳原子，一個有十個碳原子，故叫耐隆 610。

如由已內醯胺製得，因只有一種原料，含有六個碳原子，故稱為耐隆 6。製法如下：

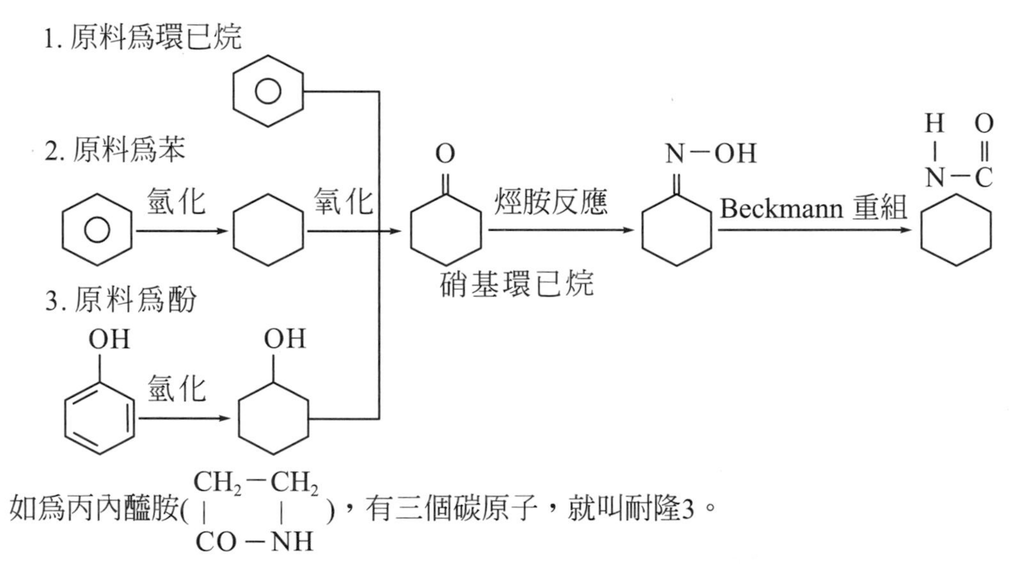

如為丙內醯胺($\begin{matrix} CH_2-CH_2 \\ | \quad\quad | \\ CO-NH \end{matrix}$)，有三個碳原子，就叫耐隆3。

耐隆的分子量有一定的數目，數量太大則聚合物不易溶解或熔化；太小則聚合物脆弱，不能紡成纖維。通常分子量在 12,000～20,000 之間。數量的大小可斟酌原料的比例以控制之，其纖維性質如表 22.1。

表 22.1　耐隆的物化性能

物理性質		
引張強力(g/D)		乾燥：4.8～6.4，濕潤：4.2～5.9
乾濕強力比(%)		84～92
伸度(%)		乾燥：28～45，濕潤：36～52
伸長恢復率(%) (拉長 3%)		98～100
楊氏係數	g/D(kg/mm^2)	20～45(200～450)
比重		1.14
水分率(%)		
公定水分率		4.5
標準狀態(20～65%RH)		3.5～5.0
其他		20% RH：0.8～1.8，95% RH：8.0～9.0
耐候性質(日光的影響)		久晒強力降低，色亦稍黃
導電性		無導電性，但易生靜電，易附灰塵，使織物變髒
化學性質		
酸的影響		濃鹽酸、濃酸使部分分解漸漸溶解
鹼的影響		濃苛性鈉溶液、濃氨溶液中，強度幾無變化
其他化學藥品的影響		一般抵抗性良好
溶劑影響		一般溶劑不溶解
染色性		酸、分散、反應、鉻等染料可染，染色堅牢度佳
蟲霉的影響		具有完全的抵抗性
熱的影響		軟化點：180℃，熔點：215～220℃，熔融後燃燒，無自燃性

尼龍 6 與尼龍 66 比較如表 22.2：

表 22.2

性質纖維	Nylon 66	Nylon 6
纖維強度(g/d)	3.0～10	4～9g
伸度(%)	16～65	30～50
回溯率(%)	4.5	4.5
比重	1.14	1.13
熔點(℃)	250～260℃	210～220℃

二、聚酯纖維

聚酯(polyester)是以酯結合－COO－結合所形成的高分子的總稱，此等高分子是由對苯二甲酸和乙二醇縮合，或含氧酸(oxy-acid)聚酯合而生成者，都是以羧酸基與氫氧基間的聚縮合，除去水而形成的酯結合。

對苯二甲酸乙二酯(PET，polyethylene terephthalate)爲其代表例，商品名稱有Terylene、Dacron、Tetoron、華隆、臺麗綾等，其化學組成爲

$$\left[-OC-C_6H_4-COO(CH_2)_2O-\right]_n$$

聚酯纖維的製造由對苯二甲酸(PTA)或過量對苯二甲酸二甲酯與過量乙二醇連同觸媒製入酯交換反應槽內，在常壓下熱至175～225℃，產生酯交換反應如下：

DMT(交換酯化)+乙二醇 $\xrightarrow{-CH_3OH}$

TPA(交換酯化)+乙二醇 $\xrightarrow{-H_2O}$

→ $HOCH_2CH_2OOC-C_6H_4-COOCH_2CH_2OH$（$HOCH_2CH_2OOC$ 與 $HOCH_2CH_2OOC$ 分接苯環兩端）

製造程序爲：

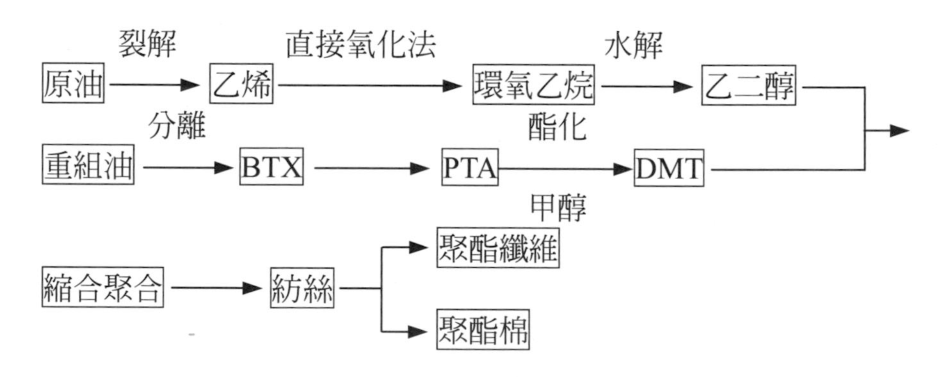

聚酯纖維性質如表22.3。

表 22.3　聚酯纖維的物化性能

物理性質	
引張強力(g/D)	乾燥：4.3～6.0，濕潤：4.3～6.0
乾濕強力比(%)	100
伸度(%)	乾燥：20～32，濕潤：20～32
伸長恢復率(%) (拉長 3%)	95～100
楊氏係數 g/D (kg/mm^2)	90～160(1,100～2,000)
比重	1.38
水分率(%)	
公定水分率	0.4
標準狀態(20～65%RH)	0.4～0.5
其他	20% RH：0.1～0.3，95% RH：0.6～0.7
耐候性質(日光的影響)	強度幾乎不變
導電性	無導電性，但易生靜電，易附灰塵，使織物變髒

化學性質	
酸的影響	耐酸性優良，但高溫時亦會被濃酸分解
鹼的影響	對鹼抵抗性佳，但高溫時受鹼損害
其他化學藥品的影響	具有良好抵抗性
溶劑影響	以碳酸 O-氯化酚及酚衍生物等溶解，其他溶劑不溶
染色性	分散、可溶性還原性染料等導染劑高溫染色
蟲霉的影響	完全具抵抗性
熱的影響	軟化點：238～240℃，熔點：255～260℃，熔融後燃燒，無自燃性

三、聚丙烯腈纖維

聚丙烯腈的發展是在 1942 年之事，美國杜邦公司應軍方的要求開始研究，直至 1945 年此種纖維之目的仍在於軍事用途，但在第二次世界大戰前仍無研究結果。

1946 年丙烯腈已具有商業上的價值，杜邦公司仍在 1948 年設廠，1950 年開始生產，命名奧隆(orlon)。1952 年又開發另一種丙烯纖維，取名亞克力朗(acrilan)。丙烯系合成纖維的原料－丙烯腈 $CH_2=CHCN$ 是早在 1893 年就被發現的化合物，1930 年將之聚合成纖維，才知其具有優良的性質。聚丙烯腈線狀高分子間的引力極大，所以難溶於普通的溶劑，而且在分解溫度附近才稍呈軟化，所以也不易熔融，染色性也極差，但是今天已研究出各種溶劑、協聚合物、紡絲法等，製出各種纖維。這些纖維大類別，可分成 85%以上的丙烯製成的聚丙烯腈絲，與 35%以上 85%以下製成的 Modacryl 絲兩種。聚丙烯纖維的主要原料爲丙烯腈(acylonitrile)經聚合作用：

$$nH_2C{=}\underset{\substack{\| \\ CN}}{CH} \rightarrow (CH_2\underset{\substack{\| \\ CN}}{CH})n$$

聚合體 n 的數量約爲二仟，分子量約十萬。聚合物需經脫水、乾燥、粉碎、再溶於紡絲溶液中，經過濾、脫泡，而成紡絲液。紡絲法可分濕紡法及乾紡法，以濕紡法具有較大的生產率，由於逐漸凝固成絲，可得到良好品質。

紡絲液濃度、凝固液濃度及低溫紡絲之配合，皆爲紡絲的重要因素。紡絲經牽伸、乾燥、熱收縮(shrinkage)、加油及捲曲，即成可用的纖維。聚丙烯腈纖維之性質如表 22.4。

表 22.4　聚丙烯腈的物化性能

物理性質	
引張強力(g/D)	乾燥：3.5～5.0，濕潤：3.5～5.0
乾濕強力比(%)	100
伸度(%)	乾燥：12～20，濕潤：12～20
伸長恢復率(%) (拉長 3%)	70～95
楊氏係數 g/D (kg/mm^2)	38～85 (400～900)
比重	1.14～1.17
水分率(%)	
公定水分率	2.0
標準狀態(20～65%RH)	1.2～2.0
其他	20% RH：0.3～0.5，95% RH：1.5～3.0
耐候性質(日光的影響)	強度幾乎不變
導電性	無導電性，但易生靜電，易附灰塵，使織物變髒
化學性質	
酸的影響	弱酸有抵抗性，強酸有抵抗性(溶於 96%硫酸)
鹼的影響	弱鹼有抵抗性，強鹼在沸點時耐鹼性降低
其他化學藥品的影響	具有良好抵抗性
溶劑影響	一般溶劑不溶解，但溶於 DMF
染色性	分散、鹽基、陽離子、酸性染料可染
蟲霉的影響	完全具抵抗性
熱的影響	軟化點：190～240℃，融熔點：不明收縮，熔融後燃燒，成黑固塊

22.4 碳纖維

碳纖維源自於 50 年代東西兩大集團之首－美國、蘇俄爲了太空競賽，需要一種質輕而機械強度高的材料，碳纖維因運而生。碳纖維成功地被製成補強材料，係在 1959 年 Union Carbide 公司以嫘縈纖維成功地燒成具高強度碳纖維。隨後大阪研究所進騰教授利用聚丙烯腈(PAN，polyacrylonitrile)燒成碳纖維，1965 年日本大谷杉郎發明瀝青系碳纖維，此後碳纖維的發展即以聚丙烯腈 PAN、瀝青 Pitch 及嫘縈 Rayon 等爲發展碳纖維的三大母材。

一、碳纖維等級

碳纖維由於母材、製程及碳化條件不同，故所製成碳纖維機械強度及其他物性化性有很大的不同，目前依機械強度與模數的高低而區分爲五種不同等級碳纖維。

1. 高模數纖維(HM Fiber) > 500GPa
2. 高強度纖維(HT Fiber) > 3GPa
3. 中模數纖維(IM Fiber)　　強度 100～200MPa，模數 100～500GPa
4. 低模數纖維(LM Fiber)　　模數 100～200GPa
5. 一般級(GP)　　模數 ＜100GPa，強度 ＜1GPa

全世界碳纖維約 85%來自 PAN 系，而 15%來自於瀝青系及嫘縈系，在生產高強度纖維時，其母材主要來自於 PAN 系，而生產高模數碳纖維時則以瀝青系爲主。

二、PAN 系碳纖維製造方法

聚丙烯腈是製造碳纖維的主要原料，全世界生產碳纖維有百分之八、九十來自於聚丙烯腈，故聚丙烯腈之製造、抽絲及後續燒結過程－環化、碳化及石墨化等相當重要。

1. **聚丙烯腈母材纖維穩定化**

   聚丙烯腈母材纖維燒成高強度的碳纖維，中間過程必須經過一個重要的步驟即穩定化過程，其係聚丙烯腈母材纖維在氧氣環境下；低溫狀況施以一定的張力做熱處理，這時聚丙烯腈纖維的化學結構發生變化，由原線性分子結構轉變爲環狀的分子結構，其熔點亦隨著分子結構的不同而逐漸升高。穩定化過程通常是聚丙烯腈纖維在氧化氣流下空氣溫度範圍從 180～300℃，控制加熱速度，一般爲 1～2℃/min，穩定化過程主要有三種反應：(1)環化反應(cyclization)，(2)脫氫反應(dehydrogenation)，(3)氧化反應。

聚丙烯腈母材纖維在空氣中加熱，促使脫氫反應而造成雙鍵的形成，最後生成穩定的梯形分子結構。這穩定化過程主要受(1)纖維上張力的變化，(2)熱處理溫度，(3)處理中的媒介，(4)前穩定化處理等影響。

2. **聚丙烯腈母材纖維碳化**

聚丙烯腈纖維在碳化過程中，已穩定化母材纖維碳纖維，其熱處理係在鈍氣及很小張力，溫度高至 1,500℃之下進行的。在這熱處理過程中所有的元素，除了碳元素外，幾乎以副產物之形式被消去而形成像石墨的結構。

3. **聚丙烯腈母材纖維石墨化**

聚丙烯腈纖維經碳化反應後已具有小微晶的結構，增加微晶的尺寸使得碳纖維結晶更完整，但微晶的規則排列則需藉助於纖維在 1,500℃以上的熱處理。此熱處理過程係在張力鈍氣下加熱碳纖維，溫度控制在 2,000～2,500℃，甚至高至 3,000℃。不用氮氣作爲鈍氣媒介的原因，係超過 2,000℃以上氮會變成活性分子，與碳纖維反應成爲氰基(—C≡)。當碳纖維的溫度在 1,800～3,000℃時，利用電流經過碳纖維來提高結晶的完美性。碳纖維在熱處理期間，利用某些金屬氧化物像氧化鉻、二氧化錳、氧化釩和氧化鉬當做催化劑來提昇微晶的成長。

三、瀝青基碳纖維

瀝青基碳纖維的模數可達到石墨理論的模數值 = 1,000 * Arabic 1,000Gpa(Arabic 爲阿拉伯膠)，而且比聚丙烯腈基碳纖維有更好的熱與導電性，瀝青基碳纖維與聚丙烯腈基碳纖維的性質可視爲互補作用，彼此可填充商業上的需要。用來做爲瀝青的生料可謂相當豐富與便宜，它們是石油及煤化學工業及某些純芳香族碳氫化合物的副產品。等向性及異向性瀝青擁有獨特的軟化點及好的可紡織性，能夠以熱變溶劑氫化及催化等方法來純化，接著熔融紡織、穩定化、碳化、石墨化表面處理及上漿(sizing)等。一般性能碳纖維(GPCF)及高性能碳纖維(HPCF)皆可製得，有關瀝青製造碳纖維的程序見圖 22.1。

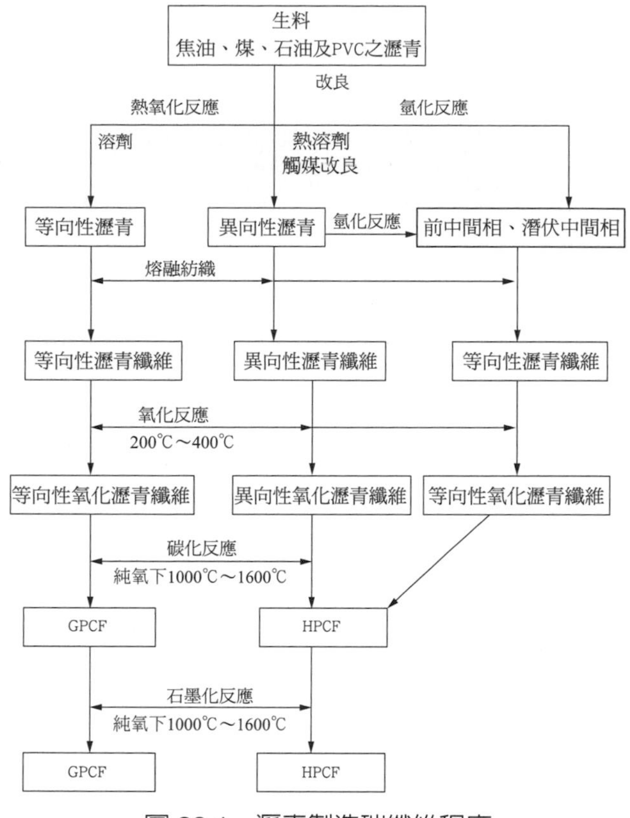

圖 22.1 瀝青製造碳纖維程序

四、嫘縈基碳纖維

對於大量生產碳纖維而言，嫘縈毫無疑問的是重要的母材來源，嫘縈在進行裂解過程中並不需要熔解。但天然產的嫘縈像棉花和苧麻，用來生產碳纖維並不合適，原因是這些纖維皆不連續，方向性較低，內含一些不純材料像木質素，所燒成的碳纖維產率低且機械性質差，因而它們被視爲比合成的嫘縈纖維次一等的纖維。用來製造碳纖維最普遍與常用的嫘縈纖維爲紡織級嫘縈，它是一種再生的嫘縈，人造絲嫘縈纖維已經廣爲做碳化之用。

從嫘縈纖維形成碳纖維包括三個步驟：(1)低溫分解(＜400℃)，(2)碳化反應(＜1,500℃)，(3)石墨化反應(＞2,500℃)，由嫘縈母材裂解所得的碳纖維產率甚低(10～30%之間)，這與母材纖維性質、加熱速度及環境有關。纖維素母材的分子量決定尾端數目用以做爲裂解過程的起始反應扮演重要的角色。緩慢的加熱速度可得較高碳纖維的產率，但不經濟，因此裂解過程是在活性環境下進行，這些化學組成分改變分解過程的途徑，因而在低溫時較快的裂解反應發生，並造成較高產率的碳纖維。

五、碳纖維的應用

1. **體育用品**

 釣魚竿、高爾夫杆、球拍，在其他方面，碳纖維還廣泛應用於滑雪板、雪船、滑雪杆、棒球棒、公路賽以及船舶類體育用品。

2. **航空、航太方面**

 人們認識到了碳纖維輕量化、耐疲勞性和耐腐蝕性等性能，因而開始廣泛應用於航空航太行業。在宇航領域，由於高模量碳纖維的輕量性(剛性)、尺寸穩定性的導熱性，早已應用於人造衛星等方面，近年來已開始應用於鋱星等通信衛星。

3. **一般產業用品**

 該領域遍及到多方面的展開，而且也是與大絲束碳纖維的共同使用領域。

4. **造型複合物**

 主要是以短纖維的形式混入用於熱塑性樹脂中，由於具有補強、抗靜電、電磁波遮罩效果，可廣泛應用於家用電器、辦公室機器、半導體及其相關領域。

5. **壓力容器**

 主要用在壓縮(CHG)罐和消防員用的空氣呼籲器，但包括用 CF 長絲纏繞所生產的所有罐類。其他燃料容器 CNG 罐，採用以往的金屬製造是很重的，爲了使其運行距離加長，必須輕量化。因此採用金屬加上纖維纏繞或塑膠襯裏的全複合材料容器正進行實用化生產應用。

6. **土木建築領域**

 近幾年在土木建築領域，靠 CF 進行抗震補修和補強的施工法，在日本看到劃時代的普及。以阪神大震災爲開端的抗震補強，以及伴隨著與施工時相比，因交通量和積載量等的大幅度增加而造成的劣化所進行的道路橋梁等補強，都開始滲透碳纖維片材的施工法。這種施工法是將單向排列的碳纖維的片材或織物狀材料，用常溫固化型的環氧樹脂貼服於結構物的表面上而進行的補修與補強。公路橋的地面、橫梁、建築物和梁、構架和煙筒等的彎曲補強中，碳纖維的模量變得格外重要。

7. **汽車及車輛領域**

　　除賽車外，在最近的應用中引人注目的有五十鈴汽車和東麗共同開發的大型帶翼卡車用的超輕量複合材料車身。與以往產品相比，達到了大幅度的輕量化，因此積載量大幅度提高。

8. **船舶及其相關領域**

　　近年來以歐洲為中心，在渡輪、大型快艇和其他舟艇類方面，其需求正在增長，海上集裝箱也是有希望的。

9. **能源及相關方面**

　　在能源及相關領域，包括了風力發電葉片、燃料電池電極、飛輪等用途。風力發電用途目前稍微不景氣，但這些都能充分發揮 CF 的特長。

10. **其他方面**

　　除了以往 X 射線醫療器械、電子能相關領域(除濃縮鈾的旋轉筒外)、各種機械部件、電器部件、碳—碳複合材料、傘類骨架、頭盔等與生活相關的用品外，還有卡車的構架、車輛的結構體、冷凍箱、家用電梯等。

22.5 超細纖維

一、定義

一般以單纖細度 1.0dpf 以下爲超細纖維，0.3dpf 以下則稱爲超極細纖維。

二、超細纖維特點

1. 直徑小彎曲阻力小，紗線較柔軟。
2. 比表面積增加，提高蓬鬆與覆蓋性。
3. 織物表面凹凸結構，增加粉末感。
4. 提高毛細管蕊吸性，改善織物透濕性。
5. 具高塡充密度產生微氣候效應，有保暖性。
6. 單絲強力較低有利於磨毛等後處理加工。

三、主要用途

1. **仿蠶絲產品**

   提高柔軟及懸垂性，同時光澤柔和並具舒適性。

2. **麂皮感織物**

   一般以 0.005～0.254 丹尼居多，經磨毛加工後適用於外套、夾克、女裝、皮包等。

3. **貼身內衣**

   具柔軟透氣穿著舒適，同時具抗污與清洗容易特性。

4. **第二代人造皮革**

   具光滑表面紋理，用於仿眞皮服裝與皮鞋面料。

5. **擦拭布**

   一般以 0.1～0.2 丹尼超細纖維較多，應用於電子光學、眼鏡、寶石、漆器、玻璃等擦拭用。

6. **吸濕排汗織物**

   內層用超細纖維，外層用親水性纖維，達吸濕排汗之效果。

7. **超高密度織物**

   緯紗使用超細纖維並經磨毛等加工，適用於滑雪衣、風雨衣、運動外套、航海服等。

8. **高保暖性織物**

   防寒衣物。

9. **其他用途**

   如過濾布、人工血管、傢飾用布等。

四、超極細長纖維(filament type)製造方法

超極細纖維製造方法，大致上如圖 22.2 所示，其代表性的長纖維型則採用分割法。依製造方法不同纖維的形狀或性質亦有差異，其終端產品的性能亦不相同。

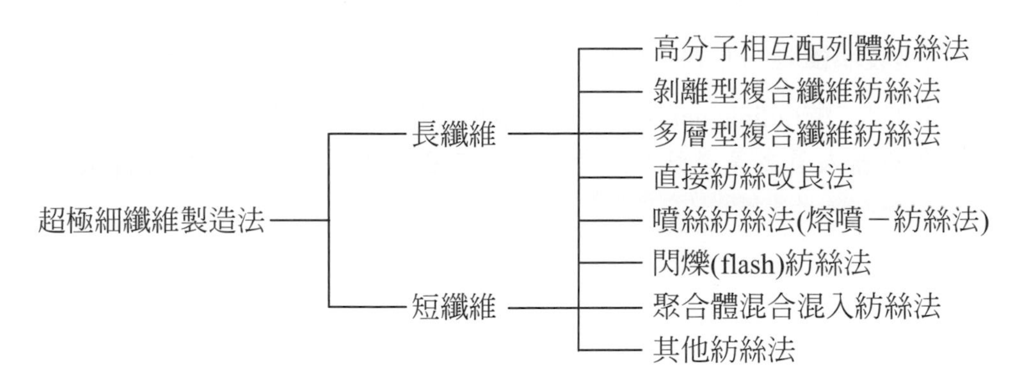

圖 22.2　超極細長纖維製造方法

22.6 考　題

一、 請以環己烷爲原料，分別說明製備己二酸(Adipic Acid)及己內醯胺(Caprolactam)之相關化學反應式。

(106 年特種考試地方政府公務人員三等考試)

二、 聚醯胺纖維的主要品種是尼龍 66(Nylon 66)和尼龍 6(Nylon 6)，請分別試述此兩種尼龍在工業上製做所使用的原料及畫出其聚合的反應化學式。

(106 年公務、關務人員薦任升等考試)

三、 PET 聚酯纖維(Dacron)可由 PTA 或 DMT 兩種製程製得，請寫出其聚合物之結構式及兩種製程使用之單體的化學結構式。 (106 年公務人員普通考試)

四、 (一)製造聚氨酯樹脂的主要化學成分爲何？它的主要用途爲何？

(二)尼龍的特性和主要用途爲何？ (104 年專門職業及技術人員高等考試)

五、 聚酯纖維(polyester fiber)是現今產量最大的合成纖維，TPA(terephthalic acid)則爲生產聚酯纖維的原料之一。

(一)試寫出 TPA 分子的結構式。

(二)生產 TPA 所用的原料爲何？

(三)生產聚酯纖維時，除 TPA 外，另一主要原料爲何？

(103 年公務人員特種考試關務人員考試三等考試)

六、 耐隆 66(Nylon 66)與耐隆 6(Nylon 6)在原料及成品之結構式上有何差別？請分別說明之。 (103 年公務人員普通考試)

七、 請敘述玻璃纖維的原料、製程及用途。 (103 年公務人員普通考試)

八、 試述由己二酸(adipic acid)製造尼龍(nylon)之程序。
(98 年公務人員高等考試三級考試、98 年公務人員特種考試身心障礙人員考試四等考試)

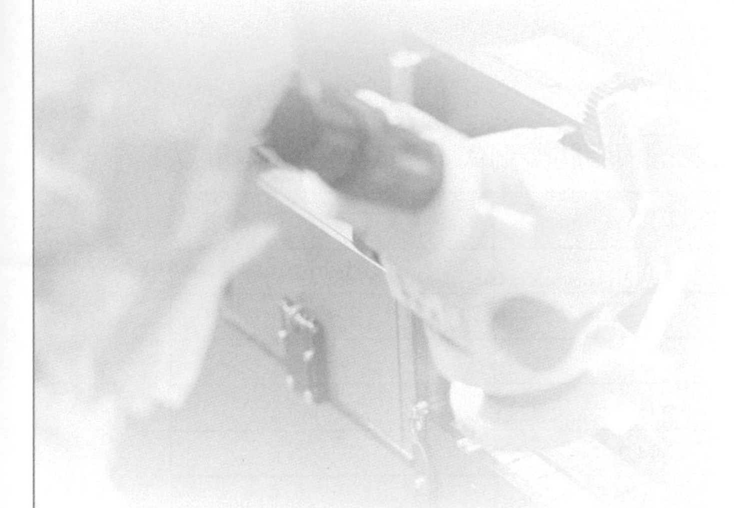

Chapter 23

CHEMICAL PROCCEDING INDUSTRY

橡膠工業

23.1 天然橡膠

天然橡膠(natural rubber)來源於野生或種植的含橡膠的植物，它的化學成分是順式或反式-1,4-聚異戊二烯：

$$\left[\begin{matrix} CH_3 & & H \\ & C{=}C & \\ CH_2 & & CH_2 \end{matrix}\right]_n \qquad \left[\begin{matrix} CH_3 & & CH_2 \\ & C{=}C & \\ CH_2 & & H \end{matrix}\right]_n$$

順-1,4-聚異戊二烯　　反-1,4-聚異戊二烯

在室溫下，硫化後的天然橡膠受外力作用，能被拉伸變形，但應力消除後，又能很快回復到原來的形狀，這是橡膠物質區別於其他材料的特性—彈性。最早發現野生橡膠樹刀傷處有乳液流出的是印第安人，他們稱之爲“caoutchouc”，印第安語的含意是“樹流的淚”，天然膠乳一直沿用此詞。英文“rubber”一詞是由於英國化學家普里斯特利發現鉛筆字能被橡皮擦去而得名，天然橡膠是對應合成橡膠而採用的名稱。

天然橡膠產自橡樹分泌的乳汁，經收集後加酸處理成生橡膠。生橡膠有很重要的

非橡膠成分，大約 5～8%，以蛋白質、糖分與脂肪酸爲代表，典型的化學組成如下：

成分	平均(%)	範圍(%)
水分	0.5	0.3～1.0
丙酮萃取物	2.5	1.5～4.5
蛋白質	2.5	2.0～3.0
灰分	0.3	0.2～0.5
橡膠烴	94.2	
總計	100	

天然橡膠具有優良的彈性和機械強度，並且具有較好的抗曲撓性、氣密性和絕緣性，耐鹼而不耐強酸，不耐油和有機溶劑。化學性質比較活潑，可以進行加成、取代、環化、裂解等反應，由此可以變成硫化橡膠和多種橡膠衍生物。

生橡膠不能直接使用，橡膠分子構造爲捲曲無定形高分子聚合物，經加硫處理後，使其由線型結構轉化爲網狀結構，促使橡膠分子間部分產生交聯(cross-linking)而彈性化。受外力引伸時，具有高抗張強度與伸長率，外力除去後恢復原狀。加硫量大約 3～5%，質軟與彈性大，稱爲軟質橡膠；若加硫量超過 30%，橡膠則不撓性及失去彈性，變得硬而脆，稱爲硬質橡膠。天然橡膠的物理性能因所含非橡膠成分與結晶程度而稍有不同，微結晶長度是 600Å，而每一分子長度約爲 20,000Å。橡膠並不全是結晶型，有些爲非晶型區域，在微結晶區域有玻璃性質，其玻璃轉移溫度(T_g，glass transition temperature)爲－72℃，若保持低於 10℃產生結晶，密度由 0.92 變成 0.95。物理性能如下：

密度	0.92
折射率(20˚C)	1.52
立體膨脹係數	0.00062/℃
內聚能密度	63.7 cal/c.c.
燃燒熱	10,700 cal/g
導熱性	0.00032 cal/sec/cm^2/℃
介電常數	2.37
功率因數(1000 週波)	0.15～0.2*

體積電阻係數	10^{15} ohms/c.c.
電介質強度	1,000 volts/mil

天然橡膠有兩相為溶膠(sol)和凝膠(gel)，其差別顯示於某些有機溶劑的溶解度，凝膠含有大量的交聯成分，而且分枝較多。由於天然橡膠的分子量很大，通常降低冰點或提高沸點的測量方法不能使用，以滲透壓與黏度方式替代，平均分子量自 200,000～500,000 不等。

天然橡膠容易與氧反應而被氧化，使分子鏈斷裂和過度交聯，出現發黏和龜裂現象(見橡皮龜裂)，使物理力學性能下降。光、熱、應力和銅、錳等金屬都能促進老化，臭氧對橡膠的損害更為嚴重。通過添加防老劑，其耐老化性能可以大大改善(見高分子老化)。

天然橡膠易與氯氣、氯化氫、硫酸、過氧化氫等引起化學反應，產生各種衍生物，主要衍生物如下

一、氫化橡膠

橡膠溶於甲基環己烷，以鎳為觸媒，在高壓通入氫氣，可得氫化橡膠。

$$(C_3H_8)_n + H_2 \rightarrow (C_3H_{10})_n$$

二、氯化橡膠

通入氯氣於四氯化碳橡膠溶液，可得氯化橡膠：

$$(C_3H_8)_n + Cl_2 \rightarrow (C_3H_8Cl_2)_n$$

氯化橡膠的用途為製造耐酸鹼與不燃性抗腐蝕塗料或化學反應槽襯裡材料。

三、鹽酸化橡膠

輥鍊後的橡膠溶於苯形成低粘度溶液，通入氯化氫，可得鹽酸化橡膠，其具有耐酸鹼與耐水性，製造透明塑膜或各種成形塑品。

四、環化橡膠

生橡膠與硫酸、磺酸、氯化硫醯、金屬氯化物或有機酸鹽加熱，減少不飽和度而起化學反應，產生各種具有加硫橡膠狀彈性物質與不具彈性物質的環化橡膠，作為接著劑、塗料等用途。

23.2 合成橡膠

23.2.1 共聚合物與聚摻合物

「共聚合物」為無單一單體單元含量以重量計達全部聚合物含量的百分之九十五或以上者。因此例如由 96%丙烯單體單元與 4%其他烯屬烴單體單元組成的聚合物，即不能視為共聚合物。

共聚合物包括共聚縮合產品，共聚加成產品，團聯共聚合物及接枝共聚合物。團聯共聚合物係由不同單體單元成分構成的聚合體鏈段，至少兩種交替地結合所組成的共聚合物(例如包含聚乙烯和聚丙烯交替鏈段所組成的乙烯－丙烯共聚合物)。

接枝共聚合物係由主要聚合物構成的主鏈，在其側面有不同單體單元成分構成聚合物支鏈所組成的共聚合物。例如苯乙烯－丁二烯共聚合物－接枝－聚苯乙烯(聚苯乙烯接枝在苯乙烯－丁二烯共聚合物上)和聚丁二烯－接枝－苯乙烯－丙烯。

23.2.2 丁二烯—苯乙烯橡膠

丁二烯與苯乙烯的共聚合物中含有丁二烯 50%以上者，稱為丁二烯－苯乙烯橡膠。通常製造此類橡膠所用單體之比例為 75 份的丁二烯對 25 份的苯乙烯。如苯乙烯的用量超過 50%，產物的可塑性變得很大，而可作為乳膠漆(latex paint)之用。

一、苯乙烯單體製造

$$C_6H_6 + C_2H_4 \rightarrow C_6H_5 \cdot C_2H_5 \xrightarrow{AlCl_3\text{或}Si \cdot Al_2O_3\text{觸媒}} C_6H_5 \cdot CH{=}CH_2 + H_2$$

二、丁二烯單體製造

1. 乙醇法

$$2CH_3CH_2OH + C_2H_4 \xrightarrow[400^\circ C]{SiO_2 \cdot Al_2O_3\text{觸媒}} CH_2{=}CH{-}CH{=}CH_2 + 2H_2O + H_2$$

2. 乙烯乙炔法

$$2CH\equiv CH \xrightarrow[80^\circ C]{Cu_2Cl_2 \cdot NH_4Cl} CH_2=CH-C\equiv CH$$

$$\xrightarrow{Zn \cdot NaOH} CH_2=CH-CH=CH_2$$

3. 丁醛醇法

$$CH\equiv CH + 2HCHO \xrightarrow[100^\circ C]{CuO} HOCH_2C\equiv CCH_2OH \xrightarrow[Cu\text{-}Ni]{H_2}$$

$$HOCH_2CH_2CH_2CH_2OH \xrightarrow[280^\circ C]{Na_3PO_4} CH_2=CH-CH=CH_2$$

$$CH\equiv CH \rightarrow CH_3-CHO \xrightarrow{\text{稀 } NaOH} \underset{\displaystyle OH}{\underset{|}{CH_3}}-CH-CH_2-CHO \xrightarrow{H_2}$$

$$CH_3-\underset{\displaystyle OH}{\underset{|}{CH}}-CH_2-\underset{\displaystyle OH}{\underset{|}{CH_2}} \rightarrow CH_2=CH-CH=CH_2$$

4. 丁烯脫氫法

$CH_2=CH-CH_2-CH_3$(輕餾分) ┐
$CH_3-CH=CH-CH_3$(重餾分) ┘ $\xrightarrow[\text{Mg，Co 氧化物觸媒}]{-H_2\text{，}600\sim 800^\circ C}$ $CH_2=CH-CH=CH_2$

$$CH_3CH_2CH_2CH_3 \xrightarrow[Cr_2O_3\text{，}Al_2O_3]{160mmHg\text{，}625^\circ C} CH_3CH_2CH=CH_2 \rightarrow CH_2=CH-CH=CH_2$$

丁二烯與苯乙烯的聚合係自由基聚合反應，有高溫乳化聚合及低溫乳化聚合兩種方法：

一、高溫乳化聚合法

此法因較高溫度(50℃左右)進行聚合反應，所得產物稱爲熱製橡膠(hot rubber)。將丁二烯苯乙烯及助劑依比例注入反應器內與水混合，於 50～55℃攪拌 15～17 小時，使進行共聚合反應。在此反應中，以鹼金屬肥皂爲乳化劑，以過硫酸鉀爲啓發劑，而以十二硫醇爲分子量調整劑。由於橡膠的性質及反應速率隨聚合反應的繼續進行而不同，因此在反應進行中，需經常抽驗樣品，俟轉化率及聚合物之木泥黏度達到特定的要求時，加入 0.1 份對苯二酚(hydroquinone)使反應停止。所得乳膠經驟餾槽除去未反應之丁二烯及經汽提塔除去未反應的苯乙烯後，加入 1.25 份 PA(N-phenyl-naphthylamine)，然後加鹽水及稀硫酸使聚合物凝固析出。此凝固膠片經洗滌、過濾及乾燥後擠壓成薄片形，並捆打成包是爲丁二烯－苯乙烯橡膠製品。

二、低溫乳化聚合

丁二烯－苯乙烯橡膠中，丁二烯單位的聚合方式有 1,4 聚合及 1,2 聚合兩種。聚合反應在較低溫進行時，所得聚合物具有 1,4 聚合構造者比在較高溫進行時爲多。例如在 50℃進行時，1,4/1,2 之值爲 3.31，而在 5℃時爲 3.80。因此上述乳化聚合法製得的聚合物(熱製橡膠)由於側鍵較多，伸長率、抗張強度及撕裂抵抗性皆較天然橡膠爲劣。低溫乳化聚合法，是一種氧化還原聚合法，與高溫聚合法不同的地方是，以氫過氧化異丙苯(CHP，cumene hydroperoxide)爲觸媒。此觸媒在 Fe^{2+}離子存在下，於 5℃之低溫即能產生氧化還原反應：Fe^{2+}放出電子而氧化爲 Fe^{3+}，CHP 分子中之－O－OH 基獲得電子而還原爲 R－O 自由基。生成自由基即可啓發聚合反應，因此氧化還原法能在低溫進行聚合反應。依此法產製之橡膠稱爲冷製橡膠(cold rubber)，品質較熱製橡膠優越，現今 75%以上之丁二烯－苯乙烯橡膠係由此法產製，見圖 23.1。

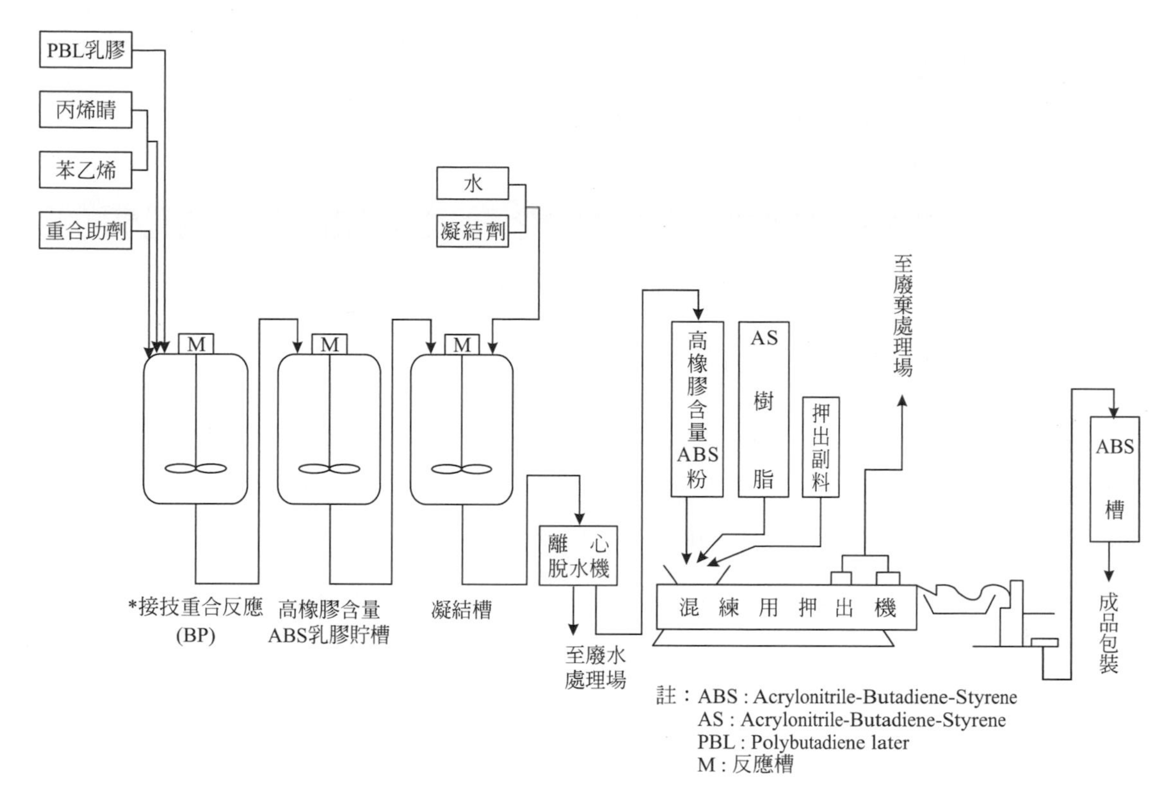

圖 23.1　丁二烯－苯乙烯橡膠生產流程

23.2.3　聚氯丁烯橡膠(又稱新平橡膠)

1. **單體**

   聚丁二烯(2-氯-1,3-丁二烯)

2. **單體的製備**

   氯丁二烯可由乙炔和氯化氫反應製備：

$$2HC\equiv CH \xrightarrow{\text{觸媒}} H_2C=CH-C\equiv CH$$

$$H_2C=CH-C\equiv CH + HCl \xrightarrow{\text{觸媒}} H_2C=CH-\overset{\overset{\displaystyle Cl}{|}}{C}=CH_2 \xrightarrow{\text{聚合}}$$

$$(H_2C=CH-\overset{\overset{\displaystyle Cl}{|}}{C}=CH_2)_n$$

3. **聚合反應**

氯丁二烯經催化聚合得聚氯丁二烯。

4. **性質及用途**

耐熱性和耐燃性高，可耐天候變化，而且具優異耐油性及耐化學侵蝕。適合於各種工業用途，如可製造汽油軟管和特殊輸送帶等。

23.2.4 腈橡膠(nitrile rubber)

腈橡膠係丁二烯與丙烯腈的共聚合物，其製法與丁二烯-苯乙烯橡膠相同。德國最先完成腈橡膠的工業生產，稱爲布納(Buna-N)。腈橡膠的彈性及耐油性依丙烯腈的含量而不同。丙烯腈的含量增加，橡膠耐油性也隨著增加，但彈性逐漸變劣；於達 60%時可耐芳香族油類，但失去彈性；若在 7%以下，則變成油膨弱性。爲使橡膠同時具有適當的彈性及耐油性，丙烯腈的含量需維持於 15～50%範圍內。腈橡膠主要用作需具耐油性的製品，如墊圈，橡皮管、泵膜片及氣量計膜片。聚合反應如下：

$$HCN + CH \equiv CH \xrightarrow{CuCl_2,\ etc.} CH_2=CH-CN$$

$$\underset{\text{丁二烯}}{CH_2=CH-CH=CH_2} + \underset{\text{丙烯腈}}{CH_2=CH-CN} \rightarrow \underset{\text{丁二烯－丙烯腈橡膠}}{-(-CH_2-CH=CH-CH_2-CH_2-\underset{\displaystyle CN}{\underset{|}{CH}}-)_n-}$$

23.2.5 聚矽氧(聚醚)橡膠

工業級矽氧橡膠是以二甲基矽氧化物(dimethyl siloxane)爲基本單元聚合而成的高分子，並在聚合體主鏈採用少量其他有機官能基取代，添加乙烯基(vinyl)，可改善加硫效率、彈性與壓縮變形。加入苯基(phenyl)，促進低溫屈曲性，增加抗輻射線能力。添加三氟丙烷基(trifluoropropyl)形成特殊種類矽橡膠，通常稱爲氟矽橡膠，具有優越抗油、燃料和溶劑的特性。

一、聚矽氧

是一種聚合物，其結構爲交替的矽和氧原子的鏈，在矽原子上連接著各種的有機的基，最簡單的直鏈聚矽氧的結構爲

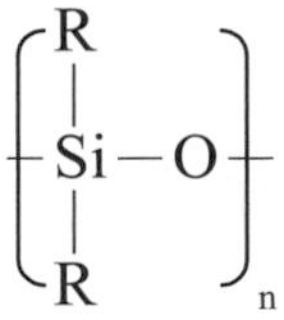

$$\left[\begin{array}{c} R \\ | \\ -Si-O- \\ | \\ R \end{array} \right]_n$$

二、聚二甲矽氧

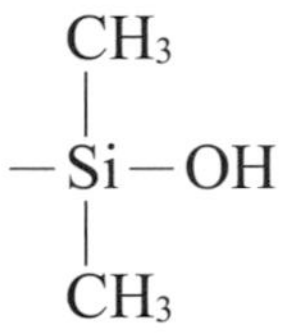

$$\begin{array}{c} CH_3 \\ | \\ -Si-OH \\ | \\ CH_3 \end{array}$$

1. **單體**

   二羥二甲矽烷二氯二甲矽烷$(CH_3)_2SiCl_2$，在水中會發生反應，即產生二羥二甲矽烷：

   $$(CH_3)_2SiCl_{2\,(aq)}+2H_2O_{(l)} \rightarrow (CH_3)_2Si(OH)_2+2HCl_{\,(aq)}$$

2. **反應**

   二羥二甲矽烷，在矽原子上有二個羥基，非常不安定，很容易自行縮合成聚二矽氧：

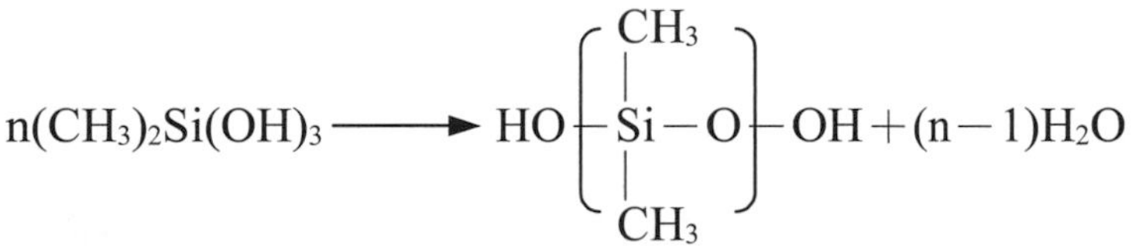

   $$n(CH_3)_2Si(OH)_3 \longrightarrow HO\left[\begin{array}{c} CH_3 \\ | \\ -Si-O- \\ | \\ CH_3 \end{array} \right]OH+(n-1)H_2O$$

3. **性質與用途**

   聚二甲矽氧是一種非揮發性、具有黏性，很安定的油，可用於實驗室中作爲高溫浴中的用油。

三、聚矽氧橡膠

高分子的直鏈聚矽氧經特殊處理時，鏈與鏈間會有部分鍵結產生形成聚矽氧橡膠，具有斥水性和不可燃的特性，而且在高溫和低溫皆具有彈性，可用以製造襯墊、密封劑和電的絕緣體。

23.2.6 多硫化合橡膠(TM)

屬於飽和之合成物質，係由二鹵化脂肪族與多硫化鈉反應所生成，通常它們可以用老式的硫化劑加以硫化。

$$R-Cl_2+Na_2S_4\xrightarrow{ZnO}(-\underset{\underset{S}{\|}}{\overset{\overset{S}{\|}}{R}}-S-S-)n+NaCl$$

多硫化合橡膠的彈性與機械性質要比某些等級的合成橡膠要差一些，但是具有可抵抗溶劑、耐油性和耐老化性的優點。

23.2.7 聚氨基甲酸酯橡膠

聚氨酯(polyurethanes)主鏈含－NHCOO－重複結構單元的一類聚合物，英文縮寫爲PU，由單體異氰酸酯與羥基化合物聚合而成。含有強極性的氨基甲酸酯基團，不溶於非極性溶劑，具有良好的強韌性和耐油性。採用不同的原料，可製得適應較寬溫度範圍(一般爲－50～150℃)的各種產品。在鹼性介質中或較高溫度下耐水解穩定性較差，特別是聚酯型聚氨酯更爲突出。改變單體的品種和配比，可製得具有不同性能和用途的聚氨酯產品，其中包括彈性體、纖維、泡沫塑料、塗料和膠黏劑等。

常用異氰酸酯與羥基化合物進行聚加成反應而製得，根據單體分子中異氰酸酯基和羥基數目的不同，可以製得體型高分子或線型高分子。反應如下(R 爲烴基)：

$$nHO-R-OH+nOCN-R'-NCO\rightarrow-[OCONHR'NHCOOR]n-$$

異氰酸酯基中的 C=N 雙鍵非常活潑，可自聚成二聚體或三聚體，也可與含有活性氫的基團，例如水、醇、酚、酸、胺等進行加成反應，其活性次序如下(Ar 爲芳基)：

$$RNH_2>R_2NH>ArNH_2>RCH_2OH>H_2O>R_2CHOH>$$
$$R_3COH>ArOH>RCOOH>RNCO$$

聚氨酯的合成可在熔體或溶液中進行，在熔體中反應時必須避免由於溫度過高而引起的副反應。溶液聚合時常用的溶劑有乙酸酯類、丁酮、四氫喃、芳烴和鹵代烴等。有時使用催化劑，催化劑爲叔胺類和有機錫化合物，常用三亞乙基二胺和二丁基二月桂酸錫。

常用的多異氰酸酯有：2,4(或 2,6)-甲苯二異氰酸酯、4,4-二異氰酸酯二苯甲烷、次甲基多苯異氰酸酯、六亞甲基二異氰酸酯。

常用的多元醇分爲三類：簡單多元醇如乙二醇、丙二醇、丁二醇、己二醇、丙三醇、季戊四醇、木糖醇。聚酯型多元醇爲二元酸與多元醇縮聚生成的末端含有羥基的聚酯低聚物，如羥基封端的己二酸乙二醇酯。製得的聚氨酯稱爲聚酯型聚氨酯。聚醚型多元醇由環氧化合物，如四氫喃、環氧丙烷等開環聚合生成的末端含有羥基的聚醚低聚物。選用不同的起始劑，可以得到不同官能度的多元醇，製得的聚氨酯稱爲聚醚型聚氨酯。

23.2.8　丁基橡膠(IIR，isobutylene-isoprene rubber)

一、介紹

爲異丁烯與造成雙鍵的少量異戊二烯(isoprene)混合液在裝有聚合觸媒、反應調整劑、－100℃的超低溫反應槽連續生產聚合而成。

二、特性

IIR 有下列優缺點：

優點	缺點
1. 各種氣體的透氣性極小	1. 加工性差
2. 對熱，日光，臭氧的抵抗性大	2. 與其他二烯系橡膠的相溶性小，配合性差
3. 對普通的酸，鹼，優於 NR，SBR	3. 與金屬和其他橡膠的接著性差
4. 電絕緣性，耐電暈性優秀	
5. 反彈性小，衝擊吸收性大	

三、分類

IIR 依不飽和度(isoprene 量)、分子量(mooney 粘度)、安定劑的種類而分類，除傳統的 IIR 外，另有下列丁基橡膠：

1. **鹵化丁基橡膠**

   (1) 溴化丁基橡膠：丁基橡膠的鏈狀分子局部導入溴而變性，加硫迅速，可混用 NR、SBR 等，對金屬或其他聚合物的接著性也良好。

(2) 氯化丁基橡膠：導入氯後，加硫迅速，與其他橡膠的相溶性良好，可供加硫，氯化丁基橡膠的耐熱性優秀，耐臭氧性及其他特性也與普通丁基橡膠同樣優秀。

2. 丁基橡膠橡漿丁基橡膠乳化成水中油形而固形分約55%，化學性安定的橡漿。

四、配合方法

IIR 的不飽和度比其他聚合物低，加硫需要高溫和強力的加硫系。

1. 加硫劑與加硫促進劑 IIR 有下列三種加硫方法：

   (1) 硫黃加硫系：硫黃 1～2 phr 以 thiuram(如 TMT)系或 dithio carbamate(如 EZ，PZ)系爲一次加硫促進劑，用 thiazole 系的 MBT、MBTS、CBS 等爲二次加硫促進劑，作業性良好，物性優秀，可用於內胎及其他用途。

   (2) quinoid 加硫系：此加硫系以 paraquinone dioxime(GMF)或 Dibenzo GMF 爲加硫劑，併用鉛丹之類活性劑或 MBT、MBTS。

   (3) 樹脂加硫系，此加硫系常用下示二類：

   ① bromomethyl-alkyl 化 phenol 樹脂。

   ② alkyl phenol 樹脂。

   以上的樹脂 10～15phr 併用氯化錫 2～3phr 爲加硫促進劑，此加硫物的特性是耐熱性優秀，壓縮永久應變小。

2. 補強劑與其他配合劑因是結晶性聚合物，不需補強劑，但爲增高拉裂強度，耐摩耗性，並容易加工起見，使用通常的各種補強劑、充填劑，氧化鋅通常用 5 phr.石油系油常用石蠟系或 naphthene 系油、酯常用 DOP 與 TCP 等，避免使用 rosin(松脂)、松焦油(pine tar)等有不飽和鍵者。

五、用途

基於 IIR 具有良好氣密性和優秀的絕緣性，故廣泛使用於內胎、水底電纜、槽襯、建築用密封材、汽車用零件等用途。

23.2.9 乙丙橡膠(ethylene-propylene rubber)

以乙烯和丙烯爲主要單體共聚而成的合成橡膠，英文縮寫 EPR。如果聚合物中只含乙烯和丙烯單元，稱乙丙二元橡膠(EPM)，如果再含一種非共軛雙烯第三單元，稱乙丙三元橡膠(EPT 或 EPDM)。EPM 需用過氧化物交聯，EPT 則可按常規方法硫化。

乙丙橡膠主鏈上不含不飽和雙鏈，因此是最耐老化、耐臭氧的橡膠，並具有優良的絕緣性、耐高溫、耐化學和耐磨性，但硫化性、粘合性差，不耐撕裂。

乙丙橡膠一般在齊格勒-納塔催化劑作用下溶液聚合而成、用釩系催化劑(如三氯氧釩)可得到乙烯和丙烯單元分佈均勻的橡膠。如用鈦系催化劑，鏈中有一種單體的長序列，能部分結晶而降低了彈性體性能。催化劑中加入活化劑(有機鹵化物、偶氮苯等)可大幅度提高催化效率。此外，本體懸浮聚合方法也已工業化，產物固體含量高。EDT的第三單體如雙環戊二烯、亞乙基降冰片烯等。後者可使 EPT 的硫化速率與丁苯橡膠相仿。

乙丙橡膠主要用於電線電纜、汽車門窗密封條和耐熱部件、耐熱傳送帶、水龍帶，水壩池塘護面、防水襯底、吸震橋墩、軌墊、輪胎胎側及各種日用、工業橡膠製品。與雙烯橡膠並用可提高耐候性。與聚丙烯共混可改進其低溫脆性並增韌。低分子量乙丙橡膠用作潤滑油降凝劑和某些高級電容器的密封劑。

23.3 熱塑性彈性體

熱塑性彈性體(thermoplastic elastomer)也稱熱塑性橡膠，是一種兼具橡膠和熱塑性塑料特性，在常溫下顯示橡膠高彈性，高溫下又能塑化成型的高分子材料，也是繼天然橡膠合成之後的所謂第三代橡膠，簡稱 TPE 或 TPR，或俗稱人造橡膠。以熱塑性塑膠的可加工性結合了傳統熱固性橡膠的特性和功能，這些獨特材料賦予設計者新的靈活性於需要柔軟觸感和人體工學的應用，可用射出成型、壓出成型或吹氣成型的快速、效率和經濟性製成“橡膠”的成品。具有較低的模數，在室溫下其原始長度可被重複拉長至少 2 倍。當拉力消失後其長度會回覆到大約的原始長度。與橡膠比較的其他優點包括：

1. 可用一般塑膠加工方法加工成形－射出成形、押出成形、吹氣成形、移送成形、壓縮成形等。
2. 成形週期短，無需加硫及硫化作業。
3. 經不同配方摻混可改變材料的表面質感及物理性能，可因應不同應用調配適合材料。
4. 加工過程中所產生的廢料溢料均可回收使用，既能降低生產成本，又能符合環保原則。

熱塑性彈性體包含一系列不同種類的彈性塑膠材料，簡要分類如下：

1	Styrenic Block Copolymer (SBC)	聚苯乙烯系	SBS，SEBS，SIS
2	Rubber-Polyolefin Blend	聚烯系	TPO，TPV
3	Thermoplastic Polyurethans	聚氨酯系	TPU
4	Thermoplastic Copolyester	聚酯系	COPE
5	Polyether Block Amides	聚醯胺系	PEBA

以上五類中，其中以前三類在市場上比較流行。每一類 TPE 都具備其獨特性能，適合不同產品於不同應用環境的要求，現將各種物料的性能表列如下：

	TPE 種類					
特性	SBS	SEBS	TPO	TPV	TPU	COPE
比重	0.94～1.2	0.92～1.2	0.89～1.2	0.89～1.2	1.1～1.3	1.1～1.3
硬度	30A～75D	30A～60D	60A～70D	55A～50D	60A～55D	40D～70D
耐溫	−70～100	−65～120	−65～120	−65～135	−50～120	−65～125
回彈性	P	F/G	P	G/E	F/G	F
耐油性	P	P	P	F/E	F/E	F/G
耐水性	G/E	G/E	G/E	G/E	F/G	F/G
表面質感	光面	光面	光面	瓦面	瓦面	瓦面
備註：P=Poor 差，F=Fair 良，G=Good 好，E=Excellent 最好						

通常地熱塑性彈性體(軟料)複合材料可對很多應用提供密封能力—防滑性、吸衝擊性、耐震動性、舒適性和觸感，考慮 TPE 單獨使用或被覆(結合)使用於如下應用：

1. 墊圈、密封、塞子、外殼、滾筒、閥、緩衝器、輪子、襯墊、腳輪。
2. 拉緊緩和、電纜封套、轉換接觸點、波紋管、燃料管封套、外殼。
3. 鞋底(鞋跟)、腕帶、緩衝、氣囊門。
4. 鍵帽、化妝品盒、握把、夾子、按鈕、旋鈕。

23.4 橡膠加工

23.4.1 橡膠原料的配製

橡膠原料的配製可分三個基本過程：

一、素煉

素煉是將生膠剪斷，並將生膠可塑化、均勻化，幫助配合劑的混練作業。其效果是改善藥品的分散，防止作業中產生摩擦熱，而致橡膠發生焦燒現象，進而改變橡膠的加工性。

二、混煉

混煉是將配合藥物均勻混入素練完成的生膠中，而混練的良否，直接影響製品的良否。藥物分散不均，分子結構無法完全鍵結，橡膠則無法達到理想的物性。

三、滾壓

混煉完成的生膠，經過滾壓作業，將膠料中含有的多餘空氣壓出，並完成所需的厚度，以利於模具內的成型作業。

23.4.2　橡膠製品的基本特性

1. 橡膠製品成型時，經過大壓力壓製，其因彈性體所俱備之內聚力無法消除，在成型離模時，往往產生極不穩定的收縮(橡膠的收縮率，因膠種不同而有差異)，必須經過一段時間後，才能和緩穩定。所以當一橡膠製品設計之初，不論配方或模具，都需謹慎計算配合。若否，則容易產生製品尺寸不穩定，造成製品品質低落。
2. 橡膠屬熱溶熱固性的彈性體，塑膠則屬於熱溶冷固性。橡膠因硫化物種類主體不同，其成型固化的溫度範圍，亦有相當的差距，甚至可因氣候改變，室內溫濕度所影響。因此橡膠製成品的生產條件，需隨時做適度的調整。若無，則可能產生製品品質的差異。
3. 生膠分子結構爲不飽和長鍵的彈性體，所以成型的要件中，需有適當的藥品添加物及外在環境因素(如時間、溫度、壓力等)，將其不飽和鍵破壞，再重新鍵結爲飽和鍵，並以眞空輔助，將內含的空氣完全逼出，如此才可令成型的橡膠發揮其應有的特性。若其成型過程有任何缺失(如配方錯誤、時間不足、溫度失當等)，則可造成物性流失、多餘藥物釋出、變形、老化加速，種種嚴重不良現象產生。

4. **橡膠的老化現象**

依橡膠成品所處的環境條件，隨時間的經過，引起龜裂或硬化，橡膠物性退化等現象，稱之為老化現象。引起老化的原因，有外部因素及內部因素：

(1) 外部因素：有氧、氧化物、臭氧、熱、光、放射線、機械性疲勞、加工過程的缺失等。

(2) 內部因素：有橡膠的種類、成型方式、鍵結程度、配合藥物的種類、加工工程中的因子等。

老化現象的防止，著重於正確的膠種選擇及配方設計，外加嚴謹的生產理念。如此才可增加橡膠製成品的壽命，並發揮應有的特殊功能。

23.5 考 題

一、 說明由生橡膠製造橡膠製品的流程和其步驟。

(102 年特種考試地方政府公務人員三等考試)

二、 敘述苯乙烯－丁二烯橡膠及順丁二烯橡膠之製備：包括原料(單體)，聚合物，聚合方法。 (101 年專門職業及技術人員高等考試)

三、 簡述橡膠製程中“硫化”(vulcanization)之目的及其方式。

(101 年專門職業及技術人員高等考試)

四、 試寫出合成氯丁橡膠(Neoprene)聚合物之原料或單體的名稱及化學式。

(100 年特種考試地方政府公務人員四等考試)

五、 請回答下列三個子題：

(一)乙丙橡膠是由那兩種原料聚合反應而製成的？

(二)製造乙丙橡膠的聚合反應原理為何？

(三)乙丙橡膠有那些優異的特性？

(100 年公務人員特種考試身心障礙人員四等考試)

六、 解釋玻璃轉移溫度(T_g)。

(96 年公務人員特種考試經濟部專利商標審查人員考試三等考試、95 年公務人員特種考試關務人員考試、92 年地方政府公務人員三等考試、89 年薦任人員升等考試)

答案：聚合物在低溫時，分子間互相牽制而難於滑動，只有分子鏈上的小側鏈可以自由彎曲。若受外力大於分子引力作用時，聚合物脆裂而破壞，稱爲玻璃狀態(glass state)；隨著溫度的昇高，分子的動能逐漸增加。溫度昇高到足以克服分子引力作用時，產生大型分子滑動，聚合物脆硬性消失，呈現柔軟伸縮彈性的性質，稱爲橡膠狀態(rubber state)，玻璃轉移溫度即爲聚合物由玻璃狀態轉變成橡膠狀態的特性溫度。

Chapter 24

CHEMICAL PROCCEDING INDUSTRY

煉油工業

24.1 石油概論

24.1.1 形成與開採

石油源自動植物殘骸，其形成的基本方式與煤不同；至於天然氣則爲低碳氫化合物與甲烷的混合物，有時亦含有不定量的氮或雜質(例如硫化氫)。石油屬於高碳氫(非氣體的)化合物，平均大約由兩個氫原子又與一個碳原子相結合，而天然氣則約爲 4：1。不同的儲油層所發現的石油，其組成多半不同，甚至同一儲油層的石油亦可能不同。

石油形成過程的第一步驟爲有機物與砂混合形成沉積層，由於沉積物繼續不斷地堆積，導致溫度和壓力上升，最後沉積層變成沉積岩，稱之爲源岩(source rock)。第二步驟爲此有機物在源岩中轉變成碳氫化合物(石油)。由於沉積岩的壓力，外加地下水之流動，油珠因而遷移進入多孔性岩層，此即今日所發現的油田。

開鑿油井後，地下氣體如：天然氣或地下水的壓力使石油湧出地面，再利用油管或油輪運送。

24.1.2 組成與分類

石油主要是由碳、氫兩種元素組成，但也含有少量的硫、氮、氧等元素。石油的主要成分是鏈狀烷、環狀烷所構成的混合物，天然氣的主要成分是甲烷，其次爲乙烷、丙烷、丁烷等，不過在不同的地區所開採的石油、天然氣的成分比例會有相當的差異。

石油由複雜的碳氫化物混合而成，在煉油廠將混合物分離得到汽油、航空燃料油、燃料油、潤滑油、瀝青及其他有用的產品，煉油廠的設計和操作要依待加工原油混物所含化合物的種類而定。

原油可依照其內含碳氫化合物的不同而分爲鏈烷烴基、瀝青基及混合基三類，鏈烷烴基系列物質的分子式中，氫原子數等於碳原子數的兩倍加 2。提煉鏈烷烴基原油的時候，最輕的化合物甲烷(CH_4)首先氣化，然後是乙烷(C_2H_6)，隨後是丙烷和丁烷，後二者即是液態石油氣。隨著溫度的升高，可得從戊烷到十一烷($C_{11}H_{24}$)等所有組成汽油的碳氫化合物；接著出現較重的鏈烷烴基化合物：煤油、餾出物、柴油、爐用油、潤滑油、重油；最後是蠟及硬的固體物質。原油混合物在常溫下是穩定的，因爲較重的固體仍溶解於較輕的液體中。

瀝青基原油由較複雜的化合物組成，包括含有氧、氮或硫原子的分子，這類在瀝青原油的化合物叫環烷類，包括環辛烷(C_8H_{16})和環壬烷(C_9H_{18})。瀝青原油通常由大部分的環烷及小量的苯及稀烴組成，典型的瀝青原油包括一些煉烷烴系化合物。從這些化合物中可得到可燃氣體、大部分的汽油、半數的煤油及部分蠟。原油中的瀝青類化合物可提供燃料油及剩餘的固體物質。混合基原油比瀝青基原油含有更多較重的煉烷烴類化合物。

24.1.3 產品分類

石油爲主要能源之一，大部分石油產品如汽油、煤油、柴油、航空燃油、燃料油等，都是今日極重要的燃料。燃料類產品，可按煉製方法及用途的不同而分類。

一、按煉製方法及產品性質之不同而分者

1. **蒸餾油**(distillate fuel)**與蒸餘油**(residual fuel **或** residualoil)

   原油經過分餾後，可以分成兩大部分，其一爲氣化後再凝結而成的餾分，稱爲蒸餾油，如汽油、煤油、柴油等等。另一爲沸點高，成黑色，殘留於分餾塔下部的油分，稱爲蒸餘油。

2. **白油**(clean oil)**與黑油**(dirty oil)

一般而言，白油多指蒸餾油，黑油則指原油、蒸餘油、以及蒸餘油與蒸餾油混合而成的中間油品。

3. **輕油**(light fuel)**與重油**(heavy fuel)

輕油通常為柴油，重油則指粘度較柴油為高的油料，一般多指燃料油或燃料油與柴油混合而成的中間油料。

二、按用途而分者

1. **汽油**

簡言之，自原油提煉出來的極易汽化的油料，稱為汽油。因為用途的不同，汽油又可分為車用汽油、航空汽油、及無鉛汽油。

2. **車用汽油**

供車輛作動力燃料用的汽油，稱為車用汽油。又分為高級汽油及普通汽油。過去車用汽油均加入四乙基鉛以提高其辛烷值，近年來因環保的考慮，汽油中不再加鉛而稱之為無鉛汽油，因辛烷值的不同而有九二無鉛汽油及九五無鉛汽油。

3. **航空汽油**

供航空作動力燃料用的汽油，稱為航空汽油。航空汽油又因辛烷值的不同而分為 100/130 號航空汽油、115/145 號航空汽油等。

4. **無鉛汽油**

在工業方面作溶劑用的汽油不用加入汽油精(即四乙基鉛)。

5. **石腦油**(naphtha)

又稱為「輕油」，過去多指沸點高於汽油而低於煤油的餾分；但沸點較此為低或較此為高者，也常稱為石腦油，故石腦油實為一種廣泛的名詞，石油公司供應的各種溶劑亦可視為各種不同的石腦油。

6. **航空燃油**

噴射式飛機用的燃油，通稱為「航空燃油」。石油公司供應者有 JP-4、JP-5 及 Jet-A1 等，航空燃油可分為煤油型與汽油煤油型。

7. **煤油**(kerosene)

又稱爲燈油或照明用油，其閃火點多在 110℃以上，沸點在 572℃以下。煤油的用途過去僅限點燈或照明，今日則用於烹飪或做動力燃料及加熱燃料之用。

8. **柴油**

供柴油發電機或柴油引擎用的動力燃料，通稱爲柴油(diesel fuel)。

9. **漁船油**

漁船所裝的引擎，可大別爲三種，一爲高速柴油引擎，二爲低速柴油引擎，三爲燒頭式(又稱沖燈式，或半柴油引擎式)引擎。石油公司供應的漁船用燃油有甲種漁船油及乙種漁船油兩種。甲種漁船油主供漁船高速柴油引擎用，其品質與普通柴油相似。乙種漁船油爲黏度較高的燃油，主要供燒頭式引擎及低速柴油引擎作動力燃料之用。

10. **爐用燃油**(fuel oil)

主供加熱爐及鍋爐作燃料之用，其種類頗多，包括容易揮發及極難揮發的油料。

11. **加熱用燃油**(heating oil)

寒帶地區冬天家庭取暖用的石油產品，通稱之。常用之加熱用燃油爲煤油及柴油。

12. **海運燃油**

在港口供應遠洋輪船用的燃油通稱爲海運燃油，其中包括輕柴油(即高級柴油)、重柴油(即普通柴油)、燃料油、以由燃料油與柴油摻配而成之中間柴油，如 MF-16、MF-30、60、80、100、120、150、180、280、380 等，MF 代表 marine fuel，後面的數字爲黏度 cSt。

以上除輕柴油及重柴油二者爲蒸餾油外，其餘均爲蒸餘油。

13. **潤滑油脂**

種類甚多，按其用途可分爲：

(1) 車輛與機動機械用潤滑油脂。

(2) 工業機械用潤滑油脂。

(3) 船舶用潤滑油脂。

若按油料之狀態而分，則有液體的潤滑油(通稱機油)及半固體的潤滑脂(俗稱黃油、牛油或黃牛油)。前者以公升計算，而後者則以公斤計算。

因爲潤滑油的種類甚多，使用亦甚複雜。關於潤滑油脂的應用，可分爲兩種方式說明。一爲根據各種潤滑油脂的個別性質，說明其在各方面之應用，另一爲根據各種不同設計及不同作業的機械潤滑要求而說明適用的潤滑油脂。

14. **柏油**(asphalt)

為一種含碳多而含氫少的黑色固體或半固體的石油產品品。因爲品質及用途的不同，柏油類產品中包括鋪路柏油、塗料柏油、屋頂柏油、防水柏油、絕緣柏油、柏油漆。

15. **溶劑**

多數的液體石油產品均可做爲商業上重要的溶劑，一般依其用途而分爲下列各種：

(1) 通用溶劑(multi-purpose mineral spirit)。
(2) 油漆滴劑(VM & P naphtha)。
(3) 乾洗油(stoddard solvent)。
(4) 殺蟲劑溶劑。
(5) 脫臭溶劑。
(6) 橡膠溶劑。
(7) 黏著劑溶劑。
(8) 去漬油。
(9) 揮發油(light naphtha)。
(10) 石油醚。
(11) 油墨調和油(ink blending oil)。
(12) 正戊烷、正己烷、正庚烷。
(13) 苯、甲苯、二甲苯。
(14) 醋酸、乙酸乙酯。

氣體類產品包括下列各種：

(1) 天然氣：天然氣爲一種由地下開採的可燃性氣體，其主要成分爲甲烷，並含有微量乙烷、丙烷、丁烷、及戊烷等。可作爲燃料及工業原料用。由於本地產的天然氣量不足，現已進口液化天然氣(LNG，liquefied natural gas)供用。

(2) 壓縮天然氣：將天然氣壓縮至 150kg/cm^2 或以上而供售者，稱爲壓縮天然氣(CNG，compressed natural gas)，主要供做車輛動力燃料。

(3) 液化天然氣：將天然氣壓縮及冷凍後，可變成液化天然氣，以便運輸。

(4) 燃料氣及煉油氣：燃料氣(fuel gas)及煉油氣(refinery gas)均爲裂煉、重組、或其他煉油過程之副產品，其中以甲烷、乙烷、丙烷、及丁烷爲主，並含有烯屬烴。燃料氣及煉油氣，不但可供燃料之用，而且可作工業原料，製造肥料及石油化學品之用。

(5) 丙烷：爲一種沸點爲－43.7℃之氣體，可由天然氣或煉油氣中分出，供燃料及工業原料等用。

(6) 丁烷：爲一種沸點爲－32℃之氣體，亦可由天然氣或煉油氣中分出，供燃料及工業原料等用。

(7) 液化石油氣：丙烷、丁烷、或二者混合物，在常溫下雖爲氣體，但稍加壓力即易液化爲液體，故稱爲液化石油氣(LPG，liquefied petroleum gas)。液化石油氣多於加壓下裝入鋼瓶，故亦稱爲鋼瓶氣(bottle gas)。

24.2 石油物理分離

物理分離法：物理分離方法是在不改變分子構造或產出新成分的前提下，直接依據原油組成特性，如燃料油品餾分的沸點分佈或碳數分佈和分子構造間的差異加以分離回收。主要的應用方法依序如下：

一、蒸餾：蒸餾是原油提煉的第一步，先在加熱爐中把原油加熱至 370～400°F 間，泵入內裝篩板、閥板或塡料板等內件的常壓蒸餾塔底內驟沸，依沸點範圍或揮發度不同，以分餾出各段餾分，如液化石油氣、汽油、航空燃油、柴油和未揮發常壓塔底油等。另外再把常壓塔底油經減壓(25～40mmHg)並加熱至 380°F左右，再泵入眞空蒸餾塔分離出重柴油、潤滑油、燃料油和柏油等油品餾分。

二、吸收：利用各氣體成分在液體溶劑中溶解度的不同而加以分離，如用乙二醇胺吸收氣體餾分中的硫化氫等。

三、萃取：利用各液體成分對第三成分或溶劑的溶解度不同而加以分離，如用二己二醇醚萃取苯、甲苯、二甲苯芳香烴供作石化原料。

四、結晶：利用各成分融點和溶解度的不同而加以分離，如丁酮脫腊、丙烷脫柏油等。

五、吸附：利用各成分對多孔性固體吸附劑的親和力不同而加以分離，如從煤油中分離正烷烴，供作軟性清潔劑原料，從混合二甲苯分離出對二甲苯，供作聚酯纖維原料。

24.3 石油蒸餾

分餾塔爲鋼質圓柱，塔中有水平剛盤，用來分離及收集各種液體。在每一個盤中，蒸汽從底部進入孔及泡罩。這些裝置讓蒸汽從盤中的液體中經過，在該盤的溫度下冷卻。溢流管將冷凝後的液體從各盤送到下一盤。較高的溫度使液體重新蒸發，這種蒸發、冷凝、洗滌的過程重復多次，直到產品達到需要純度爲止，可從某些盤的側流獲得所需的餾分，塔頂的固定氣體到塔底的重油都從分餾塔中源源不斷地取出。水蒸汽常用於塔中以降低其壓力，並造成部分眞空。此蒸餾過程將原油的主要組成部分分離，得到成分單一的產品。有時只將原油中最輕的分餾級蒸發出去，留下重的殘餘物，再用其他方法進一步處理。石油分餾產物及用途，如下表所示：

餾分	品名	含碳數	沸點範圍(°C)	用途
輕質餾分	石油氣	C_1～C_4	<30	氣態燃料、塑膠製品原料
輕質餾分	石油醚	C_5～C_6	20～60	溶劑、燃料
輕質餾分	汽油	C_5～C_{12}	30～200	汽車燃料、溶劑
中質餾分	煤油	C_{12}～C_{16}	180～300	航空汽油、柴油引擎燃料
中質餾分	柴油	C_{16}～C_{18}	＞300	柴油引擎燃料、石油裂解原料
重質餾分	潤滑油	C_{18}～C_{20}	＞350	潤滑“石油裂解原料”
重質餾分	石蠟	C_{20}～C_{40}	350～450	蠟燭、油蠟
塔底餾分	柏油	巨大分子	＞500	瀝青、鋪路、防水

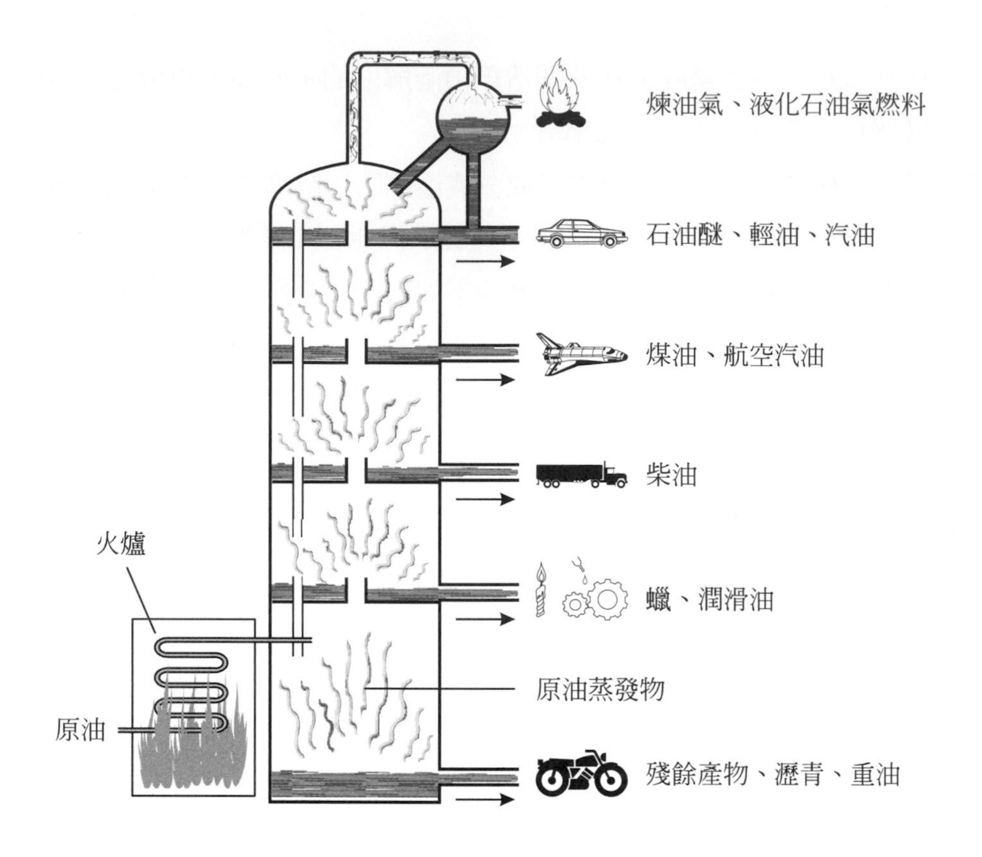

24.4 石油轉化

轉化過程將蒸餾所得價值較低的餾分轉化爲具有較高價值的產品，如汽油。主要的轉化過程有熱裂、催化裂解、聚合、烷化、氫化及重整過程。石油各油分的裂解涉及在熱、壓力和時間作用下的分解和合成。

24.4.1 重　組

利用加熱、加壓、加氫或觸媒的作用，將汽油餾分中的分子結構改變，使其成爲異烷烴、環烷烴或芳香烴，以提高其辛烷値，就可以充分符合今日交通車輛的要求。經重組所得的汽油。稱爲重組汽油又可分爲熱重組、聚合重組及觸媒重組等三種不同方式。

24.4.2 烷　化

煉油工業的烷化，專指以低分子量的烯烴與異烷烴作用，形成高分子量異烷烴的反應，在高溫高壓且不使用觸媒劑的情形下進行。如果利用硫酸或氫氟酸則可進行低溫烷化。烷化後的油料稱爲烷化油，其辛烷值很高，主要用來摻配航空汽油及高辛烷質值車用汽油。

烷化過程常用於將裂化反應產生的強揮發性碳氫化合物，轉化爲具較高辛烷指數的不易揮發物質。乙烯、丙烯、丁烯和異丁烷除非經過烷化，否則都不能直接用作汽油的成分。較輕的碳氫化合物經催化劑聚合後，產生一種質佳的航空汽油混亂物，在美國常用的催化劑是濃硫酸或氫氟酸。

24.4.3　異構化

就是不改變烴分子所具有的碳與氫原子數，但將分子重新加以排列成另一種結構來提高辛烷值，這個反應叫做異構化。

24.4.4　石油裂煉法

爲使汽油的產量增加，可將重質的油料如柴油、蒸餘油等裂煉成汽油，也就是將分子量較高的分子分解成較小的分子。石油裂煉的主要目的，一爲增加汽油產量，一爲製造石油化學工業的主要原料如乙烯、丙烯、丁二烯等。石油裂煉又可稱爲石油裂解，一般又可分爲三類。

一、熱裂解

熱裂解過程中，石油在高壓下被加熱到高溫狀態，使較大分子中的一些原子分裂出來而形成其他分子。藉著較重的化合物，裂解過程可產生較大比例的汽油餾分。例如煤油中的十五烷($C_{15}H_{32}$)分子可以被裂解成辛烷汽油(C_8H_{18})及焦炭形成的碳。爲得到最多高價值汽油及最少的焦炭和固定氣體，需細心維持反應溫度和壓力。若無裂解過程，就不會有足夠的汽油，除非鑽更多的井以直接取得成分單一的汽油。

1. **輕油裂解**

   以石油腦爲原料，主要產品爲乙烯、丙烯、丁二烯、芳香烴及裂解汽油。

$$C_nH_{2n+2} \xrightarrow[0\sim30\text{psig}]{500\sim900^\circ\text{C}} C_2H_4，C_3H_6，C_4H_8\text{等}+H_2$$

不使用觸媒，而是以水蒸汽加高溫使其分子結構改變(裂解)，降低碳氫化合物的壓力，減少焦化與聚合，稱為蒸汽裂解。產品比率依裂解率高低而有不同，見下表：

產品	低裂解率	高裂解率
乙烯	19.2	32.3
丙烯	14.6	13
四碳烴	11.4	8.5
燃料氣(丙烷等輕質氣體)	12.8	18.3
汽油	36.3	20.2
燃料油	3.7	5.7
損耗	2.0	2.0

2. **重油裂解**

將蒸餘油或重油經減黏及焦化製程，轉製成較輕質及價值較高的產品，一般也是使用加熱裂解法。

(1) 減黏製程：以眞空蒸餾油或其他高黏度油料(原油與常壓蒸餾油)爲原料，在反應塔中進行輕度熱裂解，經分餾後可得輕質氣油、重質氣油(占20～50%)可供產製汽油)與類似瀝青的固體(輕質氣油稀釋成爲重油)。此法所生氣體或汽油甚少(7～12%)，液狀油總量達到98%以上。

(2) 焦化製程：本製程以產製石油焦爲目的，將殘渣油長時間保持在反應室內，聚合與縮合反應充分進行，轉變成石油焦，可作爲燃料。低硫分者用於產製純碳或合成石墨，供應鋁碳極、電刷、乾電池材料，此法同時能提高單位原油中液烴油料的提煉量。

(3) 氣化製程：石油氣化主要爲氫氣與一氧化碳：

$$CH + \frac{1}{2}O_2 \rightarrow CO + \frac{1}{2}H_2$$

及少量水蒸汽、二氧化碳、硫化氫、甲烷和氮氣：

$$CH + \frac{5}{2}O_2 \rightarrow CO_2 + \frac{1}{2}H_2O$$

另有一可逆水－氣體轉移反應：

$$CO + H_2O \rightarrow CO_2 + H_2$$

合成天然氣在工業上可產製氫氣、合成氨、硝酸、甲醛、甲醇、三聚氰胺及藉由 Fischer-Tropsch 反應合成烷烴類，作為汽油或石化產品原料。

二、觸媒裂解

觸媒裂解與熱裂解相似，只是在觸媒裂解過程中使用觸媒，藉以促進較重的分子轉化為較輕的所需產品，仍需高溫，但不要求那麼高的壓力。小顆粒狀的膨潤土是典型的天然觸媒，常用的合成觸媒包括矽－鋁催化劑、矽－錳催化劑及矽－鋯鋁觸媒，另一過程用鉑觸媒將石油重整為汽油類化合物。觸媒製化過程使用的壓力範圍為 1～49kg/cm^2，溫度範圍為 425～590℃。

觸媒的作用為用於加速化學反應的進行，降低化學反應的活化能，使其快速達到熱力學平衡，而且只能加速熱力學允許的反應，同時觸媒不會改變化學反應常數。更特別的是同樣的反應物使用不同的觸媒，可以得到不同的產物，亦即觸媒能引導反應進行的路徑，改變化學反應的選擇性。

1. **重組煤油**

   促使分子結構為直鏈式的烴，脫氫、異構化、裂解、環化後產生重組油，其目的為增加芳香烴的產量與摻配高級汽油，主要成分為鉑、錸金屬。

2. **加氫脫硫觸媒**

   促使油料中的硫分與氫氣發生反應，產生硫化氫使其容易除去，其目的為提高油品品質，減少燃燒後硫化物對環境的不良影響，主要成分為鈷、鉬、鎳等金屬。

3. **裂解觸媒**

   促使較重的油料發生裂解，藉以產生較輕的油料，例如使燃料油裂解成汽油等，其目的為調節油料的供需並增加油料的價值，主要成分為二氧化矽、氧化鋁及沸石等。

4. **硫磺觸媒**

   促使硫化氫與二氧化硫發生作用產生硫磺，其目的為回收加氫脫硫製程中所產的硫化氫，避免造成環境污染，主要成分為鐵礬土、活性氧化鋁。

5. **烷化觸媒**

是一種流體觸媒，促使一個飽和烴(又稱烷化烴)分子結合在一個不飽和烴(烯烴或芳香烴)分子上，而成爲一個較大分子的烷烴，如丙烯或丁烯與異丁烷會發生反應，產生異庚烷或異辛烷，其辛烷值均非常高，其目的爲摻配航空汽油及高級車用汽油，主要成分爲硫酸或氫氟酸。依觸媒的操作可分爲三種：

(1) 固定床法：係將觸媒固定於反應塔內。

優點：設備簡單、設置費用價廉。

缺點：批式操作，觸媒無法連續再生，爲之連續操作，需裝設多塔備用。

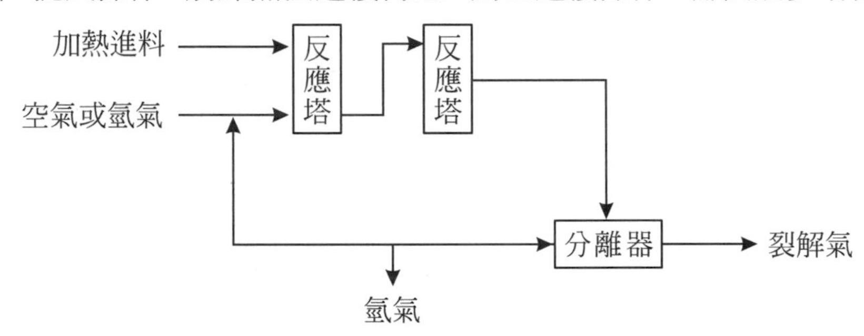

(2) 移動床法：觸媒在反應塔內移動，可連續再生，由新舊觸媒交替使用。一方面再生，另一方面進行催化。損耗觸媒能隨時補充，唯設備構造複雜。

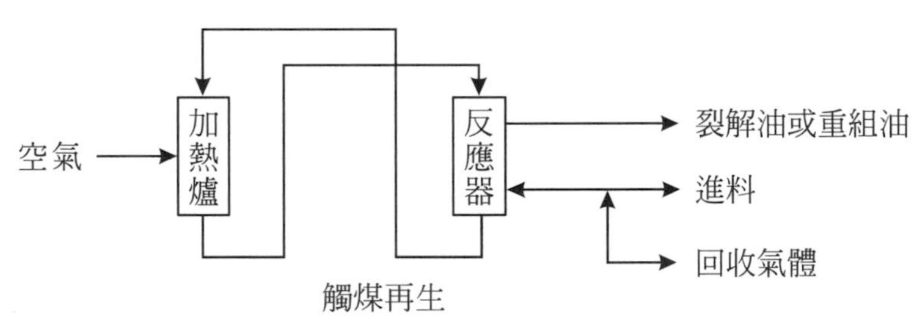

(3) 流體化床法：觸媒在反應塔內流動的流體化觸媒裂解程序(FCC，fluid catalyst cracking)，此法因設備較移動法簡單，原料油氣與觸媒接觸面積大，過量反應熱可被吸收，防止局部過熱現象，促使反應塔各部分皆保持在一定溫度下進行反應。典型的正流式流體化觸媒裂解程序如下：

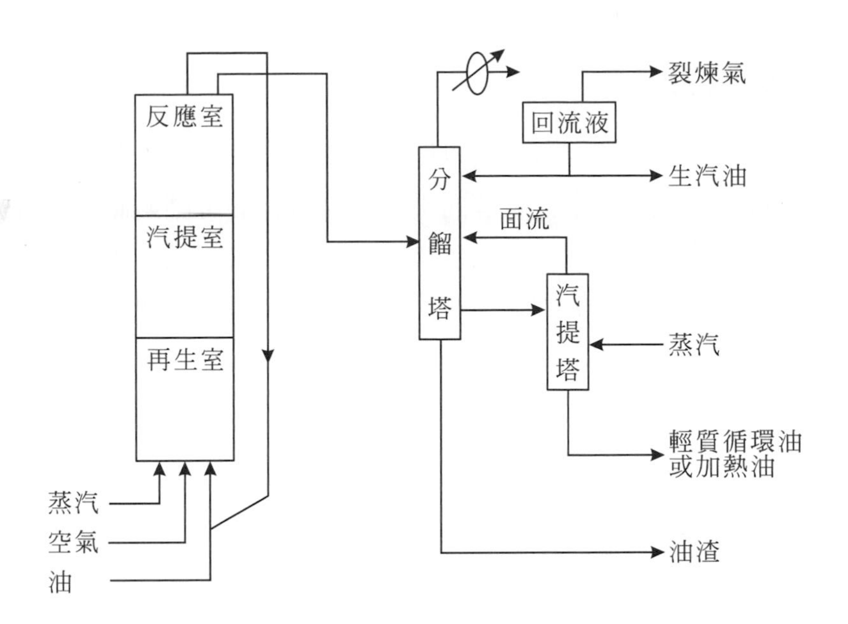

三、重整

是一種獲得特殊產品的裂化過程，用於獲取生產 TNT 的甲苯，及用以提高辛烷汽油的產量，亦用於生產苯及二甲苯。

24.4.5 聚　合

轉化過程中的第五種為聚合，是將小的碳氫分子聯結成較大分子的過程。價值較低的氣體經高溫高壓後，較輕氣體的分子就會聚合成液態產品或聚合物。這些從原油中取得汽油的另一重要過程，理論上很多較重的碳氫化合物都可藉較輕的碳氫化合物的化合得到，諸如高辛烷汽油混合物氣及精煉過程產生的氣體產出。轉化過程不易，而且昂貴。由此過程得來的汽油在經濟角度來看，不能和其他廉價方法生產的汽油競爭。

24.5 石油精煉

24.5.1 加氫脫硫

油料中含有硫醇、硫醚等硫化物，如果不除去，在煉油過程會使大多數金屬觸媒生成中毒現象，或促成油品產生臭味及腐蝕性等不良影響。油料加氫處理，使硫分轉化為硫化氫與脫除，此種程序即是加氫脫硫。

24.5.2　化學處理

化學處理藉取出不需要的雜質，藉以提高潤滑油或其他精煉餾分的品質。原油經簡單蒸發，可直接得到汽油及未經裂解而不含有害雜質的可燃氣體。進行裂解時的高溫、高壓，會使這些物質含有不穩定化合物，這些化合物與氧化相互作用將產生無用的膠質。化學處理還可除去惡臭的硫類雜質，茲以提高產品的使用品質。硫酸常被用作處理劑，從輕餾物中除去膠質及形成膠質化合物。用苛性鹼及鉛酸鈉溶液可將汽油、揮發油及煤油中有氣味的硫雜質，轉化爲可溶性的硫酸鉛和可溶於油的無氣味二硫化物，顏色也得以改善、抗變質能力增強，而且可除去腐蝕性化合物。

24.5.3　溶劑萃取分離法

溶劑萃取是一種分離程序，適當的溶劑與石油某一餾分混合後，溶解其中部分成分而不能溶解其他的，藉分層的方法即可達到分離的目的。蒸餾法可將溶劑從兩種混合物中分離出來而重複使用，溶劑萃取主要用於改善潤滑油餾分特性。液態二氧化碳、液態丙烷、糠醛及苯酚等曾被使用爲溶劑。

24.5.4　加氫處理

乃是選擇性氫化反應，主要目的爲選擇性脫除油料硫、氮成分，或將雙鏈飽和，使用 C_0M_0/Al_2O_3、NiW/Al_2O_3 當觸媒，反應時芳香烴化合物不飽和，同時也不會降低辛烷值。

24.6　汽油辛烷值

24.6.1　辛烷值的定義

辛烷值是決定汽油抗爆震性的重要指標，而引擎的壓縮比決定需要使用多少辛烷值的汽油。當引擎在壓縮行程中，油氣體積變小，其壓縮比率越大，壓力越大，溫度越高，此時所選用的汽油，必須在此條件下，仍不會引發自燃，如果火星塞尚未點火之前，油氣產生自燃現象，則在動力行程中會產生火焰波互相衝擊，造成引擎爆震，汽油對於抗此爆震程度之量測指標稱爲辛烷值。辛烷值愈高，抗爆震程度即愈高。

正庚烷的震爆情形較嚴重，其辛烷值定為 0；異辛烷產生的震爆較為緩和，是一種良好的汽車燃料，其辛烷值定為 100。利用正庚烷與異辛烷的適當比例混合，可以標出市售各種汽油的辛烷值。若有某汽油之震爆性與體積 95%異辛烷和體積 5%正庚烷之混合液的震爆性相同時，該汽油的辛烷值即被標定為 95。汽油辛烷值 95，並非表示該汽油內含有 95%之異辛烷。

24.6.2　油品的辛烷值與其分子的結構

下表列出常見油品的辛烷值可知油品的辛烷值與其分子的結構有關，正烷類之辛烷值隨碳數的增加而降低，如正戊烷＞正庚烷＞正辛烷。同碳數時，有支鏈的烷類之辛烷值比正烷類高，而且分支越多，辛烷值越高。烯類的辛烷值比同碳數的正烷類高，如 1-戊烯＞正戊烷。芳香烴通常有較高的辛烷值，如苯、甲苯。醇或醚通常有較高的辛烷值，如甲醇、乙醇、甲基第三丁基醚。

品名	辛烷值
正辛烷	－10
苯	106
正庚烷	0
甲醇	107
正戊烷	62
乙醇	108
1-戊烯	91
甲基第三丁基醚	116
1-丁烯	97
異辛烷	100
甲苯	118

芳香烴＞環烷烴＞正烯烴＞正石蠟烴＞異烯烴＞異石蠟烴＞正石蠟烴。

24.6.3　提高辛烷值的方法

1. 利用觸媒重組、加氫裂解、氫化、異構化、與聚合等反應，產製高辛烷值汽油。

2. 在汽油中加入四乙基鉛、四甲基鉛或甲基第三丁基醚(MTBE)等添加劑，不僅可提高汽油辛烷值，並能減少燃燒時產生的爆震現象。四甲基鉛逐漸取代四乙基鉛：
   (1) 四甲基鉛爲甲基化合物，又含有可抑制爆震之鉛，每加侖汽油所需添加量較少。
   (2) 對於含媒組油較多的汽油，四甲基鉛提高辛烷值更有效。
3. 甲基第三丁基醚作爲抗震劑具有下列特點：
   (1) 無鉛中毒之虞，排放污染小。
   (2) 可獲得高辛烷值(115～135)。
   (3) 低水溶性，燃燒清潔。

24.7 含鉛汽油與無鉛汽油

加入有機鉛化合物爲抗震劑的汽油，稱爲含鉛汽油，常用的抗震劑爲四乙基鉛。在 1 公升辛烷值爲 55 的汽油中，加入 1 毫升的四乙基鉛，汽油的辛烷值可提高至 90。

高分子的烴類可加以裂解成爲小分子的產物，其裂解產物除低級烷外，尙有烯類，這些裂解產物的辛烷值比原來高分子烴的辛烷值高。

一般辛烷值低的油品可利用重組反應來提高辛烷值，如正戊烷(辛烷值=62)或正己烷(辛烷值=25)，經由催化劑轉化後可變成具有高辛烷值的 2-甲基丁烷(辛烷值=94)或苯(辛烷值=106)。

一些低碳數的醇(如甲醇、乙醇)或醚(如甲基第三丁基醚)的有機物具有高辛烷值，可加入汽油中提高汽油的辛烷值。此類汽油稱爲加氧汽油。上述三項產品，可任意組合加入汽油中，藉以配成辛烷值爲 92、95 或 98 的市售無鉛汽油。

24.8　考　題

一、　原油分餾是基於物質那一種物理性質的差異？又萃取是基於物質那一種物理性質的差異？　(107 年特種考試地方政府公務人員四等考試)

二、　請說明石油裂解之催化裂解與熱裂解操作條件之區別。熱裂解之輕油裂解與重油裂解使用之原料及主要產品有何差異？

(107 年公務人員普通考試)

三、　經由煉製產生各種石油製品的過程稱爲煉油：

(一) 石油中可以提取那五種實用的工業產品？

(二) 裂煉石油的方法爲：熱蒸氣裂煉(Thermal Cracking)，觸媒催化裂煉(Catalytic Cracking)，及氫化裂煉(Hydrocracking)。請說明各方法對產品產生的化學結構變化。　(106 年公務人員普通考試)

四、　石油之煉製依目的之不同，可概略歸納爲下列三大工程或操作：

1. 分離工程
2. 轉化工程
3. 精製工程

回答下列問題：

(一) 說明此三大項工程或操作各爲何？

(二) 下列石化工業之單元操作各屬於上述工程或操作之哪一項？

(1) 蒸餾
(2) 加氫脫硫
(3) 結晶
(4) 烷化
(5) 聚合
(6) 加氫裂解
(7) 萃取
(8) 重組　(106 年專門職業及技術人員高等考試)

五、 有關煉油氣，請回答下列問題：

(一) 何謂煉油氣？

(二) 寫出煉油氣之四種主要來源。 (106年專門職業及技術人員高等考試)

六、 請說明汽油與柴油的不同處。

(104 年公務人員特種考試關務人員考試三等考試、94 年地方政府公務人員四等考試)

七、 流體化觸媒裂解(Fluid Catalytic Cracking, FCC)是石油煉製中的重要製程，也是煉油工業污染性較重的製程，製程可分爲裂解及再生二部分，試問：

(一) 裂解所排放的廢氣中，硫化物是以何種型式存在？試寫出其分子式。如何將此硫化物於廢氣分離？分離後的硫化物如何轉化爲具市場價值的固態硫？試以化學反應式表示之。

(二) 觸媒再生所排放的廢氣中，硫化物是以何種型式存在？試寫出其分子式。再生所產生的廢氣，在排放於大氣之前，尙需經過脫硫的程序，以降低空氣污染，試問此脫硫程序如何進行？

(103年公務人員特種考試關務人員考試三等考試)

八、 在反應中添加觸媒可降低化學反應的活化能，使反應快速達到熱力學平衡。請問在煉油工業中用於加氫脫硫的觸媒，其常見的金屬成分爲何？又加氫脫硫的目的爲何？

(101年公務人員特種考試身心障礙人員四等考試)

九、 石油轉化的目的有那些？又轉化操作的方法有那些？

(100年特種考試地方政府公務人員四等考試)

十、 在煉油工業中，當石油進行分餾時，常壓蒸餾和減壓蒸餾的主要產品有那些？ (100年公務人員普通考試)

十一、 甲基第三丁基醚(methyl tert-butyl ether，簡稱 MTBE)爲重要的汽油添加劑，試寫出其結構式及產製原料，MTBE 的那些特性使它成爲優良的汽油添加劑？

(100 年公務人員特種考試三等關務人員考試、87 年第二次專門職業及技術人員檢覆考試)

十二、　汽油辛烷值(octane number)之定義爲何？又如何提升汽油之辛烷值？

(98 年專門職業及技術人員高等考試技師考試、94 年第二次特種考試地方政府公務人員考試三等考試、96 年公務人員、關務人員薦任升等考試、91 年高等考試三級考試、91 年關務人員薦任升等考試、88 年關務人員薦任升等補辦考試、87 年關務人員薦任升等考試)

十三、　解釋醇類汽油(alcohol gasoline)。　　(96 年公務人員、關務人員升等考試)

提示：丁醇是含四個碳的醇類，碳數是乙醇的兩倍，比乙醇可多產生 25% 的能量。另因它的碳鏈較長，極性較低，因而性質比乙醇更接近汽油，做爲引擎燃料是可能的。有專家把它和汽油混合，並成功地發動車輛。丁醇在轉換能量後，產物只有二氧化碳和水，不會產生有害環境的副產品，如 SO_x、NO_x、一氧化碳等。

就處理技術而言，因爲丁醇的裡的蒸氣壓是 0.33 psi，比汽油的 4.5 和乙醇的 2.0 低很多，所以是很安全的。丁醇的腐蝕性也比乙醇低，因此可利用貨運或藉由現存的管線傳送或填充到加油站，對照另一類再生能源－氫氣的供應須藉由基礎建設，如鐵路、公路、下水道等運輸所引發的不安全性，丁醇應是更佳的選擇。

十四、　原油價格猛漲且對環境污染大，生質酒精與生質柴油漸受各國鼓勵添加於汽、柴油中，試問生質酒精與生質柴油之製造方法爲何？

(96 年特種考試地方政府公務人員考試四等考試)

提示：生質酒精見 27.5.6 節。

十五、　使用觸媒以加速化學反應，爲工業化學程序之重要一環。而有支撐的金屬觸媒(support metal catalyst)爲重要的一類。

一般反應物在金屬觸媒表面進行化學吸附(chemisorption)作用，請說明化學吸附之特色。

如果同時有許多反應物，則會彼此競爭，對於金屬觸媒而言，請爲下列氣體排序：CO，CO_2，O_2 and N_2 (i.e.何者吸附力最強，何者次之……等)。積碳爲金屬觸媒應用時的致命傷之一，請寫下至少一個導致積碳的化學反應式。

請說明除積碳外，其他會讓金屬觸媒失去活性的可能兩個機制。

(92 年事業機構人員第八職等升等考試)

答案： 1. 許多分子若本身鍵結不斷裂，則無法與金屬表面的“自由價鍵 free valencies”反應。以氫分子爲最簡單的例子，要發生化學吸附，必須先解離成氫原子：

$H_2 + 2M \rightarrow 2HM$

M 代表表面的金屬原子。飽和碳氫化合物也是如此，甲烷開始化學吸附的唯一方式：

$CH_4 + 2M \rightarrow HM + CH_3M$

這些爲解離性化學吸附(dissociative chemisorption)，不過具有π電子或單獨電子對的分子，則不經解離而進行化學吸附，分子軌域先重行混成(rehybridization)，再加在金屬的自由價鍵上，例如乙烯化學吸附：

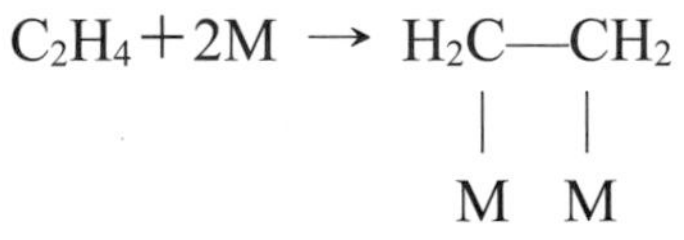

```
C2H4+2M → H2C—CH2
          |    |
          M    M
```

碳原子由 SP_2 軌域變成 SP_3 軌域。同樣的，乙炔可進行化學吸附：

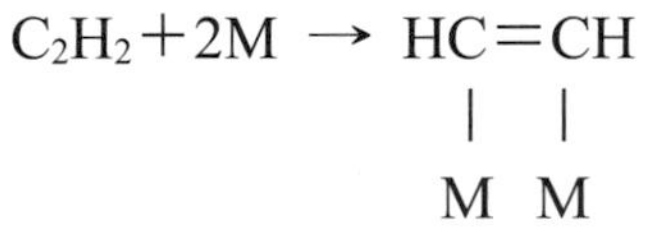

```
C2H2+2M → HC＝CH
          |   |
          M   M
```

碳原子由 SP 軌域變成 SP_2 軌域。化學吸附的苯分子平躺在金屬表面，因爲π電子會與金屬的自由價鍵反應。

一氧化碳能以π電子與金屬表面自由價鍵反應，呈直線形式吸附(結構 A)；亦可再混成其軌域，然後與兩個金屬價鍵反應，造成橋式結構(結構 B)；甚至在相當高溫下，在大多數金屬上解離成碳原子與氧原子。

```
                        M
                       /
O＝C－M   結構 A   O＝C        結構 B
                       \
                        M
```

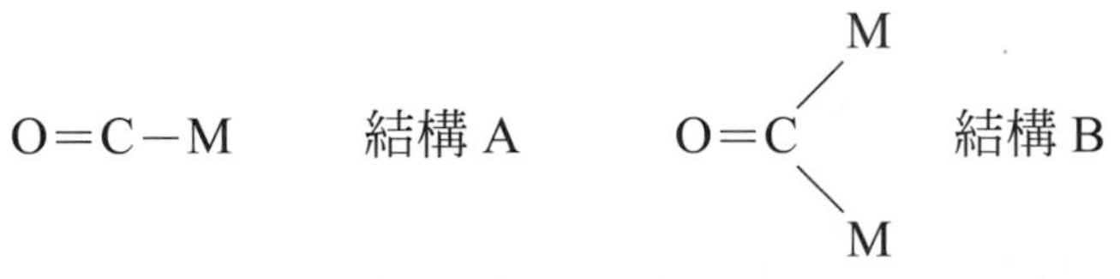

2. 化學吸附可以下列次序排列

$O_2 > C_2H_2 > C_2H_4 > CO > H_2 > CO_2 > N_2$

3. 以輕油重組反應為例

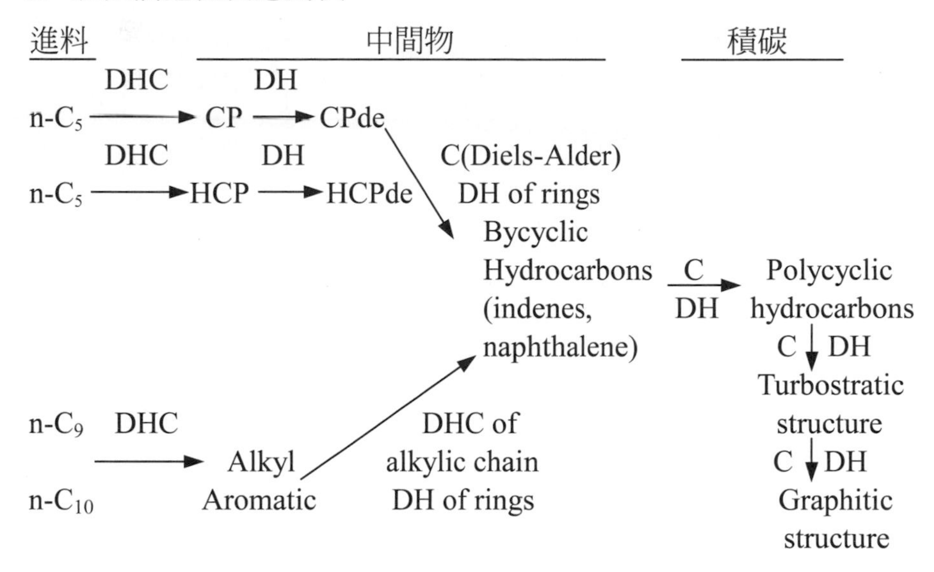

十六、　解釋觸媒毒化(catalyst poisoning)。　　　(92 年公務人員薦任升等考試)

答案：觸媒不當的操作及不適當的工作環境條件，可能導致觸媒失活(catalyst deactivation)情形產生，以下三種情況為常見導致觸媒失活的情形：

1. 高溫失活：一般而言，觸媒出口溫度須低於 650℃以下(依據何種觸媒而定)，不然會造成燒結現象，觸媒因此而活性降低。
2. 觸媒中毒：假如廢氣中含有觸媒毒化物質，例如有機矽化合物、金屬及磷化合物，這些物質會被觸媒燃燒後轉化成無機性固成分，而這些固成分會覆蓋住觸媒表面上之活性貴金屬，進而漸進失去觸媒活性。
3. 表面遮蔽：如果廢氣中含有類似焦油物質經由低溫而形成，則觸媒表面會被此焦油或積碳覆蓋，而影響其處理效果。

觸媒毒化物質(catalyst poison)種類及對策

觸媒毒化物質(poison)	失活情形	對策
灰塵、銹、其他固成分	暫時性	使用前過濾器去除
焦油及油霧	暫時性	昇高觸媒入口溫度
有機矽化合物 有機金屬化合物 磷化合物	永久性	使用前處理劑
鹵族化合物(Cl_2、HC1、HBr 等) 或硫化物(SO_2、H_2S 等)	暫時性	昇高觸媒入口溫度

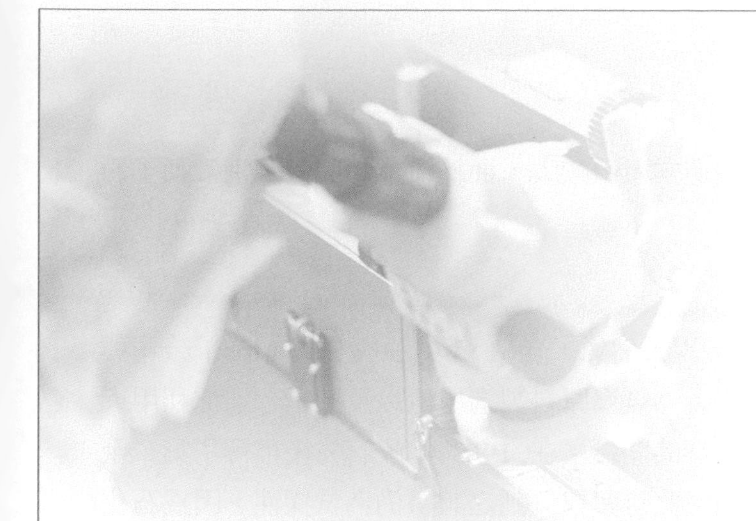

Chapter 25

CHEMICAL PROCCEDING INDUSTRY

石油化學工業

25.1 石油化學工業概論

25.1.1 台灣石油化學工業的發展趨勢

我國的石化產業是以逆向發展的過程逐漸發展，先有下游石化產品加工業的發展，之後再自國外進口石化基本原料，由國內製造石化加工原料而形成中游產業，最後政府出資興建輕油裂解工廠，提供石化基本原料，形成上游體系。石化產業的過程發展與國內整體經濟發展的順序有關，可歸納成下面幾個階段：

一、第一階段(1945～1957)年

此階段起於 1945 年二次大戰結束，至 1957 年台塑完成小型聚氯乙烯(PVC)工廠的興建爲止。這個階段，石化工業的發展主要爲一般化學工業及以農業用途爲主的肥料工業，這些工業是以後石化工業的基礎。台灣塑膠公司(簡稱台塑)的 PVC 廠計畫，由於 PVC 廠的生產供過於求，迫使台塑需自設加工設備，於是在工委會的協助下，利用美援小型貸款，於 1958 年成立了南亞塑膠加工廠。在這個時期，整體經濟是處於第一次進口替代時期，此期間亦實行了第一期四年經建計畫(1953～1956 年)，在此段

期間，以食品、紡織及化學製品所占製造業產值較大，而紡織業的興盛，也帶動了石化工業中游與上游的發展契機。

二、第二階段(1958～1967)年

1958 年中油公司在苗栗錦水一帶發現天然氣，1961 年中油與美國 Mobil 公司與 Allied 化學公司合作成立慕華公司，以天然氣爲原料製造尿素以及液氨。這種利用天然氣生產石化產品，可說是我國石化工業的開端。在 1963 年政府先後推行了第二至第四期的四年經建計畫(1957～1968 年)。此時興建一輕之計畫仍爲試探性，因爲石化投資計畫需要完善的垂直整合體系才值得進行，當時的政策是希望由中油公司負責上游，民營企業參與中游，但由於民間投資反應冷淡，因此一直沒有成功。直到外商(NDCC)來台，設立臺灣聚合化學品公司爲中游廠之後，一輕計畫才得以實現。

三、第三階段(1968～1973)年

1968 年，中油第一座輕油裂解廠於高雄煉油廠內完成啓用。由於台塑 PVC 廠的成功，帶動華夏海灣塑膠公司、義芳塑膠公司及國泰塑膠公司陸續開工，這四家公司使用焦煤生產氯乙烯單體(VCM)，進一步製成氯乙烯(PVC)。由於原料不足，這四家公司開始向國外進口 VCM 原料，但是中油生產過剩的乙烯是可以作爲製造 VCM 的原料，於是經濟部與中油遂推動「台氯計畫」，促使中油與這四家民間廠商合作成立台灣氯乙烯公司生產氯乙烯，以消化台聚未用掉的乙烯。

四、第四階段(1973～1984)年

二輕於 1975 年完工，廠址位於高雄煉油廠內，同時開發附近的大社仁武工業區，提供中游廠商設廠。另外爲配合大林埔煉油設備及發電廠，在林園開闢一個工業區設立三輕，並在此工業區提供中游廠商設廠，形成一個完整的石化工業體系。二輕生產的石化基本原料，除乙烯外，還有丙烯及丁二烯，是製成人造纖維的原料。三輕計畫於 1976 年完成，至 1979 年才正式開工生產。

五、第五階段(1984～1989)年

1980 年代，石油危機解除，美國經濟逐漸復甦，油價也下跌，經建會重新對石化工業的發展作評估，認爲國內未來十年，石化工業在經濟發展的過程仍具關鍵性地位，因此石化工業再次成爲發展目標。1984 年四輕完工，廠址設於三輕所在地—林園工業區，五輕延後至 1990 年才開始興建。

六、第六階段(1990 代至今)

1980 年代後期，政府一方面降低石化原料的進口關稅，一方面也在 1990 年正式核准台塑的六輕計畫。

25.1.2　石油化學工業

依照中華民國工業分類(CIC)，石化工業的範圍包括石化本工業及石化依賴工業，其中石化本工業屬石化工業的上游和中游廠商，包括石化原料業、化學肥料業、人造纖維業、合成樹脂及塑膠業等，而石化依賴工業則屬石化下游廠商也括油漆業、清潔用品業、人造纖維紡織業、針織業、橡膠製品業等與食、衣、住、行均有密切關係。

由石油或天然氣製造出來的石化基本原料如甲烷、乙烷、乙烯、丙烯、丁二烯、苯、甲苯、二甲苯等，經過特定製造程序，可先製得中間原料，此中間原料經過聚合、酯化、烷化等製造過程可得塑膠、橡膠、合成纖維及化學品如清潔劑、黏著劑、溶劑、肥料等。

25.1.3　石油化學工業基本原料

石油化學工業主要化學品由乙烯、丙烯、苯生產，而其他重要的基本原料包括四碳烴烯類、甲苯、二甲苯等。

分餾原料	化學改造基本原料	中間原料	最終產品
石蠟烴與環族烴	烯烴、二烯烴、炔烴與芳香烴	各種有機與無機物	有機與無機物
天然氣	甲烷		碳黑
硫化物	硫化氫	硫	硫酸
氫氣、甲烷		合成氣	氨、甲醇、甲醛
煉油氣	乙炔	乙酸、乙酸酐	醋酸鹽、纖維
	異丁烯	異戊二烯	橡膠
乙烷	乙烯	環氧乙烷	橡膠與纖維
丙烷	丙烯	丙烯腈	橡膠與纖維
環烷烴類	環戊二烯	乙二酸	纖維
苯	乙苯	苯乙烯	橡膠與塑膠
		異丙苯	酚與丙酮
甲苯	甲苯	酚、苯甲酸	塑膠、防腐劑
二甲苯	鄰、間、對二甲苯	苯二甲酸酐	增塑劑
		對苯二甲酸	纖維

25.1.4 化學工業類別

依我國商品標準分類，化學工業可分爲(1)化學材料業，(2)石油與煤製品業，(3)橡膠製品業，(4)塑膠製品業。

25.2 天然氣化學品

25.2.1 甲　醇

一、製備

甲醇可由合成氣製造而得：

$$CO + 2H_2 = CH_3OH$$

由於動力學的因素，雖然 CO：H_2 的比例可低於 2.02：1，反應中仍加入過量氫氣，而天然氣或甲烷蒸汽重組反應產生 CO：H_2 的比例約爲 3：1，甲醇合成常用的 $CuO/ZnO/Al_2O_3$ 催化劑，摩爾比值爲 4.5/4.5/1。有兩種方法調整比例，首先是掃除過量氫氣作爲重組用燃料，另一法爲加入其他製程，如製氨工廠的二氧化碳，降低氫氣過量：

$$CO_2 + 3H_2 \rightarrow CH_3OH + H_2O$$

二氧化碳加氫製甲醇已經成爲研究熱點，其生產方法主要包括直接法和間接法兩條路線。所謂直接法即是直接將二氧化碳加氫製備甲醇，採用的催化劑主要是 Cu-ZnO 基催化劑，該法由於受到熱力學平衡限制，二氧化碳的平衡轉化率在 20%～30%，甲醇平衡收率<21%；間接法是先將二氧化碳通過逆水煤氣變換生成一氧化碳，然後將一氧化碳、二氧化碳和氫氣合成甲醇，該路線可突破熱力學平衡限制，二氧化碳平衡轉化率之 45%，甲醇平衡收率>40%。

二、用途

1. 甲醇與一氧化碳直接反應生成醋酸，無副產物：

$$CH_3OH + CO \rightarrow CH_3COOH$$

2. 甲醇與醋酸反應生成醋酸甲酯，再和一氧化碳反應生成醋酸酐：

$$CH_3COOCH_3 + CO \xrightarrow[Cr(CO)_6]{RHCl_3} (CH_3CO)_2O$$

3. 甲醇生產甲基第三丁基醚(MTBE)，作爲增高無鉛汽油辛烷值：

$$CH_3C = CH_2 + CH_3COOH \rightarrow (CH_3)_2COCH_3$$

4. 甲醇與合成氣反應生成乙醇：

$$CH_3OH + H_2 + CO \rightarrow CH_3CH_2OH + H_2O$$

5. 甲醇裂解生成乙烯或烯烴類：

$$2CH_3OH \xrightarrow{-H_2O} CH_3OCH_3 + H_2O \xrightarrow{-H_2O} CH_2 = CH_2$$

6. 甲醇與甲醛爲原料，產製乙二醇：

$$HCHO + CO + H_2O \xrightarrow{H^+} CH_2(OH)COOH$$
$$CH_2(OH)COOH + CH_3OH \rightarrow CH_3OOCCH_2OH + H_2O$$
$$CH_3OOCCH_2OH + H_2 \rightarrow HOCH_2CH_2OH + CH_3OH$$

25.3 乙烯及其衍生物

25.3.1 乙　烯

一、製備

乙烯主要由原油與天然氣提取，其製備法有多種，分別爲輕油裂解法、脫氫法及脫水法。

1. **輕油裂解**

   製造過程依功用分成裂解(包括初餾塔)、冷凍、分離、氫氣處理：

$$C_nH_{2n+2} \xrightarrow[0\sim30psig]{500\sim900℃} C_2H_4，C_3H_6，C_4H_8 等 + H_2$$

其流程如圖 25.1。

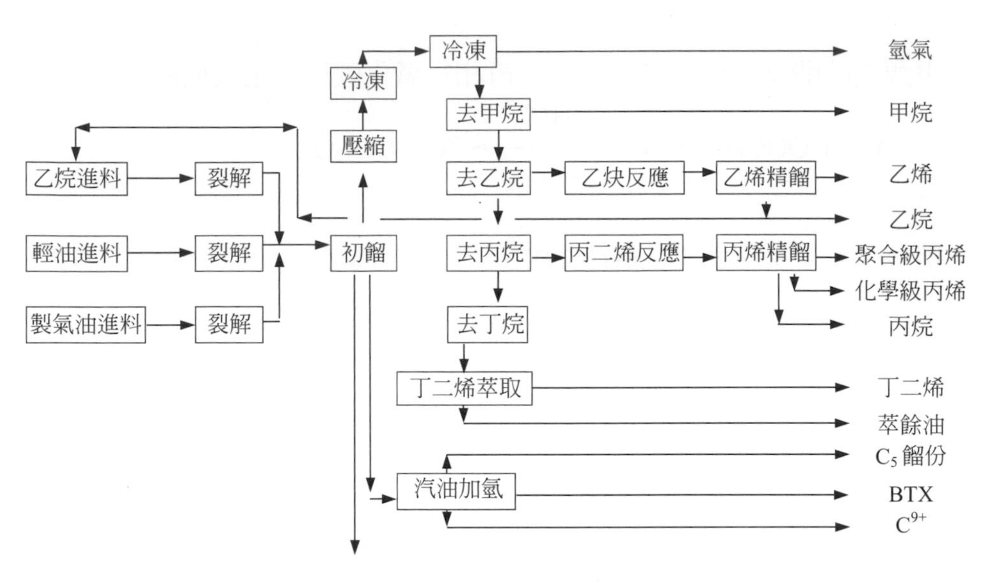

圖 25.1 輕油裂解流程

(1) 裂解：進料油經換熱升至 200～250°F，進入裂解爐前，注入稀釋蒸汽。從對流部分到輻射部分的過渡溫度約爲 485～595°F。裂解爐出口溫度是 815～870°F，壓力爲 15～20atm。油料在爐中反應區段滯流時間約 0.3 秒，溫度提升到 1560°F。

從裂解爐出來的油料立即冷卻，防止反應蔓延，抑制焦炭生成。油料進入初餾塔，分餾燃料油與裂解汽油。裂解生成的氣體壓縮至約 500psig，經鹼洗和冷卻到 15℃，予以乾燥處理，除去水分，送至冷凍系統。

(2) 冷凍：分離氫氣一般達到－120℃，使用乙烯做冷凍劑，而丙烯爲乙烯的冷卻劑。經過冷凍系統的裂解氣體除了氫氣與部分甲烷外，均以變成液體。在氫氣分離槽分離氫氣，送往氫氣純化系統，將氫氣純度提高 90% 以上。

(3) 分離：液體進入一連串的蒸餾塔，分離 C_1、C_2、C_3、C_4 及輕汽油，乙烷回到裂解爐分解出乙烯，增加其產率。乙烯含有少量的乙炔，經過氫化處理，轉化成丙醇。四碳烴餾分含有合成橡膠重要原料的丁二烯，以萃取方式回收，或氫化爲丁烯，做爲烷化的原料。

(4) 氫氣處理：輕汽油與初餾的裂解汽油，含有豐富的芳香烴，但有大量的二烯烴，不論回收芳香烴或做爲汽油使用，均需經驗選擇性氫化，將二烯烴與烯烴飽和，分前後二段先氫化二烯烴，再進行烯烴氫化。

2. **脫氫法**

$$\text{乙烷(來自天然氣)} \xrightarrow{\text{脫氫}} \text{乙烯}$$

3. **脫水法**

$$\text{乙醇} \xrightarrow{\text{脫水}} \text{乙烯}$$

二、用途

乙烯是石油化學品中用途最廣、產量最大的產品之一。

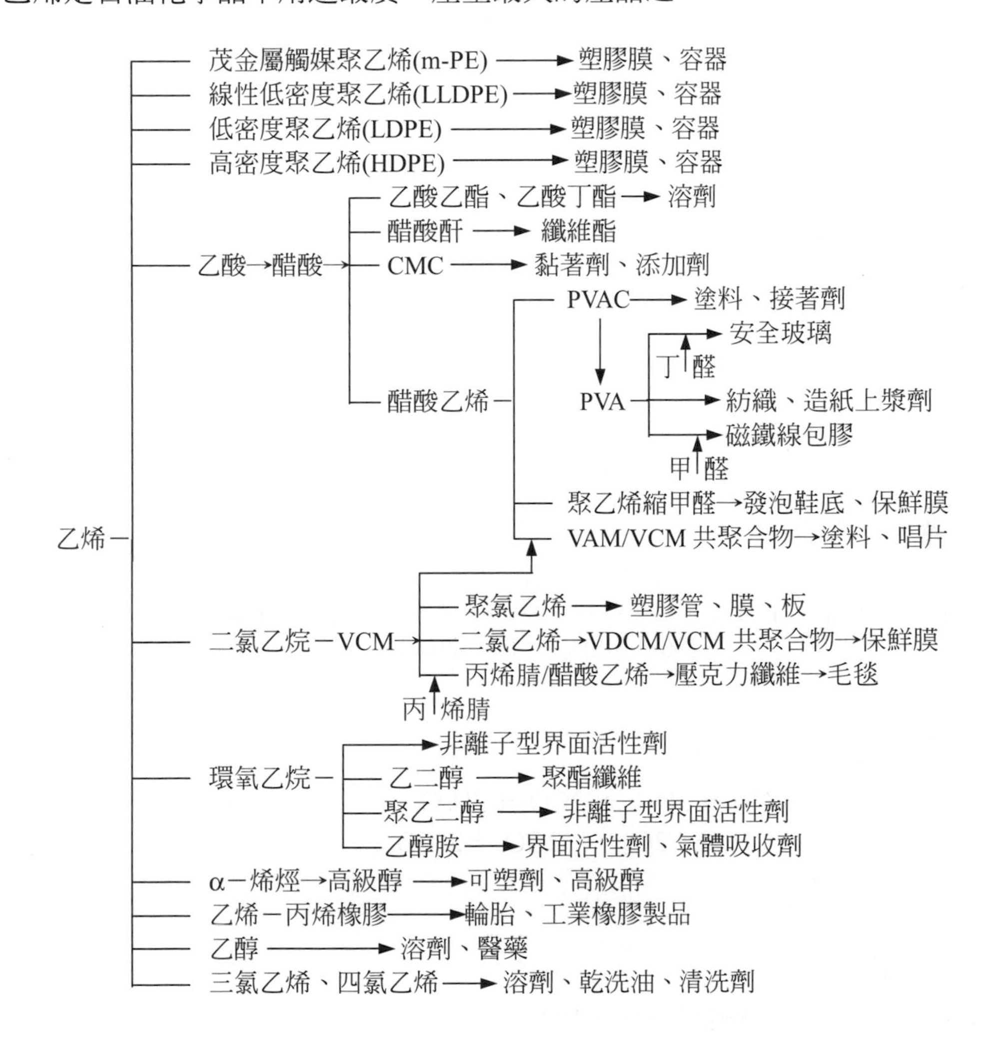

本身尚可作爲冷凍劑、麻醉劑，用於金屬的銲接及切割。

25.3.2 氯乙烯

製造氯乙烯的方法很多，所使用的原料亦脫離不了乙炔、乙烯、氯氣、氯化氫等，工業上最初採用電石乙炔法，之後有石油乙炔法、乙烯氯化法、氧氯化平衡法、混合氣體法等。最常用乙烯一氯化氫的氯化平衡法係將乙烯、氯氣直接氯化生成二氯乙烷(EDC)，再將 EDC 於高溫(450～550°C)的條件下裂解成 VCM 與氯化氫：

$$C_2H_4 + Cl_2 \xrightarrow[40\sim70^\circ C，4\sim5bar]{FeCl_3} C_2H_4Cl_2 \xrightarrow{\Delta} VCM + HCl\uparrow$$

經分離純化後，氯化氫再與乙烯、空氣(氧)進行氧氯化反應(Oxychlorination)，生成 EDC 與水：

$$C_2H_4 + 2HCl + 1/2O_2 \xrightarrow{CuCl_2，\Delta} VCM$$

經乾燥、精餾後，EDC 可再進行裂解產製 VCM，如此可達反應物的最適利用。VCM 用於製造 PVC，而 PVC 在許多用途方面可與 PE 原料(LDPE、HDPE)互相取代。

25.3.3 環氧乙烷

一、製備

1. 直接氧化法

$$H_2C{=}CH_2 + 1/2O_2 \xrightarrow[200\sim300^\circ C，10\sim20atm]{Ag} H_2C - CH_2 \text{ (with O bridging, epoxide ring)}$$

副反應：

$$H_2C{=}CH_2 + 3O_2 \rightarrow 2CO_2 + 2H_2O$$
$$H_2C - CH_2 \text{ (O bridging)} + 5/2O_2 \rightarrow 2CO_2 + 2H_2O$$

其特點：

(1) 採用空氣或純氧氧化可提高經濟性，但耗費空氣分離系統成本。

(2) 防止全部氧化，常加入抑制劑。

(3) 進料乙烯純度要求高，避免副反應。

(4) 反應條件嚴格控制。

2. **間接氧化法或氯乙醇法**(chlorohydrin process)

$$Cl_2 + H_2O = HOCl + HCl$$

$$H_2C=CH_2 + Cl_2 + H_2O \rightarrow \begin{matrix} CH_2OH \\ | \\ CH_2OH \end{matrix} + HCl$$

$$2\begin{matrix} CH_2OH \\ | \\ CH_2Cl \end{matrix} + Ca(OH)_2 \rightarrow 2\begin{matrix} H_2C-CH_2 \\ \diagdown\;\diagup \\ O \end{matrix} + CaCl_2 + 2H_2O$$

其特點：

(1) 產率高，用料省。

(2) Cl_2 價格昂貴。

(3) $CaCl_2$ 價值低，無經濟效益。

(4) 現多由直接氧化法替代。

二、用途

作爲乙二醇、乙醇胺、殺菌劑等非離子界面活性劑。

25.3.4　醋酸乙烯

乙烯醋酸與氧在固定媒床中進行氣相反應，生成醋酸乙烯，其反應如下：

$$CH_2=CH_2 + CH_3COOH + 1/2O_2 \rightarrow CH_3COOCH=CH_2 + H_2O$$

上述反應可於 175～200℃，和 5～10 氣壓下從事之。所用媒劑通常是鈀系觸煤，使用時需磨成細粒，並以 0.1～2%的重量比率附於二氧化矽或氧化鋁的擔體上。另加重量比率爲 0.5～5%的鹼性金屬醋酸鹽，可促進反應更易進行。因是高度的放熱反應，故反應器外殼需以沸水控制其溫度。

25.3.5　乙二醇

乙二醇均由環氧乙烷之水和反應產製，其主要用途爲抗凍劑、接著劑、聚酯纖維與冷媒。

$$CH_2-CH_2 + H_2O_{(aq)} \xrightarrow[\text{1atm}]{50\sim70^\circ C} HOCH_2CH_2OH$$

（環氧乙烷：CH_2 與 CH_2 經 O 連接成環）

25.3.6 乙　醇

一、製備

1. **磺化法**

以乙烯爲原料，由硫酸吸收生成硫酸乙酯與硫酸二乙酯，經硫酸即得乙醇和硫酸，水解生成物蒸餾分離得到 95%乙醇。欲製得無水乙醇，需加入苯，共沸蒸餾除去水分。

$$CH_2=CH_2 + H_2SO_4 \xrightarrow{\text{酯化}} C_2H_5OSO_2OH$$

$$2CH_2=CH_2 + H_2SO_4 \rightarrow C_2H_5OSO_2OC_2H_5$$

$$C_2H_5OSO_2OH + C_2H_5OSO_2OC_2H_5 + 3H_2O \xrightarrow{\text{水解}} 3C_2H_5OH + 2H_2SO_4$$

2. **直接水合法**

乙烯壓縮至 70atm，與水混合，在 300℃氣相反應得到生成物，經分離、精製濃縮爲成品。

$$CH_2=CH_2 + H_2O = C_2H_5OH$$

3. **發酵法**

乙醇發酵目前在工業使用的原料多爲澱粉、含糖材料與水果類，發酵程序分爲三步驟：

(1) 原料處理

① 澱粉質原料：穀類如稻、玉蜀黍、馬鈴薯等澱粉原料需經預處理，去外殼或外皮、清洗、加熱蒸煮成膠黏質，冷凍至 62.8℃。加麥芽或麴處理，轉化爲糖類後，再以酵母發酵。

② 糖蜜原料：糖蜜爲黏性液體，含有 50%可發酵的碳水化合物，因濃度過高，不能直接以酵母發酵。先稀釋至 10～14%的糖分濃度，由於糖蜜缺少繁殖酵母所需的氮氣、磷酸鹽、維生素等，故添加硫酸

銨和過磷酸鈣，調節 pH 為 4～5，通入蒸汽於 100～103℃殺菌一小時，冷卻到 30℃然後送至發酵槽。

(2) 發酵：濃度與溫度調節適當的糖蜜，送入發酵槽中，再加入酵母培養液進行發酵。

乙醇製造主要的發酵反應如下：

$$\underset{\text{蔗糖}}{C_{12}H_{22}O_{11}} + H_2O \xrightarrow{\text{轉化酶}} \underset{\text{d-葡萄糖}}{C_6H_{12}O_6} + \underset{\text{d-果糖}}{C_6H_{12}O_6}$$

$$C_6H_{12}O_6 \xrightarrow[\text{單糖}]{\text{釀酶}} 2C_2H_5OH + 2CO_2 \quad \Delta H = -31.2\text{kcal}$$

副反應：

$$\underset{\text{單糖}}{2C_6H_{12}O_6} + H_2O \rightarrow \underset{\text{乙醇}}{C_2H_5OH} + \underset{\text{醋酸}}{CH_3COOH} + 2CO_2 + \underset{\text{甘油}}{2C_3H_8O_3}$$

(3) 蒸餾：發酵槽內放出的熟醪含乙醇 6～10%(體積比)，此乙醇可用蒸餾法分離，蒸餾塔塔頂流出的氣體為乙醇與少量水分、乙醛，塔底流出含有蛋白質的酒精和提供飼料或肥料之用的少量糖類與維生素。

25.4 丙烯及其衍生物

25.4.1 丙　烯

丙烯主要來源為石油煉製的副產品，或來自輕油裂解，隨著乙烯的產出而得的副產品。在商業上，丙烯可為三個等級，即煉油級、化學級及聚合級。煉油級通常含 50～92%的丙烯，化學級含 90～92%的丙烯，聚合級丙烯純度至少達 99%。一般而言，煉油級丙烯係指由石油煉製而得的副產品，化學級丙烯係指由輕油裂解而得，聚合級丙烯則指將較不純的煉油級或化學級丙烯加以精餾產出。有關替代品，丙烯可作為液化石油品(LPG)的補充品或替代品，其燃燒特性與 LPG 無分軒輊。

25.4.2 丙烯腈(acrylnitrile，簡稱 AN)

丙烯腈的製造方法不少，如乙炔法、乙烯法、丙烯氨氧化法等。前兩者因反應不易、副產品多、衍生物分離困難，已不再被大量使用，目前主要是以丙烯、氨與氧爲原料，即所謂的丙烯氨氧化(propylene ammoxidation)法爲主。其製法係丙烯、氨與空氣在氣相及固態觸媒下發生反應：

$$CH_3CH=CH_2+NH_3+3/2O_2 \rightarrow CH_2=CHCN+3H_2O$$

25.4.3 環氧丙烷

一、製備

以丙烯爲原料製造環氧丙烷的方法有兩種，即(1)由丙烯經氯丙醇製造方法與(2)由丙烯氣體直接氧化製造方法。

1. **氯丙醇法**

$$CH_3CH=CH_2+Cl_2+H_2O \rightarrow CH_3\underset{\displaystyle OH}{\underset{|}{C}}HCH_2Cl+HCl\uparrow$$

$$2CH_3\underset{\displaystyle OH}{\underset{|}{C}}HCH_2Cl \xrightarrow[\Delta]{Ca(OH)_2} 2CH_3\underbrace{CH-CH_2}_{O}+CaCl_2+H_2O$$

此法特點爲收率高、副產物多，但氯氣未能有效利用，生成低經濟價值的 $CaCl_2$，HCl 影響設備腐蝕。

2. **直接氧化法**

(1) $CH_2=CHCH_3+CH_3CO_3H \rightarrow \underbrace{CH_2-CHCH_3}_{O}+CH_3COOH$

(2)

$$CH_2=CHCH_3+C_6H_5-\underset{H}{\overset{H}{\underset{|}{\overset{|}{C}}}}-OOH \longrightarrow$$

$$\underbrace{CH_2-CHCH_3}_{O}+C_6H_5-\underset{OH}{\overset{H}{\underset{|}{\overset{|}{C}}}}-CH_3$$

(3)

$$CH_2{=}CHCH_3 + CH_3{-}\underset{\displaystyle CH_3}{\overset{\displaystyle CH_3}{\underset{|}{\overset{|}{C}}}}{-}OOH \longrightarrow$$

$$CH_3{-}\underset{\displaystyle CH_3}{\overset{\displaystyle CH_3}{\underset{|}{\overset{|}{C}}}}{-}OH + \underbrace{CH_2{-}CHCH_3}_{\diagdown\,O\,\diagup}$$

直接氧化法未使用氯氣為原料，可避免設備腐蝕；但產品收率低、副產物多，需加以分離精製。

二、用途

環氧丙烷的用途與環氧乙烷類似，但以製造丙二醇、聚酯聚合物、聚氨基甲酸乙酯和聚醚聚合物等為主。

25.4.4　甘　油

一、製備

1. **熱氯化法**

(1) 氯丙烯合成

$$CH_3CH{=}CH_2 + Cl_2 \rightarrow CH_2{=}CHCH_2Cl + HCl\uparrow$$

(2) 二氯乙醇合成

$$CH_3CH{=}CH_2Cl + HOCl \rightarrow CH_2(OH){-}CHCl{-}CH_2Cl$$

(3) 環氧氯丙烷合成

$$CH_2(OH){-}CHCl{-}CH_2Cl \xrightarrow{Ca(OH)_2}$$

$$\underbrace{CH_2{-}CH}_{\diagdown\,O\,\diagup}{-}CH_2Cl + CaCl_2$$

(4) 甘油合成

$$\underset{\diagdown\ O\ \diagup}{CH_2-CH}-CH_2Cl+NaOH+H_2O \rightarrow C_3H_5(OH)_3+NaCl\downarrow$$

2. **氧化法**

(1) 丙烯醛合成

$$CH_2=CHCH_3+O_2 \xrightarrow{CaO} CH_2=CHCHO+H_2O$$

(2) 丙烯醇合成

$$CH_2=CHCHO+CH_3-\underset{\underset{OH}{|}}{C}-CH_3 \xrightarrow[ZnO]{MgO}$$

$$CH_2=CHCH_2OH+CH_3-\underset{\underset{O}{\|}}{C}-CH_3$$

(3) 甘油合成

$$CH_2=CHCH_2OH+H_2O \xrightarrow{WO_3} C_3H_5(OH)_3$$

二、用途

甘油的主要用途爲製造樹脂、藥品、化妝品、煙草、食品與飲料、溶劑、油墨、香料、炸藥、不凍液、接著劑、肥皂等。

25.4.5 酚

酚係重要石油化學品之一，其製法有不少，如傳統法、磺化法、異丙苯法、氯化法、拉西法、甲苯氯化法等，前兩者已遭淘汰，目前以異丙苯法多使用的方法。

一、製備

異丙苯法係苯與丙烯石觸媒的烷化下生成異丙苯，再經氧化及酸分解過程而得酚及丙酮。烷化觸媒使用氧化鋁或磷酸，異丙苯經氧化有濕法及乾法兩種。濕法氧化使用燒溶液爲觸媒，以空氣氧化生成氫過氧化異丙苯，再經濃縮至 80%送至酸分解，加入稀硫酸於 60℃分解而得酚及丙酮。乾法氧化過程係使用鹼土金屬碳酸鹽爲觸媒，酸分解過程使用二氧化硫。

$$C_6H_6 + CH_2 = CH \cdot CH_3 \xrightarrow[\text{異丙苯}]{250^\circ C，25atm} C_6H_5(HCCH_3)_2$$

$$C_6H_5(HCCH_3)_2 + O_2 \xrightarrow[2\sim 3atm]{100\sim 130^\circ C} C_6H_5C(CH_3)_2OOH$$

$$C_6H_5C(CH_3)_2OOH \rightarrow \underset{\text{酚}}{C_6H_5OH} + \underset{\text{丙酮}}{(CH_3)_2O}$$

二、用途

酚的主要用途為酚樹脂、二酚丙烷(bisphenol A，diphenyloloropane)、己內醯胺、界面活性劑、有機橡膠品、染料、農藥等原料。

25.5 四碳烴及其衍生物

25.5.1 分離與純化

C_4 餾分的成分分為 C_3(0.5%)、正丁烷(3%)、異丁烷(1%)、異丁烯(23%)、1-丁烯(14%)、2-丁烯(11%)、丁二烯(47%)、C_5 與其他(0.5%)。

分離 C_4 烯烴成分為複雜的製程，首先以質子惰性溶劑萃取蒸餾方法分離 1,3-丁二烯。不含丁二烯的流出油包括 1-丁烯、2-丁烯與異丁烯，異丁烯為活性較高的物質，可在硫酸存在下，經水解反應或使用固定床觸媒製程分離第三丁醇，第三丁醇能經脫水製造純異丁烯。1-丁烯和 2-丁烯可由一為高低沸點分餾方式，二是萃取蒸餾加上分子篩吸附方法分離純 1-丁烯，最後得到 2-丁烯。

25.5.2 用　途

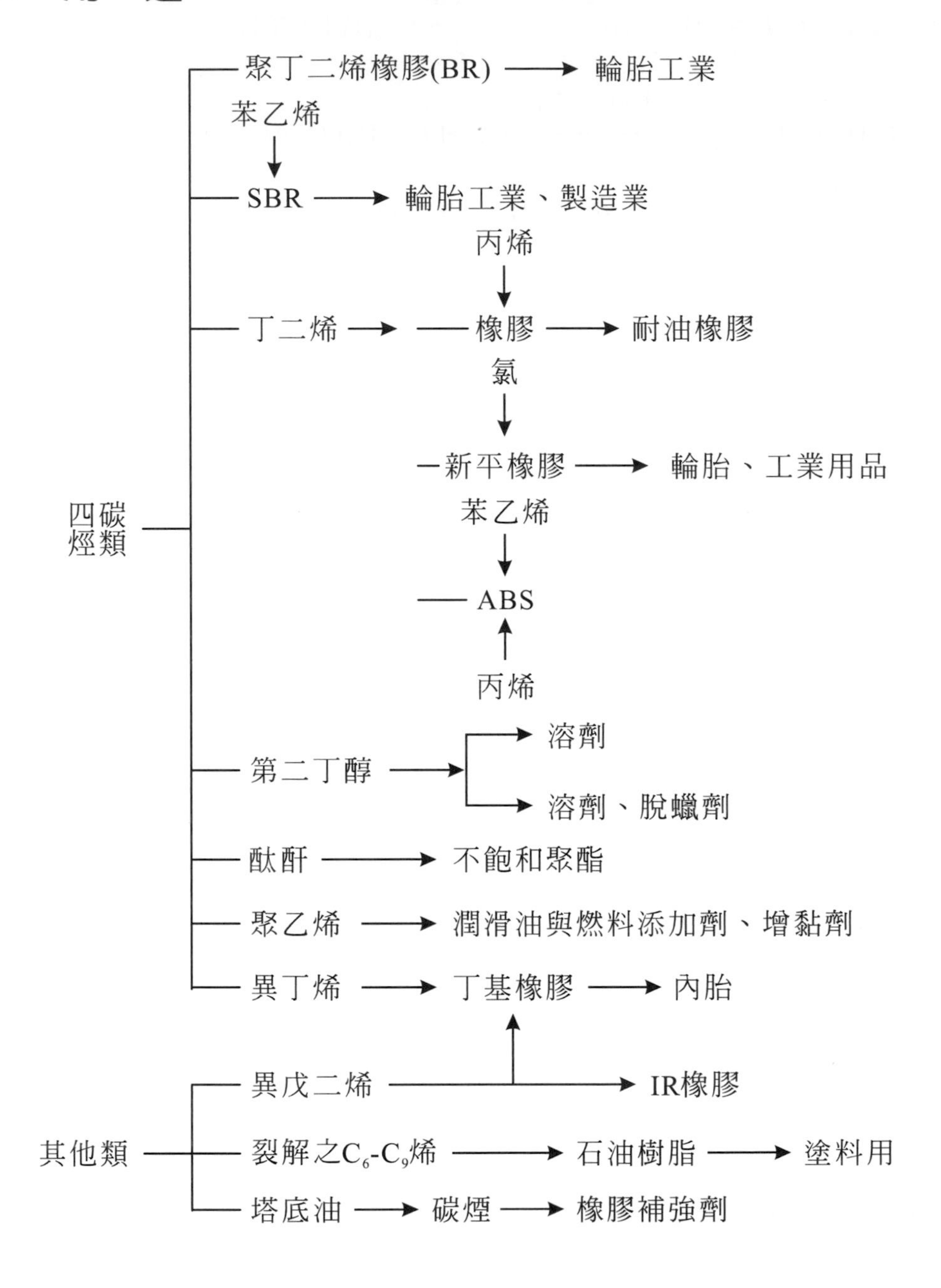

四碳烴類
聚丁二烯橡膠(BR)
輪胎工業
苯乙烯
SBR
輪胎工業、製造業
丙烯
丁二烯
橡膠
耐油橡膠
氯
新平橡膠
輪胎、工業用品
苯乙烯
ABS
丙烯
第二丁醇
溶劑
溶劑、脫蠟劑
酞酐
不飽和聚酯
聚乙烯
潤滑油與燃料添加劑、增黏劑
異丁烯
丁基橡膠
內胎
其他類
異戊二烯
IR橡膠
裂解之C_6-C_9烯
石油樹脂
塗料用
塔底油
碳煙
橡膠補強劑

25.6 五碳烴及其衍生物

25.6.1 分離與純化

碳五餾分通常在一個特製的反應器中於 120℃左右，先吸熱使得部分的環戊二烯雙聚成爲雙環戊二烯，再利用蒸餾技術自塔頂移去其他所有的碳五餾分，當然也會同時蒸走一些環戊二烯，此時純度 94%的雙環戊二烯便可從塔底得到。

在分離其他的五碳烴之前，還需儘可能地除淨殘餘的環戊二烯和雙環戊二烯，以類似的方法先將環戊二烯轉化爲雙環戊二烯，再以蒸餾法移走其他的碳五餾分；爲確保後續分離工作的產品純度，此時收得的雙環戊二烯純度通常在 75～85%之間。

接著不含環戊二烯、雙環戊二烯的碳五餾分進入異戊二烯／間戊二烯分離工場，以類似 1,3-丁二烯的萃取蒸餾技術，將其他的碳五餾分從異戊二烯/間戊二烯混合物中提出，2-甲基-2-丁烯、1-戊烯和其他的五碳烴成分可再從提出液中分離純化而得，通常後續的分離技術一般仍是採用蒸餾。異戊二烯和間戊二烯的分離純化技術比較複雜，先以蒸餾法去除輕沸物如乙炔，再利用高純度精餾技術從塔頂和塔底分別取得高純度異戊二烯和 60～70%間戊二烯。

極高純度品級的環戊二烯是以 94%的雙環戊二烯作爲進料，通常在一個特製的反應器中於 172℃進行解聚反應，此溫度爲雙環戊二烯的正常沸點，當雙環戊二烯轉化爲環戊二烯之後，再以蒸餾自塔底移去高沸點雜質，塔頂便可收到極高純度的環戊二烯。

25.6.2 用　途

一、異戊二烯

異戊二烯可用來製造一系列苯乙烯－異戊二烯塊狀共聚物，或稱 SIS 彈性體 (styrene-isoprene-styrene elastomer)，此類產品具有優異的波紋密封性、高溫保持性和粘著性，與極佳的物理機械性能，這類的熱塑性彈性體主要用來製造增黏劑、接著劑與密封材料。

以異戊二烯爲共單體可生產丁基橡膠，其產品具有良好的不滲漏性，適合製造內胎。此外異戊二烯在聚合體中提供了利於鹵化的位置，提昇丁基橡膠與其他不飽和橡膠如苯乙烯－丁二烯橡膠的相容性，此類鹵化丁基橡膠多用於無內胎輪胎之襯裡。

同時異戊二烯可製造許多醫藥化學品，如β-胡蘿蔔素(β-carotene)、維生素 A 與維生素 E 等，也可製造殺蟲劑。

二、雙環戊二烯

環烯共聚物是新興的高分子材料，將雙環戊二烯先解聚成環戊二烯，再與乙烯反應生成降冰片烯(norbornene)，然後再與乙烯反應生成四環十二烯，這類環烯單體再與乙烯共聚形成環烯共聚物，最後可製成一系列的透明材料，其材質可與聚碳酸酯和聚甲基丙烯酸甲酯(PMMA)相媲美，下游產品包括光學鏡片、光碟片、注射針筒等。

以雙環戊二烯為原料還可製造多種特用和精細化學品，如高能燃油、農藥、香料、三環癸烯醇、雙環乙二縮醛、茉莉酮(jasmone)、二氫茉莉酮酸甲酯等、環氧樹脂硬化劑、阻燃劑(如氯菌酸、氯菌酸酐等)、金剛烷類衍生物等。

三、間戊二烯

間戊二烯最主要的用途為製造高級脂肪族石油樹脂，此類石油樹脂通常具有顏色淡、密度低和飽和度高等較好的品質，其產品為熱熔性接著劑，其他用途則為特用和精細化學品，如醇酸樹脂、印刷油墨、環氧樹脂硬化劑、香料(如葉醇(leaf alcohol)、紫蘿蘭酮(ionone)、β-大馬酮(β-damascenone)、β-二氫大馬酮(β-damascone)等)、不飽和醇及酯等。

四、2-甲基-2-丁烯

高純度 2-甲基-2-丁烯主要用來製造石油樹脂的改質劑，其次是抗氧化劑和特殊塗料，也有少量用於精細化學品的製造，如香氣和香味化學品。

五、1-戊烯

高純度 1-戊烯可用來製造 LLDPE，而其性能比 1-丁烯的共聚物更好，也可用來製造增塑劑醇及農業化學品的中間體。基本上，1-戊烯可以作為合成異戊二烯的原料，同時它也可以經由基架異構化製造異戊烯，進而增產辛烷值促進劑(如 TAME)。

六、石油樹脂

石油樹脂是目前最適合丁基內胎生產並保證產品質量的新型樹脂，它對於硫化干擾小，而其 105℃熱永久變形數小，提高丁基內胎的使用壽命。

石油樹脂加工的塗料，可加快塗膜乾燥速度，提高其耐水性、耐酸鹼性及表面硬度和光澤。石油樹脂用於接著劑上，可增加其粘著力。目前路標漆多用丙烯酸系列，它的最長使用壽命爲六個月，而以石油樹脂製造的路標漆，附著力強，最長使用壽命可達三年。石油樹脂路標漆的原料一般使用雙環戊二烯及間戊二烯，製備方法乃將其與不飽和酸進行共聚，它和天然橡膠、聚乙烯-醋酸乙烯等的相容性好，也可以像丙烯酸路標漆那樣和玻璃珠混合，便於車輛夜間行駛。

25.7 芳香烴及其衍生物

25.7.1 芳香烴來源

苯(Benzene)、甲苯(Toluene)與二甲苯(Xylene)三者簡稱 BTX，爲芳香烴中用途最廣的產品。自重組油中分離方香烴，可採用不同的化學程序，這些化學程序都是製造石油化學原料時經常採用的方法。不過一般採取的步驟，都是先從油料中把芳香烴分離出來，然後再由分得芳香烴中分出不同的芳香烴。自重組油中提取芳香烴可選用下述任一方法：

1. **萃取蒸餾法**

   於重組油中加入極性化合物如酚、苯胺、硝基苯或糠醛，這種溶劑可使芳香烴的揮發度降低而使非芳香烴的揮發度相對的增加。因此經由蒸餾操作即可使兩者分離。然後經汽提塔回收溶劑而得純芳香烴，再以一系列的分餾裝置將各種芳香烴一一分離之。

2. **溶劑萃取法**

   此法係利用溶劑之選擇性自重組油中萃取芳香烴。適用的溶劑如流態 SO_2、二乙二醇、二甲亞碸(dimethyl sulfoxide)、氨基甲酸甲酯或甲基甲醯胺。本法的特色爲分離芳香烴與非芳香烴的成分時，可免去一再蒸餾的麻煩，同時亦爲製備高純度 BTX 的常用方法。

3. **吸附法**

   此法係應用層析法的原理，將重組油送入填充矽膠或矽藻土的吸附塔內，然後加入推送液將石蠟烴油逐出，再送入脫附劑頂出推送液並洗出吸附的芳香烴，最後用重組油擠出含有芳香烴的脫附劑，如此週而復始操作之。流出的脫附劑可用蒸餾法取出其中的芳香烴。此法所用推送液爲丁烷或戊烷，所用脫附劑爲與芳香烴不同蒸餾範圍的石蠟烴或環烷烴。

4. **酯化反應**

酯化反應一般是可逆反應。傳統的酯化技術是用酸和醇在酸(常為濃硫酸)催化下加熱回流反應。這個反應也稱作Fischer 酯化反應。濃硫酸的作用是催化劑和失水劑，它可以將羧酸的羰基質子化，增強羰基碳的親電性，使反應速率加快；也可以除去反應的副產物水，提高酯的產率。

如果原料為低級的羧酸和醇，可溶於水，反應後可以向反應液加入水(必要時加入飽和碳酸鈉溶液)，並將反應液置於分液漏斗中作分液處理，收集難溶於水的上層酯層，從而純化反應生成的酯。碳酸鈉的作用是與羧酸反應生成羧酸鹽，增大羧酸的溶解度，並減少酯的溶解度。如果產物酯的沸點較低，也可以在反應中不斷將酯蒸出，使反應平衡右移，並冷凝收集揮發的酯。

25.7.2 二甲苯與乙苯的分離

芳香族是經由石油腦重組反應而產生，並經由萃取與非芳香族非離而得之。苯及甲苯則由兩個蒸餾塔中移出。底層部分則從甲苯塔柱中流入二甲苯塔柱內，而含有 C_9 以上的芳香族物質則於此塔中被移出。蒸餾出的二甲苯混合物則流入鄰二甲苯塔柱內，同時於此塔中將底層的鄰二甲苯分離出，其餘對位及間二甲苯和乙苯則經由上層流到乙苯塔柱內。乙苯的沸點較對二甲苯低 2.2℃，也因此如果想要高純度的乙苯則需較多的塔階和較高的回流率。至於所殘留的對位及間位二甲苯混合物是無法用蒸餾法加以分離的，但可使用－40℃低溫冷凍－分餾結晶法，將對二甲苯萃取。經離心作用而將結晶體分離之，並熔化後可取得高純度 99%以上的對二甲苯。從離心機內過濾後的濾液大部分是間二甲苯，導入同分異構化裝置中進行間位與對位的轉化，再經由蒸餾法將其同分異構化加以純化，最後再轉回結晶化裝置中萃取對二甲苯。

25.7.3 甲苯二異氰酸酯

甲苯製甲苯二異氰酸酯是先由標準硝化程序(即採用混酸行硝化反應)形成二硝基甲苯開始，然後為二硝基甲苯行觸媒氫化而得相當的二胺，這也是標準的有機合成反應，採用一般的氫化觸媒於液相中進行。所得產物多為 2,4-甲苯二胺，並常有少量(約20%)的 2,6-異構物。其反應如下：

$$C_6H_5CH_3 \xrightarrow{HNO_3} CH_3C_6H_3(NO_2)(NO_2) \xrightarrow{H_2} CH_3C_6H_3(NH_2)(NO_2)$$

二胺(包括 80%的 2,4-及 20%的 2,6-甲苯二胺)可與光氣(即二氧化碳)起反應。將溶於惰性溶劑中(可用鄰二氯苯)，並可吹入乾燥氯化氫，以減低游離胺的反應性。光氣反應是分段進行，它可先加入到一個胺基上，繼之再加入到另一個胺基上，以至於形成甲苯二異氰酸酯，反應溫度 110～185℃。

$$CH_3C_6H_3(NH_2)(NH_2) + 2COCl_2 \longrightarrow CH_3C_6H_3(NCO)(NH_2) + 4HCl$$

反應槽排出的 TDI 在脫氣塔，除去氣體而送入溶劑回收塔，在脫氣塔除去的氣體，經回收塔將未反應的二氯化碳以鹽酸分離。TDI 在溶劑回收塔於眞空下將溶劑餾出除去後，送至精餾塔精製成製品，惟製品中所含的 2,4-甲苯二異氰酸酯占約 80%，餘下爲 2,6-異構物。

25.7.4　對苯二甲酸

對苯二甲酸(TPA，terephthalic acid)是聚酯纖維的主要原料，目前幾乎均由對二甲苯行液相氧化而得。唯反應於醋酸等溶劑中發生，並以溴促進劑的鈷觸煤，氧化反應如下：

$$H_3C-C_6H_4-CH_3 + 3O_2 \longrightarrow HOOC-C_6H_4-COOH + 2H_2O$$

製造時將原料對二甲苯、觸煤及溶劑醋酸加入反應器中，由底部通入空氣，並使其充分接觸，以強力攪拌機均勻攪拌，促進反應生成物的固形物不致沉澱。反應器中的熱調節，若係採用一般的蛇行管或夾套冷卻方式，則生成的漿液易附著壁面，故以逆流冷卻器冷卻之。

由反應器流出的液體，除含有對苯二甲酸外，尚含有溶劑、催化劑及未反應的對二甲苯，送至接受槽用減壓及冷卻方式使其結晶析出，並經由分離器分出，此晶體再經無水醋酸沖洗後，送至乾燥器，以不活性氣體如氮氣吹出醋酸。母液出分離器饋入蒸汽罐回收醋酸，並送至醋酸回收塔進一步精製後循環至反應器。

25.7.5 鄰苯二甲酐

鄰苯二甲酐或稱酞太酸酐(PA，phthalic anhydride)，爲鄰二甲苯最主要的衍生物，可由萘或鄰二甲苯接觸氣相氧化產製之

1.

$$\text{萘} + 9/2O_2 \xrightarrow{V_2O_5} C_6H_4(CO)_2O + 2CO_2 + 2H_2O$$

（萘；產物結構：苯環上接 CO、CO，以 O 相連）

2.

$$C_6H_4(CH_3)_2 + 3O_2 \xrightarrow{V_2O_5} C_6H_4(CO)_2O + 3H_2O$$

（鄰二甲苯：苯環上接 CH3、CH3；產物結構：苯環上接 CO、CO，以 O 相連）

本法製備時先將進料預熱氣化，並在混合器中與熱空氣進一步混合後，送入反應器。反應生成物經過水、油循環的多管式冷凝器，大部分鄰苯二甲酐被收集，殘餘的鄰苯二甲酐於空氣冷卻的結晶室收集之。

25.7.6　芳香烴用途

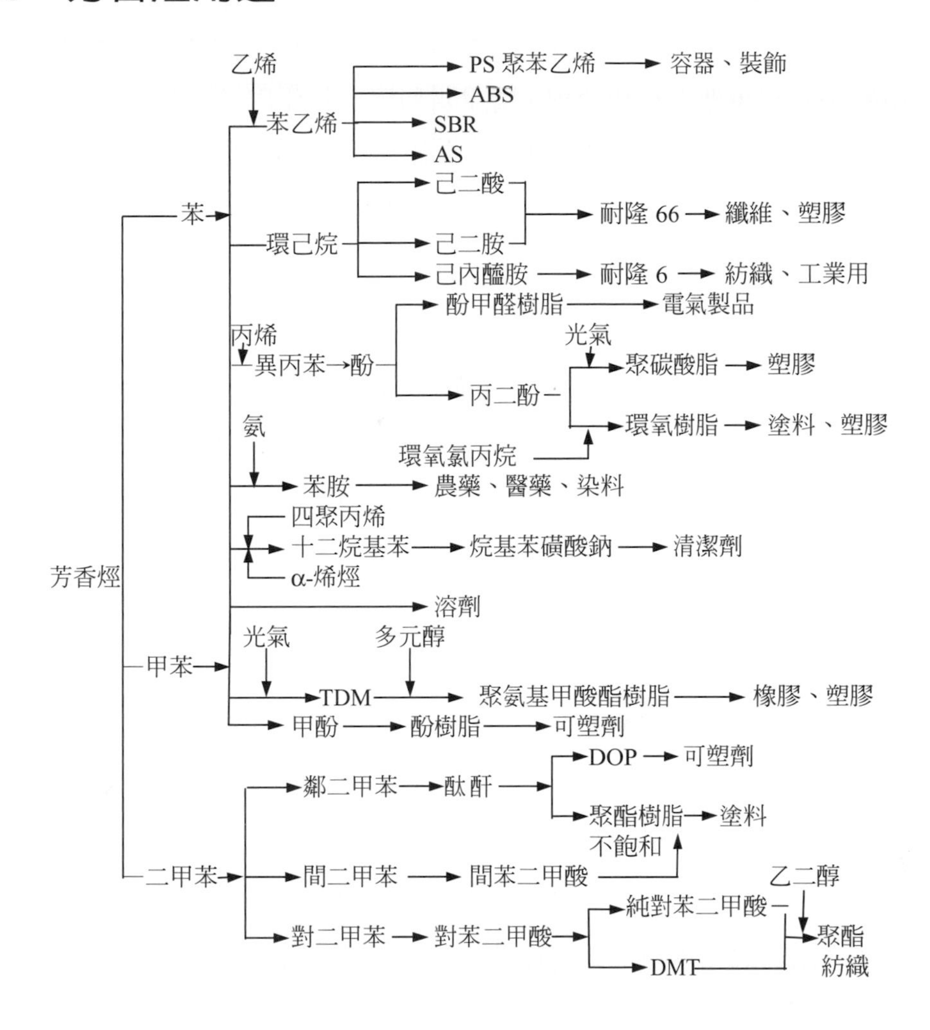

芳香烴
苯
乙烯
苯乙烯
PS 聚苯乙烯
容器、裝飾
ABS
SBR
AS
環己烷
己二酸
己二胺
耐隆 66
纖維、塑膠
己內醯胺
耐隆 6
紡織、工業用
丙烯
異丙苯→酚
酚甲醛樹脂
電氣製品
丙二酚
光氣
聚碳酸脂
塑膠
環氧樹脂
塗料、塑膠
環氧氯丙烷
氨
苯胺
農藥、醫藥、染料
四聚丙烯
十二烷基苯
烷基苯磺酸鈉
清潔劑
α-烯烴
溶劑
甲苯
光氣
多元醇
TDM
聚氨基甲酸酯樹脂
橡膠、塑膠
甲酚
酚樹脂
可塑劑
二甲苯
鄰二甲苯
酞酐
DOP
可塑劑
聚酯樹脂
塗料
不飽和
間二甲苯
間苯二甲酸
對二甲苯
對苯二甲酸
純對苯二甲酸
乙二醇
DMT
聚酯
紡織

25.8 考　題

一、 甲醇是非常重要之石化原料，請說明利用二氧化碳及一氧化碳分別進料反應及合併進料反應時，製備甲醇之相關化學反應式及觸媒。

(108 年公務、關務人員簡任升等考試)

二、 請說明分離苯、甲苯、對二甲苯、鄰二甲苯及間二甲苯等混合物之方法及原理。 (108 年公務、關務人員簡任升等考試)

三、 請說明以苯及丙烯作為原料而製備酚之相關化學反應式及使用觸媒。

(108 年公務、關務人員簡任升等考試)

四、 甲苯二異氰酸酯(TDI)為合成聚胺脲樹脂(PU)之主要原料，請說明以甲苯作為原料而製備甲苯二異氰酸酯之相關化學反應式及使用觸媒。

(108 年公務、關務人員簡任升等考試)

五、 請說明以對二甲苯(p-xylene, PX)為原料製造純對苯二甲酸單體(Purified Terephthalic Acid, PTA)之主要過程，及純對苯二甲酸單體之用途。

(107 年公務人員高等考試三級考試)

六、 二甲苯(Xylene)有那三種同分異構物？又其結構式分別為何？

(107 年特種考試地方政府公務人員四等考試)

七、 硫酸之用途非常廣泛，亦可作為石化工業之觸媒，例如石油煉製之烷化反應(生成烷化油)及甲苯硝基化反應(生成二硝基甲苯)。請說明上述兩個反應之化學反應式及使用硫酸濃度(wt %)。

(106 年特種考試地方政府公務人員三等考試)

提示：石油煉製之烷化反應新鮮硫酸濃度為 98--99m%，甲苯硝基化反應混合酸中物質量組成為：0.1～1.0n/s，及低於 15%wt 的水。

八、 說明下列以乙烯為起始原料之乙烯系列石油化學工業相關的問題：

(一) 說明氯乙烯製程。

(二)　說明醋酸製程。

(三)　說明乙醇製程。　(106 年特種考試地方政府公務人員四等考試)

九、　試述氯乙烯(VCM)的製造方式。

(106 年公務人員高等考試三級考試)

十、　請試述酯化反應(esterification reaction)之意涵。

(106 年公務人員高等考試三級考試)

十一、　某一化學工廠採用丙烯氨氧化法(propylene ammoxidation)製造丙烯腈(acrylonitrile)，試寫出此一化學反應式。

(105 年特種考試地方政府公務人員考試三等考試)

十二、　在化學工業中，甲醇是如何製造的？它的主要用途有那些？

(104 年專門職業及技術人員高等考試)

十三、　敘述淨化對苯二甲酸(purified terephthalic acid, PTA)製造程序。

(104 年特種考試地方政府公務人員考試三等考試)

十四、　(一)　關於乙烯，工業上有三種主要之製備方法：

(二)　此三種方法名稱各為何？

(三)　此三種方法各使用何種原料？　(103 年專門職業及技術人員高等考試)

十五、　請寫出直接氧化法製造環氧乙烷之化學反應方程式，操作條件與使用之觸媒，其可能之副反應為何，寫出其化學反應方程式。

(103 年特種考試地方政府公務人員考試三等考試)

十六、　由石油煉油過程製造芳香烴的主要方法為自重組油提取。請敘述重組油之製程，包括所使用之原料、觸媒、純化及主要產品：苯、甲苯、二甲苯之產量順序。　(103 年公務人員普通考試)

十七、　自乙烯製造乙二醇之方法：乙烯與氧氣反應製成環氧乙烷；環氧乙烷水化製成乙二醇。請寫出從乙烯製造環氧乙烷之兩種反應及由環氧乙烷水化產生的三種產物(乙二醇、二乙二醇、三乙二醇)之反應式。設第一反應中，85%乙烯轉化為環氧乙烷，第二反應中，80%環氧乙烷轉化為乙二醇，試問一公斤的乙烯可產生多少公斤的乙二醇？　(103 年公務人員普通考試)

十八、 石油主要由那三種烴系化合物所構成？請畫出由原油製造乙烯過程中，其採用之單元操作、單元程序及產生之中間產物之製程流程圖？乙烯產品可用來生產那些化學品，試舉三種。 (101 年公務人員普通考試)

十九、 鄰苯二甲酸與辛醇或丁醇反應各可得到何產物？其在工業上的用途爲何？ (100 年特種考試地方政府公務人員四等考試)

二十、 在化學工業中，乙烯烷基化的最主要產品爲何？它可做那些高分子聚合物？ (100 年公務人員普通考試)

二十一、在石化工業的產品中，丙烯腈的主要用途爲何？ (100 年公務人員特種考試身心障礙人員四等考試)

答案：1、丙烯腈用來生產聚丙烯纖維(即合成纖維腈綸)、丙烯腈、丁二烯、苯乙烯塑膠(ABS)、丙烯醯胺(丙烯腈水解產物)。2、丙烯腈醇解可製得丙烯酸酯等。3、丙烯腈在引發劑(過氧甲醯)作用下可聚合成一線型高分子化合物——聚丙烯腈。4、聚丙烯腈製成的腈綸質地柔軟，類似羊毛，俗稱"人造羊毛"，它強度高，比重輕，保溫性好，耐日光、耐酸和耐大多數溶劑。5、丙烯腈與丁二烯共聚生產的丁腈橡膠具有良好的耐油、耐寒、耐溶劑等性能，是現代工業最重要的橡膠，應用十分廣泛。6、染料、醫藥等行業的重要原料。

二十二、試述乙烯氧氯化法製造氯乙烯單體的反應過程。 (100 年公務人員特種考試身心障礙人員四等考試)

二十三、(一) 試說明二甲基醚(Dimethyl Ether，DME)的應用性質。

(二) 試說明由合成氣結合甲醇之製程，製造二甲基醚之主要化學反應方程式。 (96 年特種考試地方政府公務人員考試三等考試)

答案： 二甲基醚 DME(Dimethyl Ether)亦稱爲甲醚，是最簡單結構的醚類。分子式爲－CH_3OCH_3⁻。是無色液體。沸點(大氣壓下)爲－25.1℃，化學性質安定。在 25℃下的飽和蒸氣壓是 6.1 大氣壓，容易加壓液化，其特性與丙烷 C_3 和丁烷 C_4 近似，其存儲及使用方式可認爲與液化石油氣相同。對人體無毒性反應，是不含硫的清潔燃料。

1. DME 如以單位重量來比較熱值(kcal/kg)時，是比甲烷及丙烷為低，但較甲醇為高。
2. 如以單位體積來比較熱值($kcal/Nm^3$)時，比甲烷高，但比丙烷低。
3. 爆炸低限(LEL)高於丙烷，如有洩漏其安全性高於丙烷。
4. DME 可在 13A 的天燃氣爐具使用，爐具不需熱變。
5. DME 十六烷值在 55～60 間，較車用柴油為高，可用在柴油引擎。使用 DME 的柴油引擎的排氣比一般柴油較為清淨。

現有的二甲基醚是以由甲醇經固定床予以觸媒脫水製造而成，過程較繁。目前已有整合甲醇的合成與二甲基醚的製造統合為一個步驟的製程研發中。就是由合成氣(Symthesis-gas)來直接合成二甲基醚。其反應方程式如下：

$CO_2+3H_2 \rightarrow CH_3OH+H_2O$

$H_2O+CO \rightarrow H_2+CO_2$

$CH_3OH \rightarrow CH_3OCH_3+H_2O$

二十四、以丙酮為原料時，請以化學反應方程式說明製造甲基丙烯酸甲酯(MMA)的過程。　(94 年第二次專門職業及技術人員檢覈考試)

答案：有關甲基丙烯酸甲酯(MMA)的合成反應，傳統工業製程使用丙酮與氫氰酸及甲醇反應，以硫酸為觸媒，每生產一公斤甲基丙烯酸甲酯，伴隨產生 2.5 公斤的硫酸氫銨，其原子使用效率只有 46%，之後殼牌(Shell)公司開發新製程，利用石油腦輕裂副產物甲基乙炔的羰基化，以鈀為觸媒，可得到幾近 100%的原子使用效率，而且活性相當高。

二十五、人造沸石(zeolite)於近代工業中有很大的貢獻，於甲醇(methanol)與甲苯(toluene)的烷化作用(alkylation)中可利用特別的人造沸石催化而獲得有較高經濟價值的對二甲苯(para-xylene)，可避免經濟價值較低的鄰二甲苯(meta-xylene)之生成，試解釋其理由。

(93 年特種考試身心障礙人員四等考試)

提示：對二甲苯由芳香烴聯合裝置的重組液、加氫汽油餾分餾以及甲苯自身氧化還原反應得到的混合二甲苯，經吸附分離製取。

二十六、下面二方程式爲環氧乙烯(ethylene oxide)之二種不同的製備方法及條件：

(1)Direct oxidation process：

$$CH_2=CH_2+O_2 \xrightarrow[300^\circ C]{Ag} \overset{O}{\triangle}\ (65\%)\ +H_2O+CO_2$$

(2)Chlorohydrin process：

$$CH_2=CH_2+Cl_2+H_2O \xrightarrow[20^\circ C]{} HOCH_2CH_2Cl\ (90\%)$$

$$HOCH_2CH_2Cl+NaOH \xrightarrow[30^\circ C]{} \overset{O}{\triangle}\ (90\%)+NaCl+H_2O$$

從以上方程式所提供的資訊，就原料、反應試劑、副產物、反應狀況及產率，討論：1.直接氧化法(Direct oxidation process)及 2.氯水法(Chlorohydrin process)製造環氧乙烯的優缺點。

(93 年特種考試地方政府公務人員四等考試)

CHEMICAL PROCCEDING INDUSTRY

生物與酵素技術

26.1 生物技術產業分類

依照我國目前的定義，生物技術產業包含的項目非常廣泛，舉凡與生命科學相關的產業皆隸屬於生物技術產業的範疇。可大致分為三大產業：製藥產業、新興生物技術產業及醫療保健器材產業，其細項分類如表 26.1 所示。

表 26.1　我國生物技術產業分類(ITIS，經濟部工業局彙總之定義)

產業別	產品名稱	參考範圍及定義
製藥	原料藥	高血壓用藥、抗生素用藥、合成抗菌劑、胃潰瘍抑制劑、口服糖尿命治療劑、抗組織胺用藥、抗精神病藥物、抗憂鬱症藥物
	西藥製劑	處方藥、指示用藥、成藥
	中藥製劑	傳統中藥、科學中藥
生技醫藥品	生物合成之原料藥	發酵或其他生物合成之原料藥
	生技藥品	基因工程蛋白質藥物
	血液製劑	血漿成分製劑(凝血因子)、代用血
	疫苗	人用疫苗、免疫血清

產業別	產品名稱	參考範圍及定義
工業特用化學品	生體高分子	膠原蛋白、幾丁質、甲殼素、琉璃糖酸(hyaluronic acid)、β-1,3-聚醣(beta-1,3-glucan)、PLGA及其衍生物
	酵素	青黴素醯化固定化酵素(acylase)、植酸酵素(phytase)、半木纖維素酵素(hemicellulase)、染整用工業酵素、工業用固定化酵素、洗衣用酵素、其他工業酵素、木瓜酵素、鳳梨酵素、醫用酵素
農業生物技術	動物用疫苗	動物用疫苗
	動物用營養及機能性添加物	免疫促進劑、飼料添加物
	生物製劑	微生物殺蟲劑、微生物殺菌劑
	植物組織培養	植物組織培養
環境生物技術	微生物製劑	廢水處理技術、生物製劑與復育技術、廢棄物資源化
食品生物技術	食品添加物	低熱量糖醇、食用色素及香料
	機能性食品	食品用酵素
	發酵食品	新菌、保健性菌種
	胺基酸	味精
	核酸	核酸
醫療器材	醫療儀器	臨床分析儀、碎石機、血壓計、體溫計、超音波、急救甦醒器
	醫療耗材	紗布、繃帶、導管、氧氣罩、手術縫合線、電極片、各類輸液套、手套、針筒、針頭
	醫院設備	保溫箱、殺菌燈、手術台、消毒器、診斷型X光設備、牙科治療台、病床、手術電刀、計數器、離心機、培養箱
	復健器材	輪椅、助行器、電動代步車、助聽器、護具
	生醫材料	人工關節、骨釘、骨板、隱形眼鏡清潔液
	診斷試劑	臨床化學檢驗試劑、免疫檢驗試劑、微生物檢驗試劑、尿液糞便分析檢驗試劑、核酸檢驗試劑、血液檢驗試劑、組織／細胞檢驗試劑、生物感測器、生物晶片
生技服務業	實驗室用產品	實驗室儀器設備、實驗用試藥、實驗室器皿耗材、實驗用動物
	試驗研究及生產代工	試驗及研發委辦代工、生產委辦代工
	實驗室技術服務	定序(sequencing)服務、(peptide)及核酸之合成服務、臨床前及臨床檢驗服務
	其他支援性服務	智慧財產權及法務、人培及仲介、創業投資、資訊服務

26.2 生物技術的關鍵技術

生物技術是一系列關鍵技術的整合，也是結合傳統與現代的技術，其包括新生物技術及傳統性生物技術。所謂新生物技術可分為基因重組技術、細胞融和技術、蛋白質工程技術與幹細胞技術；傳統性生物技術則包括組織培養技術、細胞及酵素固定化技術與發酵技術。基因重組技術(遺傳工程技術)係指在細胞外利用任何可行的方法，將核酸分子進行人工剪切、組合，再嵌接於病毒、質體(plasmid)或其他載體(vector)系統，構築重組分子，經由轉形(transformation)或傳導(transduction)作用送入寄主細胞內，進行複製與表現。

26.2.1 新生物技術

一、基因重組技術

基因改造生物主要是透過以下三種基因重組技術方式來製造：

1. **增加法**

   從某一物種抽取個別基因，將其殖入另一動物或植物的基因組內改變表現性狀，例如將人類黃體素的基因殖入酵母菌中大量生產避孕藥所需的主成分；又如把抗除草劑的基因殖入大豆裡，令大豆能夠抗除草劑。

2. **減少法**

   使特定動植物基因發生缺失，令動植物喪失某些原有性質與功能，如減少蕃茄內催熟基因的數量，將減緩其組織成熟軟化，以延遲蕃茄的成熟期。

3. **調節法**

   去除或增加某固定基因的控制因子，可以改變生物特性的表現程度，甚至是功能，造成調整生物生命特性，就像紫外線可以促成癌細胞的發生一般。

二、細胞融合技術

細胞融合技術分為動物細胞融合技術、植物細胞融合技術及微生物細胞融合技術。此法可使在自然界不易或無法交配的物種，利用化學或生物方法，將二種細胞融合，同時也可使核融合在一起，再經由組織培養技術，培養出所要的新品種。

三、蛋白質工程技術

蛋白質工程技術係利用突變、核酸限制酵素剪接等方法，造成基因 DNA 鹼基的取代、刪除或插入，改變此基因表現所生成蛋白質的一級結構中特定位置的胺基酸。藉由蛋白質工程技術可以改變蛋白質的理化特性(如酸鹼與溫度耐性)及功能，產生具有新穎特性的蛋白質，其實施步驟包括：

1. 選定基因並剪接至適當載體。
2. 確定基因表現及所插入的 DNA 序列。
3. 進行 DNA 鹼基的突變，方式有二，即隨機突變與定點突變(site-directedmutagenesis)。
4. 篩選突變株，將經過突變處理的基因送入寄主細胞，以適當方法篩選出帶有不同性質蛋白質的突變株。
5. 進行突變蛋白質之功能性評估，體細胞複製技術係指將生物之體細胞以無性生殖的方式大量繁殖成為生物個體的技術，動物體細胞複製技術是最近才發展成功的技術，高等生物的體細胞複製技術是繼基因重組技術之後另一項對人類影響深遠的科技。

四、幹細胞技術

幹細胞技術係指以營養培養基繁殖幹細胞，使其分化成為組織的技術。幹細胞存在於人體許多組織中，不但具有再生能力，而且具有能夠分化成為人體各種細胞的潛力，如心臟、肺、肝等。

26.2.2 傳統性生物技術

一、組織培養技術

組織培養技術係指將活體內取出的組織或細胞的一小部分，在無菌狀態的營養培養基中進行人工增殖或分化，廣義的組織培養包括細胞與器官培養。

二、細胞或酵素固定化技術

細胞或酵素固定化技術係以物理或化學方法將酵素或細胞與高分子、不溶性物質擔體結合，製得不溶解性的活性酵素固態觸媒，利用於連續反應技術。酵素或細胞經過固定化後，對熱、酸鹼、有機溶劑、變性劑或蛋白質分解酵素等的耐受性提高，而且酵素或細胞不斷接觸與分離，達到重複使用目的。

利用細胞或酵素固定化技術具有下列優點：

1. 提高酵素、細胞的利用率，重覆使用至活性喪失爲止。
2. 減少酵素、細胞與生成物分離步驟。
3. 酵素對反應物的濃度比大，轉化率較高。
4. 連續式大量生產來降低生產成本。

三、發酵技術

發酵技術係指大量培養生物細胞，進行生化代謝反應，藉以生產有用的物質。從早期的微生物到近代的植物細胞與動物細胞的培養利用，成爲生產各種生物技術產品的必要手段，其中伴隨生化工程技術的發展，包括產程開發、系統控制、產程放大、產品回收純化等。

26.3 基因工程

基因工程最常用的一種技術爲重組 DNA 分子(recombinant DNA molecules)，遺傳學家從各種不同的生物體中取出一段段的 DNA 分子，稱爲基因選殖(gene cloning)，再將之拼湊組成一段有特殊意義或功能的重組 DNA 分子，或利用細菌細胞或其中一種小型環狀，可以自行複製的 DNA，稱爲質體(plasmid)者，在試管中將外來的一段基因嵌入該質體中，再使其重新進入細胞中，當細胞繁殖時，同時也複製了質體，亦即複製了重組 DNA。在適當的條件下，細菌便會由此一外來基因上的遺傳訊息生產出相對應的訊息。要完成上述的步驟，先需要具備三種主要的工具：用以在確切的位置切割 DNA 的限制酵素(restriction nuclease)、連接酵素(ligase)、移轉用的載體(vector)以及一個適合重組 DNA 複製的宿主(host organism)。

26.3.1 限制酵素

重組 DNA 所需要的主要工具爲一種能在特定位置切割 DNA 的酵素，自然界中，此種酵素可將入侵到細菌的噬菌體病毒或其他細菌的 DNA 切斷，以保護細菌本身。此種酵素能辨識 DNA 上一小段特定的核酸序列，並由該序列之特定點將其截斷。由於此種限制酵素具有高度特異性，目前已有上百種不同的限制酵素被確認和分離出來，而且大多已商品化了。切割下來的限制片斷(restriction fragment)包含了雙股的 DNA

片斷，但卻具有單股的末端，稱爲粘性端(sticky ends)，這個短的延伸部位，將可與同一種限制酵素切下來的另一段 DNA 延伸部位上的互補鹼基以氫鍵相配對。在實驗室中，限制片斷的粘性端可使來源不同的許多 DNA 片斷結合在一起，由於僅由氫鍵結合，故並不牢固。藉由一種 DNA 粘合酵素(DNA ligase)，DNA 分子的結合才可永久。

26.3.2 連接酵素

連接酵素能將雙鏈 DNA 中的缺口修補，在基因選殖過程中，DNA 經過切割、分離，接著就是將異源 DNA 連接到載體上，形成新的 DNA 分子，而連接酵素就是用來連接 DNA 片斷。例如：在噬菌體 T_4 侵襲的大腸桿菌中，細胞藉著對 T_4 反應而製造出來的一種連接酵素(T_4 DNA ligase)，比細胞中所固有的連接酵素有更高的連接效率，因此它被用來作爲連結重組 DNA 的主要酵素。

26.3.3 載　體

爲了發揮功能，在試管中經由切割，粘合得到的 DNA 必須被送回細胞中。要實現這種基因轉殖，需要一種適合的轉運工具，叫做「載體」。理想的載體要具備的條件有：(1)自我複製的能力，(2)大小要適合，(3)能從外部進入細胞，(4)穩定、安全、可靠，(5)要有遺傳標記，和(6)要有選擇性的識別標記。一般常用的工具是細菌質體(bacterial plasmid)和噬菌體(bacteriophages)，其方法爲將外來的 DNA 利用上述技術接到由細菌分離出來的質體上，形成重組質體(recombinant plasmids)，而後重組質體很容易經由轉形作用(transformation)由細菌細胞吸收而被送回細菌體內。

26.3.4 宿主生物體

細菌是遺傳工程中最常用的宿主，因爲其質體 DNA 很容易由細胞中分離，再重新送回細胞內。細胞又很容易在培養基中大量迅速繁殖，因此也可大量複製外來的基因，產生所要的蛋白質。大腸桿菌可說是最常用的宿主，不但培養基便宜，而且短時間便可大量繁殖，另外質體的抽取方法也很簡單。但使用細菌當宿主也有其缺點，因爲眞核生物(較高等的生物)和原核生物(細菌類)的轉錄和轉譯過程涉及不同的酵素和調控機制，有時無法完全執行這些基因上的訊息，而且細菌本身缺乏內質網、高氏體等胞器，也無法執行蛋白質的加工修飾功能。此外，其他常用的宿主尚有：酵母菌、昆蟲細胞及哺乳動物細胞株等幾種，視其不同的特性及需要而定。

26.4 酵素的命名

酵素(enzyme)又稱爲“酶”，描述在酵母菌中，含有某種神奇的催化活力，可以把糖轉變爲酒精，故名爲酵素。一般而言，酵素具有下列特性：

1. 酵素可催化生化反應，增加其反應速率，是最有效率的催化劑。
2. 酵素種類非常多，每一種都能催化所賦與的專一性反應，其他的酵素不易干擾；不過，可能會有酵素間的協同或抑制作用。
3. 酵素的催化反應是可調節的，反應可受許多因子影響而加快或減緩。
4. 通常酵素爲蛋白質，但部分 RNA 也具專一性的催化能力(ribozyme)。

26.4.1 早期命名

最初酵素命名並無法定規則，但都附有-in 或-zyme 等字尾，例如 trypsin，renin 及 lysozyme 等；後來漸以該酵素催化的反應加上-ase 字尾爲名，再冠上此反應的反應物，如 histidine decarboxylase(反應物+反應-ase)。

26.4.2 系統命名

1965 年命名系統化，把所有酵素依催化反應分成六大類，以四組數字命名之(IUBMB 系統)；例如 histidine carboxylase 爲 EC 4.1.1.22：

Main Class：	4	Lyases	分裂 C-C, C-O, C-N 鍵
Subclass：	4.1	C-C lyase	分裂 C-C 鍵
Sub-subclass：	4.1.1	Carboxylase	分裂 C-COO 鍵
序列號碼：	22	第 22 個 4.1.1	分裂組胺酸的 C-COO 鍵

C. IUBMB 系統所分的六個 Main Classes：

EC1	Oxidoreductase	氧化還原酶	電子或質子轉移
EC2	Transferase	轉移酶	官能基團的轉移
EC3	Hydrolase	水解酶	加水或脫水分子
EC4	Lyase	裂解酶	共價鍵生成或裂解
EC5	Isomerase	異構酶	同一分子內基團之轉移
EC6	Ligase	連接酶	消耗 ATP 生成分子間新鍵

26.5 酵素的構成

酵素主要由蛋白質所構成，不過許多酵素還需加上其他物質；有些 RNA 也具有催化的能力，在分子演化上可能是最早出現在地球上的巨分子。

26.5.1 全 酶

一、全酶的組成

一般酵素由蛋白質構成，但某些酵素爲醣蛋白或脂蛋白，有些要加上輔助因子(cofactor，coenzyme)，才成爲功能完全的酵素(全酶holoenzyme)；若全酶失去了輔助因子，剩下的部分稱爲 apoenzyme：

Holoenzyme＝Apoenzyme＋Cofactor/Coenzyme

二、各種形式的酵素組成構造

全酶分子可能只含一條多，也可能含數條多，並以雙硫鍵連接在一起(如chymotrypsin)；有的可由數個相同或不同的次體(subunit)組成。

26.5.2 輔 酶

一些非蛋白質的小分子會加入酵素構造中，以幫助催化反應進行。因爲二十種胺基酸的官能基中，具有強荷電性者不到五個，而酵素活性區經常需要較強的官能基來引發催化反應，部分酵素因此納入蛋白質以外的輔助因子參與其構造，作爲催化的重要反應基團。

一、輔助因子

包含金屬離子以及小分子的有機物質(輔酶)。

1. **金屬離子**

   如 Zn^{2+}、Mg^{2+}、Mn^{2+}、Fe^{2+}、Cu^{2+}、K^{+}，以離子鍵結合在 His、Cys、Glu 等胺基酸；細胞多使用較輕的金屬，重金屬多有害處。

2. **有機小分子**

   分子構造稍複雜而多樣，又稱爲輔酶(coenzyme)，哺乳類多由維生素代謝而來，無法自行合成；如維生素 B 群、葉酸(folic acid)、菸鹼酸(niacin)。

二、輔酶的作用

1. **改變酵素構形**

加入酵素分子，誘使改變立體構形，而使酵素與基質的結合更有利於反應。

2. **協助催化反應**

輔酶可作為另一基質來參與反應，但反應後輔脢構造不變。通常輔脢作為某特定基團的轉移，可供給或接受基團(如-CH_3、-CO_2、-NH_2)或者電子，這類輔酶最是常見。

3. **直接提供反應基團**

提供一個強力的反應基團，吸引基質快速參加反應；例如維生素 B_1(thiamine)，有許多維生素都是輔酶。

三、輔酶與 ribozyme

許多輔酶的構造中都有核苷酸參與，可能是用來與遠古催化性 RNA 分子結合，以幫助 RNA 的催化反應；因為 ribozyme 雖然有分子構形，但缺乏催化所需的強烈官能基團，有如今日的蛋白質酵素與其輔酶一般。

26.6 酵素動力學

26.6.1 酵素催化反應

酵素提供基質一個穩定的空間，有利於穩定其過渡狀態，並快速轉變成為生成物。

1. 反應物(A，B)轉變成生成物(A－B)途中，有過渡狀態[A...B]生成：

A+B → [A...B] → A－B

2. 過渡狀態(transition state)的位能較高，其生成需要能量，稱為活化能(E_{act}，activation energy)；經由酵素的催化，可降低反應活化能，使反應速率加快，但不影響反應的平衡方向。

3. 一些過渡狀態的類似物(analog)會卡住酵素活性區，但無法完成反應，即成為抑制劑。這種過度狀態的類似物可做為抗原，免疫動物後所產生的抗體。

4. 可能有類似酵素的催化作用，但催化速率較低，稱為 abzyme。
5. 酵素降低活化能的機制有以下幾點，都是因為活性區的特殊立體構造：
   (1) 酵素活性區專一性與基質結合，提供最適的空間排列，以便穩定過渡狀態。
   (2) 活性區通常為一凹陷口袋，隔開外界的水環境，減低水分子的干擾。
   (3) 活性區附近某些胺基酸可提供活性官能基(通常帶有電荷)直接參與反應。

26.6.2 酵素動力學

一、基本概念

酵素動力學的形成，是根基於『過渡狀態濃度恆定』的概念。早在 1913 年，Michaelis 及 Menten 就以轉化酶(invertase)系統為研究對象，發現有關酵素與基質反應的一些行為模式，他們提出：

1. **Steady state 理論**

   酵素催化時，基質先與酵素結合，生成過渡狀態，再轉變成產物；而酵素與基質的結合是可逆(E+S→ES)；而當反應達穩定狀態(steady state)時，其中的[ES]濃度不變(因為 ES 生成量等於其消失量)。

2. **酵素行為的數學描述**

   反應速率(v)與酵素或基質的關係，可以數學式表示；在固定的酵素量下，反應速率 v 與基質濃度[S]成雙曲線關係(但只有雙曲線一股)，可用公式表之，即 Michaelis-Menten(M-M)動力學公式。

二、Michaelis-Menten 公式的推演

由四個基本設定開始，可一步一步推得 M-M 動力學公式。

1. 酵素 E 與基質 S 反應如下，各步驟反應速率由常數 k_1、k_2、k_3 表示：

$$E + S \underset{k_2}{\overset{k_1}{\rightleftarrows}} ES \xrightarrow[(v_o)]{k_3} E + P$$

2. 導 M-M 公式前的四個基本關係及假設：因[ES]不變，故 ES 的消耗量等於生成量：

$k_2[ES]+k_3[ES] = k_1[E][S]$ .... (I)

總酵素濃度$[E_t]$＝單獨存在者$[E_f]$+酵素基質複合體[ES]

$[E_t]=[E_f]+[ES]$ .... (II)

反應初速(v_o)是由後半分解反應(k_3)所決定：

$v_o = k_3[ES]$ .... (III)

最大反應速率(V_{max})是假設所有酵素均轉變成[ES]，故上式可改寫爲

$V_{max} = k_3[E_t]$ .... (IV)

3. 基於上述條件，可推 M-M 公式如下：

(1) 整理(I)可得：$(k_2+k_3)[ES]=k_1[E][S]$　移出[ES]

故$[ES]=\dfrac{k_1}{k_2+k_3}[E][S]$；另設$\dfrac{k_2+k_3}{k_1}=k_m$

則$[ES]=\dfrac{[E][S]}{k_m}$　　定義k_m

(2) 由(III)得$[ES]=\dfrac{v_o}{k_3}$，故$\dfrac{v_o}{k_3}=\dfrac{[E][S]}{k_m}$

即$v_o=\dfrac{k_3[E][S]}{k_m}$ ....(V)　　由[ES]導入v_o

(3) 由(II)得$[E_f]=[E_t]-[ES]$，而$[E_f]$可視爲[E]，

故：　　分解[E]

$[E]=[E_t]-[ES]$代入(V)得：

$$v_o=\frac{k_3([E_t]-[ES])[S]}{K_m}=\frac{k_3[E_t][S]-k_3[ES][S]}{K_m}$$

(4) 把(III) $v_o=k_3[ES]$及(IV) $V_{max}=k_3[E_t]$

代入得：　　轉換得V_{max}及v_o

$$v_o=\frac{V_{max}[S]-v_o[S]}{k_m}\rightarrow v_oK_m=V_{max}[S]-v_o[S]\text{移項}$$

$$\rightarrow v_oK_m+v_o[S]=V_{max}[S] \text{ ....(VI)}$$

整理(VI)集中v_o即得 M-M 公式：$v_o=\dfrac{V_{max}[S]}{K_m+[S]}$　　提出v_o

三、Michaelis-Menten 公式的意義

1. M-M 公式是雙曲線公式，若固定酵素量，改變其基質量[S]，則可得到不同的反應初速 v_o，再以[S]爲 x 軸，v_o 爲 y 軸作圖，可得到一股雙曲線，其漸近點爲 $V_{\max}$。

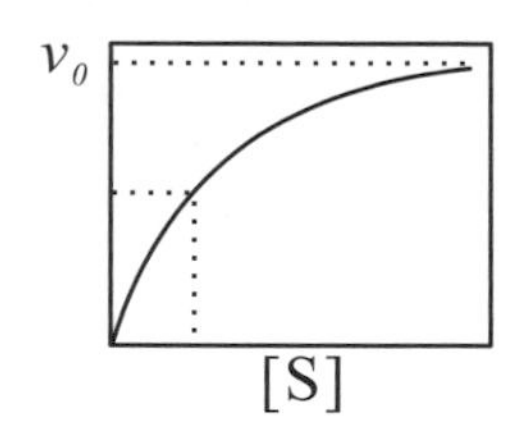

2. 低濃度[S]時反應速率 v_o 與[S]成正比，即 $v_o \sim [S]^1$，是爲一級反應(first orderreaction)；當[S]增大，v_o 接近漸近線時，v_o 的改變很小，不受[S]變化的影響，即 $v_o \sim [S]^0$，稱爲零級反應(zero order)。
3. 若基質量[S]也固定，則 M-M 公式變爲：

$$v_0 = \frac{V_{\max}(\text{常數[S]})}{(\text{常數}K_m)+(\text{常數[S]})} \sim V_{\max}(\text{常數})$$

由(IV) $V_{\max} = k_3\,[E_t]$，$v_o \sim [E_t]$，即反應速率與酵素量成正比。

4. ES→E+P 的反應爲可逆，此逆反應可忽略，因 M-M 公式的測定是反應初期所測的反應初速(v_o)，此時生成物[P]的濃度很低，逆反應幾乎無從發生。

四、$V_{\max}$ 及 K_m 的意義

1. **$V_{\max}$ 的意義**
   (1) 在足夠的基質濃度下，一定量的酵素所能催化的最高反應速率，即爲其 $V_{\max}$；要讓一個酵素達致其 $V_{\max}$，就要把基質量調至最高濃度。在比較不同酵素的 $V_{\max}$ 活性時，要以同樣莫耳數的酵素分子爲基準。
   (2) 單位時間內每莫耳酵素所能催化的基質數(莫耳數)，稱爲 turn over number 或 molecular activity，一般酵素約在 0.1～10,000 間(每秒)，有大有小不等。這是當基質量極大於 K_m 時([S]>>K_m)，反應推向右邊，E+S →ES→E+P，其 k_3 成爲決定因素，即爲 turn over number(k_{cat})。
   (3) 當基質量遠小於 K_m 時(K_m>>[S]，則[E_t] = [E]，而 K_m+[S] = K_m)，則可以由 M-M 公式導得：

$$v_0=\frac{V_{max}[S]}{K_m+[S]}=\frac{K_3[E_t]}{K_m+[S]}=\frac{K_3[E][S]}{K_m}=\frac{K_{cat}}{K_m}[E][S]$$

反應速率成為 second order，由[E]及[S]兩項因素決定之。k_{cat}/K_m 常數的大小則為重要指標，同時顯示酵素的催化效率及專一性。

(4) 瞭解上述的 K_m 與 V_{max} 後，重新回顧最早的酵素與基質反應式：若把此式分成兩半，前半是 E+S→ES 由 k_1 與 k_2 主導；後半 ES→E+P 由 k_3 主導，則顯然 V_{max} 是後半反應決定(記得 $V_{max}=k_3[E_t]$)，而 K_m 則大體上由前半反應所定。因此整個酵素反應，是由這兩半反應所共同組成，前半以 K_m 來決定酵素與基質的親和度，後半反應以生成物的產生來決定最高反應速率。K_m 的定義是$(k_2+k_3)\div k_1$，故後半反應還是對 K_m 有影響。

2. **K_m 的意義**

K_m 是酵素與基質間親和力的指標，K_m 越大親和力越小。

(1) 當反應速率為 50%V_{max} 時，v_o=1/2V_{max}，代入 M-M 公式，則得：

$\frac{V_{max}}{2}=\frac{V_{max}[S]}{K_m+[S]}$，整理得 K_m＝[S](只在 v_o＝1/2V_{max} 條件下)

因此 K_m 的意義表示，要達到一半最高催化速率時[S]所需濃度。

(2) 若酵素的 K_m 越低，則表示接近 V_{max} 所需的基質濃度越低。若某一酵素有數種基質，各有不同的 K_m，則 K_m 越低的基質，表示它與酵素的親和力越大，催化反應愈容易進行，K_m 與[S]一樣是濃度單位(mM)。

(3) 某酵素的 K_m 值可看成在一般細胞內，該酵素基質的大約濃度。

3. **酵素活性定義**

(1) 活性單位：酵素活性的表示方法通常使用活性單位(unit)：即酵素每分鐘若催化 1 mole 基質的活性，即定義為一單位活性：注意同一酵素可能會有不同定義方式的活性單位。

(2) 比活性：每單位重量蛋白質(mg)中所含的酵素活性(unit)，稱為比活性(specific activity，unit/mg)；因酵素為活性分子，有時會失去活性，雖然蛋白質仍在，但比活性會下降。

26.7 酵素在生物技術上的應用

26.7.1 固定化酵素及酵素電極

用物理或化學方法把酵素固定到固相擔體上，比一般使用的溶態酵素有以下優點：

1. 酵素可回收重複使用，較爲經濟。
2. 酵素的穩定性提高，可能較耐熱或極端的 pH。
3. 固相與液相的分離方便，使用上速度快而分離完全，有助於自動化。
4. 許多酵素是附在細胞膜上，固定化酵素可模擬細胞內酵素的實際環境。
5. 利用上述酵素的固定化，把酵素固定在半透性薄膜上，連接到電極，偵測反應進行的結果(例如 pH 的改變)，可作爲酵素反應的自動化偵測工具。

26.7.2 蛋白質工程及人造酵素

以基因重組或其他方法大量生產某種酵素，也能改變酵素的催化特性。

一、蛋白質工程

若能改變酵素活性區的胺基酸，則可能改變酵素的活性，或是其專一性。通常先研究並預測改變其活性區某胺基酸後，可能引起的變化；再以人工定點突變(site-directed mutagenesis)改變某核苷酸，然後以分子群殖操作表現該突變蛋白質。

二、人造酵素

酵素的活性區通常包含數個極性胺基酸，若在人造的分子骨架上，模仿活性區的幾何位置，接上這些胺基酸，則可能得到具有催化作用的人造分子。

三、Abzyme(催化性抗體)

若能得知酵素催化反應過程中，其基質轉換爲產物的過渡狀態物質，以此物質或其類似物作爲抗原進行免疫，則所得到的抗體，可能具有催化能力。但其催化效率，遠不及自然酵素，通常只有千分之一的效果。最主要原因在於酵素的催化區是一凹陷口袋，可隔離外界干擾，提供最佳環境穩定過渡狀態；而 abzyme 的結合區較淺，無法十分有效地隔離並穩定過渡狀態。

26.7.3　生物感測器

生物感測器的定義有兩項：以生物感測元件，或感測對象爲生物性活動。

一、生物感測元件

物理量測元件係以金屬元件爲主，化學感測元件以電位化學量爲主，化學元件如電解液、參考電極。生物感測元件即以生物材料爲感測元件，利用生物元件與待測對象(例如血糖濃度)引起的物理或化學反應，再由物理與化學的反應量對於原來物理元件或化學元件產生之訊號再加以呈現。

二、感測生物性活動

針對生物本身的活動現象，利用各種感測器加以瞭解其生理活動的量化數値。生物可小自細胞內的病毒，大至植物、動物的生命現象，所用的感測器可使用上述的生物感測元件或是傳統的環境感測或化學感測等元件。

26.7.4　生物晶片

一、產品分類

生物晶片爲結合生物與生物晶片觀念的產品，分爲基因晶片(gene chip 或稱 DNA chip 或稱 DNAMicroarray)與實驗室晶片(lab-on-a-chip 或稱處理型晶片或稱 microfluidic chip)。所謂基因晶片係利用微加工技術將不同序列的基因段(又稱核酸探針)以陣列方式排列在矽晶等基材上，再加上微小化流體操作裝置及控制、偵測系統而成。亦即生物晶片上有千萬個小點，每個小點代表一個核酸探針，使用時將晶片置於受測液體中，使晶片上的核酸探針與液體中的待測基因進行雜交(hybridization)。若某段基因有雜交反應，則會顯現出不同螢光色，得以藉由肉眼或是特殊儀器加以辨識，以完成檢驗分析工作。由於基因晶片之結構相對實驗室晶片單純、價格相對低廉且具有快速處理大量基因資訊的能力，目前發展較成熟，是生物晶片中最熱門產品。

二、應用範圍

生物晶片應用很廣泛，包括新藥開發、疾病臨床檢驗、親子鑑定、環境與食品檢驗等。

26.7.5 抗生素

抗生素(antibiotics)是一種由微生物產生的化學物質，其稀釋液有抑制其他微生物生長或殺死其他微生物之能力，主要用於治療或預防人類及動植物的傳染病。主要是從微生物的培養液中提取的或者用合成、半合成方法製造，其分類有以下幾種：

1. β-內醯胺類青黴素類和頭孢菌素類的分子結構中含有β-內醯胺環，近年來又有較大發展，如硫酶素類(thienamycins)、單內醯環類(monobactams)，β-內醯酶抑制劑(β-lactamadeinhibitors)、甲氧青黴素類(methoxypeniciuins)等。
2. 鏈黴素類包括鏈黴素、慶大黴素、卡那黴素、妥布黴素、丁胺卡那黴素、新黴素、核糖黴素、小諾黴素、阿斯黴素等。
3. 四環素類包括四環素、土黴素、金黴素及強力黴素等。
4. 氯黴素類包括氯黴素、甲氧氯黴素等。
5. 大環內脂類臨床常用的有紅黴素、白黴素、無味紅黴素、麥迪黴素、交沙黴素等。
6. 作用於G^+細菌的其他抗生素，如林可黴素、氯林可黴素、萬古黴素、桿菌黴素等。
7. 作用於G菌的其他抗生素，如多粘菌素、磷黴素、卷黴素、環絲氨酸、利福平等。
8. 抗眞菌抗生素如灰黃黴素。
9. 抗腫瘤抗生素如絲裂黴素、放線菌素D、博萊黴素、阿黴素等。
10. 具有免疫抑製作用的抗生素如環孢黴素。

26.8 組織工程

26.8.1 組織工程基本概念

組織工程的定義是：應用生物與工程的原理發展活組織的取代物，來修復、維持或改善人體組織的功能，而此取代物將成爲病人身體的一部分，對疾病可提供特定的醫療，也就是移植具有正常或類似功能的人工組織或器官於損傷處，以期能夠達到修復的目的。現在組織工程的基本做法是：(1)由人體取出細胞，(2)在體外將細胞培養到足夠的數量，(3)將這些細胞塡入、養在人工支架裡，(4)有時需要再加一些化學物或生長因子促進細胞的分化，(5)將此人工組織移植到患者身上。

26.8.2　組織工程三要素

由上述組織工程的基本做法的五項裡面可以知道組織工程有三大要素：一爲細胞(cell)，二爲支撐細胞生長所需的支架(scaffold)，三爲影響細胞行爲的訊息因子(signal)。

一、細胞

讓我們先談談細胞吧。一個軀體的形成是由一個受精卵細胞開始的，可見細胞是組織形成的第一重要因素。在胚胎發育中，受精卵經過一再的分裂複製，而且分裂後的細胞又一面的分化爲成熟的細胞，如神經細胞、肌肉細胞、肝臟細胞、等等具有特殊功能的細胞以維持身體各種功能之所需。因此組織工程所需要的細胞必須符合以下條件：(1)最好能在體外大量培養(分裂複製)，因此才有希望從捐贈者提供少許的(不會造成捐贈者健康危害)的組織放大到許多許多倍，以滿足移植者之所需；否則你只要直接由捐贈者取出大塊組織，如四分之三的肝臟，以目前可行的移植技術進行肝臟移植就好了；(2)培養出來的細胞必須具有正常的分化功能，譬如神經細胞要有傳導的功能、肝臟細胞需要能製造蛋白及代謝毒物、胰島細胞需要會分泌胰島素……；(3)種進身體後不會傳染病菌也不會形成腫瘤。目前的組織工程使用的細胞來源可爲活體、屍體、甚或動物。動物來源因爲排斥性的問題鮮少使用成功，屍體來源的缺點是怕病媒的感染。活體來源也有其問題，第一，細胞數量不會多，第二，大多數已分化的細胞非常不易在體外培養而分裂複製，如神經、心臟、肝臟細胞，例外的是現在可行的皮膚細胞(由嬰兒包皮取得)做成人工皮膚，以及由患者自身的軟骨取得軟骨細胞培養後移植入關節缺損處(屬於一種自體移植)。

另一種細胞來源是最近很熱門的幹細胞(stem cell)。幹細胞是一種未分化的細胞，它在生物體內可幾乎終生保有分裂而且仍不分化的能力，在實驗室裡也能夠將它們大量的培養，並維持於未分化的狀態。更難能可貴的是目前許多科學家已漸漸找出在實驗室將它們分化爲某些特定成熟細胞的方法。這些研究的突破將帶領著組織工程領域奔向一個全新的、充滿希望的將來，這個領域就是目前所謂的「幹細胞爲基礎的組織工程(stem cell-based tissue engineering)」。

一般而言，幹細胞的來源有四：(1)胚胎，(2)流產胎兒，(3)臍帶血，(4)成人的任何組織。前兩者的取得具有道德上的爭議性，前美國總統布希在去年 2008 年之前已定下了研究胚胎幹細胞的規範，我國也有了明確的規範。臍帶血及成人幹細胞則無道德上的困擾。除了來源不虞匱乏之外(人體幾乎任何組織都有分布)，成人幹細胞的最大優勢在於它有可能用在自體移植，我們可以直接從病患身上取得細胞，在體外培養成我們需要的組織或器官，再移植回病人體內，無須擔心因異體移植所造成的排斥，因此目前成人幹細胞成爲組織工程界的重點發展的部分。人體內存在最多，研究也最廣的成人幹細胞來源就是骨髓，骨髓裡有一種幹細胞叫做造血幹細胞(hematopoietic stem cell)，它們專司製造各種血球細胞，如各種白血球、紅血球、血小板，這些血球細胞各有其重要機能，爲人體不可缺少的細胞。近幾年來更發現它們居然也可以發展成神經、肝臟、肌肉等非血液細胞(轉分化能力)。這一來它的未來應用性受到了更大的矚目，大家也受到了無限的鼓舞，將來也許有一天我們不必依賴胚胎幹細胞就可以用自己的造血幹細胞來製造專給自己用的神經、心臟、肝臟等器官。雖然造血幹細胞這種所謂「轉分化(transdifferentiation)」的能力近來受到一點質疑，認爲這種轉分化只不過是細胞融合的錯覺。但是骨髓中另有一種幹細胞叫間質幹細胞(mesenchymal stem cell)，多年來它已被紮紮實實的證實可轉分化爲骨骼細胞、軟骨細胞及脂肪細胞。另外也有少數尚待證實的研究指出它也可轉變成神經細胞、心臟細胞、肝臟細胞。而且這種間質幹細胞比造血幹細胞更容易培養，培養成幾億倍的數目後仍可被引導成骨骼細胞，因此它在組織工程的應用開發上是遙遙領先於胚胎幹細胞及造血幹細胞的。最近更有研究報告指出利用端粒子酵素(telomerase)基因轉殖使間質幹細胞不老化(immortalization)，不但可延長間質幹細胞在培養中的壽命，而且用它們來製造骨骼的效果更好。這個新發現更鼓舞了利用間質幹細胞來進行組織工程研究的希望。

二、支架

組織的構成除了細胞及細胞外液體之外，就是「細胞外基質(extracellular matrix)」了。細胞外基質包含了許許多多不同的分子，其中最重要的當屬膠原蛋白(collagens)纖維。膠原蛋白又分爲很多型，各組織之間或同組織的不同區域所含之膠原蛋白型式會有不同。細胞外基質另外包含許多其他的物質，相互之間會有連結，此部分不在這裡詳述。這些細胞外基質及纖維基本上就是支架，支撐著組織的形狀，正如一棟大樓的鋼構。但是胚胎發育與蓋鋼骨大樓不一樣。胚胎發育是先由受精卵分裂，初期只是一團細胞而已。大約至桑葚期(約 128 個細胞時)細胞才開始製造分泌細胞外基質(初期只是膠原蛋白)。若此時膠原蛋白的合成受到抑制，胚胎的發育就會停頓，可見這些細胞外基質對於細胞的分裂及組織的形成具有絕對重要的角色。

從胚胎發育的過程可以知道要建構一個組織，細胞外基質是不可或缺的。但是組織工程的做法卻是學習蓋房子的做法，先架好支架，再讓細胞依附、生長在支架上，逐漸形成組織。支架的外型可以依照我們所要的形狀來塑造，以適合將來崁入人體組織的缺陷處。支架的來源有很多，大抵可區分爲天然及人工兩類。目前最常用的天然材料是由動物取得的膠原蛋白及一些含水膠質如藻膠、洋菜膠，而人工合成的材料更是多樣，例如目前最被看好的聚乳酸(polylactate)、聚甘醇酸(polyglycolate)。膠原蛋白、聚乳酸、聚甘醇酸等高分子化合物常被塑造成多孔性的結構，如同我們日常使用的海綿的縮影，以便讓細胞進入黏附。基本上這類材料不管天然或人工合成的，必須要細胞喜歡而能黏附上去並生長與分化，材料的硬度及性質儘量符合該組織的特性，植入人體後最好能被漸漸分解而由身體該處組織的基質來取代，材料本身或分解後的產物不會對身體造成毒性傷害，植入後最好不會引起身體的免疫或發炎反應，並與接著部分的原本組織能夠密切而正常的接合。當然這部分是需要化學工程專家的繼續努力來達成。

三、訊息因子

胚胎發育時，左右細胞生長、趨向與分化的另一種很重要的因素就是各種生長因子與荷爾蒙。這些物質與細胞的受體結合後會於細胞內引發一系列的化學反應，而啓動某些基因的表現，影響細胞的許多種行爲，如生長、趨向與分化，個體才得以長成，組織才得以成型。

組織工程的進行除了需要考慮細胞、支架的因素外，缺乏這類訊息因子也難以竟全功。例如要誘導骨髓間質幹細胞分化爲軟骨時，需要加入一種生長因子叫 transforming growth factor-(TGF)，若要誘導它們變成骨骼細胞，則另一種因子叫 bone morphogenetic protein(BMP)有很強的效果。生物學家正努力在研究最好的配方，以引導幹細胞往我們想讓它發展的各種方向去分化，譬如讓它們分化成神經細胞、心臟細胞、肝臟細胞、胰島細胞等等。

26.9 生物技術在工業上的應用

一、醱酵工業

胺基酸、糖、核酸、有機酸、抗生素、萜類化合物等合成與轉變，賀爾蒙、酵素等生產。

二、食品工業

乳糖分解、乳酪、改質油脂、高果糖漿、轉化酶、異麥芽糖等製造，牛乳與食品的殺菌，酒精飲料的製造，消除果汁苦味、包裝食品脫氧等。

三、化學工業

酒精燃料、氫與甲烷氣體的製造、基礎化學工業製品的合成與轉變等。

四、酵素工業

酵素電極法、微生物電極法、酵素免疫測定法等。

五、醫療

酵素治療劑、人造臟器等。

六、環境淨化

苯酚與苯環化合物的分解、硝酸和亞硝酸的還原、BOD 與 CN^-的測定。

七、生物化學

酵素反應機構、酵素機能與構造的分析、生物化學試藥的合成等。

26.10 考　題

一、　發酵工業所用的微生物(Microorganism)包括那些？影響酵素作用之因素有那些？　　(101 年公務人員特種考試身心障礙人員四等考試)

二、　解釋(一)生物資訊學(bioinformatics)。
(二)組織工程(tissue engineering)。　(96 年公務人員、關務人員升等考試)

提示：生物資訊學中，BLAST(Basic Local Alignment Search Tool)是一個用來比對生物序列的一級結構(如不同蛋白質的胺基酸序列或不同基因的DNA序列)的演算法，已知一個包含若干序列的資料庫，BLAST 可以讓研究者在其中尋找與其感興趣的序列相同或類似的序列。例如如果某種非人動物的一個以前未知的基因被發現，研究者一般會在人類基因組中做一個 BLAST 搜索來確認人類是否包含類似的基因(通過序列的相似性)。

三、　解釋基因工程(genetic engineering)。
(96 年公務人員、關務人員薦任升等考試、91 年關務人員薦任升等考試)

四、　簡述酵母(yeast)、細菌(bacteria)及黴菌(mold)之異同。
(93 年關務人員薦任升等考試)

答案：1. 酵母：酵母為 5～12×4～8μ 的單細胞微生物，通常較細菌大，較黴菌小，其出芽法(budding)生殖與黴菌相異不生菌絲或鞭毛。一般與子囊菌同樣方式生成有性孢子，但亦有不生成孢子的所謂無孢酵母，屬於不完全菌類。酵母細胞壁含有 mannans 和 glucans，而黴菌則為 chitin 與 cellulose。酵母在好氧與厭氧條件下均能生長，從食物取得營養後，繁殖而增加其重量，同時營養物大部分被消耗或分解，產生另一類物質。有空氣的地方可以將糖完全氧化而逸出二氧化碳，是為呼吸作用。反之，無空氣的情形下不能將糖完全氧化，產生多量的酒精和二氧化碳，是為醱酵作用。

2. 細菌：細菌為單細胞生物，能獨立生存、增殖，依形態的不同分為球菌(直徑 0.5～4μ)、桿菌(長度 0.5～20μ，寬度 0.5～4μ)與螺旋菌(長度 6μ 以上，寬度約 0.5μ)。

3. 黴菌：黴菌菌體與細菌或酵母不同，為多數細胞組成。

Chapter 27

CHEMICAL PROCCEDING INDUSTRY

發酵技術

27.1 發酵工業技術介紹

27.1.1 發酵工業技術與化學工業技術的關係

一、單元操作

發酵過程與化工單元操作甚爲相近，例如通氣發酵包含微生物、培養基與空氣三種不同相的組合，其他單元操作包括“質量傳送”—空氣中氧轉移至胞體內和“熱傳送”—培養基熱量傳至微生物。

以單元技術操作來分析發酵反應更可充分了解發酵的行爲，但尚不能全盤洞悉。例如發酵規模的擴大，目前雖已採用極高靈敏度的探針來測定溶氧量，進行通氣、非牛頓型態的大規模發酵，但仍以經驗爲主。

二、單元過程

從物理與化學的觀點來看，許多在工業上具重要性的發酵過程都是很普通的反應。發酵過程依其反應機構分類，其中包括還原、簡單與複雜的氧化作用、基質的轉化、型態的改變、水解、分子聚合、合成和細胞的形成。

單元過程分類法將微生物的化學活性與特性分門別類，更重要的是提供合理的方法來研究發酵反應機構。

三、程式設計

發酵可視爲化學上的催化反應，酵素是催化劑，細胞物質則爲催化劑的支座，因此設計發酵過程必須了解化學計量學與反應動力學。在設計批式發酵時較不需考慮該過程的動力學，但於連續發酵時，反應動力學更形重要。

27.1.2 發酵工業與一般化學工業的差別

1. 發酵工業爲一化工單元程序，其各種步驟的應用與化學工業合成程序相似，除了包含生物系統，不同原料的發酵程序相同，由於個別不同微生物的選擇採用，產生相異的產品，可知發酵程序係微小有機生物活動過程的結果。反應步驟少，通常只要一個反應步驟，即可完成一系列化學合成反應。
2. 發酵工業仰賴的原料來自農業資產，化學工業爲煤、石油或天然氣等，前者原料貴與供應不穩定，就節省糧源而言，後者較有利。
3. 發酵工業常伴生大量副產品，精製困難，副產品應用途徑少，影響其經濟性。
4. 發酵工業爲管理生物從事生產，其控制因素複雜，管理與操作等較化學工業困難，而且需要特殊技術，但污染程度較低。
5. 發酵工業的發酵過程短期需 48 小時，較長則爲 96 小時，各項反應均應用各種酵素作用，係高分子反應，反應溫度低，反應速度緩慢。化學工業是離子或低分子反應，在高溫高壓下進行，反應快速，但耗費能源。

發酵工業與一般化學工業的性質比較如下：

性質		生物工業		化學工業
		酵素法	發酵法	化學合成法
製程	反應條件	常溫、常壓	常溫、常壓	高溫、高壓
	消耗能源	小	小	大
	溶劑	水	水	水、有機溶媒
	反應系統	單純	複雜	單純
	觸媒毒性	無	無	有
	特異性	高	高	低
	控制	容易～中等	困難	容易
生成物	濃度	中等～高	低	高
	副產品	少	中等～多	少～中等
	分離精製	容易～中等	困難	容易～中等
設備	自動化	容易～中等	困難	容易
	設備費用	少～中等	少～中等	大
	操作性	簡單	簡單	困難
廢棄物	污染性	低	低	高

27.2 生物反應器

27.2.1 生物反應器種類

特用化學品及食品工業中利用酵素生產甜味料及調味料的情況極多，而這些都是生物反應器利用的對象，另外啤酒、酒類、醬油及胺基酸等發酵工業也是固定化微生物與生物反應極爲適合的應用項目。目前所使用的生物反應器(bioreactor)，大多數係指「固定化酵素反應器」，這是狹義的定義。事實上，廣義的生物反應器應包括培養微生物的發酵槽在內，無論是酵素、動／植物細胞、微生物等各種生體觸媒，以游離態或固定化態來進行有用物質生產的系統均是生物反應器的範圍。

生物反應器泛指一切可以用來讓生物進行特定生化反應的裝置，其種類相當廣泛，諸如：酵素反應器、生化發酵槽等。在規模上，以微生物培養中的生化發酵槽而言，小至洋菜培養皿、震盪搖瓶，大至數百升、數噸的發酵槽，均可稱爲生物反應器。一個優良的生物反應器必須提供結構簡單、操作方便、動力消耗低以及可以長期操作而不容易污染的要求，對於好氣性的發酵培養，良好的氧氣質傳能力以及液相混合效果等更是要求的重點。一般常見的生物反應器，依照幾何結構的不同可以大略區分成：

1. 攪拌槽式反應器(stirred tank reactor) ← 攪拌槽式
2. 氣泡塔式反應器(bubble column reactor)
3. 氣舉式反應器(air lift reactor)
4. 改良式氣舉式反應器(modified airlift reactor)

（2.～4. ← 塔式反應器）

除了攪拌槽式的反應器之外，其餘的皆可被歸類爲塔式氣動式反應器(tower type pneumatics reactor)。氣動式反應器是藉由反應器內氣體流速大小的不同，造成反應器內局部的密度差，而使液體產生循環流動，達到均勻混合以及提供充足氧氣等目的。以上四種反應器各有其優缺點與適合應用的範圍，以下分別針對其特性作一個介紹與說明：

一、攪拌槽式反應器(stirred-tank reactor)

攪拌式發酵槽乃是利用機械攪拌方式提高發酵槽的質傳效能，增加發酵液中的溶氧量，營造一個適合好氣性微生物生長的環境。傳統的攪拌槽是一個由攪拌翼組及數片擋板所構成的攪拌系統，所需的空氣通常由槽底的氣體分散器(sparger)通入槽中，藉由攪拌翼的旋轉與擋板的配合使氣泡及流體均勻分佈於發酵槽中，故具有高氣液質傳能力及流體混合佳等特性。此外，爲了保溫或去除發酵熱通常必須在槽體外裝設套層(jacket)；必要時則在槽內裝設冷卻管(cooling coil)，並視發熱量的多寡來決定冷卻管的長度。冷卻管除可冷卻發酵液保持其系統恆溫之外，亦可做槽內發酵液滅菌時通蒸汽之用。

過去化學工業上攪拌式反應器使用十分普遍，尤其對於高黏度的流體系統則更爲適用，而在發酵工業上，此類反應器亦經常被用來進行微生物的培養，雖然目前攪拌式發酵槽已普遍地應用在好氣性發酵程序上，但仍存在著一些缺點，例如在細胞的培養上，快速攪拌時攪拌翼附近所產生的高剪應力極可能會對細胞造成傷害，對細胞的生長形態、代謝、成長速率及產物的產率都會有很大的影響。

二、氣泡塔式反應器(bubble column reactor)

氣泡塔除了幾何結構上高度對半徑比較攪拌槽式反應器大很多之外，也沒有攪拌的裝置，而是利用氣泡上升的動力，幫助氣－液二相或氣－固－液三相的混合，主體其實只是一個圓柱型的槽體，由改變底部通入的氣體流量來操控混合及溶氧程度。主要的優點包括：

1. **結構簡單**

   氣泡塔只有單純的氣體進出，沒有轉動軸承的密封問題，減少殺菌時的死角、避免外界環境污染。

2. **剪力較低**

   由於沒有攪拌翼，環境的剪力甚小，適合應用在對剪力敏感的菌體發酵或動、植物細胞組織培養上。

3. **低功率消耗**

   氣泡塔完全利用氣體的動量來做氣－液的混合，不需攪拌，馬達的能源消耗大大降低，因氣體為壓縮儲存，可以忍受短時間的能源中斷。

4. **無機械性產熱**

   發酵時，氣泡塔中的產熱來源只剩下菌體代謝所造成，加上有很大的氣－液接觸面積，因此槽體的溫度相當容易控制。

   然而氣泡塔的缺點在於減少機械攪拌效果，使得氣液混合不良，以及較差的氧氣質傳能力。發酵程序屬於高好氣性或發酵液黏度較高時，則往往無法有效提供氧氣質傳，降低生產效率。若不斷提高通氣量，除了增加空氣壓縮機負荷，亦會使起泡現象更為嚴重，對提昇質傳的效果有限。

三、氣舉式反應器(air lift reactor)

氣泡塔反應器內部加裝一實壁導流管，改進氣泡塔內部紊亂的流態，成為所謂的氣舉式反應器。因為藉由內管的導流作用，可使進入反應器內部的氣體，與其所帶動的流體做一穩定的循環流動。和氣泡塔相比，因為實壁內管的導流作用使得氣舉式反應器的軸向混合較好。至於在實際發酵上，氣舉式反應器所需的能量消耗約為攪拌槽的一半。

四、網狀導管氣舉式反應器(air lift reactor with wire-mesh draft column)

1. **單網管氣舉式反應器**

   由於利用網狀內管取代實壁內管，反應器內的大氣泡被網管切割後成爲較小的氣泡，使得氣液接觸面積增加，而產生較好的氧氣質傳能力。

2. **雙網管氣舉式反應器**

   單一網管反應器雖然能有效提高氧氣質傳能力，但在較低氣體表面流速(<2.42cm/s)時，氣泡沒有足夠動量衝破網管，使其容易在網管內融合成較大的氣泡，加速向上逃逸，造成質傳與混合的效果不好。

   利用雙網管反應器即可改善單一網管反應器的缺點，此種設計是將氣泡侷限在兩網管環狀夾層內，使其上升路線、流體流動路線及網管方向平行。氣泡在上升的過程中，不斷和內網管或外網管壁藉由磨擦、撞擊撕裂氣泡。雙網管反應器能改進單網管反應器的缺點，而且在低氣體流速時也能有良好的氧氣質傳能力。

3. **多重網狀導流板氣舉式反應器**

   在傳統的氣泡塔式反應器加裝數個網狀導流板，成爲多重網狀導流板之氣舉式反應器。此種反應器的優點在於氣體質傳與液相混合的效果良好，是氣動式反應器中表現最爲優異的。

27.2.2 液相混合時間(t_{mix})

反應器具有良好液相混合性能，可使培養基與菌體均勻混合分布以及避免局部的質傳限制。因此在評估反應器性能時，常藉助量測反應器內的混合時間來得知其混合性能。混合時間(mixing time)是最常被用來評估一個系統混合程度優劣的重要參數，其定義爲：當加入一物質於流體中，經由混合的過程，使其達到一定程度的混合所需要之時間。一般混合時間的求取方法，通常是在反應器內的流體中注入少量的追蹤劑(tracer)，記錄反應器內液體性質或追蹤劑濃度的變化曲線來得到。目前常用的追蹤劑有許多種：

1. 電解質爲追蹤劑的電導度法(conductivity method)。
2. 酸或鹼爲追蹤劑的酸鹼度法(pH method)。
3. 螢光劑爲追蹤劑的螢光法(fluorescence method)。

4. 熱量爲追蹤劑的溫度分布法(temperature distribution method)。
5. 放射性同位素來追蹤的同位素法(isotope method)。

27.2.3 氣體占有率(ε)

氣體占有率(gas holdup，ε)爲氣體在反應器之液相中所占有的體積分率，它爲反應器中氣－液接觸表面積大小及氣泡停留時間的一種間接指標。較高的氣體占有率，一般被認爲是反應器中的氣泡，具有較小的直徑及分散效果，或者是在反應器中有較長的停滯時間。

氣體占有率的量測方法就簡便性及正確性來考慮，以體積膨脹法是較爲常用的方法。於通氣前後，各測量一次反應器內的液位高度，因反應器外管的截面積固定，故通氣前後之液位高度值比例，即代表通氣前後的流體體積比例，依下式即可算得氣體占有率：

$$\varepsilon = \frac{V_f - V_i}{V_f} = \frac{h_f - h_i}{h_f} \quad (27.1)$$

其中 h_i 爲通氣前之液位高度；h_f 爲通氣後之液位高度。

27.2.4 體積質傳係數(k_{La})

在設計生物反應器時，氧氣質傳速率是反映反應器性能最重要的指標。另外在探討氧氣傳遞時，體積質傳係數(k_{La})是一個非常重要的定量因子。

氧氣由氣泡傳送到細胞需要經過一連串的質傳過程，每一個過程都有阻力存在，而這些阻力的大小會受到溫度、細胞特性、溶液組成與介面現象等的影響，圖 27.1 就是氧氣主要的傳遞路徑：

1. 氣泡內的氧氣傳送到氣－液界面上。
2. 氧氣穿透氣液界面。
3. 氧氣分子由鄰近於氣相外的液相層擴散到完全混合的液相中。
4. 溶質分子由液相(bulk liquid)中傳送到細胞周圍的液相層上。
5. 擴散進入此液相層內。
6. 擴散通過細胞表面。

7. 溶質進入細胞中，然後被細胞所使用，其中當氧氣從氣泡質傳到液相層時的速度最慢，所以第(3)步驟爲氧氣質傳的速率決定步驟。

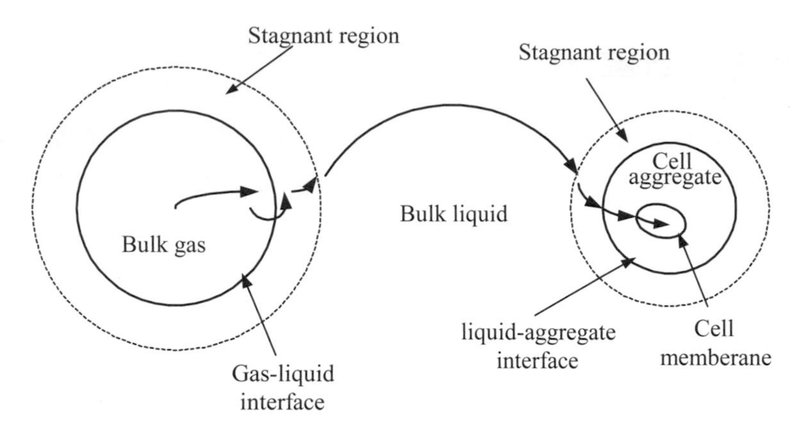

圖 27.1　氣泡至細胞的氧氣傳遞路徑

在解釋氧氣在氣相－液相界面間的質傳現象，常依據雙層膜理論(two film theory)。它假設氣－液的界面兩側，各存在一層氣膜及液膜，如圖 27.2 所示。在此二膜之內，均存在著氧氣的濃度梯度，而膜外則分別假設爲混合均勻的氣相及液相。氣液質傳的阻力主要來自於這兩層膜內氧氣的分子擴散(molecular diffusion)，因此膜內的氧氣濃度梯度呈線性變化。

依擴散定律(Fick's law)，氧氣的質量通量(mass flux) J_{O_2} 分別與氣膜、液膜內之濃度梯度(ΔC)成正比，而且氣相與液相的氧通量相同。因此：

$$J_{O_2} = k_G(C_G - C_{Gi}) = k_L(C_{Li} - C_L) \quad (27.2)$$

其中 k_G 爲個別氣相質傳係數(individual mass transfer coefficient for the gas phase)、k_L 爲個別液相質傳係數；C_G、C_L 分別代表氣相、液相的氧分子濃度；C_{Gi}、C_{Li} 則分別是氣液界面上，氣側及液側的氧分子濃度。

其中 C_L^* 爲液相溶氧飽和濃度，K_L 爲液側總體質傳係數(overall mass transfer coefficient for the liquid side)。

由於氣液界面上，氧濃度處於平衡狀態，因此氧通量可以表示爲：

$$J_{O_2} = k_L(C_{Li} - C_L) = K_L(C_L^* - C_L) \quad (27.3)$$

另外，對於氧氣此一微溶性氣體而言，氣相與液相平衡時的氧濃度可以依亨利定律(Henry's law)，而有如下的關係：

$$C_G = HC_L^* \text{ .... } (27.4)$$

$$C_{Gi} = HC_{Li} \text{ .... } (27.5)$$

將方程式(27.3)、(27.4)、(27.5)代入方程式(27.2)，整理可得：

$$\frac{k_G H}{K_L} = 1 + \frac{C_{Li} - C_L}{C_L^* - C_{Li}} \text{ .... } (27.6)$$

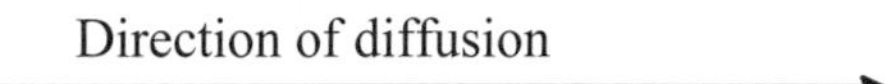

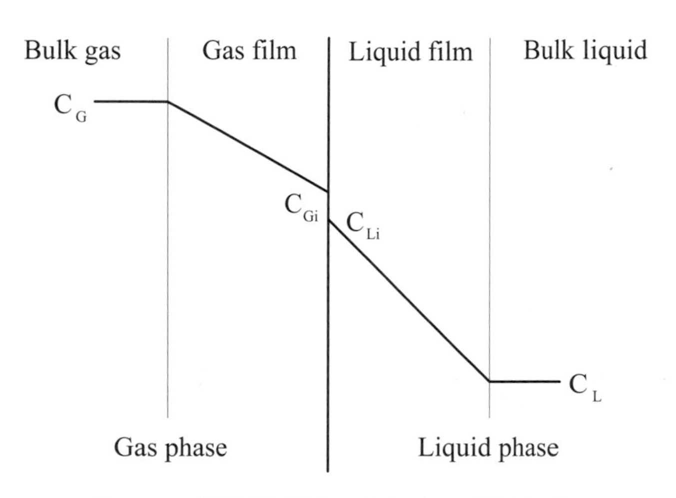

圖 27.2　雙層膜理論下之氣液界面示意圖

再經由方程式(27.3)及(27.6)可以得到：

$$\frac{C_{Li} - C_L}{C_L^* - C_{Li}} = \frac{K_G H}{K_L} \text{ .... } (27.7)$$

將方程式(27.7)代入方程式(27.6)即得到：

$$\frac{1}{K_L} = \frac{1}{K_G H} + \frac{1}{K_L} \text{ .... } (27.8)$$

對於氧氣而言，溶於水中的亨利常數(H)約為 30，而且在常溫常壓下 K_G 遠大於 K_L，因此方程式(27.8)可化簡為：

$$\frac{1}{K_L} \cong \frac{1}{K_L} \text{ .... } (27.9)$$

由上式可知，氣液質傳的阻力主要是來自液膜阻力。氧氣質傳速率爲氧質量通量乘以質傳比面積(a)，a 爲每單位體積液體的氣液相介面面積，所以：

$$\frac{dC_L}{dt} = K_L(C_L^* - C_L) \cdot a = K_La(C_L^* - C_L) \quad (27.10)$$

其中 K_La 即代表總體氧氣質傳係數。由上式可知，K_La 愈大，則表示氣液間氧氣質傳速率愈快。

反應器內氧氣濃度的質量平衡：

$$\frac{dC_L}{dt} = K_La(C_L^* - C_L) \quad (27.11)$$

將上式對時間從 0 到 t 積分可得：

$$\ln\left(\frac{C_L^* - C_L}{C_L^* - C_{L0}}\right) = -K_La \cdot t \quad (27.12)$$

其中 C_{L0} 爲初始的溶氧濃度，而以 $\ln\left(\frac{C_L^* - C_L}{C_L^* - C_{L0}}\right)$ 對時間 t 的圖形經線性回歸後，取其斜率的負值，即可得到 k_{La} 值。

27.3 殺　菌

27.3.1 濕熱殺菌法

濕熱殺菌法即爲蒸汽殺菌法，其殺菌原理主要是藉由高溫使菌體的核酸退化(degradation)或其蛋白質變性(denaturation)，爲目前最常用與最有效的殺菌方法。此種殺菌法通常以兩種方式進行：一爲直接注入，二是夾套加熱。前者是將蒸汽直接注入培養基或發酵槽等設備內，後者則爲蒸汽通入一夾套後，利用夾套進行熱交換，提高溫度以達殺菌效果。

27.3.2 乾熱殺菌法

乾熱殺菌法是利用熱空氣來進行殺菌，殺菌原理與濕熱殺菌法相似，其作法係在烘箱通入熱空氣，將培養基放入，並於有效殺菌溫度下持續一段時間，達到一定程度的殺菌效果。一般而言，由於微生物在乾熱空氣中的抗熱性比濕熱空氣高，其殺菌效率差，常需要更高的溫度(180℃以上)或更長的時間才能使菌體死亡。

27.3.3　化學方法

消毒劑與殺菌劑等化學藥劑可用來殺菌，其原理是將菌體結構破壞，常見殺菌藥劑有含氯的化合物(漂白劑)、福馬林或酒精(以濃度 70%效果最佳)等，通常培養基不考慮使用化學方法殺菌。

27.3.4　過濾法

過濾法可用於氣體或液體殺菌，一般多用在空氣除菌上，其原理是將菌體除去，而未予以殺死。

27.3.5　放射線法

常用的方法有γ射線與紫外光照射法兩種，其原理是將菌體長期曝露在射線下，破壞菌體內的去氧核醣核酸(DNA)。

27.4　發酵槽量測

發酵槽基本過程變數與量測方法如下：

過程變數	量測方法	說明
壓力	覆膜傳感器	好用
功耗與扭力	測定扭力與轉速	計算功耗，適於小反應器
	軸扭力表	準確但昂貴，易受熱與溫度變化影響
泡沫高度	電導或電容插頭	目前應用較多
空氣流量	孔板	簡單
	流道面積變化流量計	準確可靠，用於小反應器
	熱質量流量計	直接出電信號，在潔淨狀態下使用良好
黏度	毛細管黏度計	需累積經驗分析
pH 值	玻璃電極	分為插入式耐熱滅菌與抽拉式化學冷滅菌兩種，前者可耐 20～30 次熱滅菌，後者使用期可達 1～2 年以上
氧化還原電位	Pt 與 Ag/AgCl 電極	在實驗室級應用，但測量值受溶氧量與 pH 值影響

溶氧量	原電池型	簡單便宜，適於中小型反應器，耗氧較大，受流動與氣泡影響
	極譜型	需極化電壓與放大器，耗氧較小，受流動影響小
溶二氧化碳量	覆膜電極	Ingold 可消毒，對數響應

常用的控制方法是反饋調解(feedback regulation)，其過程如下圖：

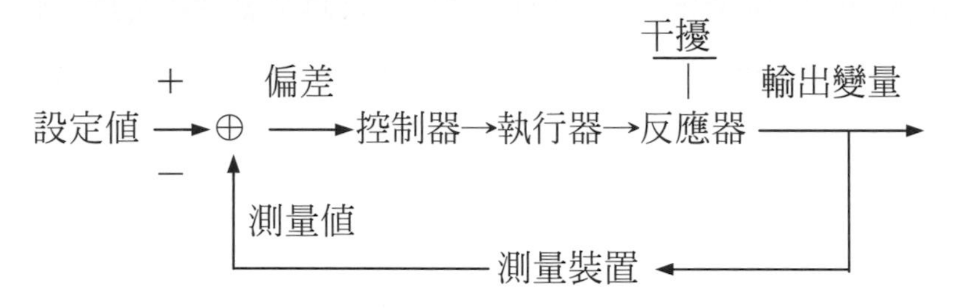

27.5 發酵工業應用

27.5.1 麩酸(glutamic acid)發酵

一、培養條件：培養基組成

1. **碳源**

通常使用葡萄糖、蔗糖、果糖、麥芽糖、木糖等碳水化合物，其中以葡萄糖和蔗糖爲最佳，工業上則常用澱粉的酸糖化液或酵素糖化液與甘蔗糖蜜、甜菜糖蜜等糖質原料。培養基的初糖濃度爲 5～10%，並在培養期間以追加糖液的方式，促使糖濃度達到 12～16%，而於發酵液生成 6～8%的麩酸。

2. **氮源**

通常使用硫酸銨、氯化銨、磷酸銨等無機銨鹽或氨水、氨、尿素等作爲氮源。爲了生產多量麩酸需要高濃度 NH_4^+，但發酵培養基的氮源濃度過高時，會阻礙菌體生長與麩酸生成，一般以較低的初濃度開始培養，然後於發酵過程適宜分批添加。

3. **無機鹽**

一般使用於麩酸發酵的無機鹽有 K^+、Mg^{2+}、Fe^{2+}、Mn^{2+}等陽離子與 PO_4^{3-}、SO_4^{2-}、Cl^-等陰離子，這些無機鹽類的使用量爲 KH_2PO_4 0.05～0.2%、K_2HPO_4

0.05～0.2%、$MgSO_4 \cdot 7H_2O$ 0.025～0.1%、$FeSO_4 \cdot 7H_2O$ 0.005～0.1%、$MnSO_4 \cdot 4H_2O$ 0.0005～0.005%或 K_2SO_4 0.01～0.3%、$FeCl_3 \cdot 6H_2O$ 0.0005～0.001%、$CaCO_3$ 0.5～4%等，其中對麩酸的生成影響最大的金屬離子為 K^+、Fe^{2+}、Mn^{2+}。

4. **生長因素**

上述各種麩酸生產菌對生物素(biotin)都有要求性，故在培養基中必須添加適量的生物素。這些菌珠中一部分除生物素外，也要求添加硫胺素(thiamine)。又添加游離胺基酸 0.05～0.20g/dl，可以使發酵菌生長良好，發酵順利進行。

(1) pH 值：培養基的 pH 值對菌株的增殖與生理活性有密切關係，通常麩酸生產菌的生長以中性至微鹼性的 pH 值為佳，而麩酸的生成亦以 pH 值 7.0～8.0%為最適範圍。

(2) 通氣攪拌：利用糖質原料的麩酸發酵，在好氣條件下始能成立。一般麩酸生成最適通氣條件為溶解氧氣速度常數 $K_d = 3 \sim 5 \times 10^{-6}$ g・mole of O_2/atm・min・ml。在氧不足條件下，麩酸的生產量甚少，而代之生成多量的乳酸或琥珀酸。相反地，氧供給過量時，則會增加α-ketoglutaric acid 的生成量。

(3) 溫度：一般麩酸發酵的最適溫度為 30～35℃。

二、工業生產製程

通常主發酵槽將已經過殺菌的培養基注入後，接入種菌，然後通入無菌空氣，同時加以攪拌，使空氣中的氧氣均勻溶解於發酵液中。發酵生產菌吸收糖分、氨(尿素被酶 urease 分解)與氧氣而增殖，進行代謝作用，因培養基的 pH 值下降，必須添加氨調節維持適當的 pH 值(通常 pH 值為 7～8)，氨能同時供應菌種的增殖與麩酸的生成及中和 pH 值之用。在菌體內，糖分被代謝成為 α-ketoglutaric acid，其次經過 reductive amination 與 transamination 反應生成麩酸，再透過細胞膜而排出於菌體外，蓄積在培養液中(通常發酵完成後，游離 L-麩酸的濃度為 5～8g/dl)。然後從發酵液分離麩酸，經過精製、中和後，即可得麩酸鈉鹽(MSG，mono sodium glutamate)的結晶。

從發酵液分離 L-麩酸的方法有：除去菌體的發酵液直接晶析法、離子交換樹脂採取酸性區分法、發酵液不分離菌體直接回收 L-麩酸法與麩酸鈉鹽的形狀晶析回收法等。

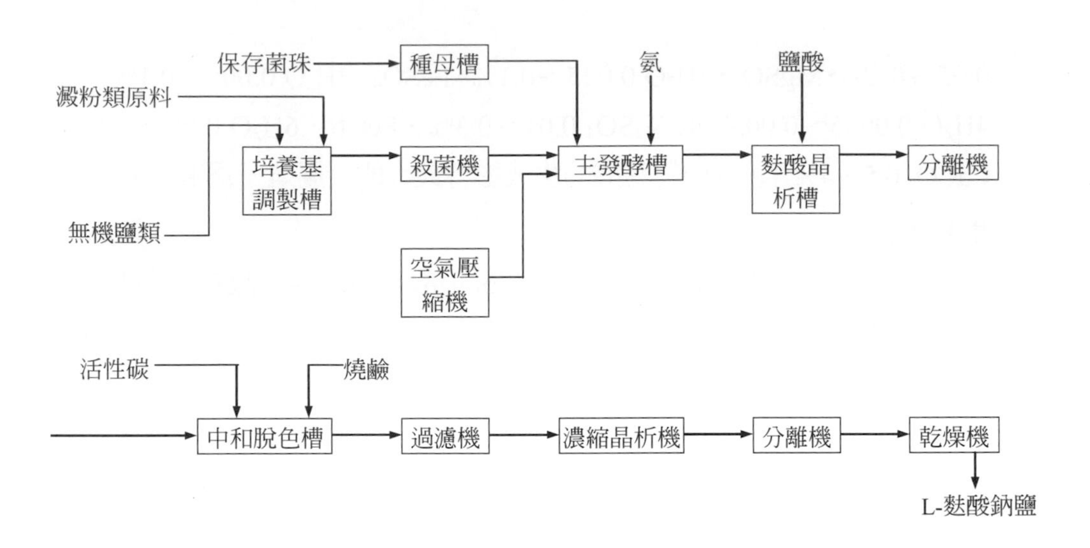

27.5.2 高果糖糖漿

高果糖糖漿的生產製造概分為兩大部分，一為酵素反應工程，其目的是原料澱粉轉化成果糖，包含液化、糖化與異構化反應等。另一為精製工程，其目的是將糖液內的雜質去除、純化與濃縮，包含過濾、脫色、離子交換、濃縮和葡萄糖／果糖分離。

一、液化工程

利用 Thermoheater 將蒸汽高速噴入，與澱粉乳迅速混合加熱，迫使澱粉分散糊化完全，利於液化酵素分解澱粉。

二、糖化工程

利用 Glucoamylase 將液化反應後的麥芽糊精繼續作用，促使轉化成葡萄糖。

三、異構化工程

異構化工程是將葡萄糖分子轉化成果糖分子。

四、過濾工程

澱粉糖化後，因尚含有少量的蛋白質與脂肪，經過濾工程予與去除。

五、脫色工程

脫色工程是將糖液去除顏色與脫臭。

六、濃縮工程

濃縮工程是去除糖液內多餘的水分。

七、葡萄糖／果糖分離工程

利用葡萄糖／果糖分離設備將葡萄糖和果糖分離。

27.5.3　有機化學品發酵

一、醪的組成

1. **主原料**

   發酵醪的主原料濃度依菌種本身的容忍限度，澱粉質原料多以 6～8%，糖質原料則為 5～6%。

2. **副原料**

   (1) 有機質副原料：油餅類、殼類或植物莖葉類都可以使用，例如脫脂米糠、棉實餅、菜籽餅、落花生餅、大豆餅、椰子油餅、congluten meal、甘藷蔓、酒糟、醬油糟等，一般用量隨主原料而異，大約對醪 0.3～0.5%。

   (2) 無機副原料：大部分皆用硫酸銨與石灰石粉，用量約 0.3%。

二、蒸煮與殺菌

先將副原料加 20 倍左右的水，完全溶解後送入蒸煮機，在 30 lb/in^2 下蒸煮 1 小時，再送進完全殺菌的發酵槽中。接著主原料放入發酵槽，加水、開放蒸汽攪拌至完全溶解，又加入無機副原料，促使溶解完全。以石灰乳調節 pH 值，並送進蒸煮機，在 15 lb/in^2 下蒸煮 30 分鐘後，送入發酵槽。最後剩餘的水分亦於 15 lb/in^2 下殺菌 30 分鐘，再送進發酵槽內。

三、發酵醪的冷卻

醪以 5 lb/in^2 的無菌空氣送入發酵槽冷卻，此時槽內部為真空狀態，亦引起外部冷卻水的侵入，至醪送完後，開始攪拌冷卻。冷卻時發酵醪的壓力需以無菌空氣加壓 3～5 lb/in^2，至冷卻到 36℃，將槽中壓力改為常壓。

四、接種發酵

已純化的菌種接入培養基，經 33℃保溫至發泡旺盛(約 15～17 小時發芽，30 小時發泡旺盛)，1c.c.培養基傾入 250c.c.培養瓶內，貯存 120c.c.第一次更新培養液；經保溫培養 22 小時，進行第二次更新培養(培養液為 5 公升)；再經 20 小時後，接入 270 公升種母槽培養 20 小時，最後移進發酵槽行發酵。

27.5.4 酵母製造

食料和飼料的工業製造可分為三個步驟，即原料處理、酵母繁殖與成品回收。

一、原料處理

糖蜜先計量、稀釋、預熱後，用高速離心分離機分離淨化，再送入連續殺菌器殺菌。

副料中使用尿素和硫酸銨為氮源，過磷酸鈣為磷源，此兩種副料分別溶解、殺菌後，可與主原料或分別直接送到發酵槽供應酵母繁殖。

二、酵母繁殖

純粹培養的菌種先經試管斜面培養、振盪培養，再由數段種母槽培養，然後接種至繁殖槽大量培養。初期為堆積培養，經相當時間酵母濃度增高，成熟醪即送進酵母分離機進行連續發酵。繁殖過程隨時加以攪拌，通入空氣，並嚴格控制 pH、溫度、稀釋率、濃度等酵母繁殖生長條件。

三、成品回收

由發酵槽抽出的成熟醪送到分離機分離濃縮，水洗分離濃縮三次，然後送至雙滾筒乾燥機乾燥，所得酵母薄片含水分約 7%，粉碎、篩析或壓製成型，即得成品。

27.5.5 檸檬酸製造

檸檬酸為用途最廣的有機酸之一，其主要用途是作為碳酸飲料、果漿、果凍與其他食品中的酸化劑，另一大量用途為醫藥界，包括檸檬酸鹽和起泡鹽的製造。工業用途包括作為離子鉗合劑緩衝液的檸檬酸與乙醯三丁基檸檬酸鹽，為一種乙烯樹酯塑化劑。檸檬酸藉粗糖或玉米糖利用特殊的黑黴菌行好氧發酵而得，總反應式為

$C_{12}H_{22}O_{11}$(蔗糖)+H_2O+SO_2 → $2C_6H_8O_7$(檸檬酸)+$4H_2O$

$C_6H_{12}O_6$(右旋糖)+$1/2O_2$ → $2C_6H_8O_7$(檸檬酸)+$2H_2O$

27.5.6　酒精製造

植物主成分中植物纖維(包括纖維素、半纖維素、木質素)約占植物質量的 80%，澱粉與醣類則占 20%，纖維中的纖維素與半纖維素約占 50～60%。纖維素與半纖維素可分解爲六碳糖與五碳糖，都可做爲酒精生產原料。纖維素轉化爲六碳糖，而六碳糖又進一步轉化酒精，其機制類似澱粉與醣類，五碳糖轉化爲酒精的瓶頸多，但纖維物料的含量大、取得成本低以及利用率低的特點，因此目前科學家已將酒精生產原料目光投向低利用率的纖維素與半纖維素上，尤其加強五碳糖轉化酒精的技術，藉以提高植物轉化酒精的產率，減少能源作物與人類爭糧的爭議。

圖 27.3 表示纖維轉化酒精製程之流程圖，可分爲前處理、水解製程、發酵製程與酒精純化。以纖維生物質(cellulosic biomass)尤其是農業廢棄物(如：稻桿、麥桿、蔗渣)，做爲酒精生產原料，必須對這些生物質先加以處理，以利後續生產製程的進行。即爲前處理(pretreatment)流程，將生物質中的主要成分，包括：半纖維素、纖維素、木質素及相關萃取物(如：稻桿中的 SiO_2)加以溶解及分離的步驟。目前市面上有關酒精生產的前處理方法大致可區分爲物理、化學及生物方法三大類。

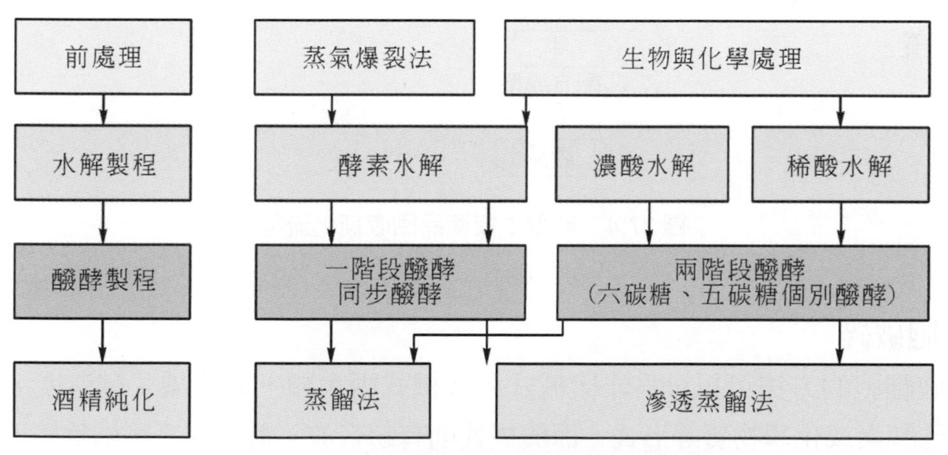

圖 27.3　表示纖維轉化酒精製程之流程圖

27.6 分離純化生技產品技術

圖 27.4 爲一典型生技產品分離純化的流程，首先針對原料進行固液分離，去除不溶的雜質使原料澄清便於處理，或是將細胞和培養基分離。若是欲純化的物質存在於細胞內，則需進行細胞打破，釋出欲純化的原料，而後爲初步純化及進一步純化，最後經由配方製成產品。

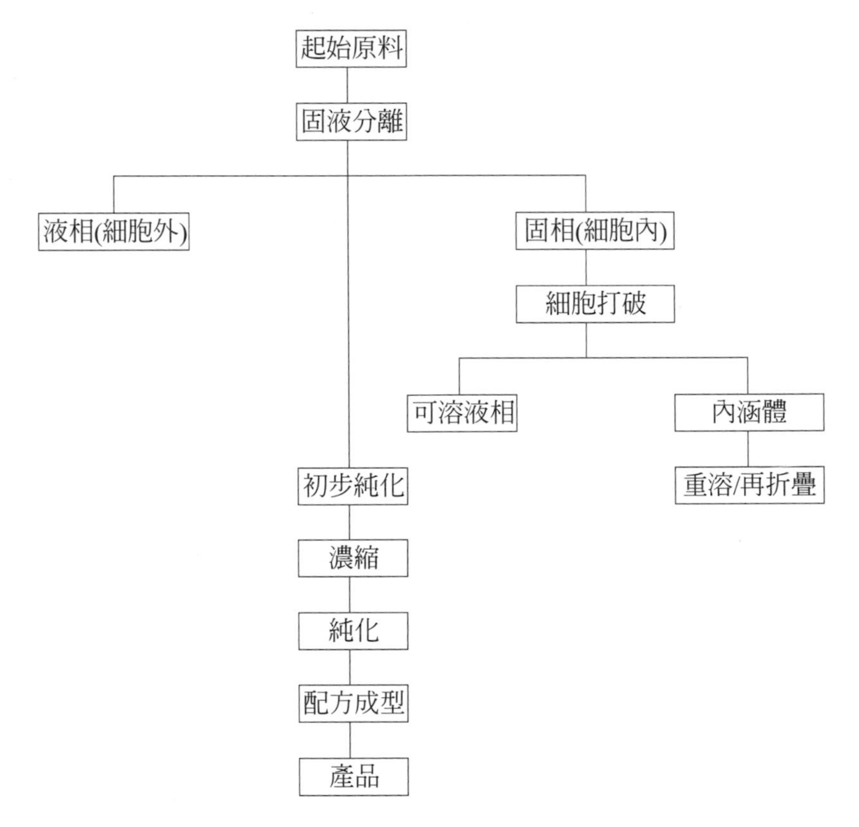

圖 27.4　典型生技產品回收純化流程

一、細胞破碎

打破細胞的方法可以分爲非機械式和機械式兩大類，非機械式有溫度、壓力改變、特殊酵素或化學物質等形式，而機械式則有超音波、剪力或高壓衝擊等形式。表 27.1 列出各方法的優缺點，一般而言，非機械式打破細胞較具特異性，但在大量操作時需考慮其他問題如成本(如用酵素方式)，加入物之處理(如用化學物質方式)。若要大量打破細胞仍是以珠粒磨碎機和高壓均質機方式爲多。若爲了考量機械操作時之熱轉換和操作時間問題，亦可結合非機械式，如 pH 或溫度改變，使得部分細胞壁組織變弱再進行機械式的完全細胞打破，如此機械操作次數及操作壓力皆可降低。

表 27.1 各種打破細胞方法的優缺點

原理	形式	優點	缺點	應用實例
溫度	・高溫、低溫冷凍／解凍	・操作簡單、便宜	・蛋白質可能失活	・動物細胞
滲透壓	・滲透衝擊			・血球細胞
酵素	・溶解酵素、水解酵素	・具專一性	・大量操作成本貴	・細菌
化學物質	・酸、鹼 ・有機溶劑 ・detergent ・metalion ・chaotropic agent ・chelating agent	・具專一性	・蛋白質可能失活 ・加入化學物質後續處理	・細菌 ・酵母菌 ・membrane bound ・enzyme ・內涵體 ・含 plasmid DNA 之 E.coli
超音波	・振盪 (sonicator)	・機器緻密	・熱轉換不易 ・大量操作不易	・Pseudomonas
剪力磨碎	・旋轉均質機 (homogenizer) ・珠粒磨碎機(dyno-Mill)	・冷凝效果好 ・破碎效率佳	・操作滯留時間長	・酵母菌、孢子 ・微藻
高壓	・French press ・高壓均質機 ・衝擊(impinge)	・操作滯留時間短 ・破碎效率佳 ・易放大	・熱轉換不易	・E.coli

二、固液分離與回收

固液分離或回收最主要的目的是將欲純化的物質集中在某一相，使濃度增加，便於往後步驟之進行。根據欲純化物質本身存在的相位及特性，經常選用的固液分離與回收方法有離心、過濾和萃取。

1. **離心**

   離心是一溫和、不影響產品活性回收率的技術，在一定的離心力和介質下，不同大小的物質因其沉降係數不一樣，而達到分離效果。當然亦可藉助於外加的膠凝劑，例如無機鹽、細菌衍生物或聚合電解物改變某些成分的沉降速率使分離效果更好。

因不同的離心目的，離心機和轉筒可分爲低速離心(<6,000 rpm)，高速離心(6,000～20,000 rpm)和超高速離心(>20,000 rpm)，可配合柱型定量或連續式進行離心。連續式離心方式(10～600 L/hr)常是爲處理較大量的樣品，現商業產品中已有既可就地清洗亦可利用 in-dwelling 刮削片配合慢轉速將連續式離心後之產品直接排出的設計，促使方便處理如疫苗和血漿分層等產品。所以可利用離心方法去除樣品中的細胞碎片、沉降內涵體、濃縮固或液相，或利用梯度介質純化產品。

2. **過濾**

過濾是一很傳統的固液分離技術，將樣品泵過一個具特別孔徑的多孔濾膜，理論上大於孔徑的物質留在 retentate，小於孔徑的物質穿過濾膜成爲過濾液。經由不同的濾膜選擇，可以在 filtrate 或 retentate 得到想要的物質。例如微過濾系統(eg. 0.45μm)將已釋放至細胞外的蛋白質 supernatant 和動物細胞分離開，或是利用超過濾系統(100～500kDa)將 MW 大於 100kDa 以上之質體核酸和蛋白雜質分離開等。

過濾技術依膜孔徑大小可分爲微過濾、超過濾、奈米過濾及逆滲透，微過濾處理 0.1～10μm 的粒子；常用的膜有 0.1、0.2、0.45μm 等均勻對稱孔狀結構。超過濾處理 0.1μ～1nm(MW：1,000～200,000Da)的粒子，其濾膜表層不對稱；常用的超過濾膜其 MWCO(切割分子量)有 5K、10K、30K、50K、100K、300K、500K 等孔徑可供選用。

3. **萃取**

萃取乃藉引入另一萃取劑液相，使產物與雜質在二液相中的分配不同，而將位於某一相中之特定物質選擇性溶出，達到萃取之目的。液相-液相萃取技術原是應用於很多自發酵液中分離抗生素和有機酸之方法，但適當萃取相溶劑之選取，亦可應用於蛋白質及病毒載體的分離並保有其原來的活性。通常二水相分配萃取密度較小的上層相含疏水性較高的聚合物(例如 PEG)或界面活性劑(例如 Triton)；密度較大的下層相則含親水性好的鹽。常見的二水相萃取系統有 PEG/dextran；PEG/phosphate；methylcellulose/hydroxypropyl dextran；PEG/hydroxy-propyl starch；PEG/polyvinyl alcohol 等組合。

另一被應用於蛋白質純化的液相萃取方法是逆微胞萃取，此乃利用一有機相和表面活性劑的引入，將原存在水相中的某蛋白質萃取至有機相中由表面活性劑形成的微胞內，這些微胞可經由離心或過濾分離出，而後再利用第二水相將蛋白質自微胞中萃取出。一般蛋白質在有機溶劑中的活性不易保存，但藉著帶負電性或正電性的表面活性劑所形成的 water-in-oil microemulsion droplet 的保護，可維持相當的溶解度與不失去性。

三、純化

經過了細胞打破及固液分離步驟後，一般欲純化物質所在的環境體積仍相當龐大，而且產物濃度亦不高；在經濟成本考量下，希望能迅速地將操作體積降低，並提高產物濃度，更希望能去除最大部分的雜質，進而得到一個純化的產品，下面就介紹兩個常用的純化技術。

1. 沉澱

沉澱是一種利用添加沉澱劑或改變溫度，使得溶液中產物或不純物溶解度降低，形成固相而達成分離效果的方法。選擇適當的物質濃度及沉澱劑濃度，在某一溫度及 pH 操作條件下沉澱得以產生，而操作方式除了一次沉澱亦可採用分段式沉澱，使純化倍數提高。沉澱法的優點在於操作簡單，成本低廉，並有濃縮(體積可少 10～50 倍)的效果。缺點則包括沉澱劑的處理，及蛋白質可能會變性失活的問題。有些蛋白質因親水、疏水性，大小(形狀愈小，溶解度愈好)，或外在化學、物理環境之變化，一旦沉澱後無法再回溶至液相，如此則需改變操作條件或捨沉澱法改用其他純化方法了。

2. 液相層析

液相層析因具多選擇性及高解析度，爲最常使用於蛋白質及基因治療產品純化的技術。液相層析是藉著一靜止相的凝膠及一流動相的緩衝液搭配，使產物及不純物能因相互作用之差異而達到分離純化效果的方法。此純化方法在操作過程中不會產生熱，而且操作條件接近生理狀態，對純化物質的活性影響小，常見的層析凝膠有凝膠過濾、離子交換、疏水作用、逆相層析、親和性凝膠及等電點聚集等類。不同類的凝膠在不同材質矩陣上帶有不同的官能基，和欲純化物間經由氫鍵、離子鍵、凡得瓦爾力、疏水作用等力相互作用，而這些作用可以藉著特定的流動緩衝液相而改變。改變的參數包括 pH 值、鹽濃度、表面活性劑、還原劑、金屬離子、螯合劑等。最佳緩衝液的選擇是欲純化物在最穩定的狀態下，能將其和不純化物或凝膠分離的組合。

27.7 考 題

一、 工業上製備酒精有發酵法和合成法(以乙烯為原料)兩種，請分別說明之，並寫出相關的化學反應式。 (108 年公務人員普通考試)

二、 農林植物可以轉化為酒精，作為汽車燃料之用，請分別列舉(1)含糖作物；(2)糧穀物；(3)農業廢棄物三種生質酒精之原料及個別之酒精製備步驟。

(106 年特種考試地方政府公務人員三等考試)

三、 啤酒是國人常喝的含酒精飲料，請說明啤酒釀造的方法。

(105 年公務人員高等考試三級考試)

四、 (一)以發酵方式來製造酒精的原料有那三類(各類都請舉例)？

(二)說明發酵方式製造酒精之程序步驟。

(101 年公務人員特種考試關務人員三等考試)

五、 生技產業中的酵素主要由何種物質構成？有何功用？釀酒工業常用何種酵素進行發酵？要製造高濃度酒精時常使用何種單元操作？生技產品常用的固液分離與回收方法有那三種？分離後的產品常再純化，請舉出兩種常用的純化技術。 (101 年公務人員普通考試)

六、 解釋生質酒精(bio ethanol) (98 年公務人員、關務人員薦任升等考試)

七、 如何以蔗糖(sucrose)和右旋葡萄糖(dextrose)製造檸檬酸(citric acid)？

(97 年公務人員高等考試三級考試)

八、 試說明如何利用基因重組技術改良菌種，以達提高微生物發酵程序之產品的產率。 (91 年普通考試)

答案：發酵技術發展至今，除了在發酵槽主體及週邊硬體設備的設計與改進外，良好的發酵不可或缺的是先天體質良好的微生物，即是具有良好新陳代謝能力的微生物，當然良好的培養條件亦是造就良好微生物所必要的後天環境。現今基因工程技術的蓬勃發展，使得發酵工業的產能可因其對微生物的改質而突破傳統工程上的限制，除了改善微生物分泌產物的能力外，可更進一步創造出具有不同表現能力的微生物。一般發酵是以液態方式進行，但是固態方式的發酵，亦是早已成熟的技術，例如以麴菌製酒。在 70 年代能源危機時，酒精發酵曾是非常重要的發酵程序，因爲可製得酒精做爲液態燃料使用。今日它再度成爲重要的主題，是因爲可做爲環保汽油的添加劑。除此之外，製酒工業亦是發酵技術的應用，而其使用的微生物主要含有酵母菌，尤其是以菌屬名 saccharomyces 爲主，其中最常用的菌種則是 saccharomyces cerevisiae。一般使用的菌爲混合菌，除了要能大量分泌酒精外，也要對高濃度的酒精具有抗性，而且有的菌分泌之代謝產物會影響酒的風味。

Chapter 28

CHEMICAL PROCCEDING INDUSTRY

電子材料工業

28.1 半導體材料

28.1.1 半導體定義

半導體是指在矽(四價)中添加三價或五價元素形成的電子元件，它不同於導體、非導體的電路特性，其導電有方向性，可用來製造邏輯線路，而使電路有處理資訊的功能。在室溫下，就元件裝置的耐用及穩固性考慮，大部分的半導體材料都以固體的型式呈現其穩定的物理特性。就原子排列方式而言，可分爲單晶、複晶及非晶體，其中單晶爲組成的原子或原子群以一定週期的排列而成，複晶則爲小範圍的局部週期性排列，亦即整個材料結構爲多個小單晶體組合而成，而且這些小單晶體間排列方向不一，非晶體則爲整個材料未見任何局部的週期性排列。一般而言，生產製備單晶半導體材料的設備要求與成本均較生產複晶及非晶半導體材料來得高，而製成的元件特性較複晶及非晶半導體爲優，所以常見的半導體電子元件主要以單晶材料製成。

28.1.2 半導體產品類別

目前的半導體產品分爲積體電路、分離式元件、光電半導體等三種。

1. 積體電路(IC)是將一電路設計，包括線路及電子元件，做在一片矽晶片上，使其具有處理資訊的功能，有體積小、處理資訊功能強的特性。依功能可將 IC 產品分爲四個種類，這些產品可細分爲許多子產品，分述如下：
   (1) 記憶體 IC：顧名思義，記憶體 IC 是用來儲存資料的元件，通常用在電腦、電視遊樂器、電子詞典上。依照其資料的持久性(電源關閉後資料是否消失)可再分爲揮發性、非揮發性記憶體；揮發性記憶體包括 DRAM、SRAM，非揮發性記憶體則大致分爲 Mask ROM、EPROM、EEPROM、Flash Memory 四種。
   (2) 微元件 IC：指有特殊的資料運算處理功能的元件；有三種主要產品：微處理器指微電子計算機中的運算元件，如電腦的 CPU；微控制器是電腦中主機與界面中的控制系統，如音效卡、影視卡等的控制元件；數位訊號處理 IC 可將類比訊號轉爲數位訊號，通常用於語音及通訊系統。
   (3) 類比 IC：低複雜性、應用面積大、整合性低、流通性高是此類產品的特色，通常用來作爲語言及音樂 IC、電源管理與處理的元件。
   (4) 邏輯 IC：爲了特殊資訊處理功能(不同於其他 IC 用在某些固定的範疇)而設計的 IC，目前較常用在電子相機、3D game、Multi-communicator(如 FAX-MODEN 的功能模擬、筆式輸入的辨認)等。
2. 分離式半導體元件，指一般電路設計中與半導體有關的元件。常見的分離式半導體元件有電晶體、二極體、閘流體等。
3. 光電式半導體，指利用半導體中電子與光子的轉換效應所設計出之材料與元件，主要產品包括發光元件、受光元件、複合元件和光伏特元件等。

28.1.3 半導體元件製作

半導體元件的製作流程首先製備純淨的晶體而後切片，使成爲晶片以便後續的晶片製程。一般所稱的半導體廠大都指執行晶片製程的工廠，其製程包含快速高溫製程、離子植入、薄膜沉積、微影成像、蝕刻、化學機械研磨等前段製程，以及封裝、測試等後段製程。一個半導體元件的製作，大都反覆進行這些步驟。待將製作的半導體檢測完成，即可進行晶片切割成晶粒，再將這些晶粒個別連接導線、包裝即完成一實用的積體電路。

一、晶圓(wafer)

晶圓的生產由砂即(二氧化矽)開始，從電弧爐的提煉還原成冶煉級的矽，再經由鹽酸氯化產生三氯化矽，蒸餾純化後，透過慢速分解過程，製成棒狀或粒狀的「多晶矽」。一般晶圓製造廠，將多晶矽融解後，再利用矽晶種慢慢拉出單晶矽晶棒，經研磨、拋光、切片後，即成半導體的原料晶圓片。

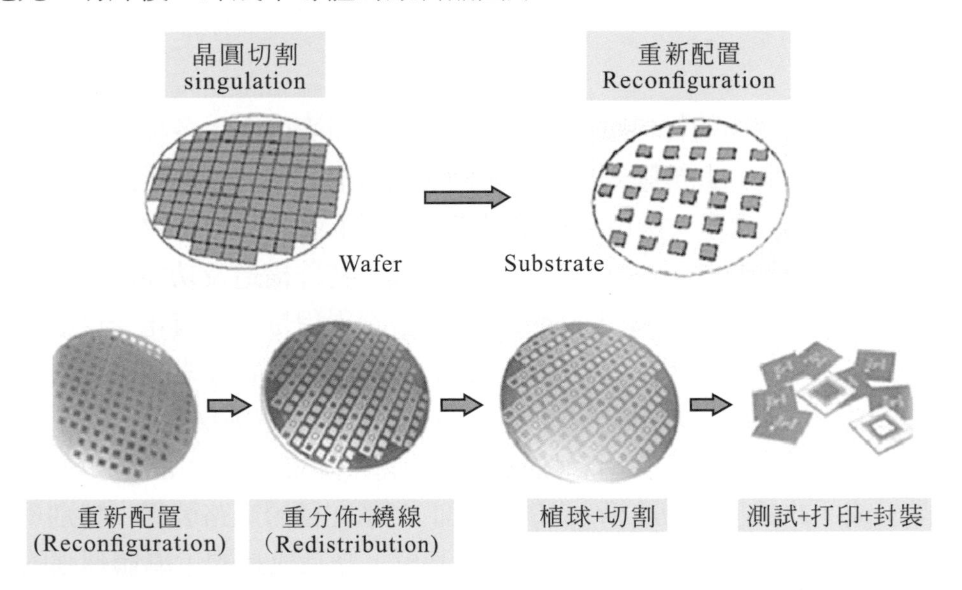

二、高溫製程

多晶矽(poly)通常用來形容半導體電晶體的部分結構:至於在某些半導體元件上常見的磊晶矽(epi)則是長在均勻的晶圓結晶表面上的一層純矽結晶。多晶矽與磊晶矽兩種薄膜的應用狀況雖然不同，卻都在類似的製程反應室中經高溫(600～1,200℃)沉積而得。

快速高溫製程(RTP，Rapid Thermal Processing)的工作溫度範圍與多晶矽及磊晶矽製程有部分重疊，其本質差異卻極大，並不用來沉積薄膜，而是修正薄膜性質與製程結果，將使晶圓歷經極爲短暫與精確控制高溫處理過程，這個過程使晶圓溫度在短短的 10～20 秒內可自室溫昇到 1,000℃。通常用於回火製程(annealing)，負責控制元件內摻質原子之均勻度。此外 RTP 也可用來矽化金屬，及透過高溫來產生含矽化的化合物與矽化鈦等。

三、離子植入技術

離子植入技術將摻質以離子型態植入半導體元件的特定區域上，獲得精確的電子特性。這些離子必須先被加速至具有足夠能量與速度，以穿透(植入)薄膜，到達預定的植入深度，可對植入區內的摻質濃度加以精密控制。基本上此摻質濃度(劑量)係由離子束電流(離子束內之總離子數)與掃瞄率(晶圓通過離子束的次數)來控制，而離子植入的深度則由離子束能量的大小來決定。

四、薄膜沉積技術

1. 薄膜沉積

爲了對使用的材料賦與某種特性，在材料表面上以各種方法形成被膜而加以使用，假如此被膜經由原子層的過程所形成時，一般將此等薄膜沉積稱爲蒸鍍(蒸著)處理。採用蒸鍍處理時，以原子或分子的層次控制蒸鍍粒子，因此可以得到以熱平衡狀態無法得到的具有特殊構造及功能的被膜。

薄膜沉積(thin film deposition)依據沉積過程是否含有化學反應的機制，區分爲物理氣相沉積(PVD，physical vapor deposition)通常稱爲物理蒸鍍，及化學氣相沉積(CVD，chemical vapor deposition)通常稱爲化學蒸鍍。

隨著沉積技術及沉積參數差異，所沉積薄膜的結構可能是「單晶」、「多晶」或「非結晶」的結構。單晶薄膜的沉積在積體電路製程中特別重要，稱爲是『磊晶』(epitaxy)。相較於晶圓基板，磊晶成長的半導體薄膜的優點主要有：可以在沉積過程中直接摻雜施體或受體，因此精確控制薄膜中的「摻質分布」(dopant profile)，而且不包含氧與碳等雜質。

2. 物理氣相沉積(物理蒸鍍)(PVD)

PVD 是以物理機制來進行薄膜沉積，而不涉及化學反應的製程技術。所謂物理機制即物質的相變化現象，如蒸鍍(evaporation)源由固態轉化爲氣態，濺鍍(sputtering)源則由氣態轉化爲電漿態。採取眞空、測射、離子化、或離子束等法使純金屬揮發，與碳化氫、氮氣等氣體作用，在加熱至 400～600 ℃(1～3 小時)的工件表面上，蒸鍍碳化物、氮化物、氧化物、硼化物等 1～10μm 厚的微細粒狀晶薄膜，因其蒸鍍溫度較低，結合性稍差(無擴散結合作用)，而且背對金屬蒸發源的工件陰部會產生蒸鍍不良現象，其優點爲蒸鍍溫度較低，適用於經淬火－高溫回火之工、模具。若以回火溫度以下的低溫蒸鍍，其變形量極微，可維持高精密度，蒸鍍後不需再加工，表 28.1 爲各種 PVD 法的比較。

表 28.1　三種 PVD 法比較

PVD 蒸鍍法	眞空蒸鍍	濺射蒸鍍	離子蒸鍍
粒子生成機構	熱能	動能	熱能
膜生成速率	可提高 (<75μm/min)	純金屬以外很低 (Cu：1μm/min)	可提高 (<25μm/min)
粒子	原子、離子	原子、離子	原子、離子
蒸鍍均勻性 複雜形狀	若無氣體攪拌就不佳	良好，但膜厚分布不均	良好，但膜厚分布不均
蒸鍍均勻性 小盲孔	不佳	不佳	不佳
蒸鍍金屬	可	可	可
蒸鍍合金	可	可	可
蒸鍍耐熱化合物	可	可	可
粒子能量	很低 0.1～0.5eV	可提高 1～100eV	可提高 1～100Ev
惰性氣體離子衝擊	通常不可以	可，或依形狀不可	可
表面與層間的混合	通常無	可	可
加熱(外加熱)	可，通常有	通常無	可，或無
蒸鍍速率 10^{-9}m/sec	1.67～1250	0.17～16.7	0.50～833

3. **化學氣相沉積(化學蒸鍍)**(CVD)

CVD 是將反應源以氣體形式通入反應腔中，同時金屬氯化物、碳化氫、氮氣等氣體導入密閉的容器內，在眞空、低壓、電漿等氣氛狀況下把工作加熱至 1,000℃附近 2～8 小時經由氧化、還原或與基板反應方式進行化學反應，將所需的碳化物、氮化物、氧化物、硼化物等柱狀晶薄膜沉積在工件表面，膜厚約 1～30μm(5～10μm)，結合性良好(蒸鍍溫度高，有擴散結合現象)，較複雜的形狀及小孔隙都能蒸鍍；唯若用於工、模具鋼，因其蒸鍍溫度高於鋼料的回火溫度，故蒸鍍後需重新施予淬火－回火，不適用於具尺寸精密要求的工、模具。

(1) CVD 原理：在半導體製程上，CVD 反應的環境包括：溫度、壓力、氣體的供給方式、流量、氣體混合比及反應器裝置等。基本上氣體傳輸、熱能傳遞及反應進行三方面，亦即反應氣體被導入反應器中，藉擴散方式經過邊界層到達晶片表面，而由晶片表面提供反應所需的能量，反應氣體就在晶片表面產生化學變化，沉積生成固體生成物。

(2) CVD 反應機制：化學氣相沉積程包含的主要機制分爲下列五個主要的步驟：(a)首先在沉積室中導入反應氣體，以及稀釋用的惰性氣體所構成的混合氣體「主氣流」、(b)主氣流中的反應氣體原子或分子往內擴散移動通過停滯的「邊界層」而到達基板表面、(c)反應氣體原子被「吸附」(在基板上、(d)吸附原子在基板表面遷徙，產生薄膜成長的表面化學反應、(e)表面化學反應所產生的氣流生成物被「吸解(desorbed)」，往外擴散通過邊界層而進入主氣流中，並由沉積室中被排除。

(3) CVD 的種類與比較：在積體電路製程中，經常使用的 CVD 技術有：(1)「大氣壓化學氣相沉積」(APCVD，atmospheric pressure CVD)系統、(2)「低壓化學氣相沉積」(LPCVD，low pressure CVD)系統、(3)「電漿輔助化學氣相沉積」(PECVD，plasma enhanced CVD)系統。表 28.2 中將上述的三種 CVD 製程間的相對優缺點加以列表比較，並且就各種可能的應用加以歸納。

表 28.2　各種 CVD 製程的優缺點比較及其應用

製程	優點	缺點	應用
APCVD	反應器結構簡單 沉積速率快 低溫製程	步階覆蓋能力差 粒子污染	低溫氧化物
LPCVD	高純度 步階覆蓋極佳 可沉積大面積晶片	高溫製程 低沉積速率	高溫氧化物 多晶矽 鎢，矽化鎢
PECVD	低溫製程 高沉積速率 步階覆蓋性良好	化學污染 粒子污染	低溫絕緣體 鈍化層

4. **CVD 與 PVD 比較**

(1) 選材

① 化學蒸鍍：裝飾品、超硬合金、陶瓷。

② 物理蒸鍍：高溫回火之工、模具鋼。

(2) 蒸鍍溫度、時間及膜厚比較

① 化學蒸鍍：1,000℃附近，2～8 小時，
1～30μm(通常 5～10μm)。

② 物理蒸鍍：400～600℃，1～3 小時，1～10μm。

(3) 物性比較：化學蒸鍍皮膜結合性良好，較複雜的形狀及小孔隙都能蒸鍍；唯若用於工、模具鋼，因其蒸鍍溫度高於鋼料之回火溫度，故蒸鍍後須重施予淬火－回火，不適用於具精密尺寸要求之工、模具。不需強度要求的裝飾品、超硬合金、陶瓷等則無上述顧慮，故能適用。物理蒸鍍皮膜結合性較差，而且背對金屬蒸發源的處理件陰部會產生蒸鍍不良現象；但其蒸鍍溫度可低於工、模具鋼的高溫回火溫度，而且其蒸鍍後的變形甚微，故適用於經高溫回火的精密工具、模具。

五、微影(lithography)

1. **微影定義**

微影就是將光罩(photo mark)上的圖案轉移至光阻(photoresist)上面，由於光阻材料的正負性質不同，經顯影後，光阻圖案會和光完全相同或呈互補。

2. **微影製程**

可說是半導體製程的關鍵，其步驟如下：(1)表面清洗，(2)塗底(priming)，(3)光阻覆蓋，(4)軟烤(soft bake)，(5)曝光，(6)烘烤，(7)顯影，(8)硬烤。

表面清洗是去除晶片表面氧化物、雜質、油質及水分子，塗底是在晶片表面塗上一層 HMDS 化合物，以增加光阻與表面的附著力。光阻是一種感光材料，由感光劑(sensitizer)樹脂及溶劑混合而成光阻應具備特性：(1)高光源吸收率，(2)高解析度，(3)高無感度，(4)抗蝕劑性，(5)高附著性，(6)低黏滯係數，(7)高對比。

光阻材料有正負之分，正光阻受光照射後分子鍵被剪斷，易溶於顯影液(cham sussion)。負光阻分子鍵則會產生交互鏈結，難溶於顯影液。

3. **光阻劑**

爲輻射敏感的化合物，簡單區分爲正型光阻劑及負型光阻劑，取決於對輻射的反應。

(1) 正型光阻劑：經過照光後，曝光區變得容易溶解移去，所以光罩上未遮蔽區的影像即爲正型光阻劑溶解後移去區域的圖案。

(2) 負型光阻劑：在曝光後，曝光區變得不易溶解，所以負型光阻劑移去圖案爲光罩上遮蔽光線的位置。

① 光阻劑要求條件

a. 高感度：高感度指的是引發曝光區域的光阻劑產生必要化學反應，而有溶解度差異化，可以達到完整顯影的曝光能量。正型光阻劑隨曝光能量的增加，因分解而厚度遞減。負型光阻劑，隨曝光能量增加，光阻劑因架構硬化而厚度遞增。

b. 高解像度：高解像度指的是光阻劑發生全變化的曝光量，與必要曝光前後能量之比，也稱之爲對比。解像度取決於高分子本身特性和加工參數，如分子量越大，分子量分布越小，將使對比增大，而有利於解像。

c. 高的熱安定性：此特性在高分子光阻劑作爲覆蓋離子植入，電漿或離子蝕刻時尤其重要。熱安全性與高分子玻璃轉移溫度有關，Tg 低的高分子較不利於烘烤，至少要能耐 200℃以上才有用。

d. 高附著性：此特性與蝕刻有關，尤其是濕式蝕刻，如附著性不好，易導致溶劑藉毛細管原理滲入，使圖案脫落或影響解像度。

e. 高耐蝕刻性：因蝕刻有濕式和乾式，濕式法是所謂等向蝕刻(isotropoic etching)，易在圖案邊緣產生侵蝕的砍口(undercutting)，而且要較之矽晶機材蝕刻率低爲要，乾式法可以完全物理的。

② 提升光阻劑高感度化及高解像化方法

a. 選擇應用短波長光源：(A)映像曝光又分爲密著曝光和近距曝光，(B)投影曝光。

b. 乾式蝕刻應用如氧電漿或氧反應性(O_2-RIE)蝕刻，由於乾式法沒有溼式出現的膨潤，可提高解像度及對比。

c. 高分子光阻劑結構革新，在光阻劑結構導入矽基，則可應用於氧電漿等乾式蝕刻，或可應用於雙層化光阻劑，有利感度及解像度。

d. 高分子感光方式革新如化學增幅光阻劑，亦稱酸可分解光阻劑，此系列光阻劑因酸而分解加速，而且量子收率提高，有利感度和解像度。

4. **光敏高分子**(photosensitive polymers)

在光作用下能迅速發生化學和物理變化的高分子，或者通過高分子或小分子上光敏官能團所引起的光化學反應(如聚合、二聚、異構化和光解等)和相應的物理性質(如溶解度、顏色和導電性等)變化而獲得的高分子材料。

(1) 按高分子合成目的不同分類：

① 在側鏈或主鏈上含有光敏官能團的高分子。

② 由二元或多元光敏官能團構成的交聯劑。

③ 在高效光引發劑下，單體或預聚體發生聚合和交聯而生成高分子。

(2) 按應用技術不同分類：

① 成像體系：主要用於光加工工藝、非銀鹽照相、複製、信息記錄和顯示等方面。

② 非圖像體系：大量用於光固化塗層、印刷油墨、黏合劑和醫用材料等方面。

(3) 光致抗蝕劑：用於光加工工藝的光敏高分子，通稱光致抗蝕劑(又稱光刻膠)，大量用於印刷製版和電子工業的光刻技術中。它的工作原理是受光部分發生交聯，生成難溶性的硬化膜，經加工成負像(負性膠)；或者是原來的不溶性膠受光照後變爲可溶性的，經加工得正像(正性膠)。

通常用的光致抗蝕劑有：

① 聚肉桂酸酯型例如聚乙烯醇肉桂酸酯，由聚乙烯醇和肉桂醯氯在吡啶溶劑中合成，配製的光刻膠稱 KPR。在紫外線作用下，肉桂酸酯的雙鍵發生光化學二聚反應形成交聯，轉變爲不溶性物質。

② 丙烯醯線型聚合物不能得到優良的圖像，所以實用體系都由預聚體和單體組成，同時進行聚合和交聯。通常交聯單體和預聚體是一元

或多元的丙烯酸酯、丙烯醯胺和丙烯酸氨基甲酸酯類。例如由這類單體交聯劑製成的聚酯和尼龍感光樹脂版，已能代替銅、鋅凸版。

③ 疊氮型，疊氮化物光解，生成活潑的一價氮化物，很容易偶合或與碳-氫鍵、雙鍵反應，用於光敏樹脂的疊氮化物均爲穩定的芳族化合物。雙疊氮化合物是一種光交聯劑(如下式所示)：

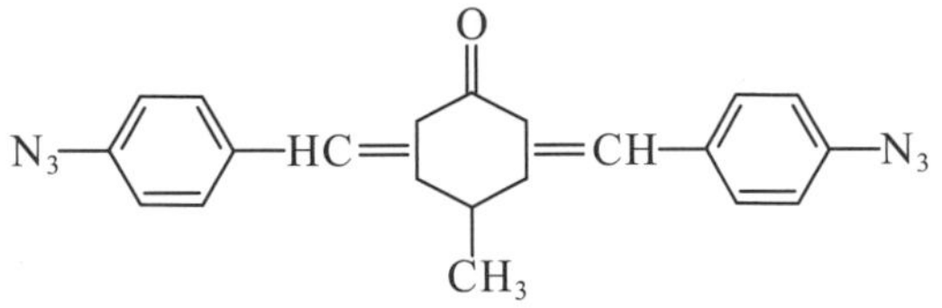

光固化塗層和油墨

能引起多高聚物交聯，例如疊氮－環化橡膠就是一種常用的光致抗蝕劑。重氮鹽類和鄰偶氮醌型光敏高分子，也是常見的光致抗蝕劑。光敏高分子的另一重要類型。由於它具有不用溶劑，不產生污染，以及固化速率快等優點，近年來發展很快。它們的主要組成：

a. 樹脂或預聚體。

b. 交聯單體(一般爲雙或多官能團的丙烯酸酯類)。

c. 光引發劑。

d. 顏料或染料。

目前以丙烯酸酯型和不飽和聚酯型爲主，尤以前者重要，此外硫醇－烯類光聚合和陽離子開環光聚合體系也是近年來引人注意的體系。

(4) 其他功能性的光敏高分子：根據不同的用途，通入相應功能的光敏官能團而製得。例如利用吲哚啉苯並螺吡喃發生可逆的光異構化反應，製備光致變色功能高分子。

六、蝕刻技術(etching technology)

蝕刻是將材料使用化學反應或物理撞擊作用而移除的技術，分爲「濕蝕刻(wet etching)」及「乾蝕刻(dry etching)」兩類。在濕蝕刻中是使用化學溶液，經由化學反應以達到蝕刻的目的，而乾蝕刻是一種電漿蝕刻(plasma etching)，電漿蝕刻可能是電漿中離子撞擊晶片表面的物理作用，或者是電漿中活性自由基與晶片表面原子間的化學反應，甚至也可能是這兩者的複合作用。

1. **濕蝕刻**(wet etching)

是將晶片浸沒於適當的化學溶液中，或將化學溶淬噴灑至晶片上，經由溶液與被蝕刻物間的化學反應來移除薄膜表面的原子，達到蝕刻的目的，其步驟爲擴散→反應→擴散。溶液中的反應物首先經由擴散通過停滯的邊界層，方能到達晶片的表面，並且發生化學反應與產生各種生成物。生成物爲液相或氣相，再藉由擴散通過邊界層，而溶入主溶液中。

就濕蝕刻作用而言，對一種特定被蝕刻材料，通常可以找到一種可快速有效蝕刻，而且不致蝕刻其他材料的「蝕刻劑(etchant)」，因此通常濕蝕刻對不同材料會具有相當高的「選擇性」。然而除了結晶方向可能影響蝕刻速率外，由於化學反應並不會對特定方向有任何的偏好，因此濕蝕刻本質上乃是一種「等向性(isotropic)蝕刻」。等向性蝕刻意味著濕蝕刻不但會在縱向進行，而且也會有橫向的蝕刻效果。橫向蝕刻會導致所謂「底切(undercut)」的現象發生，使得圖形無法精確轉移至晶片。相反的，在電漿蝕刻中，電漿是一種部分解離的氣體，氣體分子被解離成電子、離子，以及其他具有高化學活性的各種根種。乾蝕刻最大優點即是「非等向性(anisotropic 蝕刻)」。然而自由基乾蝕刻的選擇性卻比濕蝕刻來得低，這是因爲乾蝕刻的蝕刻機制基本上是一種物理交互作用；因此離子的撞擊不但可以移除被蝕刻的薄膜，也同時會移除光阻罩幕。

由於等向性與造成底切，因此濕蝕刻不適合高深寬比(aspect ratio)及孔穴寬度(cavity width)小於 2～3μm 元件之蝕刻。在航空、化學、機械工業中濕蝕刻就是化學加工(CHM，chemical machining)，也可稱爲化學蝕刻(chemical etching)。化學蝕刻包括：

(1) 化學銑切(chemical milling)：如飛機翼板(wing skin)及引擎零件(engine part)之減輕重量(weight reduction)

(2) 化學剪穿(chemical blanking)：光化學剪穿(photo chemical blanking)簡稱爲光蝕刻(photo etching)就是薄形元件在微影(lithography)(光阻塗佈，曝光、顯像)後再加以蝕刻。

(3) 化學雕刻(chemical engraving)：在儀器鑲板、名牌及其他傳統上，在縮放雕刻所製造或藉模壓印所生產的零件僅可利用化學雕刻法完成。

2. **乾蝕刻**(dry etching)

通常是一種電漿蝕刻(plasma etching)，由於蝕刻作用的不同，電漿中離子的物理性轟擊(physical bomboard)，活性自由基(active radical)與元件(晶片)表面原子內的化學反應(chemical reaction)，或是兩者的複合作用，可分為三大類：

(1) 物理性蝕刻：濺擊蝕刻(sputter etching)、離子束蝕刻(ion beam etching)

(2) 化學性蝕刻：電漿蝕刻(plasma etching)

(3) 物理、化學複合蝕刻：反應性離子蝕刻(RIE，reactive ion etching)乾蝕刻是一種非等向性蝕刻(anisotropic etching)，具有很好的方向性(directional properties)，但比濕蝕刻較差的選擇性(selectivity)。

3. **電漿**(plasma)

是一種由正電荷(離子)、負電荷(電子)及中性自由基(radical)所構成的部分解離氣體(partially ionized gas)。當氣體受強電場作用時，氣體可能會崩潰。一剛開始電子是由於「光解離」(photoionization)」或「場放射(field emission)」的作用而被釋放出來。這個電子由於電場的作用力而被加速，動能也會因而提高。電子在氣體中行進時，會經由撞擊而將能量轉移給其他的電子。

電子與氣體分子的碰撞是彈性碰撞。然而隨著電子能量的增加，最終將具有足夠的能量可以將電子激發，並且使氣體分子解離。此時電子與氣體分子的碰撞則是非彈性碰撞，最重要的非彈性碰撞稱為『解離碰撞』(ionization collision)，解離碰撞可以釋放出電子。而被解離產生的正離子則會被電場作用往陰極移動，而正離子與陰極撞擊之後並可以再產生『二次電子』。如此的過程不斷連鎖反覆發生，解離的氣體分子以及自由電子的數量將會快速增加。一旦電場超過氣體的崩潰電場，氣體就會快速的解離。這些氣體分子中被激發的電子回復至基態時會釋放出光子，因此氣體的光線放射主要是由於電子激發所造成。

4. **濺擊蝕刻**(sputter etching)

將惰性的氣體分子如氬氣施以電壓，利用衍生的二次電子將氣體分子解離或激發成各種不同的粒子，包括分子、原子團、電子、正離子等；正離子被電極板間的電場加速，即濺擊被蝕刻物，具有非常好的方向性(垂直方向)，較差的選擇性，光阻亦被蝕刻，被擊出物質爲非揮發性，又沉積在表面，因此在 VLSI 中很少被使用。

5. **電漿蝕刻**(plasma etching)

是目前最常用的蝕刻方式，其以氣體作爲主要的蝕刻媒介，並藉由電漿能量來驅動反應，對蝕刻製程有物理性與化學性兩方面的影響，首先電漿會將蝕刻氣體分子分解，產生能夠快速蝕去材料的高活性分子。此外電漿也會把這些化學成分離子化，使其帶有電荷。

晶圓係置於帶負電的陰極之上，因此當帶正電荷的離子被陰極吸引並加速向陰極方向前進時，會以垂直角度撞擊到晶圓表面。晶片製造商即是運用此特性來獲得絕佳的垂直蝕刻，而後者也是乾式蝕刻的重要角色。基本上，隨著所欲去除的材質與所使用的蝕刻化學物質之不同，蝕刻由下列兩種模式單獨或混會進行：

(1) 電漿內部所產生的活性反應離子與自由基在撞擊晶圓表面後，將與某特定成分的表面材質起化學反應而使之氣化。如此即可將表面材質移出晶圓表面，並透過抽氣動作將其排出。

(2) 電漿離子可因加速而具有足夠的動能來扯斷薄膜的化學鍵，進而將晶圓表面材質分子一個個的打擊或濺擊(sputtering)出來。

利用電漿將蝕刻氣體解離產生帶電離子、分子、電子以及反應性很強(即高活性)的原子團(中性基 radical)此原子團與薄膜表面反應形成揮發性產物，被眞空泵浦抽走。

電漿蝕刻類似濕蝕刻，利用化學反應，具有等向性和覆蓋層下薄膜的底切(under cut)現象，由於電漿離子和晶片表面的有效接觸面積比濕蝕刻溶液分子還大，因此蝕刻效率較佳。

6. **反應性離子蝕刻**(RIE，reactive ion etching)

最爲各種反應器廣泛使用的方法，便是結合(1)物理性的離子轟擊與(2)化學反應的蝕刻。此種方式兼具非等向性與高蝕刻選擇比等雙重優點，蝕刻的進行主要靠化學反應來達成，以獲得高選擇比。加入離子轟擊的作用有二：一是將被蝕刻材質表面的原子鍵結破壞，加速反應速率。二是將再沉積於被蝕刻表面的產物或聚合物(polymer)打掉，使被蝕刻表面能再與蝕刻氣體接觸。而非等向性蝕刻的達成，則是靠再沉積的產物或聚合物，沉積在蝕刻圖形上，在表面的沉積物可被離子打掉，故蝕刻可繼續進行，而在側壁上的沉積物，因未受離子轟擊而保留下來，阻隔了蝕刻表面與反應氣體的接觸，使得側壁不受蝕刻，而獲得非等向性蝕刻。應用乾式蝕刻主要須注意蝕刻速率、均勻度、選擇比、及蝕刻輪廓等，蝕刻速率越快，則設備產能越快，有助於降低成本及提升競爭力。蝕刻速率通常可藉由氣體種類、流量、電漿源及偏壓功率所控制，在其他因素尚可接受的條件下，越快越好。均勻度是晶片上不同位置的蝕刻率差異的一個指標，較佳的均勻度意謂著晶圓將有較佳的良率(yield)，尤其當晶圓從 3 吋、4 吋、一直到 12 吋，面積越大，均勻度的控制就顯而更加重要。選擇比是蝕刻材料的蝕刻速率對遮罩或底層蝕刻速率的比值，控制選擇比通常與氣體種類與比例、電漿或偏壓功率、甚至反應溫度均有關係。

7. **磁場強化反應性離子蝕刻**(MERIE，magnetic enhanced RIE)

MERIE 是在傳統的 RIE 中，加上永久磁鐵或線圈，產生與晶片平行的磁場，而此磁場與電場垂直，因為自生電壓(self bias)垂直於晶片。電子在此磁場下以螺旋方式移動，如此一來，將會減少電子撞擊腔壁，並增加電子與離子碰撞的機會，而產生較高密度的電漿，然而因為磁場的存在，將使離子與電子偏折方向不同而分離，造成不均勻及天線效應的發生。因此磁場常設計為旋轉磁場。MERIE 的操作壓力，與 RIE 相似，約在 0.01～1Torr 之間，當蝕刻尺寸小於 0.5μm 以下時，需以較低的氣體壓力提供離子較長的自由路徑，確保蝕刻的垂直度，因氣體壓力較低，電漿密度也隨著降低，因而蝕刻效率較差。所以較不適合用於小於 0.5μm 以下的蝕刻。

8. **電子迴旋共振式離子反應電漿蝕刻**(electron cyclotron resonance (ECR)plasma etching)

ECR 利用微波及外加磁場來產生高密度電漿，電子迴旋頻率可以下列方程式表示：

$$\omega_e = V_e / r$$

其中 V_e 是電子速度，r 是電子迴旋半徑。另外電子迴旋是靠勞倫茲力所達成，亦即：

$$F = eV_eB = M_eV_e^2 / r$$

其中，e 是電子電荷，M_e 荷爲電子質量，B 是外加磁場，可得：

$r=M_eV_e/eB$

將(3)代入(1)可得電子迴旋頻率：

$\omega_e=eB/M_e$

當此頻率 ω_e 等於所加的微波頻率時，外加電場與電子能量，發生共振耦合，因而產生高的密度電漿。

七、化學機械研磨(CMP，chemical machine polishing)技術

化學機械研磨可移除晶圓表面的讓晶圓表面變得更平坦，與具有研磨性物質的機械式研磨與酸鹼溶液的化學式研磨兩種作用，將可讓晶圓表面達到全面性的平坦化，以利後續薄膜沉積之進行。在化學機械研磨製程的硬體設備中，研磨頭被用來將晶圓壓在研磨墊上，並帶動晶圓旋轉，而研磨墊則以相反的方向旋轉。在進行研磨時，由研磨顆粒所構成的研漿會被置於晶圓與研磨墊間。影響化學機械研磨製程的變數有：研磨頭所施的壓力與晶圓的平坦度、晶圓與研磨墊的旋轉速度、研漿與研磨顆粒的化學成分、溫度及研磨墊的材質與磨損性等。

研磨漿料可分爲氧化膜研磨漿料(oxide CMP slurry)與金屬膜研磨漿料(metal CMP slurry)兩大類。研磨漿料的成分含有研磨粉末，像是 SiO_2、Al_2O_3、CeO_2、ZrO_2。緩衝劑像是 KOH、NH_4OH、HNO_3 或其他有機酸。氧化劑，像是 H_2O_2、硝酸鐵、碘酸鉀、鐵氰化鉀。研磨蝕刻薄膜物質，像是 SiO_2、W、Al、Cu、Na、K、Ni、Fe、Zn。另外還有像界面活性劑、腐蝕抑制和螯合劑等其他添加劑。

研磨漿料有 5 種作用，即軟化、潤滑、洗滌、防銹和緩衝。軟化，即軟化金屬表面氧化膜，研磨漿料與金屬表面產生化學作用，使氧化膜易於研磨除去，以提高研磨效率。潤滑，使研磨物和研磨機零件產生潤滑作用，如同一般研磨潤滑油，減少研磨物的損耗並增加研磨機的壽命。洗滌，研磨漿料像洗滌劑一樣能除去零件表面上的油污。防銹，使研磨加工後的零件，在未清洗前的短時間內達到相當程度的防銹作用。緩衝，在 CMP 的過程中，研磨漿料與水一起攪動，會緩衝零件之間的撞擊。

八、製程監控

在下個製程階段中，半導體商用 CD-SEM 來量測晶片內次微米電路的微距，以確保製程的正確性。一般而言，只有在微影圖案(photolithographic patterning)與後續的蝕

刻製程執行後，才會進行微距的量測。

九、切割

晶圓經過所有的製程處理及測試後，切割成 IC。舉例來說：以 0.2 微米製程技術生產，每片八吋晶圓上可製作近六百顆以上的 64M DRAM。

十、封裝

製程處理的最後一道手續，通常還包含了打線的過程。以金線連接晶片與導線架的線路，再封裝絕緣的塑膠或陶瓷外殼，並測試 IC 功能是否正常。

28.1.4 雙氧水濕式化學品

一、清洗機制

1. $NH_4OH/H_2O_2/H_2O$ (SC-1，APM)

   利用氨水的弱鹼性活化矽晶圓及微粒子表面，使晶圓表面與微粒子間相互排斥而達到洗淨的目的；雙氧水也可將矽晶圓表面氧化，藉由氨水對二氧化矽的微蝕刻達到去除微粒子的效果。另外氨水與部分過渡金屬離子易形成可溶性金屬錯合物，也可同時去除部分金屬不純物。一般的 APM 製程是以 NH_4OH：H_2O_2：H_2O=0.05～1：1：5 的體積比在 70℃下進行，由於氨水的沸點較低且 APM 步驟容易造成表面微粗糙的現象，因此氨水與雙氧水濃度比例的控制在所有洗淨製程中最爲困難，卻也是影響製程良率的關鍵。

2. $HCl/H_2O_2/H_2O$ (SC-2，HPM)

   HPM 步驟在金屬雜質的去除上扮演重要的角色。由於一般的金屬氯鹽皆可輕易的溶於水中，因此 HPM 製程利用雙氧水氧化污染的金屬，再以鹽酸與金屬離子生成可溶性氯化物而溶解。製程中最常使用的是 HCl：H_2O_2：H_2O=1：1：6 的體積比，在 70℃下進行 5～10 分鐘的清洗。

3. H_2SO_4/H_2O_2 (SPM，piranha clean，caro clean)

   主要是在清除晶圓表面的有機物。利用硫酸及雙氧水生成的卡羅酸，其強氧化性及脫水性可破壞有機物的碳氫鍵結，而達到去除有機不純物的目的。在操作上常以 H_2SO_4：H_2O_2=2～4：1 的體積比，在 130℃的高溫下進行 10～15 分鐘的浸泡。

爲了防止水分中的溶氧再次與剛洗淨的矽表面反應，洗淨最後會再以異丙醇來做乾燥，並且可同時避免在晶圓表面留下水痕。近幾年來，許多乾式的清洗的方程式被相繼的提出，包括日本東北大學 Ohmi 教授所提出的新式清潔流程，或是利用氣態的鹽酸及氫氟酸來取代濕式的製程；但目前都僅限於部分製程的應用，尤其乾式清洗對許多重金屬的清洗仍未能有效去除，因此濕式洗淨用的化學品在未來仍將扮演著重要的角色。

表 28.3　濕式及乾式清洗流程比較

	濕式洗淨	溫度	乾式洗淨	溫度
1	SPM (H_2SO_4/H_2O_2)	120～150℃	O_3/H_2O	室溫
2	UPW Rinse	室溫	FPM ($HF/H_2O_2/H_2O$)	室溫
9	SC-2 ($HCl/H_2O_2/H_2O$)	70～90℃		

二、蝕刻用

濕式蝕刻技術的優點在於其製程簡單、成本低廉、蝕刻選擇比高與產量速度快，而由於化學反應並無方向性乃是屬於一種等方向性蝕刻。濕式蝕刻的機制一般是利用氧化劑將蝕刻材料氧化，再利用適當的酸將氧化後的材料溶解於水中。另外爲了讓蝕刻的速率穩定並延長化學品使用時間，常會在蝕刻液中加入介面活性劑及緩衝溶液來維持蝕刻溶液的穩定。一般而言，濕式蝕刻在半導體製程可用於下列幾個材料：

表 28.4　金屬與相對蝕刻溶液

金屬	蝕刻溶液
TiN，Ti，W	$NH_4OH/H_2O_2/H_2O$ (1：1：5)
TaNx	HF/H_2O_2 (1：2)
GaAs	NH_4OH/H_2O，H_3PO_4/H_2O_2，有機酸

三、化學機械研磨用

在化學機械研磨的製程中所使用的化學品主要包括有研磨液(slurry)及研磨後清洗液。研磨漿溶液一般爲含有磨損力之研磨顆粒與弱鹼或弱酸性的化學溶液。因應不同薄膜材料之研磨目的，其主成分可分爲兩大類：

1. **介電層平坦化研磨液**

   溶有矽土(Silica，SiO_2)的 KOH 或 TMAH 溶液。

2. **金屬層平坦化研磨液**

   溶有礬土(Al_2O_3)的 $Fe(NO_3)_3$ 或 H_2O_2 溶液。

28.1.5 氮化鋁基板

氮化鋁(Aluminium nitride，AlN)由於其具有高熱傳導率、高電阻係數、低介電常數、高機械強度及熱膨脹係數和 Si 相近等特性，因此氮化鋁在電子基板、半導體封裝材料、電子元件散熱體、高熱傳導材料的應用被視爲極具應用潛力的陶瓷材料。以 Al_2O_3、BeO、SiC、AlN 等數種被認爲較適合作爲電子基板材料來作比較，AlN(~270 W/m · K)和 BeO 都有高熱傳導率(250-300W/m · K)，但是 BeO 具有毒性。再和 Al_2O_3 比較起來，AlN 有比 Al_2O_3 還要高的熱傳導係數、高的電阻率、低介電常數、高機械強度、作爲封裝材料時因其熱膨脹係數也較 BeO 和 Al_2O_3 接近 Si，可避免電子元件因爲熱應變而造成的損害。但是和價格低廉的 Al_2O_3 比較起來，傳統生產之 AlN 成本高且產率小。因其特性有益於多層陶瓷基板並點低生產成本，近來 AlN 吸引了越來越多人的注意。

氮化鋁可通過氧化鋁和碳的還原作用或直接氮化金屬鋁來製備。氮化鋁是一種以共價鍵相連的物質，它有六角晶體結構，與硫化鋅、纖維鋅礦同形。此結構的空間組爲 P63mc。要以熱壓及銲接式才可製造出工業級的物料。物質在惰性的高溫環境中非常穩定。在空氣中，溫度高於 700℃時，物質表面會發生氧化作用。在室溫下，物質表面仍能探測到 5-10 奈米厚的氧化物薄膜。直至 1370℃，氧化物薄膜仍可保護物質。但當溫度高於 1370℃時，便會發生大量氧化作用。直至 980℃，氮化鋁在氫氣及二氧化碳中仍相當穩定。礦物酸通過侵襲粒狀物質的界限使它慢慢溶解，而強鹼則通過侵襲粒狀氮化鋁使它溶解。物質在水中會慢慢水解。氮化鋁可以抵抗大部分融解的鹽的侵襲，包括氯化物及冰晶石(即六氟鋁酸鈉)。由於氮化鋁壓電效應的特性，氮化鋁晶體的外延性伸展也用於表面聲學波的探測器，而探測器則會放置於矽晶圓上，只有非常少的地方能可靠地製造這些細的薄膜。

氮化鋁之製造方法，係將原料鋁粉先進行表面處理，使鋁粉之表面生成一陶瓷層，之後再將表面生成有陶瓷層之鋁粉置於一氮氣氣氛中，進行氮化反應而合成氮化鋁；藉此可形成高品質，低成本的氮化鋁製造方法，達到具有生產快速，易於量產，產品轉化率高，省能源，無公害污染等優點，並可使其生成之氮化鋁產物疏鬆易磨，可易於進行後續之粉碎研磨，進而可降低因研磨造成之不純物含量，達到增大生產率，並降低生產成本之功效。

28.2 液　晶

28.2.1　液晶分類

一般的固體因升溫至溶點處變成透明的液體，但某些具有特殊構造的物質，不從固體直接轉移至液體，而是經由中間狀態。此第四狀態不屬於固體、液體、氣體的混濁液體，同時具有光學異方向結晶的複折射性，在某一溫度範圍內包含液體與結晶性質的物質，稱為液晶。加熱生成的液晶是熱向性液晶(thermotropic liquid crystal)，加入溶劑溶化時導致液向性液晶(lyotropic liquid crystal)的生成。

1922 年由 G. Friedel 利用偏光顯微鏡所觀察到的結果將液晶大致分為三類—Smectic、Nematic 及 Cholesteric。

分類	特性
smectic liquid crystal (層列型)	1. 棒狀分子成層成層狀構造，每一層的分子長軸方向相互平行與垂直或有一傾斜角於層面。 2. 結構非常近似於晶體，所以又稱做「近晶相」，其秩序參數趨近 1；在層狀型液晶層與層間的鍵結會因為溫度而斷裂，所以層與層間較易滑動，但是每一層內的分子鍵結較強，不易被打斷，因此就單層來看，其排列不僅有序和黏性較大。 3. 光學正性：$\Delta n = n_e - n_o > 0$ 。
nematic liquid crysatl (向列型)	1. 棒狀分子呈平行排列，也就是分子長軸方向相互平行，而且不具有分層結構。 2. 與層列型液晶比較其排列較無序，也就是其秩序參數較層列型液晶小。 3. 其黏度較小，較易流動(流動性來自於分子於長軸方向較易自由運動)。 4. 光學正性：$\Delta n = n_e - n_o > 0$ 。

分類	特性
cholesteric liquid crysal (膽固醇)	1. 具有如層列型一樣的層狀結構，每一層內的分子為平躺 於層面與排列的方式類似於向列型液晶。 2. 各層的分子軸紛向與鄰近層的分子軸方向有輕微的位移，所以就全體來看其液晶分子軸的分向為螺旋構造。當分子軸方向轉了 360 度(即第一層分子軸方向與最後一層的分子軸同向)，這一段距離即稱為此膽固醇液晶的「螺距」(pitch)。 3. 光學負性：$\Delta n = n_e - n_o < 0$。 4. 具有 circular dichroism (圓偏光二向性)：將一到非偏極的白光射入膽固醇液晶中，這道光會被分成兩個相互正交的圓偏極光(左旋圓偏極及右旋圓偏極)，依照物質的不同其中一道圓偏極光將會穿透，另一道則會反射，所以將穿透光與反射光合成的結果便會觀察到彩色的光芒。 5. 具有光學活性(optical active)：當一道線偏極光垂直入射膽固醇液晶中時，此光的電場振動方向會隨著螺旋軸(也就是偏光面—光的電場振動方向與光行進方向共存的平面)旋轉。旋轉的角度與光穿透的厚度有關，其旋光性相當強，每 1mm 的樣品厚度旋轉 18000°，可達 50 次以上。 6. 選擇性散光：當有一圓偏極光入射與其螺旋方向具相同方向時，其將選擇性的被散射，最大的散射光的旋轉必須滿足 $\lambda = \bar{n} \times p$ λ 表示散射光的波長，$\bar{n}$ 平均折射率，p 指的是螺距。

28.2.2 液晶組成

1. **環狀結構**

   通常為苯環(benzene)或著環己烷(cyclohexane)或者兩者的組成。

2. terminal group X (side chain)

   通常為烷基(C_nH_{2n+1})、alkoxy($C_nH_{2n+1}O$)、alkenyl 三種。

3. linking group A

   利用單鍵的方式與兩環狀結構結合，常為 C_2H_4、C_2H_2、—C═C—、—N═N—、—CH═N—及 COO 這幾種結構。

4. terminal group Y

   對顯示器來說，通常都會希望可以利用較小的電壓便可以驅動液晶的轉向，所以此結構對液晶來說具有相當重要的地位，因此所選擇的鍵結分子的不同會造成液晶介電係數差與介電係數有所不同，而且介電係數差的平方與液晶分子的所需轉向的最小電壓值成反比的關係，所以此部分便對液晶顯示器所需的電壓有著很大的影響，通常會選用 CN、F 及 Cl。

28.2.3　液晶顯示器種類

液晶顯示器以液晶材料爲基本元件，由於液晶是介於固態和液態之間，具有固態晶體光學與液態流動特性，所以可以說是一個中間相。要了解液晶產生的光電效應，必須解釋液晶的物理特性，包括黏性、彈性和其極化性。液晶具有黏性與彈性的反應，都是對於外加的力量，呈現方向性的效果，因此光線射入液晶物質中，必然會按照液晶分子的排列方式行進，產生自然的偏轉現像。至於液晶分子中的電子結構，都具備著很強的電子共軛運動能力，所以當液晶分子受到外加電場的作用，很容易被極化產生感應偶極性(induced dipolar)，這也是液晶分子之間互相作用力量的來源。一般電子產品中所用的液晶顯示器就是利用液晶的光電效應，藉由外部的電壓控制，再透過液晶分子的折射特性，以及對光線的旋轉能力來獲得亮暗情況(或稱爲可視光學的對比)，進而達到顯像的目的。

液晶顯示器英文通稱爲 LCD(liquid crystal display)，是屬於平面顯示器的一種，依驅動方式分爲靜態驅動、單純矩陣驅動及主動矩陣驅動三種，其中被動矩陣型又可分爲扭轉式向列型(TN，twisted nematic)、超扭轉式向列型(STN，super twisted nematic)與其他被動矩陣驅動液晶顯示器；而主動矩陣型大致可區分爲薄膜式電晶體型(TFT，thin film transistor)及二端子二極體型(MIM，metal-insulator-metal structure)二種方式。

TN、STN 及 TFT 型液晶顯示器因其利用液晶分子扭轉原理的不同，在視角、彩色、對比及動畫顯示品質上有高低程次的差別，使其在產品的應用範圍分類亦有明顯區隔。目前液晶顯示技術所應用的範圍以及層次而言，主動式矩陣驅動技術是以薄膜式電晶體型爲主流，多應用於筆記型電腦及動畫、影像處理產品。單純矩陣驅動技術目前以扭轉向列以及超扭轉向列爲主，目前的應用多以文書處理器以及消費性產品爲主。

TFT 型的液晶顯示器較爲複雜，主要的構成包括螢光管、導光板、偏光板、濾光板、玻璃基板、配向膜、液晶材料、薄模式電晶體等，超薄型 LCD 平面電視象徵 TFT LCD 發展大尺寸顯示器的新里程碑－BENQ 提供。

表 28.5　TN、STN 及 TFT 型液晶顯示器比較表

類別	TN	STN	TFT
原理	液晶分子，扭轉 90°	扭轉 180～270°	液晶分子，扭轉 90°
特性	黑白、單色 低對比(20：1)	黑白、彩色(26 萬色) 低對比，較 TN 佳(40：1)	彩色(1667 萬色) 高對比，較 STN 佳(300：1)
全色彩化	否	否	可媲美 CRT 之全彩色
動畫顯示	否	否	可媲美 CRT
視角	30°以下	40°以下	80°以下
面板尺寸	1～3 吋	1～12 吋	6～17 吋以上
應用範圍	電子錶、計算機	電子字典、行動電話	彩色筆記本電腦、投影機、超薄平面彩色電視

28.2.4　液晶顯示器優點和缺點

和傳統的陰極射線管顯示器相比，液晶顯示器具有許多優點，首先在重量和體積方面，不管是在重量、體積和厚度都比陰極射線管顯示器短小輕薄。因此在攜帶性和使用便利性上，較傳統陰極射線管顯示器優良許多。接下來是在耗電方面，由於陰極射線管顯示器是利用電子束打在塗滿磷化物(phosphor)的弧形玻璃上，後端使用陰極線圈放出負電壓，驅動電子槍將電子放射在弧形玻璃上發出光亮形成影像，所以液晶顯示器較為省電。至於在螢幕本體的比較，液晶顯示器和陰極射線管顯示器的優劣參半，液晶顯示器在螢幕弧度和螢幕閃爍度方面都比陰極射線管顯示器來得好，但是在廣視角技術和尺寸大小方面，反而是陰極射線管顯示器較佳，因為在製作液晶顯示器時，超過 30 吋以上會因為玻璃基板材質的問題，造成玻璃重量使面板變形，因此目前無法做超過 30 吋以上的螢幕。除此之外，液晶顯示器也有其他缺點，如耐用度較陰極射線管顯示器差，以及使用溫度限於 0～50℃區間(超出此溫度區間會使液晶結構受到破壞)等。

28.3 場發射顯示器

28.3.1 場發射顯示器基本結構

場發射顯示器顯像的方式類似陰極射線管的工作原理，都是由陰極發射電子，經過眞空且被陽極加速後，敲擊螢光粉而發亮，而兩者所使用的螢光粉也是相同的，唯一的差別是電子的產生方式，陰極射線管所產生的電子，是加熱陰極而產生電子，一般統稱爲熱陰極電子(Hot Cathode Electrons)；而場發射顯示器則是利用電場將電子由陰極吸引出來，故稱爲冷陰極電子(Cold Cathode Electrons)。

圖 28.1 是場發射顯示器細部結構分解圖，及其大概的工作方式。結構上場發射顯示器是由一片面板與一片基板所組成，中間由空間支撐器(Spacers)支撐，兩片平板的空間爲眞空，其眞空度爲 10-5Torr 以下，一般需要 10-7Torr。面板玻璃包含螢光粉(Phosphor)、電極，稱爲陽極板。而基板稱爲陰極板，其結構有閘極與陰極兩極，陰極可以釋放電子束的場發射陣列(Field Emission Array；FEA)，而在此陣列上方 1～2 μm 處形成一孔狀(直徑約 1～1.5 μm)的閘極，其電位比陰極高約 50～100V，而因此在閘、陰極間形成電場，將電子由陰極吸引出。此結構不同於陰極射線管以熱電子源經聚焦偏折而形成掃瞄面之電子束，而是由二維分佈面電子源，此電子源是由電場將冷電子從陰極材料吸引至眞空，離開陰極板的場發射電子受到陽極板上正電壓的加速，撞擊螢光粉而產生陰極螢光(Cathodoluminescene)。

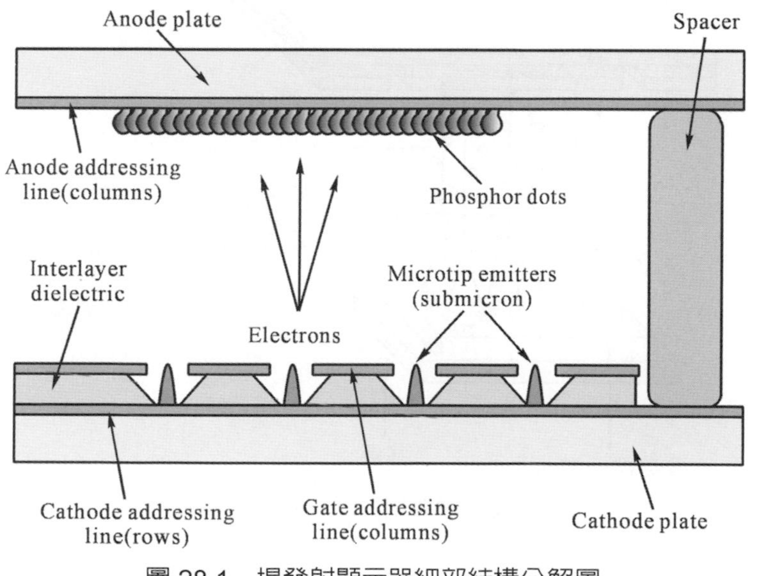

圖 28.1 場發射顯示器細部結構分解圖

28.3.2 場發射原理

場發射量子理論：在未外加電場的情形下，金屬內的電子必須具備足夠的能量，才有機會越過位能障到達眞空側，但是當我們外加一電場時，會造成能帶彎曲，電子不需要很大的能量便可穿透位能障而到達眞空側。當電場越大，電子所需穿透的位能障也會相對變小，而所得到的電流則會增強，這就是場發射顯示器的電子穿透基本原理。簡單來說，場發射就是導體中的電子在高電場作用下，從導體穿透表面能障至眞空中的放射過程，1928 年 R. H. Fowler 和 L. W. Nordheim 根據量子力學的理論推導出了場發射電流與外加電壓的關係。

由於電場的強弱直接影響場發射的電流大小，因此想要獲得足夠電流的話，就要增加金屬與眞空接面之間的電場，如此一來勢必要增加元件的操作電壓，這與我們當初所希望的低壓操作背道而馳。

爲了解決此一問題，根據電磁理論得知，若一物體呈尖端狀，則在尖端處會有較多電荷累積，亦即尖端處有較高的電場，所以把場發射顯示器的電子發射子設計成尖端結構，這樣一來我們便可在不須外加高電壓的情形下獲得較強的電場。利用發射子所放射的電子撞擊塗布在面板上的螢光體而發光，這就是場發射顯示器的發光原理。

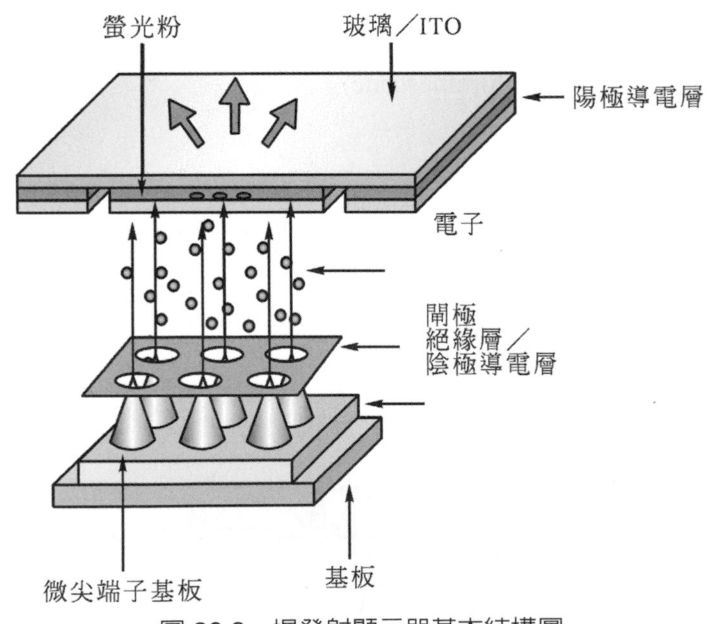

圖 28.2　場發射顯示器基本結構圖

28.4 印刷電路板

28.4.1　印刷電路板定義

標準的 PCB 長得就像裸板(上頭沒有零件)也常被稱爲「印刷線路板 printed wiring board(PWB)」，板子本身的底座是由絕緣隔熱與非彎曲的材質所製作成。在表面可以看到的細小線路材料是銅箔，原本銅箔是覆蓋在整個板子上，製造過程中部分被蝕刻處理，留下來的部分就變成網狀的細小線路。這些線路被稱作導線或稱佈線，並用來提供 PCB 上零件的電路連接。爲了固定零件在 PCB，接腳直接焊在佈線上。在最基本的 PCB(單面板)，零件都集中在其中一面，導線則集中於另一面，這麼一來就需要在板子上打洞，接腳才能穿過板子焊到另一面，因此 PCB 的正反面分別被稱爲零件面(component side)與焊接面(solder side)。

28.4.2　印刷電路板種類

一、單面板(single-sided boards)

在最基本的 PCB 上，零件集中在其中一面，導線則集中在另一面上。因爲導線只出現在其中一面，所以就稱這種 PCB 叫作單面板(single-sided)。單面板在設計線路上有許多嚴格的限制(因爲只有一面，佈線間不能交叉而必須繞獨自的路徑)，所以只有早期的電路才使用這類的板子。

二、雙面板(double-sided boards)

雙面電路板的兩面都有佈線，不過要用兩面的導線，必須要在兩面間有適當的電路連接才行。這種電路間的「橋樑」叫做導孔(via)，其在 PCB 上充滿或塗上金屬的小洞，可與兩面的導線相連接。因爲雙面板的面積比單面板大一倍，而且佈線能互相交錯，更適合用在比單面板更複雜的電路上。

三、多層板(multi-layer boards)

爲了增加可以佈線的面積，多層板用上了更多單或雙面的佈線板。多層板使用數片雙面板，並在每層板間放進一層絕緣層後黏牢(壓合)。板子的層數就代表了有幾層獨立的佈線層，通常層數都是偶數，並且包含最外側的兩層。大部分的主機板都是 4～8 層的結構，不過技術上可以做到近 100 層的 PCB 板。大型的超級電腦大多使用相當多層的主機板，不過因爲這類電腦已經可以用許多普通電腦的群組代替，超多層板已經漸漸不被使用了。

導孔如果應用在雙面板上，那麼一定都是打穿整個板子。不過在多層板中，如果只連接其中一些線路，那麼導孔可能會浪費一些其他層的線路空間。埋孔(buried vias)和盲孔(blind vias)技術可以避免這個問題，因爲只穿透其中幾層。盲孔是將幾層內部 PCB 與表面 PCB 連接，不需穿透整個板子。埋孔則只連接內部的 PCB，所以從表面是看不出來的。

在多層板 PCB 中，整層都直接連接上地線與電源。所以將各層分類爲訊號層(signal)、電源層(power)或是地線層(ground)。如果 PCB 上的零件需要不同的電源供應，通常這類 PCB 會有兩層以上的電源與電線層。

28.4.3 零件封裝技術

1. **插入式封裝技術**

   零件安置在板子的一面，並將接腳焊在另一面上，這種技術稱爲「插入式(THT，through hole technology)」封裝。這種零件占用大量的空間，並且爲每隻接腳鑽一個洞。所以接腳其實占掉兩面的空間，而且焊點也比較大。但另一方面，THT 零件和表面黏著式(SMT，surface mounted technology)零件比起來，與 PCB 連接的構造比較好。像是排線的插座，和類似的界面都需要耐壓力，通常都是 THT 封裝。

2. **表面黏著式封裝技術**

   使用表面黏著式封裝的零件，接腳是銲在與零件同一面。這種技術不用爲每個接腳的銲接，而都在 PCB 上鑽洞。SMT 也比 THT 的零件要小，和使用 THT 零件的 PCB 比起來，使用 SMT 技術的 PCB 板上零件要密集很多。

3. 覆晶、多晶片模組等電子構裝元件係利用錫球格狀陣列作爲與外界溝通的橋樑，其中覆晶是目前所有電子封裝中最輕薄短小的方式，主要應用方式有幾種，一種是覆晶式封裝(FCIP，flip chip in package)封裝中的主力有兩種是(FC-BGA 和 FC-CSP)，另一種應用方式是以覆晶晶片直接與基板結合，有：(1)覆晶晶片直接與硬式印刷電路板結合(FCOB，flip chip on board)；(2)覆晶晶片直接與 LCD 的玻璃基板結合(FCOG，flip chip on glass)；(3)覆晶晶片直接與軟式印刷電路板結合(FCOF，flip chip on flex)，還可以配合開發晶圓級晶片尺寸封裝(WLCSP，wafer level chip scale package)。

Flip Chip on BGA 的一般製程，包括：晶片的凸塊或錫球沾 flux、定位及放置、填充 underfill 及放置 BGA 錫球，以及組裝後的形狀。

目前國內現有製程及設備成本較高的製程有以下兩種：

(1) 以濺鍍微影蝕刻方式製作作 UBM 及以電鍍方式製作錫球。

(2) 以濺鍍微影蝕刻方式製作作 UBM 及以錫膏印刷方式製作錫球。

28.4.4 製造流程

PCB 的製造過程由玻璃環氧樹脂或類似材質製成的「基板」開始。

一、影像(成形／導線製作)

製作的第一步是建立出零件間連線的佈線，採用負片轉印(subtractive transfer)方式將工作底片表現在金屬導體上。這項技巧是將整個表面鋪上一層薄薄的銅箔，並且把多餘的部分給移除。追加式轉印(additive pattern transfer)是另一種比較少人使用的方式，只在需要的地方加上銅線的方法。如果製作的是雙面板，那麼 PCB 的基板兩面都會鋪上銅箔，而製作的是多層板，接下來的步驟則會將這些板子黏在一起。

正光阻劑(positive photoresist)是由感光劑製成的，它在照明下會溶解(負光阻劑則是如果沒有經過照明就會分解)。有很多方式可以處理銅表面的光阻劑，不過最普遍的方式是將它加熱，並在含有光阻劑的表面上滾動(稱作乾膜光阻劑)，也可以用液態的方式噴在上頭。不過乾膜式提供比較高的解析度，可以製作出比較細的導線。

遮光罩只是一個製造中 PCB 層的模板，在 PCB 板上的光阻劑經過 UV 光曝光之前，覆蓋在上面的遮光罩可以防止部分區域的光阻劑不被曝光(假設用的是正光阻劑)。這些被光阻劑蓋住的地方，將會變成佈線。

在光阻劑顯影後，要蝕刻其他的裸銅部分。蝕刻過程將板子浸到蝕刻溶劑中，或溶劑噴在板子上。一般蝕刻溶劑的有氯化鐵、鹼性氨、硫酸加過氧化氫和氯化銅等。蝕刻結束後將剩下的光阻劑去除，稱作脫膜(stripping)程序。

二、鑽孔與電鍍

如果製作的是多層 PCB 板，並且包含埋孔或是盲孔，每一層板子在黏合前必須要先鑽孔與電鍍(如純鈀)。如果不經過這個步驟，那麼就沒辦法互相連接。根據鑽孔需求由機器設備鑽孔之後，孔壁裡頭必須經過電鍍(鍍通孔技術，PTH，plated-through-hole technology)。在孔壁內部作金屬處理後，讓各層線路能夠彼此連接。在開始電鍍之前，必須先清掉孔內的雜物。這是因為樹脂環氧物在加熱後會產生一些化學變化，而覆蓋住內部 PCB 層，所以要先清掉，清除與電鍍動作都會在化學製程中完成。

三、多層 PCB 壓合

各單片層必須壓合才能製造出多層板，壓合動作包括在各層間加入絕緣層，以及彼此黏牢等。如果有透過好幾層的導孔，那麼每層都必須要重複處理。多層板的外側兩面上的佈線，通常在多層板壓合後才處理。

四、處理防焊層、網版印刷面和金手指部分電鍍

接下來將防焊漆覆蓋在最外層的佈線上，這樣一來佈線就不會接觸到電鍍部分外。網版印刷面印在其上，標示各零件的位置，不能夠覆蓋在任何佈線或是金手指上，不然可能減低可焊性或是電流連接的穩定性。金手指部分通常鍍上金，這樣在插入擴充槽時，才能確保高品質的電流連接。

五、測試

測試 PCB 是否有短路或是斷路的狀況，可使用光學或電子方式測試。光學方式採取掃描各層的缺陷，容易偵測到導體間不正確空隙的問題；電子測試通常用飛針探測儀(flying-probe)檢查連接，在尋找短路或斷路比較準確。

六、零件安裝與焊接

THT 零件通常都用波峰銲接(wave soldering)的方式，讓所有零件一次銲接 PCB。首先將接腳切割到靠近板子，並且稍微彎曲固定零件，接著 PCB 移到助溶劑的水波上，讓底部接觸到助溶劑，除去底部金屬上的氧化物。在加熱 PCB 後，則移到融化的銲料上，在和底部接觸後焊接就完成了。

自動銲接 SMT 零件的方式稱為再流回銲接(over reflow soldering)，其含有助溶劑與銲料的糊狀銲接物，零件安裝 PCB 後先處理，經過 PCB 加熱後再處理一次。待 PCB 冷卻之後完成銲接，接下來準備進行 PCB 的最終測試。

28.5 光碟片製造

1. **玻璃基板**(GLASS MASTER)

   所有的玻璃基板都必須磨光並清洗乾淨，以保持玻璃基板表面的潔淨與無污染。

2. **反射膜**(PR COATING)

   根據不同的 CD/DVD 碟片標準，在玻璃基板上均勻地塗上厚度不等的感光劑。

3. **曝光與顯影**(EXPOSING AND DEVELOPING)

   根據不同的 CD/DVD 碟片標準，適當地使用雷射光束紀錄器使感光劑曝光，接著用顯影劑將感光劑蝕刻掉，形成所需的訊坑和溝紋。

4. **電鍍**(METALIZING)

   噴鍍已顯影之玻璃基板上的薄膜，使其成爲初版(initial)，然後將初版電鑄爲金屬原版，或所謂的金屬父版。

5. **壓模**(STAMPER)

   因爲金屬原版會在射出過程中耗損，因此它會在經過電鑄後，其反射結構會轉變成金屬母版。接著依照相同的步驟，金屬母版就會變成具有與金屬父版的結構相同的子版，在沖出中央的洞與外緣，而且背面完全拋光後，它就變成壓模(stamper)了。

6. **射出成型**(INJECTION MOLDING)

   將壓模放在模具中，並將光學熱熔聚碳酸酯樹脂(optic polycarbonate)注入模具的凹處，複製壓模的訊坑和溝紋的形狀，最後產生透明的基板。噴鍍(SPUTTERING)爲了遵循不同的 CD/DVD 標準，必須將材料噴鍍到熱熔聚碳酸酯樹脂基板的訊息面上。

7. **塗漆層**(LACQUERING)

   爲了保護金屬層免於受到損壞或氧化，必須在金屬層上塗上保護漆。

8. **印刷**(PRINTING)

   依照客戶的需求先行製作分色片，再經由彩印機印刷完成。

28.6 發光二極體

28.6.1 發光二極體的發光原理

發光二極體(Light-Emitting Diode，LED)是一種特殊的二極體。和普通的二極體一樣，發光二極體由半導體晶片組成，它是利用波爾效應定理把電能轉換爲光能的一種原件，這些半導體材料會預先摻雜三價或五價雜質以產生 P 型或 N 型半導體架構。與其它二極體一樣，發光二極體中電流可以輕易地從 P 極(正極)流向 N 極(負極)，而相反方向則不能。而順向電流是由兩種不同的載子所產生(電洞流和電子流)，電洞和電子在正負不同極性的電壓作用下從電極兩端分別流向 PN 接合面，當電洞與電子相遇產生複合的過程，電子會跌落到較低的能階，同時以光子的模式釋放出能量而產生光。

一般二極體主要材料以矽爲主，但因爲材料矽屬於間接能隙(indirect bandgap)材料，由於電子經傳導帶往價電帶進行複合時，須加上聲子爲維持動量守恆定律，故在過程中電子會消耗多餘的能量，僅釋放極微弱的光能，所以看不到發光。發光二極體 LED 是以化合物半導體爲材料，由三價或五價元素化合組成，如砷化鎵、磷化砷鎵、氮化鎵等，屬於直接能隙材料，所以可以發光。若半導體傳導帶底端之電子動能與價電帶頂端之電子動能相等，則稱爲直接能隙半導體，否則爲間接能隙半導體。

間接能隙半導體：如 Si，電子在價電帶與導電帶中躍遷，需要遵守動量守恆。所以躍遷發生除了所需能量外，還包括與晶格的交互作用。(導電帶能量最低點和價電帶能量最高點之 p 不同)

直接能隙半導體：如 GaAs，電子在價電帶與導電帶中躍遷，不需要改變動量。所以光電子產生的效率高，適合作爲半導體雷射或其他發光元件的材料。(導電帶能量最低點和價電帶能量最高點之 p 相同)

LED 所發出的光波長，決定發光之顏色，而光波長是由組成 PN 結構的半導體材料的能隙大小來決定。由於矽和鍺是間接能隙材料，在這些材料中電子與電洞的複合是非輻射躍遷，此類躍遷沒有釋出光子，所以矽和鍺二極體不能發光。發光二極體所用的材料都是直接能隙型的，這些禁帶能量對應著近紅外線、可見光、或近紫外線波段的光能量。發展初期，採用砷化鎵(GaAs)的發光二極體只能發出紅外線或紅光。隨著材料科學的進步，各種顏色的發光二極體，現今皆可製造。以下是發光二極體的無機半導體原料及發光顏色：

鋁砷化鎵 (AlGaAs) - 紅色及紅外線

鋁磷化鎵 (AlGaP) - 綠色

磷化銦鎵鋁 (AlGaInP) - 高亮度的橘紅色， 橙色，黃色，黃綠色

磷砷化鎵 (GaAsP) - 紅色，橘紅色，黃色

磷化鎵 (GaP) - 紅色，黃色，綠色

氮化鎵 (GaN) - 綠色，翠綠色，藍色

銦氮化鎵 (InGaN) - 近紫外線，藍綠色，藍色

碳化矽 (SiC) (用作襯底) - 藍色

矽 (Si) (用作襯底) - 藍色 (開發中)

藍寶石 (Al2O3) (用作襯底) - 藍色

硒化鋅 (ZnSe) - 藍色

鑽石 (C) - 紫外線

氮化鋁 (AlN), 鋁氮化鎵 (AlGaN) - 波長爲遠至近的紫外線

至於光顏色、波長、頻率與半導體材料能隙之關係如下表：

光顏色	不可見光		可見光				
	紅外線		紅	橙	黃	綠	藍
半導體材料	磷化銦 (InP)	砷化鎵 (GaAs)	砷化鎵鋁 (AlGaAs)	磷化銦鎵鋁 (AlGaInP)	磷化砷鎵 (GaAsP)	磷化鎵 (GaP)	氮化鎵 (GaN)
能隙	1.35ev	1.42ev	1.9ev	2.03ev	2.12ev	2.34ev	3ev
波長(奈米) nm：10-9m	1000~900	900~800	800~620	620~600	600~575	575~490	490~400
頻率(Hz) THz：1012Hz	300~333	333~375	375~484	484~500	500~522	522~612	612~750

28.6.2　發光二極體種類

可見光 LED 所發出的是散色可見光，其波長約在 400nm~800nm 之間，爲了得到不同波長的可見光，通常以不同比例的元素形成化合物半導體，而不同比例的化合物所散色出的光波長顏色及發光之效率也不同，不可見光 LED 主要爲紅外線 LED，應用非常廣泛，如家中電器產品之遙控器，高速公路電子收費系統(ETC)等。因爲紅外

線 LED 的用途大多是光感測器的光源，一般需要搭配受光元件，而受光元件光電晶體或光二極體，其光感度波長主要在 800nm~900nm 之間，與紅外線 LED 之波長相當，也是紅外線 LED 適用於此領域的原因。

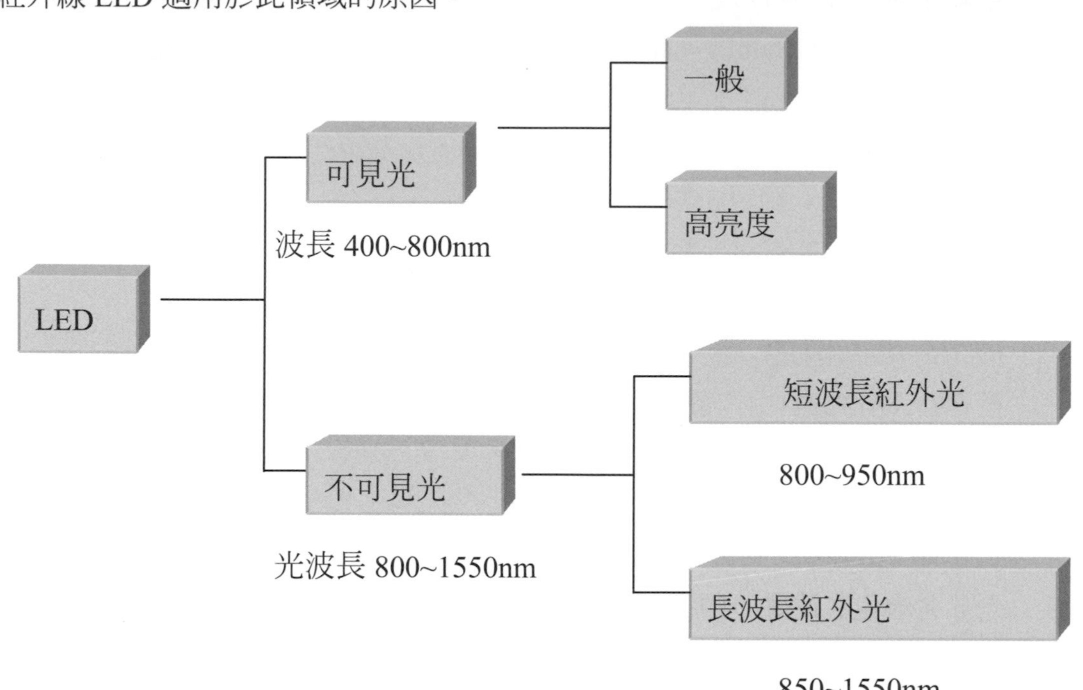

一、藍光 LED

藍光發光二極體可做全彩顯示器、交通號誌燈、白光照明燈源。目前市面上已銷售多年的各種不同顏色的發光二極體，包括紅光、綠光、橙光及黃光。但是藍光及綠光之發光體，欲達到顯示器實用程度之高效率且高亮度，則仍處於研發階段。若以氮化銦鎵／氮化鎵／鋁氮化鎵爲基礎材料，來研製高亮度的藍光及綠光發光體，配合原來已發展成熟的紅光發光二極體，則可達成全彩顯示器之研製目標。另外，目前所使用的燈泡型交通號誌，因燈泡裝置較耗電、壽命短，且有「疑似點燈」之狀況(當太陽直射燈泡時)，易造成交通事故，若能以高亮度紅藍綠光發光二極體取代傳統的燈泡，將可大大提高交通號誌燈之鮮明度。將藍色發光二極體的技術稍加改良，即可進一步研製藍光半導體雷射，利用此種短波長藍光半導體雷射取代目前光碟機所使用的紅光半導體雷射(光學讀寫頭)，能增大光碟記錄容量三倍以上。藍光發光二極體晶片加上釔鋁石榴石黃光螢光粉，利用藍光激發黃色螢光粉產生黃光，同時也有部分藍光放射出來，藍黃混合之後可形成白光。白光發光二極體的優點相當多：壽命長、省電、低壓驅動、安全又具環保效果，效果因而已被歐美科學家視爲二十一世紀的照明光源。氮化鎵亦可做成紫外光發光二極體，是短波長光源，而短波長光源屬於高能量光源，因此可應用於醫療、食物處理、溫室栽培等各類新興應用上。

二、白光 LED

白光 LED 發光的方式約有下列幾種，分自發白光 LED 及藍光 LED 激發螢光粉發白光兩大類。

(一) 自發白光 LED 爲晶粒被激發出來的光即爲白光，大部分使用 25 族化合物製造,非現行主流產品,但其光調較暖較類似自然光。

(二) 利用藍光 GaInN 的 LED 去激發黃色的螢光粉或利用綠光的 GaInN 去激發紅色的螢光粉。日亞化學公司於 1996 年推出的白光 LED 即是屬於此類，其專利即爲此項，也是目前市場主流產品，其售價便宜，壽命長，但因此白光爲藍黃光混出來，有光譜上的缺陷，在應用背光模組上演色性較差。

(三) 利用 3 原色 LED 混出白光技術，目前市場有廠商提供產品，但其三原色 LED 各自光衰速度不同，不易應用於一般家庭端。

28.6.3　發光二極體的應用

發光二極體的應用已經是無所不在，深入所有人的日常生活之中，也是節能省電環保的代名詞，除了原有的傳輸控制應用，最近因藍光 LED 的研發成功，也實現了白光 LED 產品的出現，而白光 LED 的出現，對全世界的照明系統產生了革命性的改變，從道路紅綠燈由傳統的白熾燈改爲 LED 燈，到家庭用日光燈改由白光 LED 燈所取代。

白光發光二極體比起傳統的白熾電燈泡與日光燈管來有許多的優點，如體積小(多顆、多種組合)、發熱量低(熱輻射少)、耗電量低(低電壓、低電流起動)、壽命長(10 萬小時以上)、反應速度快(可高頻操作)、環保(耐震、耐衝擊不易破、廢棄物可回收、無污染)、可平面封裝和易開發成輕薄短小的產品等優點，也沒有白熾燈泡高耗電、易碎及日光燈廢棄物含汞污染等缺點。

28.7 石墨烯(Graphene)

28.7.1 化學結構與特性

石墨烯氧化物的化學結構如圖 28.3(a) 所示，基本上形貌仍維持石墨烯的六角晶格結構，然而石墨烯的基面(basal plane) 跟邊界(edge) 處，將含有大量的含氧官能基團(Oxygen functional groups)。目前藉由許多分析方法， 顯示環氧基(epoxy, C=O) 和羥基(hydroxyl, C-OH) 會形成於基面上， 而羧基(carboxyl,COOH)， 羰基(carbonyl, C-O) 等則分布於邊界處。其中，石墨烯氧化物之碳氧含量(C：O) 分布約 4：1 到 2：1 之間。此外，由於氧化官能基的鍵結，石墨烯氧化物的厚度約~1 nm，略高於石墨烯的理想值(~0.34 nm)。圖 28.3(b) 爲分子動力學所模擬石墨烯氧化物還原後的原子結構。 還原後的石墨烯氧化物呈現出許多的缺陷結構以及殘餘的氧化基。因此即便有許多還原方法被提出，但仍無法獲得近乎石墨烯完美晶格的結構。

就材料的電學特性來說，石墨烯氧化物呈現與完美石墨烯迥異的電子結構，氧化石墨烯爲絕緣性，然而藉由還原方法來移除氧化基團的含量， 將可以調變其電子結構由絕緣性轉變爲能隙爲 3.39 eV 的半導性(O/C=50%)，而進一步還原(O/C=25%) 將能轉變爲導電性。

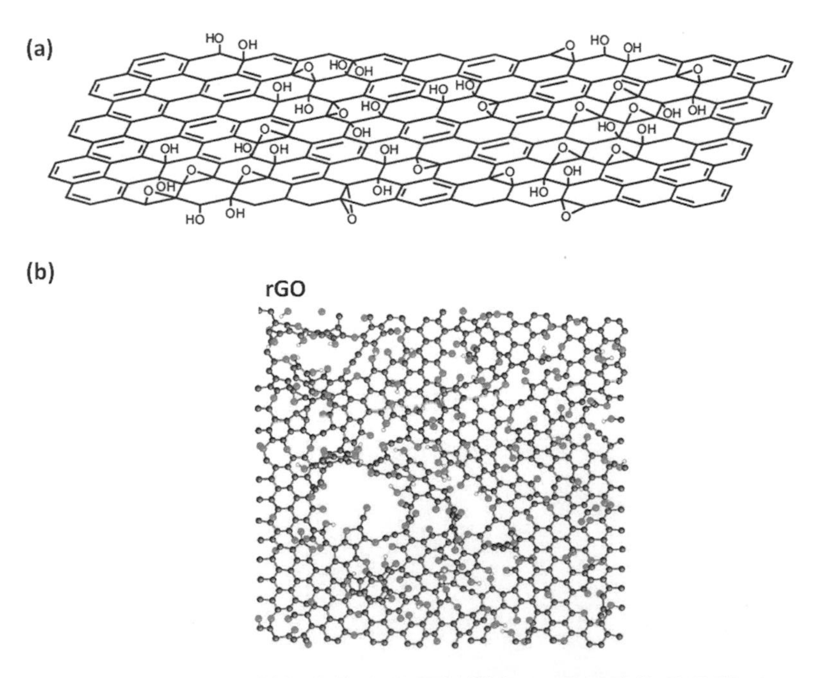

圖 28.3 (a)石墨烯氧化物之化學結構與(b)還原後的分子模型

28.7.2　製備方法

在過去，製造石墨烯的習知技術包含機械剝離法(mechanical exfoliation)、磊晶成長法(Epitaxial growth)、化學氣相沉積法(chemical vapor deposition, CVD)及化學剝離法(chemical exfoliation)等。其中，機械剝離法及磊晶成長法，雖然可以獲得品質較佳之石墨烯，但這兩種方法均無法大面積合成石墨烯。化學氣相沉積法的製備過程，則必須使用近千度的高溫及昂貴的金屬基材(如銅或鎳)，而有製造成本上的瓶頸。化學剝離法則可略分爲：(1) 由超音波震盪以剝離或離子插層石墨塊，或(2) 氧化石墨塊來剝離出石墨烯氧化物。此兩者有別於其他合成方法，具有規模化量產、溶液式製程(solution processed fabrication)且容易進行後續的化學改質(chemical functionalization)等優勢。

28.8　考　題

一、　化學機械研磨(Chemical Mechanical polishing，簡稱 CMP)是半導體製程中重要的一個步驟，請回答下列問題：

(一) 何謂化學機械研磨？

(二) 化學機械研磨須達成之目的爲何？

(三) 化學機械研磨能達成研磨之機理爲何？

(四) 化學機械研磨所用的研磨漿內含有奈米粒子，寫出目前常用之兩種奈米粒子材質。

(五) 研磨漿液內所含之粒子爲何須爲奈米尺度？若爲微米尺度會產生何種問題？　(106 年專門職業及技術人員高等考試)

二、　請分段描述矽晶圓之製造過程：電子級多晶矽，單晶矽棒，矽晶圓。

(106 年公務人員高等考試三級考試、95 年專門職業及技術人員高等考試)

三、　化學氣相沉積(CVD，又稱化學蒸鍍)，是半導體工業及許多其他化學工業常用之製程，請回答下列問題：

(一) 何謂 CVD？

(二) CVD 之反應機制可分成五個主要步驟，寫出此五個步驟並說明之。

(105 年專門職業及技術人員高等考試)

四、 有關 LED 白光照明：

(一) 目前此類產品主要係使用 LED 晶片及螢光粉並以樹脂封裝製成，試述 LED 晶片、螢光粉及樹脂之功能各為何？

(二) 目前市售 LED 白光照明燈具仍有那些主要缺點或有待改進之處？

(三) 針對上述缺點，提出如何改進之方法。

(103 年專門職業及技術人員高等考試)

五、 請回答下面三個子題：

(一) 何謂液晶？

(二) 液晶依據其產生之條件不同，分為 thermotropic 液晶和 lyotropic 液晶兩種，試說明之。

(三) 液晶依據其分子排列狀態可分為那幾種？試畫圖說明之。

(102 年公務人員普通考試)

六、 請說明印刷電路板的結構。依照其結構上使用材料之不同，印刷電路板可分為那三大類？目前使用量最大的為那一類？依照其電路層數，印刷電路板可分為那三種？ (101 年公務人員普通考試)

七、 請問石墨烯(Graphene)的結構及材料特性為何？

(101 年公務人員特種考試身心障礙人員四等考試)

八、 寫出工業上製造氮化鋁(AlN)之兩種方法，並簡要說明氮化鋁之用途。

(100 年專門職業及技術人員高等技師考試)

九、 螢光材料用於以 InGaN 為晶片之白光發光二極體(LED)照明燈具須具備那些性質？

(100 年專門職業及技術人員高等技師考試)

十、 在電子線路之製作中，常用到蝕刻技術(etching)，試述其基本原理和可能用到之化學品。

(99 年專門職業及技術人員高等技師考試)

十一、　半導體工業所使用之光阻劑之組成爲何？其主要用途爲何？

(99 年公務人員普通考試)

十二、　試以化學式表達反應式並陳述從砂子(SiO_2)製矽晶的各主要工業程序，試解釋與煉油工業的程序比較，這些程序是較爲耗能或較爲不耗能？並試述矽晶的各用途。　(97 年公務人員高等考試一級暨二級考試)

提示：1. 製造矽晶圓的原始材料是一種稱爲石英岩的高純度矽(SiO_2)，將石英岩放在爐中伴隨其他各種不同的碳化物，如煤、古柯鹼、木片等，會進行下列反應：

$SiC_{(s)} + SiO_2 \rightarrow Si_{(s)} + SiO_{(g)} + CO_{(g)}$

則形成冶金級的矽(MGS)，純度爲 98%

矽粉碎和 HCl 進行如下反應：

$Si_{(s)} + 3HCl_{(g)} \rightarrow SiHCl_{3(g)} + H_{2(g)}$

$SiHCl_3$ 在室溫時是液態，其餘雜質利用分餾法分離，經過純化的 $SiHCl_3$ 再經氫化反應而產生電子級的矽(EGS)：

$SiHCl_{3(g)} + H_{2(g)} \rightarrow Si_{(s)} + 3HCl_{(g)}$

此反應是在有電阻加熱器和矽棒的反應器中所產生，此當作沉澱矽的反應點。

2. 以半導體業爲例，各部門之電能耗用情形，依據廠房別各部門用電量占比爲機械房占 54%、製造房占 38.3%、庫房占 4.1%、辦公大樓占 3.6%，再以功能別分類各部門用電量占比爲冷氣空調占 37.6%、製程用電占 37.2%、供水系統占 10%、空氣系統占 8.5%、照明系統占 5.5%、其他占 13%。

十三、　何謂平整劑(leveling agent)？舉例說明其原理。

(97 年公務人員高等考試三級考試)

答案：通常在銅製程中，有兩種填充機制：對於較窄特徵圖案的超填充(super fill)(寬度<0.8 微米)，與對於較寬特徵圖案的等向性填充(conformal fill)(寬度>1.5 微米)。單一光罩層疊可能會有 0.1 微米到>100 微米的特徵圖案範圍。一開始使用包含兩種化學劑的電鍍液，如加速劑與抑制劑。使用兩種化學劑的電鍍液，將導致在較窄特徵圖案上的超填充，但不容易被停止，而最後造成凸塊或在巢式的窄圖案上形成正向腐蝕。同時，被等向性填充的較大特徵圖案，將有可能產生低谷或下陷結構。

例如，在 0.5 微米深的氧化層結構上，便有可能產生平均厚度爲 1.0 微米的銅薄膜。在較窄的巢式結構上，其銅薄膜厚度將會達到 1.4 微米，也就是有著 0.4 微米的正向腐蝕。同時，在較寬的特徵結構上，其銅薄膜厚度會達到 0.6 微米，也就是有著 0.4 微米的下陷區域。對於具有這樣剖面的薄膜，其由正向腐蝕區域頂部到下陷區域底部的圖案變動爲 0.8 微米。在這種情形下，化學機械研磨製程將會在窄的密圖案中產生腐蝕效應、並且會在寬的密圖案中產生嚴重的下陷效應，造成導線上所剩餘的銅材料變的非常地少。

爲了解決高填充凸塊、或正向腐蝕的問題，在電解槽內加入第三種化學成分—平整劑(leveler)。由於平整劑可以減少正向下陷效應，所以並不會在窄的密圖案上形成凸塊，因而可以進行局部平坦化的薄膜沉積。局部平坦化程度會依據特徵尺寸而決定。但不幸的是，平整劑的操作範圍有限，所以整個平坦化過程只能在寬度小於 2.5 微米的範圍內完成。在上面的例子中，我們可以藉由消除正向腐蝕效應來讓形貌變動減少到只有 0.4 微米。

作者學經歷・著作發表

Author

- 電話：(02)27712171 ext 3512, (02)27601567
- 手機：0952529189
- E-mail：angusshiue@gmail.com

專長

- 製造、工程、科技專案(含合約與財務)管理及其相關品質管理
- 整廠系統設備設計管理(含建築設備)
- 化學相關工業(含能源與環境工程、發電技術、高科技與生物科技、流體混合技術、特用化學品)
- 機械相關工業(含產品製造與建造、流體機械、熱傳送)
- 工程材料管理與高分子複合材料、金屬材料及土建材料防蝕保固技術

學歷

- 國立臺北科技大學機電科技工程博士(民國 96 年 9 月~99 年 9 月)
- 國立臺灣大學化學工程博士班在職進修(民國 73 年 9 月~74 年 6 月)
- 中正理工學院化學工程研究所碩士(民國 68 年 9 月~70 年 7 月)
- 中國文化大學化學工程系學士(民國 66 年 9 月~68 年 6 月)
- 國立臺北工業專科學校化學工程科(民國 61 年 9 月~64 年 9 月)
- 年齡：1952 年 12 月 14 日出生

助理教授證書資格

- 教育部助理字第 037667 號

證照資格

- Qualified IRCA ISO 9000-2000 Lead Assessor Certificate (Certificate No. A17004/ 1613).
- Qualified IRCA ISO 9000 Lead Assessor Certificate (Certificate No. IATCA271).
- Certificate Total Quality Management Training (BVQI) (TQM/01/TW/0702/TPI).
- ISO 9001：2000 標準內容剖析(法商法立德公證公司臺灣分公司) (Ceritificate No.S011/01/TW/2905/TPI).
- ISO 50001 ： 2010 (BSI Taiwan) (Certificate No.BSI/TRAIN/ISO50001/IM 072910-0021).
- 『LEED 國際綠建築認證/申請程序訓練課程』證書 LEED8091932

教育訓練

Ray Chem/Pipe products and cathode protection program training.

得獎

- 國立臺北科技大學 102 年度陽光獎助金
- 國立臺北科技大學 101 年度陽光獎助金
- 國立臺北科技大學 100 年度陽光獎助金
- 第二屆蘭陽地區奈米科學創意競賽佳作
- 國立宜蘭大學 101 年第一學期服務學習「讓愛飛颺-CACT 仙人掌計畫」得獎
- 2006 年產業環保工程實務研討會 100 期工業污染季刊紀念金筆獎

經歷

- **國立臺北科技大學研究助理教授 (民國 103 年 12 月~)**
- **國立臺北科技大學兼任助理教授 (民國 100 年 9 月~)**
- 有機高分子研究所博士班 – 綠色化學潔淨技術特論
- 能源與冷凍空調工程系 – 環境工程
- **國立臺北科技大學兼任講師 (民國 99 年 9 月~)**
- 機械工程系 – 原動力廠
- **國立臺北科技大學業界師資(民國 99 年 9 月~)**
- 能源與冷凍空調工程研究所 – 無塵室設計、室內空氣品質控制、環境控制工程
- 能源與冷凍空調工程系 – 無塵室設計、室內空氣品質、半導體廠務系統
- 環境工程與管理研究所 – 溫室氣體管理與實務、室內空氣品質控制與管理
- **國立宜蘭大學兼任助理教授 (民國 100 年 2 月~103 年 1 月)**
- 環境工程研究所 – 氣膠學
- 環境工程學系 – 空氣污染概論
- **國立宜蘭大學能源與資源化科技研發中心顧問(民國 101 年 9 月~103 年 8 月)**
- **International Symposium on Contamination Control 2010, Tokyo, Session Chair**
- Semiconductor and FPD
- IAQ - Microorganism
- Cleanroom - Airborne Molecular Contamination
- **2014 International Symposium on Contamination Control, Korea, Session Chair**
- Cleanroom - Airborne Molecular Contamination

- **2015 The 3rd International Conference on Building Energy and Environment, Tianjin, Session Chair**
- IAQ in Buildings (2)
- **The 11th International Conference on Industrial Ventilation 2015, Shanghai, Session Chair**
- Emissions and exposure
- **12th World Filtration Congress 2016, Taiwan, Session Chair**
- Filter and Gas Adsorptions
- **Proceedings of the 8th Asian Conference on Refrigeration and Air Conditioning 2016, Taiwan, Session Chair**
- Innovative HVAC & R systems -2
- Innovative HVAC & R systems -3
- **Healthy Buildings 2017 Asia, Taiwan, Session Chair**
- Building and Materials, Design, Construction, Performance, Politics, Policy & Law
- **The 10th International Symposium on Heating, Ventilation, and Air Conditioning 2017, Jinan China, Session Chair**
- Indoor Air Distribution
- Heat and Mass Transfer & Heating Technology
- **國立臺北科技大學機電科技工程研究所能源組產學合作(民國 97 年 9 月~98 年 8 月)**
- 97 年度以空氣負離子控制無塵室微污染物之應用研究—**國家科學委員會補助產學合作研究計畫**
- 98 年度潔淨室化學濾網吸附性能研究—**財團法人紡織產業綜合研究所**
- **國立臺北科技大學能源與冷凍空調工程系所產學合作(民國 99 年 9 月~)**
- 99 年度潔淨室用新型風機乾盤管系統研發計畫—**臺北市 SBIR 地方產業創新研發推動計畫**

- 99 年度十二吋晶圓傳送盒氣態分子污染物量測技術輔導計畫—**經濟部學界協助中小企業科技關懷計畫**
- 99 年度面板廠用自動立儲之流場及潔淨度分析—**工業區廠商轉型再造升級計畫**
- 99 年度自走式 12 吋與次世代(18 吋)晶圓氮氣充填運送車之開發—**教育部推動技專校院與產業園區產學合作實施計畫**
- 100 年度無塵衣製造材質微污染控制提昇—**經濟部學界協助中小企業科技關懷計畫**
- 100 年度高科技廠無塵室創新高速水洗式外氣空調箱之開發—**國家科學委員會產學合作研究計畫**
- 101 年度無塵室內操作人員發塵速率及不同無塵衣排列動態量測—**教育部推動技專校院與產業園區產學合作實施計畫**
- 101 年度無塵無菌操作台(Clean Bench)功能確效性研究—**中小企業即時技術輔導計畫**
- 101 年度無塵無菌操作亭(Clean Booth)微污染控制提昇—**經濟部學界協助中小企業科技關懷計畫**
- 101 年度生物安全操作台(Biological Safety Cabinet)功能確效提昇—**經濟部學界協助中小企業科技關懷計畫**
- 101 年度新世代晶圓盒(450mm)高性能微污染控制技術開發計畫—**南部科學工業園區管理局科學工業園區研發精進產學合作計畫**
- 101 年度新世代高性能晶圓盒設備技術開發計畫—**中部科學工業園區管理局高科技設備前瞻技術發展計畫**
- 101 年度半導體及光電產業廠務工程之相關課程—**科學工業園區管理局科學工業園區人才培育補助計畫**
- 101 年度極紫外線光光罩傳送盒氮氣填充及真空抽氣系統研發計畫—**國家科學委員會產學合作研究計畫**

- 101 年度綠廠房資訊模擬與智慧監測應用技術開發計畫－**經濟部學界科專計畫**
- 102 年度下世代 450mm 晶圓傳送盒多重氣態分子污染物(AMC)自動線上即時監測設備效能技術開發計畫—**國家科學委員會產學合作研究計畫**
- 102 年度生技/製藥用二級生物安全櫃之開發計畫－**經濟部協助傳統產業技術開發計畫**
- 102 年度高科技廠房全年能源消耗計算軟體之開發驗證與推廣—**國家科學委員會一般型研究計畫**
- 102 年度下世代 450mm 晶圓高階製程載卸系統研發計畫－晶圓盒門開時晶圓盒內含氧量最低化之研究—**國家科學委員會產學合作研究計畫**
- 103 年度製藥廠 B 級微生物實驗室用新型隔離裝置(Isolator)開發計畫－**經濟部科技研究發展專案小型企業創新研發計畫**
- 103 年度住商節能與運輸節能教學聯盟中心計畫－**教育部補助能源科技教學聯盟中心計畫**
- 103 年度半導體/光電/生物科技產業廠務工程—**科學工業園區管理局科學工業園區人才培育補助計畫**
- 103 年度風機乾盤管機組(FDCU)表面結露及水損防制機制開發計畫—**中小企業即時技術輔導計畫**
- 103 年度高科技產業揮發性有機廢氣蓄熱式焚化爐有機朗肯循環廢熱發電系統開發計畫—**南部科學工業園區綠能低碳產業聚落推動計畫**
- 103 年度製藥廠 A 級常溫滅菌快速傳遞介面裝置開發計畫—**臺北市 SBIR 地方產業創新研發推動計畫**
- 104 年度利用廢熱驅動之溶液除濕空調節能系統開發計畫—**經濟部能源局業界能源科技專案計畫**
- 104 年度潔淨室相關技術服務產學聯盟(1/3)—**科技部產學技術聯盟合作計畫**
- 104 年度半導體/光電/生物科技產業廠務工程—**科學工業園區管理局科學工業園區人才培育補助計畫**

- 104 年度熱回收式溶液除濕空調系統開發計畫—**南部科學工業園區綠能低碳產業聚落推動計畫**
- 104 年度溶液除濕空調系統理論模式確效性研究—**科技部一般型研究計畫**
- 104 年度室內二氧化碳濾網開發計畫－**經濟部協助傳統產業技術開發計畫**
- 104 年度製藥廠隔離裝置手套多功能洩漏測試設備開發計畫－**經濟部協助傳統產業技術開發計畫(產學合作型)**
- 105 年度空調用節能高吸附潔淨水洗裝置研發計畫—**經濟部能源局業界能源科技專案計畫**
- 105 年度廢熱驅動吸收式冰水主機系統的節能管理及驗證程序—**科技部 NEP-II 主軸產學合作研究計畫**
- 105 年度潔淨室相關技術服務產學聯盟(2/3)—**科技部產學技術聯盟合作計畫**
- 105 年度半導體/光電/生物科技產業廠務工程—**科學工業園區管理局科學工業園區人才培育補助計畫**
- 105 年度無塵衣防靜電確效性提昇技術研究—**經濟部學界協助中小企業科技關懷計畫**
- 105 年度能效全氟化合物電熱水洗式局部尾氣處理系統開發計畫—**科技部產學合作研究計畫**
- 105 年度低臭氧奈米靜電材料微粒與甲醛過濾清淨機研發計畫(1/3)—**科技部/環保署空污防制科技計畫**
- 105 年度晶圓傳送盒微污染自動化監測系統開發計畫—**科技部產學合作研究計畫**
- 105 年度生技/製藥用汽化過氧化氫殺菌系統開發計畫－**經濟部協助傳統產業技術開發計畫**
- 106 年度潔淨室相關技術服務產學聯盟(3/3)—**科技部產學技術聯盟合作計畫**
- 106 年度半導體濕式蝕刻清洗台排氣高吸附洗滌裝置研發計畫－**經濟部協助傳統產業技術開發計畫(產學合作型)**

- 106 年度革新型無機複合膜及其應用程序開發計畫－**科技部新型態產學研鏈結計畫－價創計畫**
- 106 年度低臭氧奈米靜電材料微粒與甲醛過濾清淨機研發計畫(2/3)—**科技部/環保署空污防制科技計畫**
- **國立臺北科技大學環境工程與管理研究所產學合作(民國 103 年 7 月~)**
- 103 年度濾網式油煙/異味處理機開發計畫—**臺北市 SBIR 地方產業創新研發推動計畫**
- 104 年度二氧化氯移除室內揮發性有機化合物(VOC)提昇技術—**經濟部學界協助中小企業科技關懷計畫**
- **國立臺北科技大學分子科學系與有機高分子研究所產學合作(民國 100 年 7 月~)**
- 100 年度催化性水解膜的材料開發與製程研究—**經濟部中小企業創新服務憑證計畫**
- **國立宜蘭大學環境工程系所產學合作(民國 100 年 7 月~)**
- 99 年度利用廢棄矽藻土合成中孔洞觸媒同時處理多種揮發性氣體可行性之研究—**國家科學委員會專題研究計畫**
- 100 年度利用光觸媒靜電機處理異味計畫—**臺北市 SBIR 地方產業創新研發推動計畫**
- 100 年度利用可見光光觸媒反應器處理成衣塗佈排放異味—**經濟部學界協助中小企業科技關懷計畫**
- 100 年度使用廢棄石英砂研製中孔性材料觸媒處理室內揮發性有機物廢氣之研究—**國家科學委員會產學合作研究計畫**
- 101 年度工業廢棄物研製固態衍生燃料能源回收廠數值分析與實驗—**國家科學委員會專題研究計畫**
- 101 年度使用廢棄太陽能板矽酸鹽中孔性材料觸媒處理室內揮發性有機物之研究開發計畫—**經濟部中小企業創新服務憑證計畫**

- 101 年度紡織領域製程減廢及污染防治專業產業人才培育計畫—**經濟部工業局產業人才扎根計畫**
- 101 年度使用廢玻璃研製中孔洞觸媒處理室內揮發性有機化合物之研究—**國家科學委員會產學合作研究計畫**
- 101 年度利用生活污泥研製中孔洞吸附材處理揮發性有機物之研究—**宜蘭縣 SBIR 地方產業創新研發推動計畫**
- 101 年度利用稻殼灰研製中孔洞材料應用處理染料廢水之開發計劃—**宜蘭縣 SBIR 地方產業創新研發推動計畫**
- 102 年度氟化鈣污泥研製觸媒及反應設備之開發研究－**國家科學委員會產學合作研究計畫**
- 102 年度負載金屬及非金屬及有機聚合物鈦奈米管陣薄膜反應器研發與同時處理揮發性有機物與二氧化碳之研究—**國家科學委員會一般型研究計畫**
- **長鴻營造清水營造聯合承攬體(民國 94 年 5 月~民國 99 年 9 月)**
- 駐臺灣高鐵公司臺北車站施工與文件之品管/稽核經理
- **東元電機公司集團(民國 91 年 1 月~94 年 5 月)**
- 大成、大陸、中鼎、臺安聯合承攬體駐臺灣高鐵公司臺中車站界面經理
- 臺安電機公司駐臺灣高鐵公司臺中車站烏日工地代表
- 臺安電機公司駐左營維修基地機電專案經理
- 東元電機公司駐臺灣高鐵公司桃園車站空調工程專案經理
- 東元電機公司駐中華電信公司行動通信分公司臺北長途大樓水電與空調設備工程專案經理
- **法商法立德公證公司臺灣分公司主任評審員(民國 89 年 11 月~90 年 12 月)：執行各行業七十五場驗證**
- **臺灣機電工程服務社(臺灣電力公司關係企業)專案經理(民國 86 年 2 月~89 年 10 月)**

- **整廠工程**
- 苗栗燃烏瀝乳慣常火力發電廠建廠計劃
- 花東電力公司花蓮燃煤慣常火力發電廠建廠計劃
- 協和燃油慣常火力發電廠改燒低硫高臘油品工程
- **環保工程**
- 臺北市政府工務局衛生下水道工程處配合北投親水公園污水下水道工程
- 臺中縣政府烏日民有民營垃圾資源回收廠工程
- **經濟部工業局八十九年度"電廠機電規劃與設計"講師**
- **經濟部工業局八十八年度"電廠機電規劃與設計"講師**
- **臺北市市政大樓公共事務管理中心八十八年度"臺北市市政大樓緊急發電機排煙改善暨設計評估技術工作甄選顧問機構案"評審委員**
- **經濟部工業局八十七年度"焚化廠汽電共生規劃與設計、電廠機電工 程規劃與設計"講師**
- **益鼎工程公司(中鼎公司關係企業)專案副理(民國 78 年 9 月~86 年 2 月)**
- **核能電廠工程**
- 核能四廠構型管理
- 核能一廠設計基礎文件
- 核能一廠材料問題彙整
- 核能二廠失火對策
- **整廠工程**
- 通宵燃油複循環火力發電廠三 & 四號機工程
- 通宵複循環火力發電廠一至五號機改燃天然氣工程規劃
- 正隆紙業公司后里廠第二套燃煤慣常汽電共生工程
- 中國石油化學公司頭份廠燃煤慣常汽電共生工程
- 大中電力公司燃天然氣複循環火力發電廠投資計劃

- 第一電力公司利澤燃烏瀝乳合成氣複循環火力發電廠投資計劃
- 東豐電力公司八寶燃油複循環火力發電廠投資計劃
- 苗栗燃烏瀝乳慣常火力發電廠投資計劃與建廠計劃
- 聯鼎電力公司燃煤慣常火力發電廠投資計劃
- 花東電力公司花蓮燃煤慣常火力發電廠建廠計劃
- **環保工程**
- 協和燃油慣常火力發電廠二至四號機、興達燃煤慣常火力發電廠三&四號機、大林燃油慣常火力發電廠一及二號機靜電集塵器工程
- 林口燃煤慣常火力發電廠一&二號機靜電集塵器、排煙脫硫系統、高煙囪工程
- 興達燃煤慣常火力發電廠三&四號機排煙脫硫工程
- 蘇澳燃油慣常火力發電計劃空氣污染控制設備及廢棄物處置規劃
- **臺灣電力公司構型管理，核能四廠新建工程和核能一 & 二 & 三廠改善工程協調、連絡、整合(民國 79 年 12 月~81 年 12 月)**
- **工業技術研究院工業材料研究所研究員與計畫主持人(民國 75 年 7 月~78 年 9 月)**
- 核能電纜失效預防及評鑑
- 核能氣動閥氣密性
- 變電所氣衝斷路器襯墊及閥座材料開發
- 鋼筋混凝土腐蝕防治
- 油槽底板最佳腐蝕防治
- 地下電纜絕緣被覆性
- **臺灣電力公司相關材料專案計劃總技術助理(民國 76 年 7 月~77 年 6 月)**
- **聯勤 202 廠副主任(民國 70 年 7 月~75 月 7 月)**
- 高分子複合材料產品開發
- 金屬筒狀產品機械冷作(Cold Working)製造(含熱處理與表面處理&防蝕)

- 金屬筒狀產品鍍鋅專案(含機械冷作(Cold Working)製造與污染防治工程)改善
- 金屬錐形體狀產品機械熱作(Hot Working)製造改善
- 混合及灌裝藥工廠建廠工程(含污染防治工程)
- 全國軍事產品展示
- **聯勤、三軍、警備總部技術代表—民間廠商技術及財務能力稽核(民國 73 年 9 月~75 年 6 月)**
- **中國文化大學化學工程系輸送現象與單元操作、化學反應工程(化工動力學)講師(民國 71 年 9 月~72 年 6 月)**
- **中興紙業公司羅東總廠化學工程師—現場督導(民國 68 年 3 月~68 年 9 月)**

博士論文

- 潔淨室外氣空調箱用化學濾網上之甲苯吸附平衡、動力學及穿透理論模式確效性研究，國立臺北科技大學，民國 99 年 9 月。

碩士論文

- 攪拌系統混合效率之研究，中正理工學院，民國 70 年 6 月。

著作

書籍

“化學程序工業”全華圖書公司，民國 94 年 5 月初版(內容包括化工程序、化工設備、化工計算、**水處理、環境污染防治、能源工業**、工業氣體、無機酸工業、肥料工業、煉油工業、石化工業、**電子材料、生物科技**、腐蝕防治、矽酸鹽工業、氯鹼工業、冶金工業、塗料工業、染料工業、塑膠工業、橡膠工業、纖維工業、造紙工業、油脂及界面活性劑工業、**特殊化學品**)，民國 106 年 5 月 6 版。

- **觸媒技術**

- Chen CK, **Shiue A**, Huang DW, Chang CT, "Catalytic decomposition of CF_4 over iron promoted mesoporous catalysts", J. Nanosci Nanotechnol. 14(4), pp. 3202-3208, (2014).
- Jing-Long Han, **Angus Shiue**, Yu-Yun Shiue, Den-Wei Huang and Chang-Tang Chang, "Catalytic Decomposition of CF_4 Over Copper Promoted Mesoporous Catalysts", Sustainable Environment Research(EI), 23(5), 307-314 (2013).
- **Angus Shiue**, Chih-Ming Ma, Ri-Tian Ruan and Chang-Tang Chang, "Adsorption kinetics and isotherms for the removal Methyl Orange from wastewaters using copper oxide catalyst prepared by the waste printed circuit boards", Sustainable Environment Research(EI), 22(4), 209-215 (2012).
- 光觸媒技術
- Chih Ming Ma, Yu Jung Lin, **Ren Wei Shiue**, and Chang Tang Chang, "Dyes Degradation with Fe-Doped Titanium Nanotube Photocatalysts Prepared from Spend Steel Slag", International Journal of Photoenergy, Volume 2013 (2013), Article ID 350698.
- Qian Zhang, Youhai Jing, **Angus Shiue**, Chang-Tang Chang, Tong Ouyang, Cheng-Fang Lin & Yu-Min Chang, "Photocatalytic degradation of malathion by TiO_2 and Pt-TiO_2 nanotube photocatalyst and kinetic study", Journal of Environmental Science and Health, Part B: Pesticides, Food Contaminants, and Agricultural Wastes Volume 48, Issue 8, 686-692, (2013).
- Qian Zhang, You Hai Jing, **Angus Shiue**, Chang-Tang Chang, Bor-Yann Chen, Chung-Chuan Hsueh, "Deciphering effects of chemical structure on azo dye decolorization/degradation characteristics: Bacterial vs. photocatalytic method", Journal of the Taiwan Institute of Chemical Engineers, Volume 43, Issue 5, 760-766, (2012).

- Qian Zhang, Youhai Jing, **Angus Shiue**, Wenyu You, and Chang-Tang Chang, "Photocatalytic degradation of methyl blue dye by pure and Platinum doped Titanium Dioxide Nanotube photocatalysts", Advanced Science Letters (EI), Volume 18, Issue 8, 213-220, (2012).
- Guo-Fu Xu, Yuan Gao, **Angus Shiue**, Chih-Ming Ma, and Chang-Tang Chang, "Vapor photocatalytic degradation characteristics of acetone and dichloromethane using TiO_2 nanotube in indoor environment", Journal of Nanoscience and Nanotechnology (SCI), 3, 778-783 (2011).
- **LCA 技術**
- Shih-Cheng Hu, **Angus Shiue***, Hsien-Chou Chuang, Tengfang Xu, "Life Cycle Assessment of High-Technology Buildings: Energy Consumption and Associated Environmental Impacts of Wafer Fabrication Plants" Energy and Buildings (SCI), Volume 56, Issue 1, Pages 126-133, January (2013).
- 室內空氣品質技術
- **Angus Shiue***, Shih-Cheng Hu, Shu-Mei Chang, Tzu-Yu Ko, Arson Hsieh and Andrew Chan, "Adsorption Kinetics and Breakthrough of Carbon Dioxide for the Chemical Modified Activated Carbon Filter Used in the Building", Sustainability 9, 1533, (2017); doi:10.3390/su9091533.
- Shih-Cheng Hu, **Angus Shiue***, Shu-Mei Chang, Ya-Ting Chang, Chao-Heng Tseng, Chuang-Cheng Mao, Arson Hsieh and Andrew Chan, "Removal of carbon dioxide in the indoor environment with sorption-type air filters", International Journal of Low-Carbon Technologies July 12, 2016.
- Yiteng Su, Lihong Peng, **Angus Shiue**, Gui-Bing Hong, Qian Zhang and Chang-Tang Chang, "Carbon dioxide adsorption on amine-impregnated mesoporous materials prepared from spent quartz sand", Journal of the Air and Waste Management Association (SCI), 64(7), 827-833 (2014).

- 潔淨室技術
- Shih-Cheng Hu, Andy Chang, **Angus Shiue***, Ti Lin, Song-Dun Liao, "Adsorption characteristics and kinetics of organic airborne contamination for the chemical filters used in the fan-filter unit (FFU) of a cleanroom", Journal of the Taiwan Institute of Chemical Engineers (SCI) Volume 75, Issue 6, 87– 96 (2017).
- Shih-Cheng Hu, **Angus Shiue***, Han-Yang Liu, and Rong-Ben Chiu "Validation of Contamination Control in Rapid Transfer Port Chambers for Pharmaceutical Manufacturing Processes", Int. J. Environ. Res. Public Health 13, 1129, (2016); doi:10.3390/ijerph13111129.
- Shih-Cheng Hu, **Angus Shiue***, Yi-Shiung Chiu, Archy Wang, and Jacky Chen, "Simplified Heat and Mass Transfer Model for Cross-Flow and Countercurrent Flow Packed Bed Tower Dehumidifiers with a Liquid Desiccant System", Sustainability 8, 1264, (2016); doi:10.3390/su8121264.
- Shih-Cheng Hu, **Angus Shiue***, "Validation and application of the personnel factor for the garment used in cleanrooms", Building and Environment, Volume 97, 15 Pages 88-95, February (2016)
- Bill Chiu, Shih-Cheng Hu, **Angus Shiue***, Je-Yu Huang, "Reduction of moisture and airborne molecular contamination on the purge system of 450 mm Front Opening Unified Pod", Vacuum, Volume 127, Pages 10-16 May (2016).
- Shih-Cheng Hu, **Angus Shiue***, Yi-Chan Chih, "Monitoring and Analyzing Volatile Organic Compounds in Fabs by Gas Chromatograph/Surface Acoustic Wave sensors", Microchemical Journal, 126(1), pp. 96-103, (2016).
- Bill Chiu, Shih-Cheng Hu, **Angus Shiue***, Yu-Jhe Sia, "Reduction of Airborne Molecular Contamination on an Extreme Ultraviolet reticle dual pod using Clean Dry Air purging technology", Microelectronic Engineering, 150(1), pp. 1-6, (2016).

- Shih-Cheng Hu, **Angus Shiue***, Jin-Xin Tu, Han-Yang Liu, Rong-Ben Chiu, "Validation of Cross-contamination Control in Biological Safety Cabinet for Biotech/Pharmaceutical Manufacturing Process", Environmental Science and Pollution Research, 22(23), pp.19264-19272, (2015).
- Bill Chiu, Shih-Cheng Hu, **Angus Shiue***, Yu-Yun Shiue, Zhe-Yu Huang, "Pre-particle Filtration and Moisture Control by efficient purging in various inlet and outlet of a 450 mm wafer Front-Opening Unified Pod", International Journal of Engineering & Technology, 4 (2), 304-310 (2015).
- Shih-Cheng Hu, **Angus Shiue***, Yu-Min Hsu, Yi-Sung Ke, "Validation of leak test models for pharmaceutical isolators", International Journal of Engineering & Technology, 4 (2), 311-319 (2015).
- **Angus Shiue**, Shih-Cheng Hu, Ming-Heng Chai, "Removal characteristic of particulate matter with different return air system designs in a non-unidirectional cleanroom for IC manufacturing processes", HVAC R & Research (SCI), Volume 20, Issue 1, pages 162-166, January (2014).
- **Angus Shiue**, Shih-Cheng Hu, Sei-Min Chao, and Jia-Hong Lin "Removal of Inorganic Gas Contaminants via the Air Washer of a Make-up Air Unit in Cleanrooms", Advanced Science Letters(EI), 17, 195-199, (2012).
- Seoung-Kyo Yoo, **Angus Shiue**, Tzong-Shing Lee, Shih-Cheng Hu, Eungsun Lee, Younghee Ju, "Monitoring and Cleaning Parameters of Molecular Base Contamination for the Front Opening Unified Pod (FOUP)", Advanced Science Letters(EI), 17, 280-284, (2012).
- **Angus Shiue**, Shih-Cheng Hu*, "Adsorption Kinetics for the Chemical Filters Used in the make-up air unit (MAU) of a cleanroom", Separation Science and Technology(SCI), 47: 577–583, (2012).

- **Angus Shiue**, Shih-Cheng Hu*, Chi-Hung Lin, Shin-In Lin, "Quantitative Techniques for Measuring Cleanroom Wipers with Respect to Airborne Molecular Contamination", Aerosol and Air Quality Research (SCI), 11: 460–465, (2011).
- **Angus Shiue**, S.-C. Hu*, "Contaminant particles removal by negative air ionic cleaner in industrial minienvironment for IC manufacturing processes", Building and Environment (SCI): Volume 46, Issue 8, Pages 1537-1544, August (2011).
- **Angus Shiue**, Shih-Cheng Hu*, Mao-Lin Tu, "Particles Removal by Negative ionic Air Purifier in Cleanroom", Aerosol and Air Quality Research (SCI), 11: 179–186, (2011).
- **Angus Shiue**, Walter Den, Yu-Hao Kang, S.-C. Hu*, Gwo-Tsuen Jou, Chi-Hung Lin, Ming-Chuan Hu, Shin-In Lin, "Validation and Application of Adsorption Breakthrough Models for the Chemical Filters Used in the make-up air unit (MAU) of a cleanroom", Building and Environment(SCI) Volume 46, Issue 2, Pages 468-477, February (2011).
- **Angus Shiue**, Yu-Hao Kang, Shih-Cheng Hu*; Gwo-Tsuen Jou; Chi-Hung Lin; Ming-Chuan Hu; Shin-In Lin, "Vapor adsorption characteristics of toluene in an activated carbon adsorbent-loaded nonwoven fabric media for chemical filters applied to cleanrooms", Building and Environment (SCI) Volume 45, Issue 10, Pages 2123-2131, October (2010).
- **Angus Shiue**, Der-Chi Tien, Shih-Cheng Hu*, Chia-Shao Hsu, "Deposition and electrostatic removal of gaseous organic contaminants on different substrates", Applied Surface Science (SCI) Volume 256, Issue 20, Pages 6113–6116, (2010).
- Y.H. Kang, **A. Shiue**, S.C. Hu*, C.Y. Huang and H.T. Chen, "Using phosphoric acid-impregnated activated carbon to improve the efficiency of chemical filters for the removal of airborne molecular contaminants (AMCs) in the make-up air unit (MAU) of a cleanroom", Building and Environment(SCI) Volume 45, Issue 4, Pages 929-935, April (2010).

- 國際研討會

- **Angus Shiue**, “Formaldehyde adsorption onto the untreated and treated activated carbon filter in the indoor environment of the building”, The 10th International Symposium on Heating, Ventilation, and Air Conditioning 2017, Workshop 05: Field Measurement and Survey of IAQ in Residential Buildings.
- Shih-Cheng Hu, Andy Chen, Ti Lin, **Angus Shiue***, Song-Dun Liao, “Adsorption characteristics and kinetics of Organic Airborne Contamination for the Chemical Filters Used in the fan-filter unit (FFU) of a cleanroom”, 34th Annual Tech. Meeting on Air Cleaning and Contamination Control, D5 (2017).
- Shih-Cheng Hu, Andy Chen1, Ti Lin, **Angus Shiue***, Wei-Ting Tseng, Hing Hsieh, Wen-Sheng Fan, “Energy consumption reduction and PFC Emissions control in Point of Use wet-thermal-wet Abatement of PECVD chamber cleaning”, 34th Annual Tech. Meeting on Air Cleaning and Contamination Control, D6 (2017).
- Yen-Che Chen, Po-Hua Huang, Feng-Sheng Su, **Angus Shiue***, Shih-Cheng Hu, Shu-Mei Chang, Chao-Heng Tseng, “Surface modification of activated carbon to remove low-concentration formaldehyde from indoor environment”, Healthy Buildings 2017 Asia, BM1-2.
- En-Huai Kuo, Chao-Heng Tseng*, **Angus Shiue** , Shih-Cheng Hu, “Verification of the Field Modeling for indoor Air Quality Purification Products in a Full-Scale indoor Air Quality Laboratory”, The 23rd International Conference on Aerosol Science & Technology-2016 Conference on Fine Particulate Matter ($PM_{2.5}$) and Healthcare, D3-3 (2016).
- Shih-Cheng Hu , **Angus Shiue*** , Wei-Ting Tseng , Hing Hsieh , Wen-Sheng Fan”, Energy consumption reduction and PFC Emissions control in Point of Use wet-thermal-wet Abatement of PECVD chamber cleaning”, The 23rd International Conference on Aerosol Science & Technology-2016 Conference on Fine Particulate Matter ($PM_{2.5}$) and Healthcare, D3-4 (2016).

- Shih-Cheng Hu, **Angus Shiue***, Song-Dun Liao, "Adsorption performance of Organic Airborne Contamination for the Chemical Filters Used in a cleanroom", The 23rd International Conference on Aerosol Science & Technology -2016 Conference on Fine Particulate Matter ($PM_{2.5}$) and Healthcare, D4-2 (2016).
- Cheng-Mao Chuang , Chao-Heng Tseng*, **Angus Shiue**, Shih-Cheng Hu, Arson Hsieh, Andrew Chan, "The dynamic model for the adsorption of formaldehyde by Activated carbon filter", The 23rd International Conference on Aerosol Science & Technology-2016 Conference on Fine Particulate Matter ($PM_{2.5}$) and Healthcare, D4-3 (2016).
- Shih-Cheng Hu, **Angus Shiue***, Archy Wang, Jacky Chen, Kuo-Hsiung Chiang, "Simplified heat and mass transfer model for cross and countercurrent flow packed-bed tower dehumidifier in a liquid desiccant system", 15th International Conference on Sustainable Energy Technologies, #71 (2016).
- **Angus Shiue**, Shih-Cheng Hu*, Shu-Mei Chang, Ya-Ting Chang, Chao-Heng Tseng, Chuang-Cheng Mao, Arson Hsieh, Andrew Chan, "Removal of carbon dioxide in indoor environment with sorption- type air filters", Indoor Air, #415 (2016).
- **Angus Shiue**, Shih-Cheng Hu*, Shu-Mei Chang, Ya-Ting Chang, Chao-Heng Tseng, Chuang-Cheng Mao, Arson Hsieh, Andrew Chan, "Removal of carbon dioxide in indoor environment with sorption-type air filters", 33th Annual Tech. Meeting on Air Cleaning and Contamination Control, D20 (2016).
- **Angus Shiue**, Shih-Cheng Hu, Tee Lin, Yi-Sung Ke, Chun-Hung Chen, "Validation of the disinfection and contamination control for pharmaceutical isolator", 33th Annual Tech. Meeting on Air Cleaning and Contamination Control, D25 (2016).
- **Angus Shiue**, Shih-Cheng Hu, Kuo-Shu Lo, Han-Yang Liu, Rong-Ben Chiu, "Validation of glove leak testing for pharmaceutical isolator", 33th Annual Tech. Meeting on Air Cleaning and Contamination Control, D26 (2016).

- Su-Fun Kuo, Shih-Cheng Hu, and **Angus Shiue***, "Validation of energy use characteristics of variable primary flow system with variable-frequency drive screw water chiller", Proceedings of the 8th Asian Conference on Refrigeration and Air Conditioning No. 152 (2016).
- Jian-Cheng Fang, **Angus Shiue***, Chuan-Huei Tsai,Jia-Jie Fang, and Shih-Cheng Hu, "New Type Fin-Ellipse Tube Coil Heat Exchanger in Cleanroom", Proceedings of the 8th Asian Conference on Refrigeration and Air Conditioning No. 153 (2016).
- **Angus Shiue**, Shih-Cheng Hu, "Validation of a breakthrough theoretical model on adsorptive chemical filter for toluene removal used in the make-up air unit (MAU) of a cleanroom", 12th World Filtration Congress G3-2 (2016).
- **Angus Shiue**, Shih-Cheng Hu, "Validation and application of the personnel factor for the garment used in cleanrooms", 12th World Filtration Congress M9-5 (2016).
- **Angus Shiue***,Chao-Heng Tseng,Kai-Feng Wang, Chen-Yang Wu, Wei-Kai Liao, "Remove formaldehyde from indoor air by chlorine dioxide oxidation", The 11th International Conference on Industrial Ventilation T02-6 (2015).
- Shih-Cheng Hu, **Angus Shiue***, Hsun-Chen Chang, "Prediction of Multiple Contaminant Sources in Cleanroom via the Probability-based Inverse Method", The 11th International Conference on Industrial Ventilation T13-4 (2015).
- **Angus Shiue**, Chao-Heng Tseng, Cheng-Mao Chuang, Cheng-Han Wu, "Simultaneous removal of oily fume and cooking odor in kitchen exhaust with a combination of filtration- and sorption-type air filters", The 3rd International Conference on Building Energy and Environment T3-732 (2015).
- **Angus Shiue**, Shih-Cheng Hu, Tian-Yi Wang, Han-Yang Liu, Rong-Ben Chiu, "Validation of Cross-contamination Control In Rapid Transfer Port For Pharmaceutical Manufacturing Process", The 3rd International Conference on Building Energy and Environment T3-731 (2015).

- Shih-Cheng Hu, **Angus Shiue***, Yong-Tung Yang, "450mm FOUP-LPU system in advanced semiconductor manufacturing processes", Joint Symposium 2015 - eMDC and ISSM N4 (2015).
- **Angus Shiue**, Shih-Cheng Hu*, Tianyi Wang, Hanyang Liu, and Rongben Chiu, "Validation of Cross-Contamination Control in Rapid Transfer Port for Pharmaceutical Manufacturing Process", The 3 International Conference on Building Energy and Environment T3-731 (2015).
- Angus Shiue, Chao-Heng Tseng*, Cheng-Mao Chuang, and Cheng-Han Wu, "Simultaneous Removal of Oily Fume and Cooking Odor in Kitchen Exhaust with a Combination of Filtration-and Sorption-type Air Filters", The 3 International Conference on Building Energy and Environment T3-732 (2015).
- Shih-Cheng Hu, **Angus Shiue*,** Chin-Shing Do, Han Yang Liu, Rong Ben Chiu, "Validation of Cross-contamination Control in Biological Safety Cabinet for Biotech/Pharmaceutical Manufacturing Process", Proceedings of International Symposium on Contamination Control, O14-1-4 (2014).
- Bill Chiu, Shih-Cheng Hu, **Angus Shiue*,** Che-Yu Huang, Chun-Yong Khoo, Ricken Kao, "Reduction of moisture and airborne molecular contamination on the purge system of 450 mm FOUP", Proceedings of International Symposium on Contamination Control, O14-4-4 (2014).
- Shih-Cheng Hu, Ivy Suiue, **Angus Shiue*,** Yu-Min Hsu, Yi-Sung Ke, "Validation of Leak Test Models for Pharmaceutical Isolators", Indoor Air, HP1387 (2014).
- Hsun-Chen Chang, Shih-Cheng Hu, **Angus Shiue***, James Tsao, "Prediction of Locations of Contaminant Sources in Cleanrooms by the Probability-based Inverse Method", 31th Annual Tech. Meeting on Air Cleaning and Contamination Control, A-4 (2014).

- Bill Chiu, Shih-Cheng Hu, **Angus Shiue***, Ricken Kao, Jenn-Shiun Feng, Yu-Jhe Sia, "Reduction of Moisture and Airborne Molecular Contamination on Extreme Ultraviolet (EUV) reticle dual pod by different purging technology", 31th Annual Tech. Meeting on Air Cleaning and Contamination Control, A-5 (2014).
- Yan-Ming Ruan, Shih-Cheng Hu, **Angus Shiue***, "Flow Visualization of a 300 mm FOUP/LPU during FOUP Door Opening Processes", 31th Annual Tech. Meeting on Air Cleaning and Contamination Control, A-6 (2014).
- Rong-Sheng Hsu, Kuolin-Chang, Shih-Cheng Hu, **Angus Shiue***, "Case study of Energy Conversion Factor (ECF) of medium and small size TFT-LCD plate fab", 31th Annual Tech. Meeting on Air Cleaning and Contamination Control, A-7 (2014).
- Bill Chiu, Che-Yu Huang , **Angus Shiue**, Chun-Yong Khoo , Jerry Lu, Ricken Kao, Shih-Cheng Hu, "Investigating the reduction of Moisture and Airborne Molecular Contamination on 450 mm FOUP by Vacuum Technology", The 11th International Symposium on Building and Urban Environmental Engineering BUEE2013, Track3.1.
- Bill Chiu, Jenn-Shiun Feng, Yu-Jhe Sia, **Angus Shiue**, Chun-Yong Khoo, Jerry Lu, Ricken Kao , Shih-Cheng Hu, "Reduction of Moisture and Airborne Molecular Contamination on the Purge System of Extreme Ultraviolet (EUV) Reticle Dual Pod", The 11th International Symposium on Building and Urban Environmental Engineering BUEE2013, Track3.2.
- Yu-Min Hsu, **Angus Shiue**, Shih-Cheng Hu, "Validation of Leak Test Model for Pharmaceutical Isolators", The 11th International Symposium on Building and Urban Environmental Engineering BUEE2013, Track3.5.
- Fred Yang, Yu-Yun Shiue, Shih-Cheng Hu, David Liu, Taner Kang, **Angus Shiue**, "Real-time Monitoring Technology for Airborne Molecular Contamination in the 450mm Front Opening Unified Pod", International Conference on Aerosol and Science Technology, Paper B3-5, Page 10 (2013).

- Zhe-Yu Huang, Yu-Yun Shiue, **Angus Shiue**, Jerry Lu, CT Huang, Bill Chiu, Shih-Cheng Hu, "Pre-particle Filtration and Moisture Control by efficient purging in various inlet and outlet of a 450 mm wafer Front-Opening Unified Pod", International Conference on Aerosol and Science Technology, Paper B3-6, Page 11 (2013).
- Xun-Zhen Chang, Shih-Cheng Hu, **Angus Shiue**, Yu-Yun Shiue, "Prediction of multiple contaminant sources in cleanroom with probability-based inverse method", International Conference on Aerosol and Science Technology, Paper B4-1, Page 12 (2013).
- Yu-Min Hsu, **Angus Shiue**, Shih-Cheng Hu, Ivy Shiue, "Validation of Cross-contamination Control in Isolators for Biotech/Pharmaceutical Manufacturing Process", International Conference on Aerosol and Science Technology, Paper A5-5, Page 19 (2013).
- **Angus Shiue**, Shih-Cheng Hu, Zhe-Yu Huang, Steven Chou, Jerry Lu, CT Huang, Bill Chiu, "Pre-particle Filtration and Moisture Control by efficient purging in various inlet and outlet of a 450 mm wafer Front-Opening Unified Pod", 30th Annual Tech. Meeting on Air Cleaning and Contamination Control, Page 19-22 (2013).
- **Angus Shiue,** Shih-Cheng Hu, Cong-Xuan Zheng, "Development of a Computational Software for the Annual Energy Consumption of High-Tech Fabs", 30th Annual Tech. Meeting on Air Cleaning and Contamination Control, Page 127-130 (2013).
- **Angus Shiue**, Ivy Shiue, Shih-Cheng Hu, Han Yang Liu, Rong Ben Chiu, "Dynamic measurement of particle production rate of an operator with different garment arrangement in Cleanrooms", International Conference on Aerosol and Science Technology, Paper E-1, Page 7 (2012).
- **Angus Shiue**, Shih-Cheng Hu, Ming-Heng Chai, "Removal characteristic of $PM_{5.0}$ airborne pollutant with different return air system designs in a non-unidirectional

cleanroom for IC manufacturing processes", International Conference on Aerosol and Science Technology, Paper E-1, Page 11 (2012).

- **Angus Shiue**, Ivy Shiue, Shih-Cheng Hu, Han Yang Liu, Rong Ben Chiu, "Dynamic measurement of particle production rate of an operator with different garment arrangement in Cleanrooms", Proceedings of International Symposium on Contamination Control, Paper 4323 (2012).
- **Angus Shiue**, Ivy Shiue, Shih-Cheng Hu, Yi-Chan Chih, "Monitoring and Analyzing Volatile Organic Compounds in Fabs by Gas Chromatograph / Surface Acoustic Wave sensors", Proceedings of International Symposium on Contamination Control, Paper 5424 (2012).
- **Angus Shiue**, Shih-Cheng Hu, and Sei-Min Chao "Removal of Inorganic Gas Contaminants via the Air Washer of a Make-up Air Unit in Cleanrooms", COBEE 2012, August 1-4, Boulder, USA.
- **Angus Shiue**, Shih-Cheng Hu, Ming-Heng Chai, "Removal characteristic of $PM_{5.0}$ airborne pollutant with different return air system designs in a non-unidirectional cleanroom for IC manufacturing processes", COBEE 2012, August 1-4, Boulder, USA.
- Ken Ker, **Angus Shiue**, Shih-Cheng Hu*, "An Experimental Study on the Preventive Schemes for Water Damages of Fan Dry Coil Unit (FDCU) System", 29th Annual Tech. Meeting on Air Cleaning and Contamination Control, Page 19-22, (2012).
- 莊易璇、張倩、**薛人瑋**、張章堂、陳之貴、查英佑, "利用光觸媒靜電除油機處理異味之研究", International Conference on Aerosol and Science Technology, Paper C-2, Page 123 (2012).
- **Angus Shiue,** Shih-Cheng Hu*, Andy Chang, James Tsao, "Cleaning Performance of Nitrogen purge process when a Front Opening Unified Pod (FOUP) is contaminated by Hydrogen Fluoride (HF) and Volatile Organic Compound (VOC)",

28th Annual Tech. Meeting on Air Cleaning and Contamination Control, Page 7-9, (2011).

- **Angus Shiue**, Yu-Hao Kang, Shih-Cheng Hu*, Gwo-tsuen Jou, Chi-Hung Lin, Ming-Chuan Hu, Shin-In Lin, "Equilibrium and breakthrough studies for adsorption of toluene on an activated carbon adsorbent- loaded nonwoven fabric filter media applied to cleanrooms", Proceedings of International Symposium on Contamination Control, Paper P5 (2010).
- **Angus Shiue**, Walter Den, Yu-Hao Kang, Shih-Cheng Hu*, Gwo-tsuen Jou, Chi-Hung Lin, Ming-Chuan Hu, Shin-In Lin, "Modeling and application of adsorptive chemical filters for toluene removal", Proceedings of International Symposium on Contamination Control, Paper P19 (2010).
- **Angus Shiue**, Shih-Cheng Hu*, Gwo-tsuen Jou, Chi-Hung Lin, Ming-Chuan Hu, and Shin-In Lin, "Monitoring airborne molecular contamination of cleanroom wipers with qualitative and quantitative techniques", Proceedings of International Symposium on Contamination Control, Paper P6 (2010).
- Mickey Chang, **Angus Shiue**, Shih-Cheng Hu*, Anderson Ko, "Removal of ammonia ion by multi-layer chemical filter in a minienvironment", Proceedings of International Symposium on Contamination Control, Paper B-04 (2010).
- **Angus Shiue**, Shih-Cheng Hu*, "Removal of particles by negative ionic air cleaner in cleanroom", International Conference on Aerosol and Science Technology, Paper C-5-4 (2010).
- **Angus Shiue**, Der-Chi Tien, Shih-Cheng Hu*, Chia-Shao Hsu, "Deposition and electrostatic removal of gaseous organic contaminants on different substrates", 10th Asia Pacific Conference on the Built Environment Green Energy for Environment C-01 (2009).
- **Angus Shiue**, Shih-Min Chao, Shih-Cheng Hu*, "Removal of Inorganic Gas Contaminants via the Air Washer of a Make-up Air Unit in Cleanrooms", The 4th

Asian Conference on Refrigeration and Air-conditioning Session E Indoor air quality ACRA175 (2009).

- **Angus Shiue**, Walter Den, Yu-Hao Kang, Shih-Cheng Hu*, "Study on Adsorption Breakthrough Models for the Chemical Filters Used in the make-up air unit of a cleanroom", 2010 室內環境與健康研討會 August, Paper P29.

流體混合技術

- S.J.Shiue, C.W.Wang "Studies on Homogenization Efficiency of Various Agitators in Liquid Blending "The Canadian Journal of Chemical Engineering,Vol.62, pp.602- 609, October(1984).
- 攪拌系統混合效率之研究(輸送現象研討會)，民國 70 年 6 月

管線與流體機械系統

- 混合系統固體、液體懸浮處理(機械工程 180 期)，民國 80 年 4 月，第 46 頁。
- 膨脹接頭橡膠材質設計分析(機械工程 169 期)，民國 78 年 6 月，第 32 頁。
- 密封元件技術(機械工程 166 期)，民國 77 年 12 月，第 27 頁。
- 管路水頭損失係數(土木水利 14 卷 1 期)，民國 76 年 5 月，第 107 頁。
- 紙漿管路系統摩擦損耗之探討(機械工程 140 期)，民國 73 年 10 月，第 43 頁。

發電技術

- 氣泡式流體化床焚化爐複循環汽電共生之研究(能源季刊 29 卷 3 期)，民國 88 年 7 月，第 108 頁。
- 垃圾資源回收廠複循環發電之研究(能源季刊 29 卷 2 期)，民國 88 年 4 月，第 54 頁。
- 煉鋼淨化廢氣發電之研究(能源季刊 29 卷 1 期)，民國 88 年 1 月，第 93 頁。
- 火力發電機組結合海水淡化廠的研究(能源季刊 28 卷 1 期)，民國 87 年 1 月，第 106 頁。

- 煤炭氣化更新發電技術之研究(能源季刊 27 卷 3 期)，民國 86 年 7 月，第 81 頁。
- 800MW 超臨界發電方式之研究(能源季刊 27 卷 1 期)，民國 86 年 1 月，第 88 頁。
- 重油複循環發電技術(能源季刊 26 卷 4 期)，民國 85 年 10 月，第 105 頁。
- 石油焦氣化合成氣應用於複循環發電機組之研究(能源季刊 26 卷 1 期)，民國 85 年 1 月，第 53 頁。
- 綜觀核燃料運轉概況(能源季刊 21 卷 4 期)，民國 80 年 10 月，第 77 頁。

能源設備

- 鍋爐除氧器性能(機械工程 182 期)，民國 80 年 8 月，第 45 頁。
- 提昇燃燒效率—空氣預熱器(機械工程 179 期)，民國 80 年 2 月，第 44 頁。
- 節熱器之設計與鍋爐之節約能源(工程 63 卷 12 期)，民國 79 年 12 月，第 36 頁。
- 熱管熱交換系統處理技術(機械工程 147 期)，民國 74 年 10 月，第 67 頁。
- 管殼式熱交換器的設計和能源應用(機械工程 146 期)，民國 74 年 8 月，第 64 頁。
- 氣渦輪機效率(機械工程 144 期)，民國 74 年 4 月，第 43 頁。
- 空氣冷卻式換熱器的控制技術(機械工程 143 期)，民國 74 年 2 月，第 51 頁。
- 廢熱鍋爐的規範設計(機械工程 136 期)，民國 73 年 6 月，第 48 頁。
- 板式熱交換器的選用和能源回收(機械工程 132 期)，民國 73 年 2 月，第 34 頁。

空氣污染防治系統處理技術

- 汽力發電機組氮氧化物排放控制之規劃研究(能源季刊 30 卷 3 期)，民國 89 年 7 月，第 84 頁。

- 都市垃圾焚化處理之酸氣與戴奧辛控制技術(國際性廢棄物處理場空氣污染防治技術及實務研討會)，民國 88 年 6 月，第 12-1 頁。
- 潔淨燃煤發電技術降低二氧化碳排放量之研究(能源季刊 28 卷 3 期)，民國 87 年 7 月，第 59 頁。
- 各型煤炭燃料電廠移除二氧化碳之探討(工業污染防治 66 期)，民國 87 年 4 月，第 13 頁。
- 循環式流體化床排煙脫硫程序技術(能源季刊 27 卷 4 期)，民國 86 年 10 月，第 110 頁。
- 鎂基排煙脫硫程序技術(能源季刊 25 卷 1 期)，民國 84 年 1 月，第 100 頁。
- 發電廠高等煙氣淨化整合技術(能源季刊 24 卷 4 期)，民國 83 年 10 月，第 126 頁。
- 乾式排煙脫硫系統和廢棄物處置技術(能源季刊 24 卷 2 期)，民國 83 年 4 月，第 126 頁。
- 第二代排煙脫硫系統(能源季刊 24 卷 1 期)，民國 83 年 1 月，第 127 頁。
- 燃燒系統控制氮氧化物技術(工業污染防治 48 期)，民國 82 年 10 月，第 123 頁。
- 燃燒後煙氣處理程序探討(環境工程 4 卷 3 期)，民國 82 年 9 月，第 88 頁。
- 引用海水排煙脫硫程序(環境工程 4 卷 2 期)，民國 82 年 4 月，第 79 頁。
- 高濃度酸氣處理(工程 59 卷 11 期)，民國 75 年 11 月，第 52 頁。

廢水處理技術

- 濕式石灰石排煙脫硫系統純水的處理(工業污染防治 57 期)，民國 85 年 1 月，第 100 頁。
- 廢液處理蒸發製程之增進(機械工程 176 期)，民國 79 年 8 月，第 33 頁。
- 鍍鎘廢水處理及製程改善(機械工程 168 期)，民國 78 年 4 月，第 30 頁。
- 廢水處理之空氣浮選製程(機械工程 164 期)，民國 77 年 8 月，第 64 頁。

- 廢水處理混合系統之攪拌技術(化工 35 卷 1 期)，民國 77 年 3 月，第 80 頁。
- 塗料廢水處理(工業污染防治 25 期)，民國 77 年 1 月，第 130 頁。
- 地熱流體之處理(機械工程 155 期)，民國 76 年 2 月，第 46 頁。
- 通氣攪拌系統效率之探討(第十屆廢水處理技術研討會)，民國 74 年 12 月，第 427 頁。
- 濕式氧化法的應用和能源回收(能源季刊 25 卷 4 期)，民國 74 年 10 月，第 123 頁。
- 漂白牛皮紙漿廢水處理之探討(工程 58 卷 2 期)，民國 74 年 2 月，第 40 頁。
- 氰化物電鍍廢水處理之探討(工業污染防治 9 期)，民國 73 年 1 月，第 101 頁。
- 膠凝系統混合效率之探討(第九屆廢水處理技術研討會)，民國 73 年 9 月，第 201 頁；(工業污染防治 8 期)，民國 72 年 10 月，第 92 頁。

固體廢棄物處理技術

- 下水道污泥溶融處理(環境工程 14 卷 1 期)，民國 92 年 4 月，第 18 頁。
- 石膏類與油灰副產品利用爲建築材料之研討(第三屆工業減廢技術與策略研討會)，民國 82 年 6 月，第 22-1 頁。
- 燃油廢棄物-油泥處理(能源季刊 23 卷 1 期)，民國 82 年 1 月，第 138 頁。
- 高溫分解橡膠廢棄物(機械工程 167 期)，民國 78 年 2 月，第 9 頁。

高分子材料技術

- 核能級電纜絕緣被覆性能評估(工程 62 卷 9 期)，民國 78 年 9 月，第 24 頁。
- 強化塑膠在製備飛輪的應用(機械工程 165 期)，民國 77 年 10 月，第 22 頁。
- 液體射出成型技術(機械工程 163 期)，民國 77 年 6 月，第 94 頁。
- 板狀模造材料模壓之模擬(機械工程 151 期)，民國 75 年 6 月，第 90 頁。

工程防蝕技術

- 水泥固化核能廢料貯存持續性(機械工程 178 期)，民國 79 年 12 月，第 58 頁。
- 地下儲槽之防蝕保固技術(土木水利 17 卷 2 期)，民國 79 年 8 月，第 41 頁。
- 鋼筋混凝土污水處理系統之腐蝕防治(工業污染防治 34 期)，民國 79 年 4 月，第 124 頁。
- 貯槽底板之腐蝕與防蝕(機械工程 172 期)，民國 78 年 12 月，第 55 頁。
- 提昇地下管線之保固性能(營建世界)，民國 78 年 12 月，第 75 頁。
- 鋼筋混凝土腐蝕抑制劑應用(工程 62 卷 2 期)，民國 78 年 2 月，第 43 頁。
- 廢水處理系統之腐蝕防治(工程 61 卷 3 期)，民國 77 年 8 月，第 64 頁。
- 鋼筋混凝土之腐蝕防治(工程 60 卷 11 期)，民國 76 年 11 月，第 54 頁。
- 短期性防鏽之腐蝕防治(輸送現象研討會)，民國 76 年 6 月，第 337 頁；(機械工程 159 期)，民國 76 年 10 月，第 46 頁。
- 水處理系統之腐蝕防治(工程 60 卷 7 期)，民國 76 年 7 月，第 56 頁。

設備防蝕技術

- 石油煉製殘渣氣化合成氣發電中氣化及合成氣體污染防治系統的保固(工業污染防治 61 期)，民國 86 年 1 月，第 25 頁。
- 熱交換器材料問題處理(能源季刊 23 卷 4 期)，民國 82 年 10 月，第 121 頁。
- 火力電廠鍋爐系統之腐蝕防治(臺電工程月刊 542 期)，民國 82 年 10 月，第 1 頁。
- 廢棄物焚化之腐蝕控制(工程 66 卷 8 期)，民國 82 年 8 月，第 58 頁。
- 排煙脫硫系統結構材料問題探討(工程 66 卷 4 期)，民國 82 年 4 月，第 49 頁。
- 水處理技術在日本核能電廠一次系統執行成效(能源季刊 22 卷 1 期)，民國 81 年 1 月，第 71 頁。

- 放射性氣體廢料處理系統防氫爆提昇安全性(機械工程 181 期)，民國 80 年 6 月，第 58 頁。
- 操作閥之耐蝕性(機械工程 177 期)，民國 79 年 10 月，第 54 頁。
- 板式熱交換器的防蝕技術(機械工程 170 期)，民國 78 年 8 月，第 90 頁。

工程管理

- 核能電廠設計基礎之構型管理(工程 65 卷 11 期)，民國 81 年 11 月，第 46 頁。

參加社團

- 中國工程師正會員
- 中國化學工程學會正會員
- 中國機械工程學會正會員
- 中國土木水利工程學會正會員
- 中國環境工程學會正會員
- 中國材料學會正會員

參考書籍

Refence

1. George T Austin“Shreve's Chemical Process Industries”
2. Himmelblau“Basic Principles and Calculation in Chemical Engineering”
3. 中華民國環境工程學會“環境微生物”
4. 張晉“水處理工程與設計”
5. 薛少俊(原作者名)“燃燒系統控制氮氧化物技術”工業污染防治 48 期，民國 82 年 10 月，第 123 頁
6. 薛少俊“第二代排煙脫硫系統”能源季刊 24 卷 1 期，民國 83 年 1 月，第 127 頁
7. 薛少俊“引用海水排煙脫硫程序”環境工程 4 卷 2 期，民國 82 年 4 月，第 79 頁
8. 薛少俊“乾式排煙脫硫系統和廢棄物處理技術”能源季刊 24 卷 2 期，民國 83 年 4 月，第 126 頁
9. 葉芳露、洪萬彭、劉彥甫、許嘉翔“工業化學概論題庫”，高立圖書公司
10. 徐振盛“團體廢棄物概要及題解”，淑馨出版社
11. 王振華“化學工業概論”，三民書局
12. 林俊一“工業化學”，全威圖書公司
13. 杜逸虹“聚合體學”，三民書局
14. 林建中“高分子材料性質與應用”，高立圖書公司
15. “石油及石油化學工業概論”，中國石油股份有限公司
16. 柯清水“石油化學概論”，正文書局
17. 譚蕩波“工業化學程序技術”，高立圖書公司

18. 吳文騰“生物產業技術概論”，國立清華大學出版社
19. 國興編輯委員會“微生物生化工程學”，新竹黎明書局
20. 顏東敏“有機溶劑醱酵工業化學”，復文書局
21. Coulson, J.M., Richardson, J.F. “Fluid Flow, Heat Transfer and Mass Transfer” Chemical Engineering Volume 1 & “Unit Operations” Chemical Engineering Volume 2.
22. 張景學“半導體製造技術”，文京書局
23. 李世鴻“積體電路製程技術”，王南書局
24. 網路資料蒐集

國家圖書館出版品預行編目資料

化學程序工業：附高普考試題精解 / 薛人瑋
編著. -- 七版. -- 新北市：全華圖書,2020.06
面 ; 公分
ISBN 978-986-503-425-2(平裝)
1.化學工業 2.化工程序
460 109007742

化學程序工業－附高普考試題精解(第七版)

作者 / 薛人瑋
發行人 / 陳本源
執行編輯 / 陳欣梅
封面設計 / 楊昭琅
出版者 / 全華圖書股份有限公司
郵政帳號 / 0100836-1 號
印刷者 / 宏懋打字印刷股份有限公司
圖書編號 / 0551706
七版一刷 / 2021 年 02 月
定價 / 新台幣 640 元
ISBN / 978-986-503-425-2 (平裝)
全華圖書 / www.chwa.com.tw
全華網路書店 Open Tech / www.opentech.com.tw
若您對書籍內容、排版印刷有任何問題，歡迎來信指導 book@chwa.com.tw

臺北總公司(北區營業處)
地址：23671 新北市土城區忠義路 21 號
電話：(02) 2262-5666
傳真：(02) 6637-3695、6637-3696

南區營業處
地址：80769 高雄市三民區應安街 12 號
電話：(07) 381-1377
傳真：(07) 862-5562

中區營業處
地址：40256 臺中市南區樹義一巷 26 號
電話：(04) 2261-8485
傳真：(04) 3600-9806(高中職)
(04) 3601-8600(大專)

讀者回函卡

填寫日期：　　/　　/

姓名：＿＿＿＿　生日：西元＿＿＿年＿＿＿月＿＿＿日　性別：□男 □女

電話：（　）＿＿＿＿　傳真：（　）＿＿＿＿　手機：＿＿＿＿

e-mail：（必填）＿＿＿＿

註：數字零，請用 Φ 表示，數字 1 與英文 L 請另註明並書寫端正，謝謝。

通訊處：□□□□□＿＿＿＿

學歷：□博士 □碩士 □大學 □專科 □高中・職

職業：□工程師 □教師 □學生 □軍・公 □其他

學校／公司：＿＿＿＿　科系／部門：＿＿＿＿

・需求書類：

□ A. 電子 □ B. 電機 □ C. 計算機工程 □ D. 資訊 □ E. 機械 □ F. 汽車 □ I. 工管 □ J. 土木

□ K. 化工 □ L. 設計 □ M. 商管 □ N. 日文 □ O. 美容 □ P. 休閒 □ Q. 餐飲 □ B. 其他

・本次購買圖書為：＿＿＿＿　書號：＿＿＿＿

・您對本書的評價：

封面設計：□非常滿意 □滿意 □尚可 □需改善，請說明＿＿＿＿

內容表達：□非常滿意 □滿意 □尚可 □需改善，請說明＿＿＿＿

版面編排：□非常滿意 □滿意 □尚可 □需改善，請說明＿＿＿＿

印刷品質：□非常滿意 □滿意 □尚可 □需改善，請說明＿＿＿＿

書籍定價：□非常滿意 □滿意 □尚可 □需改善，請說明＿＿＿＿

整體評價：請說明＿＿＿＿

・您在何處購買本書？

□書局 □網路書店 □書展 □團購 □其他＿＿＿＿

・您購買本書的原因？（可複選）

□個人需要 □幫公司採購 □親友推薦 □老師指定之課本 □其他＿＿＿＿

・您希望全華以何種方式提供出版訊息及特惠活動？

□電子報 □ DM □廣告（媒體名稱＿＿＿＿）

・您是否上過全華網路書店？（www.opentech.com.tw）

□是 □否 您的建議＿＿＿＿

・您希望全華出版那方面書籍？＿＿＿＿

・您希望全華加強那些服務？＿＿＿＿

～感謝您提供寶貴意見，全華將秉持服務的熱忱，出版更多好書，以饗讀者。

全華網路書店 http://www.opentech.com.tw　　客服信箱 service@chwa.com.tw

2011.03 修訂

親愛的讀者：

感謝您對全華圖書的支持與愛護，雖然我們很慎重的處理每一本書，但恐仍有疏漏之處，若您發現本書有任何錯誤，請填寫於勘誤表內寄回，我們將於再版時修正，您的批評與指教是我們進步的原動力，謝謝！

全華圖書　敬上

勘誤表

書號		書名		作者	
頁數	行數	錯誤或不當之詞句		建議修改之詞句	

我有話要說：（其它之批評與建議，如封面、編排、內容、印刷品質等・・・）